実験医学 別冊

生命科学のための
機器分析実験
ハンドブック

分光分析，顕微解析，磁気共鳴分析，質量分析，
イメージング解析などのあらゆる分析機器の
プロトコールを完全網羅

編集／西村善文
（横浜市立大学大学院国際総合科学研究科生体超分子科学専攻）

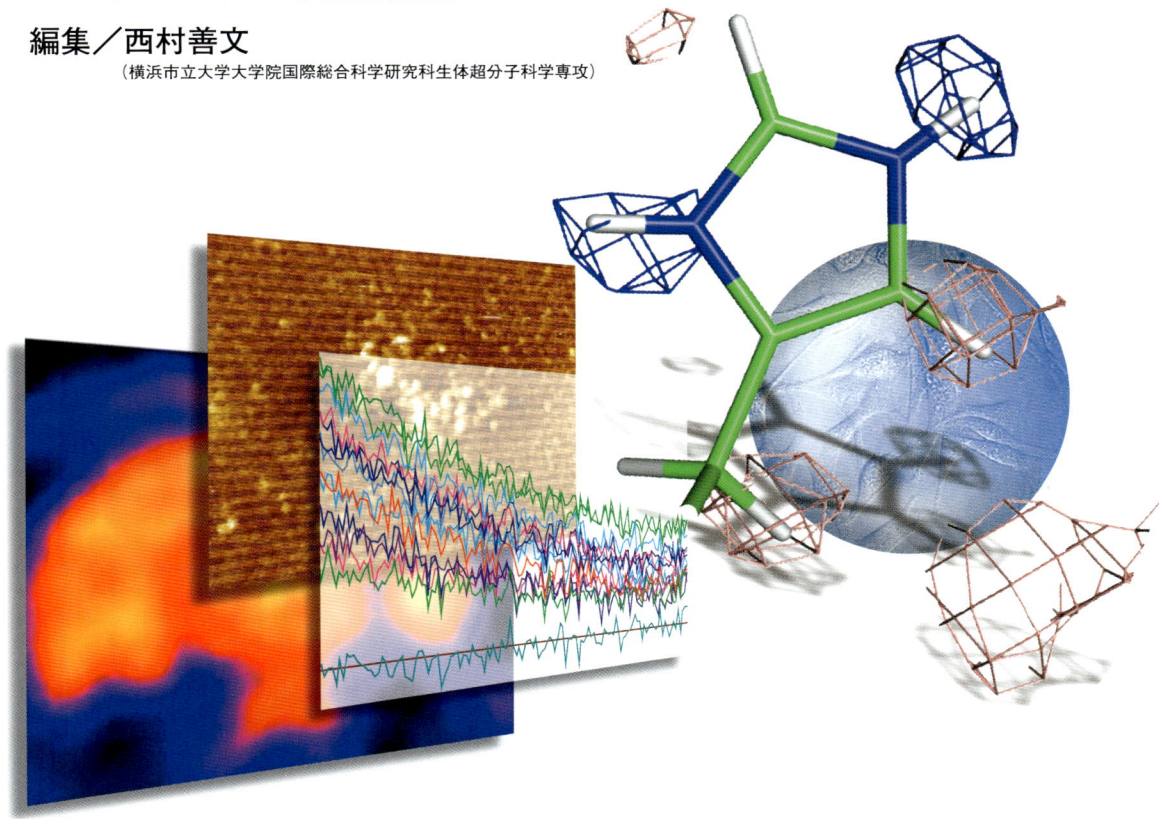

羊土社

表紙写真解説

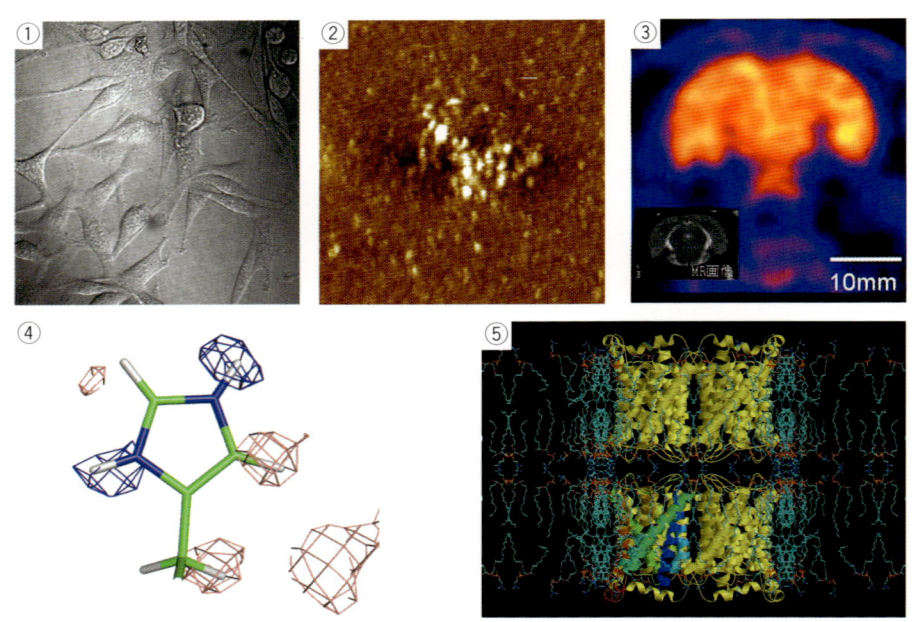

① Alexa647-Herceptin による NIH3T3/HER2 細胞の共焦点蛍光イメージング（本文33ページ参照）
② LBR と再構成クロマチンを用いた分子認識イメージング（本文120ページ参照）
③ ¹⁸FDG 投与後の脳イメージング（ラット）（本文228ページ参照）
④ 中性子構造解析されたタンパク質のアミノ酸残基の水素原子（本文214ページ参照）

【カバー裏写真】
⑤ 電子線結晶学で解析された水チャネル，アクアポリン-0 と脂質分子の構造（本文126ページ参照）

序

　ゲノムプロジェクトの急激な進展によりヒト遺伝子の数は約2万3千種類程度であり，また遺伝子産物であるタンパク質の数はスプライシングを考慮しても約10万種類程度であるといわれている．ゲノムの配列からタンパク質のアミノ酸配列はわかるが，タンパク質の機能をアミノ酸配列から予測することは現状ではほとんど不可能である．

　ゲノム配列が網羅的に調べられた今ポストゲノム科学として，タンパク質の構造と機能を網羅的に調べるプロテオミクス（プロテオーム科学）が急速な勢いで進展している．遺伝子配列という一次元的な情報が機能するためにはセントラルドグマに従ってできる各タンパク質の機能構造を知る必要があるし，また細胞特異的な遺伝子の発現機構を解明する必要がある．

　しかし実際に細胞内で機能しているDNAやRNAやタンパク質は立体構造を持った物質的な実体として機能し，これらが織りなすネットワークの解明はゲノム配列がわかった今果たされるべき目標である．今生命科学でポピュラーに使用されている手法はこれらのネットワークを間接的に確認する手法が多く，ほとんどの場合染色したバンドが出現するかしないかという非常にナイーブな手法に頼っている．私などはいつも講演を聞いていて，ここにバンドがあるといって壮大な夢物語を構築しているのが最新の生命科学者のような気がしている．しかし，それよりも，最新の細胞生物学者や分子生物学者が使っているこれらの手法に代わって，生体物質としてのDNA，RNA，タンパク質を物質的な実体として捉え物理的な実体間の相互作用によってネットワークは構築され理解されるべきである．

　物質的な実体を測定するためには物理的な手法を用いる機器分析が必要である．機器分析の学問的な背景には多くの場合量子力学があり，難しい物理学を学ぶ必要があることから多くの生物学者は避ける傾向がある．しかし生命を研究するために，生物学，化学，物理学，生化学，分子生物学，細胞生物学，生物物理学，情報生物学，数理生物学，神経生物学，発生生物学など細かな分野に分けたのは，生命を各自の言葉であるいは各分野の方言で理解しようとした，その道の専門家と称する人間であって，生命それ自体がこれらの区別をしているわけでは決してない．

　ゲノム科学が急速に進展している今，ゲノムを基盤にしたタンパク質のネットワークを物質的な実体として理解し，ネットワークの基本原理を解明し，原理に基づいて疾病などに関する高度の予知力や回避法の開発などを行うことはゲノムを配列情報として知った人類に残された最後の課題である．生命に神秘を期待し，ブラックボッ

スで生命を理解したつもりになり，生命をアンタッチャブルな領域に残しておくことは人類がゲノム情報を知った今許されることではない．少なくとも今の人類がおよそ50億年の地球上での遺伝子の進化でできたとしたら，その解明はそこにどのような困難があろうとも50億年かけて進化した人類によってこそなされるべきであろう．

今われわれはDNA，RNA，タンパク質を物質的に研究するどのような手法を持っているのか，各手法の長所と短所は何か，それらの機器を使用して何がわかるのかを統一的にしかも各手法の物理学に止まるのではなく，実際の生物学的な対象にどのように迫れるのか概観する必要がある．各々の測定法をすべて量子力学的に理解することは困難でも，少なくとも原子レベル以上の物質の理解に量子力学でほぼ十分であるという物理学の基盤を元に，各手法をどんどん使用して良いと思う．

現在デジタル技術の進展は著しい．今や携帯電話やパソコンはその中身のIC等の量子力学的な背景を全く知ることなく人類は使いこなしている．そのような現状では最新機器も携帯電話やパソコンと同じだという感覚でどんどん使用していったらよいのではないだろうか？　もちろんこのような提案にプロの研究者として反発する人も多いことを承知している．しかしわれわれ人類の未来に多大な影響を与える生命科学を一部のプロの手だけにまかせて良いとは決して思えない．多くのアマチュアが量子力学的な背景を知ることなく，生命を構築している物質的基盤を研究し理解する必要があると痛切に感じている．

高度な生命機能を担っている神経ネットワークの理解においても，神経細胞を構築しているおそらく約1,000個の神経特異的遺伝子産物のネットワークの結果として，どんなに時間がかかろうとも将来は理解されるだろうと希望して本ハンドブックの序に代えたい．

最後に，忙しい中ご執筆いただいた先生方と，このような広範な企画にあたって終始担当して下さった羊土社の米本智仁氏，山村康高氏に感謝したい．

2007年5月

学問分野を超えた生命理解を念じつつ
西村善文

本書の概要とフローチャート

　生命科学のための測定機器はその使用方法や対象によって非常に多様な使用が可能であり，また各々の分野で新しい方法論や技術開発が日進月歩に行われている．本書では各機器の使用に関してすべてを網羅するというよりは，むしろ今生命科学分野で使用されている機器を網羅的に取り上げて，読者の皆さんに現況を概観していただくことを重視した．よってここで取り上げたのはそのなかでも代表的だと思われる使用法であり，すべての使用法を尽くしているわけではないことにご注意いただきたい．各研究者がどのような対象を使用法として考えているかを念頭に，なるべく本書の解説内ですむような使用法を以下概略する．

　本書を参考に，細胞を観察し，組織を観察し，組織や細胞から微量タンパク質を検出同定し，さらには組換えタンパク質などを精製し，精製したタンパク質のリガンドとの相互作用を通した機能解析，精製タンパク質の二次構造等の解析，高次構造の解析，全体構造や分子形状の解析，局所構造や構造変化を調べて，読者の興味ある組織や細胞機能とタンパク質の構造との相関が階層的に解明されることを希望してフローチャートを作成してみた．あくまでも一つの参考に考えていただけたら幸いである．

● 本書で取り上げている機器の使用法の概略 ●

1. 細胞を観察する
2. 組織を観察する
3. 組織や固体中の分子の挙動を見る
4. 微量タンパク質を検出同定する
5. 組織や細胞や組換え体からタンパク質を精製する
6. タンパク質とリガンド等との相互作用を見る
7. 精製したタンパク質の構造解析
   A. 二次構造等を知る
   B. 高次構造を知る
   C. 全体構造や分子形状を調べる
   D. 局所構造や構造変化を調べる

各目的の機器が解説されている項目は次ページのフローチャートを参照

目的別フローチャート：生命科学分野での機器の使用例

1 細胞を観察する

① 細胞を観察する
　→生物用顕微鏡：3章-1
② 蛍光ラベルした分子の挙動を調べる
　→蛍光標識法：1章-3
　→蛍光顕微鏡法：3章-2
③ 細胞中のカルシウムの濃度変化を調べる
　→2光子励起顕微鏡を用いた
　　カルシウムイメージング：7章-2
④ イオンチャネルやトランスポータの
　挙動を調べる
　→パッチクランプ法：8章-9
⑤ 蛍光ラベルした1分子のタンパク質の
　挙動を調べる
　→1分子追跡顕微鏡：3章-3
　→近接場光照明蛍光顕微鏡：3章-5
⑦ 細胞内の分子状態を調べる
　→ラマン顕微分光法：2章-5

4 微量タンパク質を検出同定する

① 正常組織や細胞由来のタンパク質とがん等の疾病関連
　の組織や細胞由来のタンパク質の分析
　→蛍光ディファレンスゲル二次元電気泳動法：8章-8
② 二次元電気泳動で分離したタンパク質の同定
③ 抽出したタンパク質の同定
④ タンパク質中の修飾部位の同定
　→質量分析装置：5章-1
⑤ 抽出したタンパク質のペプチドマッピング
　→HPLC：8章-4
⑥ 精製した微量タンパク質のアミノ酸配列分析
　→気相プロテインシークエンサー：8章-7
⑦ 精製したタンパク質のアミノ酸分析
　→アミノ酸分析装置：8章-6

解析の対象？

細胞 / 組織 / タンパク質

5 組織や細胞や組換え体から
タンパク質を精製する

① 目的タンパク質の分離精製
　→中低圧カラムクロマトグラフィー：8章-5
② 目的タンパク質などの濃度の同定
　→紫外吸収スペクトル：1章-2
③ 目的タンパク質がヘムタンパク質の場合の
　ヘムに関する構造的知見
　→可視領域における分光学的解析法：1章-1
④ 目的タンパク質中の金属原子の同定
　→原子吸光分析法とICP発光分析法：1章-6

2 組織を観察する

① 組織表面を微細に観察する
　→走査電子顕微鏡：3章-10
② 組織切片の微細構造を調べる
　→透過型電子顕微鏡：3章-9

3 組織や個体中の
分子の挙動を見る

① 小動物中での薬物動態をイメージングで
　調べる
　→PET：7章-1
② 小動物などの内部構造を，水素原子を通して
　生体組織などをイメージングして観察する
　→NMRイメージング：4章-3
③ 組織で生体レドックス反応をラジカルを
　モニターしてイメージングして観察する
　→ESRイメージング：4章-5
④ 生体組織中での分析を行う
　→近赤外分光：2章-2

6 タンパク質とリガンド等との
相互作用を見る

① 目的タンパク質とリガンドとの相互作用の強弱を見る
　→Biacore：8章-1
② 目的タンパク質とリガンドの相互作用の熱量変化を見る
　→ITC：8章-2
③ タンパク質中サブユニットのストイキオメトリーや
　タンパク質とリガンド等の相互作用を見る
　→ESI-MS：5章-2

7 精製したタンパク質の構造解析

A. 二次構造等を知る

① 水溶液中のタンパク質のαヘリックスなどの含量を簡単に調べる
→円二色性スペクトル：1章-5

② 水溶液中のタンパク質の二次構造の量比を調べる
→赤外分光：2章-1

③ 水溶液や粉末や結晶中のタンパク質の二次構造や芳香族アミノ酸側鎖を調べる
→レーザーラマン分光：2章-3

④ 水溶液中の芳香族アミノ酸側鎖の構造を調べる
→紫外共鳴ラマン分光：2章-4

B. 高次構造を知る

① タンパク質を結晶化する
→自動結晶化装置：6章-1

② 結晶中のタンパク質の高分解能の高次構造を解析する
→X線結晶構造解析：6章-2

③ 結晶中のタンパク質の状態を同定する
→顕微分光：6章-6

④ 結晶中のタンパク質の水素原子を含めた高次構造を解析する
→中性子解析：6章-4

⑤ 水溶液中のタンパク質の高分解能の高次構造を解析する
→NMR：4章-1

⑥ 膜タンパク質など固体中のタンパク質の高次構造を解析する
→固体高分解能NMR：4章-2

⑦ 単粒子タンパク質の粗い高次構造や二次元結晶中での膜タンパク質等の高分解能の高次構造を解析する
→極低温電子顕微鏡：3章-8

C. 全体構造や分子形状を調べる

① 水溶液中のタンパク質の大まかな形状を知る
→X線小角散乱法：6章-3

② 水溶液中タンパク質の分子量と大まかな形状を調べる
→超遠心分析：8章-3

③ 基盤上のタンパク質等1分子の形状を調べる
→AFM：3章-6

④ 目的タンパク質に結合する場所を直接観察して調べる
→原子間力顕微鏡を用いた力学測定と分子認識イメージング：3章-7

⑤ タンパク質1分子の機能している大きな運動を調べる
→1分子イメージング：7章-3

D. 局所構造や構造変化を調べる

① 水溶液中の金属タンパク質の金属結合部位の構造を調べる
→EXAFS：6章-5

② 巨大タンパク質中の運動や距離を調べる
→ESR：4章-4

③ タンパク質の大きな構造変化を調べる
→FRET：1章-4

④ 微小物体を補足し操作する
→光ピンセット：3章-4

※各章は解析・分析法ごとにまとめられています．次ページの目次をご覧下さい．

実験医学 別冊

生命科学のための 機器分析実験ハンドブック

分光分析，顕微解析，磁気共鳴分析，質量分析，イメージング解析
などのあらゆる分析機器のプロトコールを完全網羅

序 ……………………………………………………………………………………………… 西村善文
本書の概要とフローチャート ……………………………………………………………… 西村善文

第1章 電子スペクトル解析

1. 可視領域における分光学的解析法　～ヘムタンパク質の室温ならびに低温における
   吸収スペクトル測定と電子状態解析～ ……………………………………… 牧野　龍 ● 18
2. 紫外吸収スペクトル　～タンパク質と核酸の濃度の決定～
   　　　　　　　　　　　　　　　　　　　　　　　　　大山貴子，松上明正，片平正人 ● 24
3. 蛍光標識法　～蛍光で生体分子を光らせる～ ………… 上野　匡，浅沼大祐，長野哲雄 ● 27
4. FRET（蛍光共鳴エネルギー移動）分光法　～タンパク質間相互作用の解析～
   　　　　　　　　　　　　　　 奇　世媛，Tapas K Mal，Le Zheng，伊倉光彦，古久保哲朗 ● 35
5. 円二色性スペクトル　～タンパク質の二次構造の定量～ ………… 森田　慎，西村善文 ● 41
6. 原子吸光分析法とICP発光分析法　～生体分子の機能を制御する微量元素の検出と定量～
   　　　　　　　　　　　　　　　　　　　　　　　　　　　　　　　　　　森田勇人 ● 46

第2章 振動スペクトル解析

1. 赤外分光　～タンパク質の二次構造の定量～ ………………………… 森田成昭，尾崎幸洋 ● 52

Contents

2. 近赤外分光　～生体物質の定量分析～ ……………………… 尾崎幸洋，新澤英之，森田成昭　57
3. レーザーラマン分光　～タンパク質の構造解析～ ……………………………… 宇野公之　65
4. 紫外共鳴ラマン分光　～タンパク質の構造解析～ …………………………… 竹内英夫　69
5. ラマン顕微分光法　～生細胞を分子レベルで観る～
　　　　　　　　　　　　　　　　　　安藤正浩，内藤康彰，加納英明，濵口宏夫　74

第3章 顕微解析

1. 生物用顕微鏡　～細胞の形態・内部構造の観察～ ……………………… 鈴木正則　80
2. 蛍光顕微鏡法　～タンパク質の可視化～ ………………………… 西村博仁，楠見明弘　86
3. 1分子追跡顕微鏡　～細胞膜分子運動の1分子追跡～ ………… 梅村康浩，楠見明弘　92
4. 光ピンセット　～生体分子の操作と力・変位計測～ …………… 横田浩章，原田慶恵　99
5. 近接場光照明蛍光顕微鏡　～タンパク質活動の観察～ ………………… 寺川　進　105
6. AFM（原子間力顕微鏡）　～タンパク質の構造解析～　岩渕紳一郎，亀甲龍彦，松本　治　111
7. 原子間力顕微鏡を用いた力学測定と分子認識イメージング
　　　　　　　　　　　　　　　　　平野泰弘，高橋寛英，吉村成弘，竹安邦夫　116
8. 極低温電子顕微鏡　～タンパク質の構造解析～ ………………………… 藤吉好則　122
9. 透過型電子顕微鏡　～細胞・膜・タンパク質分子などの観察～ ……… 臼倉治郎　128
10. 走査電子顕微鏡（SEM）　～細胞・組織の三次元立体構造解析～ ……… 牛木辰男　140

第4章 磁気共鳴分析

1. NMR（核磁気共鳴分光）　～タンパク質の構造解析～ ……… 長土居有隆，西村善文　145
2. 固体高分解能NMR　～固体NMRによるタンパク質の解析～ … 阿久津秀雄，藤原敏道　157
3. NMRイメージング　～生体組織の非破壊三次元計測～ ………………… 巨瀬勝美　163

4．ESR（電子スピン共鳴）〜タンパク質の構造解析〜 ……………………… 荒田敏昭 ●168

5．ESR イメージング 〜組織のイメージング〜 ……………………… 市川和洋，内海英雄 ●177

第5章 質量分析

1．質量分析装置 〜タンパク質の同定，翻訳後修飾の解析〜 ………… 平野 久，山中結子 ●182

2．エレクトロスプレーイオン化質量分析（ESI-MS）〜タンパク質複合体の分析〜
……………………………………………………………………………… 明石知子 ●189

第6章 X 線解析・X 線分光分析・結晶解析

1．自動結晶化装置 〜タンパク質の自動結晶化ロボットによる結晶化の方法〜 … 朴 三用 ●194

2．X 線結晶構造解析 〜タンパク質の結晶構造解析〜 ……………………… 清水敏之 ●198

3．X 線小角散乱法 〜生体超分子複合体の構造解析〜 ……………………… 佐藤 衛 ●203

4．中性子解析 〜生体高分子の水素原子の同定〜 … 黒木良太，安達基泰，栗原和男，玉田太郎 ●210

5．EXAFS（広域 X 線吸収微細構造）〜金属タンパク質の局所構造解析〜
…………………………………………………………………………… 菊地晶裕，城 宜嗣 ●216

6．顕微分光 〜タンパク質結晶の分光〜 ………………………………………… 足立伸一 ●221

第7章 イメージング解析

1．PET（陽電子放射型断層撮影）〜小動物の薬物代謝〜 …… 田崎洋一郎，井上登美夫 ●225

2．2 光子励起顕微鏡を用いたカルシウムイメージング
〜神経細胞局所におけるカルシウムイオンの動態解析〜 ………… 野口 潤，河西春郎 ●230

3．1 分子イメージング 〜タンパク質1分子のイメージング〜 ……………… 原田慶恵 ●237

Contents

第8章 その他の分析機器

1. Biacore　〜タンパク質とリガンドとの相互作用の解析〜　……………椎名政昭，緒方一博　243
2. 等温滴定型カロリメトリー（ITC）　〜熱量測定による相互作用の定量的解析〜
　　　　　　　　　　　　　　　　　　　　　　　　　　　　　　　　大澤匡範，嶋田一夫　249
3. 超遠心分析　〜タンパク質分子および複合体の分子量の決定とおおよその形状の推定〜
　　　　　　　　　　　　　　　　　　　　　　　　　　　　　　　　　　　　　雲財　悟　254
4. HPLC（高速液体クロマトグラフィー）　〜ペプチドの分析〜　…………………川崎博史　261
5. 中低圧カラムクロマトグラフィー　〜タンパク質の簡便な分離精製〜
　　　　　　　　　　　　　　　　　　　　　　　　　　　　　　　黒川裕美子，岩﨑博史　267
6. アミノ酸分析装置　〜タンパク質のアミノ酸組成を調べる〜　………………………平野　久　274
7. 気相プロテインシークエンサー　〜微量タンパク質N末端アミノ酸配列の分析〜
　　　　　　　　　　　　　　　　　　　　　　　　　　　　　　　　　　　　　平野　久　280
8. 蛍光ディファレンスゲル二次元電気泳動法　〜疾患関連タンパク質の分析〜
　　　　　　　　　　　　　　　　　　　　　　　　　　　　　　　　荒川憲昭，平野　久　286
9. パッチクランプ法　〜イオンフローの解析〜　………………………沼田朋大，岡田泰伸　292

● 索　引 …………………………………………………………………………………………… 300

●巻頭カラー

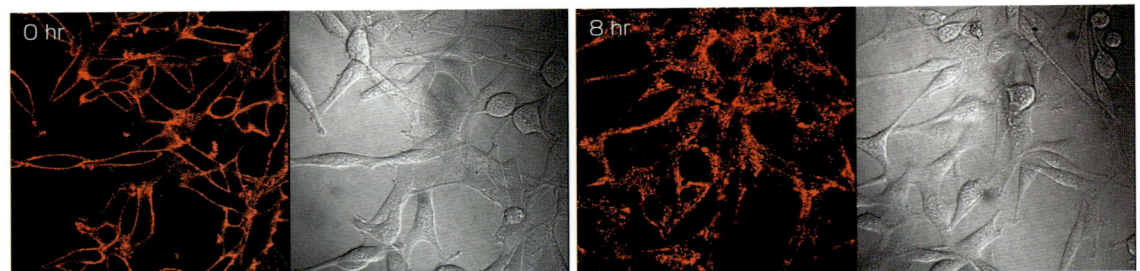

1 Alexa647-HerceptinによるNIH3T3/HER2細胞の共焦点蛍光イメージング
画像は，NIH3T3/HER2細胞に対してAlexa647-Herceptinを投与した直後（0 hr）および8時間後（8 hr）に取得した（33ページ図4参照）

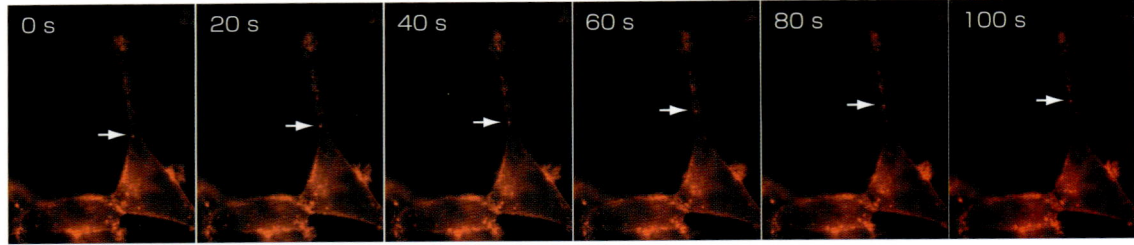

2 Alexa647-Herceptinを含む小胞の細胞内輸送過程のリアルタイムイメージング
NIH3T3/HER2細胞にAlexa647-Herceptinを投与し，5%CO$_2$インキュベーター（37℃）で8時間培養した後に観察を行った．画像は2.5秒ごとに取得したうちの，20秒間隔の6枚を選んだ．Alexa647-Herceptinを含む小胞（矢印）が時間と共に輸送されていることがわかる（33ページ図5参照）

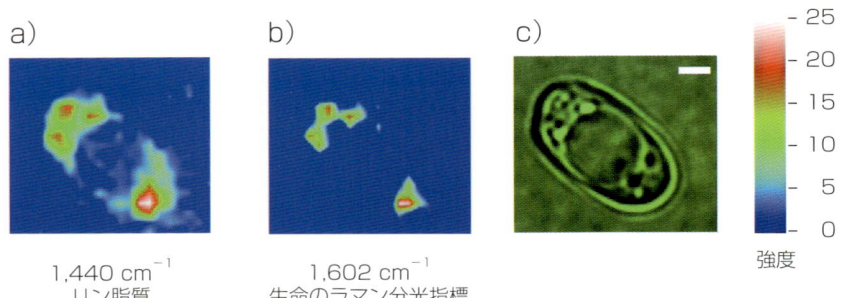

a) 1,440 cm^{-1} リン脂質
b) 1,602 cm^{-1} 生命のラマン分光指標
c)

強度

3 単一出芽酵母生細胞の空間分解ラマンイメージ（a，b）と光学顕微鏡写真（c）
写真中の白棒の長さは1μmである（79ページ図4参照）

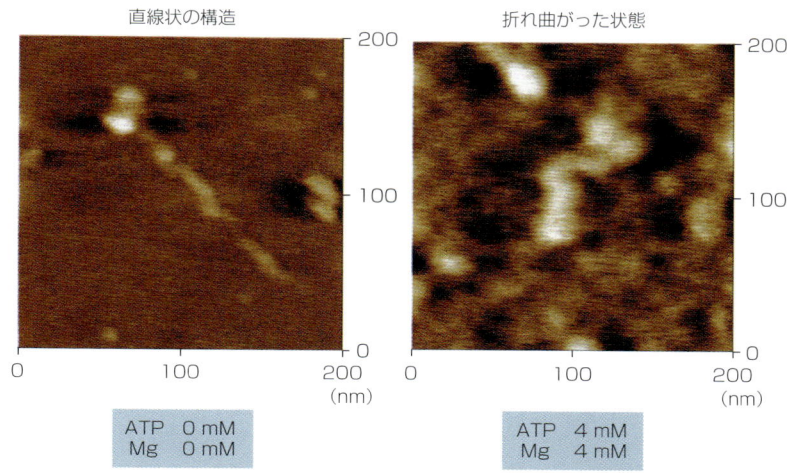

4 AFMによるミオシン分子の分子構造の観察
（115ページ図4参照）

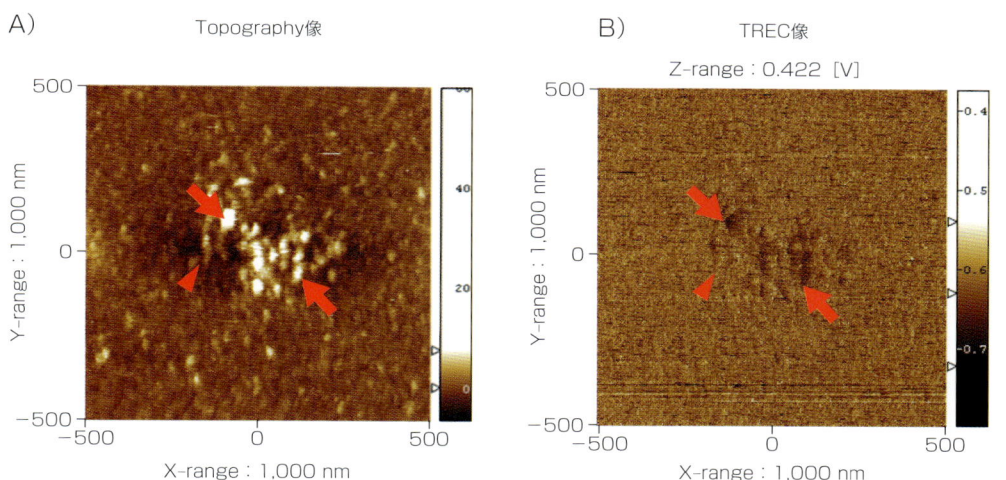

5 LBRと再構成クロマチンを用いた分子認識イメージング
図4（120ページ）で評価したLBR結合カンチレバーを用いて，LBRのクロマチン上の結合部位をイメージングした．撮像はPico plus AFMおよびPico TREC（アジレントテクノロジー社）により行った．左には通常のTopography像を，右にTREC像を示した．図中の矢印はヌクレオソームを，矢じりはDNAを示す．矢印部に見られるように，LBRはDNAよりもヌクレオソームと強く結合することがわかる．図は2μm×2μm（120ページ図5参照）

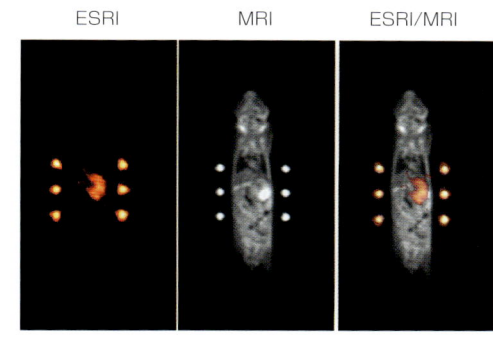

6 ESRI/MRI融像システムによるラジカル反応の可視化例
文献5（181ページ）より改変のうえ転載
（180ページ図3参照）

●巻頭カラー

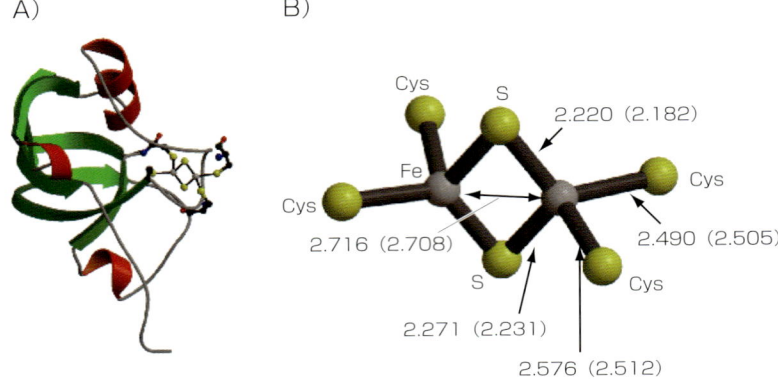

7 フェレドキシンの全体構造
(A) と[2Fe-2S]クラスターモデル (B)
数値はEXAFSの解析結果（括弧内は結晶構造解析による原子間距離，単位はÅ）
(219ページ図4参照)

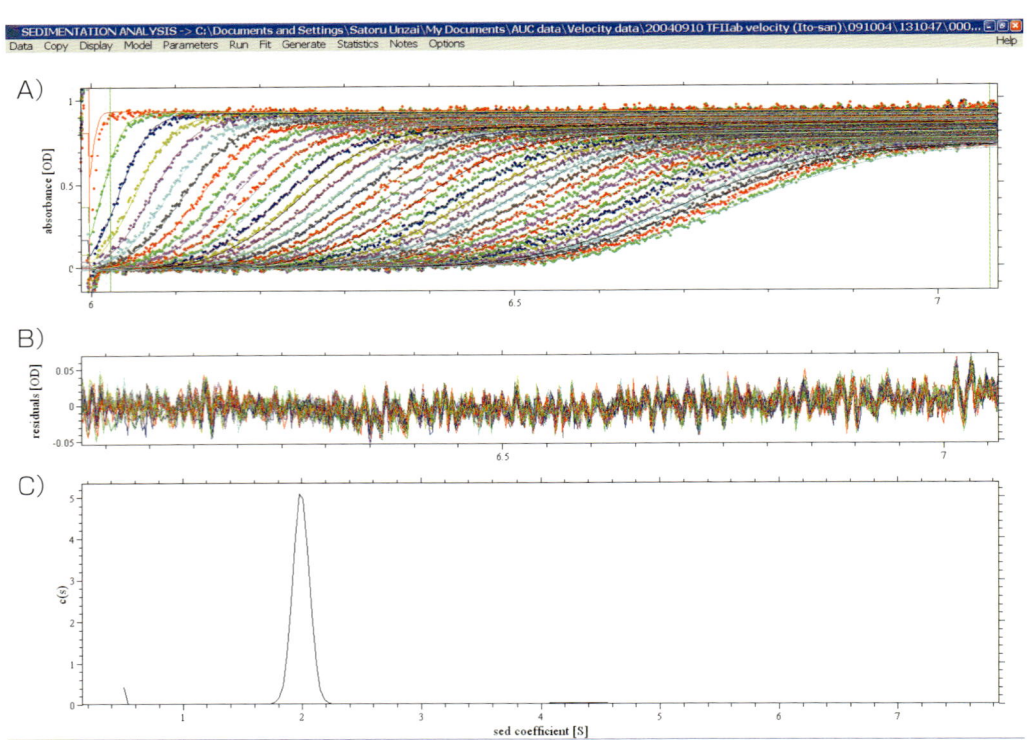

8 沈降速度法データ解析用ソフトウエア「SEDFIT」の使用例
A) 沈降速度法で収集したヒト転写因子TFIIE溶液の移動境界面データ（小ドット）およびフィッティングで得られた理論曲線（実線）．15分ごとのデータが表示されている．横軸は回転中心からの半径（cm），縦軸は吸光度（OD）である．実験条件：緩衝液 [20 mM phos/Na buffer, pH 7.9, 500 mM NaCl, 10% (w/v) グリセロール]，タンパク質濃度（1.37 mg/ml），温度（20℃），ローター回転数（40,000 rpm），測定波長（280 nm）．B) 上記の沈降速度法実験データと理論曲線の残差．39本の曲線の残差をすべて重ねてプロットしたもの．残差は非常に小さいので，実験曲線は理論曲線で非常によくフィットされたと言える．C) 解析の結果，得られた沈降係数分布関数$c(s)$のグラフ．横軸は沈降係数s（単位S），縦軸は$c(s)$の大きさ（単位OD/S）である．グラフには非常にシャープな形のピークが1つだけあり，これはTFIIEが非常に安定で均一性が非常に高いことを意味する．解析の結果，TFIIEの沈降係数2.0 S, 摩擦比2.1，約81 kDaなどのパラメータが得られた（258ページ図4参照）

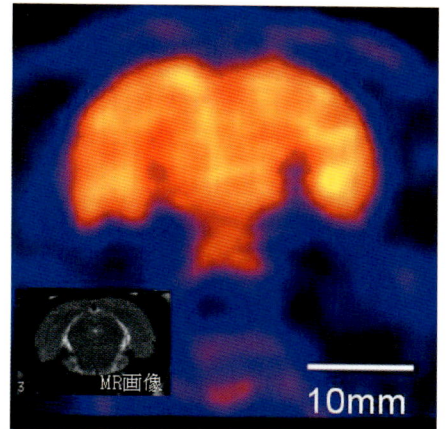

9 ¹⁸FDG投与後の脳イメージング（ラット）
左下はMR参照画像
提供：日本メジフィジックス株式会社
（228ページ図3参照）

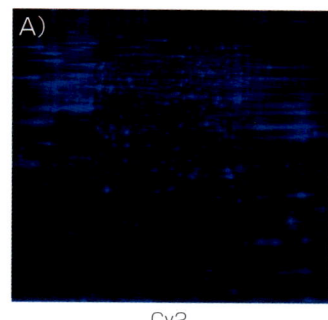
Cy2

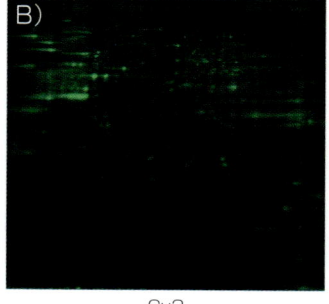
Cy3

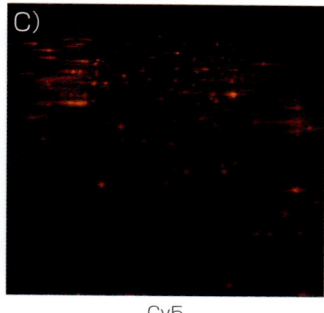
Cy5

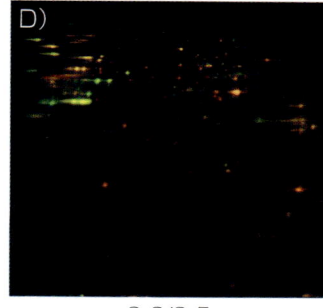
Cy3/Cy5

10 2D-DIGEによる二次元電気泳動像
Cy2（内部標準），Cy3（MCAS），およびCy5（OVISE）で標識した細胞抽出液を同一ゲル上にて二次元展開後，Cy2は青色（A），Cy3は緑色（B），そしてCy5は赤色で表示され（C），Cy3とCy5による検出画像を重ね合わせることで，発現量に差があるタンパク質を可視化することができる（D）．MCAS細胞（Cy3）にて発現が多いタンパク質は緑色，OVISE細胞（Cy5）で多いタンパク質は赤色で示され，同程度の発現量のタンパク質は，緑色と赤色が重なり合って黄色で表示される
（291ページ図4参照）

執筆者一覧

◆ 編　集

西村善文　　（Yoshifumi Nishimura）　　横浜市立大学大学院国際総合科学研究科生体超分子科学専攻

◆ 執筆者(50音順)

明石知子	横浜市立大学大学院国際総合科学研究科生体超分子科学専攻生体超分子機能科学研究室	佐藤　衛	横浜市立大学大学院国際総合科学研究科生体超分子科学専攻構造科学研究室
阿久津秀雄	大阪大学蛋白質研究所蛋白質機能構造研究室	椎名政昭	横浜市立大学大学院医学研究科生化学
浅沼大祐	東京大学大学院薬学系研究科	嶋田一夫	東京大学大学院薬学系研究科生命物理化学教室
足立伸一	高エネルギー加速器研究機構物質構造科学研究所	清水敏之	横浜市立大学大学院国際総合科学研究科生体超分子科学専攻構造科学研究室
安達基泰	日本原子力研究開発機構量子ビーム応用研究部門中性子生命科学研究ユニット生体分子構造機能研究グループ	城　宜嗣	（独）理化学研究所播磨研究所放射光科学総合研究センター城生体金属科学研究室
荒川憲昭	横浜市立大学大学院国際総合科学研究科生体超分子科学専攻	新澤英之	関西学院大学理工学部
荒田敏昭	大阪大学大学院理学研究科生物科学専攻	鈴木正則	（独）理化学研究所ゲノム科学総合研究センター遺伝子構造・機能研究グループ遺伝子転写制御研究チーム／横浜市立大学大学院国際総合科学研究科生体超分子科学専攻ゲノム情報資源探索科学研究室
安藤正浩	東京大学大学院理学系研究科化学専攻		
伊倉光彦	トロント大学オンタリオ癌研究所シグナリング生物学研究室		
市川和洋	九州大学大学院薬学研究院機能分子解析学分野		
井上登美夫	横浜市立大学医学研究科放射線医学	高橋寛英	京都大学大学院生命科学研究科分子情報解析学分野
岩崎博史	横浜市立大学大学院国際総合科学研究科生体超分子科学専攻創製科学研究室	竹内英夫	東北大学大学院薬学研究科生物構造化学分野
岩渕紳一郎	千葉科学大学薬学部薬品物理化学講座	竹安邦夫	京都大学大学院生命科学研究科分子情報解析学分野
上野　匡	東京大学大学院薬学系研究科	田崎洋一郎	株式会社ベイ・バイオ・イメージング
牛木辰男	新潟大学大学院医歯学総合研究科顕微解剖学分野	玉田太郎	日本原子力研究開発機構量子ビーム応用研究部門中性子生命科学研究ユニット生体分子構造機能研究グループ
臼倉治郎	名古屋大学エコトピア科学研究所	寺川　進	浜松医科大学光量子医学研究センター細胞イメージング研究分野
内海英雄	九州大学大学院薬学研究院機能分子解析学分野		
宇野公之	大阪大学大学院薬学研究科分子反応解析学分野	内藤康彰	東京大学大学院理学系研究科化学専攻
梅村康浩	京都大学再生医科学研究所ナノバイオプロセス研究領域	長土居有隆	横浜市立大学大学院国際総合科学研究科生体超分子科学専攻
雲財　悟	横浜市立大学大学院国際総合科学研究科	長野哲雄	東京大学大学院薬学系研究科
大澤匡範	東京大学大学院薬学系研究科生命物理化学教室	西村博仁	京都大学再生医科学研究所ナノバイオプロセス研究領域
大山貴子	横浜市立大学大学院国際総合科学研究科生体超分子科学専攻計測科学研究室	西村善文	横浜市立大学大学院国際総合科学研究科生体超分子科学専攻
岡田泰伸	自然科学研究機構生理学研究所細胞器官研究系機能協関部門	沼田朋大	自然科学研究機構生理学研究所細胞器官研究系機能協関部門
緒方一博	横浜市立大学大学院医学研究科生化学	野口　潤	東京大学大学院医学系研究科疾患生命科学部門(2)
尾崎幸洋	関西学院大学理工学部	朴　三用	横浜市立大学大学院国際総合科学研究科生体超分子科学専攻設計科学研究室
河西春郎	東京大学大学院医学系研究科疾患生命科学部門(2)	濵口宏夫	東京大学大学院理学系研究科化学専攻
片平正人	横浜市立大学大学院国際総合科学研究科生体超分子科学専攻計測科学研究室	原田慶恵	（財）東京都医学研究機構・東京都臨床医学総合研究所
加納英明	東京大学大学院理学系研究科化学専攻	平野　久	横浜市立大学大学院国際総合科学研究科生体超分子科学専攻
川崎博史	横浜市立大学大学院国際総合科学研究科生体超分子科学専攻生体超分子相関科学研究室	平野泰弘	京都大学大学院生命科学研究科分子情報解析学分野
奇　世媛	横浜市立大学大学院国際総合科学研究科生体超分子科学専攻創製科学研究室	藤吉好則	京都大学大学院理学研究科生物科学専攻生物物理学教室
菊地晶裕	（独）理化学研究所播磨研究所放射光科学総合研究センター城生体金属科学研究室	藤原敏道	大阪大学蛋白質研究所蛋白質機能構造研究室
亀甲龍彦	千葉科学大学薬学部薬品物理化学講座	牧野　龍	立教大学理学部
楠見明弘	京都大学再生医科学研究所ナノバイオプロセス研究領域	松上明正	横浜市立大学大学院国際総合科学研究科生体超分子科学専攻計測科学研究室
栗原和男	日本原子力研究開発機構量子ビーム応用研究部門中性子生命科学研究ユニット生体分子構造機能研究グループ	松本　治	千葉科学大学薬学部薬品物理化学講座
黒川裕美子	横浜市立大学大学院国際総合科学研究科生体超分子科学専攻創製科学研究室	森田成昭	関西学院大学理工学部
黒木良太	日本原子力研究開発機構量子ビーム応用研究部門中性子生命科学研究ユニット生体分子構造機能研究グループ	森田　慎	横浜市立大学大学院国際総合科学研究科生体超分子科学専攻
古久保哲朗	横浜市立大学大学院国際総合科学研究科生体超分子科学専攻創製科学研究室	森田勇人	愛媛大学総合科学研究センター，農学部分子細胞生理学研究室
巨瀬勝美	筑波大学数理物質科学研究科電子・物理工学専攻	山中結子	横浜市立大学大学院国際総合科学研究科生体超分子科学専攻
		横田浩章	（財）東京都医学研究機構・東京都臨床医学総合研究所
		吉村成弘	京都大学大学院生命科学研究科分子情報解析学分野
		Le Zheng	トロント大学オンタリオ癌研究所シグナリング生物学研究室
		Tapas K Mal	トロント大学オンタリオ癌研究所シグナリング生物学研究室

実験医学 別冊

生命科学のための
機器分析実験
ハンドブック

分光分析，顕微解析，磁気共鳴分析，質量分析，イメージング解析などのあらゆる分析機器のプロトコールを完全網羅

第1章 電子スペクトル解析

1. 可視領域における分光学的解析法
〜ヘムタンパク質の室温ならびに低温における
吸収スペクトル測定と電子状態解析〜

牧野　龍

> 紫外可視分光光度計はどこの研究室にもあり，ありふれた測定機器であるが，室温の吸収スペクトル測定により，ヘムタンパク質の活性中心であるヘム鉄の配位構造，その電子状態がある程度判別できる．はじめに，分光光度計の構造・測定原理を簡単に述べ，ヘムタンパク質の可視分光分析の室温と低温における分析法を概説する．

はじめに

　分光光度計は，分子の電子エネルギー遷移を起こす紫外から可視部（200 nm〜780 nm）の波長の光を用いて分光吸光分析を行う装置である．分子がこの波長領域の光を吸収すると励起状態に遷移するが，この遷移は特定の波長をもった光の吸収に対して起こるその物質固有のものである．したがって，入射光の波長に対して吸収強度を測定すれば，目的物質の定性・定量を行うことができる．

　1940年代より，分光法は可視領域に吸収を示すヘム，フラビンや非ヘム鉄を補欠分子族とするタンパク質や酵素の反応機構，反応中間体の電子状態の解析に広く用いられてきた．そのうち，Chance らによる，ミリ秒オーダーの迅速反応の解析を可能にしたストップドフロー分光光度計の開発，ミトコンドリアなどの混濁浮遊液の分光測定を可能にした2波長分光光度計の開発とそれを用いたミトコンドリア呼吸系成分の酸化還元状態の解析は特筆に値する．

　本項では，特にヘムタンパク質の配位構造・電子状態の解析を目的とした方法を述べるが，室温あるいは低温での可視吸収スペクトル測定に基づいた配位構造・電子状態の解析はあくまで経験的なものである．磁化率，共鳴ラマン散乱法（2章4参照）あるいは電子スピン共鳴法（常磁性共鳴吸収法，4章4参照）はより直接的な方法であり，ヘム鉄の電子状態について確実な情報を与える．しかし，可視領域における分光分析は手軽な方法であり，いまだに有用な方法として用いられている．ここでは，一例として，酸化型・還元型ミオグロビンの調製法と室温におけるそれらのスペクトル測定，特殊ではあるが液体窒素温度における測定法を紹介する．

原　理

1 分光光度計の構造としくみ

　分光光度計は，光源，分光器，試料室，検出器および信号処理装置より構成されている．一般に，光源は，紫外領域では重水素ランプ，可視領域ではハロゲンランプが用いられている．モノクロ分光器は光源から出た光を分光し波長を選択する部分であり，回折格子とスリットが用いられている．入射スリットから入射した光は，まずコリメーティングミラーで反射され平行光線となり，回折格子で個々の波長に分散される．この分散角は波長により少しずつ異なるため重なり合うことはない．分光された光は，2つめのフォー

Ryu Makino：Department of Life Science, College of Science, Rikkyo University（立教大学理学部）

カシングミラーにより反射され，異なった位置に焦点を結ぶ．その結果，出口スリットから特定の波長の光（単色光）だけが取り出される．したがって，回折格子を回転させて入射光に対する角度を変えると，連続的にさまざまな波長の単色光を取り出すことが可能になる．自記分光光度計ではこのように回折格子の角度を変えて波長スキャンを行っている．

光を電気量に変換する検出器には光電子倍増管やフォトダイオードが使われており，この出力信号はコンピュータにより処理される．

2 ランベルト・ベールの法則

ある波長の光が溶液層を通過した時，入射光の強さをI_0，透過光の強さをIとすれば，吸光度（A）と物質の濃度（c），光路長（l）との間には以下のランベルト・ベールの法則が成り立つ．

$$A = \log I_0/I = \varepsilon cl$$

εはモル吸光係数とよばれ，吸収物質に固有の定数である．ランベルト・ベールの法則は，分光器（回折格子）の波長分解能によるが，現実的には，吸光度2程度までしか成り立たない場合が多いので，定量分析する際には注意を要する．

3 低温スペクトル法における利点

液体窒素温度での凍結状態では吸収帯が尖鋭化してスペクトル分析が容易になったり，電子状態の解析が容易になったりする場合がある．凍結状態における吸収スペクトル測定は低温スペクトル法とよばれる．低温スペクトルの利点は，吸収帯が先鋭化されること，吸光係数が増加することがあげられる．後者に関しては，凍結により生じた氷の結晶が光を散乱し，光路長が見かけ上長くなるためである．凍結により生じた氷の析出した状態で測定するので光がほとんど透過せず，低温スペクトル測定に使用する分光光度計はsplit beam型あるいは2波長（dual wavelength）型の装置が必要になる．現在では市販品がほとんどなく，唯一島津製作所からsplit beam型（厳密にはsplit beam型ではないが類似の製品であり，商品名MPS-2450型）の機器が市販されているにすぎない．このタイプの分光光度計の特徴は，受光面の広いhead-on型の光電子倍増管をセルに密着させて置き，透過光のみならず散乱された光を極力拾うように設計されている．

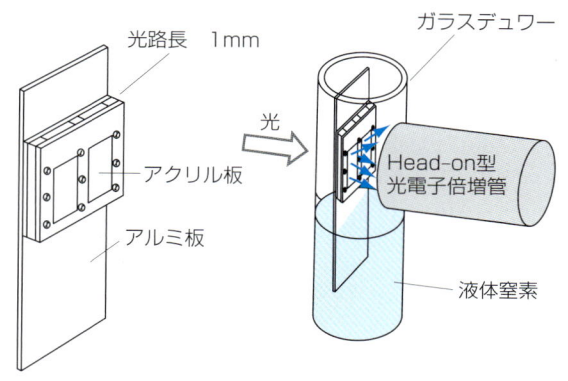

図1 低温スペクトル用アタッチメント
セルの光路長は1mm，窓板はアクリルである．セルホルダーの舌状の部分を液体窒素に浸し試料を凍結する

MPS-2450型分光光度計の試料室は狭くそのままでは以下に述べる低温デュワーが挿入できないが，余計な部分を削り取ると低温デュワーの挿入が可能である．

以前より，低温スペクトル測定にはさまざまな工夫がなされてきたが，その秘訣は光電面が広いhead-on型光電子倍増管で透過光のみならず散乱光を効率よく拾うこと，対照側セルと試料側セルをなるべく接近させること，の2点につきる．筆者の製作した低温スペクトル測定アタッチメントの構造を図1に示す．図1のアタッチメントは，ガラスデュワー（内径45 mm，外形60 mm），セルおよびセルホルダーからなっている．ガラスデュワーは光路以外を銀メッキしたものを使用し，高真空に保っている．セルの本体には熱伝導のよいアルミ材を使用している．長い舌のような部分を液体窒素中につけることによって対照側ならびに試料側セルの温度を77 K近くに維持している．セルの窓板はアクリルを使用しているので，370 nm以下の吸収を測定することはできない．対照側セルと試料側セルは接近しているので，両セルの氷の凍結状態をそろえることができ，その結果ベースラインの直線性は非常によく保たれる．光路長は1 mmであり，これ以上長くすると透過光量が減り，ノイズが増加する．

準備するもの

ここでは最も基本的なヘムタンパク質であるミオグロビ

ンを例にとり，室温スペクトルと低温スペクトルを測定し，吸収スペクトルに基づいてヘム鉄の電子状態を解析する．

<試薬類>
- 50 mM リン酸緩衝液　pH 7.0
- 5％エチレングリコールを含む 50 mM リン酸緩衝液（pH 7.0）
- 5％エチレングリコールを含む 50 mM Tris-HCl 緩衝液（pH 9.5）
- 精製ミオグロビン（市販のミオグロビンをイオン交換樹脂で精製し，上記リン酸緩衝液に溶解したもの）
- 50 mM　フェリシアン化カリウム溶液（市販のフェリシアン化カリウムを水に溶解）
- ハイドロサルファイトナトリウム（$Na_2S_2O_4$）*1

 *1 ハイドロサルファイトナトリウムは強力な還元剤であり，酸素ときわめてよく反応するので，市販品を小瓶に移し変え，シリカゲルなどの乾燥剤を入れた容器中に密閉保存する．

- 10 μM カタラーゼ
- 液体窒素
- 一酸化炭素ガス

<器具・機器>
- 10 mm 角の石英セル
- 分光光度計（ここでは double-beam 型と split-beam 型の分光光度計）
- 撹拌棒

プロトコール

1 室温における酸化型ミオグロビンのスペクトル測定

① 対照用ならびに試料用の 10 mm 角の石英セルに 50 mM リン酸緩衝液（pH 7.0）を 2 ml とり，それらを分光光度計のセルホルダーに設置し，350 nm から 700 nm 間のベースラインを測定する

② 分光光度計の波長を 409 nm に設定し，ミオグロビン溶液を試料側セルに吸光度約 1.0 程度になるように加える．試料セルのヘムタンパク質溶液に 10 mM フェリシアン化カリウム溶液を 5 μl 加える．撹拌棒にておだやかに溶液が均一になるように撹拌する*2

 *2 ミオグロビンのようにヘム鉄の酸化還元電位の高い（0 mV 以上）ヘムタンパク質は夾雑する微量の還元剤により容易に還元される．したがって，酸化型の吸収スペクトル測定に際しては酸化剤であるフェリシアン化カリウムをヘム濃度の約2倍程度加えて完全酸化する必要がある．

③ 撹拌後，波長スキャンし吸収スペクトルを測定する

2 室温における還元型ミオグロビンのスペクトル測定

① 1-③ で酸化型の吸収スペクトルを測定後，ミオグロビン溶液に 10 μl のカタラーゼを加え，おだやかに撹拌する

② カタラーゼを加えたミオグロビン溶液に固形のハイドロサルファイトナトリウムを少量（小さな薬さじの 1/10～1/20 量程度）加え，おだやかに撹拌する．この操作によりミオグロビンのヘム鉄は還元される*3

 *3 カタラーゼを加えないと，ハイドロサルファイトナトリウムと溶存酸素との反応で生じた過酸化水素が，ミオグロビンなどのヘムタンパク質と反応しヘムの分解などを引き起こす場合がある．なお，還元に際してハイドロサルファイトナトリウムを多量に加えるとヘムタンパク質は変性する．また，ハイドロサルファイトナトリウムは 360 nm 以下に強い吸収を示すので，それ以下の吸収スペクトルを測定する際には注意を要する．

③ ハイドロサルファイトナトリウムを添加して 2 分後に波長スキャンし，吸収スペクトルを測定する

④ ミオグロビン溶液に一酸化炭素ガスを泡だたぬようにおだやかに通気し，一酸化炭素化型を調製し，その吸収スペクトルを測定する*4

 *4 なお，一酸化炭素はきわめて毒性が強いので，通気操作はドラフト内で行う．

3 液体窒素温度におけるミオグロビンの吸収スペクトル測定

① 対照用ならびに試料用の低温セルに 5％エチレングリコールを含む 50 mM リン酸緩衝液（pH 7.0）あるいは Tris-HCl 緩衝液（pH 9.5）を入れ（約 450 μl），デュワー中の液体窒素にセル部の長い舌のような部分（図 1）を浸しゆっくり凍結する

② 完全に凍結後，セル部を組み込んだデュワーを分光光度計内に設置する．次に，光電子倍増管を取り外し，波長を 550 nm に設定したのち試料側ならびに対照側のセルにほぼ等しく光が透過するようにセルの位置を設定する（光量の設定は目検討で充分である）*5

 *5 島津の分光光度計では光電子倍増管が取り外し可能である．光電子倍増管を取り外す際には，光電子倍増管に強い光を当ててはならない．光による光電子倍増管の劣化を避けるために，なるべく測定室を暗くして行う．

③ 次に，光電子倍増管を可能な限りデュワーに密着させ固定し，350 nm から 700 nm 間のベースラインを測定する．ベースラインの測定後，波長スキャ

ンしベースラインが平坦であることを確認する*6

*6 なお，凍結時の氷の状態を同一にはできないので，測定試料測定時のベースラインが，3-3のベースライン測定時のものと少々異なるがスペクトルの形には影響しない（つまり，試料のスペクトルは上下に平行移動するが，スペクトル形状は変わらない）．

❹ デュワーからセル部をとりだし，ドライアーで送風しながらセルを室温に戻し，凍結した緩衝液を溶解する．その後，純水にて数回セルを洗い，乾燥窒素ガスを吹き付け乾燥させる

❺ エッペンチューブに，5％エチレングリコールを含む50 mM リン酸緩衝液（pH 7.0）あるいは50 mM Tris-HCl緩衝液（pH 9.5）に溶解したミオグロビン溶液を1 ml調製する*7

*7 低温スペクトル測定においては，ヘムタンパク質の濃度は室温測定で使用した濃度とほぼ同じで充分である．これ以上濃度を上げると，逆に450 nm以下の吸収スペクトルが測定し難くなる．

❻ 低温セルの試料側セルに試料溶液を，対照側セルに緩衝液を入れる．3-❶と同様にゆっくり凍結後，セルをデュワーに組み込み，3-❷と同様に試料側と対照側のセルの光量をほぼ同じになるようにデュワー位置を設定する．波長スキャンしスペクトルを記録する

実験例

ミオグロビンの活性中心は，プロトヘムIXすなわち鉄とプロトポルフィリンIXの錯体である．ポルフィリン核は平面構造をとり，その中心に存在する鉄はポルフィリン核由来の4個の配位子（ピロールの窒素原子）と平面の下部および上部から第5，第6配位子の合計6個の配位子が結合しうる．ミオグロビンでは第5配位座にヒスチジン残基の窒素原子が配位している．酸化型では，409 nmに強い吸収帯（Soret帯）と504 nmと635 nmの弱い吸収帯が見出される（図2）．これらの吸収帯は，BrillとWilliams[1]によるヘム鉄の磁化率測定との比較から，酸化型高スピン型の吸収帯に帰属されている．その後，さまざまなヘムタンパク質の磁化率測定，電子スピン共鳴解析[2]〜[5]から，第5配位座にヒスチジン残基あるいはシステイン残基をもつヘムタンパク質では，5配位ならびに6配位高スピン型では例外なく500 nmと640 nm付近に吸収帯をもつこと，また，6配位高スピン型では410 nm

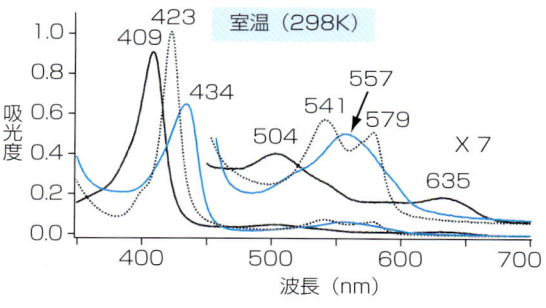

図2 ミオグロビンの室温における吸収スペクトル
8 μMのミオグロビンの酸化型，還元型，還元型一酸化炭素複合体をプロトコールに従って調製し，室温にて吸収スペクトルを測定した．なお，450 nm以上の×7のスペクトルは，縦軸の吸光度の値を7倍したスペクトルである

付近に，5配位高スピン型では390 nm付近にSoret帯の吸収帯を示すことが確認されている．したがって，酸化型において390〜410 nmにSoret帯を，500 nmと640 nm付近に弱い吸収帯を示すヘムタンパク質は高スピン型に帰属してよい．

第5配位座にヒスチジン残基をもつミオグロビンなどのヘムタンパク質の還元型は5配位高スピン型（第6配位座は空位）であり，例外なく435 nm付近にSoret帯を，また560 nm付近に吸収帯を示す（図2）．一方，第5配位座にシステイン残基のS⁻基が配位したヘムタンパク質，例えばシトクロムP450ではその還元型Soret帯を410 nmに示すが，可視領域の吸収帯の波長は第5配位座にヒスチジン残基をもつヘムタンパク質のそれらとほぼ同じである．還元型ヘム鉄に一酸化炭素が結合するとヘム鉄は6配位低スピン型に変換し，第5配位座にヒスチジン残基をもつミオグロビンやペルオキシダーゼなどのヘムタンパク質のCO型では例外なくそのSoret帯の極大波長は420 nm付近にある（図2）．また，可視領域においては540と580 nm付近に2つの分裂した吸収帯を示す．図には示していないが，シトクロムP450などの第5配位座にシステイン残基をもつヘムタンパク質では，高スピン型還元型ヘム鉄に一酸化炭素（CO）が結合し6配位低スピン型になると，450 nm付近に特徴的なSoret

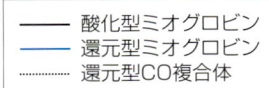
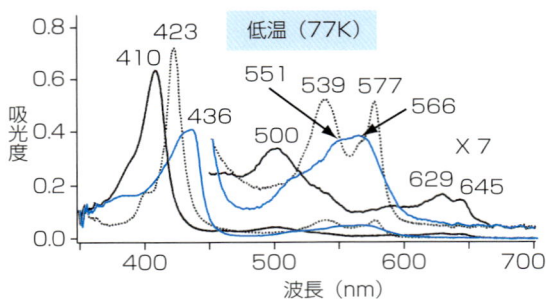

図3 ミオグロビンの低温（77K）における吸収スペクトル

ミオグロビンの酸化型，還元型，還元型一酸化炭素複合体をプロトコールに従って調製し，液体窒素で凍結後吸収スペクトルを測定した．ミオグロビンは，図2と同じ濃度を使用した．なお，450 nm以上の×7のスペクトルは，縦軸の吸光度の値を7倍したスペクトルである

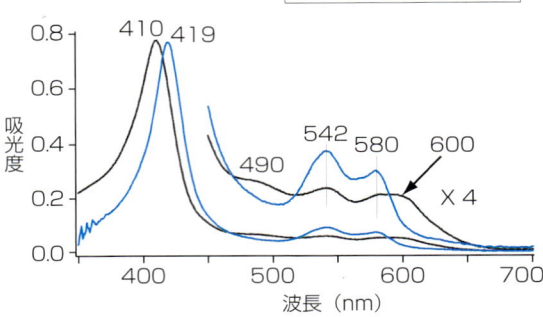

図4 アルカリ型ミオグロビンの室温と低温における吸収スペクトルの比較

pH 9.5の緩衝液に溶解した酸化型ミオグロビンの吸収スペクトルを室温と低温で測定した．低温では，低スピン型に完全に変換するのがわかる．なお，450 nm以上の×4のスペクトルは，縦軸の吸光度の値を4倍したスペクトルである

帯が見出される．したがって，還元型CO型が450 nmにSoret帯を示すヘムタンパク質の第5配位座アミノ酸残基はシステインであると言ってよい．

低温スペクトル測定においては，図3にみられるようにミオグロビンの酸化型，還元型の高スピン状態のスペクトルは微細構造と若干の尖鋭化（吸収帯の幅が狭くなる）を示すが，室温におけるそれらと較べてそう大きな相違はみられない．しかし，吸収強度は，低温スペクトルにおける光路長が室温スペクトルの1/10であるにもかかわらず両者でほぼ同じであり，低温スペクトルでは著しく吸収強度が増加するのがわかる．

ヘムタンパク質のなかには温度を下げるとスペクトルの形が著しく変わる場合がある[5)～7)]．図4はその1例である．酸化型ミオグロビン溶液のpHをアルカリ側にするとヘム鉄に配位しているH_2Oが解離してOH^-になり，490, 542, 580, 600 nmに吸収帯を示すアルカリ型が生じる[6)]．542と580 nmの吸収帯は低スピン型由来であり，490と600 nmの吸収帯は高スピン型に帰属されている（pH7.0での高スピン型とは別種の高スピン型であり，thermally excited high spinとよばれる）．低温にすると490と600 nmの高スピン型の吸収帯は完全になくなり，542と580 nmの吸

---

memo

スピン平衡

ヘム鉄は，酸化型（Fe^{3+}）では5個，還元型では6個の3d電子を三重に縮退した$d\varepsilon$軌道と，二重に縮退した$d\gamma$軌道に収容している．Fe^{3+}状態では，第5，第6配位座を占める原子の性質より，$d\varepsilon$軌道と$d\gamma$軌道間のエネルギー差（Δ）は大きくなったり，小さくなったりする．Δが大きいと電子は$d\varepsilon$軌道に対を作って低スピン状態になる．Δが小さいと対を作るときの電子の反発より$d\gamma$軌道に1個ずつ入る方が安定になり高スピン状態になる．Δが比較的小さいときには，室温では高スピン状態と低スピン状態が混じり，低温になると低スピン状態が基底状態になる．このような温度平衡はスピン平衡とよばれる．

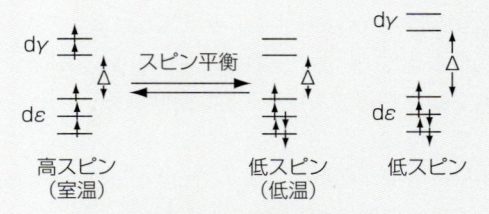

ヘム鉄Fe^{3+}のスピン状態

収帯を示す低スピン型に移行する．このような温度によるスピン変換はスピン平衡とよばれ，低温スペクトルは手軽にスピン平衡が解析可能な優れた方法である．

おわりに

室温ならびに低温における吸収スペクトル測定から，ヘム鉄の配位構造，電子状態を推定する方法を簡単に述べた．液体窒素温度における低温スペクトル測定は特殊な方法ではあるが，混濁試料の測定が可能なこと，吸収帯の尖鋭化と吸収強度の増強から，細胞やオルガネラに存在するヘムタンパク質の分析に用いられてきた．その1例として，好中球のヘムタンパク質を分析したわれわれの結果[8]を挙げておく．

参考文献

1) Brill, A. S. & Williams, R. J. : Biochem. J., 78 : 246-253, 1961
2) Iizuka, T. et al. : J. Biol. Chem., 246 : 4731-4736, 1971
3) Alpert, Y. & Banerjee, R. : Biochim. Biophys. Acta, 405 : 144-154, 1975
4) Hori, H. : Biochim. Biophys. Acta, 251 : 227-235, 1971
5) Yonetani, T. et al. : J. Biol. Chem., 241 : 5347-5352, 1966
6) Iizuka, T. & Kotani, M. : Biochim. Biophys. Acta, 181 : 275-286, 1969
7) Beetlestone, J. & George, P. : Biochemistry, 3 : 707-714, 1964
8) Iizuka, T. et al. : J. Biol. Chem., 260 : 12049-12053, 1985

第1章 電子スペクトル解析

2. 紫外吸収スペクトル
～タンパク質と核酸の濃度の決定～

大山貴子，松上明正，片平正人

分光光度計を用いた紫外吸収スペクトル（吸光度）の測定に基づいたタンパク質および核酸の濃度の簡便な決定，タンパク質試料への核酸の混入の紫外吸収スペクトルによる迅速な判定

はじめに

タンパク質や核酸の濃度を決定する最も簡単な方法は，これらによる紫外光の吸収の度合いを利用するものである．濃度を決定する別の方法である比色法とは異なり，特別な試薬類は必要なく，分光光度計さえあれば濃度を決定できる．ただしあらかじめタンパク質のアミノ酸配列ないしは核酸の塩基配列を知っておく必要がある．本項では，タンパク質と核酸の各々について，紫外吸収スペクトルを用いた濃度の決定法を解説する．

原理

タンパク質中のトリプトファンおよびチロシンは，280 nm 付近の紫外光を吸収する．また核酸中のグアニン，アデニン，シトシン，チミン，ウラシルの各塩基は，260 nm 付近の紫外光を吸収する．吸収の度合いに関しては，各アミノ酸および塩基によって固有の値がすでに知られている．したがってタンパク質のアミノ酸配列ないしは核酸塩基配列がわかっていれば，上記の個々のアミノ酸ないしは塩基による吸収の度合いを足し算することで，ある決まった濃度（例えば 1 mol/l）のタンパク質ないしは核酸が示す吸収の度合いを，計算によって求めることができる．実際に試料の吸収の度合いを実験的に求めて，この計算値と比較することによって，タンパク質ないしは核酸の濃度を決定することができる．

準備するもの

- 濃度を決定したいタンパク質ないしは核酸の水溶液
- 分光光度計
- セル（光路長 1 cm のものと 0.1 cm のものの両方があることが望ましい）

プロトコール

1 タンパク質の濃度の決定法

❶ タンパク質水溶液の紫外吸収スペクトルを分光光度計を用いて測定する[*1, 2]．そして波長 280 nm における吸光度（A_{280}）を求める．この際 A_{280} がおおむね 0.05～1.0 の範囲になるように，タンパク質水溶液の濃度を調整する[*3]．もし A_{280} が 1.0 を超えていた場合には，水溶液を薄めるか，あるいはより薄いセル（1 cm→0.1 cm）を用いて再度測定を行い，A_{280} が 0.05～1.0 の範囲になるようにする

*1 吸収スペクトルの高波長側は330 nmまで測定し，330 nmにおける吸光度が0になっていることを確認する．もし0とは大きく異なる値であった場合には，ブランクを測定し直した上で，再度タンパク質ないしは核酸水溶液の測定を行う．330 nmにおける吸光度がほぼ0になっていない場合には，A_{280}（あるいはA_{260}）も「げた」をはいた値となってしまい，濃度が正確に求められない．

*2 $A_{260}/A_{280} > 1.5$の場合には，核酸の混入が疑われる．この場合には，タンパク質の濃度を正確に求めることはできない．核酸を除去することが先決である．

*3 セルに入射する光の強度をIi，セルから出てきた光の強度をIoとすると，Aは
$$A = \log_{10}(Ii/Io)$$
と定義される．仮に入射光の90％がタンパク質水溶液によって吸収された場合（$Ii/Io = 100/10 = 10$）には，$A = 1.0$となる．同様に入射光の99％が吸収された場合（$Ii/Io = 100/1 = 100$）には，$A = 2.0$となる．一方入射光の10％が吸収された場合（$Ii/Io = 10/9$）には，$A = 0.05$となる．これより，値を$0.05 \sim 1.0$におさめることが，吸光度を正確に測定するための1つの目安となる．特に吸光度の値が1〜2を超えると，実際の吸光度が測定値に反映されなくなり，頭打ちした値が分光光度計から得られてしまう．このような状況下では，正確な濃度を求めることはできない．

❷ 次式によって当該タンパク質の280 nmにおけるモル吸光係数（ε_{280}）を算出する[1)][2)]，*4

ε_{280}（$mol^{-1} \cdot l \cdot cm^{-1}$）＝
（タンパク質中のトリプトファンの総数）× 5690
＋（同チロシンの総数）× 1280

*4 タンパク質中でトリプトファンおよびチロシンがおかれた環境（疎水的か親水的かなど）によって，実際のε_{280}の値はこの計算式で得られたものとは若干異なることがある．よく研究されているタンパク質の場合，正確なε_{280}の値が文献に報告・記載されているので，これを用いることができる．

❸ 次式のランベルト・ベールの法則に従って濃度（c）を求める
$$A_{280} = \varepsilon_{280} \cdot c \cdot l$$
ただしlは，光路長（セルの厚み，cm）である

2 核酸濃度の決定法

❶ 核酸水溶液の紫外吸収スペクトルを分光光度計を用いて測定し，260 nmにおける吸光度（A_{260}）の値を求める*1, 5, 6．この際A_{260}がおおむね0.05〜1.0の範囲に入るように，濃度もしくは光路長（セルの厚み）を調整する*3

*5 吸光度はpHに依存するので，測定は原則として中性付近で行う．

*6 二重らせん構造などを形成して塩基と塩基がスタッキングすると，吸光度の値は小さくなる（淡色効果）．ここで温度を上昇させると二重らせん構造が壊れて，塩基と塩基のスタッキングも解消され，吸光度の値が大きくなる（濃色効果）．ここではいま単量体の吸収の足し算が当該核酸の吸収であると仮定して，ε_{260}の値を算出している．単量体間の相互作用（スタッキングなど）を失くすためには，温度は高い方が望ましい．したがって吸光度の測定もできるだけ高い温度で行った方が，正確な濃度を求めることができる．さらに試料の量が十分ある場合には，切断酵素によって核酸を単量体レベルまで分解しそのうえで吸光度を求めると，スタッキングの効果が排除され濃度をより正確に求めることができる．

❷ 次式によって当該核酸の260 nmにおけるモル吸光係数（ε_{260}）を算出する[3)]．

ε_{260}（$mol^{-1} \cdot l \cdot cm^{-1}$）＝
（核酸中のグアニン塩基の総数）× 12800 [11400]
＋（同アデニン塩基の総数）× 15700 [15000]
＋（同シトシン塩基の総数）× 8100 [7400]
＋（同チミン（ウラシル）塩基の総数）× 8400 [9900]

なおDNAの場合には［ ］の付いていない方の値を，一方RNAの場合には［ ］の付いた値を用いて算出する

❸ 次式のランベルト・ベールの法則に従って濃度（c）を求める．
$$A_{260} = \varepsilon_{260} \cdot c \cdot l$$
ただしlは光路長（セルの厚み，cm）である

❹ 塩基組成が不明な場合には，次のような概算を用いることもある．光路長1 cmのセルで測定した際の260 nmの吸光度A_{260}が1.0の場合，濃度はおおよそ二本鎖DNAならば50 μg/ml，一本鎖DNAならば33 μg/ml，一本鎖RNAならば40 μg/mlとみなすことができる[4)]

実験例

図1にタンパク質と核酸の典型的な紫外吸収スペクトルを示す．タンパク質は280 nm付近に吸収極大をもち，一方核酸は260 nm付近に吸収極大をもつ．われわれが構造解析を行っている神経細胞の分化を制御するタンパク質であるMusashiは，トリプトファンを1個，チロシンを2個，有している．したがってモル吸光係数ε_{280}（$mol^{-1} \cdot l \cdot cm^{-1}$）の値は

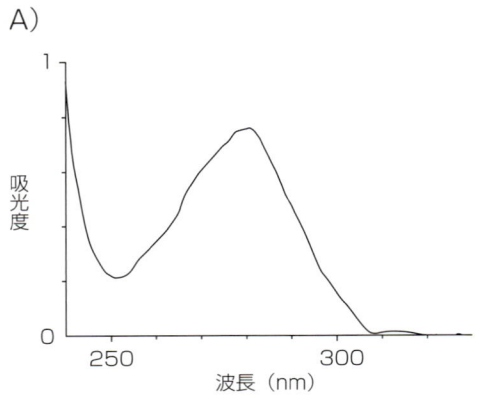
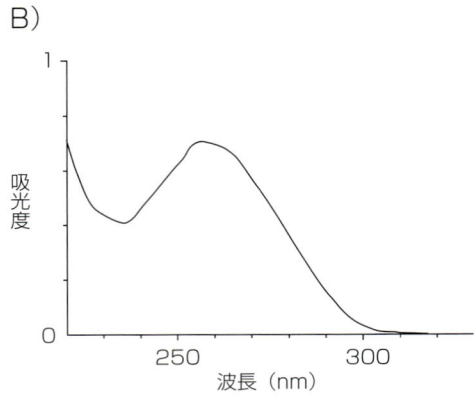

図1 タンパク質および核酸紫外吸収スペクトル
タンパク質は 280 nm 付近に（A），一方核酸は 260 nm 付近に吸収極大を有する（B）

$\varepsilon_{280} = 1 \times 5690 + 2 \times 1280 = 8250$

となる．

いま仮に 1 cm セルを用いた際の吸光度が 0.3 であった場合，ランベルト・ベールの法則より

$0.3 = 8250 \cdot c \cdot 1$

となり，濃度（c）は 3.64×10^{-5} mol/l^{-1} となる．

またわれわれが生理的なイオン条件下における特異な立体構造を NMR 法によって決定した 22-mer のヒトのテロメア DNA：d [AGGG (TTAGGG)₃] の場合，グアニンを 12 個，アデニンを 4 個，チミンを 6 個有している．したがってモル吸光係数 ε_{260}（mol^{-1}・l・cm^{-1}）の値は

$\varepsilon_{260} = 12 \times 12800 + 4 \times 15700 + 6 \times 8400 = 266800$

となる．

いま仮に 1 cm セルを用いた際の吸光度の値が 3.5 であったとする．この場合，吸光度の値が 1〜2 を超えてしまっているので，正しい値が得られていない可能性が高い．実際同じ核酸水溶液の吸光度を 0.1 cm セルを用いて測定したところ，値は 1/10 の 0.35 とはならず 0.9 となった．これより 1 cm セルを用いた際には，吸光度の値が頭打ちしていて，正確な値が得られていなかったことがわかる．0.1 cm セルを用いて測定した際には吸光度の値が適正な範囲に入っているので，これより濃度を求めると，ランベルト・ベールの法則より

$0.9 = 266800 \cdot c \cdot 0.1$

となり，濃度（c）は 3.37×10^{-5} mol/l となる．

おわりに

紫外吸収スペクトルを用いたタンパク質および核酸の濃度の決定は，簡便なため広く用いられている．しかし意外な落とし穴もあり，それに留意しないと正しい濃度を求めることができない．そうならないために本項のプロトコール中に示した各注意点に，ぜひ一度目を通してもらいたい．

参考文献

1) Edelhoch, H. : Biochemistry, 6 : 1948-1954, 1967
2) Pace, C. N. et al. : Protein Sci., 4 : 2411-2423, 1995
3) 三浦謹一郎他/編：生化学ハンドブック, pp103-114, 丸善, 1984
4) Maniatis, T. et al. : Mol. Cloning, Appendixes E5, Cold Spring Harbor Laboratory Press, 1989

第1章 電子スペクトル解析

3. 蛍光標識法
〜蛍光で生体分子を光らせる〜

上野 匡，浅沼大祐，長野哲雄

> プローブ（probe）とは【探索針】であり，ある物質の存在を確認するための手掛かりに用いる分子である．ここでは蛍光性の分子をプローブとして，生体分子の様子を覗き見るために必須である蛍光ラベル化の技術について概観する．

はじめに

われわれの生体内では，さまざまな分子が組織化することで高度な生体機能を発現し，これをダイナミックに変化させることで外部刺激に応答し，また順応している．これら動的に変動するタンパク質などの生体分子の様子や，生体内イベントをリアルタイムに解析することは生命現象を理解するうえで重要な課題の一つである．しかしながら，われわれの体の中に存在する生体分子のほとんどは無色であることから，細胞の中で生理活性分子の放出や，タンパク質の相互作用といったイベントがいつ，どこで，また，どのように起こっているのかといったことを，直接目で観察することができない．もちろん一つ一つの分子を取り出し，さまざまな手法を駆使し，これを組み合わせることで，分子のもつ特性を理解することは重要であるが，その一方で，われわれの生命現象を垣間見るには，やはり，生理的条件下でこれらをリアルタイムに解析することが望ましい．感度や時空間的な解像度が優れ，生理的な条件下において分子の挙動を観察する手法として蛍光をプローブとした解析法は最も強力な手法の一つであろう．

蛍光をプローブとして生体分子の様子を解析するためには，もちろん，観察対象が蛍光を発することが必須である．一方で，観察対象とする分子が都合よく蛍光法に適した蛍光を発することはきわめて例外的であり，それ故，蛍光分子で観察対象をいかに標識するかは，蛍光法による解析において避けて通れない始原的な課題となる．本項では，蛍光を用いた生体関連分子を蛍光で解析するにあたり必須となる蛍光標識法にスポットを当て，これを概観していく．

原理

1 蛍光分子と標識

蛍光法のプローブとして利用されるもののうち，最も単純なのは，生体分子の蛍光をそのまま利用することである．例えば，芳香族アミノ酸の一種であるトリプトファンがこれにあたるが，励起光にエネルギーの高い紫外領域の光を必要とするために，生体分子へのダメージ（光毒性）が生じやすく，また，観察対象以外の生体分子からの蛍光がノイズとしてシグナルに紛れ込むなどの問題を有している．さらに，一つのタンパク質中に内因性蛍光残基が複数存在する場合もあり，解析に不向きなことがしばしばである．そこで，現在汎用されているものが，フルオレセインやローダミン，BODIPY，Cyanine色素といった有機性小分子（図1A）や，一部の特殊な生物から単離された緑色

Tasuku Ueno, Daisuke Asanuma, Tetsuo Nagano : Graduate School of Pharmaceutical Sciences, The University of Tokyo（東京大学大学院薬学系研究科）

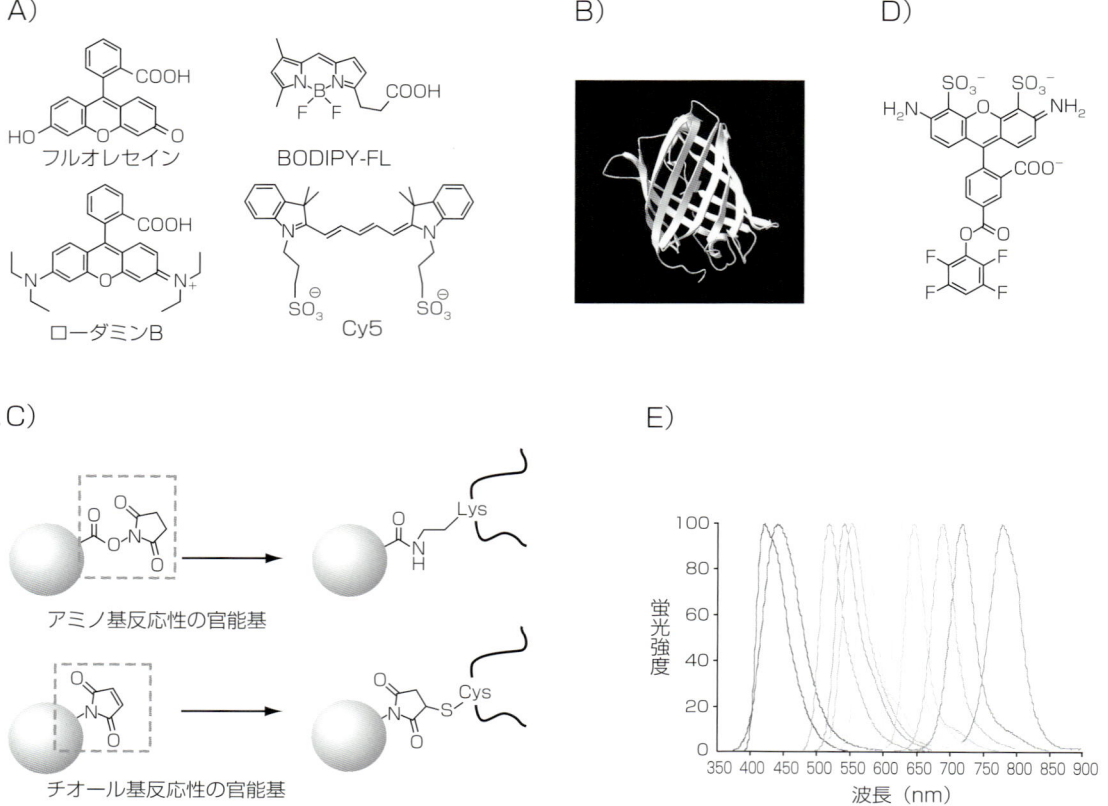

図1 基本的な蛍光分子の構造とスペクトル
A）合成小分子の蛍光色素の例，B）蛍光タンパク質の構造，C）有機反応に基づく，アミノ酸残基のラベル化，D）Alexa 488，E）Alexa シリーズの蛍光スペクトル

蛍光タンパク質（green fluorescent protein：GFP）（図1B），原子クラスターであり半導体物質であるQdotなどである．それぞれさまざまな種類が存在し，波長，吸光係数，蛍光量子収率，pH依存性，水溶性，安定性，光褪色耐性などの特性が異なるが，ここでは深く触れない．

A）共有結合性のラベル化法

有機小分子の蛍光色素を観察対象のタンパク質とつなぐ方法としては，共有結合を介するものと，非共有結合性の相互作用を利用する方法がある．まずは共有結合性のラベル化法に着目してみよう．有機小分子性の蛍光色素を，共有結合を介してタンパク質に結合させる方法とは，有機合成反応を利用する方法であり，最も簡便なラベル化手法である．アミノ基への結合能を有する官能基として，スクシンイミドエステルなどに代表される活性エステル，イソシアネートなどが知られており，また，チオール基へのラベル化が可能な官能基として，マレインイミド，ヨードアセトアミドなどが知られている．分子内にこれらの官能基を有する蛍光物質をタンパク質と混合することで，速やかに反応が起こり，タンパク質のラベル化を行うことができる（図1C）．これらの反応性官能基は，アミノ酸のみならず，アミノ基やチオール基を有する小分子や核酸などにも応用可能である[1]．Invitrogen社から販売されているAlexa Fluorシリーズは，有機小分子性の蛍光色素であり，分子内にスルホン酸基を有する高水溶性のラベル化試薬群である（図1D）[1]．アミノ基やチオール基への結合部位を有するAlexa Fluorシリーズが販売されており，図1Eにあるように，非常に幅広いカラーバリエーションが存在し，他の色素と比

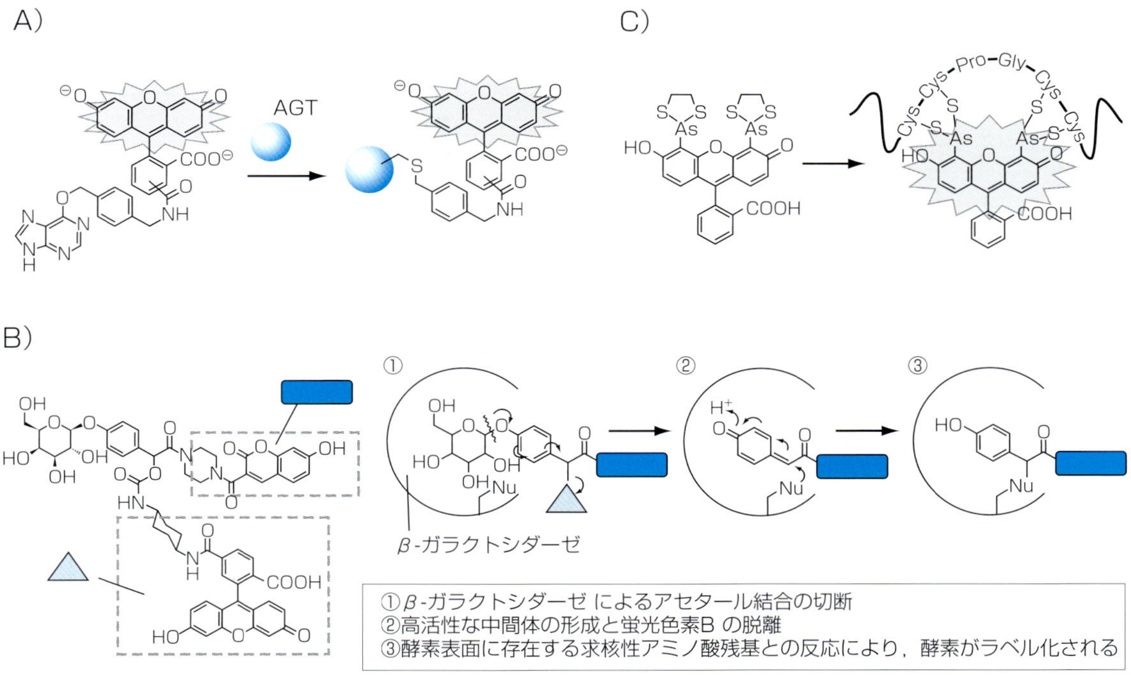

図2 高度なラベル化が可能な試薬の例
A) AGT活性に基づく，ラベル化試薬，B) β-ガラクトシダーゼ活性に基づく，蛍光色変化型ラベル化試薬，C) テトラシステインモチーフを認識するFlAsH

べ，水溶性・光褪色耐性・蛍光性などが高いという利点を有する．このようなラベル化試薬は，緩和な生理的条件化で，かつ簡便な操作でラベル化を進行させることができるという利点がある反面，ラベル化はアクセシビリティーの高いアミノ酸残基に限られ，また非選択的にラベル化を起こすため，ラベル化の効率，その位置をコントロールすることが困難な場合も多々ある．細胞内など，反応可能なアミノ酸残基が混在する環境の中で，標的となるもののみを選択的にラベル化することはできない．

B) 非共有結合性のラベル化法

非共有結合を利用したラベル化方法のうち最も実用的なものは，ビオチンとストレプトアビジンの組み合わせであろう．アビジンは卵白中に含まれる塩基性の糖タンパク質であり，ビオチンとの結合定数は10^{-15}にも達する．蛍光ラベル化されたビオチン，もしくはアビジンや，蛍光半導体であるQdot表面にストレプトアビジンを結合させた分子も販売されており，これらを利用することで，簡便に標的分子をラベル化することが可能である．

2 高度な蛍光ラベル化試薬

前述のように，ラベル化試薬はこれまで多様に開発されてきたものの，これらを用いるだけでは，雑多な分子が混在する細胞中にある標的分子を，特定の時間や特定の空間などの任意の条件下においてラベル化することは難しい．そこで，観察対象を細胞の中において生きたそのままの状態で，ラベル化し，リアルタイムにこれを解析することを目指し，本項で紹介するようにさまざまなアプローチからこれを解決する手法の開発が試みられている．酵素反応を利用することで，高度なラベル化を可能とする手法のさきがけ的研究として知られているのが，Johnsson KらのBGFLである．BGFLは，O^6-alkylguanine-DNA alkyltransferase（AGT）の酵素反応により，活性中心に対し不可逆的に結合するグアニン誘導体と蛍光色素を結合させた構造であり，AGTを酵素活性に応じて，共有結合的にラベル化できる（図2A）[2]．AGTと観察対

象を直結させた分子をあらかじめ作成しておくことで，目的タンパク質のみをAGT酵素活性に依存して，特異的にラベル化することが可能である．同様に，小分子と蛍光小分子と酵素活性を利用したラベル化法ですでに市販されているものとしてはHalo-tag™がある[3]．Halo-tag™は，プロメガ社により開発された蛍光タグであり，バクテリア由来の脱ハロゲン化酵素（Halo-alkane dehalogenase）に遺伝子改変を加えたものである．細胞膜を透過したリガンドは速やかにタグへ結合し，未結合のリガンドは簡単な洗浄により排出可能という利点を有する[3]．さらに，色素（Halo-tag™リガンド）のバリエーションも多く，パルス・チェイス染色に適用できるなど，さまざまなアプリケーションに対応できる．

一方，近年では，上記のような分子のさらなる機能化を推し進め，反応前後で蛍光特性に変化が起こるラベル化試薬の開発も行われている．例えば，ごく最近，筆者の所属する研究室において開発に成功したCMFβ-Galでは，FRET現象を組み込んだ巧みな分子設計を行うことで，反応前後で蛍光を発する分子がフルオレセインからクマリンへと変化する[4]．反応前ではフルオレセイン蛍光が発せられるが，β-ガラクトシダーゼによりアセタール構造の特異的加水分解が起こると，高活性の構造が生じ，フルオレセインが脱離する（図2B）．生じた中間体に対し，タンパク質の求核性残基と共有結合を形成すると，標的タンパク質がクマリン蛍光として観察できるというものである．

一方，酵素活性を必要とせず，特異的なラベル化反応の前後で蛍光性が高まる分子としては，Tsien RYらにより開発され，すでにInvitrogen社からも販売されているラベル化試薬FlAshがある（図2C）[5][6]．FlAshは，分子内にヒ素原子を有するフルオレセイン誘導体で，テトラシステインタグに対して，高い特異性と親和性を有し，反応前は蛍光性が著しく減弱しており，テトラシステインモチーフとの反応により，蛍光性が大きく回復する特徴を有する．これの性質により，わずか6残基という小さな配列：テトラシステインモチーフを導入した特定のタンパク質が選択的にラベル化観察可能となる．また，FlAshの類縁体であり蛍光色の異なるReAsHも販売されており，その有用性は高い．

実用化には至っていないものの，近年では，アミノ酸配列やRNA aptamerなど，特定の配列とこれに対し親和性の高い小分子を組み合わせることで，非共有結合的にラベル化する手法の開発も進んでおり，この後の発展が期待される．

3 機能化された蛍光プローブによる解析

本項で述べてきたように，タンパク質や核酸などであれば，そのラベル化方法は多様に発展しており，選択肢の幅は広がりつつある．では，もっと小さな分子を観察したい場合にはどうだろうか？　例えば生体内においてセカンドメッセンジャーとして活躍し，その細胞内動態がさまざまな生命活動とリンクするカルシウムイオンはたった一つの原子であり，ラベル化することは不可能である．また例えば，生体内ではわずかな時間しか存在しないような活性酸素種（ROS）のような分子，さらに，酵素活性といった機能を観察したい場合には？　これらが細胞内でどのような動態を示すかは，われわれの生命現象を紐解く上で非常に重要な課題の一つであり，これを解決する手段も近年発展してきている．それが機能化された蛍光色素：蛍光プローブである．

蛍光プローブとは，観察対象と特異的に反応し，その反応前後で蛍光特性が変化する機能化された蛍光色素である（図3A）．その原理はさまざまであるが，標的特異的な反応部位（相互作用部位）を有する蛍光分子であり，①標的分子との反応により蛍光性の増大するもの，もしくは逆に蛍光が減弱するもの，②標的分子との反応により，蛍光スペクトル，もしくは励起スペクトルが変化するもの，の2つに大別される．カルシウムプローブを例にとれば，共通するカルシウムキレーター構造（BAPTA）を有するプローブFluo-3とfura-2があり[1]，前者は①，後者は②に属する（図3B）．①の蛍光強度が変化するプローブでは，得られる蛍光強度が得られるシグナルとなり，直接観察対象の量を表す．②のスペクトルが変化するプローブ群は，異なる波長でのシグナル比をデータとして得るレシオ測定型のプローブであり，シグナル比が観察対象の量を反映する（図3C）．レシオ型のプローブを用いた測定では，プローブの濃度の不均一性，分子の褪色などによるアーティファクトを排除することができることから，より定量性の高い議論が可能である．その一方で，異なる波長の励起光を必要とする，もしくは，

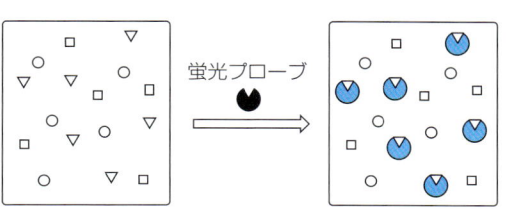
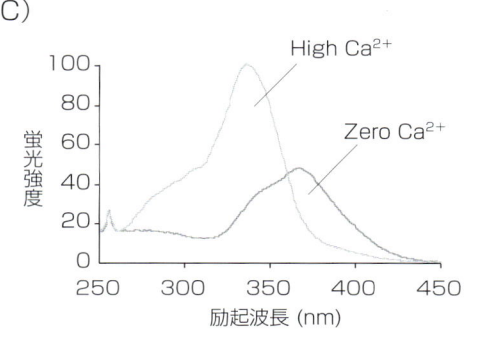
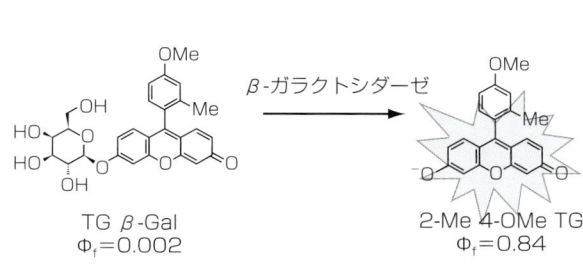

図3 蛍光プローブの原理と構造
A) 蛍光プローブの概念図, B) カルシウムプローブの例, C) fura-2のスペクトル変化, D) われわれが開発したβ-ガラクトシダーゼ活性検出プローブ

異なる波長を素早く切り替え検出する必要があるため, 装置が複雑化してしまい, 高速での画像取得は難しい. また, 幅広い波長を1つのプローブで占有してしまうため, 他の蛍光色素や蛍光プローブとの同時染色観察が困難となる.

筆者の所属する研究室では, 蛍光プローブの開発を精力的に行っており, これまでに, NO, ONOO⁻, $^1O_2$, highly reactive oxygen species, ⁻OClなどのROS, β-ガラクトシダーゼ活性, アルカリフォスファターゼ活性, LAP活性などの酵素活性検出用プローブ, Zn^{2+}, Mg^{2+}, Na^+ などの無機イオンに対するプローブの開発に成功しており[7], 図3Dに示したTG-βGal[8]をはじめ, その多くを市販するに至っている.

4 Alexa Fluorシリーズの蛍光色素を用いた蛍光バイオイメージング

Alexa FluorシリーズはInvitrogen社より販売される蛍光色素である. 一般的に, Alexa Fluor ***として名前が付けられ, ***は蛍光色素の励起の際に推奨されるレーザーの波長[nm]を表している. 利用可能な蛍光波長は紫外領域から近赤外領域と幅広く, 共染色実験など用途に合わせて使い分けることができる. Alexa Fluorは水溶性が高く, その蛍光特性は幅広い範囲でpHの影響を受けず, 光褪色に強いため, バイオイメージング実験に適し, 多数回のイメージング画像取得に耐えうる. また, Alexa Fluorシリーズの中には, タンパク質などにラベル化可能なスクシニミジルエステル (SE) やマレイミド基を有するものも多く, 観察標的となるタンパク質に対してラベル化を行い, その標的の動態をリアルタイムで観察することが可能である.

準備するもの

<試薬>
- Alexa Fluor 647 SE (Invitrogen社)

- ジメチルスルホキシド（DMSO）
- Herceptin（Genentech社）
- PBS（pH 7.4）（GIBCO社）

＜器具＞
- PD-10カラム（Amersham Biosciences社）

＜細胞＞
- NIH3T3/HER2細胞
（この実験系では、SKBr3細胞などHER2[*1]を過剰発現している細胞なら可）

 *1 HER2：human epidermal growth factor receptor 2（ヒト上皮成長因子-受容体2）

＜装置＞
- 共焦点レーザー走査顕微鏡
- 落射型蛍光顕微鏡

プロトコール

1 試薬の調製

1. 1 mg（0.8 μmol）のAlexa Fluor 647（Alexa647）SEを80 μlのDMSOに溶解させ、10 mMのAlexa647 SEストック液を調製する
2. また、HER2に対するモノクローナル抗体（IgG）であるHerceptinを200 mMリン酸ナトリウムバッファー（pH 8.4）に溶解し、1.0 mg/ml Herceptin溶液（3.4 nmol/ml IgG）を調製する

memo

蛍光色素のスクシニミジルエステルを用いてラベル化反応を行う場合、ラベル化対象となるタンパク質を溶解させるバッファーのpHは8〜9程度が推奨される．

2 蛍光色素のタンパク質へのラベル化

1. 1.0 mlの1.0 mg/ml Herceptin溶液を1.5 mlエッペンドルフチューブに分注し、そこに0.68 μlの10 mM Alexa647 SEストック液（IgGに対して2当量のAlexa647 SE）を加えて軽くボルテックスミキサーで撹拌した後、アルミホイルでの遮光下1時間静置する
2. その後、ラベル化反応溶液をゲル濾過カラムであるPD-10カラム[*2]にロードし、PBS（pH 7.4）を溶出溶液として未反応のラベル化していない蛍光色素を除いてAlexa647-Herceptinを精製する

 *2 PD-10カラムはあらかじめ精製に用いるバッファーで安定化させておく必要がある．下準備には20分程度かかると見積もっておき、事前に調整しておく．

memo

ラベル化反応に用いるAlexa647 SEのHerceptinに対する当量

タンパク質1分子当たりに過剰の蛍光色素をラベル化した場合、蛍光色素のスタッキングなどの影響により、タンパク質1分子当たりの蛍光色素ラベル化個数に対する蛍光強度は線形性を失っていく．また、タンパク質自体の安定性も悪くなり、凝集しやすくなるという欠点がある．このため、抗体に対しては1〜3程度のラベル化個数が推奨される．

蛍光色素のラベル化個数の算出

Herceptin 1分子に対しどの程度のAlexa Fluor 647がラベル化されたのかを見積もるため、ラベル化したHerceptinの吸光度の測定を行う．Herceptin、Alexa Fluor 647それぞれの特徴的な極大吸収波長である280 nm、650 nmの吸光度およびモル吸光係数から、モル濃度比を算出し、ラベル化個数を決定することができる．

3 NIH3T3/HER2細胞の蛍光イメージング

1. HER2を過剰発現しているNIH3T3/HER2細胞に対して、Alexa647-HerceptinをIgGの最終濃度として50 nMとなるように添加する
2. その後、5% CO₂インキュベーター（37℃）でインキュベーションし、観察時間にインキュベーターから取り出してイメージングを行う．Alexa647は、代表的な蛍光色素の1つであるCy5と同様の吸収・蛍光スペクトルを有しているため、Cy5用の蛍光フィルターおよび励起レーザーがイメージングに最適である

実験例

■ 抗癌剤Herceptinの癌細胞への取り込み

抗癌剤として用いられるHER2に対するモノクローナル抗体HerceptinをHER2過剰発現細胞であるNIH3T3/HER2細胞に加え、蛍光バイオイメージングを行った．

Herceptinはその2つある抗原認識部位によりHER2の二量体化を引き起こす結果、HER2の自己リン酸化が生じ、それがシグナルとなりエンドサイトーシスされることが知られている[9]．Alexa647-Herceptinを投与した直後では、細胞膜のみが光っているのに対し、8時間のインキュベーション後では細胞内に多数のドット状の蛍光が観察される（図4）．投与直後ではAlexa647-Herceptinが細胞膜貫通型の受容体であ

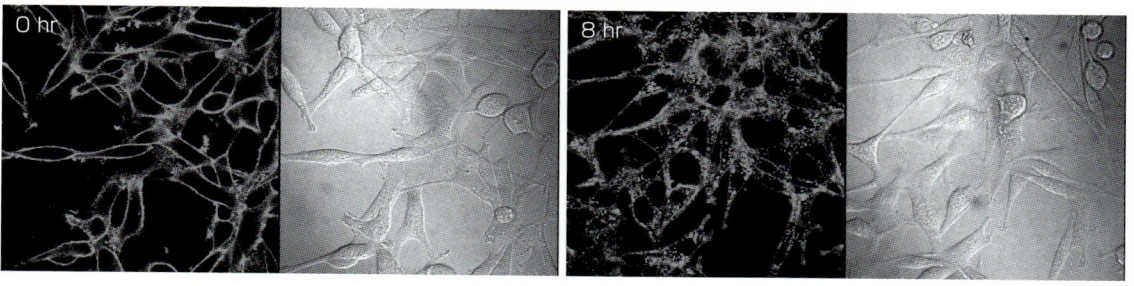

図4 Alexa647-HerceptinによるNIH3T3/HER2細胞の共焦点蛍光イメージング(巻頭カラー1参照)
画像は,NIH3T3/HER2細胞に対してAlexa647-Herceptinを投与した直後(0 hr)および8時間後(8 hr)に取得した

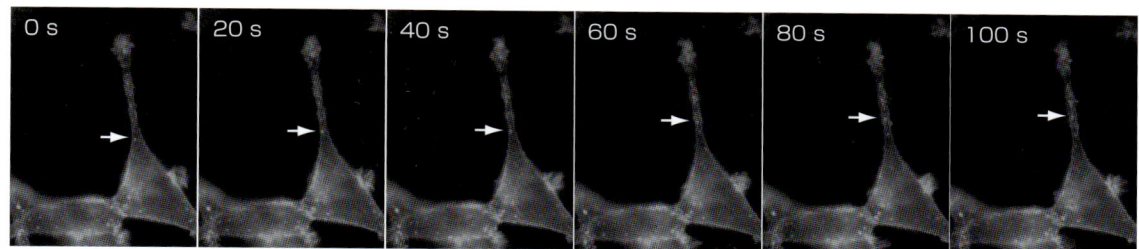

図5 Alexa647-Herceptinを含む小胞の細胞内輸送過程のリアルタイムイメージング(巻頭カラー2参照)
NIH3T3/HER2細胞にAlexa647-Herceptinを投与し,5%CO_2インキュベーター(37℃)で8時間培養した後に観察を行った.画像は2.5秒ごとに取得したうちの,20秒間隔の6枚を選んだ.Alexa647-Herceptinを含む小胞(矢印)が時間と共に輸送されていることがわかる

るHER2の細胞外ドメインに結合し,8時間後ではエンドサイトーシスされた後に細胞内小胞構造に分布していると考えられる.また,これらの細胞に対して,落射型蛍光顕微鏡を用いて連続的に観察すると,小胞がダイナミックに輸送されていることがわかる(図5).Alexa647が光褪色に強いため,多数回にわたる画像取得ができ,リアルタイムイメージングが可能となっている.

おわりに

蛍光をプローブとして生体関連分子の機能を解明する手法は,組織・細胞をそのまま実験試料として用いて標的分子をリアルタイムに可視化できるため,非常に多くの情報を直感的に得ることが可能である.また,本項では,主に合成小分子による蛍光標識化における技術を中心に紹介したが,蛍光性タンパク質:GFP類の中にも,非常に興味深い性質を有する分子が近年多く開発されており,宮脇らにより開発されたKaedeやDronpaは,その一例であろう.Kaede,Dronpaは,特定の波長の光を照射することで,Photoconversion性やPhotochromism性を示す機能性を有しており,蛍光タンパク質によるラベル化技術の新しい可能性を切り開いている.また,一般的に蛍光プローブは,上記のような合成小分子性のものだけでなく,蛍光タンパク質を用いたプローブも数多く開発されており,遺伝子導入によってさまざまな系へと応用され,蛍光バイオイメージング法による生命現象解析の柱となっている.

蛍光でラベル化した生体分子を解析する手段も多岐にわたり,それぞれの技術については,7章や他の専門書を参考にしていただきたいが,イメージング法やFRET法,蛍光相関法,蛍光偏光解消の解析や時間分解蛍光法による解析など,ここでは紹介しきれないほ

ど選択肢の幅は近年，さらに広がりをみせている．本項では，蛍光をプローブとし，生体分子を可視化するための基本技術である蛍光による標識法を概観するに止めたが，数多く存在する手法を理解する一助となれば，幸いである．

参考文献

1) The Handbook - A Guide to Fluorescent Probes and Labeling Technologies, Tenth Edition, Invitrogen, 2005
2) Keppler, A. et al. : Nat. Biotechnol., 21 : 86-69, 2003
3) http://www.promega.co.jp/halotag/index.html
4) Komatsu, T. et al. : J. Am. Chem. Soc., 128 : 15946-15947, 2006
5) Griffin, B. A. et al. : Science, 281 : 269-272, 1998
6) http://www.invitrogen.co.jp/mp/flash.shtml
7) http://www.f.u-tokyo.ac.jp/~tlong/Japanese/probes/probes.html
8) Urano, Y. et al. : J. Am. Chem. Soc., 127 : 4888-4894, 2006
9) Austin, C. D. et al. : Mol. Biol. Cell, 15 : 5268-5282, 2004

4. FRET（蛍光共鳴エネルギー移動）分光法
～タンパク質間相互作用の解析～

奇　世媛，Tapas K Mal，Le Zheng，伊倉光彦，古久保哲朗

定常状態にあるタンパク質間の相互作用，さらにそれがシグナルに応答して変化する様子などを in vitro あるいは in vivo において可視化することができる．

はじめに

　FRETとは，励起された蛍光分子（ドナー）の蛍光波長帯と他の蛍光分子（アクセプター）の励起波長帯の間に重なりがあり，両者間の距離が充分に近い場合に起こるエネルギーの受け渡し反応である．その効率はドナー/アクセプター間の距離の6乗に反比例し，定量的な情報を得ることも充分に可能である．またFRETを測定することにより，タンパク質・核酸など生体高分子の分子間あるいは分子内で起こる数nm単位の相互作用変化や構造変化を感度よく検出することができる．本項では最もよく使われる蛍光団の組み合わせであるECFP/EYFP[1]を用いて，タンパク質間相互作用を in vitro において調べる方法を簡単に紹介する．

原　理

　FRETの原理そのものについては，これまでにも多くの優れた総説があるので，詳しくはそちらを参照されたい[2]～[4]．ここではわれわれが行った実験のストラテジーについて簡単に述べる．

　TATA結合タンパク質（TBP）と14種類のTBP随伴タンパク質（TAFs）からなるTF II Dは，真核細胞の転写制御において中心的な役割を果たす基本転写因子である．最大サブユニットTAF1のN末端側に存在するTAF N-terminal domain（TAND）は，2個のサブドメイン（TAND1，TAND2）から構成され，各々がTBPの鞍型構造の凹部（DNA結合ドメイン側）と凸部（TF II A結合ドメイン側）に結合することにより，TBPとTATAボックスの相互作用を負に制御する[5][6]．われわれは，TF II Dの活性化（転写の活性化）の初発段階において，転写調節因子はこの負の相互作用を解除するのではないかと考え，さまざまな方向から検証を進めている．FRETはタンパク質間相互作用ならびにその状態変化を高感度に検出することのできる実験手法であることから，この手法の適用を試みた．

　まずTBP，TANDのN末端側にそれぞれEYFP，ECFPを融合し，両者を混合した後，蛍光分光光度計を用いてFRETの有無を調べた．TAND/TBP間に成立する本来の相互作用が，融合タンパク質においても同様に可能であるとすれば，有意なFRETシグナルが観察されるはずである（図1A）．また今後の実験を効率よく進めるため，これらをさらに融合したタンパク質（ただしEYFPとTBPの順番は逆になっている）のFRETについても検討を行った（図1B）．

Sewon Ki[1]，Tapas K Mal[2]，Le Zheng[2]，Mitsuhiko Ikura[2]，Tetsuro Kokubo[1]：Division of Molecular and Cellular Biology, International Graduate School of Arts and Sciences, Yokohama City University[1]/Division of Signaling Biology, Ontario Cancer Institute, Department of Medical Biophysics, University of Toronto[2]（横浜市立大学大学院国際総合科学研究科生体超分子科学専攻創製科学研究室[1]/トロント大学オンタリオ癌研究所シグナリング生物学研究室[2]）

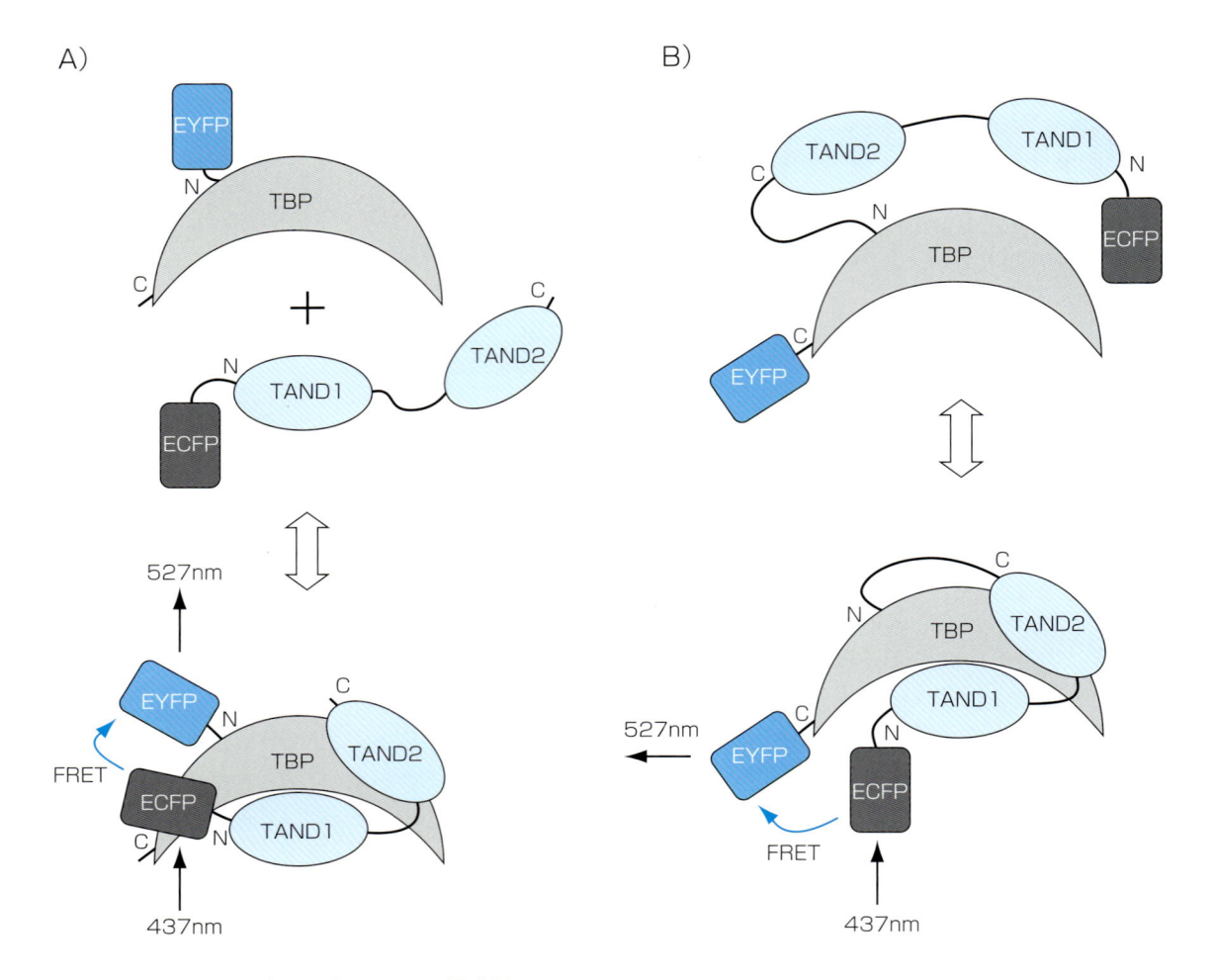

図1 ECFP/EYFP を用いた FRET の模式図

A) EYFP-TBP と ECFP-TAND を混合してインキュベートすることによって生じる FRET の模式図．ここでは TBP と TAND の N 末端にそれぞれ EYFP と ECFP を融合している．TAND1，TAND2 は TBP 上の異なる部位と結合するため，各々に点変異（Y19A/TAND1，F57A/TAND2）を導入することにより，TBP には結合しない ECFP-TAND 変異体（ECFP-TANDmut）を作成することができる（図には示していない）．B) ECFP-TAND-TBP-EYFP の分子内における TAND – TBP 間相互作用に基づき生じる FRET の模式図．ここでは TAND の N 末端に ECFP を，また TBP の C 末端に EYFP を融合している

準備するもの

- ECFP，EYFP 融合型の目的遺伝子を構築するためのベクター（Clontech 社など）
- ECFP，EYFP 融合型の目的遺伝子を大腸菌において発現させるためのベクター（Novagen 社など）
- コンストラクトを構築するために必要な制限酵素類，試薬類など
- タンパク質を精製するためのカラムクロマトグラフィー装置（GE ヘルスケア バイオサイエンス社製 AKTAexplorer 10S など）ただしアフィニティータグ付きのタンパク質のみを取り扱う場合には不要
- スペクトル測定が可能な蛍光分光光度計（島津製作所製 RF-5300PC など）
- 蛍光マルチウェルプレートリーダー[*1]（Thermo Scientific 社製ヴァリオスキャンなど）

*1 この装置があれば，カラムクロマトグラフィー装置を用いて精製する際，各画分に含まれる蛍光タンパク質の量を簡便に見積もることができる（ただしアフィニティータグ付きのタンパク質のみを取り扱う場合には不要）．

プロトコール

1 発現コンストラクトの作成

i) ECFP-TAND を発現するためのプラスミドの作成

❶ 出芽酵母のゲノム DNA を鋳型として，TAND 領域（1-75 aa）を PCR 増幅し，大腸菌用の発現ベクター（pET28a）にサブクローニングする（His タグが N 末端に付加される）

❷ 適当なプライマーを用いて ECFP を PCR 増幅し，TAND 領域の N 末端側に挿入する（読み取り枠が一致するように注意する．以下同様）．また融合タンパク質においても，本来の TAND－TBP 間相互作用が損なわれていないことを確認するため，ECFP-TAND 領域を PCR 増幅し，GST タグ融合用ベクター（pGEX-6P-1）にサブクローニングする

❸ 観察された FRET シグナルが TAND－TBP 間相互作用に依存することを確認するため，部位特異的変異導入法により，TAND1, TAND2 領域にそれぞれ Y19A, F57A 変異を導入する（これらの変異をもつ TAND は TBP に結合できない）

ii) EYFP-TBP を発現するためのプラスミドの作成

❶ 前項と同様，出芽酵母のゲノム DNA を鋳型として，TBP を PCR 増幅し，大腸菌用の発現ベクター（pET28a）にサブクローニングする（His タグが N 末端に付加される）

❷ 適当なプライマーを用いて EYFP を PCR 増幅し，TBP の N 末端側に挿入する

iii) ECFP-TAND-TBP-EYFP を発現するためのプラスミドの作成

❶ pET28a にサブクローニングした TBP の N 末端側に，適当なプライマーを用いて PCR 増幅した TAND 領域を挿入する（His タグが N 末端に付加される）

❷ 開始コドンと終始コドンの位置に注意しながら，やはり適当なプライマーを用いて PCR 増幅した ECFP と EYFP を，それぞれ TAND の N 末端側と TBP の C 末端側に挿入する[*2]．この際，部位特異的変異導入法により，必要な制限酵素部位の破壊や作出を行う

❸ 全長の融合タンパク質のみを精製するため，部位特異的変異導入法により，EYFP の C 末端側に strep タグ（WSHPQFEK）を挿入する

☞ *2 ECFP, EYFP を融合させることによって目的とするタンパク質の機能が損なわれる場合もあるが，N, C 両末端のいずれに融合させるべきかを事前に判断することは困難である．そこでとりあえずすべての組み合わせで融合タンパク質を作成し，得られた結果を相互に比較した上で，ベストな組み合わせを選択することが望ましい．また場合によってはリンカーの長さなどにも工夫が必要である．

2 融合タンパク質の発現と精製

i) GST-ECFP-TAND および GST-ECFP-TAND [Y19A, F57A]

❶ 上記 GST-ECFP-TAND および GST-ECFP-TAND [Y19A, F57A] を発現するプラスミドを大腸菌 BL21(DE3)pLysS（Novagen 社）に形質転換する．単一コロニーをピックアップし，前培養後，アンピシリン（50 μg/ml）を含む LB 培地 50 ml を用いて本培養を行う（37℃）．OD_{600} が 0.6 に達した時点で，IPTG（0.5 mM）を加え，発現誘導を行う（37℃，3 時間）

❷ 集菌した細胞を，500 μl の A バッファー（25 mM Hepes-KOH pH 7.6, 0.1 mM EDTA, 10％ グリセロール，0.1 M KCl, 0.1％ NP40, 1 mM DTT）に懸濁し，超音波破砕する．遠心後の上清を，250 μl の Glutathione Sepharose 4B カラム（GE ヘルスケア バイオサイエンス社）に結合させ，5 カラム体積の A バッファーで洗浄後，10 mM グルタチオンを含む 1.5 ml の A バッファーで溶出させる

❸ 精製したタンパク質を充分量の C バッファー（50 mM Tris-HCl pH 7.5, 12.5 mM MgCl2, 0.2 mM EDTA, 10％ グリセロール，0.15 M KCl, 1 mM DTT, 1 mM PMSF）に対して透析し，－80℃で保存する

ii) EYFP-TBP

❶ 上記 EYFP-TBP を発現するプラスミドを大腸菌 BL21(DE3)pLysS（Novagen 社）に形質転換する．単一コロニーをピックアップし，前培養後，カナマイシン（50 μg/ml）を含む LB 培地 50 ml を用いて本培養を行う（30℃）．OD_{600} が 0.6 に達した時点で，IPTG（0.5 mM）を加え，発現誘導を行う（30℃，3 時間）

❷ 集菌した細胞を，500 μl の B バッファー（40 mM Tris-HCl pH 7.5, 0.2 mM EDTA, 10 mM イミダゾール，10％ グリセロール，0.5 M KCl, 1 mM DTT）に懸濁し，超音波破砕する．遠心後の

上清を，250 μl の Ni-NTA アガロースカラム（Invitrogen社）に結合させ，5 カラム体積の B バッファーで洗浄後，100 mM イミダゾールを含む 1.5 ml の B バッファーで溶出させる

❸ 精製したタンパク質を充分量の C バッファーに対して透析し，−80℃で保存する

iii）ECFP-TAND-TBP-EYFP

❶ 上記 ECFP-TAND-TBP-EYFP を発現するプラスミドを大腸菌 BL21 star（DE3）pLysS（Invitrogen社）に形質転換する．単一コロニーをピックアップし，前培養後，カナマイシン（50 μg/ml）を含む LB 培地 3 l を用いて本培養を行う（18℃，2 日間）

❷ 集菌した細胞を，30 ml の D バッファー（40 mM Tris-HCl pH 7.5, 0.2 mM EDTA, 10 mM イミダゾール, 10％ グリセロール, 0.2 M KCl, 1 mM DTT, 1 mM PMSF）に懸濁し，超音波破砕する．遠心後の上清を，1 ml の Ni-NTA アガロースカラムに結合させ，10 カラム体積の D バッファーで洗浄後，100 mM イミダゾールを含む 3 ml の D バッファーで溶出させる

❸ 精製したタンパク質を，さらに 1 ml の Strep・Tactin™ Superflow™ カラム（Novagen社）に結合させ，5 カラム体積の E バッファー（100 mM Tris-HCl pH 8.0, 10 mM EDTA, 0.15 M KCl）で洗浄後，3 ml の F バッファー（100 mM Tris-HCl pH 8.0, 1 mM EDTA, 0.15 M KCl, 2.5 mM desthiobiotin）で溶出させる

❹ 精製したタンパク質画分に対して，グリセロール（終濃度 2％）/DTT（終濃度 1 mM）/PMSF（終濃度 1 mM）を加え，−80℃で保存する *3, 4

☞ *3 発現・精製後，CBB 染色やイムノブロットを行い，完全長の融合タンパク質に対して，蛍光タンパク質（ECFP, EYFP）のみを含むペプチド断片がどの程度混入しているのかを確かめておくとよい．場合によっては完全長のタンパク質よりも混入したペプチド断片の方が多いこともあり得る．例えば，上記 ECFP-TAND-TBP-EYFP の場合は，完全長の発現がきわめて困難なタンパク質であり，N 末端側に付加した His タグのみでは，不完全長のペプチド断片（例えば N 末端側の ECFP を含むが，C 末端側の EYFP を含まない）の混入を避けることができない．不完全長のペプチド断片の混入は，FRET シグナルの低下につながるため，測定に供する前に極力除去しておく必要がある．本法では操作を簡便にするため，N, C 両末端に異なるアフィニティータグを付加した例を紹介したが，通常のカラムクロマトグラフィー操作（例えばゲル濾過など）によっても充分な効果を得ることができる．

☞ *4 実際の FRET 測定を行う前に，精製したタンパク質が目的とする機能を有していることを確認しておくことが望ましい．例えば，GST プルダウンアッセイ法を用いることにより，GST-ECFP-TAND と EYFP-TBP が本来の TAND − TBP 間相互作用を保持していることをあらかじめ確認しておけば，安心して次のステップに進むことができる．

3 FRET 測定

❶ 目的とするタンパク質（上記 GST-ECFP-TAND と EYFP-TBP の組み合わせ，あるいは ECFP-TAND-TBP-EYFP など，5〜15 μg 程度）を含む適当なバッファー溶液を 300 μl 以上準備する

❷ ミクロセルユニット（必須ではないがタンパク量が少なくてすむ）を備えた蛍光分光光度計を用いて，励起波長 437 nm における 450-600 nm の蛍光スペクトルを測定する（室温）*5

❸ FRET シグナル（527 nm 付近のピーク）の有無を調べる *6〜8

☞ *5 測定時の温度，バッファー組成（特に pH）などは FRET 値に影響するので注意が必要である（同一条件下で比較を行う）．

*6 得られたシグナルが FRET によるものであることを確かめるために，それぞれのタンパク質を単独で測定して得られたスペクトルを単純に足し合わせたものとの比較を行う．FRET によるものであれば，単純和よりも有意に大きな値が得られているはずである．

*7 スペクトル測定後，トリプシン（終濃度 1 mg/ml）を添加し，5 分後に再度スペクトル測定を行う．ECFP, EYFP はトリプシン処理に耐性を示すことから，もしトリプシン処理によって 527 nm 付近のピークが消失すれば，FRET によるシグナルである可能性が高い．

*8 もし可能であれば，相互作用できない変異体（例えば GST-ECFP-TAND［Y19A, F57A］など）を用いて，シグナルが消失することを確認しておく．

実験例

1 GST-ECFP-TAND と EYFP-TBP による FRET（図 2A）

GST-ECFP-TAND（5 μg）と EYFP-TBP（5 μg）を 300 μl の C バッファー中で混合し，励起波長 437 nm において蛍光スペクトルの測定を行った（450-600 nm）．527 nm 付近のショルダーピークが FRET によるものであることを確認するため，TBP とは結合できない GST-ECFP-TAND 変異体［Y19A,

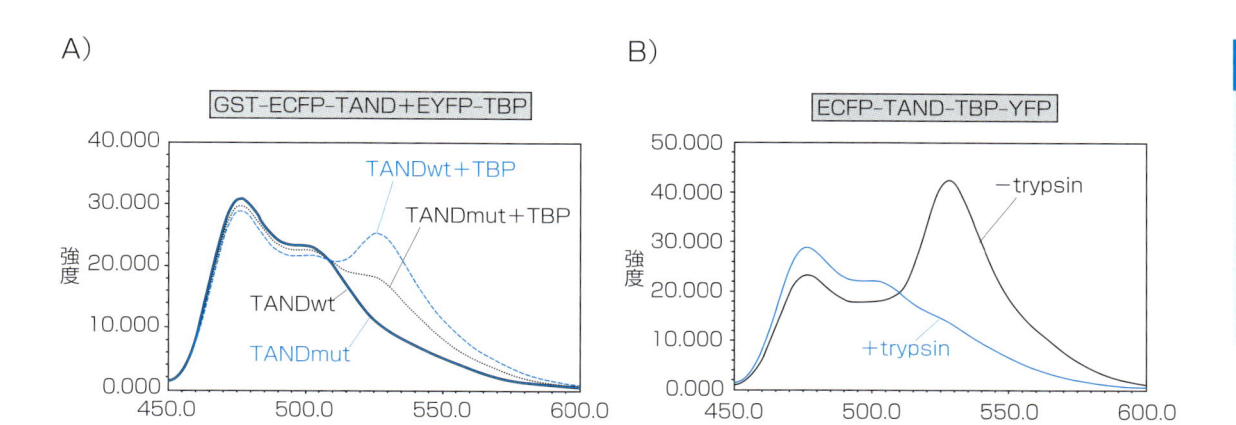

図2 蛍光スペクトルの測定によるFRETシグナルの比較

A) 437 nmで励起し,測定した蛍光スペクトル (450-600 nm). EYFP-TBPとGST-ECFP-TANDwt (野生型) を混合した場合 (TANDwt + TBP, 青の破線), EYFP-TBPとGST-ECFP-TANDmut (変異型 [Y19A, F57A]) を混合した場合 (TANDmut + TBP, 黒の点線), GST-ECFP-TANDwt単独の場合 (TANDwt, 黒), GST-ECFP-TANDmut単独の場合 (TANDmut, 青) に測定したスペクトルを各々示した. B) ECFP-TAND-TBP-EYFPについて, Aと同様, 437 nmで励起し,測定した蛍光スペクトル (450-600 nm). トリプシン処理前 (−trypsin) と処理後 (+trypsin) のスペクトルを示した

F57A] (5 µg) とEYFP-TBP (5 µg) を混合し,同一条件下において蛍光スペクトルの測定を行った.両者の結果を比較すると,明らかにショルダーピークの減少が認められることから,このシグナルはFRETによるものであると考えられる.またGST-ECFP-TAND単独,EYFP-TBP単独 (図には示していない) でスペクトルを測定し,両者を足し合わせたところ,GST-ECFP-TAND変異体とEYFP-TBPを混合して得られた場合のスペクトルとほぼ一致したことから,後者の組み合わせにおいて生じるTAND − TBP間相互作用はFRETの検出限界以下であることがわかる.

2 ECFP-TAND-TBP-EYFPによるFRET
(図2B)

ECFP-TAND-TBP-EYFP (15 µg) を300 µlのFバッファーに溶解し,励起波長437 nmにおいて蛍光スペクトルの測定を行った (450-600 nm). 前項と同様,527 nm付近のショルダーピークがFRETによるものであることを確認するため,ここではトリプシン処理を行った.トリプシン処理前後で,527 nm付近のシグナルがほぼ消失し,同時に477 nm付近のシグナル (ECFPに由来する) の増加がみられたことから,やはりトリプシン処理前にみられるショルダーピークはFRETによるものと考えられる.

3 両者の比較

ECFP-TAND-TBP-EYFPのFRETシグナル (図2B) は,GST-ECFP-TANDとEYFP-TBPを混合した場合のFRETシグナル (図2A) よりもはるかに強い.このことは,TAND − TBP間の相互作用が,二分子間よりも一分子内において効率よく起こることを示している.

おわりに

本項で述べたFRET検出システムを用いて,実際に転写調節因子がTAND − TBP間の相互作用に影響を与えうるかどうかを現在検証中である.基本転写因子の機能に関連した研究分野では,FRETを用いてTBP-TFⅡB-TATA複合体形成時におけるTFⅡB内の構造変化を検出した例なども報告されている[7]. また蛍光タンパク質よりもはるかに小さな蛍光分子を利用することによって,転写の素過程を直接観察する試みなどもされている[8]. 今後は,高感度で高い定量性をもつFRETの長所を最大限に生かし,従来の分子

生物学的な技法では太刀打ちできなかったさまざまな生命現象を，分子レベルで解明する研究が，益々活発に行われるようになるものと考えられる．

参考文献

1) Truong, K. et al. : Nat. Struct. Biol., 8 : 1069-1073, 2001
2) Miyawaki, A. : Dev. Cell, 4 : 295-305, 2003
3) Tsien, R. Y. : Nat. Rev. Mol. Cell Biol., Suppl : SS16-21, 2003
4) 宮脇敦史：実験医学, 18 : 1111-1119, 2000
5) Kotani, T. et al. : Proc. Natl. Acad. Sci. U S A, 97 : 7178-7183, 2000
6) Mal, T. K. et al. : J. Mol. Biol., 339 : 681-693, 2004
7) Zheng, L. et al. : Eur. J. Biochem., 271 : 792-800, 2004
8) Kapanidis, A. N. et al. : Science, 314 : 1144-1147, 2006

第1章 電子スペクトル解析

5. 円二色性スペクトル
～タンパク質の二次構造の定量～

森田 慎，西村善文

溶液中のタンパク質の二次構造の量比に関して大まかな評価が行える．またタンパク質がリガンドや核酸（DNA・RNA）などと相互作用したときのスペクトル変化から，二次構造の変化に関する情報も得ることができる．

はじめに

光は直進方向に対してお互いに垂直な電場と磁場をもった電磁波である．電場または磁場が常にある方向にそろっているとき光は直線偏光している．直線偏光の光は右回り円偏光と左回り円偏光の和で表すことができる．不斉中心をもつ光学活性な分子に直線偏光を通すと，右円偏光と左円偏光の吸光度の差のために透過する光は楕円偏光となる．この左右の円偏光に対する吸収の差が円二色性（CD）である．タンパク質のペプチド結合は240 nm以下の紫外領域にいくつかの吸収をもっており，αヘリックス，β構造，不規則構造などの基本的な二次構造の違いによって，CDスペクトルの形状が異なるために，タンパク質の二次構造研究に一般的に用いられている[1]．CD測定で得られる情報はX線結晶構造解析やNMR測定などの他の測定方法から得られた詳細な構造情報と比べると，分子全体の平均的な性質を測定しているために精度的に低下するが，測定時間の短さや，低濃度のタンパク質溶液で測定が可能な点が長所としてあげられる．タンパク質の折りたたみにおける速い速度での構造変化や，タンパク質自身の熱安定性の評価にもCD測定は利用可能であるが，本項では溶液中のタンパク質にどの程度αヘリックスや，β構造などの二次構造が含まれるのかを定量的に評価する方法について紹介をする．

原 理

測定に用いるタンパク質にαヘリックスやβ構造などの二次構造がどの程度含まれているかは，CD測定で得られたスペクトルの波形と強度から評価できる．図1はそれぞれαヘリックス，β構造，不規則構造を示す典型的なCDスペクトルである．トリプトファンなどの側鎖も紫外部の長波長側に吸収を与えるが，240 nm以下の波長領域にはほとんど影響を与えないため二次構造の評価にはこの波長領域のスペクトルを近似的に用いる．αヘリックスは222 nmにn-π^*，208 nmにπ-π^*の吸収を示す負の極大，190 nmにπ-π^*の吸収を示す正の極大をもつ．β構造は218 nmにn-π^*を示す負の極大，195 nmにπ-π^*を示す正の極大を示す．また不規則構造に関しては195 nmに大きな負の極大を示す[2]．それぞれの二次構造を示す吸収には加算性があるため，以下の①式と，基準となる二次構造をもつタンパク質のCDスペクトルからそれぞれの構造の含有量を算出することができる[3]．

$$\theta_{obs} = \Sigma f_i \theta_i \quad ①$$

ここでθ_{obs}はサンプル，θ_iは基準となる構造のモル楕円率（mdeg），f_iはそれぞれの構造の含有量であ

Shinn Morita, Yoshifumi Nishimura：Graduate School of Supramolecular Biology, Yokohama City University（横浜市立大学大学院国際総合科学研究科生体超分子科学専攻）

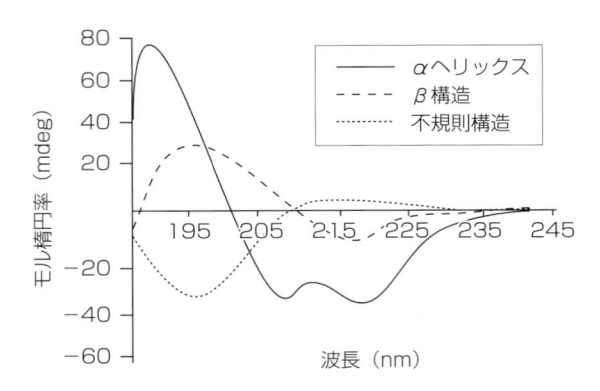

図1 基本的な二次構造のCDスペクトル

る．この式を基にしたカーブフィッティングプログラムがWeb上にいくつか公開されており，測定波長とモル楕円率を平均残基モル楕円率（deg cm² dmol⁻¹）に単位変換した値を用いることで二次構造を定量的に評価することができる．しかしβ構造は溶媒や温度などの環境によってCDスペクトルに大きな変化が生じるため信頼性の高い定量評価を行うのは困難である．一方αヘリックスの含有量計算に関してはタンパク質の二次構造の成分をαヘリックス，β構造，不規則構造の三成分で表した場合に次式から，比較的上手く算出することができる[4]．

$$f_\alpha = -([\theta]_{222} + 2340)/30300 \quad ②$$

本項では式②を用いたαヘリックスの算出法について紹介する．

準備するもの

サンプルを扱う器具は可能な限りオートクレーブにかけ，洗浄には蒸留水を用いる．

- 溶媒[*1]
  蒸留水，KH_2PO_4，Na_2SO_4，KF，$(NH_4)_2SO_4$，HEPES，$NH_4 + CH_3CO_2$-etc
- メンブレンフィルター（0.2または0.45 μM）
- セル
  二面透過型の石英セル，光路長0.1 mm〜10 mm，測定に応じて蓋のあるセルやスターラーを用いる
- CD測定用標準試料［d-10-カンファスルホン酸アンモニウム（ACS）］
  0.06％の水溶液のモル楕円率は291 nmにおいて+190.4（mdeg）である
- 測定用試料（タンパク質）0.02〜0.05 mg/ml
- 円二色性分散計（光源と分光器，検出器，操作用PC）
- 温度コントローラー（ペルチェ式温度可変装置）

☞ *1 溶媒の選択は上記以外にも可能だが，TrisやNaClは可能な限り用いないか，用いる場合は濃度を低く抑えることが望ましい．またカルボキシル基などの発色団を含む溶媒を用いる場合は必ず溶媒のみでの吸収を確認しておく．セルの光路長は10 mmが標準である．これ以下の光路長のセルは試料の吸光度を適正に下げるためや，溶媒による短波長側のノイズを低下させるために使用する．

プロトコール

1 測定用サンプルの調整[*2]

❶ 測定に使用するセルは充分に洗浄をし，乾燥させたものを用いる．石英製のセルは表面に大気中のガスを吸着するため，長期間使用していない場合は特に直前に洗浄をして，充分乾燥させてから用いる．CD測定用の溶媒は埃等の混入を避けるために必ずフィルターにかけてから用いる．また溶液中の気泡もCDスペクトルに影響を与えるため脱気を行ってから使用することが望ましい

☞ *2 試料や器具の取り扱いは常に手袋をつけて行うこと．手の脂などがセルの透過面に付着してしまうと，CDスペクトルに変化が生じてしまう．

❷ タンパク質溶液を測定用の溶媒で透析する（このとき使用した透析液はブランクの測定に用いるため保存しておく）．測定用のセルの大きさによって調整するタンパク質溶液の量は異なるが，測定用セルの全容量を溶液で満たす必要はなく，約八割ほどの液量があれば充分に光路を溶液で満たすことが可能である．試料の濃度はあらかじめ約0.02〜0.05 mg/ml程度になるように調節をしておき，気泡が立たないように溶液を静かにセルに入れる[*3]．本実験のような定量測定の場合厳密なタンパク濃度を記録しておく必要があるため，この段階でまずUV測定を行い濃度計算をしておく[*4]（CD測定後にも濃度を再度測定する）

☞ *3 タンパク質はよく溶かし，測定波長領域で充分に透明な状態にする．凝集しやすいタンパク質の場合にはあらかじめ容量の大きなセルを用いる．貴重なサンプルが凝集してしまった場合には光路長の短いセルを用いることで濁りによるノイズの影響を軽減させる．

*4 測定用のタンパク質の濃度が濃すぎるとCDスペクトルに歪みが生じる恐れがあるため，あらかじめ測定波長領域でのUVスペクトル測定を行い，250 nmの吸光度が1.5 OD程度になるように調節しておく．

2 試料のセットと測定条件の設定

❶ あらかじめ使用する装置のマニュアルを参考にし，円二色性分散計および温度可変装置を起動しておく（光源の安定化のために10分以上のウォームアップを必ず行う）．また光源の光エネルギーの利用効率は装置内の窒素ガスの充填度によって左右されるため，測定前に充分に窒素ガスを装置内に流し，分光機内の窒素ガス充填度を上げておく必要がある．

❷ 測定用のパラメーターを設定する

A．バンド幅
  標準的な測定では1 nmに設定する．光に対して不安定な試料を測定する場合はバンド幅を狭める必要がある（S/N比が著しく悪い場合はバンド幅を広げることで対応する．このとき測定波長領域内に蛍光を有するようなサンプルを用いた場合には，バンド幅を広げすぎると光が生じるためスペクトルに影響が出るので注意が必要）

B．測定波長
  タンパク質のαヘリックスの定量には200～250 nmの波長領域のスペクトルを測定すれば充分解析に必要なデータは取得できる．この波長を中心にして開始波長はスペクトルの裾が立ち上がる点よりも約50 nmほど長波長側に，終了波長は吸光度が極端に上昇する点よりも長波長側に設定する

C．データ間隔
  標準的な測定では0.2 nmに設定する．データ間隔は測定波長の大きさに比例した値を設定する

D．走査速度
  試料の性質に応じて設定をする必要がある．不安定なタンパク質を扱う場合にはできるだけ走査速度は大きく設定し，光や熱による分解をできる限り抑える．また試料濃度が低い場合など，高いS/N比をもつスペクトルを得たい場合はできる限り低い値を設定する．標準的な測定では10～50 nm/分を用いる

E．レスポンス
  スペクトルのS/N比はレスポンスの平方根に比例する．また走査速度とCDスペクトルの吸収強度に応じた値を設定する必要がある．目安として走査速度が50 nm/分，吸収強度が10～100（mdeg）の場合にレスポンスは0.5～2秒に設定する

F．積算回数
  S/N比は積算回数の平方根に比例して増加する．試料の性質や，測定時間を考慮して設定する．定量測定の場合は高いS/N比を必要とするため，可能であれば3回以上の積算をすることが望ましい

❸ ❷で決定したパラメータを用いて目的サンプルの予備測定を積算回数一回で行う．良好なS/N比が得られる場合には光電子増倍管の印加電圧が200～400 Vの範囲で収まるはずである．電圧が大きく上昇する場合は測定波長などのパラメータの設定を変更する

❹ CD測定用標準試料を用いて必要であれば装置のキャリブレーションを行う*5

*5 標準試料（ACS）の測定条件は①測定波長350 nm～250 nm，②濃度0.06%，③温度25℃，で測定し，モル楕円率が190.4（mdeg）になるように調節する．

3 測定

セルホルダー内の温度を温度可変装置で平衡化させたら*6，最初に 1 で作成した測定試料の測定を行う．データを取り終えたらセルを充分に洗浄し乾燥させ，サンプル調製で用いた透析液でブランク測定を同じパラメータ，同じセルを用いて行う*7（このときセルホルダーにセットするセルの向きを逆に設定するとスペクトルに変化が生じるため，定量測定の場合は厳密に試料測定時と同じ方向にする）*8

*6 高温での測定を行う場合には溶媒の気化を防ぐために蓋つきのセルを使用する必要がある．しかし通常用いるセルの接合面はもろく，内圧の上昇によって割れてしまうため，溶媒の沸点付近での測定には充分に注意をすること．

*7 測定に用いた溶媒に吸収がある場合には，ブランク測定で得られたデータをもとにベースラインの補正を行う．

*8 目的試料に他のタンパク質などを滴下し，相互作用を見る場合には溶媒液の増加分を約3%以内に抑えること，これを超えてしまう場合には濃度補正を計算によって行う必要がある．

4 データ処理*9

通常のCD測定では得られる吸光度の値はモル楕円率［mdeg］で示している．本項で使用するタンパク質の二次構造の計算ではすべて分子楕円率［θ］（deg cm^2 dmol^{-1}）に変換する必要がある．モル楕円率と分子楕円率の関係は次式で表される．

$$[\theta] = \theta / (10\,C\,L) \quad ③$$

ここで θ はモル楕円率，C はモル濃度（mol/l），L

はセルの光路長（cm）である．③式は一般的な試料の場合にそのまま適用できるが，タンパク質や核酸のような高分子の場合にはさらに平均残基モル楕円率に変換する必要がある．この変換ではモル濃度を平均残基モル濃度に変換する．

$$Cr = nCp \qquad ④$$

Crは平均残基モル濃度，nはタンパク質の構成残基数，Cpはタンパク質のモル濃度（mol/l）である．③，④式を用いて測定データの変換を行ったら，②式に代入しαヘリックス含有量を算出する．

> *9 得られたスペクトルのS/N比がよくない場合にはスムージングによってスペクトルのノイズ成分の除去を行うことが可能である．主な方法としては①移動平均法 ②単純移動平均法 ③Binominal法などがある．得られたスペクトルの波形やS/N比に応じて選択する．しかし関数の選択によってはスペクトルに歪みが生じてしまう場合もあるため，タンパク質の二次構造の定量評価ではなるべく用いないほうがよい．

5 終了

1. 測定終了後，取得データの保存が完了したら，装置の電源を落とす．温度可変装置を用いて高温また低温での測定を行っていた場合は，セルホルダー内の温度を徐々に室温に戻し，その後装置の停止を行う．このとき窒素ガスをすぐに止めるのではなく約10分ほど流しておく
2. 測定後の試料はそのままUV測定を行い測定前に比べて濃度に変化がないことを確認する
3. 測定に用いたセルは，液状合成洗剤*10に浸し，30〜50℃にて約10分間保持する．その後水洗いし，さらに無機物の汚れを取るために希硝酸と少量の過酸化水素水を加えた溶液に約30分間浸す．最後に蒸留水でよく洗い，水を切ったのち乾燥させ，デシケーター中で保管する．長時間使用しないことがあらかじめわかっている場合は蒸留水中に浸した状態で保存する

> *10 石英セルは有機溶媒などに対する耐性に優れてはいるがフッ酸，リン酸および強アルカリ性溶液などには弱いため洗浄用には用いないようにすること．

実験例

CD測定を用いたαヘリックスの定量についての測定例として，大腸菌のプリン生合成に関与する遺伝子の発現を制御する，リプレッサータンパク質であるプ

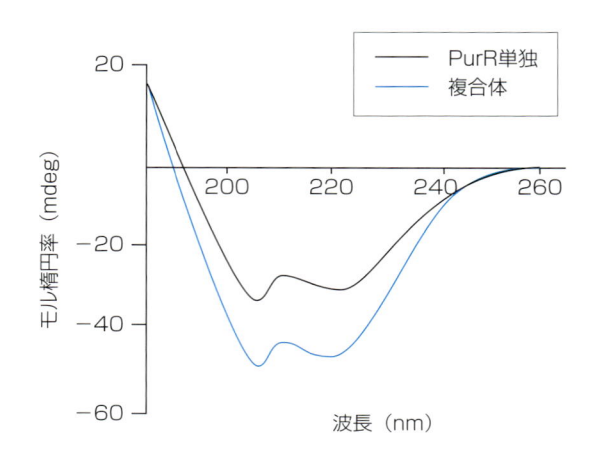

図2　PurRのCDスペクトル

リンリプレッサー（PurR）の測定について説明する．このタンパクは341アミノ酸残基からなり，N末端側の56残基がDNA結合ドメインである．C末端側の285残基によって二量体を形成し，DNAと特異的に結合することによって遺伝子の転写を抑制している．このタンパク質のDNA結合ドメイン単独での単量体の構造と，二量体とDNAとの複合体の立体構造はすでにNMRおよびX線結晶構造解析によって決定されており，DNAとの結合によってPurRの二量体のDNA結合ドメインに新たなαヘリックス構造が誘起されることがわかっている．そこでこの新たなαヘリックスの誘起をCDスペクトルを用いて定量的に評価した[5]．測定試料としてPurRはDNA結合ドメインのみを用い，二量体形成のために50番目のVをCに変えた変異体を作成し，分子間でジスルフィド結合を形成させた．溶媒20 mMリン酸緩衝溶液，pH 6.2，10 mM NaCl，測定波長200〜260 nm，バンド幅1 nm，積算回数3回，データ間隔0.2 nm，走査速度50 nm/分，レスポンス1.0秒，温度25℃の測定条件で，最初に二量体PurR単独，次にDNA，最後に複合体のCD測定を行い，複合体のスペクトルからDNA単独でのスペクトルを引くことによって複合体中のPurRのみのCDスペクトルを求め，②，③，④式を用いてαヘリックスの含有量の計算を行った（図2）．計算の結果，二量体のPurR単独では約42%であったαヘリックスの含量が，DNAと複合体を形成することによって約60%にまで上昇することがわかった．このことか

らすでに報告されているように，PurRの二量体はDNAとの結合によって新たにαヘリックスが誘起されることがCD測定によって確認された．

おわりに

CD測定で良好なスペクトルが得られない場合は，パラメータの設定などさまざまな問題が考えられる．なかなか改善されない場合は以下の点にも注意されたい．

A）光源の劣化

通常定期的にランプの交換を行うが，これをしないで劣化したXeランプをそのまま用いると，安定した光を試料に照射することができない．特に定量測定の場合はこの問題は大きく，期待されるS/N比が得られない場合や，スペクトルの再現性が得られない場合はこのことを疑うべきである．

B）窒素ガスの流量

通常の測定の場合は3～5 l/分の窒素ガス流量で充分であるが，200 nm以下の短波長側のスペクトルを観測したい場合はこれより流量を増やす必要がある．

上記のほかにも測定用のセルの劣化や，セルホルダー全体の遮光の程度などの影響も考えられる．

参考文献

1) Sharon, M, K. & Nicholas, C, P. : Current Protein and Peptide Science, 1 : 349-384, 2000
2) Norma, G. & Gerald, D, F. : Biochemistry, 8 : 4108-4116, 1969
3) Yee-Hsiung, C. et al. : Biochemistry, 13 : 3350-3359, 1974
4) Yee-Hsiung, C. et al. : Biochemistry, 11 : 4120-4132, 1972
5) Nagadoi, A. et al. : Structure, 11 : 1217-1224, 1995

第1章 電子スペクトル解析

6．原子吸光分析法とICP発光分析法
～生体分子の機能を制御する微量元素の検出と定量～

森田勇人

> タンパク質や核酸と結合した微量無機元素類の検出と定量を行うだけでなく，さらには各元素に対する結合定数を推定することが可能である．

はじめに

　地球上の生命体はタンパク質，核酸，脂肪，糖類などの生体高分子から構成されている．さらに，これら生体高分子は，主としてH，C，N，O，P，S，Caから構成される．この他に体液中に含まれる無機塩類（Na，K，Mg，Clなど）があるが，これらの元素だけでは，生命活動（特に高等生物の）を円滑に進めることは不可能である[1]．例えば，ヘモグロビンに含まれ，血液中の酸素運搬の中心的役割を果たすFeのように，タンパク質や核酸などの生体分子の特異的機能発現に必須の元素が複数存在する．これら微量無機元素によるタンパク質や核酸の特異的機能発現機構を解明するためには，タンパク質や核酸に化学量論的に結合した微量無機元素の同定・定量・さらには結合定数の推定を高感度に行う必要がある．本項では，この目的のために最もよく使用され，信頼性が高い，原子吸光分析法とICP発光分析法について紹介するとともに，実際のタンパク質・核酸試料の分析を行うに際しての一連の操作法・注意点などについて概説する．

　さらに，これらの分析手法は，生命活動には必須ではないが（場合によっては毒であるが），生命活動の過程で環境などの外界から生体中に取り込んでしまう元素の体内蓄積量の高感度検出手段としても重要である．

原　理

　原子吸光分析法とICP（inductively coupled plasma）発光分析法はともに"原子スペクトル分析"に分類され，原子状態の元素の吸光あるいは発光を観測する分光分析技術である．前者は，光源に中空陰極ランプを使用し，原子からの発光が，炎や炉を使用することで試料から生成した原子蒸気により吸収される割合を測定する手法である（図1A）．これに対し後者は，試料中に含まれる原子が，アルゴンガスに高周波をかけることで生じたプラズマ炎の中で励起され生じる発光を観測する手法である（図1B）．複数の元素の同時解析の観点から比較してみると，原子吸光分析の場合は，解析を行う元素の個数だけ光源を用意する必要がある．これに対し，ICP発光分析では，シーケンシャル型分光器（検出器を1つ使用したモノクロメータ）または，同時測定型分光器（複数の検出器を使用）を用いることで，10元素/分程度の速度で多元素解析を行うことが可能である[2]．検量範囲の観点からは，原子吸光分析は基本的にランベルト・ベール則

Hayato Morita：Integrated Center for science, Faculty of Agriculture, Laboratory of Molecular Cell Physiology（愛媛大学総合科学研究センター，農学部分子細胞生理学研究室）

A)

図の説明: 光源 → バーナー → 分光器 → 検出器（バーナーに試料溶液が導入される）

B)

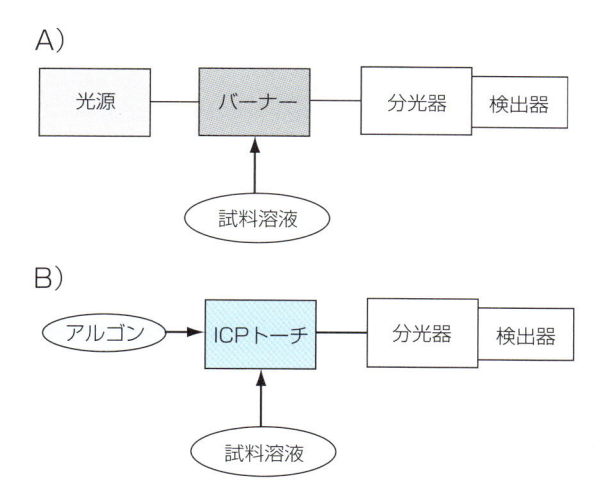

図の説明: アルゴン → ICPトーチ → 分光器 → 検出器（ICPトーチに試料溶液が導入される）

図1 原子吸光分析装置とICP発光分析装置の比較
A) 原子吸光分析装置，B) ICP発光分析装置

に従うので2〜3桁程度であるが，ICP発光分析法では，おおむね4〜5桁程度である[3]．

準備するもの

1) パウダーフリー手袋
   すべての操作は素手でなく，パウダーフリーのラテックスグローブを装着して行う．これにより，標準溶液・試料溶液の汚染を防ぐだけでなく，溶液中の微量元素による皮膚汚染を防ぐことができる．

2) 標準溶液ならびに試料溶液を保存する容器（15 mlチューブ）
   使用前に新しく封を開けたプラスチックチューブを用いる．これにより，チューブ類に特段の前処理を行うことなく再現性のよい分析を行うことが可能である．

3) 微量元素フリーミリQ水
   ミリポア社が販売しているMili-Q Synthesisシステムで作製した超高純度水1 lに対しSigma社製Chelex 100を3〜5 g加え12時間以上振盪撹拌する．その後，1時間静置し，得られた上清を標準溶液作製用水として使用する．

4) 検量線作製用標準溶液
   現在では多くの無機元素に対し，原子吸光分析用標準液が市販されており，それを希釈して作製する．標準液が市販されていない元素に対しては，含まれる微量成分についての分析データが開示されている特級以上の等級の試薬を溶解もしくは希釈して標準溶液を作製する．いずれの場合も，希釈もしくは溶解には，3) で作製した微量元素フリーミリQ水を使用する．作製した標準溶液は10 ml作製し，2) のチューブに保存する．

5) タンパク質・核酸試料溶液
   微量無機元素と結合する能力をもつタンパク質・核酸試料は，組織抽出，大量発現，化学合成などの手法により抽出・合成し適切な手法で精製する．用意する絶対量は，分析する無機微量元素に対する装置の検出感度にもよるが，筆者が通常使用しているパーキンエルマー社製Optima 3000の場合，ジンクフィンガーモチーフを分子内に1つもつタンパク質に結合した亜鉛原子を検出するのに必要な絶対量は10 nmol（濃度3.5 μMの試料を3 ml；分子量10,000のタンパク質で0.1 mg）で充分である．

プロトコール

以下に筆者のグループが使用しているPerkinElmer社製Optima3000 ICP発光分析装置を用いた分析のプロトコールを紹介する．ほとんどの項目は他社装置や，原子吸光分析装置でも共通であるが，「立ち上げ」，「初期調整」の項目などに関しては，分析装置によって自動で行われる項目などがある場合がある．実験を行う前に，自分が使用する装置のマニュアルに一度目を通していただき，該当する項目を確認するようにしてほしい．

1 分光器の立ち上げ

現在では，分光器を通常の操作法に従って立ち上げれば，最低限の分析計のガスパージを行うことができるようになっているが，より精度の高い分析を行う場合や遠視外部に発光線もしくは吸収線を持つ元素を分析する場合は，測定を行う最低でも8時間前（一般的には測定を行う前日の帰宅前にパージを開始すれば翌日朝には充分にパージは進んでいる）から高純度アルゴンガスによる分析機器のパージを行う．

2 初期調整

立ち上げ後は，水銀ランプを用いてトーチ（プラズマ発光部）の位置調整を行う．この調整は，元素の検出感度を最大にするために必要な調整ではあるが，測定開始前に一度行えばよい．

3 試料導入系の準備

試料導入にはペリスタポンプが用いられている．ペリスタポンプは柔軟性の高いチューブを一定方向にしごくことで試料の流れを作り出すシンプルな機構のポンプであるが，このポンプが正常に動作しないと，脈流の発生や，設定流速の維持が困難となり，試料の発光強度が安定しなくなる．

アルゴンプラズマを点灯すると，常にポンプは動作し続ける（試料を導入していないときは，微量元素フリーミリQ水を流し続ける）ため，ペリスタポンプのチューブは変形，劣化がないかどうか必ずアルゴンプラズマ点灯前にチェックし，もし劣化があった場合はメーカー指定のチューブ[*1]と交換する．

> [*1] 指定外のものを用いると，設定した流速が得られない，脈流が発生するなどの原因となるため必ずメーカー指定のものを用いる．

また，測定終了後は，チューブ変形，劣化を防ぐためにチューブにテンションをかけた状態で放置してはいけない．

さらに，分析操作の間に流し続けるための微量元素フリーミリQ水は途中で枯渇することのないよう充分量を確保しておく[*2]．

> [*2] 筆者は，1日の分析操作につき，1 l の三角フラスコに 500 ml 程度用意している．

4 アルゴンプラズマの安定化

装置立ち上げ後はアルゴンプラズマを点灯し，通常のフレーム発光分析法と同様にアルゴンプラズマ炎が安定するまで待つ．最低の待ち時間は各分析装置のマニュアルに記載されているのでそちらを参照していただければよい．目安としてわれわれは，プラズマ点灯後1時間経過してから分析操作を開始している[*3]．この間に 5 測定条件の設定を行っておく．

> [*3] なお，厳密な分析を行う場合には，前日からのパージを合わせてプラズマ炎安定化のための待機時間を長めにとることで分析データの精度が高まる場合がある．ただし，不必要な待機は，多量のアルゴンガスの消費にもつながるので，最初はマニュアルに記載されている標準の待ち時間で標準試料を用いた検量線を作製し，その精度を確認することで自分が分析を行う元素（種類と濃度）に最適の条件を決定するとよい．

5 測定条件の設定

この操作は 1 分光器の立ち上げ，もしくは 4 プラズマ炎の安定化の待機時間中に行うことで時間の節約になる．多くの多岐にわたる設定項目があるが，実際に重要な設定項目は，①元素の指定（検出波長の設定）[*4]，②ポンプ系の設定（流速，待機時間）[*5]，③測定データ保存のためのファイル名設定[*6]である．

> [*4] 一種類の元素しか分析しないのであれば，その元素の第1選択波長（最も強い発光強度を与える波長）を選ぶ．ただし，検量線作製にあたって，濃度と発光強度との相関を保証するために，第2，第3選択波長での測定を同時に行っておくのが好ましい．
> 一方注意が必要なのは複数の元素を同時に分析する場合である．各元素をすべて第1選択波長で測定すると，分光干渉（2つの発光線が接近しすぎているために，分光器で分離して検出できない場合に生じる）の影響で，正しい発光強度が測定できない場合がある．近年の分光装置のソフトウェアは性能が向上しており，このような問題を自動的に回避するために，最初の原子で第1選択波長を選び，次の元素で第1選択波長を選ぶと分光干渉が生じる危険性がある場合は，第2，第3選択波長を推奨するようになっているが，複数の元素をそれぞれ複数の選択波長で測定する場合などには各検出波長を列記するなどして，分光干渉の危険性がないか確認する必要がある．

> [*5] 基本的にはメーカーが推奨する流速，待ち時間の設定を用いる．ただし，その条件での測定を何度繰り返すかは試料量と発光強度の毎回の安定性によって決定することになる．筆者は，流速1.2 ml，待ち時間45秒（ラインを試料につないでから，実際にトーチに試料溶液が到達するまでの時間），測定繰り返し5回を標準条件としている．この測定条件で，1試料あたり3 ml が最低必要量となる．測定繰り返し回数を減らせば必要試料量を節約することは可能であるが，測定中に何らかの原因で異常値が得られた場合，繰り返し回数が少ないとデータの信頼性が著しく低下する場合がある．

> [*6] この項目は分析とは本質的に関係ないが，毎回同条件で測定するための測定条件保存，毎回の測定データの保存は，実験の再現性の保証，測定データの解析に際して重要である．特に筆者が使用しているシステムでは，ファイル名の指定を忘れると，測定データはリアルタイムでプリンタに打ち出されるものの，メモリーから次々消去されるため，後で保存することが不可能である．また，多くの元素を同時分析する場合の条件設定などを再入力するのは誤入力や時間の消耗になるので避けたい．

6 分析と解析

分析操作は各溶液（標準溶液，試料溶液）をペリスタポンプのライン系に接続し，測定開始ボタンを押すことで自動的に開始される．指定波長での発光強度の繰り返し測定が実行され，得られたデータが自動的にデータファイルに書き込まれ，同時にプリンタに出力される．

得られたデータは，繰り返し測定の間に異常なデータが含まれていないか確認後平均値を求め，それを各溶液の発光強度とする．標準試料に対しては，濃度と発光強度との相関を，最小自乗法で求める．基本的には一次関数を用いるが，直線性が低い場合は，多価関数を用いる．しかし，筆者の経験では一

次関数でフィッティングできないのは，発光強度が強すぎる（分光干渉の発生などの測定条件の設定ミス），試料に不溶性成分が含まれている，ペリスタポンプのチューブの劣化のいずれかであることがほとんどであった．以上の問題を確認しても改善がみられない場合は分析濃度域そのものが間違っている可能性があるので，再度マニュアルで推奨測定濃度域の確認を行う．

注意点

順調に分析が進めば，1日で数十検体の試料を分析することが可能であるが，精度の高い結果を得るためには，標準溶液，試料溶液ともに遠心もしくはフィルターろ過などの方法で微粒子などの不溶成分を除去しておくのは必須である．また，それ以外に，以下のような注意点がある．

1 標準溶液の濃度の設定

標準溶液を用いた検量線は必ず，試料濃度から予測される解析対象元素濃度を含む領域で設定するようにする．外挿法で求めると得られた分析結果の誤差が大きくなり，正しい結果が得られない．また，検量線の信頼性を高めるためには，5～10点の異なる濃度で測定を行い，標準溶液を作製する．

2 試料溶液の前処理

試料に非特異的に吸着した無機微量元素を取り除くために，精製の最終段階でEDTA（0.1 mM）などのキレート剤を含む溶媒を使用するか，得られた試料溶液をChelex 100で処理する．試料純度の目安として>95％であるが，微量無機元素を結合している可能性のある不純物の存在には特に注意が必要である．一方で，微量無機元素のサイトへの結合定数が低いことが予想される場合は，充分量の微量無機元素を含む溶媒で精製を行い，溶媒と試料溶液との微量無機元素濃度の差からタンパク質の結合サイトへの無機微量元素の結合数を求める．

3 元素特異的な前処理が必要な場合

生体にとっての必須元素ではないが，水銀は環境・生体汚染の分析対象として重要な元素の1つである．水銀は適切な前処理を行わないと吸着などの影響から，再現性のよい分析結果が得られない．前処理の方法としては，金アマルガム法や還元気化法があるが，筆者は金アマルガム法を常用している．金は原子吸光分析グレードの標準溶液（1,000 ppm）が市販されているため，これを1 ppmまでChelex 100処理水で希釈し，その溶液に希釈した水銀標準溶液（0.01～1 ppm）を加え，ICP発光分析の標準液として使用する．試料溶液も，含まれる水銀濃度が0.1～0.5 ppmで，金を1 ppm含むように調製し，含まれる水銀濃度を分析する．

memo

共通分析機器の使用に際して

図2を見てほしい．左は新品のICP-AESのトーチである．右は，取り付けて1回の測定を行ったあとのトーチである．トーチ上部が白濁し，燃えカスのような茶色のススがこびりついている．なぜこのようなことが起きたのだろうか？

原因は，固形試料を粉砕後，水に懸濁したものを直接分析したからである．当然のことではあるが，ライン系も変色し，ネブュライザー内も洗浄が必要であった（結局2日の測定の予約の内1日は機器のメンテナンスで終わってしまった）．近年，高額・高感度な分析装置が簡便に使用できるような環境が整ってきているが，利用者側がそれに伴う充分な知識を持たずに使用し，分析装置に大きなダメージを与えるケースが増えてきているように感じる．すべての機器分析に言えることであるが，新しい分析機器を使用する前にはその測定原理を理解し，最初の講習会（場合によっては研究室の指導教員や先輩）で習った操作法・注意事項は守らないと，自分だけでなくその装置を利用する多くのユーザーに迷惑がかかることに常に留意してほしい．

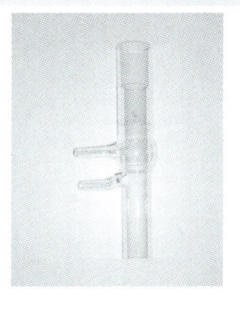

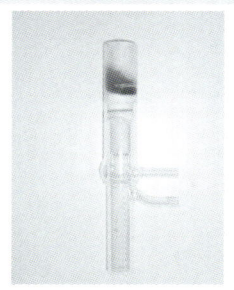

図2 新品のトーチ（左）と1日（1回）使用後のトーチ（右）

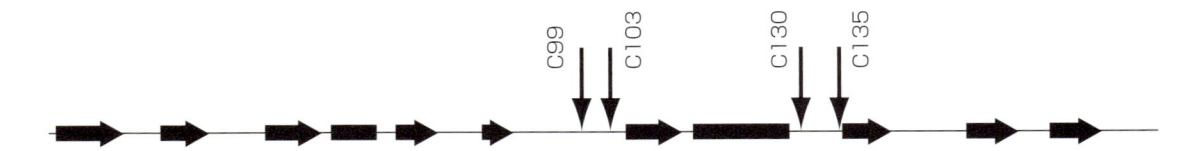

図3 ICP-AES, ^{113}Cd-NMR, ^{1}H-^{15}N HSQC スペクトル分析結果に基づくAS157の亜鉛イオン結合部位（高親和性）の推定図
（文献5より改変）

表1　AS157に結合した亜鉛イオンのモル比

AS157溶液中の亜鉛イオン濃度（μM）	Zn^{2+}/AS157
0	1.2
10	2.1

（文献5より改変）

実験例

われわれのグループが近年行ってきた研究のなかから，ICP発光分析を用いてタンパク質に結合した亜鉛イオンの個数，結合サイト，結合親和性の解析を行った実験例を紹介する．ショウジョウバエのニューロンとグリアの間の分化を制御するGCMタンパク質のGCM-Boxを含むDNA結合領域（AS157）には，アミノ酸配列上亜鉛イオンが結合すると予測されるサイトが2つ存在するが実際に亜鉛イオンが結合するかについては未知であった．われわれは，50μM亜鉛イオン存在下で大量発現させたAS157に結合している亜鉛イオンの個数を，ICP-AES（atomic emission spectrometry, ICP発光分光分析法）で解析した．AS157の亜鉛イオンの結合サイトすべてに亜鉛イオンが結合した状態を再現するために，10μMの亜鉛イオン存在下で分析したところ2.1の値を得た（表1）．また，AS157に弱く結合した亜鉛イオンを除去した状態を再現するために，AS157を0.1 mM EDTAで処理し，亜鉛イオンを含まない条件下で測定したところ，1.2の値を得た（表1）．このことから，AS157にはアミノ酸配列から予測されるように，2つの亜鉛イオン結合部位が存在し，それぞれに対する亜鉛イオンの結合親和性は異なっていることを明らかにした（図3）[5]．

おわりに

「原理」の項で述べた特徴を考慮すると，複数の元素を結合している可能性のあるタンパク質・核酸試料や，結合している元素が特定できていないタンパク質・核酸試料を分析する場合は，ICP発光分析法のほうが簡便である．一方，特定の元素が含まれているかどうかを多検体について観測する場合などは，原子吸光分析のほうが簡便である．また，検出限界の観点から考えた場合，銅，マグネシウム，カドミウム，亜鉛などについてはICP発光分析法より，原子吸光分析のほうが有利である[3]．

なお，本項では取り上げなかったが，ICPのプラズマはイオン源として利用可能であることから質量分析技術と組み合わせたICP−質量分析法もある．この手法は，ほとんどの金属元素の定量において，原子吸光分析法よりやICP発光分析法より感度が高く，定量範囲もICP発光分析よりもさらに1～2桁程度広い．一方で，常圧下で動作するICPと高真空下で動作する質量分析計との高精度なインターフェースが要求される．また，アルゴンや溶媒が検出の妨害因子になる可能性がある．これらの問題点を克服することは可能であるが，機器の価格が原子吸光分析装置やICP発光分析装置より上昇するだけでなく，分析操作・装置の維持管理も複雑になる．

また，タンパク質大量発現や核酸合成技術の進歩により，解析対象となるタンパク質・核酸の高度に精製した試料を，原子吸光分析法やICP発光分析法で必要とされる以上の絶対量・濃度で確保することは困難ではなくなってきている．

以上のことをまとめて考えて，筆者は，原子吸光分析法もしくはICP発光分析法が，タンパク質・核酸試料に結合する無機元素の検出・定量を行う際に最も汎

用性の高い分析法であると結論する．なお，これら2つの分析法のどちらを採用するかは，複数の元素の同時解析の必要性があるかどうかに大きく依存する．

参考文献

1）桜井　弘/編：「生命元素辞典」，オーム社，2006
2）原口紘/監訳：「クリスチャン分析化学Ⅱ．機器分析編」（原書6版），pp77-95，丸善，2005
3）赤岩英夫/編：「化学新シリーズ　機器分析入門」，pp23-34，裳華房，2005
4）田中誠之，飯田芳男：「基礎化学選書7　機器分析」（三丁版），pp121-151，裳華房，1996
5）Shimizu, M. et al. : Protein Engineering, 16：247-254, 2003

第2章 振動スペクトル解析

1．赤外分光
～タンパク質の二次構造の定量～

森田成昭，尾崎幸洋

タンパク質水溶液を例として，生体試料の赤外スペクトルの測定と解析のコツを示す．詳細な解析によって，αヘリックスやβシートなどの二次構造を定量することが可能である．

はじめに

赤外分光は化学種の同定だけでなく，分子構造や分子間相互作用を官能基レベルで調べるのに有効な分光法である．水溶液系の生体試料であっても，汎用のフーリエ変換型赤外分光器（FT-IR）を用い，適切な手法を用いることで，良好な赤外スペクトルを迅速に得ることができるようになった[1]～[3]．また，時間分解赤外分光[4]は生体反応の中間体を捕らえ，顕微赤外分光[5]は細胞レベルの官能基マッピングを実現するなど，時間空間制御下での測定も可能である．さらに最近では，振動円偏光二色性（VCD）[6]，表面増強赤外（SEIRA）[7]，和周波発生（SFG）[8]など，新しい測定法がバイオ機器分析に新たなアプローチを提供している．

FT-IRで測定した赤外スペクトルは，低ノイズであり再現性もよいので，適切なスペクトル解析を行うことで詳細な分子情報を抽出することができる．伝統的な赤外スペクトル解析法[1]～[3]の他に微分スペクトルによるピーク検出[9]やフィッティングによる波形分離[9]なども容易に行える．また，1本のスペクトルを解析するだけでなく，ケモメトリックス[10][11]や二次元相関分光法[12]によって，複数のスペクトルから情報抽出することも可能である．また，密度汎関数（DFT）法などによる量子化学計算は，スペクトル－構造相関を議論するうえで強力なツールとなっている．

このように，赤外分光は，従来の化学構造を決定するための分析法としてだけでなく，生命現象を解明するための新しい分析法としての可能性を有しており，これまで以上の活躍が期待される．本項では，FT-IRを用いてタンパク質の赤外スペクトルを測定し，得られたスペクトルからタンパク質の二次構造に関する情報を抽出する場合の注意点を解説する．

原理

1 タンパク質の赤外スペクトル

赤外吸収スペクトルは，波数 v の関数として，参照スペクトル $I_0(v)$ と試料スペクトル $I(v)$ を測定し，透過率スペクトル $T(v) = I(v)/I_0(v)$，あるいは吸光度スペクトル $A(v) = -\log_{10}T(v) = \log_{10}I_0(v) - \log_{10}I(v)$ として表示する．例えば，タンパク質のスペクトルを水溶液から得たい場合，タンパク質そのものによる赤外吸収だけでなく，溶媒である水や，試料を入れるセル，さらには空気中の二酸化炭素や水蒸気による赤外吸収まで考慮する必要がある．図1に，それぞれ（A）リゾチーム（固体），（B）水，（C）重水，（D）液体試料用セルとしてよく用いられるフッ

化カルシウム，(E) 二酸化炭素，(F) 水蒸気の赤外スペクトルを示す．ここで，リゾチーム，水，重水のスペクトルは全反射吸収法（attenuated total reflections：ATR法）により，フッ化カルシウム，二酸化炭素，水蒸気のそれは透過法により測定した．ATR法については後で説明する．

代表的なタンパク質であるリゾチームの赤外スペクトル（図1A）をみると，アミドA（3,280 cm^{-1}付近），アミドB（3,090 cm^{-1}付近），C-H伸縮振動（3,000〜2,800 cm^{-1}），アミドⅠ（1,690〜1,620 cm^{-1}），アミドⅡ（1,590〜1,510 cm^{-1}），アミドⅢ（1,320〜1,210 cm^{-1}），C-H変角振動（1,500〜1,300 cm^{-1}），などのバンドがみてとれる[2]．アミドAとアミドBはN-H伸縮振動の基本音（3,230 cm^{-1}付近）とアミドⅡの第一倍音（3,135 cm^{-1}付近）がフェルミ共鳴したことによりスプリットしたものである[3]．水のスペクトルと比較すると，水のO-H伸縮振動（3,700〜3,000 cm^{-1}）も，水のO-H変角振動（1,700〜1,550 cm^{-1}）も，タンパク質のバンドと重なっていることがわかる．このことから，タンパク質水溶液の測定において，水の強い赤外吸収が問題となることが理解できよう．このため，タンパク質水溶液の測定には，しばしば重水が用いられる．重水のスペクトルをみると，O-D伸縮振動（2,700〜2,100 cm^{-1}）も，O-D変角振動（1,300〜1,100 cm^{-1}）も，軽水のO-Hバンドと比べて低波数側にシフトしていることがわかる．重水を用いたタンパク質水溶液の測定では，C=O伸縮振動の性質を強くもつアミドⅠに比べて，C-N伸縮振動とN-H変角振動がカップルしたアミドⅡやアミドⅢ，さらにN-H伸縮振動の性質をもつアミドAは，重水を用いることによって，H-D交換の影響を受けることを理解しておかなければならない[2][3]．すなわち，アミド基の水素原子は，重水中において，容易に重水素原子と置換してしまうため，例えばタンパク質のN-H伸縮振動はN-D伸縮振動の領域に現れてしまう．このN-D伸縮振動は重水のO-D伸縮振動とバンドが重なるため，重水を用いてもバンドを分離することはできない．このように，水溶液において，タンパク質のN-H伸縮振動の情報を抽出することは容易でない．

透過法に用いる窓材やATR法に用いるプリズムのスペクトルを事前に測定しておくことも重要である．フッ化カルシウムのスペクトル（図1D）は，1,000

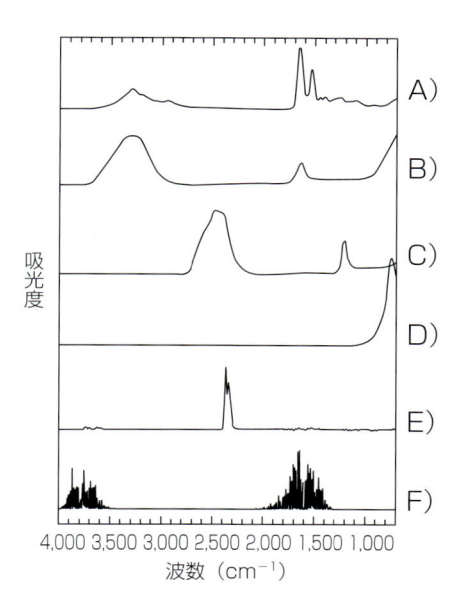

図1　赤外スペクトル
A) リゾチーム（フィルム，ATR），B) 水（ATR），
C) 重水（ATR），D) フッ化カルシウム（透過），
E) 二酸化炭素（透過），F) 水蒸気（透過）

cm^{-1}以下に強い赤外吸収をもつ．したがって，1,000 cm^{-1}以下のバンドを観察したい場合，フッ化カルシウム以外の窓材を選択する必要がある．また，フッ化カルシウムは1,000 cm^{-1}以上に赤外吸収帯をもたないため，逆に，C-H領域やアミド領域に赤外吸収がみられた場合，窓材の洗浄が不充分であると判断できる．

大気中の二酸化炭素や水蒸気は強い赤外吸収をもつが，これらのバンドが測定対象となるバンドと重なる場合，慎重な測定と解析が必要となる．例えばタンパク質のアミドⅠバンドは水蒸気のバンドと重なる．よってごく僅かな水蒸気のバンドがタンパク質のバンドに重なってしまうと，微分スペクトルを計算する際に水蒸気のバンドが強調され，タンパク質の二次構造に関する情報が得にくくなってしまう．このため，参照スペクトルと試料スペクトルを測定する際に，試料室を乾燥空気で充分にパージすると同時に，残存水蒸気量が同程度となるように，試料をセットしてから測定するまでの時間をうまく調節するとよい．また，試料室を開けて水蒸気そのもののスペクトルを測定しておき，後で差スペクトルを計算するという処理方法もある．

2 ATR法

ATR法は，ATRプリズムに密着させた試料との界面において発生するエバネッセント波（近接場光）を用いて試料の赤外吸収を測定する方法である．水溶液系における透過法測定では，水の強い赤外吸収を避けるために，光路長を数μm程度にまで短くする必要があるが，ATR法を用いると，エバネッセント波のもぐり込み深さが波長程度（数μm）しかないので，容易に測定を行うことができる．ここで注意しなければならないのは，透過法の場合，ランベルト・ベール則 $A(\nu) = \varepsilon(\nu) \cdot C \cdot d$ において，光路長 d が波数 ν に依存しないのに対し，ATR法の場合，光路長に当たるエバネッセント波のもぐり込み深さ d_P が

$$d_\mathrm{p} = \frac{\lambda/n_\mathrm{prism}}{2\pi\sqrt{\sin^2\theta - (n_\mathrm{sample}/n_\mathrm{prism})^2}}$$

のかたちで波長 λ（波数 ν の逆数）に依存するため，ATRスペクトルは透過スペクトルと比べて低波数側の赤外吸収強度が強調されることである．ここで，n は屈折率，θ は赤外光の入射角をあらわす．またATR法は，透過法と比べて界面選択性が高いため，タンパク質がATRプリズムに吸着してしまうと，変性したタンパク質からの信号を検出してしまうので，注意が必要である．

準備するものとプロトコール

試料は固体もしくは水溶液の状態のものを用意する．タンパク質固体試料の赤外スペクトル測定のときは，KBrなどと混ぜない方がよい[2]．ましてやKBr discなどを作ることはもっての他である．タンパク質はKBrと混ぜるだけでも変性するものが多い．固体試料の場合はタンパク質そのものを窓板上にこすりつけて顕微赤外法で測定するのがよい[2]．あるいは水溶液から窓板上にフィルムを作り，透過法で測定する方法もある．

水溶液試料の場合1〜5％（w/w）濃度のタンパク質水溶液を用意する．重水が用いられることも多い．必要に応じてリン酸バッファーなども用いる．赤外スペクトル測定はATR法もしくは透過法で行われる．ATR法の場合は水溶液試料をそのままATRセル上にのせるだけでよい．透過法の場合は水溶液を2枚の窓板ではさむ（厚さ10μm程度に調整する）．

赤外分光法によるタンパク質の二次構造解析法を以下に箇条書きで示す[2]．

❶ タンパク質の固体もしくは水溶液の赤外スペクトルを測定する
❷ 固体試料の場合はそのまま❹ にすすむ．水溶液試料の場合は❸ のスペクトル前処理を行う
❸ 水溶液の赤外スペクトルから水（あるいはバッファー）の赤外スペクトルを差し引く．ATR法で測定した場合はATR補正を行う
❹ 得られたスペクトルの1,700〜1,600 cm^{-1}の領域（アミドI領域）に対して実験例で述べるように微分スペクトル解析やフーリエ・セルフ・デコンボリューション解析，二次元相関分光解析などを行い，アミドI領域に何本のバンドが存在するかを確認する（図2）．そのうえでカーブフィッティング法を適用し，バンドを分離する．分離されたバンドの帰属を行い，その面積から各二次構造の割合を計算する

実験例

■ アミドIバンドの解析

図2Aに，リゾチーム溶液（20 mg/l）のスペクトルから，溶媒である重水で調製したリン酸バッファーのスペクトルを差し引いたATRスペクトルのアミドI領域を示す．このアミドIは，C＝O伸縮振動の性質を強く反映するが，タンパク質中のC＝O基が αヘリックスや βシートなどの二次構造環境において双極子－双極子相互作用の程度が異なるため，二次構造に敏感な複数のバンドが観察される．したがって，アミドIに重畳した複数のバンドを分離することができれば，タンパク質の二次構造に関する情報を抽出できることになる．しかし，図2Aでみてとれるように，ブロードなスペクトル形状の中に，いくつのバンドが重畳しているのかを判断するのは容易でない．このような場合，微分スペクトル解析や，フーリエ・セルフ・デコンボリューション解析，二次元相関分光解析など[1]〜[14]を行うことが有効である．

微分スペクトル解析において，バンドのピーク位置は，一次微分の零交点，二次微分の極小点，三次微分の零交点，…，として見出される．微分の次数が大きいほど隠れたバンドをより正確な波数位置で見出せ

るが，数値微分をする際にノイズの影響を受けやすい．そこで，数値微分においてノイズの影響を低減させるには，Savitzly-Golay（SG）法[8]などの，走査窓を用いた多項式適合法を用いるとよい．ただしSG法において，窓幅$2m+1$を大きめにとれば，それだけノイズを低減できるが，測定したスペクトルを歪ませてしまう恐れがあることを知っておかなければならない．例えば波数分解能4 cm^{-1}（データポイント間隔2 cm^{-1}）で取得したスペクトルを$2m+1=11$でSG解析すると，20 cm^{-1}の範囲を多項式適合したことになる．もしこの範囲に重畳するバンドがあればそれを見逃してしまう恐れがあるわけである．そこでSG解析を行う際には，窓幅を適当にとって零次微分（多項式適合によって測定スペクトルを平滑化する）を計算し，測定スペクトルと大きくずれていないかを確認した方がよい．窓幅を小さくしてノイズの影響があるようなら，例えば二次微分において，平滑化→一次微分→平滑化→一次微分と逐次計算した方がよい結果を得られることもある．ここで，赤外スペクトルのようにピーク部分とベースライン部分がはっきりと分かれている場合には，平滑化にKawata-Minami法[8]などの適応化平滑化法を応用するとよい．

　フーリエ・セルフ・デコンボリューション（FSD）[1) 14)]は，FT-IRで取得したインターフェログラムから，高速フーリエ変換（FFT）[8]によってスペクトルを計算する際に，アポダイゼーション関数などを変えることで，見かけの分解能を向上させる方法である．この方法を用いると，測定スペクトルを歪ませてしまうが，ブロードなスペクトルに重畳したバンドを分離することができる．例えば，タンパク質のアミドI領域をフィッティングにより波形分離する際に，微分スペクトル解析と組み合わせることで，バンド数とバンド位置をあらかじめ決定することができるようになる．特にバンド数は，非線形最小自乗法によりフィッティングする際，推定されないので，反復計算を始める前に決定しておく必要がある．

　図2C, Dに，図2Aで示したリゾチームのスペクトルから得た，二次微分スペクトルとFSDの結果を示す．これらの結果から，1,616, 1,628, 1,637, 1,643, 1,655, 1,670, 1,684 cm^{-1}付近に7つのバンドを分離することができた．次に，この値を初期値としてフィッティングを行った．図2Aに，白丸で示した測定デ

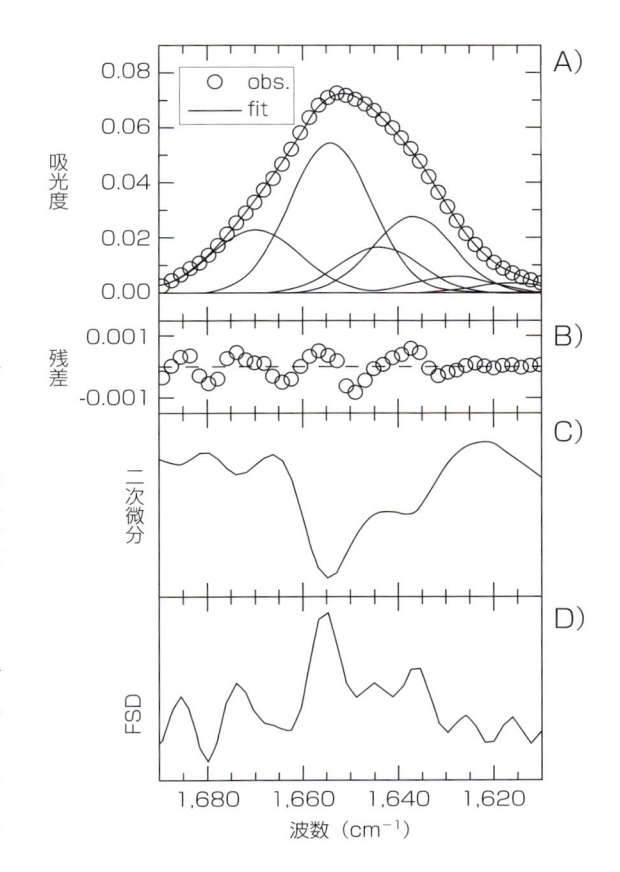

図2　リゾチームのアミドIバンドの解析
A）リゾチームの赤外スペクトルのアミドI領域（重水バッファー溶液）．白丸は測定結果，実線はフィッティング結果をあらわす．B）フィッティングにおける残差．C）二次微分スペクトル．D）フーリエ・セルフ・デコンボリューションの結果

ータに対して得られたフィッティング結果を実線で示す．このときの残差（測定値と計算値の差）を図2Bにプロットした．FT-IRによる測定では，吸光度で10^{-3}程度の精度が見込めるため，残差が10^{-3}以上であったり，残差プロットが大きくうねっている場合は，フィッティング結果が測定スペクトルを再現していないと考えた方がよい．表1に，タンパク質のアミドI領域に現れるバンドの帰属をまとめた．この帰属を元に，水溶液中におけるリゾチームの二次構造の比率を算出すると，αヘリックスが41 %，βシートが25 %，βターンが19 %となる．この値は，円偏光二色性（CD）などにより求められている値とよい一致を示している．

表1　タンパク質のアミド I バンドの帰属

バンド（cm^{-1}）	帰属
1,690〜1,680	βシート
1,680〜1,660	βターン
1,655〜1,650	αヘリックス
1,645〜1,640	3$_{10}$ヘリックス
〜1,640	3$_1$ヘリックス
〜1,630	βシート
1,620〜1,610	アミノ酸残基

　以上のように，赤外スペクトルの測定と解析から，溶液におけるタンパク質の二次構造の比率が求められることを説明した．この方法は，種々のタンパク質について，また，温度や濃度，pHを変えて行うことも可能である．さらに実験を工夫することで，吸着タンパク質や変性タンパク質，膜内に局在するタンパク質やフォールディングの中間体を追跡するなど，さまざまな応用が可能であろう．しかし同時に，X線回折やCDなど，他の分析手法とあわせて実験を行い，データをよく吟味することも大切である．本項ではタンパク質水溶液における二次構造に着目して，生体試料における赤外分光のコツを解説した．

参考文献

1）田隅三生：「FT-IRの基礎と実際第2版」，東京化学同人，1994
2）尾崎幸洋，岩橋秀夫：「生体分子分光学入門」，共立出版，1992
3）Christy, A. A. et al. : "Modern Fourier Transform Infrared Spectroscopy", Elsevier, 2001
4）浜口宏夫：生物物理，37：259-262，1997
5）西岡利勝，寺前紀夫：実用分光法シリーズ「顕微赤外分光法」，アイピーシー，2003
6）Nafie, L. A. et al. : "Handbook of Vibrational Spectroscopy" (Charmers, J. M. & Griffiths, P. R.), pp731-744, John Wiley & Sons, Chichester, 2002
7）大澤雅俊：分光研究，42：127-139，1993
8）和田昭英 他：分光研究，47：190-199，1998
9）南茂夫：「科学計測のための波形データ処理」，CQ出版社，1986
10）長谷川健：「スペクトル定量分析」，講談社サイエンティフィク，2005
11）尾崎幸洋 他：「化学者のための多変量解析」，講談社サイエンティフィク，2002
12）Noda, I. & Ozaki, Y. : "Two-Dimensional Correlation Spectroscopy", Wiley, 2004
13）尾崎幸洋，河田聡：「近赤外分光法」，学会出版センター，1996
14）山本達之：分光研究，38：41-43，1999

第2章 振動スペクトル解析

2．近赤外分光
～生体物質の定量分析～

尾崎幸洋，新澤英之，森田成昭

生体物質混合系の定量分析を例に，バイオ機器分析や医療診断の分野でも注目されている近赤外分光を紹介する．また，複雑な近赤外スペクトルを解析して，有用な情報を抽出する方法を紹介する．

近赤外分光法の特色

近年，近赤外分光法が新しいバイオ機器分析法の一つとして注目されている[1)～7)]．それは近赤外分光法が赤外分光法や紫外可視分光法にはないユニークな長所をもっているからである．本項では近赤外分光法の基礎，実験法，応用例について解説する．

近赤外分光法は近赤外域［ここでは800 nm（12,500 cm^{-1}）から2,500 nm（4,000 cm^{-1}）までを近赤外域とする］における光の吸収，発光，反射，散乱現象を扱う分光法である[1)～7)]．近赤外域に現れるバンドは分子振動の倍音，結合音によるものが多いが，ときには電子状態の遷移によるものもある（特に可視域に近い領域）．したがって近赤外分光法は一般には振動分光法の一種と考えてよいが，電子分光法という一面ももつ．

それではなぜ近赤外分光法が有用なのであろうか．倍音，結合音であれ電子遷移であれ，近赤外域に観測されるバンドは非常に弱い．実はこのバンドの強度が弱いということを近赤外分光法は逆に利用する．強度が弱いということは言い換えれば，透過性に優れていることを意味する．透過性に優れているために，例えば近赤外分光法を用いてリンゴの糖度やヒトの脳中の酸素飽和度などを測定することができる．非破壊，無侵襲分析に強いというのが近赤外法の大きな長所である．この長所は農産物や工業製品の品質評価，工場におけるオンライン分析，医療診断などの実用的な面で活かされている．

近赤外分光法はもう一つ大きな長所をもつ[1)～7)]．それは近赤外分光法は水素結合や分子間相互作用，水和の研究に適しているという長所である．この長所は次のような近赤外バンドの特徴から出てくる．①水の近赤外吸収は赤外吸収に比べはるかに微弱である（水の近赤外域におけるモル吸収係数は，赤外域におけるそれの1/1000程度である）．したがって水溶液系での研究に適する．②水素を含む官能基（OH，CH，NHなど）の倍音，結合音によるバンドが圧倒的に多い．それはXH結合の非調和定数が大きいということと，XH伸縮振動の基本振動数が大きい（赤外域において高波数域に現れる）ということによる．近赤外分光法はXH基分光法とも言える．③赤外スペクトルの場合と同様に，水素結合や分子間の相互作用によって特定のバンドにシフトが起こるが，そのシフトの大きさは，赤外バンドの場合に比べはるかに大きい．

Yukihiro Ozaki, Hideyuki Shinzawa, Shigeaki Morita：School of Science & Technology, Kwansei-Gakuin University（関西学院大学理工学部）

生体試料の近赤外スペクトルの特徴

近赤外分光法を用いて生体試料の定性定量分析を行う場合，in vivo, in situ でスペクトル測定が行われることが多い．そこでいろいろな条件下で測定した生体試料の近赤外スペクトルの特徴について考える必要がある[1)~7)]．生体系に限らないが，一般に非破壊，無侵襲で測定した多成分系の近赤外スペクトルはかなり複雑である．また種々の外乱（例えば温度変化）などによってスペクトルのベースラインなどが変動する．さらに妨害物質の存在がスペクトル解析を難しくする．生体系（特に非破壊，無侵襲で測定した多成分系のもの）の近赤外スペクトルの解析の難しさの原因は，①スペクトルそのものの複雑さ，②試料の物理化学的性質と妨害物質，③環境変動などの外乱，に分けられる．

近赤外スペクトルには多くの倍音，結合音が重なり合って観測される．したがって主として基本音からなる赤外スペクトルに比べると近赤外スペクトルはかなり複雑である．スペクトルを構成する波数（長）間に相関が存在することを多重共線性（multicollinearity）とよぶが，この多重共線性は近赤外スペクトルの方が赤外スペクトルよりはるかに強い．しかも多成分系となればいくつかの成分のスペクトルが重なり合うわけであるから，各成分の濃度などに関する情報が広い波数範囲に分散してかつ，それぞれの波数でいくつかの成分の濃度情報が重畳することになる．

近赤外分光法では実にさまざまな試料が測定対象になる．透明体もあれば光を強く散乱するものもある．透明液体試料などの非散乱体の場合は，一般に成分濃度と吸光度の間にランベルト・ベールの法則（L-B則）で示される線形関係が存在するので，データ処理は比較的簡単になる．しかしながら透過法が適用できない生体試料の in vivo 測定のような場合はたいてい拡散反射光を扱うことになる．このような場合は光の多重散乱が起こるので，拡散反射率と成分濃度の関係は一般に非線形となる．拡散反射率と吸収係数（成分濃度に比例）との関係を表すのがKubelka-Munkの式であり，光散乱体の近赤外拡散反射スペクトルはこれによって解析される[1)2)]．実際の拡散反射法の実験では，後方散乱や正反射光の混入の問題も起こってくる．試料の物理化学的特性もスペクトルに大きな影響を与える．

生体試料の近赤外スペクトルで妨害物質となるのは，大方の場合水である．水は 1,930 と 1,420 nm に強い吸収を与える．この強い吸収に比べると成分物質の吸収は一般的にきわめて弱い．この強い妨害物質である水の影響をいかに低減するかが，生体系の近赤外分光法において重要な問題となってくる[6)]．

最も一般的な外乱は温度変化である．生体系の場合はしばしば温度変化が問題となる．このような近赤外スペクトルの複雑さやベースライン変動，外乱などの問題を解決するために微分法や multiplicative scatter correction（MSC）法などいろいろなスペクトル前処理法が用いられる[1)5)]．

多変量解析による定性定量分析

大多量のスペクトルデータから生体物質（生体物質に限らないが）の検量を行う場合に，なぜ多変量解析[1)~5)8)]が有用かについて実際のスペクトルを見ながら考えてみよう．図1Aは小麦粉の近赤外スペクトル，図1Bはその主な成分である水，タンパク質，脂質，デンプンのスペクトルである．水は1,930と1,420 nm付近に強い吸収を示す．小麦粉のいずれの吸収バンドもいくつかの成分の吸収バンドと重なり合っており，単回帰の検量線では不十分であることが一目瞭然である．一般に多成分系の近赤外スペクトルから検量を行うために，重回帰分析，主成分回帰分析，partial least squares（PLS）回帰分析などが用いられる．

準備するものとプロトコール

1 生体試料の前処理

近赤外分光法は前処理がいらない，あるいは前処理が少なくてすむ分光法としてよく知られている．しかしながらやはり前処理がぜひとも必要となる場合も多い[1)~7)]．

i）固体生体試料

固体試料は粉末状，粒子状，フィルム状，その他に大別される．固体試料の場合は拡散反射法が用いられることが多い．拡散反射法で問題となるのは，正反射と散乱係数である．正反射に影響を与えるのは，粉体の大きさと形状である．一般に

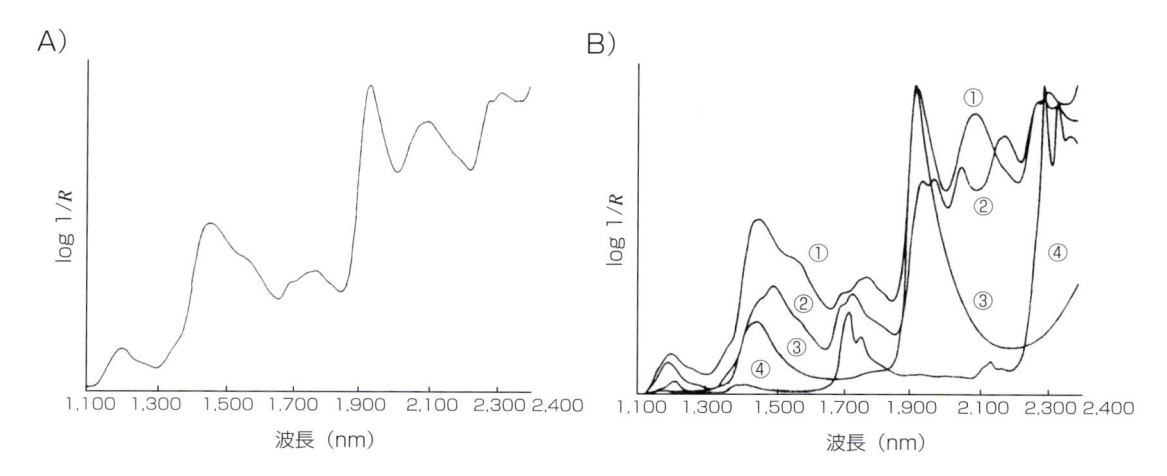

図1 多成分系の近赤外スペクトルの例
A) 小麦粉の近赤外スペクトル，B) デンプン①，タンパク質②，水③，脂肪④の近赤外スペクトル

粒子径が小さくなると正反射光は減少する．散乱係数に影響を与えるのは，粉体の粒径，形状，充填密度である．粉末状，粒子状の試料の前処理で重要なことは，できるだけ均一な粒度の粉末，粒子にすることということである．

セルの選択とセルへの試料の入れ方も近赤外スペクトル測定では重要なポイントとなる．多くの種類のセルが市販されているので，最も適切なものを選ぶ．ときには自作あるいは特注のセルを用いた方がよい場合もある．試料をセルの中に入れるときは充填密度を一定に保つように注意する．市販の粉体試料用のセルの場合充填した試料を一定荷重で押さえるような工夫が施されている．

固体生体試料の場合，吸湿などにより，余分な水分を含んでいることがある．水分は近赤外スペクトルに大きな影響を与えるので，本来含まれていないはずの水分は乾燥などにより取り除く．

ii) 液体，溶液試料

液体，溶液試料で注意しなければならないのは，不必要な光散乱成分の混入である．それを取り除くために一般に遠心分離やろ過が用いられる．光散乱成分が取り除けない場合，あるいはそれが本質的に重要な場合は，セルと検出器の間の光学系や距離を工夫して，測定誤差が小さくなるようにする．気泡や溶存気体もノイズの発生やベースライン変動の原因となることがある．このような場合は超音波処理や減圧処理で気泡を抜く．

iii) 懸濁試料

懸濁試料の場合もやはりできるだけ不要な成分を取り除いておく必要がある．光散乱成分として脂肪球を含む生乳のような場合は，試料をホモジナイズする．懸濁試料の場合は前処理法よりセルや測定法の工夫が重要になる場合が多い．懸濁試料をガラス繊維製のろ紙上に吸着させ，乾燥させて測定する方法もある．

2 近赤外分光光度計

近赤外域において用いられる分光光度計は実に多種多様である[1)2)4)5)7)]．赤外（中赤外）域において用いられる汎用の分光器は圧倒的に干渉型（フーリエ変換型）が多いのに対し，紫外可視域では一般に分散型の分光器が使用されている．近赤外域では干渉型と分散型の両方が共存している．

現在使用されている近赤外分光光度計は干渉フィルター方式，回折格子分光方式，マルチチャンネル分光方式，音響光学的回折格子分光方式，フーリエ変換分光方式などに基づく[1)2)4)5)7)]．もちろんどの分光方式にも長所欠点があり，どれを用いるかは目的や環境による．一般に研究室，実験室用によく用いられるのは，回折格子分光とフーリエ変換分光方式のものである．

近赤外分光光度計の特徴は，近赤外域が倍音，結合音の領域であるということと近赤外分光法が多種多様な試料を扱うということから生まれる．近赤外分光光度計は次のような要求を満たす必要がある．

❶ 近赤外バンドは赤外バンドに比べはるかに微弱で

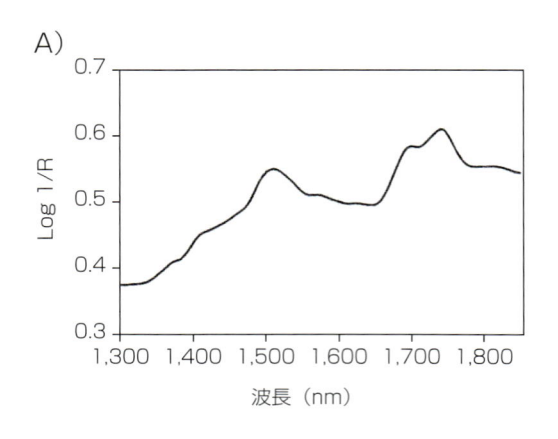

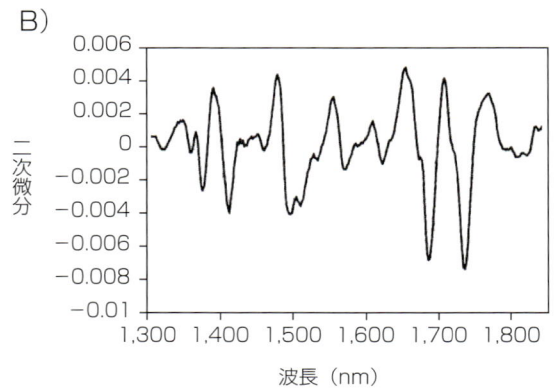

図2　A）血清アルブミン粉末の近赤外スペクトル．B）A）の二次微分スペクトル
（文献9より転載）

ある．この微弱なバンドの強度を用いて定量定性分析を行うので，高感度，高い信号対雑音（S/N）比が要求される．反面，それほど高い分析能は必要としない

❷ 多くの散乱体を扱うので集光効率を高める必要がある．特殊なセルや積分球が用いられることもある

❸ 分光システムを試料の前に置き，試料からの光を直接検出器に導く分光システム（試料後置）がとられることが多い．これは近赤外分光測定では拡散反射測定や反射測定が用いられることが多く，それらの場合試料からの散乱光の放射面積，散乱角がともに大きくなり，試料からの光を分光システムに導入することが難しくなるからである

実験例

1 生体試料の近赤外スペクトルの例

生体試料の近赤外スペクトルの例として血清アルブミン粉末の近赤外スペクトルを図2Aに示す[9]．近赤外スペクトルは一般にブロードなので，二次微分スペクトルで示されることが多い．図2Bは図2Aの二次微分スペクトルである．原スペクトルにおいて1,502 nmに観測されるバンドはN-H伸縮振動の第一倍音によるものである．1,690～1,750 nmに観測されるバンドは，C-H伸縮振動の第一倍音によるものと結合音によるものの重なりである．2,000～2,500 nmにはアミドの結合音も観測される．例えば，アミドAとアミドⅡの結合音は2,050 nm付近に，アミドBとアミドⅡ

図3　いろいろな濃度の血清アルブミンとγ-グロブリンを含んだ標準血清の近赤外透過反射スペクトル
（文献13より転載）

との結合音は2,170 nm付近に観測される[1)～5)]．

近赤外分光法はタンパク質，脂質，糖など基本的な生体物質の定量定性分析はもとより，その混合物，血液，尿，ミルク中の生体成分の定量分析[1)～7)]，さらにはin vivoで測定した生体組織の生体成分の検量などに用いられている．農産物，食品，医薬品などの実用面での応用も多い．基礎研究では，タンパク質の構造，水和の研究などにも用いられている[10)～12)]．

2 近赤外分光法を用いた生体試料の定量分析の例

A）多変量解析法を用いた血液成分の検量

ここでは近赤外分光法－多変量解析法を用いた生体成分の検量の例として，標準血清中の血清アルブミン，γ-グロブリンの検量について述べる[13)]．図3は

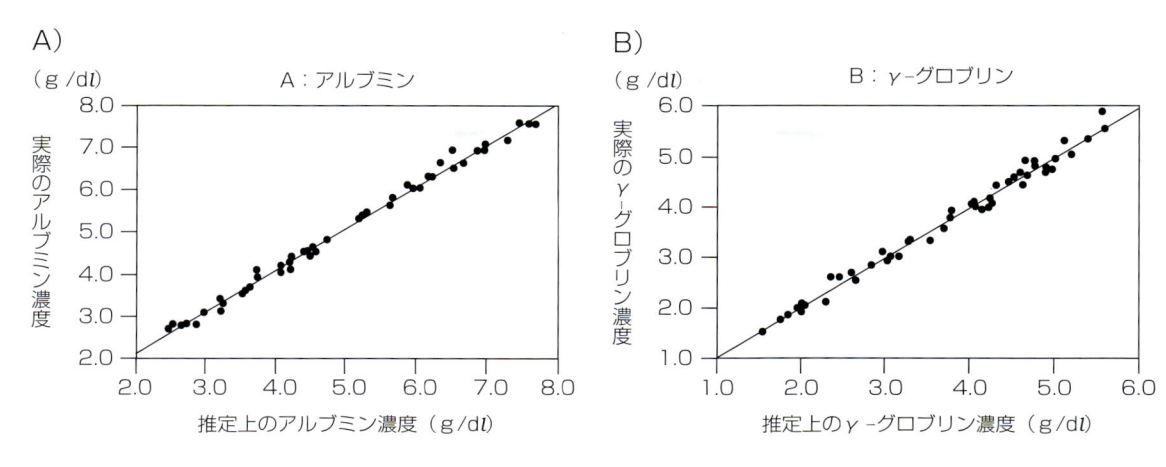

図4 アルブミン（A）とγ-グロブリン（B）の濃度を予測するPLS検量モデル
（文献13より転載）

いろいろな濃度の血清アルブミンとγ-グロブリンを含んだ標準血清の近赤外透過反射スペクトルである[13]．図3のスペクトルは水のスペクトルにきわめてよく似ている．1,440 nm付近のブロードなバンドは水のOH対称伸縮振動と逆対称伸縮振動の結合音によるものである．1,790 nm付近の弱いバンドもやはり水の結合音によるものである．

図3のスペクトルにPLS回帰分析を適用し，アルブミンとγ-グロブリンの濃度を予測する検量モデルを作成した．図4はアルブミンとγ-グロブリンの濃度を予測するPLS検量モデルである[13]．また表1は検量の結果をまとめたものである．この例のようにin vitroで測定したスペクトルでしかも比較的濃度の高い生体成分の場合は，PLS回帰分析法を用いることによって容易に検量モデルを構築することができる．

しかしin vivoで測定した皮膚の近赤外スペクトルから血糖値を予測するような場合は，よい検量モデルを得ることはそれほど容易ではない．それは，それらのスペクトルのS/N比があまりよくなく，一つ一つがベースライン変動を示し，しかもそこから微量成分の検量を行うためである．これらの困難を解決するために，最近，新しいいくつかのデータ前処理法や多変量解析法が提案された．次項ではそれらのうちのMWPLSR法の原理と応用例について解説する．

B）新しい多変量解析法，MWPLSR法とその応用

PLS法はスペクトルの一定領域（あるいは全領域）を用いる検量法である．しかしながらただやみくもにスペクトルの全領域にPLS法を適用するよりは，特定の領域を選んでPLS法を適用した方がよい．したがって検量のために有用な波数（波長）領域を選択することが重要になってくる．これまでに検量のための波数領域選択法としていくつかの方法が提案されている．われわれはmoving window partial least squares regression（MWPLSR）法を提案した[14]．MWPLSR法の目的は，すぐれたPLSモデルを構築するために有益な情報を含む領域（informative region）を選び出すことにある．

Kasemsumranら[15]は，5,000～4,000 cm^{-1}の領域の近赤外スペクトルとMWPLSR，さらにchangeable size moving window partial least squares (CSMWPLS)[16]，searching combination moving window partial least squares (SCMWPLS)[16]法を用

表1 標準血清中のアルブミンとγ-グロブリンに対するPLSモデルの予測結果（文献13より引用）

	アルブミン	γ-グロブリン
Optimum number of PLS factors	4	4
SEC	0.161	0.136
SEP	0.129	0.135
R	0.988	0.997
CV	0.0263	0.0365
RPD	12.2	8.66

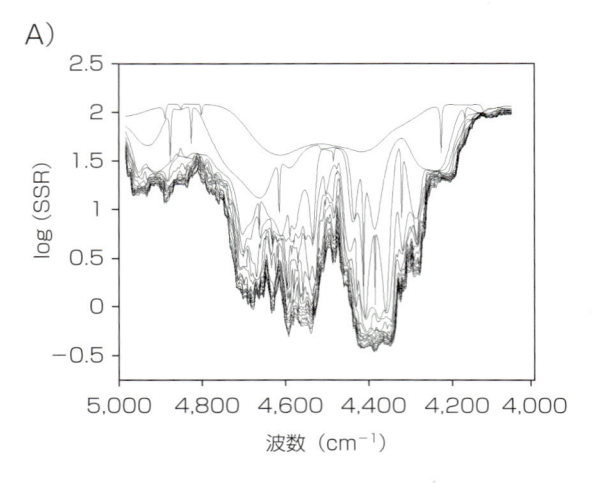

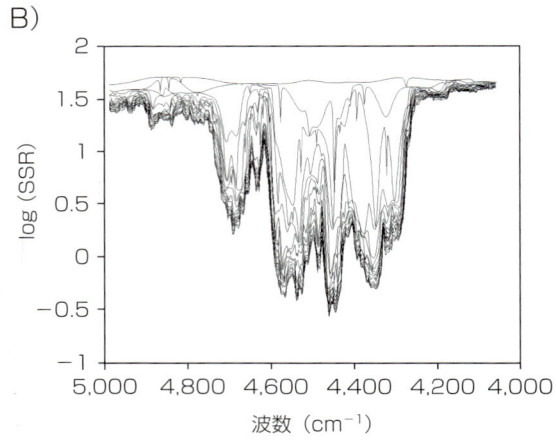

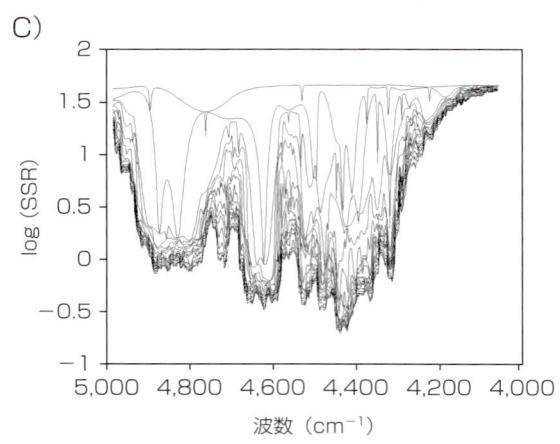

図5 MWPLSRによって得られたアルブミン（A），γ-グロブリン（B），グルコース（C）に対する残差スペクトル
（文献15より転載）

いてヒト標準血清（control serum II B，以下 CS II Bと略す）中の血清アルブミン，γ-グロブリン，グルコースの検量を行った．彼女ら[15]は，アルブミン，γ-グロブリン，グルコースの粉末をCS II B溶液に溶かすことによってアルブミン，γ-グロブリン，グルコースのstock solutionを用意した．そしてその3種のstock solutionのうち，2つのstock solutionの濃度を固定してもう1つのstock solutionの濃度だけを変化させて，stock solutionとCS II Bを混合し，125種類の混合溶液を準備した．アルブミン，γ-グロブリン，グルコースの濃度はそれぞれ（3.20, 3.90, 4.60, 5.30, 6.00 g/dl），（2.20, 2.65, 3.10, 3.55, 4.00 g/dl），（0.28, 0.71, 1.14, 1.57, 2.00 g/dl）であった．

近赤外スペクトルは，1 mmセルを用いて温度37 ± 0.2℃で測定された．得られたスペクトル（スペクトル分解能：4 cm^{-1}）に対してまずスムージング（savitzky-Golay）がかけられ，そのあとMSC処理が行われた．大きさ30データポイントのウインドウを用いてMWPLSRが実行された．さらにSCMWPLSが行われ，アルブミン，γ-グロブリン，グルコース濃度を予測するPLSモデルが構築された．

水は7,200～6,500 cm^{-1}と5,400～4,900 cm^{-1}の領域に強いバンドを示すので，この研究ではアルブミン，γ-グロブリン，グルコースの定量のために5,000～4,000 cm^{-1}の領域が用いられた．この領域にはCH基やNH基の伸縮振動や変角振動の結合音によるバンドが観測される．図5A～CはMWPLSRによって得られたアルブミン，γ-グロブリン，グルコースに対する残差スペクトルである[15]．図5Aでは4,770～4,500 cm^{-1}と4,490～4,260 cm^{-1}の領域が比較的小さなsum of squared residual（SSR）値を示すので，アルブミンのinformative regionと考えられる．図5Bはγ

表2A 全領域，MWPLSRによって選ばれた領域，MWPLSRによって選ばれた領域を直接組み合わせた領域，SCMWPLSによって選ばれた領域に対する標準血清中のアルブミンの予測結果（文献15より引用）

領域選択法	選ばれた領域（cm^{-1}）	潜在変数の数	相関係数	RMSEP（g/dl）
全領域	5,000-4,017	10	0.9950	0.1058
MWPLSR	4,800-4,500	7	0.9993	0.0384
MWPLSR	4,490-4,260	6	0.9987	0.0569
MWPLSR	4,800-4,500, 4,490-4,260	7	0.9988	0.0475
SCMWPLS	4,797-4,500, 4,403-4,293	6	0.9996	0.0303

表2B 全領域，MWPLSRによって選ばれた領域，MWPLSRによって選ばれた領域を直接組み合わせた領域，SCMWPLSによって選ばれた領域に対する標準血清中のγ-グルコースの予測結果（文献15より引用）

領域選択法	選ばれた領域（cm^{-1}）	潜在変数の数	相関係数	RMSEP（g/dl）
全領域	5,000-4,017	10	0.9941	0.0655
MWPLSR	4,800-4,617	13	0.9864	0.0977
MWPLSR	4,606-4,502	8	0.9938	0.0680
MWPLSR	4,489-4,412	10	0.9931	0.0708
MWPLSR	4,399-4,250	7	0.9916	0.0778
MWPLSR	4,800-4,617, 4,606-4,502, 4,489-4,412, 4,399-4,250	6	0.9968	0.0483
MWPLSR	4,606-4,502, 4,489-4,412, 4,399-4,250	6	0.9975	0.0428
SCMWPLS	4,789-4,619, 4,594-4,502, 4,478-4,472, 4,357-4,287	6	0.9985	0.0327

表2C 全領域，MWPLSRによって選ばれた領域，MWPLSRによって選ばれた領域を直接組み合わせた領域，SCMWPLSによって選ばれた領域に対する標準血清中のグルコースの予測結果（文献15より引用）

領域選択法	選ばれた領域（cm^{-1}）	潜在変数の数	相関係数	RMSEP（g/dl）
全領域	5,000-4,017	9	0.9966	0.0549
MWPLSR	4,930-4,756	5	0.9911	0.0970
MWPLSR	4,744-4,704	8	0.9568	0.1917
MWPLSR	4,685-4,571	5	0.9937	0.0894
MWPLSR	4,546-4,220	4	0.9927	0.0870
MWPLSR	4,930-4,756, 4,744-4,704, 4,685-4,571, 4,546-4,220	4	0.9987	0.0345
MWPLSR	4,930-4,756, 4,685-4,571, 4,546-4,220	4	0.9991	0.0302
MWPLSR	4,744-4,704, 4,685-4,571, 4,546-4,220	7	0.9992	0.0251
SCMWPLS	4,895-4,764, 4,719-4,717, 4,650-4,602, 4,546-4,256	5	0.9995	0.0195

-グロブリンに対して 4,800～4,617, 4,606～4,502, 4,489～4,412, 4,399～4,250 cm^{-1} の 4 つの informative region を与える[15]. 図 5C はグルコースに対して 4,930～4,756, 4,744～4,704, 4,685～4,571, 4,546～4,220 cm^{-1} の 4 つの informative region を与える.

MWPLSR によって選ばれた informative region に CMWPLS 法が適用され, アルブミン, γ-グロブリン, グルコースの濃度に対する予測結果が計算された. 表 2A～C はアルブミン, γ-グロブリン, グルコースに対する予測結果をまとめたものである[15]. 表 2A～C には SCMWPLS によって選ばれた領域のみならず, 全領域, MWPLSR によって選ばれた領域, MWPLSR によって選ばれた領域の直接的な組み合わせによる領域についての結果も示してある. アルブミンの場合, 全領域 (5,000～4,017 cm^{-1}) は潜在変数の数, 相関係数, RMSEP のいずれにおいても最も悪い結果を与えた. MWPLSR によって選ばれた 2 つの informative region (4,800～4,500 cm^{-1}, 4,490～4,260 cm^{-1}) は, いずれも全領域に比べるとかなりよい予測結果を与えた. しかしながら 2 つの informative region の単純な組み合わせ (4,800～4,500 cm^{-1}, 4,490～4,260 cm^{-1}) は, 個々の informative region に比べ, よりよい結果を与えることができなかった. 一方 SCMWPLS によって選ばれた領域の組み合わせ (4,797～4,500 cm^{-1} と 4,403～4,293 cm^{-1}) は潜在変数, 相関係数, RMSEP いずれの点においても他のものに比べ最もよい結果を与えた[15].

γ-グロブリンについては 4 つの informative region が得られた. これらの informative region は全領域に比べ必ずしもより良い結果を与えていない (表 2B). しかし informative region の直接的組み合わせは, 個々の informative region に比べかなりよい結果を与えた. SCMWPLS によって得られた領域はさらによい結果を与えた. グルコースの場合 (表 2C) もやはり SCMWPLS 法が目立ってよい結果を与えた.

おわりに

以上のように近赤外分光は, 測定においても解析においても今後の発展が必要であり, 期待されている. これまでに X 線や核磁気共鳴が機器分析から医療診断に応用されてきたように, 近赤外分光もわれわれの身近な存在になっていくであろう. そのためにも, 基礎から応用まで幅広い研究が要求される.

参考文献

1) 岩元睦夫 他:「近赤外分光法入門」, 幸書房, 1994
2) 尾崎幸洋, 河田聡/編:「近赤外分光法」, 学会出版センター, 1996
3) Osborne, B. S. et al. : "Practical NIR Spectroscopy with Applications in Food and Beverage Analysis", 2nd Ed., Longman Scientific and Technical, 1993
4) Siesler, H. W. et al. : "Near-Infrared Spectroscopy-Principle, Instruments, Applications", Wiley-VCH, 2002
5) Ozaki, Y. et al. : "Near-Infrared Spectroscopy in Food Science and Technology", Wiley-Interscience, 2006
6) Burns, D. A. & Ciurczak, E. W. : "Handbook of Near-Infrared Analysis", 3rd Ed., Marcel Dekker, New York, 2007
7) 竹本菊郎 他/編:「生体・環境計測へ向けた近赤外センシング技術」, サイエンスフォーラム, 1999
8) 尾崎幸洋 他:「化学者のための多変量解析-ケモメトリックス入門-」, 講談社サイエンティフィク, 2002
9) Murayama, K. et al. : Vib. Spectrosc., 18 : 33, 1998
10) 宮澤光博, 園山正史:分光研究, 53 : 229, 2004
11) 尾崎幸洋, 池羽田晶文:分光研究, 53 : 43, 2004
12) Murayama, K. et al. : J. Phys. Chem. B, 104 : 5840, 2000
13) Murayama, K. et al. : Fresenius J. Anal. Chem., 362 : 155, 1998
14) Jiang, J. H. et al. : Anal. Chem., 74 : 3555, 2002
15) Kasemsumran, S. et al. : Anal. Chem. Acta, 512 : 223, 2004
16) Du, Y. P. et al. : Anal. Chim. Acta, 50 : 183, 2003

第2章 振動スペクトル解析

3. レーザーラマン分光
～タンパク質の構造解析～

宇野公之

> ラマンスペクトルは，分子の構造変化に敏感な振動エネルギーに関する情報を与える．そのため，スペクトルからタンパク質をはじめとする生体高分子・低分子試料の溶液中構造や，粉末・結晶中構造の解析が可能となる．

はじめに

　ラマン分光とは，試料分子に光を照射し，散乱された光の中から分子の振動エネルギーに関する情報を得る手法である[1)～3)]．ラマン散乱光はきわめて微弱であるため，通常強いエネルギーをもつレーザー光を照射光源として用いることから，レーザーラマン分光ともよばれる．試料の形態を選ばないため，溶液・液体試料のみならず，粉末・結晶試料も同一の装置にて測定できる．一般に，振動スペクトルは分子構造の微小な変化に敏感であるため，得られたスペクトルから分子の電子状態の変化やコンフォメーションの変化を鋭敏に検出することができる．例えばタンパク質試料の場合，2次構造に関する情報や，アミノ酸側鎖の環境・構造情報などが得られる．

　分子の振動エネルギーは赤外分光法によっても得られるが，ラマンスペクトルでは水の変角振動が赤外吸収スペクトルに比べて弱く現れる．そのため，ラマンスペクトルでは水溶媒が測定の障害とならず，生体分子の測定には好都合である．ただし，微弱なラマン光を検出するため，高感度に測定できる分光計が必要となり，装置も高額になる．しかしながら，近年，光学フィルター，半導体レーザー，CCD検出器など，ラマン分光計を構成するさまざまなパーツの技術革新により，容易にスペクトルを測定することが可能になってきた．

原　理

　分子はその大きさにかかわらず，それぞれの構造に応じた固有の振動数で振動している．分子に紫外可視領域の光を照射すると，入射光（振動数ν_0）と同じ振動数を持つ散乱光（レイリー散乱）に加えて，分子の振動数ν_1で変調された振動数$\nu_0 \pm \nu_1$のきわめて微弱な散乱光が観測される．この現象がラマン効果であり，入射光よりエネルギーが小さい成分（$\nu_0 - \nu_1$）をストークス線，大きい成分（$\nu_0 + \nu_1$）をアンチストークス線とよぶ．図1にラマン散乱の過程を模式的に示す（hはプランク定数）．室温付近では分子のほとんどは基底状態E_0に存在するため，一般にストークス線の方が強く観測される．したがって，ラマンスペクトルでは通常振動数$\nu_0 - \nu_1$をもつ紫外可視領域の散乱光を観測する．入射光ν_0との差が分子の振動数ν_1に対応するので，ν_0を基準にし，そこからのずれ（ラマンシフト）としてラマンスペクトルを表記する．ラマン散乱が観測されるためには，振動によって分子の分極率（電子分布の偏り）が変化する必要がある．

Tadayuki Uno：Department of Analytical Chemistry, Graduate School of Pharmaceutical Sciences, Osaka University（大阪大学大学院薬学研究科分子反応解析学分野）

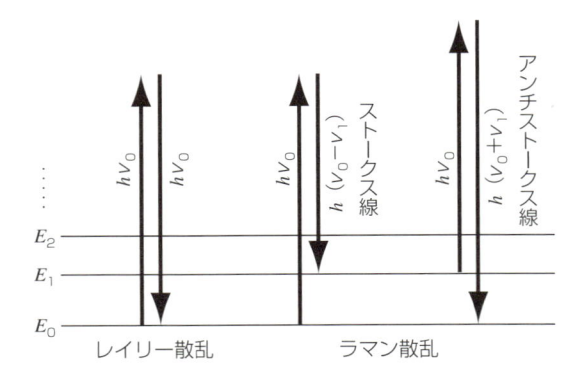

図1　ラマン効果のエネルギーダイアグラム

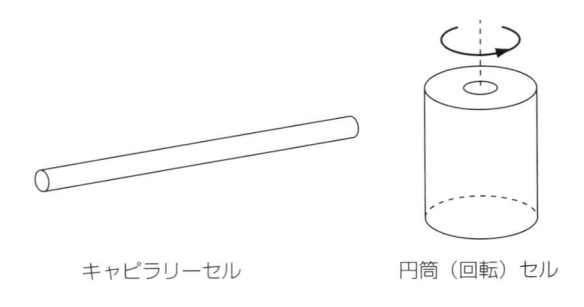

図2　ラマンセル
キャピラリーセル　　円筒（回転）セル

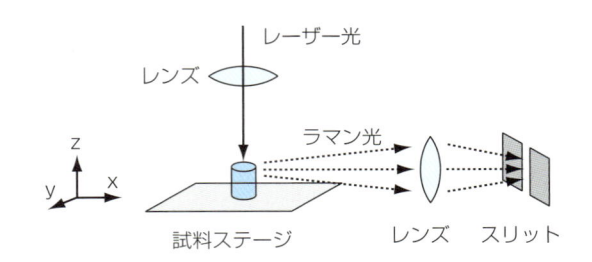

図3　光軸合わせ

準備するもの

- バッファー
  試料の安定性などを考慮して適当なものを選ぶ．ただし，複雑な構造をもつものを用いると，バッファー自身のラマンスペクトルが見たいピークに重なる場合があるので，リン酸ナトリウムなどの無機塩からなる緩衝液を用いるのが無難である．
- セル
  レーザービームは大変細いので，内径1 mm程度のガラス製キャピラリーに数μl（あるいは数mg）の試料を入れれば充分である．光や熱に不安定な試料は，円筒型のセルをモーターにて回転させながら測定するとよい（図2）．
- ラマン分光計
  例えば日本分光社 NR-1800，Jobin Yvon社 T64000．必要な分解能や感度に応じて分光計を選べばよいが，タンパク質などの生体試料を測定する場合，ピークの数cm^{-1}のシフトを議論する場合が多いので，必然的に高分解能な分光計が必要である．また，溶解性の問題から試料濃度をあまり上げることもできないので，高感度な装置が要求される．
- レーザー
  高速反応を追跡するような特殊な測定でなければ，連続発振タイプのレーザーを用いればよい．最近では保守経費の安い固体（半導体）レーザーを用いることが多いが，試料に混入してくるごく微量の蛍光性不純物がスペクトル測定上の大きな障害となる場合がある．このような場合には，レーザーの発振波長を変えると改善されることがある．

プロトコール

1 試料調製

i）試料の精製

各試料の性質に応じて精製する．純度は高いに越したことはないが，ラマン散乱はきわめて微弱であるため，他の測定法では問題にならないごく微量の蛍光性不純物がラマンスペクトル測定の成否を左右する．不純物を取り除く決定的な方法はないため，カラム操作や透析によってねばり強く精製を続ける．

ii）セルの充填

試料が精製できたら，それをセルに充填する．通常可視光を励起波長として用いるので，光を透過する安価なガラス製のセルを用いることができる．試料は濃い方が好ましいが，タンパク質試料の場合，溶解度の点から10 mg/ml（分子量10,000のタンパク質で1 mM）程度が限度であろう．ただし，共鳴ラマン法（MEMO参照）を用いる場合，試料自身による光吸収が起こるためにあまり濃度を上げられない一方，共鳴効果によりピーク強度が増大するので，数十μM程度の試料濃度があれば充分である．

2 測定

i）光軸合わせ（アラインメント）（図3）

セルを分光計にセットした後，レーザーとセルとの間に位置するレンズを操作し，試料にレーザー光の焦点が合うように調整する．次に，シグナル強度が最大となるよう，セルの位置を調整する．通常セルはx，y，z軸方向に動かせるステージに固定されているので，ツマミを回して微調整を行う．その後セルと分光器入口スリットとの間にあ

るレンズを操作し，シグナル強度が最大となるよう調整する．

以上の光軸合わせ[*1]にはある程度の熟練が必要であり，ラマンスペクトルの測定を難しくする理由のひとつにもなっている一方，測定者の腕の見せどころでもある．しかし，CCD検出器の普及により，スペクトルの状況をリアルタイムで観察しながら光軸合わせを行えるようになったため，以前に比べて調整はずいぶん簡単になった．

> ☞ *1 光軸合わせの際，どうしてもレーザー光を観察しながら調整しなければならないが，レーザー光自身やその乱反射による強い光が目に入ると失明する危険性がある．調整時にはレーザー波長に応じた保護メガネをかけること．

ii) 測定条件の設定

光軸合わせが終わったらいよいよ測定に入るが，そのためにレーザー出力，分解能，測定範囲，露光時間，積算回数などを設定する．

❶ レーザー出力が大きいほどラマン散乱光は強くなるが，試料のダメージも大きくなる．通常試料位置で数十 mW 程度の出力があればよい

❷ 分解能は分光器入口のスリット幅で決まり，狭いほど分解能はよくなる．しかし，スリット幅を狭くすると分光器に入る光が減るためにシグナルが弱くなる．タンパク質試料であれば，励起波長にもよるが，100 μm 程度のスリット幅（分解能にして数 cm^{-1}）にすればよい

❸ 測定範囲は分光器の焦点距離や回折格子の溝幅などの機械的ファクターに依存するが，通常一度の測定で数百 cm^{-1} の波数領域をカバーできる

❹ 露光時間は CCD に蓄えられる最大光量（ダイナミックレンジ）に依存する．露光時間を長く設定するほど S/N 比は改善されるが，極度に強い光が蓄積されると高価な CCD がダメージを受ける

❺ S/N 比を改善するためには積算回数を増やしてやればよいが，測定時間が長くなるとその分試料のダメージが大きくなる

3 解析

i) 波数校正

波数既知の標準物質を用い，分光計の波数校正を行う．通常，インデンや各種有機溶媒が標準物質として用いられる．また，発光波長が既知のネオンランプなどを用いて波数校正することもできる[2]．

ii) 波数の読み取り

波数校正に基づいて試料のスペクトルを読み，各ピークの波数を決定する．各ピークがどの振動に由来するか帰属し，ピークの波数や強度から分子構造を解析する．

> **memo**
>
> **共鳴ラマン法**
> 励起レーザー光の波長が分子の吸収波長に接近すると，ラマン散乱強度が1万倍以上に増大する．これを共鳴ラマン効果といい，励起波長を適当に選べば，特定の色素分子の構造に関する振動情報を選択的に得ることができる．共鳴ラマン効果により，μM オーダーの希薄溶液試料を測定することができるため，試料の大量調製が難しい生体分子にとってはきわめて都合がよい．例えば，ミオグロビンなどのヘムを含むタンパク質や，レチナールを含むロドプシン，あるいは銅タンパク質などの色素含有タンパク質が，共鳴ラマン法によって精力的に研究されている．なお，フラビンは色素であるが蛍光を発するため，共鳴ラマンスペクトルの測定には工夫が必要である．

実験例

図4に卵白リゾチームの粉末試料のラマンスペクトルを示す．キャピラリーに約5 mgのリゾチームを入れ，励起波長406.7 nm（クリプトンイオンレーザー），レーザー出力30 mW，スリット幅125 μm（分解能6 cm^{-1}），露光時間10秒，積算回数100回にて測定した．蛍光のバックグラウンドを取り除くため，多項式を当てはめてコンピュータ処理した．

タンパク質のラマンスペクトルを測定すると，主鎖を形成するアミド結合（ペプチド結合）に由来するピークが観測される．中でも，アミドⅠ（～1650 cm^{-1}），アミドⅢ（～1250 cm^{-1}）とよばれるピークはタンパク質の二次構造を反映して変化する．アミドⅠは主としてC=O伸縮振動に由来するが，アミドⅢはN-H面内変角振動とC-N伸縮振動がカップリングした振動形である．αヘリックス構造をもつタンパク質の場合，アミドⅠは1660～1645 cm^{-1}に強く，アミドⅢは1295～1260 cm^{-1}に弱く観測される．一方，逆平行βシートではアミドⅠが1675～1665 cm^{-1}に，アミドⅢが1240～1230 cm^{-1}に強く現れる．ランダムコイルではアミドⅠが1665 cm^{-1}付近に，アミドⅢが1245 cm^{-1}付近に出現する．図4のリゾチームではアミドⅠが

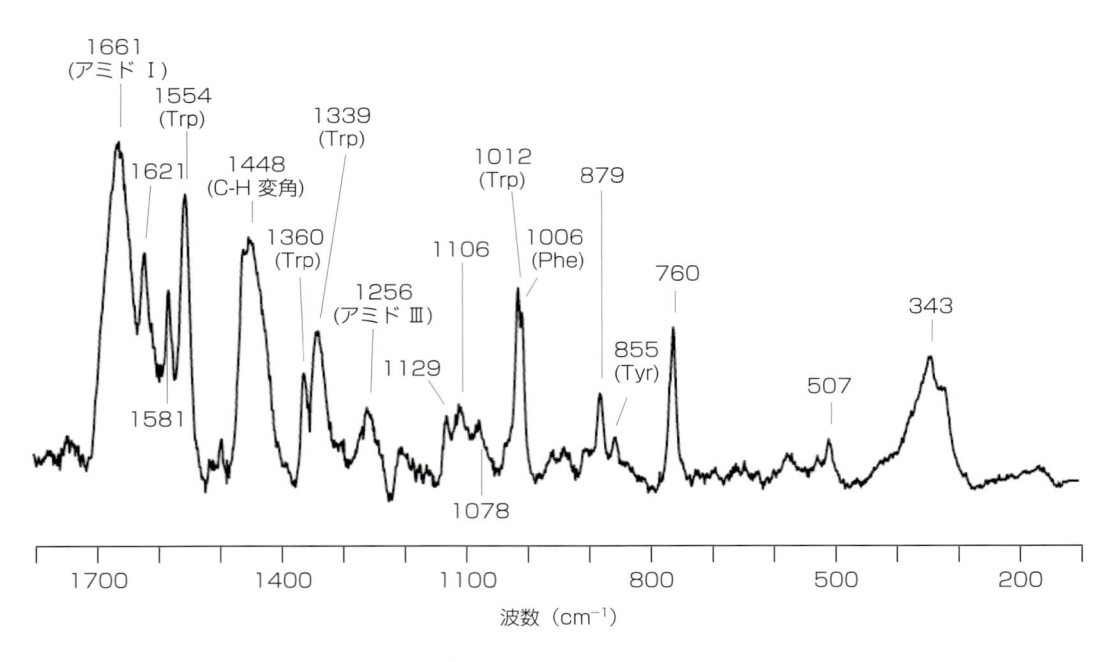

図4　リゾチーム粉末のラマンスペクトル

1661 cm^{-1}に強く，アミドⅢが1256 cm^{-1}に弱く観測されるので，αヘリックス構造をもつことがわかる[4]．

また，芳香族アミノ酸側鎖は特徴的な波数を示し，855 cm^{-1}のピークはチロシン残基に，1006 cm^{-1}のピークはフェニルアラニン側鎖の環呼吸振動に帰属される．トリプトファンの側鎖インドール環は1554，1360，1339，1012 cm^{-1}にラマン線を示している．1360 cm^{-1}のピークがはっきり見えているので，トリプトファン側鎖は疎水的環境下にあると判断できる．1450 cm^{-1}付近のピークは，グルタミンやリジンなどの側鎖炭化水素部分のC-H変角振動に帰属される[5]．

おわりに

高分解能のスペクトルを得るために分光器の焦点距離が長くなる結果，ラマン分光計は大型のものとなるが，そのために分光器内で光が減弱して高感度測定ができなくなるという二律背反がこれまで生じていた．しかしながら，さまざまな技術開発のおかげで最近では分光計が小型化し，卓上タイプも出回っている．依然として高額な機器ではあるが，さらなるハイスループット化により，自動測定可能な普及型分光計が開発され，ラマン分光法がもっと身近なものになることを期待している．

参考文献

1) 中川一朗：「振動分光学」（日本分光学会測定法シリーズ16），学会出版センター，1987
2) 濵口宏夫，平川暁子/編：「ラマン分光法」（日本分光学会測定法シリーズ17），学会出版センター，1988
3) 水島三一郎，島内武彦：「赤外線吸収とラマン効果」（共立全書129），共立出版，1958
4) Nara, M. et al.：Biopolymers, 62：168-172, 2001
5) Yu, N.-T. & Jo, B. H.：Arch. Biochem. Biophys., 156：469-474, 1973

第2章 振動スペクトル解析

4. 紫外共鳴ラマン分光
～タンパク質の構造解析～

竹内英夫

> タンパク質の二次構造やTrp，Tyr，Phe，Hisなどのアミノ酸側鎖の構造（イオン化状態，コンフォメーションなど）と相互作用（水素結合，金属配位，疎水相互作用など）を解析することができる．

はじめに

　ラマン分光法は，試料にレーザー光（励起光）を照射し，試料から散乱されてくる光（ラマン散乱光）を分光することにより，試料中の分子の振動状態を調べ，分子の構造や相互作用を解析する方法である．通常のラマンスペクトル測定では，試料に吸収されない波長の励起光を用いるが，試料に吸収される波長の励起光を用いると，励起光を吸収している分子または分子の特定部分からのラマン散乱光の強度が桁違いに大きくなる．このような共鳴効果をタンパク質の構造解析に利用すると，①生体中の条件に近い低濃度でもタンパク質の構造解析ができる，②タンパク質中にある紫外発色団（紫外光を吸収するペプチドのアミド基や芳香族アミノ酸残基の側鎖など）の構造を励起光の波長を変えて選択的に解析できる，③生体関連試料にしばしば含まれる不純物からの蛍光（通常，可視領域に現れ，紫外領域のラマン散乱光には重ならない）による妨害を避けることができるなどの利点がある．本項では，紫外共鳴ラマン分光法をタンパク質の構造解析に適用する場合の具体的な方法や注意点などについて解説する．

原　理

　試料にレーザー光を照射して励起すると，試料から散乱光が発せられる．ラマン分光法の基本的な原理は，他項でも述べられている通り（2章3参照），励起光の振動数から散乱光の振動数を引いた値（ラマンシフト）が分子の振動数に等しいことを利用して，分子の振動数（通常，その振動数の光の波長の逆数である波数cm^{-1}単位を用いて表す）を調べる方法である．紫外共鳴ラマン分光によるタンパク質の構造解析では，ポリペプチド主鎖のアミド，およびTrp, Tyr, Tyr$^-$, Phe, His, His$^+$などのアミノ酸残基の側鎖が190 nmよりも長波長側の紫外光を吸収すること（図1）を利用する．紫外光を照射すると，これらの発色団からの共鳴ラマン散乱が観測され，それを解析することにより，タンパク質の二次構造やアミノ酸側鎖の構造（イオン化状態，コンフォメーションなど）と相互作用（水素結合，金属配位，疎水性相互作用など）に関する情報を得ることができる．励起波長を特定の部位に共鳴させるように適切に選択し，また，分子振動は，わずかな構造変化にも影響されることを活用すると，共鳴ラマンスペクトルを解析することにより，タンパク質の機能発現に伴う微小な構造変化をも鋭敏に捉え

Hideo Takeuchi : Laboratory of Bio-Structural Chemistry, Graduate School of Pharmaceutical Sciences, Tohoku University（東北大学大学院薬学研究科生物構造化学分野）

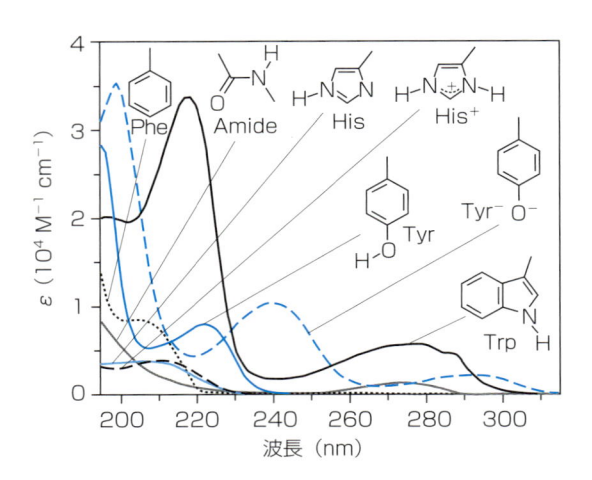

図1　アミドとアミノ酸側鎖の紫外吸収

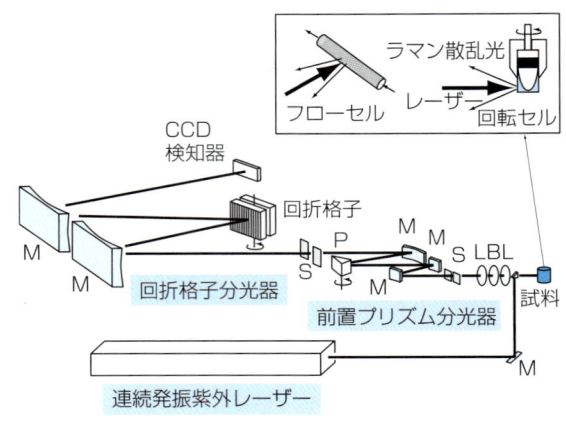

図2　紫外ラマン分光装置の概要
M：鏡，S：スリット，P：プリズム，L：レンズ，B：バビネ板

ることが可能となる．

準備するもの

- 紫外ラマン分光計

  通常の市販のラマン分光計は可視光励起用であるが，購入時にオプションで紫外仕様（レンズなどの光学部品を紫外用に換えたもの）を選択できる場合もある．手持ちの可視用ラマン分光計を改造してもよい．

- 紫外レーザー

  タンパク質の紫外共鳴ラマン分光では，通常，190〜260 nm のレーザー光を励起光とする．われわれは，Ar イオンレーザーに非線形光学結晶を組み込み，紫外域に7本の紫外線 (229, 238, 244, 248, 251, 257, 264 nm) を連続発振するレーザー（Coherent社，Innova 300 FRed 型）を使用している．

- 回転またはフローセル

  タンパク質に紫外光を照射すると，光化学反応や熱分解が生じる可能性がある．このような劣化を最小限に止めるために，円筒型回転セルを用いて試料を回転したり，細管型フローセルを用いて試料を流す*1．またセルの位置は，XYZステージを用いて微調節ができるようにしておくと便利である．光源，分光計，試料セルの概要を図2に示す．

  ☞ *1 セルは合成石英製のものを使用する．純度の低い石英でできたセルは，紫外光照射により蛍光を発し，ラマンスペクトルの測定を妨害することがある．

プロトコール

1 試料の調製

タンパク質溶液の濃度は，0.5〜5 mg/ml（分子量25,000の場合，20〜200 μM）程度にする．励起波長における吸光度が，1 mm セルを用いて0.5〜1程度であればよい．液量は，回転セル使用の場合，1回の測定あたり50〜200 μl 程度で充分であるが，新鮮な試料で何回か測定できるよう，数回分の量を準備しておくことが望ましい．フローセルを使用する場合は2〜5 ml 程度の溶液を準備する．

2 スペクトルの測定

タンパク質の紫外共鳴ラマン分光では，試料の損傷を防ぐため，照射する紫外レーザー光の強度をできるだけ低くする．したがって，良質なスペクトルを得るためには，ラマン散乱光の集光効率と分光・検知効率の向上に注意を払い，また，ノイズの低減を行うことが不可欠である．

❶ 熱雑音の少ない液体窒素冷却CCD検知器を使用する場合，検知器を充分冷却し安定化させるために，測定開始の1時間程前には液体窒素を注入しておく

❷ レーザーは電源を入れた直後は不安定であり，出力とレーザービームの向きが安定化するまでにある程度の時間を要する．測定1時間前くらいまでに，レーザーの電源を入れて安定化させておく．紫外レーザー光は目に見えないが，名刺などの蛍光性の白い紙に当てると青白く光るので，それを利用してビーム位置などの確認ができる*2

☞ *2 レーザーを取り扱う際は，必ず保護メガネを使用し，安全に注意しなければならない．

❸ 試料からのラマン散乱光が，分光器のスリット上に正確に焦点を結ぶように，照射レーザースポット，試料および集光用レンズの位置を調整する．

その際，実際の試料の代わりに，テフロンを使用すると便利である．以下では，円筒型回転セルを使用する場合の測定法を説明する．

まず，回転セルの中にテフロン製の円柱を入れ，テフロンのラマンスペクトルを測定する．テフロンは，1,382, 1,302, 1,217, 735 cm^{-1}に強いラマンバンドを与えるので，これらのバンドの強度が最大になるように，レンズやセルの位置を調整する．調整が済んだら，テフロンの円柱を取り出し，代わりに試料溶液を入れる[*3]

[*3] 試料交換の際に，セルホルダーの位置を変えないように，注意深く取り扱えば，位置調整などを再度行わなくてもすむ．

❹ CCD検出器などのマルチチャンネル型検知器を使用する場合は，各チャンネルとラマンシフトの波数との対応付けを確認しておく必要がある．そのためには，ラマンバンドの正確な波数がわかっている標準物質のラマンスペクトルを測定し，波数校正を行う[*4]

[*4] 波数校正用試料として，われわれは，シクロヘキサノンとアセトニトリルの混合溶液（1：1, v/v；255 nmより短波長で励起の場合）や酢酸エチルとジオキサンの混合溶液（2：1, v/v；255 nmより長波長で励起の場合）を波数標準として用いている．これらの溶液は，広い波数範囲に多くのラマンバンドを与えるため，波数校正用に適している．

❺ タンパク質溶液の試料を回転セルに入れて，ラマンスペクトルを測定する．セルの回転速度は，毎分1,500回転程度にすると，溶液が遠心力でセル内面に張り付くようになり，少量の試料でもセルの外側からレーザーを照射しやすくなる．レーザー光の強度は，試料の位置で1 mW前後であれば，試料が損傷することは少ない．CCD検知器を使用する場合，宇宙線によるスパイク状のノイズがスペクトルに重なって観測される．長時間のスペクトル積算を1回だけ行うのではなく，短時間の積算を何回か繰り返し[*5]，得られたスペクトルを相互に比較すれば，容易に宇宙線ノイズを判定することができる．また，繰り返し測定で得た一連のスペクトルを比較すれば，測定中に，試料に何らかの変化が生じたか否かも判定できる

[*5] あまり短時間の積算を多数回繰り返し行うと，検知器からの読み出しの度に発生するノイズが加算されるため，ノイズレベルが高くなる．

3 スペクトルの解析

得られたラマンスペクトルを解析し，タンパク質の構造に関する情報を得るためには，スペクトル上に現れた個々のラマンバンドの由来を明らかにし（帰属），そのバンドの波数と強度やバンド幅からどのような情報が引き出せるか（構造マーカーとの対応）を検討しなければならない．タンパク質の紫外共鳴ラマンスペクトルの場合，励起光である紫外光を吸収する部分からのラマン散乱だけがスペクトル上に現れるため，バンドを帰属することは，比較的容易である．以下に，タンパク質の構造マーカーバンドをいくつか紹介する[1]〜[3]．このような構造マーカーを用いて，タンパク質の構造を解析する．

❶ ペプチド主鎖[1)2)]

アミドIバンドの波数はタンパク質の二次構造を反映し，通常，αヘリックス構造では1,655〜1,645 cm^{-1}に，βシート構造では1,675〜1,665 cm^{-1}に，不規則構造では1,670〜1,660 cm^{-1}に現れる．Pro残基の主鎖部分はアミドでなくイミドとなっている．イミドII振動は1,450 cm^{-1}付近に現れ，C＝Oでの水素結合が強いほど高波数になる．

❷ フェニルアラニン側鎖[4)]

Pheは水素結合をせず，タンパク質中の環境によって，これらのラマンバンドの波数が変化することはない．しかし，バンドの強度は，Phe側鎖の環境によって変化する．図1の吸収スペクトルからもわかるように，Pheのバンドを観測するためには，220 nmよりも短波長の励起光を使用する．

❸ チロシン側鎖[1)2)4)]

Tyrはフェノール性水酸基をもち，水素結合のドナーにもアクセプターにもなる．Tyrの水素結合のマーカーとしては，850と830 cm^{-1}に現れる2本のバンド（チロシンダブレット）が知られている．このダブレットの強度比I(850)/I(830)は，水酸基が強いプロトン供与体としてはたらくときは，約0.5，プロトン受容体の場合は，約3，供与体・受容体の両方のはたらきをしている場合や水素結合していない場合は，約1となる．水酸基のC-O伸縮振動も水素結合に関する情報を与える．この振動のラマンバンドは，プロトン供与状態で1,275〜1,265 cm^{-1}の範囲に強く鋭く，また受容体の場合は1,240〜1,230 cm^{-1}に弱く現れる．他の状態では，1,260 cm^{-1}付近に現れ，水素結合していなければ強く鋭い．

フェノール性水酸基が解離しチロシネート（Tyr⁻）

になると、ラマンバンドの波数もわずかに変化し、また、紫外吸収帯が長波長側にシフトするため（図1）、240 nm付近で励起すると強いラマンバンドを与えるようになる。このような変化を利用すると、Tyr側鎖のpK_aを求めることができる。

● ④ トリプトファン側鎖[1]〜[3],[5][6]

Trp側鎖のインドール環はNH基で水素結合するが、880 cm^{-1}付近の振動（W17とよぶ）の波数は、水素結合の強、中、弱に対応して、各々、872、877、882 cm^{-1}付近となる。

インドール環周りの環境の疎水・親水性は、1,360と1,340 cm^{-1}のダブレットの強度比に影響を与える。強度比I(1,360)/I(1,340)は、親水環境下で0.6〜0.8、疎水環境下で1.1〜1.3となる。ただし215 nmよりも短波長で励起すると、他のバンドとの重なりが生じ、上記関係をそのままでは利用できないことがある。

ペプチド主鎖とインドール環をつなぐC_β-C_3結合周りのねじれ角$\chi^{2,1}$も、ラマンスペクトルから調べることができる。この角の絶対値とW3振動の波数との関係を図3に示す。主鎖に対するインドール環の配向状態を調べるのに役立つ。

● ⑤ ヒスチジン側鎖[3]

Hisは図1に示すように紫外光をあまり吸収しないため、ラマンバンドも弱い。しかし、イミダゾール環の2個のN原子に重水素イオンが付加したカチオン型のN重水素化ヒスチジニウム（HisD$^+$）は、1,410 cm^{-1}付近に強く鋭いラマンバンドを与える。pDを変えてこのバンドの強度をモニターすれば、タンパク質中のヒスチジン側鎖のpK_aを求めることができる。

中性型Hisでは、どちらのイミダゾールN原子に水素原子が付加しているか（互変異性）、また、他方のN原子に金属が結合しているか否か（金属配位状態）によって、イミダゾール環の振動は変化する。特に、1,610〜1,570 cm^{-1}付近に現れるC=C伸縮振動バンドの波数は、このような状態を判定するためのよいマーカーである。

アニオン型His（His$^-$）の両方のイミダゾールN原子に二価の金属イオンが配位し、架橋構造（イミダゾレートブリッジ）を形成すると1290 cm^{-1}付近に特徴的なラマンバンドが現れる。

● ⑥ ラマンバンドの強度[4][7]

共鳴している紫外吸収帯が励起波長に近づいたり、強度増大すれば、紫外共鳴ラマンバンドの強度も増大する。したがって、ラマンバンドの強度は、

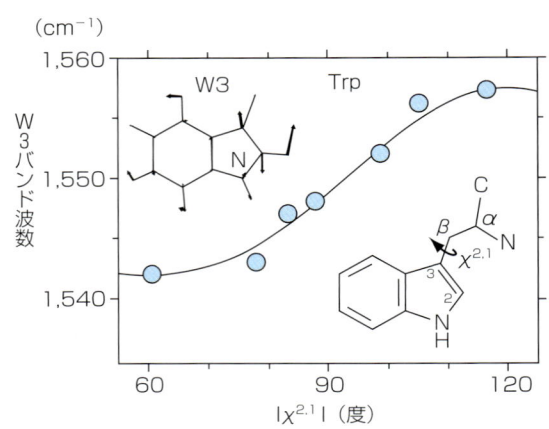

図3 Trp側鎖のW3バンド波数とコンフォメーションとの関係
　○印はトリプトファン誘導体結晶のデータ

特定のアミノ酸側鎖のミクロ環境の変化（疎水性相互作用、水素結合、カチオン-π相互作用など）の鋭敏なプローブとして利用できる。TyrやTrpの紫外吸収は、環境の疎水性が増大すると強度増大し、水素結合の強度が増大すると長波長シフトするため、230 nmより長波長側で励起した場合、Tyr、Trpの紫外共鳴ラマンバンドの強度も大きく増大する。ラマンバンドの相対強度が変化する場合もある。

実験例

高度好塩菌の紫膜に含まれるバクテリオロドプシン（bR）の244 nm励起紫外共鳴ラマンスペクトルを図4に示す[8]。bRは分子量約24,000の膜タンパク質であり、プロトンポンプとして機能する。bRには、8個のTrp残基、11個のTyr残基、13個のPhe残基が含まれるがHis残基は含まれない。244 nm光で励起すると、図4Aに示すように、この波長域に吸収をもつTrpとTyrのラマンバンドが圧倒的に強く現れる。図4Bは、189位のTrp（Trp189）をPheに置換した変異体のラマンスペクトルを野生型のものから差し引いた差スペクトルである。差スペクトルには、変異を導入したTrp189のラマンスペクトルが抽出されている。「③スペクトルの解析」の部分に記した構造マーカーを使うと、Trp189は、疎水的な環境下で中位の強さの水素結合をしており、$\chi^{2,1}$の絶対値は、100°±6°であることなどがわかる。このように、アミノ酸

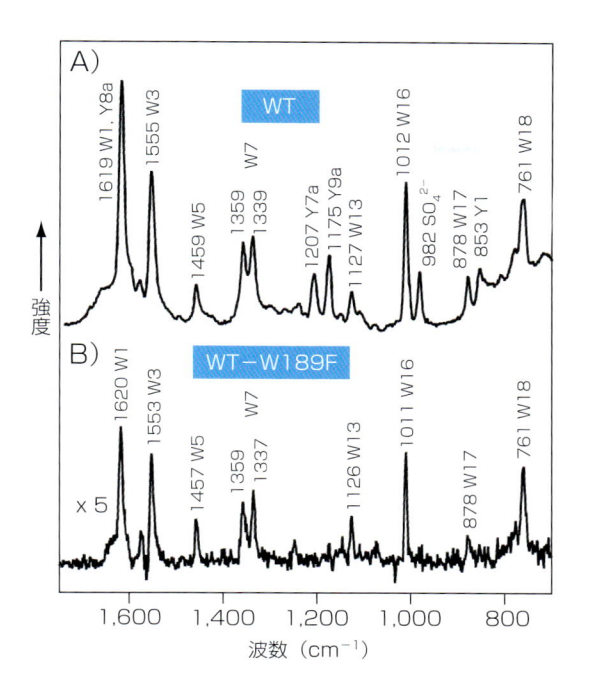

図4 バクテリオロドプシンの紫外共鳴ラマンスペクトル

励起波長244 nm．A）野生型，B）野生型のスペクトルから，Trp189をPheに置換した変異体のスペクトルを引いた差スペクトル（5倍拡大）．TrpとTyrのラマンバンドは各々WとYで示してある（文献8より改変）

変異体と紫外共鳴ラマン分光法を組み合わせると，タンパク質中の個々のアミノ酸側鎖の構造を解析することが可能となる．

おわりに

紫外ラマン分光は，材料開発などの分野でも急速にその有用性が認められてきており，紫外用ラマン分光計も入手しやすくなりつつある．タンパク質の紫外共鳴ラマンスペクトルから得られる構造情報は，X線回折やNMRで得られるものに比べて少ないが，紫外共鳴ラマン分光法には，アミノ酸側鎖の構造や相互作用のわずかな変化をも鋭敏に検出できるという利点がある．タンパク質の機能発現に伴う構造変化の検出など，今後益々幅広く活用されると期待される．

参考文献

1) Harada, I. & Takeuchi, H. : Spectroscopy of Biological Systems（Ed. Clark, R. J. H. & Hester, R. E.），pp 113-175, Wiley, New York, 1986
2) Austin J. C. et al. : Biomolecular Spectroscopy Part A（Ed. Clark, R. J. H. & Hester, R. E.），pp 55-127, Wiley, New York, 1993
3) Takeuchi, H. : Biopolymers, 75 : 305-317, 2003
4) Takeuchi, H. et al. : J. Am. Chem. Soc., 114 : 5321-5328, 1992
5) Miura, T. et al. : Biochemistry, 27 : 88-94, 1988
6) Miura, T. et al. : J. Raman Spectrosc., 20 : 667-671, 1989
7) Matsuno, M. & Takeuchi, H. : Bull. Chem. Soc. Jpn., 71 : 851-857, 1998
8) Hashimoto, S. et al. : Biochemistry, 36 : 11583-11590, 1997

第2章 振動スペクトル解析

5. ラマン顕微分光法
〜生細胞を分子レベルで観る〜

安藤正浩，内藤康彰，加納英明，濱口宏夫

ラマン顕微分光法は，生きた細胞のありのままを分子レベルで観察することのできる画期的な方法である．本項では，共焦点ラマン顕微分光法の原理と実際のシステム構築，そして生細胞への応用について解説する．

はじめに

　光学顕微鏡は，生命科学をはじめ，幅広い科学・技術分野で必須の装置として活躍している．なかでも蛍光顕微鏡や位相差・微分干渉顕微鏡などは，生命科学で特によく用いられている．しかしながら，蛍光顕微鏡の場合，試料の染色または蛍光プローブによるラベリングが必要であり，染色が細胞に与える毒性や，蛍光プローブの存在による細胞の生理状態の変化など，検討すべき課題が多い．位相差・微分干渉顕微鏡は，試料の屈折率差や光の偏光などを利用することで，無色透明な試料をそのままの状態で可視化できるが，そのコントラストから細胞内の分子情報を取り出すことはできない．これに対して，ラマン顕微分光法は，生きた細胞を，非染色にそのままの状態で観察することができ，しかも細胞内の分子の情報をも同時に抽出することができる手法である．ラマン散乱の原理と生体試料への応用については他項で述べられているので（2章3，4参照），本項では顕微ラマン，特に共焦点ラマン顕微分光法の原理，構築法を解説し，最後に生細胞のラマンスペクトルとその読み方，そしてラマンイメージングについて紹介する．

ラマン顕微分光の導入にあたって

1 何が見えるか

　ラマン散乱スペクトルは"分子の指紋"ともよばれ，分子の個性を鋭敏に反映する特性をもつため，その解析から生細胞内の分子種を特定し，さらに分子構造やそれらのダイナミクスについての詳細な知見を得ることが可能である[1]．具体的には，細胞内の各オルガネラや分子種を，ラマンスペクトルにより"色分け"することが可能である．振動分光という点では，赤外分光を用いた顕微鏡も考えられるが，生細胞などの生体試料は多くの場合水中にあるため，水による赤外光の吸収が致命的な問題となる．これに対して，水のラマン散乱は比較的弱いので，ラマン顕微分光法を用いることで，水中の試料を前処理なしに研究可能である．

　ラマン分光の弱点としては，その信号の微弱さがあげられる．ラマン散乱の散乱断面積（$\sim 10^{-30}$cm^2）は，赤外（$\sim 10^{-20}$cm^2）または蛍光（$\sim 10^{-16}$cm^2）の断面積と比べて非常に小さいため，蛍光性の試料の場合，ラマン散乱光が蛍光に埋もれてしまうことがある．したがって，試料に応じて励起レーザーの波長を選択できることが望ましい．

Masahiro Ando, Yasuaki Naito, Hideaki Kano, Hiro-o Hamaguchi：Department of Chemistry, School of Science, The University of Tokyo（東京大学大学院理学系研究科化学専攻）

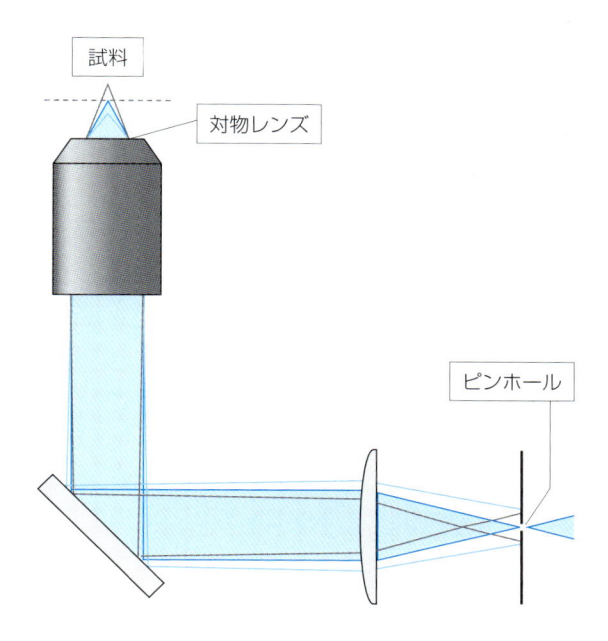

図1　共焦点ラマン顕微鏡の原理

2 コスト

　現在，多くの共焦点ラマン顕微鏡が商品化されているため，システム一式を導入することも可能である．ただしその場合は，導入に際して励起レーザーを一種類または複数種類（532, 632.8 nmなど）選定する必要がある．ラマン散乱強度は，用いるレーザー光の波長が試料の電子吸収に近づくと著しく増大する（共鳴ラマン効果）．蛍光の問題と併せて，最適な光源を入念に選定する必要がある．

原　理

　共焦点ラマン顕微分光装置[2]では，試料と共役な位置にピンホールを導入し，奥行き方向の空間分解能の向上を実現している．図1に共焦点効果の概念図を示す．通常の共焦点レーザー顕微鏡と同様，レーザー光は対物レンズにより集光される．試料から発生したラマン散乱光は同じ対物レンズで集められ，平行光にした後ピンホールの位置で再度集光される．このピンホールにより，焦点面のラマン散乱光のみを取り出すことが可能である（後方散乱配置）．焦点以外のラマン散乱光は，ピンホールにより除去される．この共焦点配置により，空間分解能が三次元的に向上する．

われわれはピンホールサイズとして50μmを用いている．これは共焦点蛍光顕微鏡のピンホールより大きめであり，ラマン散乱光の測定時間と高い空間分解能とのバランスを考えた値となっている．

準備するもの

われわれがシステム構築に用いている部品，製品を紹介する．試料からの蛍光を避けるため，また，共鳴効果の研究にも使えるようにするため，光源には波長可変レーザーを用いている．

- チタン・サファイアレーザーシステム（励起レーザーMillennia Vs＋チタン・サファイアレーザー発振器3900S，Spectra-Physics社）
- 倒立顕微鏡（IX71，オリンパス社；他にTE-2000，ニコン社；Axiovert200，カール・ツァイス社なども用いている）
- ピエゾステージ[*1]（P-517.3CL，PI社）
- 分光器（250i，クロメックス社；他にiHR320，堀場製作所；Spectra-Pro300i，Acton社なども用いている）
- CCDカメラ（Spec-10 400BR，ローパー・サイエンティフィック社．暗電流を抑えるため，液体窒素冷却のタイプを用いている．他にDU420-BV，Andor社なども用いている）
- 光学定盤（スチールハニカム空気バネ式除振台：J02-2015T，駿河精機）
- 簡易クリーン暗室ユニット（DRUC-3000×2500×2000，シグマ光機）
- パワーメーター（OPHIR OPTRONICS社）
- バンドパスフィルター，エッジフィルター，ビームスプリッター，誘電体多層膜ミラー，レンズ，ピンホール，ハーフミラー，マイクロメーター付ステージ（光学部品メーカー各社）
- ソフトウエア（LabVIEW，ナショナル・インスツルメンツ社）

プロトコール

1 システム構築

　光学定盤上を暗室ユニットで覆い，定盤上に図2Aのような光学系を構築する．防塵，湿度対策を行った実験室では暗室ユニットの導入は必須ではない．微弱なラマン散乱光を感度よく検出し，信号対雑音比のよいラマンスペクトルを取得するため，徹底的に遮光を行う．以下各装置について解説する．

i）ビームエキスパンダー
　　2枚の倍率の異なるレンズを用い，レーザーのビーム径を調整すると同時に平行光にする．ビー

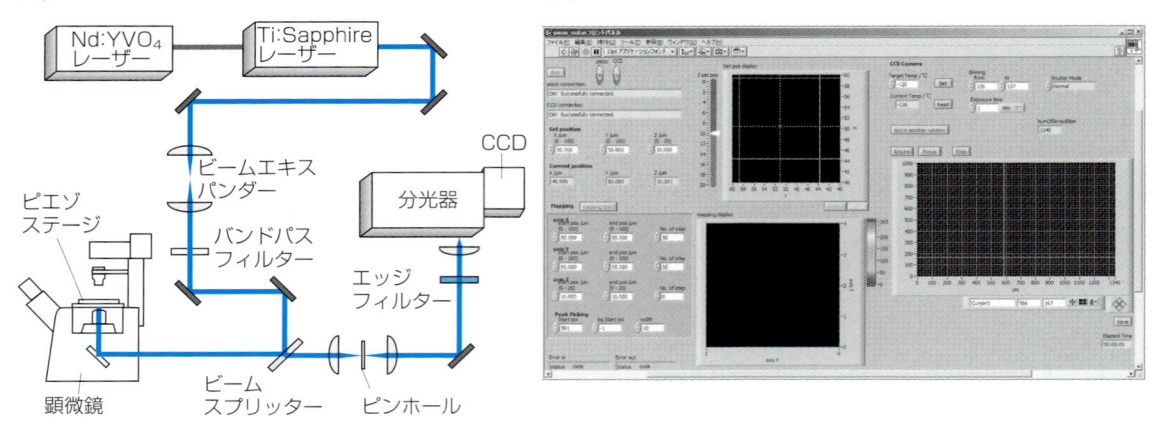

図2 共焦点顕微ラマン分光システムの概略（A）と開発したソフトウエア（B）

ム系は対物レンズの瞳径よりわずかに大きな程度とし，瞳の全面を照らすようにする．瞳の一部にしか照射されないと実効の開口数が小さくなり，結果的に空間分解能が劣化するので注意する．

ii）バンドパスフィルター

レーザーの発振線から，ラマン励起波長のみの光を取り出す．レーザーの波長に合わせ，適切なものを選択する必要がある．狭い範囲で連続的に波長を変える場合，フィルターを斜めに傾けて使用することも可能である．

iii）ビームスプリッター

レーザー光の出力の一部を反射して顕微鏡に導入する一方，ラマン散乱光の大部分が透過するように反射率を選定する（われわれは反射：透過＝30：70のものを使用している）．これは，ラマン散乱光が微弱なため，光を効率よく検出器へと導入するためである．用いるレーザーの波長が決まっている場合は，ビームスプリッターの代わりにノッチ，またはエッジフィルターなどを用いるとよい[*1]．

*1 ノッチフィルターやエッジフィルターの光学特性は入射角に鋭敏に依存するので注意する．

iv）顕微鏡

バックポートやサイドポートを利用し，レーザー光を顕微鏡の対物レンズへと導入する．試料からのラマン散乱光は同じ対物レンズを用いて集められる．試料位置からビームスプリッターまでの光路は，レーザー光とラマン散乱光とが完全に同軸となるよう，光学系全体を調整する．

v）ピエゾステージ

顕微鏡のXYステージ上にピエゾステージを固定し，さらにその上に試料を載せて測定する．ピエゾステージのXYZ移動（面内および光軸方向）により試料自体を移動させ，各位置でラマンスペクトルを測定することで，ラマンイメージを得ることも可能である．試料の移動とCCDカメラでのラマンスペクトル測定とを自動化して行えるプログラムをLabVIEWなどにより作成すると便利である（図2B）．

vi）分光器およびCCDカメラ

集光レンズにより分光器の入射スリット上にラマン散乱光を集光させる．CCDカメラは，素子面が分光器の出射側焦点面と一致するように位置を調節し，水平に固定する．微弱なラマン散乱光を効率よく検出するため，特に近赤外の励起レーザーではCCDの感度などを充分に考慮して選択する必要がある（われわれは近赤外に高感度特性をもつdeep depletionとよばれるタイプのCCDカメラを使用している）．迷光が入らないよう，黒い布で覆うなどして分光器全体を遮光することも重要である．

2 細胞の取り扱い

液体培地にて培養後，細胞が懸濁している培養液

を，マイクロピペットを用いてエッペンドルフチューブに移す．培地中の細胞の測定を行う場合は，そのまま次の操作に移るが，培地の蛍光が強く水中下での測定を行う必要がある場合は，以下の洗浄作業を行う．

❶ 懸濁液の入ったエッペンドルフチューブを小型遠心器に30秒ほどかける
❷ 細胞が沈殿している事を確認したら，上澄みを捨てる
❸ 残った細胞に滅菌水を加え，振とうさせた後に，再度遠心分離器にかける
❹ ❶～❸を3回から10回ほど繰り返す
❺ 最後に，滅菌水に細胞が懸濁した状態にしておく

以上で洗浄作業は終了である．

次に，細胞懸濁液（液体培地中，もしくは，水中に懸濁したもの）約2μlをスライドガラスとカバーガラスで挟む．その際，懸濁液が多量であると，細胞が流動しラマン測定が困難となるため注意する．続いて，懸濁液における水分の蒸発を防ぐため，カバーガラスの周囲に温めたワセリンを塗る*2．

> *2 以上の操作を行っても細胞が流動してしまう場合は，ポリ-L-リジンやconAなどの細胞固定溶液を塗布したスライドガラスを用いるとよい．培地薬物添加における経時観測を行う場合は，conA塗布ガラスボトムディッシュなどを用いるとよい．

3 実際の操作

❶ レーザーシステム，ピエゾステージ，CCD，コンピュータなど，実験中に使用するすべての機器の電源を入れ，レーザー，CCDの冷却温度，および暗室内の空調，温度が安定するまで30分から1時間程度待つ
❷ レーザーの発振波長，強度などを最適化し，対物レンズの光軸上にレーザー光が導入されていることを確認する*3

> *3 これには，シリコン板をスライドガラスとカバーガラスに挟んだものなどを用意するとよい．シリコン板からのレーザーの反射光を観察すると，対物レンズを焦点方向に動かしたとき完全な同心円の干渉稿が見えるはずである．

❸ 分光器の波長を観測する最適波長にセットする．ポリスチレンビーズなど，標準のサンプルを決めておき，ここからのラマン散乱光をCCDカメラで検出する．強度が弱ければピンホールの位置などを調整し，最適化する．最後に，CCDカメラのビニングエリア（特にスリット方向）を設定し，ラマン散乱光の照射されるエリアのみのCCD素子を使用する
❹ 試料をステージに載せてラマン散乱光を観測する．顕微鏡の操作自体は，一般の共焦点顕微鏡と同様である

注意点

前述したように，暗室ユニット，暗幕などを用いて迷光を防ぐことはラマン測定で非常に重要である．さらに近赤外領域では，ラマン散乱光自体がより微弱となり，用いるガラス素子からの蛍光も問題となる．用いる光学素子はできる限り自家蛍光の少ないものを選択する必要がある．800 nm付近のレーザー光を用いる場合には，石英製のカバーガラスを用いることを強く勧める．一方，ある程度厚みのある試料ならば，共焦点効果のため，スライドガラスからの蛍光を避けることができる．

実験例

1 生細胞のラマンスペクトルの解析

図3に単一出芽酵母生細胞（*Saccharomyces cerevisiae*）の空間分解ラマンスペクトルを示す．上段が核の，下段がミトコンドリアのラマンスペクトルである．このように，ラマンスペクトルには非常にたくさんのバンドが観察される．ラマンスペクトルが"分子の指紋"とよばれる所以である．ラマンスペクトルの横軸であるラマンシフトには，波数$\tilde{\nu}$（単位はcm^{-1}，ウェイブナンバー）が最もよく用いられる．波数は波長の逆数（$\tilde{\nu} = 1/\lambda$）であり，1 cmの長さの中に入る波の数に等しい．ラマンシフトは，以下の式で定義される．

$$\tilde{\nu} = 10^7/\lambda_0 - 10^7/\lambda$$

ここで，波長λ_0およびλはそれぞれ用いるレーザーの波長，観測する実際の波長（ナノメートル単位）である．例えば励起にHe-Neレーザー（波長632.8 nm）を用いた場合，696 nmはラマンシフトとして1,440 cm^{-1}に相当する．各ラマンバンドの帰属を以下に述べる．核のラマンスペクトルには，主にタンパク質のラマンバンドが検出される．1,650, 1,240 cm^{-1}のラマンバンドは，タンパク質主鎖のペプチド結合に由来

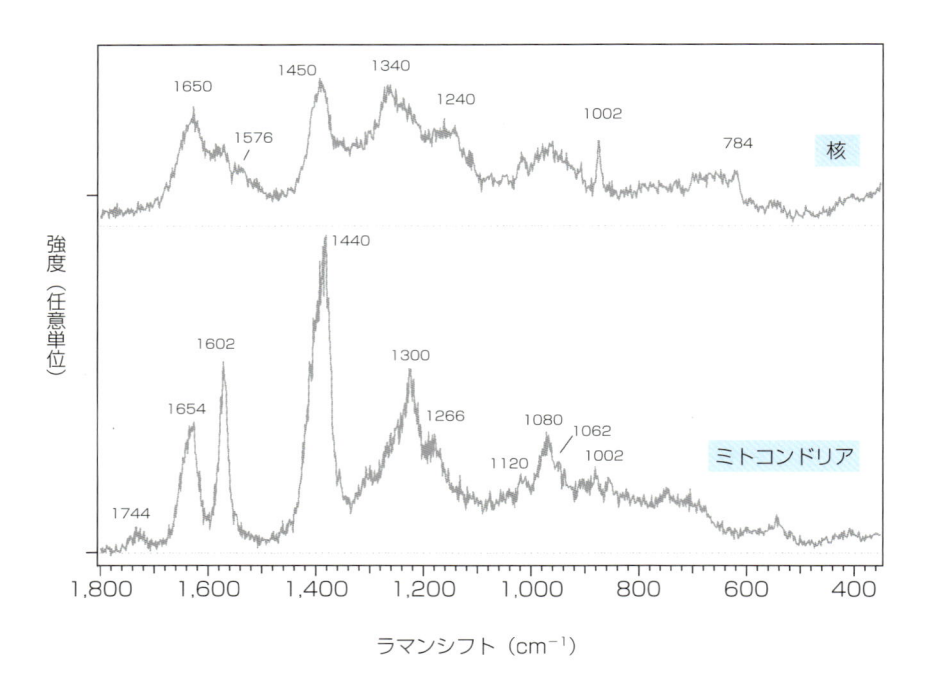

図3 単一出芽酵母生細胞の空間分解ラマンスペクトル
上側が核の，下側がミトコンドリアの位置におけるラマンスペクトルに相当する

するバンドで，それぞれアミドⅠ，アミドⅢとよばれている．これらのラマンバンドはタンパク質の二次構造に関する情報も含んでいる．1,450, 1,340 cm^{-1}のラマンバンドは，脂肪鎖のC-H変角振動に帰属される．また，1,002 cm^{-1}のラマンバンドはフェニルアラニン残基由来である．さらに，1,576, 784 cm^{-1}には核酸由来のラマンバンドが検出されている．

ミトコンドリアのラマンスペクトルには，主にリン脂質のラマンバンドが検出される．1,744 cm^{-1}（エステル結合のC＝O伸縮），1,654 cm^{-1}（不飽和脂肪鎖の cis-CH＝CH-結合のC＝C伸縮），1,440 cm^{-1}（炭化水素鎖のC-H変角），1,300 cm^{-1}（CH$_2$面内ねじれ），1,266 cm^{-1}（cis-CH＝CH-結合のC＝C-H面内変角）と1,000～1,150 cm^{-1}（C-C伸縮バンド，内部回転異性を反映）のバンドがリン脂質由来である．1,000～1,150 cm^{-1}の領域の，1,120, 1,062 cm^{-1}（全 trans の面内，面外C-C伸縮）と1,080 cm^{-1}（gauche）の強度比から，リン脂質の炭化水素鎖のコンフォメーションに関する情報が得られる．また，1,002 cm^{-1}にフェニルアラニン残基由来のラマンバンドが検出され

ている．ミトコンドリアのラマンの中で特に強い1,602 cm^{-1}のラマンバンドは，われわれのこれまでの研究から，ミトコンドリアの代謝活性を鋭敏に反映していることがわかっている．このラマンバンドは，培地中の酵母細胞では強く，水中の酵母細胞では弱く観測される．また，KCNを投与すると著しく強度が弱くなり，最終的には消失してしまう．そこでわれわれはこのバンドを，生命活性の指標，すなわち「生命のラマン分光指標」とよんでいる[3)～5)]．

2 生細胞のラマンイメージング

図4に出芽酵母細胞のラマンイメージングの結果と光学顕微鏡写真を示す．励起レーザーにはHe-Neレーザーを用いた．ラマンイメージングとは，各々の空間位置におけるラマンバンドの強度を測定し，それらを二次元または三次元的に画像化する技術である．ラマンスペクトルは複数のバンドから構成されているため，複数のバンドによるラマンイメージングが可能である．このようなラマンイメージを連続して測定することで，時間および空間を分解した（時空間分解）ラ

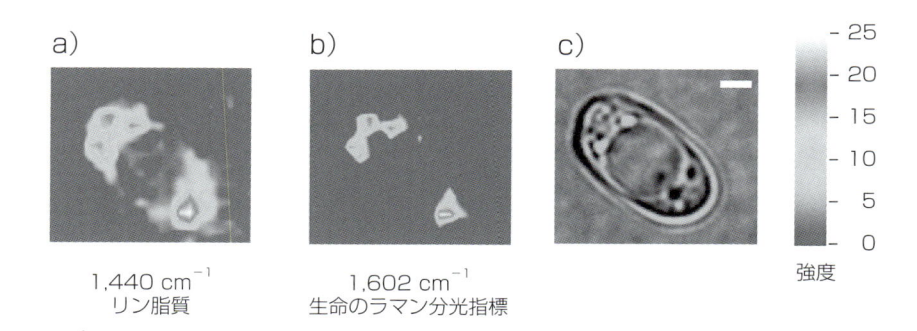

図4 単一出芽酵母生細胞の空間分解ラマンイメージ（a, b）と光学顕微鏡写真（c）
（巻頭カラー 3 参照）
写真中の白棒の長さは 1 μm である

マンイメージを得ることも可能である．図4a には，主にミトコンドリアに帰属される 1,440 cm^{-1}（炭化水素鎖のC-H変角）バンドによるラマンイメージングの結果を示している．一方，図4b は 1,602 cm^{-1} バンド（生命のラマン分光指標）によるラマンイメージであり，活性の高いミトコンドリアの分布を示している．このように，ラマンイメージから細胞内物質分布だけではなく，活性の高いミトコンドリアの分布も得ることができる．

おわりに

　分子の振動スペクトルを測定するというラマン分光そのものがもつ優れた分子選択性は，生細胞を in vivo で観察するうえできわめて大きな利点である．近年，蛍光の問題を克服し，高速にラマンスペクトルおよびイメージの取得できる，コヒーレント・アンチストークス・ラマン散乱（Coherent anti-Stokes Raman scattering：CARS）顕微分光法という新しい方法も急速に発展しており[6][7][8]，次世代のラマン顕微分光法として注目されている．ラマン顕微分光法は，生命現象の解明に貢献できる全く新しい強力なツールとして，そして，医学，生物学をはじめ幅広い分野で手放せない装置として，今後も益々使われて行くものと予想される．

参考文献

1) 濱口宏夫，平川暁子／編：ラマン分光法（日本分光学会測定法シリーズ17），学会出版センター，1988
2) Puppels, G. J., De Mul, F. F. M., Otto, J., Greve, C., Robert-Nicoud, M., Arndt-Jovin, D. J., Jovin, T. M.：Nature, 347：301-303, 1990.
3) Huang, Y.-S., Karashima, T., Yamamoto, M., Ogura, T., Hamaguchi, H.：J. Raman Spectrosc., 35：525-526, 2004
4) Huang, Y.-S., Karashima, T., Yamamoto, M., Hamaguchi, H.：Biochemistry, 44：10009-10019, 2005
5) Naito, Y., Toh-e, A., Hamaguchi, H.：J. Raman Spectrosc., 36：837-839, 2005
6) Cheng, J.-X. & Xie, X. S.：J. Phys. Chem. B, 106：827-840, 2004
7) Hashimoto, M., Araki, T., Kawata, S.：Opt. Lett., 25：1758-1770, 2000
8) Kano, H. & Hamaguchi, H.：Appl. Phys. Lett., 86：121113, 2005

第3章 顕微解析

1. 生物用顕微鏡
～細胞の形態・内部構造の観察～

鈴木正則

> 光学顕微鏡を用いた観察により細胞や組織の構造や機能に関する多様な情報が簡単に得られる．ここでは，通常の明視野顕微鏡の操作法を中心に動物細胞の観察を例に説明する．

はじめに

　1655年Hookeは自分で組み立てた複合顕微鏡でコルク切片を観察し小孔を"cell"とよんだ．彼が観察したのは実際は死んだ細胞の細胞壁ではあったが，それから20～30年後，Leeuwenhoekは自作の単式顕微鏡を用いて原生動物や細菌の発見に成功している．このときの顕微鏡の倍率は270倍にも達していたという．1833年にはBrownによりランの細胞核の観察が報告され，その5年後にはSchleidenとSchwanにより細胞説が提唱された．その後も今日に至るまで光学顕微鏡による細胞の観察は生物学にとって欠かせない技術として発展してきた．光学顕微鏡は，試料に自然光やレーザーなどを照射し，透過光や反射光，蛍光発光などを光学系で拾って像を拡大・観察するもので，自然光や他の電磁波よりも簡易に使用できる光源を用いることができる点，そして可視光への変換が不要である点などの長所がある．一方で，光学顕微鏡における分解能の限界は入射光である可視光線の波長によって決まるため，より高い分解能を得る目的で短波長域の電磁波を利用したX線顕微鏡や電子顕微鏡（本章9，10参照）が開発され，また，トンネル効果を用いたトンネル顕微鏡や原子間力を用いた原子間力顕微鏡（本章6，7参照）なども実用化されている．さらに，タンパク質ほかの特定の分子を細胞内で検出するために蛍光顕微鏡（本章2参照）や焦点面の蛍光分子だけを観察できる共焦点操作顕微鏡など高性能の光学顕微鏡も頻用されている．それぞれの研究の目的に応じて顕微解析法を選択するとよい．

原理－光学顕微鏡の基本的知識

　光学顕微鏡は，基本的には，光源（種々のランプや反射板），光源の光を試料の観察点へ収束させるコンデンサ，試料（プレパラート）を固定するステージ，試料からの光を集光する対物レンズ，対物レンズからの光を目やカメラに結像させる接眼レンズ，対物レンズ－接眼レンズの光路を確保する鏡筒，などから構成される．試料の下側から光をあてて上側の対物レンズで像を拾うタイプの顕微鏡を正立顕微鏡（図1），逆に対物レンズが試料の下側に位置するタイプを倒立顕微鏡（inverted microscope）（図2）という．倒立顕微鏡には，培養細胞をフラスコやシャーレのような培養容器ごと観察できるなどの利点があるため，培養中の細胞の観察に多用される．

　対物レンズ（図3）は顕微鏡の光学系のうちで最も

Masanori Suzuki：Transcriptional Regulatory Network Exploration Team, Genome Exploration Group, Genomic Sciences Center, RIKEN/Divison of Genomic Science, Supramolecular Biology, International Graduate School of Arts and Sciences, Yokohama City University〔(独) 理化学研究所ゲノム科学総合研究センター遺伝子構造・機能研究グループ遺伝子転写制御研究チーム/横浜市立大学大学院国際総合科学研究科生体超分子科学専攻ゲノム情報資源探索科学研究室〕

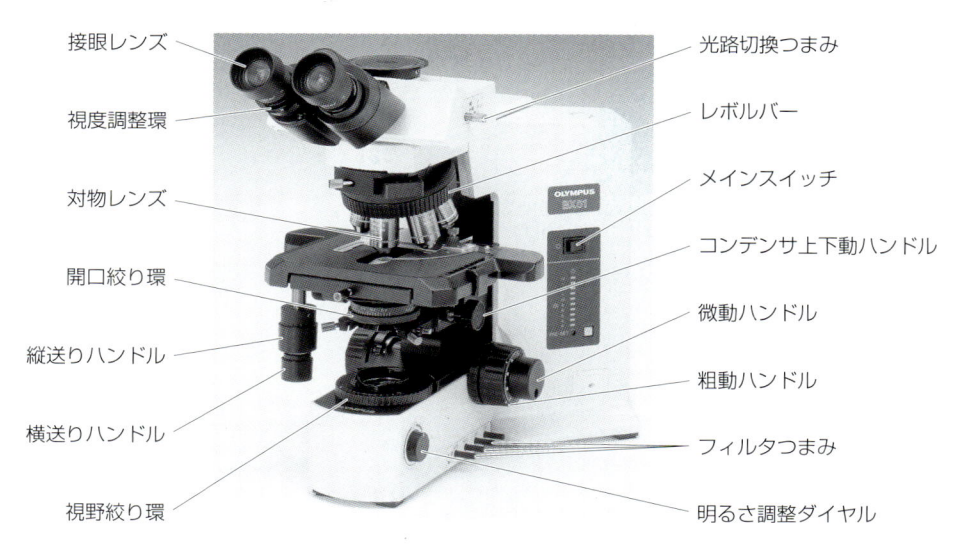

図1 正立型光学顕微鏡の全体像の例（オリンパスBX51型）

ラベル（左側、上から）：接眼レンズ／視度調整環／対物レンズ／開口絞り環／縦送りハンドル／横送りハンドル／視野絞り環

ラベル（右側、上から）：光路切換つまみ／レボルバー／メインスイッチ／コンデンサ上下動ハンドル／微動ハンドル／粗動ハンドル／フィルタつまみ／明るさ調整ダイヤル

重要なもので，その性能に大きく影響する．対物レンズの性能は倍率や分解能を決める開口数を指標として評価される．対物レンズの単独倍率（光学的鏡筒長を対物レンズの焦点距離で割ったもの）に接眼レンズの単独倍率（明視距離250を接眼レンズの焦点距離で割ったもの）を掛け合わせると顕微鏡の最終的な倍率（総合倍率）となる．対物レンズの性能として倍率より重要なのが開口数（NA）で，NAはNA = nsin θ と定義され[*1]，開口数が大きくなるほど解像力（分解能）が増加する．ここで，θ は対物レンズの先端のレンズの最外周部から物体を見込む角度で，n は対物レンズと物体の間の媒質の屈折率（空気の場合1）である．レンズの解像力（分解能）は明確に区別できる隣接した2点間の最小の距離で，0.61 λ（波長）/NA で定義され，至適条件下における明視野顕微鏡の解像力は約 0.25 μm である．焦点面を移動させても像がぼけて見えない距離を指す焦点深度はNAに反比例する．一般にNAは4倍程度の対物レンズで0.1，100倍の対物レンズで0.9程度である．

☞ *1 定義によってはθを両側の角度としてNA = nsin（θ/2）としている場合もある．

準備するもの

- 光学顕微鏡：いくつかのメーカーから発売されている．動物の培養細胞の検鏡には倒立型が便利で位相差用装置も必須
- 対物レンズ：図3参照．代表的なものに10倍（黄），20倍（緑），40倍（淡青色），60倍（コバルトブルー），100倍（白）などがあり，各倍率を示す色（括弧内に記した）のついた線が入っている
- 接眼レンズ：通常5倍，10倍，15倍など
- スライドガラス：動物培養細胞の検鏡で使用することはあまりないが，微生物の場合は頻用
- カバーガラス：0.17 mmの厚さが標準仕様であるが，補正環がついている対物レンズでは厚さを補正できるものもある
- 血球計算板（血算板）：改良型 Neubauer 型，Bürker-Türk 型，Tatai 型，Thomas-Zeiss 型，Fucks-Rosental 型，ほかいろいろな型のものがあるが，それぞれ計算に用いるスライドガラス上の区画や細胞溶液量が異なるので注意すること．使用後は水洗し，アルコール中に浸漬しておく
- 血算板用カバーガラス
- 水：高純度の水を使用する．たとえば，超純水（MilliQなど）や逆浸透水を2回ガラス容器で蒸留したものをイオン交換樹脂に通した水
- PBS（-）：NaCl 8 g，KCl 0.2 g，Na_2HPO_4 1.15 g，KH_2PO_4 0.02 g を高純度の水に溶解して 1 l とするが，通常は10倍程度の濃厚液を作製しておき，使用時に希釈して用いる
- 0.3％トリパンブルー溶液：30 mg のトリパンブルーを 15 ml のプラスチック遠心管中で 10 ml の PBS（-）に溶解する．保存中に沈殿が生じた場合は濾過して沈殿を取り除いてから使用
- 0.25％ トリプシン溶液（pH 7.8）：PBS（-）に溶解．市販の濃厚液（10倍程度）を PBS（-）で希釈して使用すると便利．保存は -20℃
- 0.02％ EDTA溶液：EDTA二ナトリウム塩を PBS（-）に溶解し2％の溶液を作製し，高圧蒸気滅菌後滅菌 PBS（-）で希釈して使用
- トリプシン-EDTA溶液：0.02％ EDTA 溶液にトリプシンを 0.01～0.25％ になるように添加して調製

3章-1．生物用顕微鏡

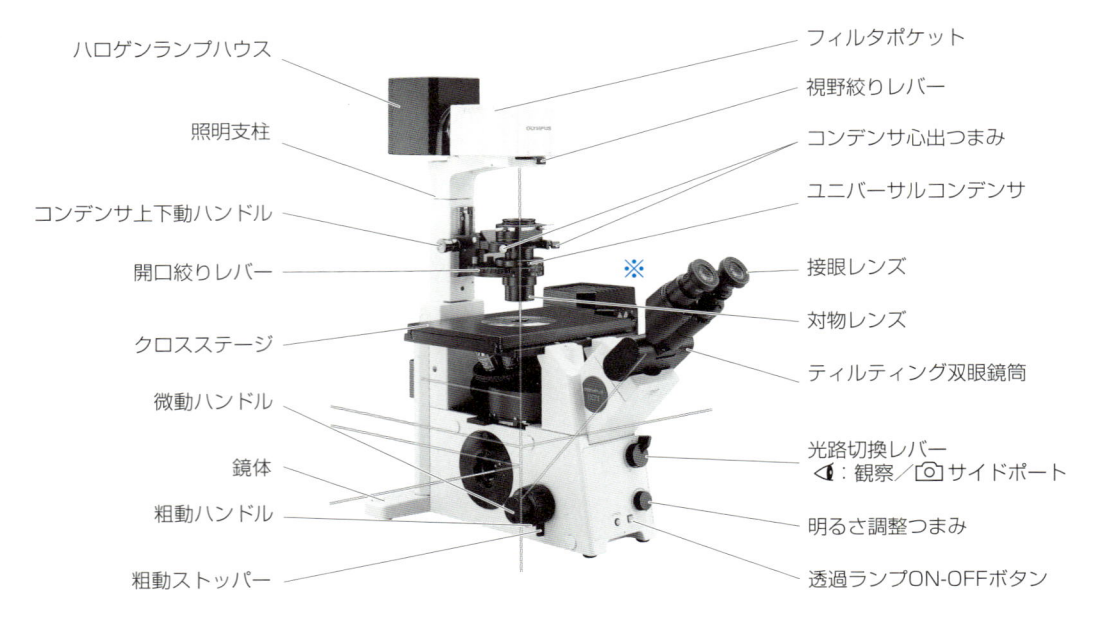

図2　倒立顕微鏡の全体像の例（オリンパス　IX71型）
　　通常複数の対物レンズが装着でき，回転させて目的の対物レンズを選べるレボルバー方式になっている．
　　※レンズに向かって右側には，BX51型と同様に，ステージの縦送りハンドルと横送りハンドルが備え付けられている

（ラベル：ハロゲンランプハウス／照明支柱／コンデンサ上下動ハンドル／開口絞りレバー／クロスステージ／微動ハンドル／鏡体／粗動ハンドル／粗動ストッパー／フィルタポケット／視野絞りレバー／コンデンサ心出つまみ／ユニバーサルコンデンサ／接眼レンズ／対物レンズ／ティルティング双眼鏡筒／光路切換レバー　◁：観察／サイドポート／明るさ調整つまみ／透過ランプON-OFFボタン）

プロトコール

1 基本的な光学顕微鏡操作法

ここでは，すべての光学顕微鏡操作の基礎となる通常の明視野顕微鏡の基本的な操作手順を記す．光学顕微鏡の仕様はさまざまなので取り扱いの詳細は各顕微鏡のマニュアルを参照していただきたい．

❶光源ランプのスイッチを入れ，明るさを調節する
❷フィルターを選択する
❸対物レンズの倍率を選択する（通常低倍率の10倍程度にしておく）
❹試料にピントを合わせる*2

☞ *2 対物レンズが試料（スライドグラスや培養シャーレ・フラスコなど）にぶつからないように粗動ハンドルストッパーがついている顕微鏡装置が多いが，もしストッパーがない場合には細心の注意を払いピント合わせを行う．この際，必要に応じて粗動ハンドルストッパーを解除しておき，横から見ながら粗動ハンドルを使って対物レンズと試料をできるだけ近づけ，次に顕微鏡をのぞきながら試料を対物レンズから遠ざけるようにしてピントを合わせるとよい．

❺双眼鏡筒（3眼鏡筒）の場合，接眼レンズの眼幅調整を行い，次に左右の視度を補正する
❻照明装置を使って照明の調整を行う（Koëhler法

が代表的）．顕微鏡にとって理想的な照明条件を実現するために必要である．詳細は文献[1]を参照していただきたい

☞ *3 使用上特に注意する点は，光軸調整，ランプの心出し，眼幅，視度の調整（双眼や三眼の鏡筒を使用する場合），開口絞りの調整，視野絞りの調整などであるが，これらは各顕微鏡の操作マニュアルに詳しいのでそれらを参考にして最初は実際に読みながら操作を確認しつつ作業を進めてほしい．

2 位相差顕微鏡の使用法

❶明視野顕微鏡の基本操作を行う
❷レボルバーの対物レンズを位相差用に切り替える．位相差用対物レンズは緑色の文字で表示されている
❸ターレット式コンデンサで対物レンズの倍率に一致した位相差の位置（Ph1，Ph2，Ph3など）を選択する
❹開口絞りレバーを回して開口絞りを開放状態にする
❺試料をステージ上にセットしてピントを合わせる
❻接眼レンズを取り外し，芯出し望遠鏡を入れて対物レンズ位相板リングとコンデンサ位相リングの像にピントを合わせる
❼芯出しねじを回して位相リングと位相板の両リングが正しく重なるように調節する
❽芯出し望遠鏡を抜き，接眼レンズに交換して観察

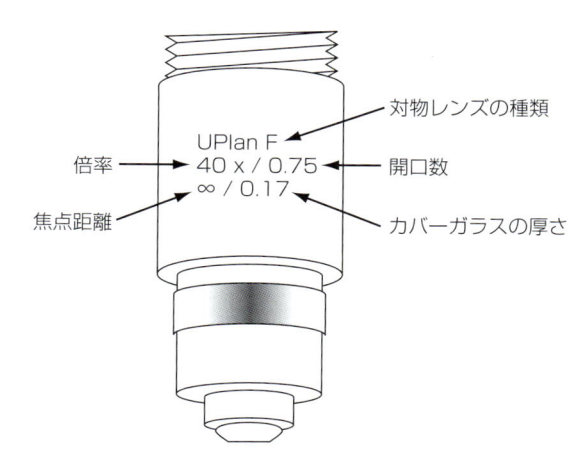

図3 対物レンズの図
レンズの用途，名称，倍率・開口数・油浸レンズなどの情報が記されている

を行う

❾対物レンズを換えたときは❸～❽の操作を繰り返す

3 油浸レンズの使用法

　油浸系の対物レンズは暗視野照明を用いる場合や染色試料の観察に利用される．普通のレンズでは，レンズ（ガラス）→空気→カバーガラスと光が通る媒質が変わり，屈折が起こるが，油浸レンズはガラス程度の屈折率を持つ油（エマルジョンオイル）をレンズと試料の間に満たして，空気とレンズの屈折の影響をなくすことができ，屈折を起こさないので開口数を大きくする（1.40程度のものもある）ことになり，最終的には解像度を上げることになる．油浸レンズには通常，倍率の表記の下に線が入っている．OILとかoilなどと書かれている場合もある．開口数が大きいレンズは作動距離（対物レンズの先端からカバーガラスの上面までの距離）や実際の視野および焦点深度が小さくなる．

❶10倍か40倍の対物レンズで試料の見るべき位置を決める
❷対物レンズを外し，試料の上にエマルジョンオイルを2滴ほど落とす
❸油浸対物レンズを装着し，横から見ながら注意して油中に下げる[*4]

　*4 このとき気泡が入らないように注意する．気泡が入ったら対物レンズを左右に動かし気泡を取り除く．

❹見るべき被検体に焦点が合うまで微動ハンドルを使用してゆっくり対物レンズを上げて観察する
❺使用後は，レンズペーパーにエタノール・エーテル混合液（3：7）あるいは専用洗浄液を少量つけて油を拭き取っておく

4 細胞数の計測

　細胞数の計測は細胞増殖状態を評価したり，実際に実験に使用する細胞数を知るなど細胞を扱ううえで必須の作業である．動物細胞の細胞数の計測には，トリプシン－EDTA処理により細胞をバラバラにして（浮遊細胞の場合には不要），染色処理を行い，細胞懸濁液を血球計算板（血算板；図4）上に載せ検鏡して，細胞数を数える方法が一般的に用いられる．代表的な血算板の一つである改良型Neubauer血算板では，全体が9つの四角の領域（コーナー）に分かれていて，四隅にあるコーナーはおのおの1/16 mm²の16個の小さな四角からなっており，細胞数の計測には通常この4つのコーナーを用いる．計数値の統計的誤差を考慮して多数の細胞数を数えた方が精度が高くなる．例えば，400個の細胞を数えると約95％の信頼度での推定値は360～440の範囲で精度は±10％程度となる．細胞濃度が濃すぎる場合には細胞浮遊液の一部を採って色素液で適当な濃度になるように希釈する必要がある．

ⅰ）トリプシン－EDTA処理
　浮遊細胞の場合には低速遠心をしてPBS（－）に懸濁した後，ⅱ）の操作に移ればよい．付着細胞の場合には，
❶培養液を吸引除去する
❷吸い取った培地と等量か少し多めのPBS（－）を加え，培養容器をゆっくりと傾ける操作を3回程度行った後PBS（－）を吸い取る
❸❶で吸い取った培地の1/2～1/3容のトリプシン溶液[*5]またはEDTA溶液またはトリプシン－EDTA溶液を加え培養容器を軽く揺すって，約30秒後に細胞が浸る程度までトリプシン－EDTA溶液を除去してCO₂インキュベーター内で保温する

　*5 トリプシンはpH 7.2以下では比較的活性が低くなる．

❹1～2分後から顕微鏡下に細胞の剥がれ具合を観察し，大部分の細胞が球状になり始める時点で適当量の増殖用培地（血清を含む）を加え，ピペッティングにより穏やかに細胞を完全に培養容器の底面から剥がす

3章－1．生物用顕微鏡

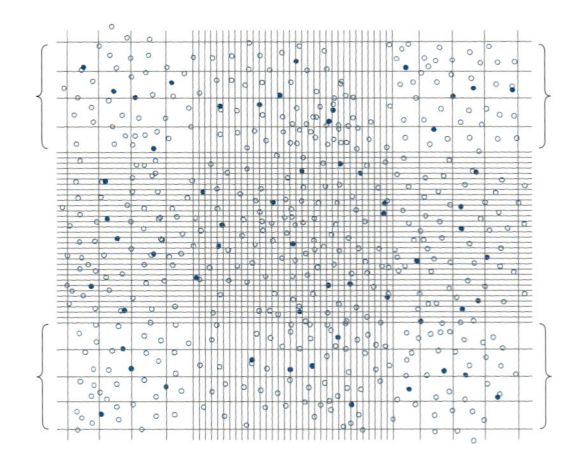

図4　血球計算板（改良型 Neubauer）
これら各コーナーの16個のマス目に入っている細胞を数える．染色されたものが死細胞である

❺細胞懸濁液を遠心管に移し，低速遠心（例えば，300×g，5分間）により細胞を回収する
❻適当な容量の増殖用培地に細胞を浮遊させる

ii）トリパンブルー溶液の調製

　0.3％トリパンブルー溶液で細胞懸濁液を希釈する．血球計算板の4つのコーナーの一つ当たり100〜150個程度の細胞が見えるように希釈液を調製すると数えやすく，また，計測精度も高くなる．死細胞はトリパンブルーで染まり，生細胞は染まらないのでそれぞれの細胞を数えると，培養液中の細胞の生存率を算定することができる．血算板にカバーガラスを載せた状態でカバーガラスの端に細胞のトリパンブルー希釈懸濁液（50 μl で充分）を含んだマイクロピペットの先端をつけて軽く液を出すと，毛細管現象によりカバーガラスと血算板との境界面全体に行き渡る．トリパンブルー—細胞液を調製後2分程度で検鏡し，ハンドカウンターを用いて細胞数を数える[*6]．

*6 トリパンブルー溶液中で細胞を放置しておくとやがてすべての細胞にトリパンブルーが染みこんでしまい生細胞の計数が困難となるので，10分以内には細胞の計数を終了するようにするとよい．
　トリパンブルー染色法は実際には青の色合いの違いを見分けることになるので，ある程度経験が必要で，細胞の生存率を過大評価する恐れがあるという報告もあるが，簡便に生細胞数を測定できるので，現在でも頻用されている方法である．
　トリパンブルーはアゾ色素でタンパク質に強く結合する性質があり，膜に損傷があるような死細胞内には侵入していくので青く染まり，ほとんど染まらない生細胞と区別できる．

iii）細胞数の計算

　4つのコーナーで数えられた細胞数N個を4で割り，1コーナー当たりの細胞数N/4を求める．各コーナーの容積は 0.1 mm^3 になっているので，希釈していないもとの細胞懸濁液 1 ml 中の全細胞数は，N/4×10×1000×希釈倍率となる．

　現在では，高性能のCCDカメラを装備した顕微鏡撮影装置やビデオ撮影装置が多数作製されており，それらを用いていったん画像として保存しておき，後で数えたり，また，コロニーや細胞の計数に特化した粒子計数分析装置などを用いて自動的に計数することも日常的に行われている．

実験例

■ 光学顕微鏡による動物生細胞の観察

　生細胞の構造を観察しようとする場合，無色透明な試料は通常の検鏡法では観察が困難であるが，屈折率が異なる部分からなる試料は光路差（位相差）が生じるので，光路差を明暗のコントラストにする位相差顕微鏡や光路差の勾配部分を明暗と色のコントラストにする微分干渉顕微鏡（ノマルスキー式微分干渉顕微鏡が代表的）を用いて観察することができる．位相差顕微鏡では，対物レンズに位相板を組み込んだものを使用し，動物細胞の形態観察および核やミトコンドリアなどの細胞内小器官の構造も見ることができる．もちろん，酵母やバクテリアなどの微生物の形態を観察するのにも有用である．図5は光学顕微鏡を用いた細胞観察の一例で，浮遊系の血球系細胞（THP-1）を強力な発癌プロモーターである12-O-テトラデカノイルホルボール-13-アセテート（TPA，ホルボールミリステートアセテート：PMA）で処理すると24時間後にはフラスコの底に固く付着して浮遊しないようになる．その後，形態もさまざまに変化してマクロファージ様の細胞に分化するが，図5は分化後の様子を示したものである．形態の変化とともに転写制御ネットワークのダイナミックな変化が起き，それに伴い細胞内の遺伝子の発現パターンが大きく変動していく．

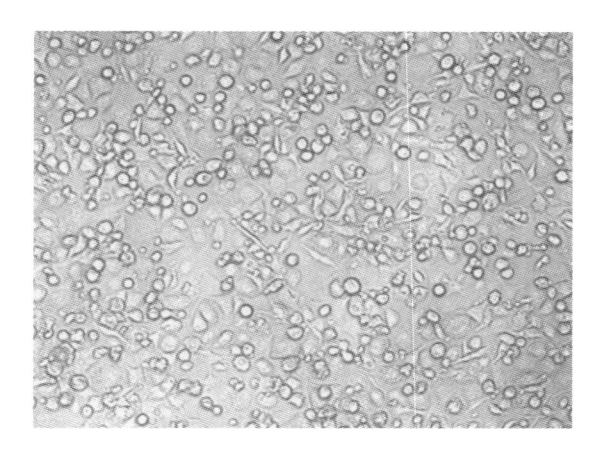

図5　PMAでマクロファージに分化させた
THP-1細胞

微鏡を用いており，実際の研究では蛍光観察が主体となっている．また，光学顕微鏡と電子顕微鏡の間にある解像度のギャップを埋める顕微鏡も開発されてきており，ライカ社の4Piでは，生細胞構造の分解能が100 nm程度にまで高められている．顕微鏡観察も高性能のCCDカメラやビデオカメラと組み合わせて高機能化され，CO_2インキュベーター装置内で培養しながら細胞の動きや形態変化をリアルタイムで追跡することも普通になっており，より動的な細胞観察が可能となってきている．さらに，顕微鏡にマイクロマニピュレーターを装着して，細胞に遺伝子やタンパク質などの分子を導入する顕微操作も盛んであり，各種イメージング技術の進展と相まって顕微鏡を用いた細胞生物学的研究は進歩の度合いを高めている．

おわりに

本項では，通常の生物学の研究室にある普通の光学顕微鏡を用いて日常的に行われるであろう細胞の観察を行うための基本点的な操作について動物細胞を例にして紹介した．最近では，ユーザーが将来顕微鏡システムを発展（高度化・高機能化・多機能化）させることができるシステム顕微鏡の機能拡張が進んできており，われわれの研究室でも，通常の倒立型光学顕微鏡に位相差・蛍光顕微鏡の機能を合わせもつシステム顕

参考文献

1) 石川春律：基礎生化学実験法（日本生化学学会編）第2巻　生体試料，pp191-203，東京化学同人，2000
2) 野島　博/編：「改訂　顕微鏡の使い方ノート」，羊土社，2003
3) http://www.nikon-instruments.jp/jpn/tech/guide.aspx （ニコンのホームページ「顕微鏡入門」）
4) http://www.olympus.co.jp/jp/lisg/bio-micro/ （オリンパスの生物顕微鏡のホームページ）

第3章 顕微解析

2. 蛍光顕微鏡法
～タンパク質の可視化～

西村博仁，楠見明弘

蛍光顕微鏡法は，見たい生体分子を蛍光標識して，それを光らせて見るという方法である．組織や細胞内での分子局在を知るのに大いに役立つ．ここでは，蛍光顕微鏡と，それを用いた培養動物細胞の観察方法を説明する．

はじめに

細胞中の分子で，充分な強さの蛍光を発する分子はほとんどない．そこで，蛍光顕微鏡法では，ほとんどの場合，目的分子を，蛍光を発する分子で標識する．標識処理した試料に励起光をあて，蛍光標識の発光を蛍光顕微鏡で観察することで，目的分子の分布がわかる．特定のタンパク質だけを光らせて見るので，高い特異性で観察できること，検出感度が高いこと，が蛍光顕微鏡法の大きな利点である．対象となるタンパク質を特異的に蛍光分子で標識する方法には，蛍光抗体法や，特定のタンパク質とGFP（緑色蛍光タンパク質）を融合させたキメラタンパク質を細胞に発現させる方法などが広く用いられている．蛍光顕微鏡とビデオカメラを組み合わせることで，生きた細胞内での，蛍光標識した分子のダイナミクスを観察することができる．さまざまな蛍光特性をもつ蛍光分子やGFPの変異体が開発されたことで，FRET（蛍光共鳴エネルギー移動法，1章4参照）が可能となり，タンパク質－タンパク質間相互作用や，タンパク質の構造変化までも観察できるようになった．蛍光顕微鏡，ビデオカメラ，蛍光プローブの開発や進歩によって，細胞内での生命現象を解明するための研究が盛んに行われている．蛍光顕微鏡法の重要性は年々高まっている．

原　理

1 蛍光とは？

物質/分子に波長のあった光を照射すると，光の吸収が起こり，電子が基底状態から励起状態に遷移する．その後，電子は基底状態に戻る（図1）．そのときに，エネルギーを熱として失うものが多いが，ある種の物質/分子は発光によってエネルギーを放出する．似たものに，りん光とよばれるものがあるが，それは別の三重項状態という励起状態に移行してから発光によって基底状態に戻るものである．励起状態の寿命（これを蛍光寿命とよぶ）は，数ナノ秒前後のものが多い．この数ナノ秒の間に周囲から蛍光分子にさまざまな電気的影響が及ぶと蛍光発光に変化が生じる．

2 落射型蛍光顕微鏡

落射とは，試料に対して蛍光観察する面と同じ面から照射光をあてるものである．上から励起光を試料面へと落として照射することから「落射」という名前がつけられた．透過型と比べて，観察の邪魔になる励起光の大部分を取り除く利点がある．落射型顕微鏡の光路を図2に示した．励起光は，まず赤外カットフィルター（F1）とNDフィルター（F2）を通り，つぎに励起フィルター（F3）を通る．観察に用いる蛍

Hirohito Nishimura, Akihiro Kusumi：Department of Nano Bioprocess, Institute for Frontier Medical Sciences, Kyoto University
（京都大学再生医科学研究所ナノバイオプロセス研究領域）

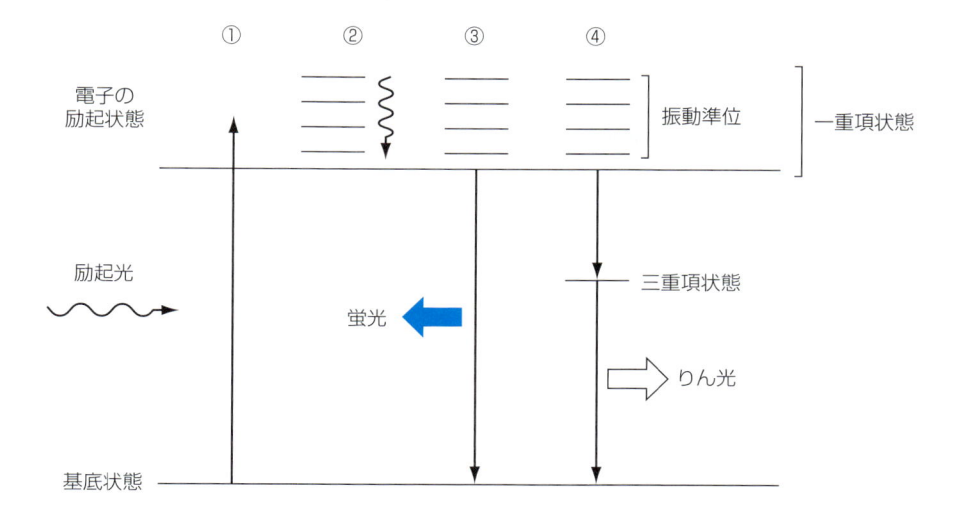

図1 蛍光発光のさまざまな過程
① 吸収：励起光の光エネルギーを吸収して，電子が基底状態から励起状態に遷移する過程
② 分子内緩和：分子内振動によってエネルギーが放出され，励起状態の最低振動レベルまで下がること
③ 発光（蛍光）：光エネルギーを放出しながら，電子が励起状態（一重項）から基底状態にもどる過程
④ りん光：光エネルギーを放出しながら，三重項状態から基底状態にもどる過程

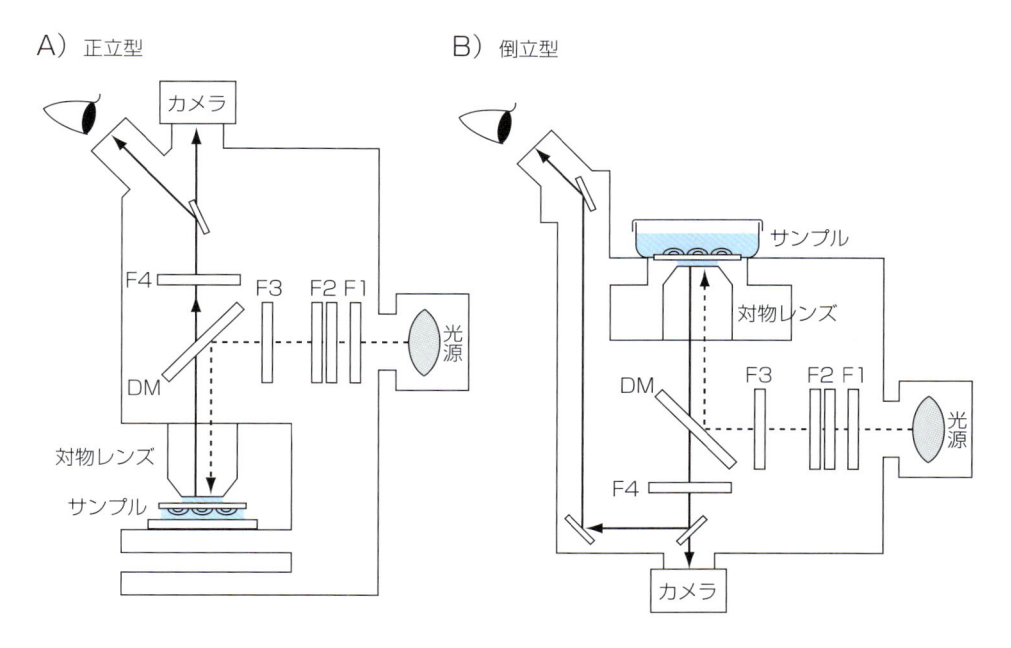

A）正立型　　　B）倒立型

図2 落射型蛍光顕微鏡の光路図（透過照明系は省略）
点線：励起光，実線：蛍光

3章－2．蛍光顕微鏡法

光色素に適した励起波長の光のみが透過する．次にダイクロイックミラー（DM）を通る．これは，光路に対して45度に傾けて使い，ある波長より短い波長の光を反射し，長い波長の光を透過するといった特殊なミラーである．顕微鏡内では，励起光を反射させることで試料の方向へ光路を曲げ，蛍光分子からの蛍光を検出側へ透過させる．ダイクロイックミラーを透過した蛍光は，蛍光による発光波長のみを通す吸収フィルター（F4）を透過する．

準備するもの

＜固定染色に必要な試薬＞

- ハンクス液
  ハンクス液「ニッスイ」②（日水製薬株式会社），2 mM PIPES〔ピペラジン-1, 4'-ビス（2-エタンスルホン酸）〕（pH 7.4）
- PBS（−）（リン酸緩衝化生理食塩水）
- パラホルムアルデヒド固定液*1
  パラホルムアルデヒドをハンクス液で溶解し（4％），pH 7.4に調製する．

  > *1 −20℃で保存することができるが，基本的に用時調製が好ましい．

- Triton 溶液
  0.1％になるように Triton X-100 を PBS（−）で希釈
- グリシン溶液
  0.1M になるようにグリシンを PBS（−）に溶解
- ブロッキング溶液
  2％になるように BSA*2（ウシ血清アルブミン）をハンクス液で希釈

  > *2 BSA でうまくいかない場合は，スキムミルクや2次抗体を産生した動物種の血清を PBS（−）で希釈したものなどを用いる．

- 一次抗体
  目的のタンパク質に対する抗体
- 二次抗体
  蛍光標識した，一次抗体を産生した動物種に対する抗体
- 包埋剤
  IMMUNON PermaFluor Aqueous Mounting Medium（Thermo Shandon 社）

＜プラスミドDNAを用いた一過性発現に必要な試薬＞

- プラスミド DNA
  目的のタンパク質に，GFP などの蛍光タンパク質を融合させた DNA
- OPTI-MEM I（Invitrogen 社）
- LipofectAMINE Reagent（Invitrogen 社）
- PLUS Reagent（Invitrogen 社）

＜蛍光顕微鏡観察に必要なもの＞

- 蛍光顕微鏡
  いくつかのメーカーから販売されている．
- 対物レンズ
  さまざまな倍率，開口数のものが販売されている．開口数を補正するための補正環の付いたものもある．一般に開口数が大きいほど，明るさや分解能の点で優れている．
- 蛍光キューブ
  観察する蛍光分子にあわせて，励起フィルター，ダイクロイックミラー，吸収フィルターを選ぶ．
- イマージョンオイル
  無蛍光のもの*3

  > *3 蛍光観察に使用するイマージョンオイルは，無蛍光のものを使用するが，時間が経つにつれ自家蛍光を発するようになる．古いもの程その傾向は強く，像のコントラストを悪くする原因になる．

プロトコール

1 固定染色法

特異的に目的のタンパク質を蛍光標識する方法．目的のタンパク質に対する一次抗体を反応させ，続いて，蛍光標識した二次抗体（一次抗体に対する抗体）を反応させる．ここでは，固定した細胞の基本的な染色方法を説明する．固定染色で細胞内部のタンパク質を染色したい場合は，界面活性剤や有機溶媒などで，細胞膜に穴を開ける必要がある．生細胞の染色の場合は，抗体によって目的のタンパク質がクロスリンクする可能性がある．モノクローナル抗体に比べて，ポリクローナル抗体の方がクロスリンクを起こす可能性が高い．クロスリンクを完全に無くすためには，モノクローナル抗体を Fab または Fab'断片化したものに，直接蛍光標識したものを反応させる必要がある．

❶ 固定染色を行う前日に，培養ディッシュ中の 18×18 mm のカバーガラス2枚以上（染色とネガティブコントロール用）に細胞をまいておく
❷ カバーガラスを取り出し，ハンクス液で細胞が剥れないようにやさしく洗う
❸ パラホルムアルデヒド固定液に，室温で15分間浸す
❹ PBS（−）でやさしく3回洗う
❺ Triton 溶液に，室温で5分間浸す．細胞膜をゆるく破壊する
❻ PBS（−）でやさしく3回洗う
❼ グリシン溶液に，室温で15分間浸す．未反応のアルデヒド基をすべてブロックする
❽ PBS（−）でやさしく3回洗う

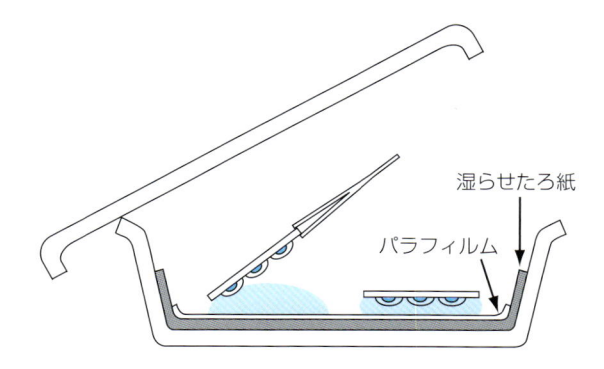

図3 抗体を反応させるための容器
遮光性のバットを用意し，底に湿らせたろ紙（カバーガラスの乾燥を防ぐため，側面まで貼り付けた方がよい）とパラフィルムを重ねて敷く

⑨ カバーガラスをチャンバー（図3）に移す．ブロッキング溶液を，カバーガラス1枚あたり100 μl載せる．室温で30分間静置する
⑩ PBS（−）でやさしく3回洗う
⑪ カバーガラス1枚に，ブロッキング液で希釈した一次抗体を反応させる[*4]．別の1枚にはネガティブコントロールとして，ブロッキング溶液か，一次抗体と同じ動物種の非特異的抗体をブロッキング液で希釈したものを用いる．室温で1時間静置する

*4 うまく染色ができない場合は，抗体濃度，反応時間を調節してよい条件を探す必要がある．最適な反応濃度は抗体によって異なるが，ウエスタンブロットで用いるものよりも10倍程度濃い濃度が目安である．長時間の抗体反応の際は，氷上か4℃で行った方がよい．

⑫ PBS（−）でやさしく3回洗う
⑬ ブロッキング液で希釈した二次抗体で反応させる．遮光して室温で1時間静置する
⑭ PBS（−）でやさしく3回洗う
⑮ 蒸留水でやさしく洗い，塩を取り除く
⑯ キムワイプで水を拭き取り，スライドガラスとカバーガラスの間に包埋剤をはさんで封入する
⑰ 4℃で一晩静置して，包埋剤を固まらせる[*5]

*5 包埋したサンプルは，−20℃で長期保存することができる．しかし，数週間以上おくと，没食子塩酸入りの試料は蛍光が出なくなる．そのため，長期保存の際は没食子塩酸を使用しない．

2 プラスミドDNAを用いた一過性発現

目的のタンパク質をGFPなどの蛍光タンパク質と融合させて蛍光標識する．静電的な相互作用によって，プラスミドDNAと陽性荷脂質などのリポソームの複合体を形成させ，貪食や細胞融合によって細胞内にプラスミドDNAを導入する．遺伝子導入試薬は，いくつかの会社から販売されている．

❶ トランスフェクションする前日に，50〜90%コンフルエントになるように，3.5 cmディッシュ2枚，または，6 wellディッシュ（染色とネガティブコントロール用）に細胞をまいておく
❷ OPTI-MEM I 100 μlにDNA 1 μgを加えて混合する．ネガティブコントロールには，DNAの代わりに，滅菌した蒸留水などを用いる
❸ ❷にPLUS Reagent 6 μlを加えて混合する．室温で15分間放置する
❹ OPTI-MEM I 100 μlにLipofectAMINE Reagent[*6] 4 μlを加えて混合する

*6 LipofectAMINE Reagentは細胞にとって毒性である．細胞によってはかなり死んでしまうものもある．その場合は，LipofectAMINE Reagentの量を減らしてみると改善することもある．細胞によって，DNAとLipofectAMINE Reagentの最適な条件があるので，条件検討をする必要がある．

❺ ❸に❹を加えて混合する．室温で15分間放置する
❻ OPTI-MEM I 800 μlの培地に交換した細胞に，❺を直接加える．37℃，5% CO_2で3時間培養する
❼ 血清入り培地2 mlに培地を交換する．37℃，5% CO_2で24時間培養する
❽ ガラスベースディッシュなどにまきなおす

3 落射型蛍光顕微鏡の基本的な使い方

倒立型蛍光顕微鏡を用いた，基本的な蛍光観察について説明する．正立型蛍光顕微鏡も操作原理は同じである．さまざまな蛍光顕微鏡があるので，詳しい使い方は各顕微鏡の取扱説明書を参照していただきたい．蛍光用の対物レンズは位相差観察やノマルスキー（微分干渉）を併用して観察することができるものもある．位相差観察の詳しい方法は前項（3章1）を確認していただきたい．生細胞を観察するとき倒立型顕微鏡では，ガラスボトムディッシュを用いて，底のガラス上で細胞を培養して観察する．この方法の問題は，透過光による形態観察の分解能とコントラストが不充分なことが多いことである．これを改善する方法として，カバーガラス上に細胞を培養し，スライドガラスなど別のガラスを用いて，細胞と細胞培養液をはさみこんで観察するとよい．これの場合は，正立顕微鏡を使う方が簡単である．

❶ 必要な対物レンズを顕微鏡に取り付ける
❷ シャッターを閉じる
❸ 電源スイッチを入れ，水銀ランプ*7を点灯させる

> *7 水銀ランプは，点灯させてから安定に発光するまでに，15分程かかる．一度点灯してから15分以内には消さない．水銀ランプの寿命を縮めることとなる．観察を中断するのが，2時間以内であればつけたままの方がよい．水銀ランプは特定の波長の輝線部分のみが明るく，その波長からずれると暗い（スペクトルは顕微鏡の取扱説明書参照）．使用する蛍光分子の吸収スペクトル，水銀ランプの輝線波長，励起フィルターのスペクトルをよく見比べて，最適な組み合わせを選ぶ必要がある．

❹ 試料（スライドガラス）をクレンメルでステージに固定する
❺ キューブターレットを回し，蛍光試料にあった蛍光キューブにあわせる．蛍光キューブには，観察する蛍光分子にあわせて，励起フィルター*8，ダイクロイックミラー，吸収フィルターを取り付ける

> *8 2種類以上の蛍光分子を用いて，多重染色したサンプルを観察する際は，注意してフィルターを選択する必要がある．蛍光分子の吸収スペクトル，蛍光スペクトル，フィルターのスペクトルデータをよく見比べて，蛍光のもれがないようにデザインし，さらに色素A（B）を色素B（A）のチャネルで観察し，もれ光がどの程度あるかを調べておく．さらに蛍光二次抗体を用いるときは種間の交差反応が起こるものが多いので，染色で二次抗体を本来とは逆の抗体にして，交差の程度を確認する必要がある．交差が見られる場合は，別の抗体を選ぶとか，交差する抗体を吸収させて除外するなどの操作が必要である．

❻ サンプル上の観察箇所を決めて，シャッターを開ける．サンプルの褪色防止を図るため，観察していないときはシャッターを必ず閉める
❼ ピントを合わせる．サンプルと対物レンズの先端をできるだけ近づけた状態から，対物レンズを徐々に下げる．低倍率の対物レンズの場合は，粗動ハンドルの操作のみで，ピントを合わせることができる．その後，X-Yステージを操作して，観察したい場所に視野の中心を合わせる
❽ 視野絞りの開度を調節する．視野絞りレバーで，視野絞りの像が，視野に外接する程度開く
❾ コレクターレンズのフォーカスを調節する．視野内が均一の明るさになるようにコレクターレンズフォーカスつまみで調節する．コレクターレンズが前後に動くことで，励起光の照明を調節することができる
❿ 明るさを調節する．NDフィルターを光路に入れて，励起光を調節する．必要以上のサンプルへの励起光の照射は，褪色スピードを上げるだけである．適度な明るさが得られる程度まで，励起光を落として観察する方がよい
⓫ 観察する．よい蛍光像とは，明るい像ではない．コントラストのよい像のことである．サンプルの背景が充分暗く，目的の蛍光のみが明るく見えているものである．よい蛍光像を得るためには，サンプル，対物レンズ，落射投光管，水銀ランプ，蛍光キューブが大きく寄与している．正しい操作と最適な選択が必要である

> *9 細胞は自家蛍光をもっていることを忘れてはならない．波長の短い励起光ほど，細胞の自家蛍光が強くなる．死にかけている細胞も自家蛍光が強くなる．必ず蛍光標識したサンプルと，蛍光標識していないサンプル（ネガティブコントロール）とを比較して，観察する必要がある．さらに一次抗体，二次抗体の非特異的な結合のコントロールが必要である．これには，免疫前血清や，そこから精製したIgG，一次抗体と同一種の動物の血清やそこから精製したIgGなどを用いる．

⓬ シャッターを閉じる．観察を中断するときは必ずシャッターを閉める．サンプルの蛍光褪色を防ぐようにする

実験例

図4は，クラスリン被覆ピット（CCP）の形成を調べる研究の一例である．細胞膜上の受容体分子を細胞内にとりこむための膜領域であるCCPと，受容体分子をCCPへとりこむためのアダプターとして働いているタンパク質複合体（具体的には，その中の成分であるAP2）を観察した．ヒトT24細胞にGFPを融合させたAP2（GFP-AP2）を発現させ，その細胞を，抗クラスリン抗体で固定染色したものである．GFP-AP2とクラスリンとの分布を比較したところ，GFP-AP2の集積は，細胞膜上にだけみられ，同じ場所に抗クラスリン抗体の蛍光スポットが存在した．これは，GFP-AP2が正常に機能していることを示唆している．抗クラスリン抗体の蛍光スポットがはるかに多く，GFP-AP2を含まないものが多くあるのは，輸送小胞やゴルジ体上のクラスリン集合体が見えているためである．

細胞内で，目的とするタンパク質の分布を調べるには，そのタンパク質にGFPを融合させて観察することが非常に便利である．しかし，多くの出版されたデータを見ると，GFP融合タンパク質がきわめて大過剰

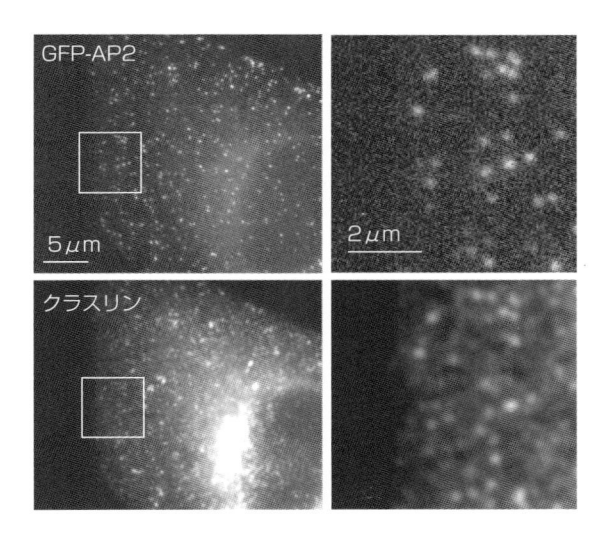

図4 GFP-AP2とクラスリン集合体の共局在
上がGFP-AP2の蛍光像，下が同一視野でのクラスリンの抗体染色像を示す．右側は，左側の白枠内をそれぞれ拡大したものである（文献1より転載）

に発現されていることがわかる．例えばあるタンパク質が通常の10倍量発現している細胞は，すでに異常細胞であり，目的タンパク質の機能の何を見ているのか解釈不能である．そのため，発現量の制御には充分注意する必要がある．

おわりに

以上，蛍光顕微鏡の原理，基本的な操作方法，固定染色法を中心に簡単に説明した．蛍光顕微鏡で対象となる分子を観察する際は，目的に応じて，細胞を固定するか，生きたまま観察するのかを選択する必要がある．固定サンプルは，じっくり観察できるが，目的分子の時間変化を追うためには，時間を追って細胞を固定する必要があり，比較的難しい．生細胞の観察は，目的分子の局在変化など，時間変化を追うことが可能である．しかし，顕微鏡下で細胞が生きている環境を保つため，温度制御やCO$_2$濃度などの工夫が必要である．近年，蛍光顕微鏡，ビデオカメラ，蛍光プローブの開発や進歩は目覚しく，蛍光顕微鏡法は，細胞レベルでの生命現象を解明するために必要不可欠な方法となっている．これは蛍光顕微鏡法がしばしば細胞内で，さまざまな生体分子という役者が，いつ，どこで，何をしているか（他の分子と結合したり，会合したり）を手に取るように見せるからであろう．さらに，どのように動いたり，濃縮されたり，リクルートされたりするかという機構にまでも迫ることができる．ここまでわかると，何故，細胞の特定の機構は，進化の過程でそのようにデザインされなくてはならなかったのかということまでわかりそうな予感をいだかせる．視覚的に美しい画像は，説得力が強く，読者に具体的なイメージを与え，次の研究への構想がふくらみやすいという利点もある．きれいな画像を得るためには，普段から顕微鏡を使い，慣れること，実験を繰り返し研究の本質を現すような画像をとることが重要である．

参考文献

1) 楠見明弘, 小林 剛, 吉村昭彦, 徳永万喜洋/編:「バイオイメージングでここまで理解る」, 羊土社, 2003
2) S. Inoue, K. R. Spring/編, 寺川 進, 市江更治, 渡辺 昭/訳:「ビデオ顕微鏡 その基礎と応用法」, 共立出版, 2001
3) 野島 博/編:「改訂 顕微鏡使い方ノート 初めての観察から高度な顕微鏡の使い方まで」, 羊土社, 2003
4) 大島泰郎, 鈴木紘一, 藤井義明, 村松 喬/編:「ポストシークエンスタンパク質実験法 構造・機能解析の基礎, タンパク質のバイオイメージング」(p24-38), 東京化学同人, 2002
5) http://www.invitrogen.co.jp/products/pdf/2003-60-MB.pdf（Invitrogen社のホームページ）

第3章 顕微解析

3．1分子追跡顕微鏡
～細胞膜分子運動の1分子追跡～

梅村康浩，楠見明弘

生きている細胞中で，分子の動きや局在を1分子ごとに追跡する方法が広まりつつある．1分子観察法を用いると，多数分子の平均を観察する通常の方法では全くわからないようなことが，細胞内では次々と明らかになってきた．本項では，1蛍光分子追跡法と1粒子追跡法をご紹介する．

はじめに

多くの細胞はガラス表面上で培養することができる．このガラス表面で励起光を全反射させ，そこからおよそ100nm以内の範囲のみを励起する全反射励起技術と微弱光を検出する市販の超高感度カメラの発達などのため，生細胞中の蛍光分子1分子から放出される弱い蛍光を捕らえることが可能になった．

そのような1分子観察法を用いると，今までは予想もしていなかったような分子の挙動が，生細胞内で見えてきた．例えば，細胞膜にある多くのシグナル分子は，活性化されると，それまでのブラウン運動に加えて，時々運動停止して一時停留するという挙動を示すようになった[1,2]．もし，多数分子の平均を見ていたら，拡散係数が30％程度減少したという観察がされただけで，「分子構造変化のために，拡散が少し遅くなったのであろう」という程度の解釈で終わっていたに違いない．すなわち，平均値だけを眺めていては決してわからないような，特異な分子挙動が，1分子観察によって可能になってきたのである．

原　理

生きている細胞中での1分子追跡法は，SFMT（single fluorescent-molecule tracking；1蛍光分子追跡法，図1左）とSPT（single-particle tracking；1粒子追跡法，図1右）の2つに大別できる．

1　1蛍光分子追跡法（SFMT）

SFMTでは，抗体やリガンドをCy3やAlexaなどの蛍光色素や量子ドットで標識し，目的とするタンパク質に結合させたり，GFPなどの蛍光タンパク質を目的タンパク質に融合させたりして観察する．観察には，対物レンズ型全反射顕微鏡を用いて行うことをおすすめする（objective-lens-type total internal reflection fluorescence microscope：TIRF microscope）[3,4]（図2A）．この方法では，水中での結像には使えない対物レンズの外縁部（開口数が1.4以上の部分）にレーザー光を入射する．そうすると，このレーザー光はカバーガラス表面で全反射するが，このとき，詳しく境界付近の電磁波を調べると，表面から水側（細胞側）に少し回り込むことがわかっている．これがエバネセント場で，光の言葉で言うとエバネセント光が少し浸み出すということになる．光の強さは，特性距離

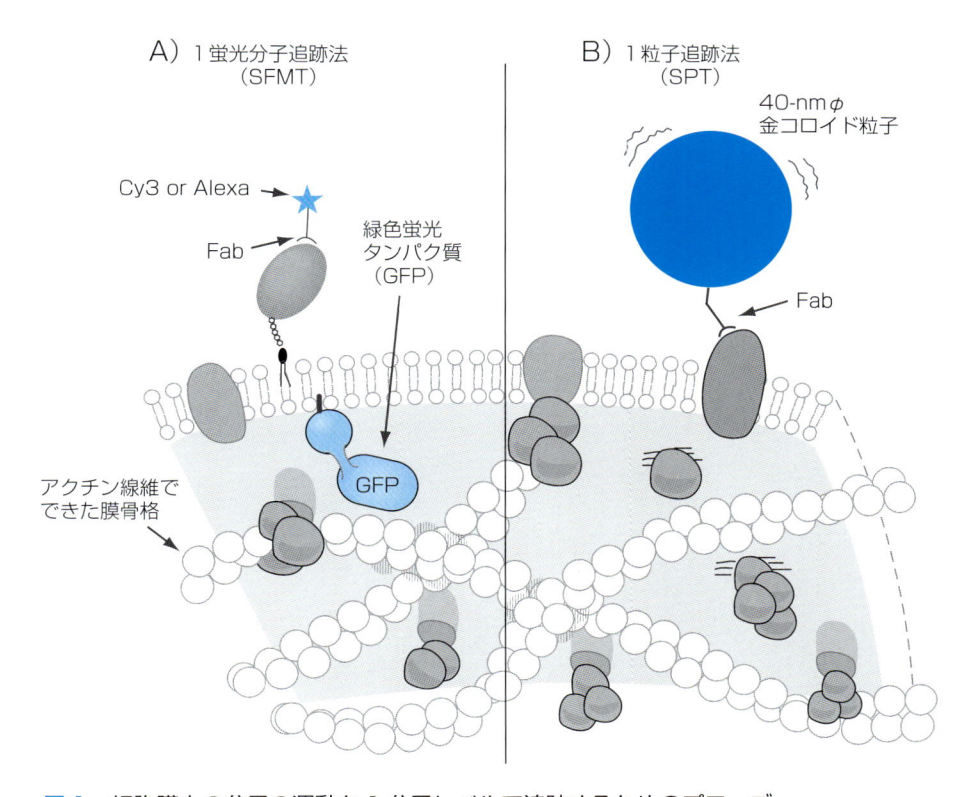

図1　細胞膜上の分子の運動を1分子レベルで追跡するためのプローブ
A）SFMT：蛍光色素 Cy3 あるいは Alexa で標識した Fab で目的のタンパク質を標識したり，cDNA レベルで標的とするタンパク質と GFP との融合分子をつくって細胞に発現させたりして観察する．B）SPT：少数の Fab 抗体を吸着させた金コロイドを結合させる

が50nm位で減少する指数関数である．したがって，レーザー光をカバーガラス表面で全反射させると，ガラス面から100〜150nmまでの空間だけをエバネセント光で照明することができる．したがって，細胞の自家蛍光による背景光などが減少し，カバーガラス付近の細胞膜付近やその近傍にある蛍光分子を可視化するのに適している．さらに，TIRF顕微鏡で，全反射条件を少し崩して斜光照明法を用いると，細胞の内部や，ガラス面に接していない上側の細胞膜でも1分子を観察することができる．通常の落射蛍光顕微鏡や共焦点顕微鏡でも1分子観察は可能であるが，コントラストや時間分解能を考えると，対物レンズ型全反射顕微鏡が適している場合が多い．蛍光相関分光法（fluorescence correlation spectroscopy）を1分子観察とよんでいる学者もいる．しかし，この方法は，1分子観察を多数積み重ねて平均化した解析しかできないため（しかも，1分子観察の報告例はほとんどない．普通は，観察体積内に数十から数百の分子が存在する状態での観察である），1分子観察としての特長はない．

われわれの研究室のTIRF顕微鏡では，主に，488nmのArレーザーと594.1nmのHe-Neレーザーを使用して，2色の蛍光色素の同時観察[7]やFRET観察[1]などを1分子ごとに行っている．1蛍光分子からの蛍光信号は，マイクロチャンネルプレートを2段から3段重ねたイメージインテンシファイアーによって増幅された後，例えばEB-CCDカメラで撮像される．

SFMTに用いる蛍光プローブには，5つの問題がある．第一に，生体分子の機能を阻害する可能性がある．そこで，新しいプローブを採用するごとに，どの程度の影響があるのかの確認が必要である．例えば，目的タンパク質をノックアウトした後，標識したタンパク質を細胞に発現させたりマイクロインジェクションしたときにレスキューがかかるか，in vitroでの活性が確認されるか，などのコントロール実験を行うこ

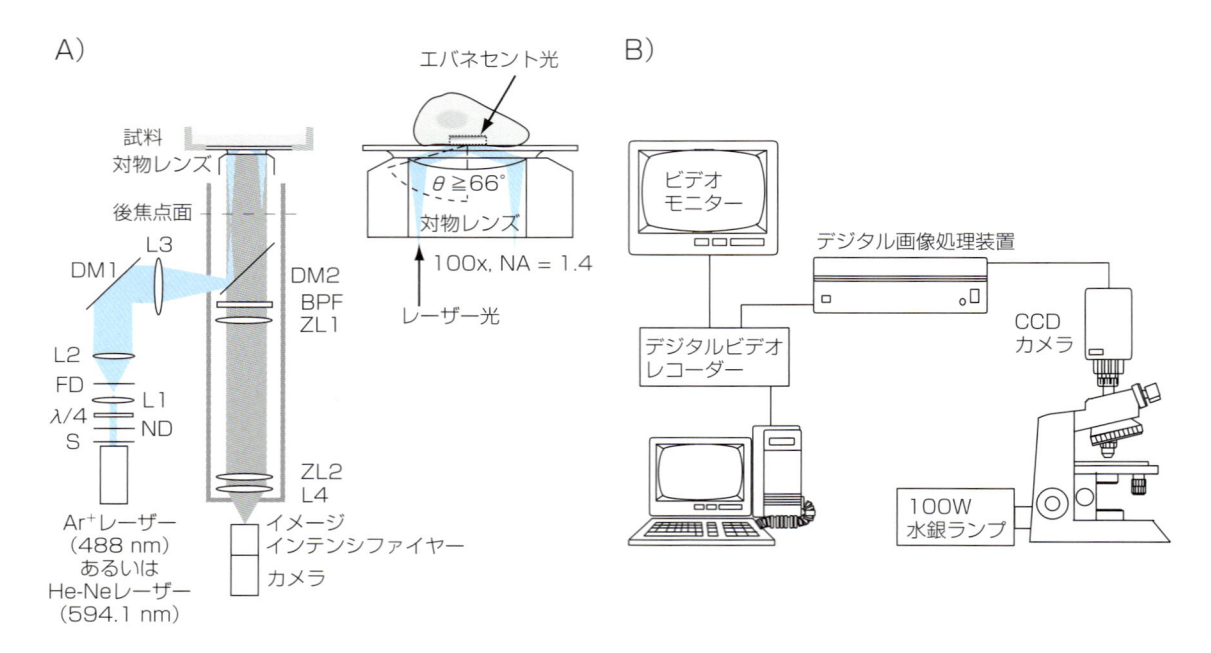

図2　SFMTとSPTそれぞれの観察装置概略図
A）対物レンズ型全反射顕微鏡を用いたSFMT．レーザーが偏光している場合，蛍光色素の向きが蛍光強度に影響を与えるので，1/4波長板をおいて円偏光に変換した波長488nmのArレーザー，もしくは波長594.1nmのHe-Neレーザーを落射蛍光用ポートを経由して，開口数の高い対物レンズの端に導入し，ガラスベース培養皿のガラスの上にエバネセント光を形成させた．S：電磁シャッター，ND：減光フィルター，λ/4：1/4波長板，L1, 2：ビームエキスパンダー，L3,4：焦点レンズ，ZL1：切り替え式1倍or2倍レンズ，ZL2：2倍レンズ，FD：視野絞り，DM：ダイクロイックミラー，BPF：バンドパスフィルター．B）SPTのビデオエンハンス顕微鏡システム．100Wの超高圧水銀ランプを光源とし，緑色のフィルターを通して顕微鏡本体に入射する．サンプルを通り，対物レンズによってできた像はCCDカメラで，ビデオ電気信号に変換され，画像処理装置の前段でまず増幅とオフセット減算によりアナログ増幅した後，デジタル信号に変換し，背景減算処理や，コントラスト増強処理を行う．このようにして，光学顕微鏡下で目で見るだけでは検出できなかった金コロイド粒子を検出し，観察することがはじめて可能になる．コントラスト増強した画像をモニタで観察し，デジタルビデオレコーダーに録画する．金コロイド微粒子の位置検出は，録画した画像をPCIバスを経由してコンピュータに転送し，各金プローブの重心座標を計算して位置を決める

とが望ましい．第二の問題は，褪色が速いことである．1分子が観察できる時間は，合計0.5秒〜20秒くらいである．タイムラプスで実験するときには，基本的には，励起光が照射されている時間の合計が，この時間になる．しかし，分子が動いているときには，タイムラプス実験では同一分子を追跡しているかどうかの確認がとりにくくなる．第三の問題は，蛍光発光のブリンキング（点滅を繰り返すこと）である．多数分子の平均を見るような実験ではあまり問題にならないが，1分子追跡では，シグナルが消えた瞬間に1分子追跡は終わってしまう．GFPや量子ドットは点滅が激しく，また，Alexa系の色素も点滅する．第四に，1分子からの蛍光強度に比べて，景光の強度と蛍光強度の揺らぎが大きい問題がある．このときの信号/雑音比（signal-to-noise ratio：S/N比）は，

$$([\text{蛍光スポットの平均信号強度}] - [\text{スポットのすぐ近傍で同じサイズの領域で測った背景光強度}]) / ([\text{蛍光強度の分散}] + [\text{背景光強度の分散}])^{1/2}$$

で与えられる．分母で背景光強度の分散を忘れている論文が多いので注意が必要である．1分子実験では，この値は2〜3程度になることが多い．実験の進行とともに，時間分解能を上げたくなる（カメラのフレームレートを上げたくなる）ことも多いが，シグナルの積分時間が減少していくため，S/N比が減少し，あまり時間分解能が上げられない．あるいは，時間分解能を上げると，レーザー励起光を上げなくてはいけなくなり，褪色前に観察できる時間が減少する．第五に，蛍光色素はガラス面に吸着しやすい場合が多く，細胞膜のガラスに近い面上などで観察するときには，

細胞膜上で運動を止めているのか，ガラス面上に吸着しているのかの区別が難しいことがある．

2　1粒子追跡法（SPT）

一方，SPTでは，直径40nmの金コロイド粒子に抗体を非特異的に結合させ，プローブとしている．金コロイド粒子は褪色することがないので，長時間（20分以上）追跡することができる．また，高いコントラストが得られるので，高空間分解能（数ナノメートル），高時間分解能（最高でビデオレートの8,300倍，4マイクロ秒）での観察を可能にする．さらに，光ピンセットを用いれば，プローブを捕捉し，引っ張ることもできる（3章4参照）．しかし，このような利点はあるが，金コロイドプローブを作ることは難しい場合が多い．なぜなら，金コロイド粒子に結合したタンパク質のほとんどは変性してしまうので，結合活性をもつプローブを作ることが難しいからである．特定分子を認識するプローブを作ることができたとしても，立体障害やクロスリンクの影響を解決する必要がある．われわれの研究室では，まず，SFMTを行った後，さらに高速での観察や光ピンセットでの実験が必要になったときに，金コロイドプローブの作製を試みるようにしている．金コロイド粒子は，ビデオエンハンス顕微鏡[6]を用いて，可視化する（図2B）．通常の明視野顕微鏡上で高速CCDカメラやCMOSカメラなどで撮像し，ビデオエンハンス処理を行って，光学顕微鏡下で目で見るだけでは検出できなかった金コロイド粒子を検出する．

準備するもの

＜SFMT＞

1）観察培地
ハンクス平衡塩溶液（Hank's Balanced Salt Solutions：HBSS）（05906，日水製薬；炭酸水素ナトリウム，フェノールレッド不含のもの）を終濃度2 mM PIPESでpH=7.2にあわせる．プローブの細胞への非特異的結合を抑えるために，血清やBSAを添加したりする．

2）蛍光プローブ
標的分子の抗体（IgGなどをFab断片化しておく）やリガンドにAlexa（インビトロジェン社）やCy3（GEヘルスケア社）などを使って，蛍光標識する．これらの色素は，初心者でも簡単にタンパク質に結合させることができるように試薬セットとして売り出されている．2分子以上の蛍光色素がつくのを避けるためには，結合した蛍光色素とタンパク質の

モル比を平均で0.2以下にする．

3）細胞
1〜2日前にガラスベースディッシュ（3911-035，IWAKI）にまく．

4）観察装置（図2A）
・顕微鏡
われわれの研究室では，オリンパス社やニコン社の倒立型または正立型顕微鏡にレーザーを組み込んで使っている．光学系や実験方法にこだわらないのであれば，市販品が利用できる．対物レンズは開口数の大きなレンズ（1.4以上）を使用する．以上の装置類は，光学除振台の上にセットアップする．

・EB-CCDカメラ（C7190-23，浜松ホトニクス）
・マイクロチャンネル型イメージインテンシファイアー（C8600-03，浜松ホトニクス）
・デジタル画像レコーダー（DSR-45，ソニー）
・レーザー
使う色素によって，レーザー波長を決める必要がある．実際に照射するレーザーのパワーは数mWであるが，途中の光学系での損失を考慮して出力10mW以上のレーザーを使用する．調整の際，光源からの光が目に入らないよう注意する（できたら防護メガネをかける方がよい）．

＜SPT＞

1）観察培地
基本的にSFMTと同じである．

2）金コロイドプローブ
金コロイド粒子（EMGC40，CRL社）にリガンドや抗体などを吸着させたものを用いる．化学結合させる場合もあるが，簡単に非特異的な結合で吸着させることが多い．その際，pH調整が重要で，吸着させる抗体やリガンドのpIよりも高い値を用いて，表面の全荷電を負にする．金コロイド表面も負であるから，結合は荷電に依存しない吸着（van der Waals相互作用）によることになり，普通の実験条件では，いったん結合したリガンドや抗体が金コロイドからはずれることが少なくなる．調製に用いるバッファーのpH緩衝剤は低濃度（5 mM以下）にする（コートされていない金コロイドは，イオン強度が上がると沈殿する）．緩衝液中の小さなゴミなどは，0.22ミクロンのフィルターを通して除いておく．ほこりや小さなゴミがあるとそれを核として，金コロイド粒子の凝集が起きてしまうためである．また，容器はきわめてきれいに洗浄して用いる（プラスチック容器は，重合のために用いる薬剤やモノマーのしみだしのために，使えないものも多い）．金コロイド粒子に必要なリガンドや抗体を結合させたあと，さらにBSAや高分子ポリマーでコートする．コートがうまくいくと，イオン強度を上げても沈殿しなくなる．そこで，コートした後に，観察培地と金コロイド粒子を混合して用いる．

金コロイド粒子を使ったプローブで重要なことは，金コロイドプローブが誘起する標識分子のクロスリンクを防ぐことである．そのためには，結合させるリガンドや抗体をなるべく減らす．さらに今まで簡略化のために抗体と書いたが，実際には，抗体全体を使うことはほとんどなく，Fabを用いる．さらに，細胞と反応させるときに，フリーのリガンドやFabを共存させて競合阻害をかけながら，インキュベーションしたりする[7]．この部分の条件決めは複雑であるが，条件を振ったときに，細胞膜上での拡散係数と結合数を見ること

が多い．金コロイドへのFabの結合数を減らしていくと（あるいは，共存させるフリーのFab濃度を上げていくと），拡散係数は増加し，結合数は減少していく．コントロールの金コロイドの非特異結合の5倍程度の結合が見られ，そのときの拡散係数が高い方のプラトーに達しているような条件が見つかれば，実際の観察に移れる．

3）細胞

1～2日前に通常の培養皿上にカバーガラス（2918，IWAKI）を置き，その上に細胞をまく．カバーガラスは，必ず徹底的に洗浄する．

4）観察装置（図2B）

・顕微鏡

正立型顕微鏡を使用する．明視野とノマルスキー観察では，Zeiss Axioplanがよい．光源は100W超高圧水銀ランプの546nm輝線をグリーンフィルターで選択して用いる．油浸コンデンサーレンズ（開口数1.4）および油浸対物レンズ（Zeiss α Plan-Fluor 100×開口数1.45）を用いて観察する．

・カメラ

ビデオレートでは通常のCCDカメラ（例えばC2400-50，浜松フォトニクス），高速撮影では例えばCMOSカメラ（例えばFASTCAM-APX RS，フォトロン）を用いる．この高速カメラは，サンプリングレートをビデオレート（33ミリ秒）から4マイクロ秒まで段階的に変更することができる．

・デジタル画像処理装置（DVS-3000，浜松ホトニクス）

・デジタル画像レコーダー

プロトコール

1 SFMT[*1]

> [*1] 温度を37℃にして行うときは，顕微鏡自体をアクリル箱で囲うなどして，顕微鏡全体を温める（数時間程度暖めておく）．サンプル周辺や対物レンズなどを，さらに暖めるなどした方がよい．試料温度は常にサーミスター温度計などでモニターする．

❶ ガラスベースディッシュに培養した細胞の培地をHBSSに交換する

❷ 濃度を数nM程度に調整した蛍光プローブを，細胞に添加する[*2]

> [*2] GFPなどの蛍光タンパク質は過剰発現させている論文が多い．しかし，そうすると，細胞の状態は違ってしまって，何を見ているのか実際には解釈不能である．1分子観察のときは，発現レベルを低く保つ必要があり，必然的に細胞への影響は小さい．

❸ 対物型全反射顕微鏡にサンプルをセットする．全反射型顕微鏡の1分子観察で，加える蛍光プローブの濃度が数nMであれば，細胞洗浄の必要はない．結合した分子以外は水中での拡散が速く，像にならない．背景からの蛍光が増加するが，数nMであれば，問題にならない

❹ 1分子が見えるレーザー強度をNDフィルターを使って調節する．自家蛍光が少なく，比較的平らな細胞が観察しやすい

2 SPT[*1]

❶ 培養細胞が増殖しているカバーガラスをピンセットで丁寧にとり，観察培地で2～3回洗う

❷ スライドガラスの上にビニールテープなどで隙間を作ってその上に静かに置く

❸ 金コロイドプローブが入った観察培地でカバーガラスとスライドガラスの空間をゆっくり満たす．この後，洗浄する必要はない．液中のプローブは非常に速い拡散をしているので，ほとんど見えない

❹ 周りをパラフィンなどで固める[*3, 4]

> [*3] カバーガラス上の細胞を観察するときに，カバーガラスとスライドガラスを接着するのにマニキュアを用いている研究者もいるが，勧めない．溶媒は有機溶媒で，一部は水に溶け出し，細胞に悪影響を与える．
>
> [*4] 培地交換をするためには，完全に密封せず，一部隙間を空けておくとよい．

❺ 通常の明視野顕微鏡と同じようにサンプルをセットする

❻ CCDカメラや高速カメラで撮像し，その画像をデジタル画像処理し，録画する．SPTでの観察は，そのほとんどを細胞のガラス面と接していない方で観察を行っている．細胞内構造物は追跡の際に障害となるのでなるべくないところで観察を行う．ラメリポディアのような細胞の平らなところが観察しやすい

実験例

1 SFMT

全反射顕微鏡による1分子蛍光の典型的な画像を図3に示す．細胞にGFP融合タンパク質を発現させ観察した．輝点の蛍光強度あるいは褪色の様子を調べることによって，分子の会合度を見積もることもできた[4]．

2 SPT

1粒子追跡法を使って，通常の1,350倍の時間分解能25マイクロ秒で1分子追跡してみると，細胞膜はただの二次元の液体ではなく，細胞膜上の受容体や脂質は，膜骨格の網目（フェンス）と，膜骨格にアンカーされた膜貫通型タンパク質（ピケット）からなる仕

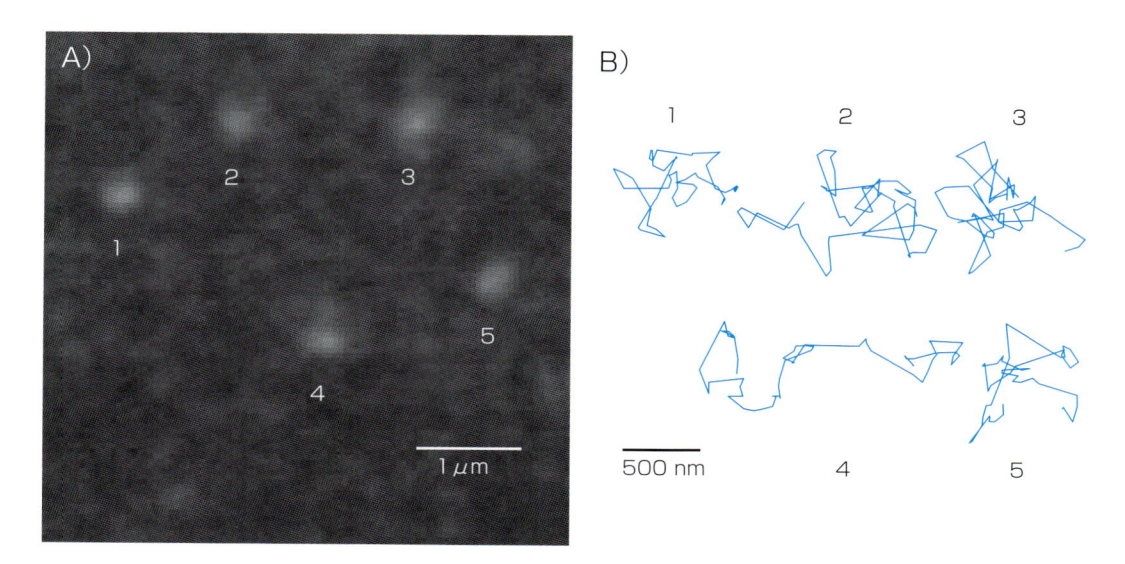

図3 TIRF顕微鏡を使って得られた1分子蛍光の典型的な画像（1コマ，A）とそれぞれの輝点をビデオレートで2秒間追跡した軌跡（B）

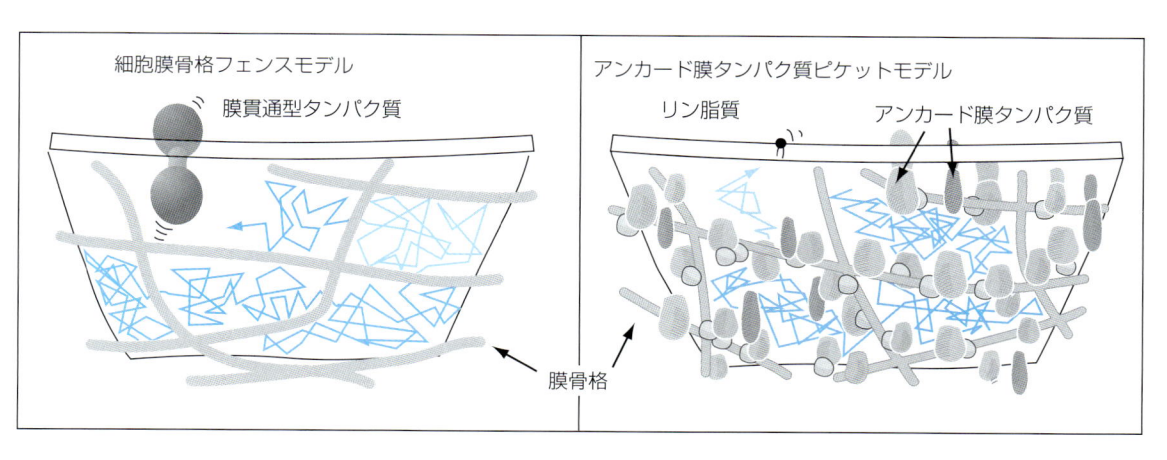

図4 SPTによって明らかになった細胞膜構造のモデル
細胞膜はただの二次元の液体ではなく，アクチンからなる膜骨格とそこに立ち並ぶ膜貫通型タンパク質によって仕切られていることが，高速1分子追跡によってわかってきた（文献8より改変）

切り（直径30～200 nm）に短時間（1ミリ秒～1秒）囲い込まれることによって長距離の拡散が抑制されることがわかった（図4）[8]．これは，高時間分解能，高空間分解能で1分子追跡することによって初めて明らかになったよい例である．

おわりに

細胞は，分子が時空間的に制御されて相互作用する ことで成り立っているというのは常識であろう．通常の細胞の画像観察解析では，細胞の部位依存的に分子が活性化されていることなどがダイナミックに見えてくる．しかし，これをさらに1分子観察にまで進めると，その常識は，まだまだお題目であったことがよくわかる．分子間相互作用が直接に1分子レベルで見えてくると，細胞がタンパク質などの部品のどのような特長を利用し，さらにそれらをどのように組み合わせて，システムを作っているかがわかってくる．すなわ

ち，逆説的と思われるであろうが，1分子観察法は，生体分子が作る細胞内システムを理解する上で，きわめて有効である．これからは，ますますこの手法の重要性は増していくと考えられる．

参考文献

1) Murakoshi, H. et al. : Proc Natl Acad Sci USA. 101: 7317-7322, 2004
2) Suzuki, K. G. et al. : J Cell Biol. 177: 717-730, 2007
3) Tokunaga, M. et al. : Biochem. Biophys. Res. Commun. 235: 47-53, 1997
4) Iino, R. et al. : Biophy J. 80: 2667-2677, 2001
5) Koyama-Honda, I. et al. : Biophys J. 88: 2126-2136, 2005
6) Kusumi, A. et al. : Biophys. J. 65: 2021-2040, 1993
7) Leunissen, J. L. M. & Mey, J. R. D. : "Preparation of Gold Probes, in Immuno-Gold Labeling in Cell Biology", (pp3-16), CRC Press, Boca Raton Florida, 1989
8) Fujiwara, T. et al. : J. Cell Biol., 157 : 1071-1081, 2002

第3章 顕微解析

4. 光ピンセット
～生体分子の操作と力・変位計測～

横田浩章, 原田慶恵

> 集光したレーザー光により，細胞，細胞小器官，誘電体ビーズ（数十nmから直径μm）を介してつけたモータータンパク質やDNAなどの超微操作，微小変位計測，力計測などを行うことができる．

はじめに

光ピンセットは，光の圧力（放射圧）を利用して微小な物体を対物レンズの焦点付近に捕捉する方法であり，細胞，細胞小器官，誘電体ビーズ（直径数十nmから数μm）を介してつけたモータータンパク質やDNAなどの超微操作・微小変位や力計測に利用されている．

光ピンセットは，米国AT＆T社（現Lucent Technologies社）Bell研究所で1970年代Ashkinらによって開発された．現在，市販の製品も多く存在するが，赤外線レーザー，光学部品などの顕微鏡の基本的な構成パーツがそのまま使用できるので，ユーザーの希望やレベルに合わせて自作した顕微鏡下で多く使われている．対象を顕微鏡下で観察しつつ，リアルタイムで操作できるといった優れた特徴があり，微小物体のマニピュレーションやハンドリングには今や不可欠な技術となっている．

バイオの分野ではタンパク質や核酸といった生体分子の超微操作，相互作用測定に応用されており，生物物理学分野ではnm（= 10^{-9}m），pN（= 10^{-12}N）オーダーで起こるモータータンパク質分子の1分子計測を可能とした．これらの計測が生命現象のダイナミックな基本的現象に対し知見を与えた影響は大きく，生命科学の分野において今後とも新たな理解を得るための有用なツールの一つであることは間違いない．

本項では，光ピンセットの原理，装置の構成，応用例について紹介する．詳細については参考文献などを参照していただきたい[1]〜[4]．

原理

光ピンセットは，集光したレーザー光によって水中の微小物体（直径数十nmから数μm）を非接触で三次元的に捕捉（トラップ）する方法である．誘電体粒子が光路上にあるとき，光の吸収，放射，散乱，屈折などにより粒子は力を受ける．これは光が波としての性質と共に粒子性を併せもっていることから説明される．レーザー光を対物レンズで絞ると，焦点付近に電場の急な勾配ができる．大きさがμmのオーダーの微小物体（細胞，細胞小器官，ラテックス，シリカビーズなど）をそこに近づけると（図1A），レーザー光は屈折して進行方向が変わる．このとき，微小物体にかかる放射圧[*1]によって微小物体全体にかかる合力は常にレーザー光の集光点に向かう．微小物体が上下左右どちらの方向にずれても，屈折の角度が変わり，微

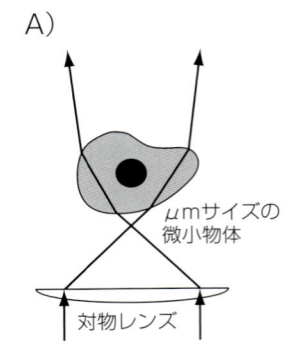

図1 光ピンセットの原理（模式図）と捕捉できる微小物体の例

A）レーザー光を対物レンズで絞ることによりできた焦点付近の電場の急な勾配により，大きさがμmのオーダーの微小物体を捕捉することができる．
B）捕捉できる微小物体の例

光ピンセットで捕捉できる微小物体の例

	代表的な大きさ
アメーバ	30 μm
赤血球	8 μm
酵母	6 μm
大腸菌	3 μm
ミトコンドリア	2 μm
誘電体ビーズ	1 μm

小物体を集光点に引き戻す力がはたらく．そこでレーザー光の集光位置を動かす，あるいは顕微鏡の試料ステージを動かすと，微小物体は動いているレーザー光の集光位置に追随して動くこととなる．このようにして捕捉された微小物体は，自由に三次元で操作することができる．集光点に向かった捕捉力の大きさは，集光点位置からのずれの大きさに比例し，微小物体はあたかも集光点から"光のばね"でつながっているようにふるまう．直径1μmのラテックスビーズを用いた場合の捕捉力は，実験室で通常使われる数百mWのレーザー光で数十pN，バネ定数に直すと0.1pN/nm程度である．光源は，タンパク質や生体に与えるダメージはほとんどない近赤外レーザー（例えば，波長1,064 nm）がよく使われる．

> *1 光は運動量をもつ．したがって，光の進行方向が変化した場合，運動量保存則により，その反作用として，放射圧が生じる．

準備するもの

- 光ピンセットの基本光学系を図2Aに示す．
- レーザー

光ピンセットの光学系を構築するには，高出力のレーザー光を回折限界にまで絞り込む必要がある．そのためには，開口数[*2]の大きな対物レンズを使うこと，位相がそろいガウス分布型の空間プロファイルをもったシングルモードのビーム（TEM00モード）を使うことが必要である．また，位置安定性はビームの焦点のゆらぎに，出力安定性は光ピンセットのバネ定数のゆらぎに直接かかわってくるので，精密測定に用いている場合は，できるだけ安定性の高いレーザーを使う必要がある．レーザーの出力は到達しうる最大のバネ定数と捕捉力を決める．一般的に，μmサイズのビーズに対して10 mWのレーザー出力あたり，最大1 pNの捕捉力が得られる．レーザーの波長は生体分子を捕捉する場合に特に重要なファクターである．最も一般に使われているレーザー波長はNd：YAG（ネオジウム：イットリウム・アルミニウム・ガーネット）やNd：YVO4（ネオジウム：イットリウム・オルソバナデート）の1,064 nmである．これらのレーザーは位置・出力安定性とも優れている．他に，最近進歩の著しい小型の全固体連続発振タイプのレーザーも充分な出力と安定性をもつものが入手できる．コヒーレント社や，スペクトラフィジックス社が高性能なレーザーを販売している．

> *2 対物レンズの性能を決める値で，光を集める能力，分解能，焦点深度などに関係する．この値が大きいほど，光を小さく絞ることができるが，焦点深度は浅くなる．

- 顕微鏡

ほとんどの光ピンセット装置は，従来の倒立型光学顕微鏡に組み込んで使われている．ニコン社やオリンパス社の顕微鏡がよく使われる．こうすることで，もともと光学顕微鏡がもつ性能を生かしながら，光ピンセットを行うことができる．最も多くなされている組み込み方法は，光ピンセット用レーザーで使われる近赤外光は反射するが，通常の光学顕微鏡で使われる可視光は透過するダイクロイックミラー[*3]を組み込む方法である．こうすることで，落射蛍光観察や微分干渉観察を行いながら光ピンセットを行うことができる．顕微鏡装置に詳しい場合は，市販の顕微鏡を一切用いずに，光学部品一つ一つを組み合わせて完全にカスタマイズした光ピンセット装置を作ることもできる．

> *3 ある波長を境にして，長波長の光を反射（あるいは透過）し，短波長の光を透過（あるいは反射）するような光学フィルターの総称．通常入射光に対して45°に傾けて使用する．

- 対物レンズ

  光ピンセット装置の中で最も重要なのは，レーザー光を集光する対物レンズの選択である．対物レンズは光ピンセット全体の効率，特に開口数やレーザー光の透過率に依存する入力レーザーパワーに対するバネ定数や捕捉力を決定するからである．高開口数（1.3～1.4）の対物レンズが，光ピンセットに必要な電場勾配をつくるために必要である．現在市販されている可視光観察がメインの対物レンズは，近赤外光の透過率，集光率が改善されているのでそのまま光ピンセットに用いることができる場合が多いが，購入前にチェックすることをすすめる．

- ビームエキスパンダー

  レーザー発振器から発振されるレーザーのビーム径は通常数百μm程度である．集光の度合いを大きくするためには，ビームエキスパンダーというビーム径を拡げる光学部品を用いてビーム径を数mm程度にする．

- ピエゾステージ・ビーム位置制御機構

  光ピンセットによる微小物体の操作は，レーザービームの位置をビーム走査機構によって動かす方法と，試料が載っているステージを動かす方法とがある．前者では，ガルバノスキャニングミラー，音響光学素子，電気光学素子などが使われる．後者では，フィードバック機構により 1 nm の精度を出すことができるピエゾ素子[*4]によってステージを駆動する．前者を応用すれば，PC制御によってレーザー光のスキャニングによる時間分割をブラウン運動の緩和時間より速くすることによって，複数のビーズの捕捉を同時に行うことができる．

  ☞ *4 電圧をかけると体積が変化する特性をもつ素子で圧電素子ともよばれる．

- CCDカメラ

  捕捉された微小物体の位置は可視光の照明によってCCDカメラでモニターする．

- 測定環境

  感度のよい安定した高S/N比の測定には，測定環境に気を遣う必要がある．温度変化，音ノイズ，機械的振動，空気のゆらぎなどがS/N比に影響を与える．多くの光ピンセット装置は，空気バネ式防振台上に組み立てられる．こうすることで系を孤立化でき，機械的振動の影響を受けにくくすることができる．

プロトコール

1 光軸調整 （図2B）

レーザー光を効率よく対物レンズにもっていき，最大限光ピンセットの性能を引き出すためには，光軸調整をきちんと行う必要がある[*5]．

光軸調整には，赤外光があたると可視の蛍光を出すIRカードと赤外光専用の保護メガネを用いる．

❶ まず，光軸を把握するために，レーザービームの入射とは逆方向，サンプルからダイクロイックミラーを経由して出てくる光を確認する．10 μmきざみで格子状になっている対物マイクロメーターの像をハロゲン光で照明して用いるのが便利である

❷ この像の中心（対物レンズの視野の中心）を途中の反射ミラーなどで調整し，レーザーにまっすぐ入射するようにする

❸ あとは，同じ対物マイクロメーターの像をガイドにして，レーザー光をレーザー側から対物レンズの中心にもってくるように調整できれば，光軸調整できたことになる

☞ *5 準備するものの項で書いたように，光ピンセットは，ほとんどの場合，目に見えない1,064 nmの波長の光を用いて行うので充分な注意が必要となる．安全性について，専門家にしっかりレクチャーを受けるべきである．高出力の赤外レーザー光が目に入ると，最悪の場合，失明のおそれがあるので，光ピンセットの構築，光軸調整，実験時には，必ず保護眼鏡を着用しなければならない．また，同じ部屋で作業する実験者のためにも，レーザー光路に覆いを設けて，外部と遮断する配慮も必要である．

実験例

■ 光ピンセットによる生体分子のマイクロマニピュレーション

光ピンセットはその特長を生かして，DNAやフィラメント状のタンパク質分子を溶液中で伸展させる実験によく使われる．特にDNAは水溶液中では糸玉のように縮んだ状態なので，1本のDNAをピンと伸ばした状態にするために光ピンセットを使うのは非常に有効である．しかし，DNAやフィラメント状のタンパク質は太さがわずか数nmであるため，直接それらの端を光ピンセットで捕まえて操作することはできない．そこでDNAやタンパク質フィラメントの端に直径数十nmから数μmのマイクロビーズを付けて，そのマイクロビーズを光ピンセットで捕まえて間接的に操作する方法が用いられる．1本のビームの光ピンセットで片方の端を捕まえて操作することも可能であるが，2本のビームの光ピンセットで両端を捕まえ，自由自在に操ることができる（図3）．DNAやタンパク質フィラメントを操作するためには，それらを蛍光色素で標識し顕微鏡下で可視化することと，ビーズを結合させるための工夫がさらに必要である．ビーズとDNAやタンパク質分子との結合はビオチンとストレプトアビジンの結合や，抗原と抗体の結合が利用される．この系をさらに発展させ，われわれは蛍光1分子イメージング技術と組み合わせることにより，DNAと相互作用するRNAポリメラーゼ1分子のイメージングに成功している[5]（図4）．

3章-4．光ピンセット　　101

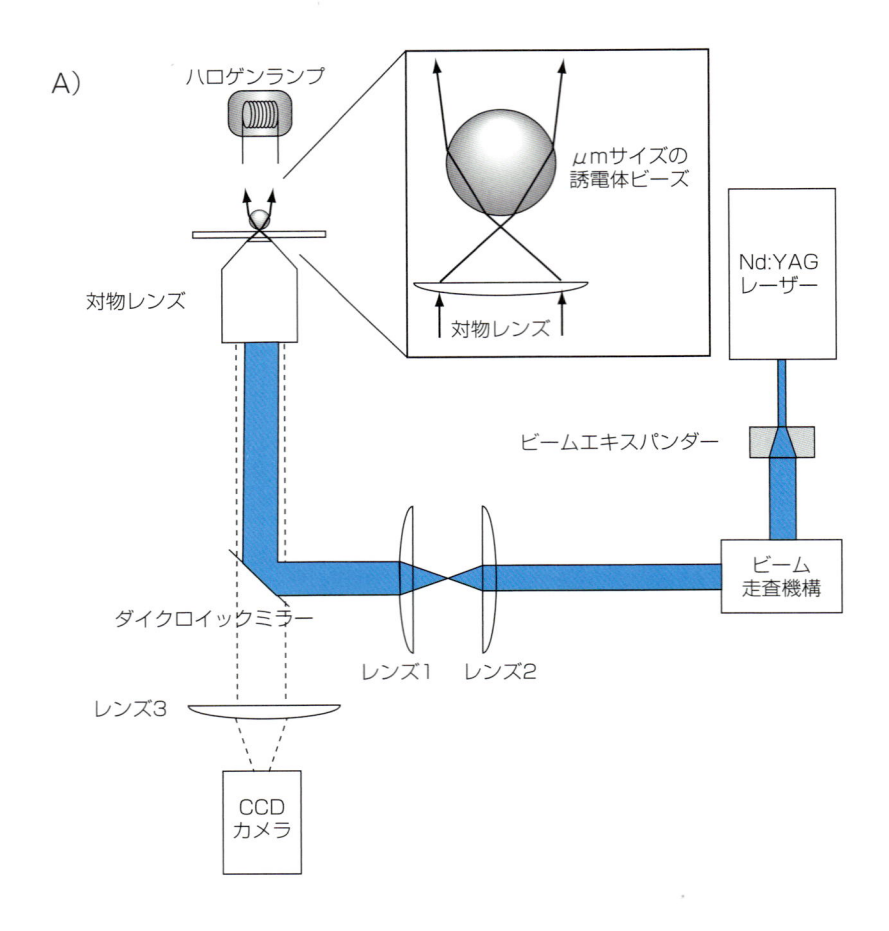

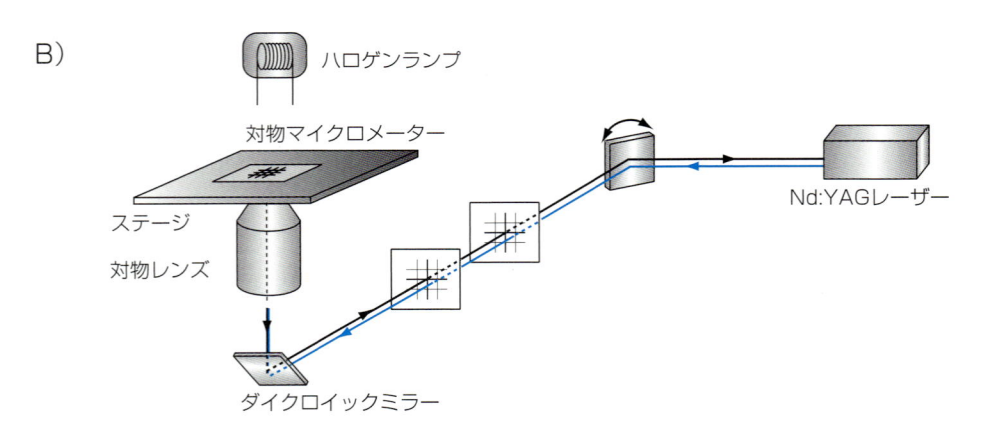

図2 光ピンセットの基本光学系（A）と光軸調整（B）
A）レーザー光は，ビームエキスパンダーやレンズで適当な大きさに広げられた後，ダイクロイックミラーによって反射され，高開口数の対物レンズに入射される．捕捉ビームはビーム走査機構によって駆動される．レンズ1，2は，レーザー光の大きさと位置を微調整するために使われる．捕捉された微小物体（図ではμmサイズの誘電体ビーズ）は，ハロゲンランプなどによって照明され，レンズ3でCCDカメラに結像される．B）ステージに対物マイクロメーターを置き，上部からのハロゲンランプの照明により，対物マイクロメーターの像を投影する．投影像とレーザービームの光路を合わせることによって光軸調整を行う

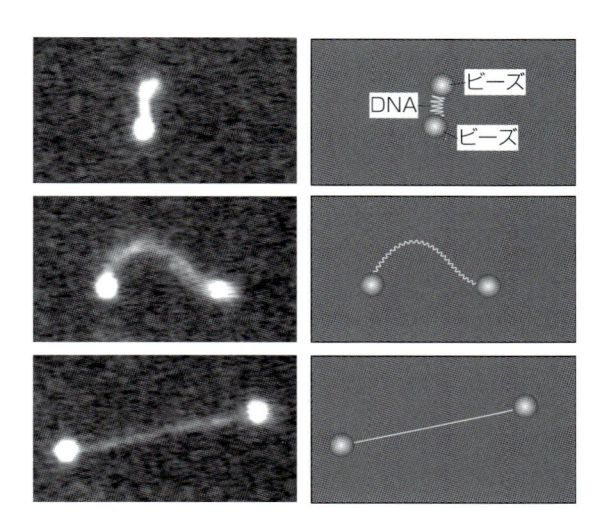

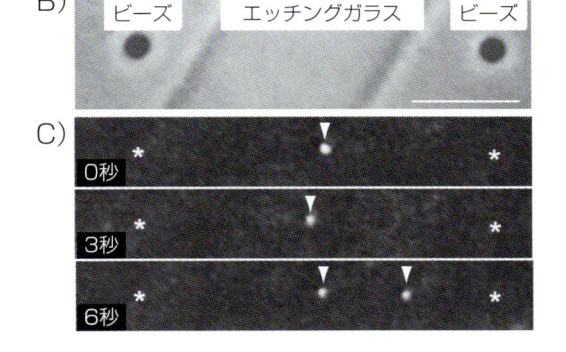

図3 光ピンセットによるDNAの操作（左：蛍光像，右：模式図）

両端をビオチン化したλファージDNAを蛍光色素（YOYO1）で標識し，光ピンセットを用いて，ストレプトアビジンを周りに付けた直径1μmのビーズ2個を介して，捕捉，操作している連続像．ビオチン（ビタミンの一種）とストレプトアビジン（タンパク質）は非常に強い力で特異的に結合するので，異なる分子をくっつける"のり"としてよく使われる

図4 DNA－RNAポリメラーゼ相互作用の1分子イメージング

A）実験方法の模式図．B）明視野像．光ピンセットで捕捉した2個のビーズが見える．ビーズの間の斜めの帯はエッチングしたスライドガラス．C）Bと同じ視野の蛍光像．矢印で示したスポットがDNAに結合したRNAポリメラーゼ分子．DNAは蛍光色素で標識していないので見えない．＊はビーズの位置を示す．スケールバーは5μm

おわりに

本項で紹介したように，光ピンセットはバイオの分野で多く使用されている．単一のものを捕捉するシングルトラップ，2つのものを捕捉するデュアルトラップの他に，現在はホログラフィー技術を用いて，レーザー光を分割し100個のビーズを三次元で操作する技術も開発され応用されようとしている[6]．

これまで，光ピンセットは，位置の三次元操作はできるものの，ビーズの回転を制御することはできなかった．最近になって，スピン角運動量をもった光で捕捉することにより，物体を回転させたり，微小な複屈折性の結晶を用いて回転させたりすることができている[7]．また，生体分子の力計測と蛍光1分子イメージング（7章3参照）を組み合わせて，生体分子のより詳細な動作メカニズムを解明しようとする努力もなされている．分子モーターであるミオシン1分子のアクチンとの相互作用の際の力発生と，ATPase活性と

を同時に測定し，ミオシン分子の化学力学共役を1分子レベルで観察した例などがある[8]．同じ手法が現在，DNA－タンパク質間相互作用や，タンパク質のフォールディングの過程の研究にも応用されようとしている．光ピンセット技術を用いたバイオ分野の今後のさらなる発展が期待される．

最後に，本項に関してアドバイスをいただいた西山雅祥博士（京都大学）と井上裕一博士（東北大学）に感謝する．

参考文献

1) Ashkin, A. : "Optical Trapping and Manipulation of Neutral Particles Using Lasers: A Reprint Volume with Commentaries", World Scientific Pub. Co. Inc., 2004
2) Neuman, K. C. & Block, S. M. : Optical trapping, Rev. Sci. Instrum., 75 : 2787-2809, 2004
3) 石島秋彦，井上裕一：現場で役立つバイオイメージング　光ピンセット基礎編：BIONICS，8月号：70-75, 2006
4) 石島秋彦，井上裕一：現場で役立つバイオイメージング　光ピンセット応用編：BIONICS，9月号：68-72, 2006
5) Grier, D. G. : Nature, 424 : 810-816, 2003
6) Harada et al. : Biophys. J., 76 : 709-715, 1999
7) Curtis, J. E. et al. : Opt. Commun., 207 : 169-175, 2002
8) La Porta, A. & Wang, M. D. : Phys. Rev. Lett., 92 : 190801, 2004
9) Ishijima et al. : Cell, 92 : 161-171, 1998

第3章 顕微解析

5. 近接場光照明蛍光顕微鏡
～タンパク質活動の観察～

寺川 進

開口数が1.33より高い値をもつ超高開口数レンズの特性を理解し，それを近接場光照明と蛍光観察に用いた場合に，どのようにその性能が発揮されるのかを理解する．これを応用して観察されるタンパク質の活動例について述べる．

はじめに

　近接場光（エバネッセント光）とは，光波の伝達条件が突然変化するような境界に発生する伝播しない電磁波である．定在波であり，その強度は境界からの距離に応じて急速に減衰する．したがって，これをレンズで集めて像とすることはできない．近接場光は，光の通れる媒質でできた波長より小さな孔，ガラスと水の界面，光照射された細胞の水との界面などに生ずる．この光を利用したイメージングは，これを検出できる小さな孔でできたプローブにより走査をして，または，この光によって蛍光物質を励起しそこから出る伝播型の蛍光をレンズで集めて行う．近接場光はそれを作り出した構造の詳細情報を維持しており，直接イメージングできれば，通常の顕微鏡法による分解能限界を破ることができる．一般的な応用は，細胞表面やガラス表面の蛍光分子の観察である．タンパク質に蛍光標識してあれば，タンパク質1分子レベルでの所在がわかる．1分子動態の解析には最も適した方法であるが，AFMが使用できる場合に比べれば，分子の形がわからないという欠点がある．標識した蛍光分子の明るさは，分子のおかれた環境，分子の界面からの距離，分子のダイポールの方向などの要因によって変化することを認識し，これを利用して解析をする必要がある．XYの二次元の方向については，特に分解能が高いわけではないので，形体に関する情報は少ない．輝点の中心の位置については，XY方向でもnmの精度で決められることを利用する方法もある．

ストラテジーの概略

1 近接場光の作成方法と特性

　近接場光の作り方は図1に示すような多くの方法がある．これらは，すべて，ミシガン大学のD. Axelrodにより試された方法である．基本原理は，ガラスと細胞を入れた水（塩溶液）との界面において光の全反射を起こさせて，そのときに低屈折率相に近接場光を生じさせるものである（図2）．二次元的なガラス面に近接場光を作るので，XY方向には通常の照明（落射照明）と同じ性質が残るが，Z方向において，近接場光の特徴が生ずる．すなわち，近接場光の強さが界面からの距離の指数関数に応じて減衰し，その減衰定数が100 nm程度になる．ガラス界面に張り付いた薄い光の層で蛍光励起するので，そのような厚みの光学切断像が得られる．この条件を達成する方法はいくらでもあり，実験上使いやすいものがよい．多くの方法

Susumu Terakawa：Department of Cell Imaging, Photon Medical Research Center, Hamamatsu University School of Medicine（浜松医科大学光量子医学研究センター細胞イメージング研究分野）

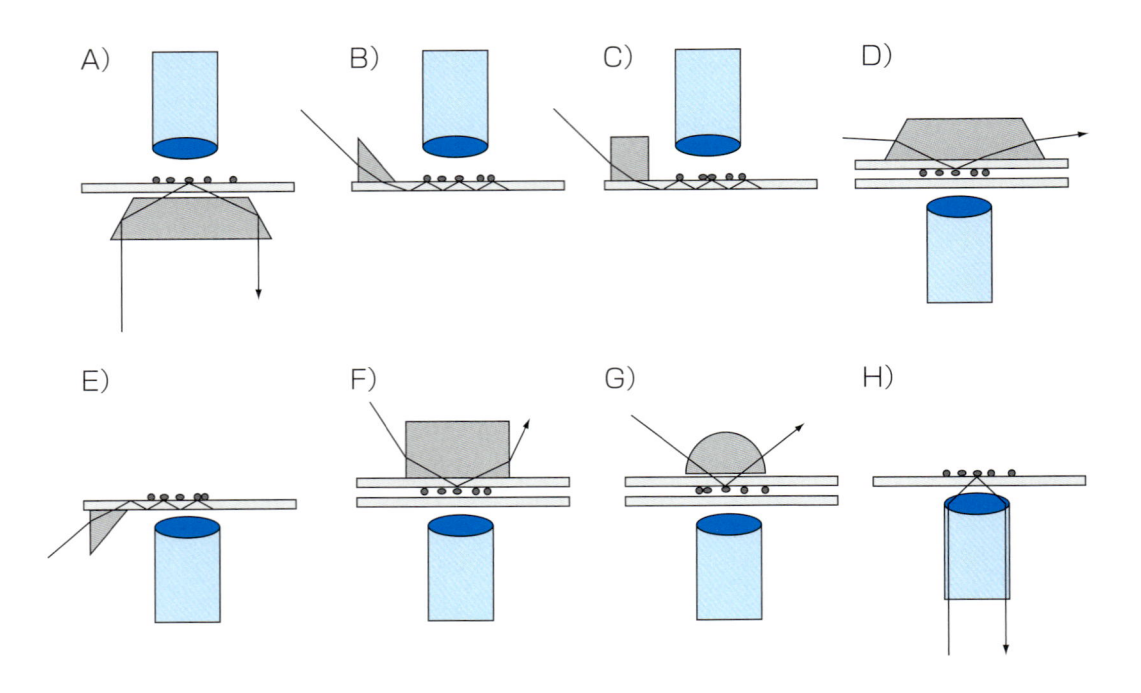

図1 顕微鏡のために近接場光照明をする方法

は，プリズムを使って薄いガラスの中にレーザービームを導入し，入射角度を調節することで，対物レンズの視野の中央において全反射が起こるようにする．Axelrodが試みた最も巧妙な方法は，観察用のレンズそのものを照明用にも応用するものである．対物レンズの後方からその瞳の端の方でレーザービームを導入し，レンズの周辺の一点から光が対物レンズ前方へ出射するようにすると，標本を載せているガラス面にて全反射するような光を作ることができる．開口数が1.33のレンズでは全反射する光の経路をとることができず，開口数が1.40以上ないとこのような光学系を築くことができない．Axelrodがこのような方法を試みた直後に，全メーカーの顕微鏡の対物レンズは無限遠補正系（ICS）に移行した．すなわち，対物レンズ後方における光線が平行になるようなシステムで，その焦点が無限遠にあるようなレンズである．このレンズは，単体では，像を結ばないが，対になる第二のレンズを使うことで，カメラやスクリーンに像を結ばせることができる．対物レンズと第二のレンズの間においては，光線は平行に走る．全体の光学系を変えることなく，この部分にダイクロイック鏡や走査用の鏡を入れて，顕微鏡に新しい機能を付加できるところがよい

とされる．ICS系の対物レンズで開口数1.40のものが市販され，これを用いて徳永らはレンズを照明に使う方法を試み，良い結果を得ている[1]．ICS系レンズでは，光軸に平行にレーザービームを導入すれば，レンズの端で出射する光は，全反射条件を達成することができる．その条件に合うレンズの領域は縁の一部であり，大変狭いところとなる．

2 超高開口数レンズについて

著者とオリンパス工業の阿部は，高屈折率ガラスを組み込んだ光学系で，開口数1.65の光学顕微鏡用の対物レンズを作った．このレンズはそれまでの常識を破る性能を発揮し，最も高い分解能と最も明るい特性をもつ．広い受光角で光を集められることが分解能を高くするのである．このレンズによって，Axelrodや徳永らが試みた対物レンズを用いた近接場光照明の方式が，きわめて容易に実現するようになり，かつ，得られる画像が明るくなった．さらに，界面への入射角が大きくなるため，近接場の強度の減衰定数が50 nm程に薄くなる．このレンズを使って蛍光色素を見ると，きわめて容易に1分子像として観察でき，分子の存在を実感できる．開口数1.40までを従来高開口数レンズ

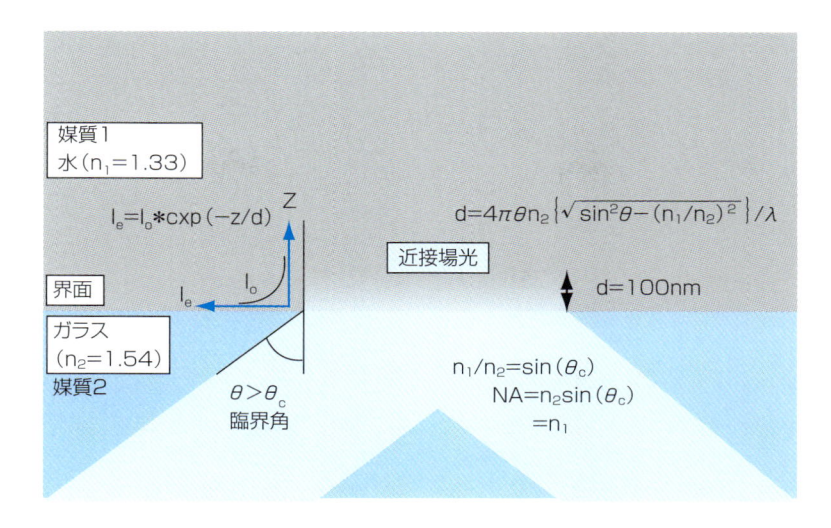

図2 界面での光の全反射に伴う近接場光（エバネッセント光）の特性

と分類していたので，これより大きい開口数をもつレンズは超高開口数レンズとして分類できる．以降，開口数1.45や1.49などの超高開口数レンズを用いた二次元近接場光照明は，その使いやすさのため世界的に広まり一般化することになった．

memo

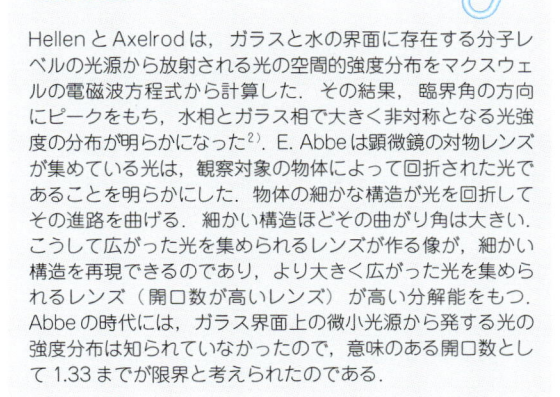

HellenとAxelrodは，ガラスと水の界面に存在する分子レベルの光源から放射される光の空間的強度分布をマクスウェルの電磁波方程式から計算した．その結果，臨界角の方向にピークをもち，水相とガラス相で大きく非対称となる光強度の分布が明らかになった[2]．E. Abbeは顕微鏡の対物レンズが集めている光は，観察対象の物体によって回折された光であることを明らかにした．物体の細かな構造が光を回折してその進路を曲げる．細かい構造ほどその曲がり角は大きい．こうして広がった光を集められるレンズが作る像が，細かい構造を再現できるのであり，より大きく広がった光を集められるレンズ（開口数が高いレンズ）が高い分解能をもつ．Abbeの時代には，ガラス界面上の微小光源から発する光の強度分布は知られていなかったので，意味のある開口数として1.33までが限界と考えられたのである．

準備するもの

- 正立または倒立型の蛍光顕微鏡（オリンパス，ニコン，ツァイス，ライカ）
- 近接場光照明（TIRF）用の内部光学系（購入時オプション）
- 開口数1.45〜1.65の超高開口数対物レンズ（各社）
- レーザー（標識した蛍光分子の励起波長に合った光を出すもの：通常，405，478，488，514，532 nmなど 50 mW前後の出力）
- 開口数1.65の場合は，屈折率が1.78のNo.1カバーガラスと浸漬用オイル．培養細胞を観察するには，底がこれと同じカバーガラスでできた培養皿（自作：プラスチック培養皿の底に穴を開け，シリコン系の接着剤でガラスを貼り付ける）
- EM-CCDカメラ（浜松ホトニクス，アンドール，ローパー）
- 画像取り込み用コンピュータ（カメラに合わせたソフトを使用）

プロトコール

1 細胞の用意

カバーガラスに培養．細胞の底面がカバーガラスに密着することが必要．細胞によっては，屈折率1.78のガラスに付着しにくいものもある．ラットの副腎クロマフィン細胞は付着しにくいが，ウシのそれはよく付着する．ガラス面にできるだけ薄いコラーゲンコートを施すのもよい．

2 細胞タンパク質の標識

受容体のリガンド，抗体タンパク質，アビジン-ビオチン，その他の選択的な結合をする有機色素（ローダミン123やJC-1によるミトコンドリア染色，アクリジンオレンジによる酸性顆粒や分泌顆粒の染色）[3]，DNAベクターを細胞に導入（トランスフェクト）することによりGFPとその変異体を発現させる．

Qドットを結合した標識を使用することもできる．Qドットはその懸濁液に細胞を入れるだけで取り込まれる場合もある．

3 光学系の調整

顕微鏡のTIRFオプションには，レーザーや光ファイバという実際の光源の位置を，光軸の位置に対して，移動させるための調節ねじがある．これを動かすことにより，カバーガラスへの光線の入射角を変えることができる．

入射角はカバーガラスにおける臨界角より大きくないと近接場光のみの照明とならないので注意が必要．入射角が小さいと，光線はカバーガラスを透過して細胞のある相（水溶液相）へ進行波として出てくる．

光ファイバの光線出射端の位置が光軸の上（光学系の中心）にあると光線は対物レンズから直進して出てくる．倒立顕微鏡の場合は，この光線は天井に当たって円形の光点となる．この光点の大きさは光学系のよしあしの目安となり，光線出射端のZ方向の位置を調節して，光点の大きさが最小となるようにするとよい．この調節をしてから，光線出射端の位置を辺縁に近づけ，入射角を調節する．

入射角が大きくなっていくと，光線は，顕微鏡のステージに平行に近く横に出るようになる．さらに角度を大きくすると，ステージの水平線から沈んでいくことになる．これが入射角が臨界角より大きくなったときであり，カバーガラス面では全反射が起き，光線は光軸に平行に光源側に戻ってくる．この戻り光が確認できれば全反射が生じていることの証拠となる．しかし，メーカオプションでTIRF光学系を用意する場合は，レーザーの光を直接見られるようにはなっていないので，確認にはなんらかの工夫が要る．

4 近接場光の厚みの評価

近接場光は界面からの距離に応じて指数関数的に減衰する．その減衰定数がどのくらいになっているかを正確に測定することは非常に難しい．特に，ガラスに接近した点での光強度を測定することは容易ではない．

実際の実験条件では，レンズの後方焦点面における光線の入出力を観察することで，計算式より簡易的に減衰定数を算出することが行われる．接眼レンズをベルトランレンズに置き換えるか，接眼レンズの前方にセットされたベルトランレンズを使用することにより，対物レンズの瞳（後方開口部）が観察できるように焦点を合わせる[4]（わかりにくいときは，対物レンズをはずし，その後方の開口部を横断するように糸を張って，これに焦点を合わせる）．すると，全反射による戻り光のスポットの位置が確認できる．

カバーガラスの上に水を置かず空気のままとすると，開口数1.0に相当する位置で，戻り光が見えるようになる．カバーガラスの上に水を入れると，1.33の開口数に相当する位置で戻り光が出るようになる．これらの位置とレンズの公称開口数に対応する瞳の大きさの位置とを基準にして，戻り光がどの位置に出るかで，入射角を算出する．その角度を用いて，計算式から減衰定数が求まる．

5 観察の要点

近接場光によって蛍光励起が起こるときには，落射照明によって励起されるときと同じ問題が起こる．すなわち，蛍光の褪色と光毒性である．蛍光褪色を防ぐには，励起光の強度を下げ，褪色を抑える薬剤を標本に添加する（antifade）．褪色抑止剤は，発生したラジカルを消去する力をもつ．これはまた，光毒性の防止にも役立つ．標本がある溶液の酸素を除去することも問題解決に役立つ．特に，1分子蛍光の観察をしたい場合には，褪色は輝点の突然の消失として観察される．これは，1分子を見ていることの証拠である．1分子の観察時間は，この輝点が量子的に褪色するまでの短時間のものである．使用している色素分子の安定性と観察に必要な励起光の強度によって，褪色までの時間は異なるが，通常，数秒，長くても30秒程度の時間となる．長時間同じ1分子を観察することは難しい．現在の光学系とカメラでは，EGFPを用いても，数秒の1分子観察時間となる．

6 カバーガラスの洗浄

分子観察をするためのセットは，きわめて感度が高く，さまざまなノイズに悩まされるものとなる．なかでも，目的とする分子以外の蛍光輝点が大きな妨げとなる．特に，蛍光色素を加えなくても，自然の状態でカバーガラス上には，かなりの蛍光輝点が認められる．その明るさは，GFPに比べてやや暗い程度であり，また，褪色の速度もきわめて速いので，観察の邪魔にならないことも多いが，微妙な信号を取りたいときには大いに邪魔になる．このようなノイズとなる輝点は，空気中のゴミや水中の有機物と

思われるが，これを取り除くことは難しい．カバーガラスを厳密に洗浄しても残るものがある．充分な洗浄法としては，クロム酸混液，KOH液，洗剤液，アセトン，アルコール，キシレンなどを使う．しかし，ノイズ輝点のもとになる物は，ガラス上にあるのではなく，空気中や水中に無尽蔵にあり，完全には除けない．通常の観察では，あまり，邪魔にならない場合が多い．

注意点

1 干渉縞が生ずる

レーザーを光源に用いるので，いたるところでの反射が重なって容易に干渉縞ができ，励起光が当たる視野の中で光強度を均一に保つことが難しい．最も，干渉縞を作りやすいのは，平面反射である．光学系の中に不要な平面反射をする光学素子（透明なものも含む）があれば，それを取り除くか，わずかに傾けることで消せる．

2 カバーガラスに対する補正

TIRF用対物レンズには補正環が付いているものがある．カバーガラスのわずかな厚みの違いや，使用温度の違いなどで光学像の歪が生ずるのを，これを回すことで修正できる．大きく改善することもある．

3 1分子像が見えない

テトラメチルローダミンを100 pMの濃度で水に溶かし，試験観察する．テトラメチルローダミンの蛍光量子収率は充分高く，簡単に分子の輝点が見える．これが見えないセットでは，改善を要する．1分子の蛍光は，G励起にてオレンジ色に見え，接眼レンズを通せば眼でも充分に観察できる．部屋の電灯は消して見る．蛍光輝点は，レーザーによる落射照明でも明瞭に見える．これが見えないときは，レーザーの光が弱いことが原因の大部分である．レーザー強度を上げることを試みる．

実験例

1 チャネル分子の観察

ゼノパスの卵母細胞に遺伝子導入して発現させた

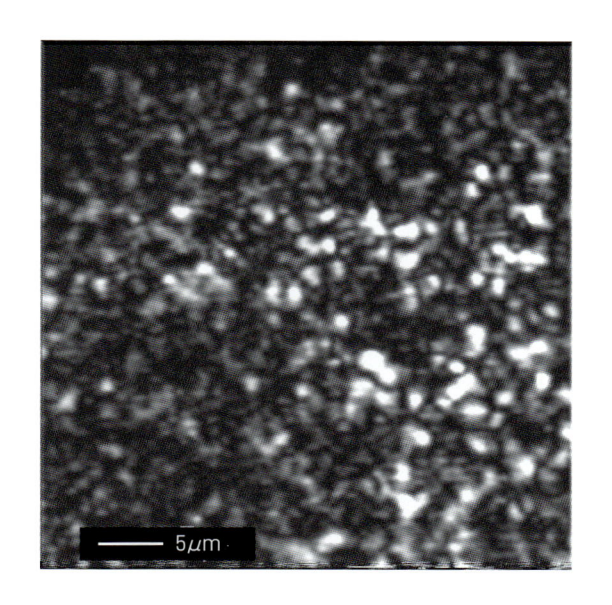

図3 テトラメチルローダミン標識K$^+$チャネルの分子像
輝点のうちの小さなもの

Shaker型K$^+$チャネルの構造変化を見ることができる[5]．351番（膜電位感受性セグメント）のセリンをシステインで置き換えたRNAを卵母細胞に注入し，発現したK$^+$チャネルを，細胞外溶液にテトラメチルローダミンマレーマイドを加えて，標識する．ビテリン膜は針を使って剥離する．近接場光の下で細胞膜を蛍光観察すると，多くの輝点が見られる（図3）．それらは膜電位変化を与えると，大きな蛍光強度変化を示す．その大きさは膜電位変化の信号としては，最大のものである．輝点は横方向の動きを示さない．テトラメチルローダミンの濃度をぎりぎりまで下げて（100 pM，10分間）染色すると，輝点は数秒で褪色するようになる．この褪色は量子的に起こる．また頻繁に起こるのは，1分子蛍光より明るい輝点が電位依存性変化を示したあと，突然消失する反応である．これらの蛍光変化は分子の構造変化を反映するものであることはまちがいない．

2 ダイナミン分子の観察

ダイナミンIはエンドサイトーシスに際して，細胞膜の陥没であるピットを，細胞膜から切り取り細胞質に遊離する働きをする．われわれは，EGFPと融合したダイナミンをPC12細胞に発現させ，これを電気刺

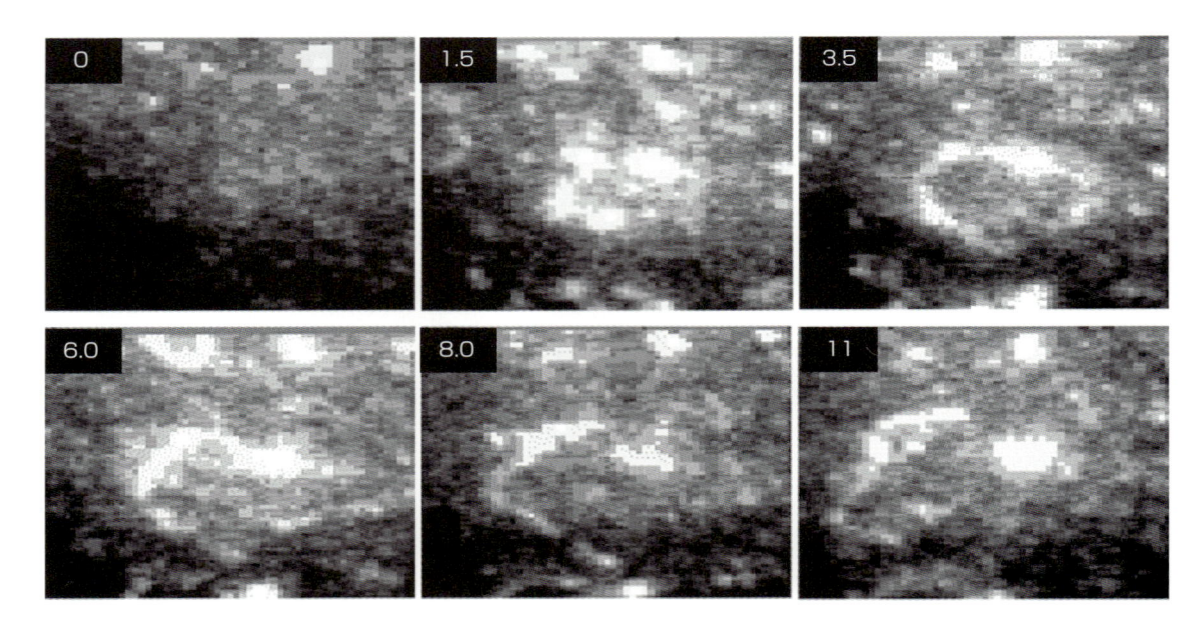

図4 ダイナミン－EGFPの細胞膜上の動き
数字は電気刺激後の時間（秒）（文献6より転載）

激して，ダイナミンの活動を観察した[6]．ダイナミンは刺激直後から細胞膜に分子クラスターとして現れ，細胞膜上を数分間移動してから消えた．ブラウン運動をしたり，ときには，弧状になって円形の波が広がるように連続的に移動した（図4）．移動距離は3μm以上に達し，すべてのクラスターによって，ほとんどの細胞膜領域が埋まる動きであった．ダイナミンは陥没したピットに触れるだけでこれらを細胞膜から切り離すように思われ，ピットの付け根に首輪のように巻きついて顆粒と共に細胞質へのリサイクルに入るというイメージではなかった．

おわりに

近接場光の応用として，微小細管から漏れる光を利用して走査式に画像を撮る方法もあり，広い試みがなされている．しかし，水中の生物標本に対しては，期待されたほどの高い分解能は得られていない．本項で記載した方法は，XYの二次元方向には特に高い分解能はもたないが，Z方向に対してはきわめて薄い光の層となっており，細胞を光で切断する方法のなかで最も薄い光学的な切片を得る方法として優れている．特に，細胞膜の活動を観察するには大変特異性の高い方法といえる．開口放出反応や受容体の動態など多くの研究がこの方法で行われている．

参考文献

1) Tokunaga, M. et al. : Biochem. Biophys. Res. Commun. 235 : 47-53, 1997
2) Hellen, E. H. & Axelrod, D. : J. Opt. Soc. Am. B, 4 : 337-350, 1987
3) Tsuboi, T. et al. : Biophys. J. 83 : 172-183, 2002
4) 寺川 進ほか：生体の科学，54 : 245-253, 2003
5) Sonnleitner, A. et al. : Proc. Nat. Acad. Sci. USA, 99 : 12759-12764, 2002
6) Tsuboi, T. et al. : J. Biol. Chem., 277 : 15957-15961, 2002

第3章 顕微解析

6. AFM（原子間力顕微鏡）
〜タンパク質の構造解析〜

岩渕紳一郎，亀甲龍彦，松本　治

> AFMでタンパク質分子の何が解析できるか
> 生化学の1分子レベルでの理解をめざしてタンパク質分子の1分子観察（イメージング），計測評価，機能構造解析，機能発現の機序の解析が可能である．

はじめに

　AFMは，動作環境やサンプル表面物性への制約が原理上ほとんどなく，探針先端とサンプル表面との相互作用が及ぶ条件であれば気相中，液相中，それに真空中などさまざまな環境下で使用できる．そのため，特に生命科学の分野において，タンパク質やDNAに代表される生体分子をより自然な状態で観察したいという要求を唯一満たしうる．また，より動作の安定する大気中でのイメージングにおいても原子分解能を実現しており，巨大分子であるタンパク質の微細構造が比較的容易に観察できる．タンパク質は，自身の機能を階層的な高次構造に保存している．したがって，タンパク質の機能構造を解析するためには，特定の機能を発現している階層での構造解析が必要となる．そのためには，なるべく自然な状態，機能を発現している状態でのサンプル調整が肝要である．本項においても，ミオシンの生化学的な知見として知られている生理的環境下で分子を固定したことで，機能を発現している構造を観察している．

原　理

　原子間力顕微鏡（atomic force microscope：AFM）は走査プローブ顕微鏡（scanning probe microscope：SPM）の一つである．AFMでは先端を非常に鋭く加工した探針（プローブ）のついたカンチレバーとサンプル表面の間にさまざまな力がはたらくが，これらを総称して原子間力とよぶ．AFMでは，この力をコントロールしながら，カンチレバーがサンプル表面を一定の距離に保ったままなぞっていく．走査したサンプル表面の凹凸状態に従ってカンチレバーは上下方向に変位する．カンチレバーの先端にレーザー光をあて，その反射光を感知することによりカンチレバーの変位を検知し，その計測量をサンプル表面の立体形状情報として取得することができる顕微鏡である．高さ方向の情報を実空間像として観察しているこの点が，光学顕微鏡や電子顕微鏡とは異なる．それ故，大気中，溶液中を問わず原子・分子レベルで生体分子を計測することが可能な唯一の方法であるし，環境をコントロールして，例えば特定の生理的条件下を再現しての測定も可能であると言える．

　AFMの測定方法にはコンタクトモード，タッピングモード，ノンコンタクトモードなど数種類の方法が

Shinichiro Iwabuchi, Tatsuhiko Kikkou, Osamu Matsumoto：Chiba Institute of Science, Department of Pharmaceutical Sciences
（千葉科学大学薬学部薬品物理化学講座）

ある．コンタクトモードではカンチレバーの探針がサンプル表面に接触してなぞることで，サンプル表面の凹凸に直接応答して空間分解能のよい表面情報（画像）を得ることができる．タッピングモードでは探針がサンプル表面の上を断続的に軽くタップしながら走査していき，サンプル表面をなるべく傷つけずに表面情報を得ることができる．ノンコンタクトモードでは探針がサンプル表面に触れずに一定の距離を保ったまま表面を走査して情報を得ることができるが，画像の分解能は多少低めである．しかし，近年このノンコンタクトモードによるAFM測定が注目されている．ノンコンタクトモードで捉えられた画像は，探針の移動に伴う化学的相互作用に帰属される微弱な力の変化量を画像化したものと言えるからである．化学的相互作用はサンプルの表面構造だけでなく，表面と探針を構成する元素の組み合わせにも大きく影響を与えるため，元素の判別も可能になるものと期待されている．

　AFMは電子顕微鏡とは異なり，サンプルを基板に固定さえできれば観察できるので，何らサンプルに前処理をする必要はない．さらに，気相中でも，分解能は低くなるが水中でも測定可能である．また，倒立顕微鏡と組み合わせて，生きた細胞の表面ですら観察することもできる．

　以上のような方法のうち，サンプルの性状や測定画像の分解能をよく検討し，最適な方法を選択してAFMによる測定を行う．

図1　原子間力顕微鏡（AFM）システム

準備するもの

- 原子間力顕微鏡（AFM）装置（日本ビーコ）：ベース，スキャナー，ヘッドの3部品に分けられる（図1）．
- NanoScope Ⅲ aシステム（日本ビーコ）がインストールされているPC
- カンチレバープローブ（日本ビーコ）：タッピングモード用Si単結晶製探針（NCH-10V），コンタクトモード用Si単結晶製探針（CONT-10）などがある．
- クリーンベンチ
- 静電気除去器
- 防振台：AFMを載せるのに十分な大きさをもつ頑丈な台を丈夫なゴム紐で三脚の天板から吊るしたものなど．AFMによるサンプル表面観察中に振動ノイズが入らないようにする．
- 単眼鏡（SpecWell）：非常に小さいAFMのカンチレバーをサンプル表面に下ろして近づけるといった細かい作業を目視で行うことのできる程度の倍率のものを使用する．10×程度のスペックを目安に，長焦点の（作動距離の長い）ものを選ぶ．
- タッパー：サンプル持ち運び用（運搬・保存）．
- ピンセット
- サンプル基盤：雲母板[*1]などのような凹凸のない非常に滑らかな平面状の材質のものをできるだけ用いるようにする．基盤の厚さは5 mmまで．

> [*1] 雲母はセロハンテープを表面に貼り付けてからはがすと簡単に薄い層状にはがれるといった，へき開しやすい性質をもつ．そのへき開面は原子レベルで非常に滑らかな平面であるため，AFMによる分子表面の観察に用いるのに大変適している．

- 固定用円盤：直径15 mm，厚さ1 mm程度のスチール製円盤
- 固定剤：瞬間接着剤もしくは両面テープなど
- Wash溶液：超純水もしくは，あまり塩や分子量の大きい溶質が含まれていないバッファー

プロトコール

1 試料の調製

　AFM観察に用いるサンプル[*2]は，可能であれば観察対象となる分子以外の巨大分子，サンプルバッファー（緩衝溶液）に含まれる塩などの混入していない，できるだけきれいなものになるよう精製し準備する．

> [*2] サンプルの濃度は原理的には1分子あればよいのであるが，実際には数nMであっても十分であり，濃度が高すぎるとサンプル分子が基板上で重なってしまい1分子ごとの表面観察が困難になる．そこで，適宜希釈を行い試料分子が疎らに分布するように調製する．濃度の異なるものをあらかじめ数種類調製しておき，AFMによる表面観察に備えておくとよい．

2 サンプル基板の作製

タンパク質の1分子観察には，サンプル基板としてマイカ（雲母）板が通常推奨されている．先述した通りそのへき開面が原子レベルで非常に滑らかな平面をもつことが最大の理由であり，また繰り返し新鮮なへき開面を得ることが容易である点からも適当である．

❶ サンプル基板として，直径10 mm程度の固定用円盤より小さいサイズに切り出す．比較的入手の容易な厚さ1.5 mmの雲母板をサンプル基板として用いる場合，パンチャーを用いて切り出すと簡便である

❷ 接着剤や両面テープなどの固定剤を用いて適当なサイズに切り出したサンプル基板を固定用円盤の中央付近に固定する．固定する際はサンプル測定面が固定円盤に対して水平になるように注意する

❸ セロハンテープなどで最表面を1枚剥がして新しい滑らかな表面を出し，そこへ試料を落とす．理想的には，クリーンベンチ内で調製したサンプルをマイクロピペットで 5 μl とり，チップの先が当たらないように作成したサンプル基板の上に静かに落とす

❹ 大気中でサンプルをAFMで観察する場合[*3]では5分ほどクリーンベンチ内で放置し，サンプル分子を基板表面に吸着させる

> [*3] 溶液中でサンプルをAFMで観察する場合ではサンプル基板の上にサンプルをのせた後，適宜サンプルバッファーを加えてやるなど，長い間放置して乾燥してしまわないように注意すること．

❺ Wash溶液を 2 ml 程度とってサンプル基板表面を洗い流し，これを3回繰り返す

❻ Wash後，サンプル基板表面に溶液が残らないようクリーンベンチ内で放置し乾燥させる

❼ またサンプル基板表面が静電気を帯びていると，空気中からチリや埃を引き寄せてしまうだけでなく，AFMによる表面観察像にノイズなどの悪影響を与えるので，静電気除去器で処置しておく

3 AFMの組み立ておよびサンプル基盤設置

❶ NanoScope ⅢaシステムプログラムがインストールされたPCにAFMのベースを接続する

❷ 観察したいサンプル分子の大きさに適したスキャナーをベースに取り付ける

❸ サンプルをスキャナーの上部中央部分に固定する

❹ サンプル表面を探査するカンチレバーの付いたプローブを先の細いピンセットでティップホルダー

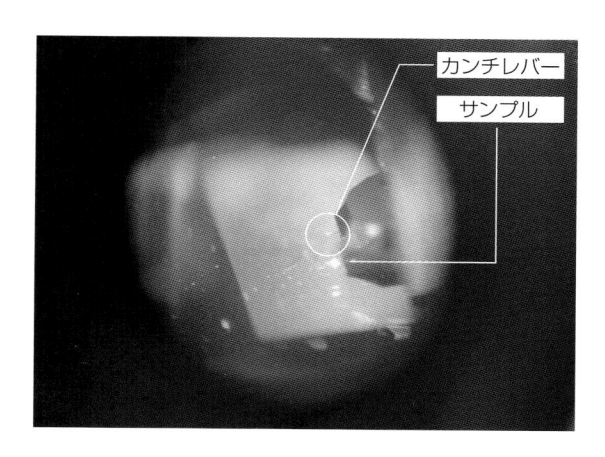

図2 単眼鏡で覗き込んだカンチレバーとサンプル表面の位置関係

（カンチレバーホルダー）に正しく取り付ける[*4]

> [*4] 取り付ける際にプローブを落としてしまうとカンチレバーが折れてしまうので慎重に作業を行うこと．また観察する試料がタンパク質のようなやわらかいサンプルの場合にはタッピングモード用のプローブを，探針で表面を多少走査して削ってしまっても問題ないような比較的固いサンプル試料の場合にはコンタクトモード用のプローブを用いる．

❺ ティップホルダーをヘッドに取り付けた後，ヘッドをスキャナーの上に装着する．このときカンチレバーがサンプル基板に接触して折れてしまわないように，あらかじめヘッドとの間の距離（クリアランス）を充分とっておく

❻ 図2のように単眼鏡で覗きながらヘッドが前後左右に傾かないようにカンチレバーを下ろし，サンプル表面に触れない程度にできるだけカンチレバーをサンプル表面に近づける

4 AFMによるサンプル表面の観察

❶ AFM本体を防振台の上に置き，AFM画像にノイズとなって観察の妨げとなる周りの振動が伝わらないようにする

❷ NanoScope Ⅲaシステムプログラムを立ち上げ，ヘッドから照射されるレーザー光がカンチレバーの先に充分当たるように調整，光てこ検知を最適にしてフォースコンスタントを決定する

❸ PCを操作してスキャンする範囲のサイズや観察するサンプル分子の高さの範囲などの測定パラメーターを適切な値にセットする

❹ カンチレバーをサンプル表面に下ろして表面構造を観察する

表1 SPMデータ解析に利用できるソフトウエア一覧

ソフト名	動作環境	公開元URL
Image SXM（Ver. 1.82）	MacOS 9, MacOS X	http://www.liv.ac.uk/~sdb/ImageSXM/
Image SPM（Ver. 1.63）	MacOS Classic	http://www.nims.go.jp/fusyoku/ImageSPM/imageSPMJ.htm
ImageJ（Ver. 1.37）	MacOS 9, MacOS X, Windows 95, 98, Me, 2000, XP, UNIX, Linux	http://rsb.info.nih.gov/ij/
Gwyddion（Ver. 2.4）	MacOS X, Windows XP, UNIX, Linux	http://gwyddion.net/
WSxM Ver.2.2	Windows 2000, XP Professional（一部機能はWindows 98, Meで動作可）	http://www.nanotec.es/wsxmGeneral.html

開発，メインテナンスが比較的活発と認められるものを選んだ．何れもバージョンは2007年1月末現在の最新安定版であり，それ以外の最新β版，開発版は各ウェブサイトを確認されたい

❺ カンチレバーを下ろした後のカンチレバーの探針とサンプル表面の間にかかる力が強くなりすぎていたとき，探針を痛めてしまったり，試料分子の表面を削ってしまったりすることがあるので適切な値に調節する

❻ まずサンプル表面をスキャンする速度を速くし，取得画像の解像度を低めに設定してサンプル表面の大まかな画像を取得する．試料分子がアグリゲーションを起こしていたり，塩が残っていたりするなど，試料分子の状態のよい画像が得られない場合には一旦カンチレバーを上げ，別の位置で観察しなおしたり，または別のサンプル試料を試みる

❼ 観察したい試料分子の像を大まかに得ることができればスキャンする速度を遅くし，解像度を高くするようパラメーターを設定して画像を取得し保存する

5 AFMイメージのデータ解析

AFM観察によって得られた試料分子の画像データの解析を行いたい場合，NanoScope IIIaシステムの解析ツールを使用する．試料分子の粒子径の分布，試料表面の高さの分布など詳細な試料分子の構造情報を調べることができる．また，現在ではメーカー純正ソフトウエア以外にもSPMデータ解析専門のソフトウエアが入手可能である．インターネット上に公開されているうち多くが無料で利用可能であり，しかも一部はSPMを制御し，データ取得機能が実装されている．表1に一例を記す．

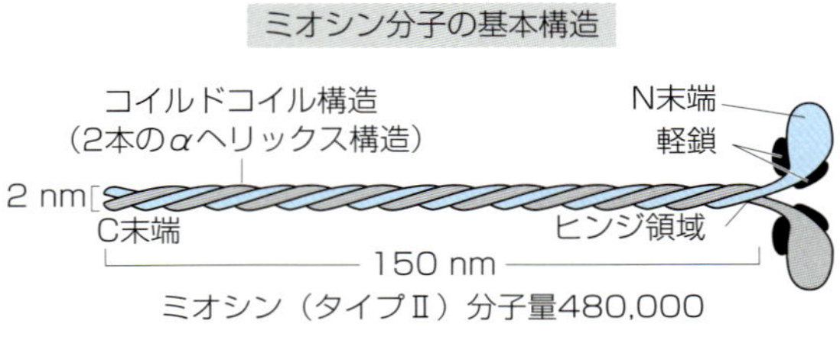

図3 ミオシン分子の模式図（モデル）

実験例

ウサギ骨格筋由来のミオシン溶液（6.25 pM）を雲母板に載せ，ATP，Mg^{2+}の存在しない条件および存在下におけるミオシン分子の立体構造の変移する様子を室温にて大気中でタッピングモードAFMを用いて観察した[3]．ミオシン分子の基本構造は2本のペプチド鎖で成り立ち，N末端側にATPを介してアクチンフィラメントに結合するといわれるヘッド構造をもち，C末端側には2本のαヘリックス鎖が絡み合ったコイルドコイル構造をもつ（図3）．ATP，Mg^{2+}が存在しない条件下ではコイルドコイルドメインが直鎖状に伸びた構造をとっているが，ATP（4 mM），Mg^{2+}（4 mM）が存在している条件においてはコイルドコイルドメインが一部壊れて折れ曲がってしまうことがわかる[2,3]（図4）．

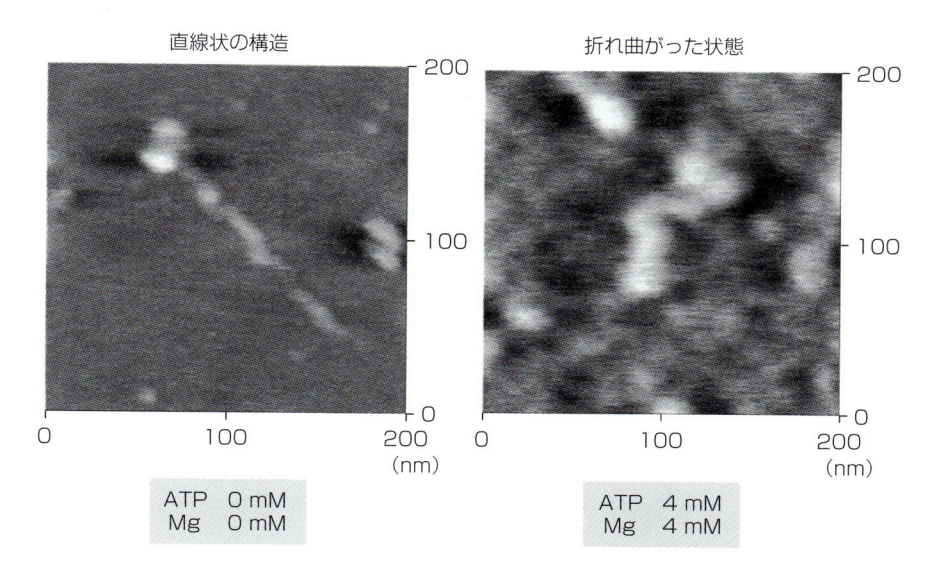

図4 AFMによるミオシン分子の分子構造の観察（巻頭カラー4参照）

おわりに

本項で紹介したタンパク質機能解明のための構造解析手法は，今後さまざまなタンパク質分子を生体内と同様の環境下で観察する上で重要な布石の一つとなると考えている．ミオシン分子の構造をMg^{2+}，ATP存在下，もしくは非存在下で観察することで，機能に生化学的ON/OFFを付け，それを反映した描像が構造変化として顕著に示された結果は，興味深い．この科学的な興奮に共鳴していただければ幸いである．

また，AFMによって得られた画像は，イメージングということで空間分解能の観点だけで一概にTEM像と比較されることがあるが，物理的，化学的処理を施したサンプルはネイティブな状態とは言えず，さらには染色などによるアーティファクトは厳密に議論されるべきである．「百聞は一見にしかず」ではあるが，目に見えてしまったもの，特にキレイなイメージとして網膜，否，脳裏に焼きついたものを否定するのは難しく，われわれもそのような経験を踏んでいる．由来も精製方法も同じタンパク質複合体が，最後のプレパレーションのみTEM用とAFM用で異なるだけで，得られた画像に現れたマクロ構造において大きな差異が認められた例がいくつもある．分子構造の画像を評価する際には，サンプルの化学，基板との相互作用，探針とサンプルの相互作用，そしてプレパレーション方法に対する深い理解をもって臨むことを常に留意すべきである．

参考文献

1) Binnig, G. et al. : Phys. Rev. Lett, 56 : 930-933, 1986
2) Matsumoto, O. et al. : Scanning, 20 : 142-143, 1998
3) Taniguchi, M. et al. : Scanning, 25 : 223-239, 2003

第3章 顕微解析

7. 原子間力顕微鏡を用いた力学測定と分子認識イメージング

平野泰弘，高橋寛英，吉村成弘，竹安邦夫

原子間力顕微鏡（AFM）は，ナノスケールでのイメージングが可能なデバイスとして，近年生体試料への適応が可能となってきた．本項では，AFMのもう一つの特徴である力学測定を応用した"分子認識イメージング"を紹介する．本方法は，目的のタンパク質を結合させたAFMカンチレバーを用いてイメージングを行うことで，通常の形状像上に，目的タンパク質の局在部位を同時にマッピングすることが可能となる．

はじめに

原子間力顕微鏡（atomic force microscopy：AFM）は，ナノスケールのイメージングだけでなく，物質を押したり引っ張ったりすることで，その物質がもつ特性（弾性，摩擦力，分子間・分子内相互作用の強さなど）を評価することも可能なデバイスである[1)2)]．現在，数nmの解像度および数十msecの分解能[3)]で，"個々の遺伝子やタンパク質が機能する場"を直接液中観察できるようになってきた．しかし，生体試料のような複雑な構造中の特定の分子のみに着目することは困難であった．

本項では"イメージングツール"および"力学測定ツール"としてのAFMの機能をハイブリッドさせた，"分子認識イメージング法"を紹介する．これは，①化学修飾により目的タンパク質を結合させたカンチレバーを用い，②通常の形状イメージングを行うと同時に，③分子間相互作用を検出することにより，目的のタンパク質が相互作用する場所を直接マッピングする手法である．この方法を用いることで，目的タンパク質の相互作用部位，もしくは目的タンパク質が織りなす構造を，ナノスケールで液中観察することが可能となる．

原理

AFMは走査型プローブ顕微鏡の一種であり，試料表面のさまざまな性質を測定するためにプローブ（探針）を用いる．一般的にAFMに使われるプローブは，長さ約200μm程度のシリコン製カンチレバー（板バネ）の先に取り付けられており，先端径が数〜数十nm程度の非常に鋭利な形状をしている．プローブが試料表面に接触したり，表面からさまざまな力を受けるとカンチレバーが上下にたわむ．このたわみ量を，光てこ法とよばれる方法で検知し，記録する．イメージングの場合，このプローブで試料表面をxy方向に走査し，そのときのカンチレバーの上下動を表面の形状像としてアウトプットする．また，力学測定の場合は，カンチレバーを試料表面に近づけたり遠ざけたりする際にカンチレバーと試料表面とにはたらく力の大きさを，カンチレバーのたわみ量（z方向）として検出する．このような操作で得られるカンチレバーの変

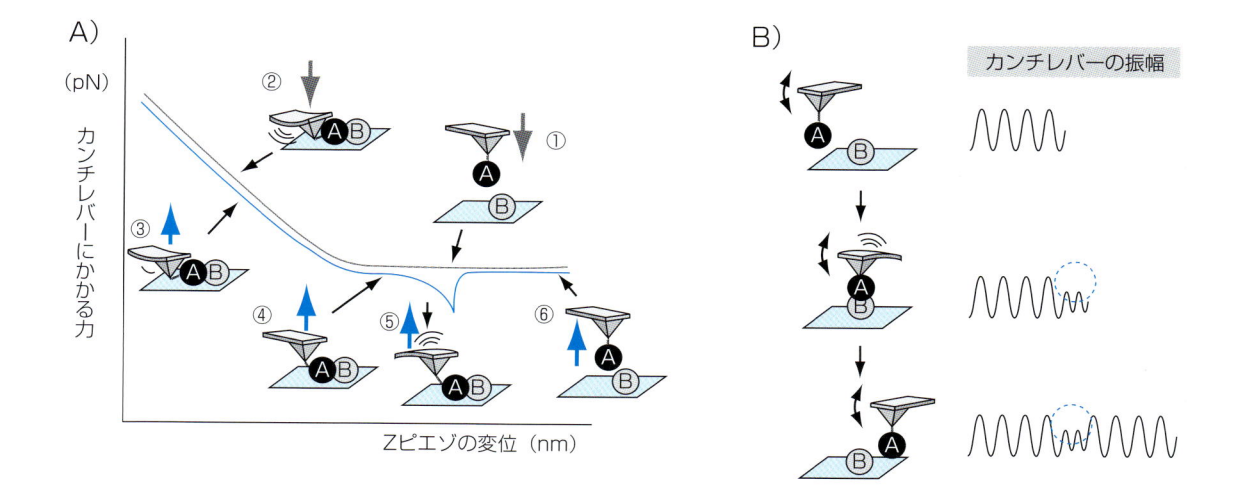

図1　AFMを用いた分子認識イメージングの概念図

A）AFMカンチレバーを用いた分子間相互作用の検出．この過程は，①カンチレバーの試料表面へのアプローチ，②カンチレバーの押し込み，③カンチレバーの引き戻し，④カンチレバーと試料表面の解離，⑤タンパク質が結合していることによるカンチレバーの引っ張り，⑥タンパク質間相互作用の解離からなる，フォースカーブとして観察される．B）分子認識イメージングの概要．AFMのタッピングモードでの測定では，カンチレバーは一定の振幅で試料表面をスキャンする（上）．プローブに結合している分子が，試料表面の分子と相互作用すると，振幅が抑制される（中央，丸部分）．このように振幅の上限値が一時的に減少した場所が，認識シグナルとして画像上に表示される．通常の形状イメージングと分子認識イメージングは同時に行われるため，両者の画像を重ね合わせることができる

位と力の大きさの関係を表した図を，フォースカーブとよぶ（図1A）．プローブと基板にそれぞれ異なるタンパク質を結合させておけば，両者の相互作用を1分子レベルで解析することが可能である．

分子認識イメージングは，AFMの代表的なアプリケーションであるイメージングと力学測定の両者を掛け合わせたものである．つまり，ある特定のタンパク質を結合させたプローブを用いて，試料表面をイメージングしながら，同時に試料との相互作用を測定するという手法である（図1B）[4]．これにより，ナノスケールのイメージ上に，特定の分子を同定したりすることが可能となる．

準備するもの

＜原子間力顕微鏡＞

- 一般的なAFM機器
  Pico Plus AFMおよびPico TREC（アジレント・テクノロジー社），MFP-3D（Asylum Research社），Nanoscope（Veeco社）など．力学測定にはどの機種を用いてもよいが，分子認識イメージングは，市販品ではPico PlusとPico TRECを用いる．

- 液中観察用AFMカンチレバー
  力学測定用：OMCL-TR400PSA［オリンパス社製，窒化シリコン（Si_3N_4），共振周波数：約11 kHz，バネ定数：20 pN/nm］
  分子認識イメージング用：MACレバー［アジレント・テクノロジー社製，Type Ⅳ-2，窒化シリコン（Si_3N_4），共振周波数：約15 kHz，バネ定数：30 pN/nm］

＜試薬類＞

- デシケーター（図3参照）
  プラスチック製の簡易のもの，かつ小さいものでよい．蒸着法によるAFMカンチレバーの修飾に用いる．
- ゲルパック
  蒸着の際，AFMカンチレバーを固定するのに使用．
- Arガス
  不活性化ガスで空気より重いものであればどれでもかまわないが，一般的には最も安価なArガスが使用される．
- APTES（3-aminopropyltriethoxysilane，SIGMA-ALDRICH）
- DIPEA（N,N-Diisopropylethyl amine，SIGMA-ALDRICH）
- マレイミド-dPEG$_{12}$-NHS（DOJINDO，PEGリンカー長5.3 nm）
  このようなPEGの両端に反応性官能基が結合した化合物は，他にも購入可能である．また，リンカーとなるPEGの長さもさまざまであるため，実験の目的にあったものを購入する．
- 還元型グルタチオン（ナカライテスク）
- PBS

3章-7．原子間力顕微鏡を用いた力学測定と分子認識イメージング　　117

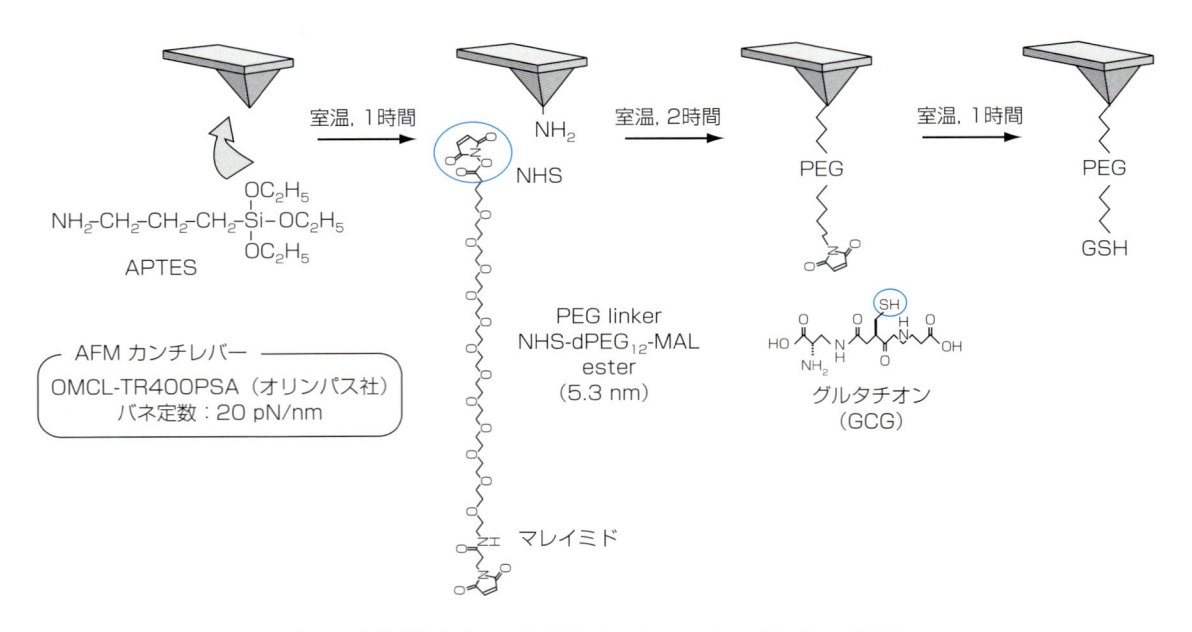

図2 GST融合タンパク質結合のためのカンチレバー修飾法

- クロロホルム（試薬特級）
- エタノール（試薬特級）
- ガラス製シャーレ
- ガラスバイアル
- 消磁性のピンセット
  先がとがっているものの方がカンチレバーを掴みやすい．
- 22ゲージ注射針のついた1 mlシリンジ
- PBS透析済みのGST融合タンパク質
- リンカー処理溶液　　　　　　　　　（最終濃度）
  マレイミド-dPEG$_{12}$-NHS　　5 mg　（5 mg/ml）
  トリエタノールアミン　　　　7 μl　（0.7％）
  クロロホルム1 mlに溶解する．
  ※PEGとトリエチルアミンをクロロホルムに溶解後，500 μlずつに小分けし，-80℃にて保存する．
- グルタチオン溶液　　　　　　　　　（最終濃度）
  還元型グルタチオン　　　0.15 g　（100 mM）
  PBS 500 μlに溶解する．
  ※使用前に用時調製．グルタチオン溶解後，10 N NaOHにてpHを調整する．

プロトコール

☞ 実験に使用する器具は，希硫酸，クロロホルム，エタノールなどで洗浄した清浄なものを使用する．

1 GST融合タンパク質修飾AFMカンチレバーの作製（図2）

❶AFMカンチレバーを図3のようにデシケーターに設置する*1

☞ *1 本方法では蒸着法を用いている．直接APTES中にカンチレバーを浸して処理することも可能であるが，APTESの単層処理が困難であるため，蒸着法を用いたほうがよい．

❷Arガスを約0.1 Pa/cm^{2}で10分間デシケーターに満たす

❸APTESおよびDIPEAを約100 μlずつ，エッペンドルフチューブのふたにシリンジを用いて取り*2，デシケーター内に置く

☞ *2 APTESは酸化により分解されるため，取り扱いには注意する．また，デシケーター内にArガスが満たされていないと蒸着中にAPTESの分解が進む点にも注意する．APTESは発癌性物質であるので，ドラフト内で使用することが好ましい．

❹再びArガスを約0.1 Pa/cm^{2}で10分間デシケーターに満たした後，デシケーターを密閉して1時間インキュベートする

❺クロロホルムで，カンチレバーを洗浄する

❻ガラスバイアルにリンカー処理溶液を500 μl取り，その中にカンチレバーを入れ，室温で2時間インキュベートする

❼クロロホルム，続いてエタノールでそれぞれカンチレバーを洗浄する

❽カンチレバーをグルタチオン溶液500 μlに入れ，室温で1時間インキュベートする

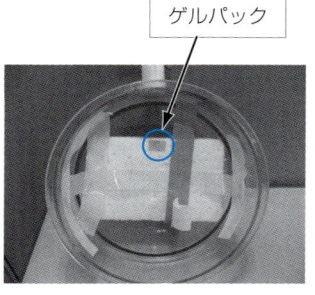

図3 われわれの研究室で用いている APTES 蒸着に用いるデシケーター
写真右のゲルパック（青丸）にカンチレバーをくっつけて APTES を蒸着する

❾ あらかじめ精製しておいた目的の GST 融合タンパク質溶液（10 μM）中にカンチレバーを入れ，4℃で1時間反応させる*3

> *3 長時間の放置は，目的タンパク質の分解の原因となる．よって，タンパク質をカンチレバーに結合させてからは早めに測定に用いる．

2 分子力学測定によるタンパク質結合プローブの検証*4

> *4 GST―グルタチオン間の相互作用の強さは約170 pN である[5]．よって，GST 修飾カンチレバーは，～170 pN 以下のタンパク質間相互作用の測定に使用可能である．一般的に，タンパク質間相互作用の強さは100 pN 以下のものが多いが，注意が必要である．

❶ ❶の項で作製した目的タンパク質を結合させたカンチレバーを，AFM 本体に取り付ける
❷ タンパク質を結合させていない基板（マイカ，カバーガラスなど）を用いて，カンチレバーのバネ定数を測定する*5

> *5 カンチレバーのバネ定数は，溶液中での熱ゆらぎや共振周波数から求める方法などが知られている．詳細は他書を参照[6]．

❸ タンパク質を固定化した基板に替え，フォースカーブを測定する*6

> *6 カンチレバーの上下動の速度（loading rate）によって，測定される力の大きさが変化することを念頭においておく．

❹ 得られたフォースカーブに関して，カンチレバーのたわみが消失した点の変位を測定する．このとき，特異的な分子間相互作用を非特異的な吸着から区別するために，カーブを worm-like chain モデルにフィットさせてみるとよい*7

> *7 PEG や DNA などの高分子量ポリマーの伸縮とそれに必要な力の関係は，worm-like chain モデルによって記述することができる．この方法により，PEG を引っ張ったときのフォースカーブをフィッティングすることが可能である．worm-like chain プロットの詳細については他書[7]を参照されたい．

❺ 先ほど求めたバネ定数（k）をカンチレバーの変位（Δx）に乗じ，タンパク質間相互作用の力（F = kΔx, rupture force とよばれる）を求める

3 タンパク質結合プローブによる分子認識イメージング*8

> *8 分子認識イメージングは Pico Plus の MAC モードを用いて行う．

❶ 目的のタンパク質を結合させたカンチレバーをホルダにセットし，光学系のアラインメントを行う
❷ 試料が載っているガラスをセル内にセットし，セル内には溶液（測定に用いる任意の緩衝液など）を満たしておく*9

> *9 画像解像度を上げる際に，スキャンスピードを遅くするため，測定中に度々，セル内の試料が乾いてしまうことがある．そこで，溶液はやや多めに（われわれは400～500 μl 程度）加え，測定中も試料が乾かないように注意する．

❸ カンチレバーのチューニングを行う．このとき，ピークの Amplitude が5.8以上，少なくとも5以上ないと，きれいな認識シグナルを得ることが難しくなる
❹ カンチレバーを基板にアプローチする．カンチレバーが基板に近づくと，Amplitude の値が急激に下がっていくため，これを指標にしてカンチレバーと基板とのおおよその距離を判断する．Amplitude Set point は0.8～0.6の間に設定し，カンチ

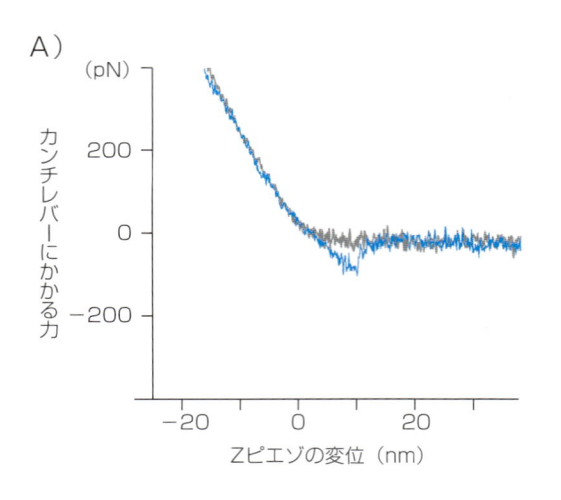

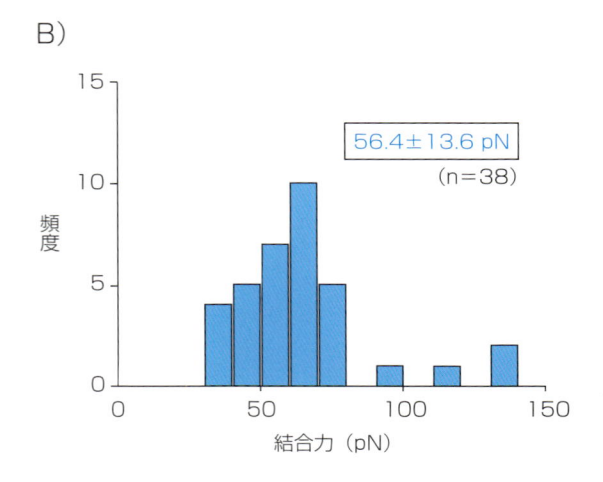

図4 GST融合カンチレバーを用いたタンパク質間相互作用の測定例
　　A）LBRと再構成クロマチンの結合力の測定．カンチレバーには本方法を用いてGST融合LBRを，マイカには再構成クロマチンを結合させた．図には典型的なフォースカーブを示した．測定はMFP-3D（Asylum Research社製）を用いて，室温，PBS溶液下，loading rate 1000 pN/sの条件で行った．B）統計解析．LBRと再構成クロマチンの結合力をヒストグラムで示した．これらの相互作用は，56.4 ± 13.6 pNの力で解離した

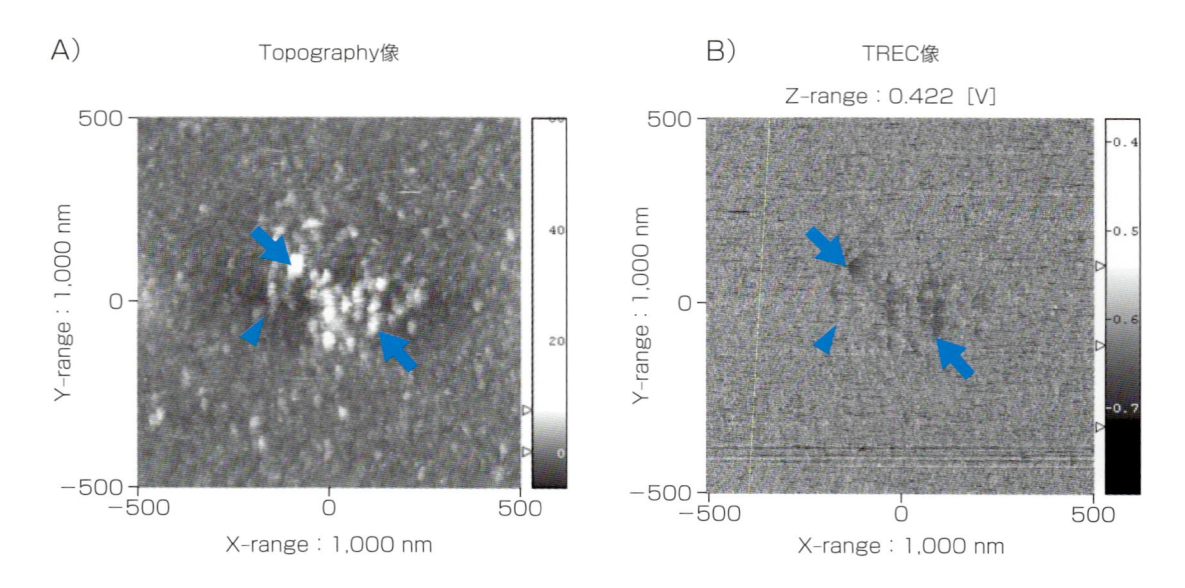

図5 LBRと再構成クロマチンを用いた分子認識イメージング（巻頭カラー5参照）
　　図4で評価したLBR結合カンチレバーを用いて，LBRのクロマチン上の結合部位をイメージングした．撮像はPico plus AFMおよびPico TREC（アジレント・テクノロジー社）により行った．左には通常のTopography像を，右にTREC像を示した．図中の矢印はヌクレオソームを，矢じりはDNAを示す．矢印部に見られるように，LBRはDNAよりもヌクレオソームと強く結合することがわかる．図は2μm×2μm

レバー先端が基板に近づいたときには，5 nm/s以下でアプローチしていく
❺MACモードでイメージングを開始する．Topography画像（通常の形状画像）とAmplitude画像（微分像），さらにTREC（Topology & Recognition）像（認識像）を同時に表示し，観察する．サンプルの密度，状態が未知である場合は，大きいエリア10μm四方程度で，スキャンスピードを1,000 nm/sに設定して，次第にスキャンエリアを狭め，スキャンスピードを落としていく

実験例

1分子力学測定によるタンパク質結合カンチレバーの評価の例を図4に示す．本実験では，核膜内膜特異的タンパク質であるラミンB受容体（LBR）をGST融合タンパク質として発現・精製し，カンチレバーに結合させた．一方，基板であるマイカには塩透析法によって再構成したクロマチンを結合させた．図4Aに示すように，LBRと再構成クロマチンの解離が観察された．また，測定した力を統計解析することにより，LBRと再構成クロマチンの解離に必要な力は56.4 ± 13.6 pNであることがわかる．図5には，このように作成したLBR結合カンチレバーを用いた分子認識イメージングを示す．青矢印で示すように，ラミンB受容体はヌクレオソームと強く結合している（つまり，強く引っ張られるためより黒いシグナルが得られている）ことがわかる．

おわりに

本項では，GST融合タンパク質を用いた分子認識イメージングの一例を示した．タンパク質のカンチレバーへの結合方法は，本方法以外にも，金でコートしたカンチレバーに目的タンパク質のシステイン中のチオール基を用いて結合させる方法や，Hisタグを介して結合させる方法などが開発されている[8]．これらの結合方法を用いて，例えば，抗体をカンチレバーに結合させると，抗原タンパク質が含まれている構造をAFM画像上にナノスケールでマッピングすることが可能となる．また，タンパク質に限らず，DNAや低分子量化合物を結合させることも可能であるため，分子認識イメージングの適応範囲はかなり広いと考えられる．今後，カンチレバーを自在に修飾することにより，"個々の遺伝子やタンパク質が機能する場"の理解が進むことが期待される．

参考文献

1) 横川雅俊 他：蛋白質 核酸 酵素, 49：1607-1614, 2004
2) 吉村成弘：「ナノバイオロジー」（竹安邦夫／編）, pp85-104, 共立出版, 2004
3) Yokokawa, M. et al.：EMBO J., 25：4567-4576, 2006
4) Stroh, C. et al.：Proc. Natl. Acad. Sci. USA, 101：12503-12507, 2004
5) Yoshimura, S. H. et al.：FEBS Lett., 580：3961-3965, 2006
6) 吉村成弘 他：蛋白質 核酸 酵素, 51：1981-1988, 2006
7) Bustamante, C. et al.：Science, 265：1599-1600, 1994
8) 猪飼 篤：「ナノバイオロジー」（竹安邦夫／編）, pp49-61, 共立出版, 2004

第3章 顕微解析

8. 極低温電子顕微鏡
～タンパク質の構造解析～

藤吉好則

> 極低温電子顕微鏡を用いてタンパク質の構造を解析する主要な2つの方法，単粒子解析法と電子線結晶学について解説する．また，これらの方法に必要な試料作製法を中心に説明する．

はじめに

電子顕微鏡の光源となる電子線の波長は，加速電圧が100 kVで0.037 Åと原子間距離より十分短いので，有機分子の塩化フタロシアニン銅の原子を分離して直接観察されたことからも明らかなように[1]，高分解能の観察ができる．電子顕微鏡は倒立型の光学顕微鏡のような構造になっているが，レンズに流す電流調節で焦点距離を変えられるので，像と回折像の撮影を瞬時に切り換えることができる．長所とも短所ともなるが，電子線と物質との相互作用が大きいので，極微量の試料や局所的な情報を直接得ることができる．それゆえ，薄くて小さい試料を観察するには電子顕微鏡は最適な装置で，多くの試料の観察がなされている．逆に電子線は透過性が低いので，厚い試料の観察にはさまざまな工夫が必要である．また，相互作用が大きくてわずかな試料から情報を取り出すことができるという長所の裏には，電子線による試料損傷という大きな問題を内在することとなる．電子線損傷と共に物質との相互作用が大きいことから来るもう1つの問題は，電子線の通り道を真空に排気しなければならないことである．これらの問題を回避したり解決したりして，相互作用が大きいという長所を活かすことによって，電子顕微鏡は発展してきた．

原理

細胞や組織に関する詳細な構造をわれわれが知っているのは電子顕微鏡が開発されたからであるが，通常細胞や組織は固定して超薄切片を作製することによって観察される．単離した試料では，酢酸ウランなどの重金属溶液によって染める方法がある．pH調節の問題などで染色にはリンタングステン酸（PTA）などを使うこともあるが，コントラストや解像度のよさなどからすると，酢酸ウランが最も優れている．

非染色の試料を観察する場合に最も深刻な問題である電子線損傷を軽減するには，試料を低温に冷却する必要がある．試料の温度を100 K（絶対温度100°，すなわち，－173.15℃）では，試料が損傷を受けるまでに室温の4倍の電子を照射できる．さらに低温にして，20 K以下では10倍の電子を照射でき，8 K以下に冷却すると室温の20倍の電子線を照射しても損傷を受けない[2]．このために，試料を極低温に冷却してなおかつ高分解能の像を撮影できる極低温電子顕微鏡が開発された[2]．低温電子顕微鏡は，もう1つの問題である，試料の乾燥の問題を，試料を1,000 Å程度の

Yoshinori Fujiyoshi: Department of Biophysics, Graduate School of Science, Kyoto University（京都大学大学院理学研究科生物科学専攻生物物理学教室）

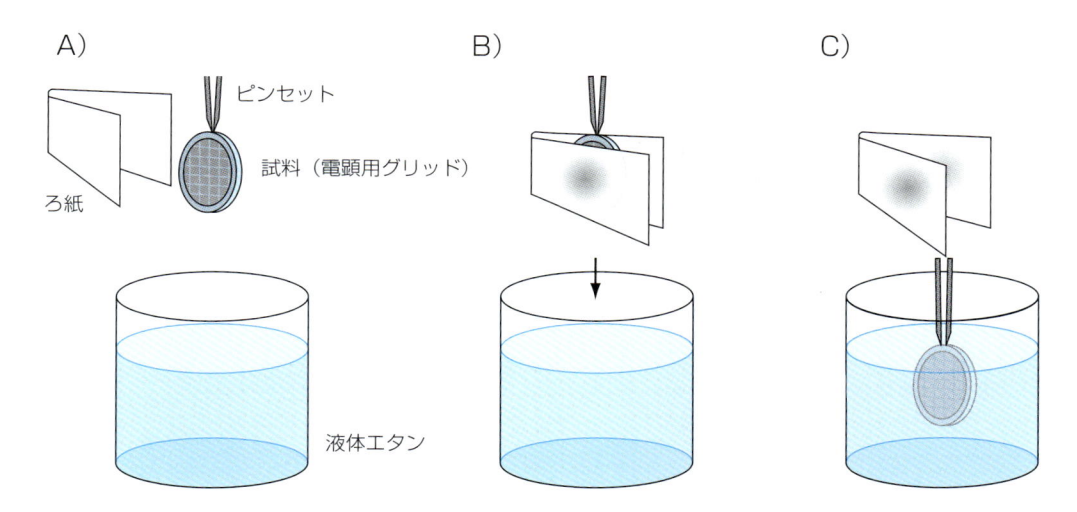

図1　氷包埋のための急速凍結法の模式図
ホーリーカーボンフィルムに観察する試料を分散した溶液2.5 μlを載せ（A），ろ紙で最適時間吸い取り（B），液体エタン中に落下させて急速凍結する（C）

薄い水の層に分散させた状態で液体エタン中に落下させて急速に凍結することで解決した[3]．

準備するもの

＜単粒子解析法＞
- 低温電子顕微鏡
- 液体エタンを作製できるような急速凍結装置（手作りも可能）
- 適当な径のゴムバンドなどによって手を離しても電子顕微鏡用グリッドが落ちないようにしたピンセット
- ホーリーカーボンフィルム（電子顕微鏡用グリッドに貼り付けたもの．自分で作製することもできるが最近はいろいろなタイプの支持膜を購入できる）
- 粒子数およそ10^{14}個/ml程度の濃度の試料
- ろ紙（吸い取り速度の異なるろ紙を準備して試料や作製条件によって，最適なものを選ぶ，第1選択としてアドバンテック4A）
- 単粒子解析用コンピュータシステム（解析には能力や注意が必要で，この紙面の限界を超えるので専門家に相談するとよい）

＜電子線結晶学＞
- 低温電子顕微鏡
- 急速凍結装置（手作りも可能）
- カーボン膜（真空蒸着装置を用いてできる限りスパークを飛ばさないで100 Å厚さ程度のカーボン膜を雲母のへき開面に蒸着して作製）
- 二次元結晶試料（二次元結晶作製法は重要で解説すべきことが多くあるが，ここでは二次元結晶が作製されたと仮定する）

- カーボン膜剥離用容器
- モリブデン製電子顕微鏡用グリッド
- パラフィルム
- ろ紙（吸い取り速度の異なるろ紙を準備して試料や作製条件によって，最適なものを選ぶ，第1選択としてアドバンテック4A）
- トレハロース

プロトコール

電子顕微鏡によるタンパク質の観察には，上記のように非常に多様な方法がある．ここでは，氷包埋法による単粒子解析法と電子線結晶学による構造解析について簡単に解説する．

1 単粒子解析法
ⅰ）試料作製
❶ ホーリーカーボンを貼り付けた電子顕微鏡用グリッドをピンセットにセットして急速凍結装置に取り付ける
❷ ピペットで2.5 μlの試料をグリッドに載せる
❸ 試料が載せられた側からろ紙を接触させるか，図1のようにろ紙でグリッドを挟むようにして，余分な溶液をろ紙で吸い取る
❹ その後直ちに液体エタン中に急速凍結することによって薄い非晶質の氷に試料を包埋して無固定無染色で直接観察する

ii）像の撮影

像を撮影する場合には，一般に染色による像とは異なり氷包埋の試料からの像はコントラストが低いので，2～4μm程度の大きな焦点はずれ（アンダーフォーカス）の条件で像を撮影するとよい[4]．撮影された粒子を効率よく拾い上げるために，試料の濃度を粒子数として，およそ10^{14}個/ml程度になるように精製しておくのが望ましい．

iii）解析

電子顕微鏡像からいろいろな向きの像を拾い上げて，クラス分けを行い，同じ向きの粒子を平均するとシグナルとノイズの比（S/N）が向上する．電子顕微鏡では投影像しか観察できないので，氷に包埋された粒子がいろいろな方向を向いていることを利用して，これら多くの平均像から立体構造を再構成することで構造解析が可能となる．解析できる立体構造の分解能は，基本的には平均化できる粒子の数などで決まるが，この方法では10Åより高い分解能の解析は比較的困難である．ただし，分類，平均化，立体構造構築というコンピュータでの計算を繰り返すことによって，平均できる粒子数を多くしていけば分解能の向上が期待される．現段階では原子モデルを作製するのは実現していないが，解析しやすい試料においては単粒子解析でも二次構造，特にヘリックス構造が見えるようになりつつある．

2 電子線結晶学

電子顕微鏡を用いた構造解析の方法の中で，現状で原子レベルの分解能を達成できるのは，電子線結晶学である．電子線結晶学は，図2にその流れ図を示すように，基本的には電子顕微鏡像と電子線回折像を撮影し，それぞれ位相情報と振幅情報を求めることによって，立体構造を解析する．二次元結晶の電子顕微鏡観察用試料作製は以下のような手順で行う．

i）試料作製

❶ 雲母のへき開面に蒸着されたカーボン膜を3mm四方に雲母と共にはさみで切断する

❷ それを図3Aに示すように水面剥離する．水面剥離されたカーボン膜をモリブデン製グリッドですくい取り，グリッドについている水溶液をバッファーに溶かした3～20％の範囲で試料作製条件に最適の濃度のトレハロース溶液で置き換える（図3B）．そのためには，パラフィルムに250μl程度のトレハロースのバッファー溶液の水滴を3個程度作製して，グリッドの溶液側から接触することによって置き換える

❸ そのグリッドを裏返して（すなわちカーボン膜を下側にして，グリッド側から）2μl程度のトレハロース溶液を除いた後，二次元結晶が分散した2.5μl程度の試料をグリッドに載せてピペッティングを10回程度繰り返す（図3C）

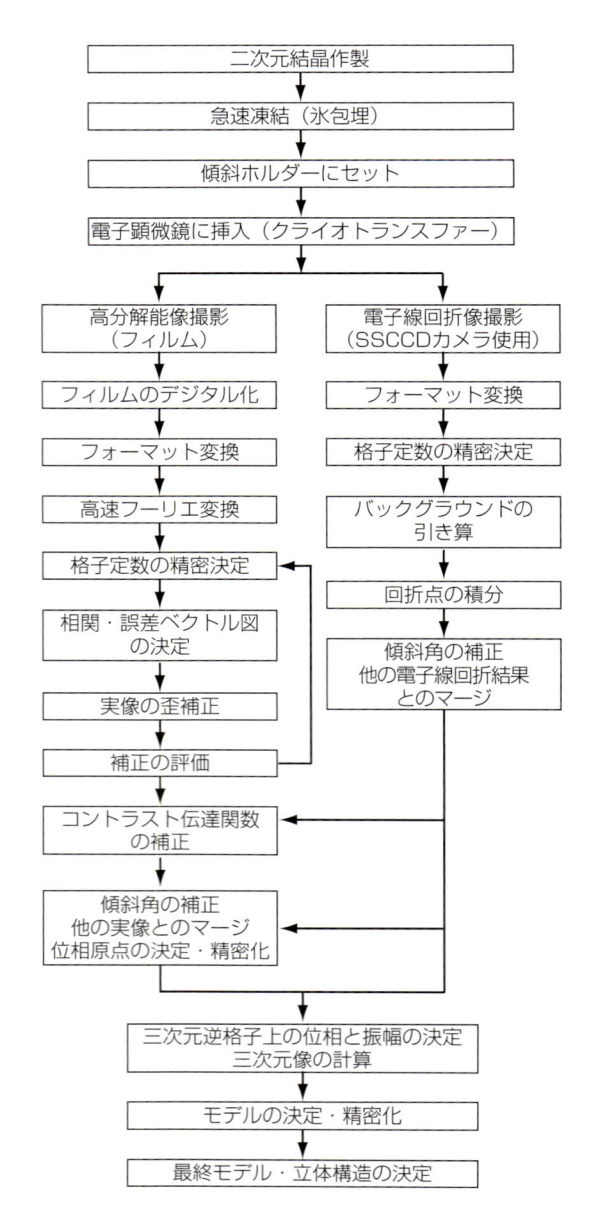

図2　電子線結晶学で解析する場合の流れ図

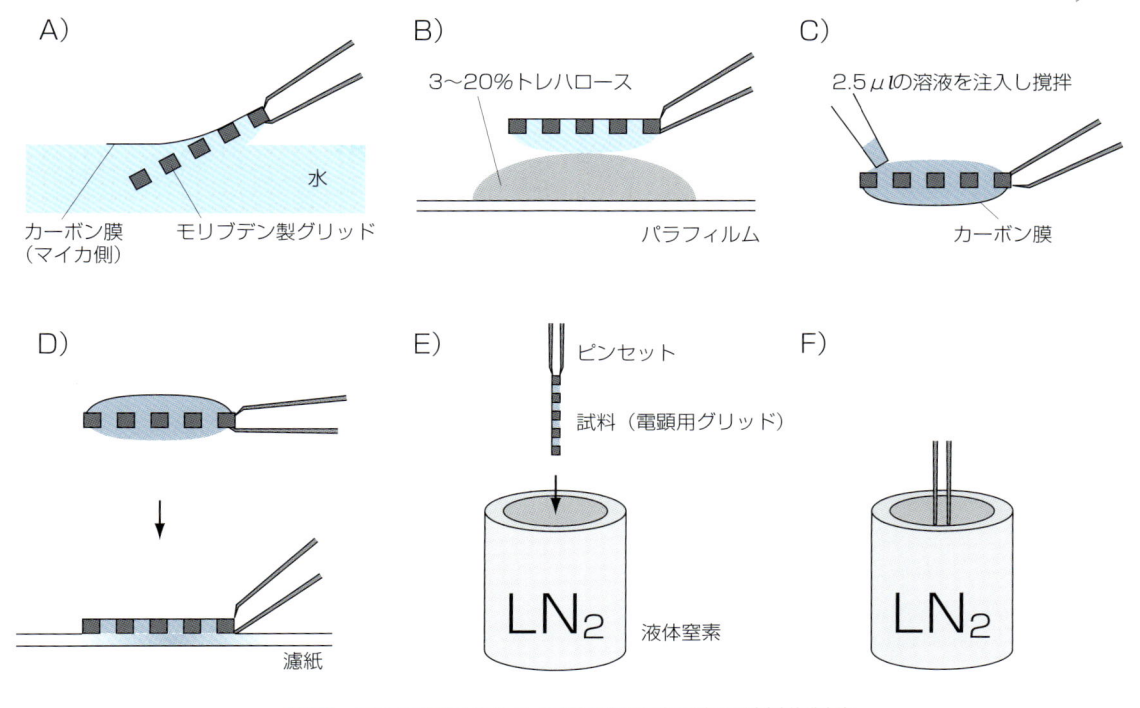

図3 二次元結晶のための電子顕微鏡観察用試料作製法

A) カーボン膜（マイカ側）／モリブデン製グリッド／水
B) 3〜20%トレハロース／パラフィルム
C) 2.5μlの溶液を注入し撹拌／カーボン膜
D) 濾紙
E) ピンセット／試料（電顕用グリッド）／液体窒素 LN₂
F) LN₂

❹ 試料を載せたグリッド側（カーボン膜とは反対側）をろ紙に10秒程度接触させて，溶液をグリッドから吸い取る（図3D）
❺ 10秒程度風乾した後，液体窒素の中に投入して凍結する（図3E）

ii) 像の撮影

これを低温電子顕微鏡に挿入して，図2のように，電子顕微鏡像と電子線回折像を撮影する．電子線損傷が激しいので，1枚の二次元結晶から1枚の像，あるいは，1つの電子線回折像しか撮影できない．それゆえ，立体構造解析のためには数百枚以上の二次元結晶から得られた質のよいデータを使って構造解析が行われる．

iii) 解析

電子線結晶学によるコンピュータプログラムは，英国ケンブリッジのMRC LMBで開発されたもの（あるいはそれをわれわれが改良したもの）を用いるが，解析には知識と経験が必要でこの部分はこの解説の範囲を超える．電子線結晶学で実際に構造解析する場合には専門家と相談する必要がある．

memo

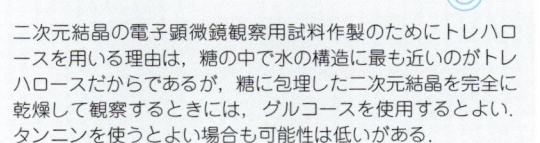

二次元結晶の電子顕微鏡観察用試料作製のためにトレハロースを用いる理由は，糖の中で水の構造に最も近いのがトレハロースだからであるが，糖に包埋した二次元結晶を完全に乾燥して観察するときには，グルコースを使用するとよい．タンニンを使うとよい場合も可能性は低いがある．

注意点

1 単粒子解析 — 氷包埋時のトラブルシューティング

単粒子解析においてよく起こるトラブルは，氷包埋する氷の厚さの調節が適切でないことである．厚すぎる氷では試料のコントラストが悪くて，観察したい粒子が見えないことになる．なお，一般にコントラストは低いので2〜4μm程度の大きな焦点はずれの条件で像を撮影すること．薄すぎる氷では試料が変形するおそれや，氷の膜がないなどの問題が起こる．ろ紙の種類や吸い取り時間，ろ紙をグリッドに押し当てる圧力などを調節することによって，最適な厚さの氷の膜

を作製する必要がある．

ときには，非晶質の氷にならずに結晶性の氷の膜ができてしまうことがある．その場合には急速凍結するときに以下の点に注意する．ピンセットでつかんだ試料を液体エタンに落下させるが，グリッドが投入されるときにエタンの液面に垂直より少し傾斜させて，試料を載せた（グリッドの反対）側が液面に接するようにセットするとよい．

2 電子線結晶学－結晶に関するトラブルシューティング

電子線結晶学による構造解析でよく起こるトラブルは，低温電子顕微鏡用試料を作製するときに結晶性を悪くすることである．タンパク質や結晶のタイプによって注意すべきことは異なるので，試料によって注意すべきことが異なる．結晶とカーボン膜表面との相互作用によって結晶性の劣化が起こることがあるが，この場合にはグリッド上に残す液量を多めにして，風乾時間を長めにする．トレハロースが徐々に濃縮されることによって，カーボン膜との相互作用を弱めることができる．トレハロース濃度を20％程度と濃くすることも一案であるが，この場合には浸透圧によって結晶が劣化しないことを確認する必要がある．残す液量を多くして風乾時間を長くすると，塩濃度の変化によって結晶が壊れることがある．最初の塩濃度を低くできる場合にはこの問題を解決できることがある．

また，トレハロースを用いても乾燥や塩濃度の変化に敏感な結晶も存在する．その場合には，ろ紙に接触後できる限り早く急速凍結する．また，温度変化に弱い結晶も存在するので，その場合には電子顕微鏡用試料作製のすべての操作を低温室で行う．二次元結晶の試料を低温電子顕微鏡で観察する場合に，現状では万能の方法はないので，試料ごとに最適化する必要がある．

実験例

電子線回折像を撮影できるときには，高分解能の構造解析が可能で，例えば，水チャネルアクアポリン－0の構造（図4）が1.9 Å分解能で解析され，水分子や脂質分子の構造も解析された[5]．ただし，チューブ状結晶や小さい二次元結晶で電子線回折像が撮影でき

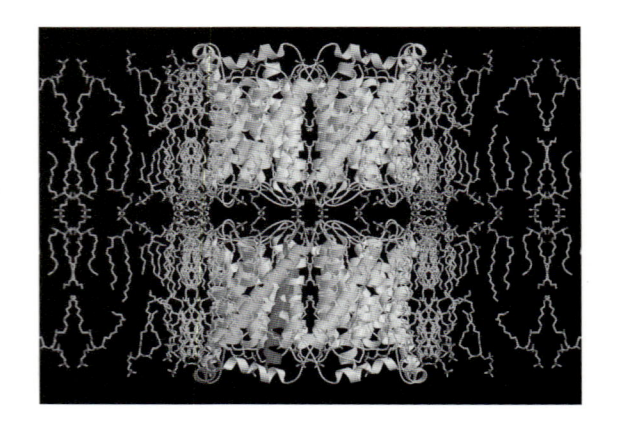

図4 電子線結晶学で解析された水チャネル，アクアポリン-0と脂質分子の構造
2枚の膜が接着した構造で，図の中心に向かい合う水チャネルの四量体の構造を示すので，左右の領域は脂質分子のみが示されている

ない場合においても，原子モデルが作製できるような解析も可能である．例えば，アセチルコリン受容体はチューブ状結晶の電子顕微鏡像から4 Å分解能で解析されて原子モデルが作製された[6]．このように，二次元結晶が作製される場合には，膜タンパク質のように三次元結晶化が容易でなくX線結晶学の適用が困難なタンパク質の構造研究のための重要な手法となっている．

おわりに

光学顕微鏡では不可能な比較的高い分解能で細胞の立体構造を議論できる電子線トモグラフィーという方法も注目される．染色固定した試料でのトモグラフィーは以前から行われていたが，染色固定しないで氷包埋の像が解析されるようになって注目されるようになった．1つの視野からいろいろな傾きの像を撮影することになるので，この場合には特に電子線損傷が大きな問題となる．電子線損傷のために分解能は比較的低い条件で解析されることになるが，非常に複雑な細胞の形態を立体的に見ることができるという，捨てがたい魅力がある．

電子線トモグラフィーが生物学的に重要な知見を与えるようになるには，最低3つの技術的ブレークスルーが必要である．電子線損傷を軽減するためには，極

低温電子顕微鏡が必要であるが，高画素の画像記録システムと操作性のよい傾斜システムを備えた極低温の電子顕微鏡システムが開発されなければならない．そのような装置が開発されても，分解能はせいぜい20 Å程度であるので，形から分子を特定できない場合が多い．光学顕微鏡で強力な威力を発揮しているGFPのように，個々のタンパク質分子特異的なラベルができる技術が必要である．さらに，多くの傾斜像から立体構造を再構築するので，そのための精度と効率のよいコンピュータシステムが必要である．これらの発展如何では，電子線トモグラフィーが生物学研究に大きな力を発揮する可能性はある．

以上のように，技術的に容易な方法とはいえないが低温電子顕微鏡はタンパク質構造の研究にとどまらず広く生物学研究に有効な装置で，その重要性はますます高くなってきている．

参考文献

1) Uyeda, N. et al. : Chemica Scripta., 14 : 47-61, 1978/79
2) Fujiyoshi, Y. : Adv. Biophys., 35 : 25-80, 1998
3) Adrian, M. et al. : Nature, 308 : 32-36, 1984
4) Sato, C. et al. : J. Mol. Biol., 336 : 155-164, 2004
5) Gonen, T. et al. : Nature, 438 : 633-638, 2005
6) Miyazawa, A. et al. : Nature, 423 : 949-955, 2003

第3章 顕微解析

9. 透過型電子顕微鏡
~細胞・膜・タンパク質分子などの観察~

臼倉治郎

可視光の代わりに電子線を用いることで分解能は桁外れに高くなった電子顕微鏡であるが動作環境は真空中となり，生物観察には最適とはいえない．ここでは電子顕微鏡がなぜ細胞を何万倍にも拡大し，観察できるのかを概説するとともに基本的な生物試料観察法についても解説する．

はじめに

電子顕微鏡は電子を試料に照射し，透過散乱電子を集め結像する顕微鏡である．光の代わりに電子を用いることで分解能は桁外れに高くなったが，動作環境は，真空中という生物試料にとっては過酷な条件となった．ここでは，簡単な結像原理と生物試料への応用法を解説する．

Leeuwenhoek（レーウェンフック，1632～1723）の虫眼鏡から出発した光学顕微鏡の発達と生物学の進歩は生命の根幹が細胞内にあることを確信させた．細胞内微細構造やそこで作用する分子構造の解析が生命現象の解明に必須であることはもはや誰の目にも明らかであり，分解能の高い顕微鏡の開発が待望された．光学顕微鏡の開発当初から，分解能が使用する光線の波長に依存することはすでに証明されていた（分解能は使用する光の波長が短いほど高い）．このため紫外線やX線など短い波長の光線（電磁波）を使用した顕微鏡開発も次々と試みられた．当然のことながら，最も波長の短い電子線を使うことも考えられ，電子線を曲げるための電子レンズの開発と同時にRuskaにより電子顕微鏡が完成された（1931）．

電子顕微鏡の光学的構成は基本的に光学顕微鏡と同じで，光（光線）の代わりに電子（電子線）を用いた顕微鏡である．しかし，光線を電子線に変えることにより，動作環境や像形成過程は異なる．同じ電磁波であっても電子は色として肉眼で識別できないだけでなく，真空中でなければ他の粒子との相互作用で消滅し，電子線として使用できない．したがって，電子顕微鏡の光学系は真空中に置かなければならないし，最終的な拡大像は蛍光板で電子を可視光に変換して観察する．そのため，試料も真空中で維持でき，かつ電子線が透過できるほど薄くなければならない．このように動作環境のみならず観察試料の作製過程も光学顕微鏡とは大変異なる．

電子顕微鏡の構造と原理

電子顕微鏡では一般にフィラメントに電流を流し，熱により電子の動きを活発化させ飛び出しやすくなった熱電子を光源とし，このフィラメントと陽極との間に高電圧をかけ電子線（beam，ビーム）を取り出す．電子線はコンデンサレンズでビーム径を制御され，試料に照射される．試料により散乱，透過した電子は対物，中間，投影の各レンズを経て拡大され蛍光板上に結像される．最近の電子顕微鏡では使い勝手を向上さ

Jiro Usukura：Division of Integrated Project, EcoTopia Science Institute, Nagoya University（名古屋大学エコトピア科学研究所）

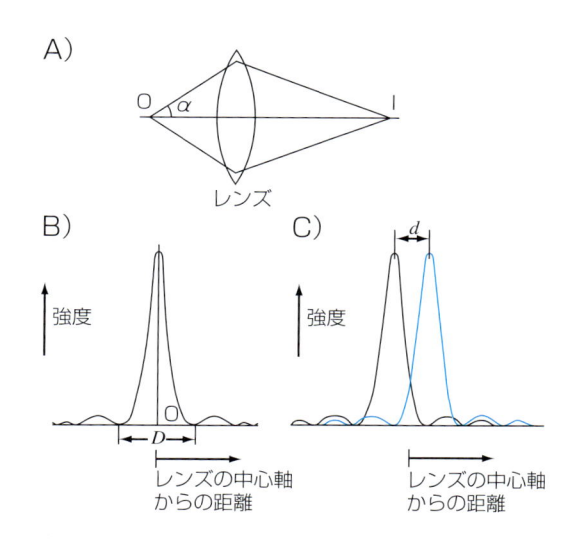

図1 単レンズによる結像光学系（A）とこの光学系により得られる像の輝度（強度）分布（B,C）
B）光源が1点の場合，C）光源が2点の場合

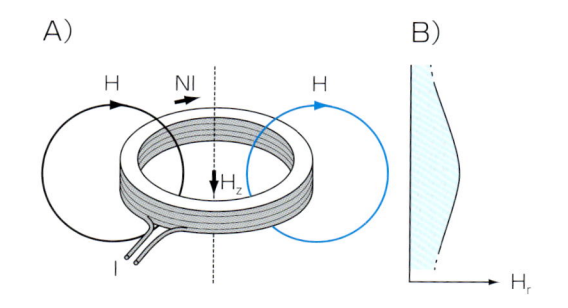

図2 リング状に数回巻かれた励磁コイルのつくる磁界とその中心軸上の磁界分布

せるためにさまざまな操作系がこれに付加されるが，昔も今も結像に関する最も重要な部分がレンズであることに変わりはない．

1 レンズの分解能

分解能（resolution）というのはどのくらい小さなものまで見えるかという能力であり，顕微鏡にとって最も重要な性能である．近接する2点を2点として識別できる最小の距離をもって表す．もう少し論理的に話を進めるために，図1Aのように可視光を用いた凸レンズによる結像と分解能について考えてみよう．1つの丸い点Oから出た光がIで像を結んだとする．肉眼的にはIの像も丸く見えるが，厳密に光強度を測定するとOと同等な輝点ではなく，図1Bに示すように明るさはレンズの光軸（中心軸）からはずれるに従い減衰する．要するに輪郭がにじんだようになる．次に同等な点をもう1つ追加した場合を考える．Iの位置に形成される像はある距離 d だけ離れた2つの輝点となる．そして，これも厳密には図1Bの輝度分布を2枚ずらして重ねた図1Cのようになるはずである．このとき2つの輝点のピークが区別できる最小の距離 d がこのレンズの分解能となる．そして，このピーク間の距離 d はアッベの式により $d = 0.61 \lambda / n \sin a$ で表される．ここで λ はOから出る光（観察に用いる光）の波長，a は最大入射角とよばれ，Oからレンズ径を見たときの半角（semi-angular aperture）である．また n はO（試料）が存在する場所の屈折率（refractive index）で，$n \sin a$ は開口数（numerical aperture：NA）とよばれる．

光学顕微鏡の場合，開口数はレンズにより決まり，60×程度の最高級の油浸レンズで約1.4ぐらいである．したがって，500 nmの光を用いて観察する場合の光学顕微鏡の分解能の限界は上の式から約200 nmとなる．一方，電子を用いた場合の分解能もこの式で求めることができる．電子の波長はDe Broglie（ド・ブロイ，1924）により，真空中での加速電圧をVとすると，$\lambda = 0.1\sqrt{150/V}$ で示される．

100 kVの加速電圧では電子の波長は0.004 nmとなり，可視光と比べ $1/10^5$ となる．すなわち単純に波長だけを比べても 10^5 倍も分解能が上がり原子も容易に見えることになる．実際には後述するようにレンズには収差とよばれるひずみがあり，理論分解能には至らないのが実情である．電子線を曲げる電子レンズは磁界により形成され，凸レンズとしての性質を示すものしかできないので，光学ガラスレンズ（特に凹レンズとの複合レンズ）と比べ，きわめて収差が大きい．しかし，電子顕微鏡がいかに高倍率を達成できるかは実感していただけると思う．さて，電子を顕微鏡に応用できるようになったのは，何といっても電子レンズが開発されたからであり，続いてその構造について概略する．

3章－9．透過型電子顕微鏡

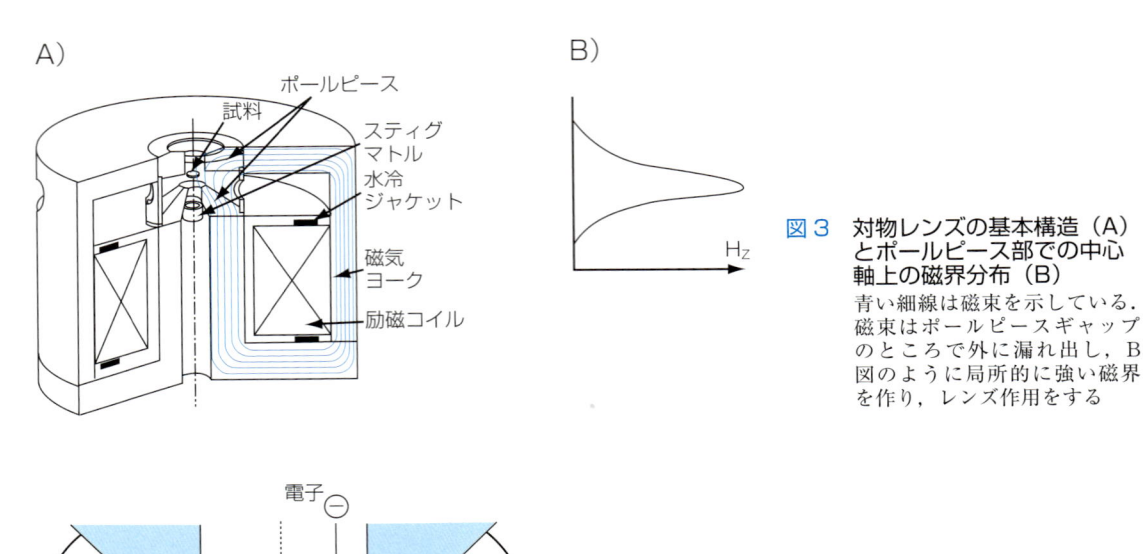

図3 対物レンズの基本構造（A）とポールピース部での中心軸上の磁界分布（B）
青い細線は磁束を示している．磁束はポールピースギャップのところで外に漏れ出し，B図のように局所的に強い磁界を作り，レンズ作用をする

図4 ポールピースギャップに生じる回転対称磁界の拡大図とそのレンズ作用
電子に作用する磁界Hはそれぞれ軸と平行な成分H_zと直角な成分H_rからなっている

2 電子レンズ

電子顕微鏡が開発されるきっかけになったのは電子の波長がきわめて短いという性質ばかりでなく，磁界，電界により電子線を曲げたり，加速したりすることが容易である点も影響している．実際，1927年にBushにより電子線に対し凸レンズの性質を示す磁界がつくれることが理論的に証明されている．そして1931年にE. RuskaとW. Knollにより初めて透過型の電子顕微鏡が完成された．レンズには磁界型と静電型があるが，現在一般的に使われているのは磁界型であり，ここではその磁界型レンズについて説明する．銅線に電流を流したとき銅線の近傍に同心円上に右回りの磁界ができることはよく知られている．これを少し複雑にし，何回か輪状に巻いたコイルに電流を流すとどうなるかというと，図2Aのようにコイルの中心を軸とする回転対象な磁界ができることは容易に想像できる．このときの中心軸上の磁界強度の分布は図2Bのようになる．このままでもレンズ作用を示すが，あまりに長焦点となり実用になりえない．では実際の電子レンズはどうなっているのかというと，図3のように強力なドーナツ型の励磁コイルのまわりを鉄のような強磁性体で覆い（専門用語で磁気ヨークとよばれる），中心上部にポールピースギャップという磁束の引き出し窓を設けてある．図中に青線で磁束の分布を書き込んであるように，磁束は強磁性体の中を通りポールピースギャップのところから洩れ出してくる．この部分がレンズ作用をする．中心軸上での磁界強度分布は図3Bのようになり，局所的に強い磁界が得られており，充分短い焦点距離が得られることを示している．

さて，ポールピースギャップがいかにして凸レンズの作用をするかを考察してみる．ポールピースギャップの拡大図（図4）からわかるように，洩れ出した磁界Hは左右回転対象で，それぞれの磁束は中心軸と垂直な成分H_rと軸に平行な成分H_zをもっている．磁界H_rの方向と電子の速度方向（電流の逆）」との間には高校物理の教科書にも出てくる有名なフレミング左手の法則が成り立つ．したがって，電子は紙面に垂直な方向に動かされる（回転しはじめる）．ところが，こ

の紙面に垂直な方向の電子の働きはまた中心軸に平行な磁界 H_z との間でフレミング左手の法則が成り立ち，電子はこのレンズの中心軸に向かう力を受ける．この繰り返しで結局らせん状の軌跡を描きながら収束する．すなわち，このような磁界は凸レンズとしての作用をもつことになる．したがって，幾何光学的にはレンズを通る電子の光路をガラスレンズを通過する可視光と同じように作図できる．これをもとに電子顕微鏡と光学顕微鏡の結像光学系を幾何光学的に比較すると図5のように光学系が一致していることがよくわかる．ただ，光学顕微鏡では倍率変換に際し，焦点距離の違う別の対物レンズに変えなければならないが，電子レンズでは磁界の強さを変えて焦点距離を変化させることができる．焦点距離はポールピースギャップ間の磁界の強さと加速電圧によって決まるが，加速電圧は一定であるので，磁界の強さのみによって決まると考えればよい．励磁コイルの起磁力は巻数とそこを流れる電流の積として表されるので，観察中に励磁コイルの電流量を変えて焦点距離を変化させ，最終的に倍率を変えることができる．理論的には電流の変化により広範囲に無段階に倍率を変えられるわけで，これは電子レンズの長所といえる．しかし，以下に述べるように電子レンズにも光学レンズと同様さまざまな収差が存在する．現在のところ凹レンズ作用をする電子レンズはつくれないので，これらの収差を複合レンズ形成により効率よく除けないのが実情である．

3 レンズの収差

収差とは概念的には理想とするレンズと比べたときの欠点であり，光学的には同一平面上にある点もしくは同一点から出た光が1つの焦点（後焦点）あるいは焦点面に収束しないことと表現でき，いろいろな原因が考えられる．対物レンズに収差があると像がボケ，分解能が著しく低下し致命的となるが，コンデンサレンズなどではそれほど問題にはならない．収差の原因と補正についての詳細は専門書に委ねるとして，ここではほんの一部を紹介する．電子レンズの収差は光学レンズのそれと似ており，大きく分けて，①ザイデル（Seidel）収差，②色収差の2種類がある．ザイデル収差には球面収差，湾曲収差，歪み収差，コマ収差，非点収差などが含まれる．これら，特に前三者は屈折率が中心軸から離れるほど強くなるために焦点あるい

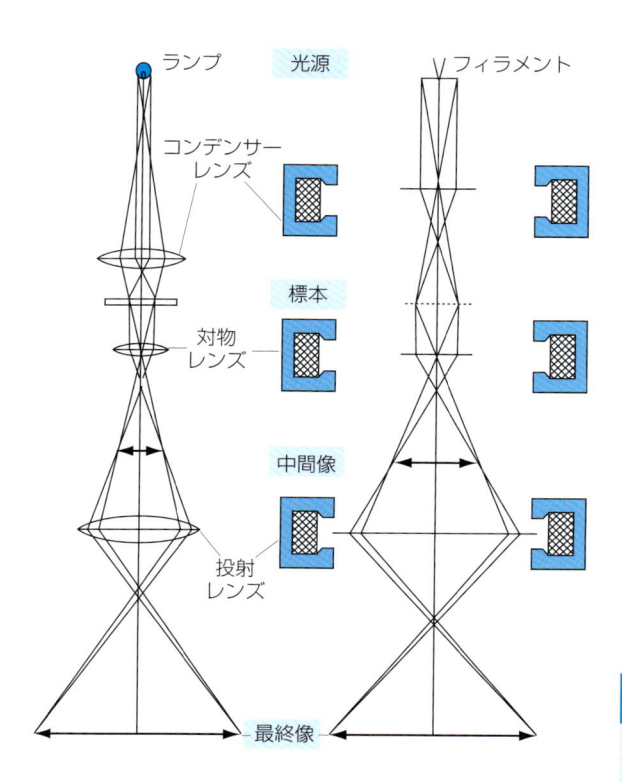

図5 光学顕微鏡と電子顕微鏡の結像光学系の比較

は焦点面が一致しないことから起こる収差である．一方，色収差は電子の速さや磁界の強さの変化によりレンズの焦点距離がわずかにずれるために生じる収差であり，さらに軸上色収差と軸外色収差（倍率色収差，回転色収差）に分けられる．いずれも対物レンズや中間レンズのような結像系のレンズでなければ少々の収差は致命的ではない．

4 電子銃

電子顕微鏡の電子源である電子銃には熱電子放出型電子銃（TEG）と電界放出型電子銃（フィールドエミッションガン：FEG）の2種類がある．一般の電子顕微鏡では熱電子放出型電子銃を採用しており，その電子源はフィラメントに電流を流し，熱することで放出される電子（熱電子）である．熱電子放出型電子銃はフィラメントとそれを覆う円筒形のウェーネルト（Wehnelt）からなっている．ウェーネルトにはフィラメントに対しバイアス（負の電位）がかけられており，図6のように効率よく一方的に収束した電子線を

A) 低バイアス　ウェーネルト孔

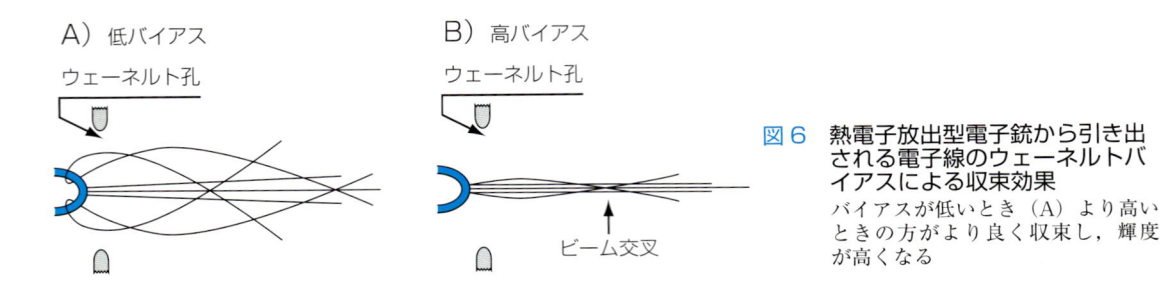

B) 高バイアス　ウェーネルト孔

↑ ビーム交叉

図6　熱電子放出型電子銃から引き出される電子線のウェーネルトバイアスによる収束効果
バイアスが低いとき（A）より高いときの方がより良く収束し，輝度が高くなる

取り出せる．観察操作中の電子線の量と照射径はコンデンサレンズにより制御される．フィラメントの素材としてはタングステンが最も一般的である．これは頻繁な真空リークやそれによる低真空度に対し安定で，寿命が長いからである．しかし，タングステンは熱電子放出に要する仕事関数が大きい割に輝度が低いので，高真空に保てる最近の電子顕微鏡では硼化ランタン（LaB_6）などの高輝度フィラメントが使用されるようになった．一方，電界放出型電子銃（FEG）は高真空中で先のきわめて小さな針状の陰極先端に電界を集中させ，トンネル効果により電子を引き出す．陰極の加熱により電子を取り出す熱電子放出型電子銃とまったく異なり，エネルギー幅の小さい電子線が得られる．この方法では高輝度であるばかりでなくコヒーレンスのよい電子線（FE電子）が提供される．実はこの電子銃の登場で鮮明な電子線ホログラフィーが可能となった．

電子顕微鏡による像の形成

これまで見てきたように幾何光学的には電子顕微鏡は光学顕微鏡と多くの共通性が認められている．しかし，像形成機構はまったく異なる．その１つに光線と電子線の試料による散乱の違いがある．光学顕微鏡では光の回折，あるいは光の吸収やそれに伴う蛍光の発生などを像形成に役立てているが，電子顕微鏡では電子の多くが試料を通過する．もちろん吸収される電子もあるが，それらの多くは熱となり，試料損傷の原因をつくることになる．電子は荷電しているため，原子核の周辺の静電場やそれを覆う外殻電子と直接相互作用し散乱する．この散乱が透過型電子顕微鏡では像形成の出発点である．したがって，電子線と相互作用しない試料の観察は不可能である．逆に電子線と相互作用するものであれば，物質でないもの，例えば磁束の動きなども観察できることになる．散乱には以下のように弾性散乱と非弾性散乱が存在する．

また，電子顕微鏡像と光学顕微鏡像とでは光学系が異なるので像質にも違いがある．電子レンズの開口数はきわめて小さいため（0.02），焦点深度が深く試料のZ軸方向のすべてにピントが合う．いいかえれば観察像は完全な透過像となる．一方，光学レンズでは電子レンズに比べ開口数（1.2）が大きいため，焦点深度が浅い．そのため試料のZ軸方向のある一面にのみ焦点が合い，その面以外はボケて観察できない．すなわち形成される像は光学的切片像となる．

1 弾性散乱

入射電子が試料を通過する際，原子核やそのまわりの電子からクーロン力を受け，また入射電子もこれらにクーロン力を及ぼす．この力により試料側の原子核と電子に新たな運動が励起されなければ，入射電子と試料の間にエネルギーの授受は起こらず入射電子の方向のみが変化する．このような散乱を弾性散乱といい，波の性質としては波長が変わらず位相だけが変化する．この弾性散乱電子が結像の主要部分を占めている．弾性散乱は入射電子が外殻電子から少し離れた原子核の近くを通過するときに起こりやすい．この場合，入射電子は原子核の静電場から力を受けて大きな角度で屈折する．大きな核をもつ（原子番号が高い）原子ほど電子線を大きく屈曲させる．あまり強く屈折すると光路から外れ結像面に到達しない．したがって，まっすぐ通過してきた電子と弾性散乱電子の数（強度）に大きな差ができる．これが後に述べるコントラストである．一般に小さな穴の対物絞りを使用するとコントラストが上がるが，これはとりもなおさず対物レンズへの入射電子のうち屈折した電子の多くを絞りによ

り結像光路から外し，強度の変化をつけることにほかならない．

2 非弾性散乱

　入射電子が原子核より少し遠い外殻軌道上の電子あるいは励起電子塊（プラズモン）周辺を通過するときによく起こる散乱である．屈折は弾性散乱に比べ強くないのでそのほとんどが対物絞りを通過できる．入射電子と軌道上の電子はともに同じ質量であるから，近傍を通過したときのクーロン力や衝突はこの電子に新たな運動を起こさせる．このとき必要とする余分なエネルギーは入射電子から供給される．このような散乱では，入射電子は一般に100eV前後の小さなエネルギーを損失する．このようなエネルギーの変化を伴う散乱を非弾性散乱とよぶ．エネルギーを失った入射電子は所定の焦点に収束せず，ボケの原因となる．

3 コントラスト

　コントラストは背景と像の区別を明確にする能力で分解能とともに顕微鏡の結像過程できわめて重要な要素である．白板に白インクで書いた字は読めないように，たとえ分解能が高くてもコントラストのない像は観察できない．前述のように，電子顕微鏡におけるコントラストは試料による電子の散乱が原因で起こる強度と位相の変化により生じる．それぞれ，強度コントラスト（amplitude contrast），位相コントラスト（phase contrast）とよばれる．結像面でのコントラストの大半は強度コントラストであり，位相コントラストの寄与はほとんどない．しかし，微細な構造や生物試料のように原子番号の小さな元素からなる試料では位相コントラストは重要である．例えば，氷に包埋した微小タンパク質分子は強度コントラストがほとんどないため，不足焦点の状態にして位相差による干渉を起こし，充分な強度差に変換し観察する（これがいわゆる位相コントラスト）．

　この過程は図7に示すように波をベクトルとして考えると理解しやすい．すなわち，結像過程で散乱電子は散乱せず試料を通過した電子（背景電子）とベクトル合成され結像に寄与する新しい波がつくられる．そして合成された新しい波（図7A，ac）がもとの背景電子（図7A，ab）の波に比べ充分な強度差（例えば図7Cのようにベクトルab，acの高さの差）があれ

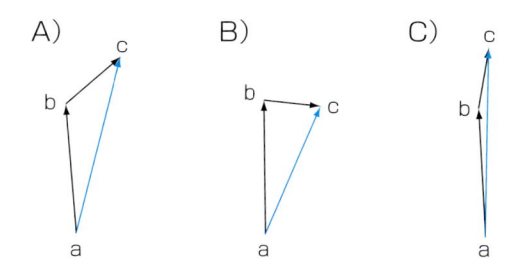

図7　散乱電子と背景電子とのベクトル合成によって結像過程を示した図
A）背景電子abと散乱電子bcが合成され結像に寄与する新しい波acがつくられる．B）焦点合わせの過程ではこのように背景電子と合成電子の両方を結像面に収束させる．したがって，背景電子と合成電子との間の強度差は検出できない．C）不足焦点では背景電子と合成電子の間に充分な強度差が現れる．したがって，位相コントラストによる像観察ができる

ばはっきりとした位相コントラストが像面に形成される．しかし，いわゆる焦点合わせは図7Bのように背景電子と合成電子の両方を同様に結像面に収束させることになるため，背景電子と合成電子との間の強度差はなくなり，位相コントラストを観察することはできない．このときの像は電子の強度分布によるコントラストである．しかし，焦点をずらし，光路を延ばしてやると（不足焦点：図7C）今度は背景電子と合成電子の間に充分な強度差が現れるため，位相コントラストによる像を観察することができる（すなわち，位相差を強度差に変換して観察することになる）．要するに，焦点をずらせることにより背景光と散乱光が干渉し，位相コントラストが現れるということである．したがって，位相は干渉して初めて検出できる量と考えても差し支えない．

　生物試料の場合，一般的には重金属で染色したり，白金などでシャドウイング（shadowing）したりして強度コントラストを増加させる方法がとられる．しかし，その分だけ実質の分解能が低下することになる．

4 電子分光結像法

　すでに触れたように試料を透過した電子線は弾性散乱電子と非弾性散乱電子から構成されている．弾性散乱電子が像形成の主役であり，非弾性散乱は像をボケさせると述べた．もちろんこれは正しいが，実は非弾性散乱電子もそれほど悪玉ではない．試料構成元素の

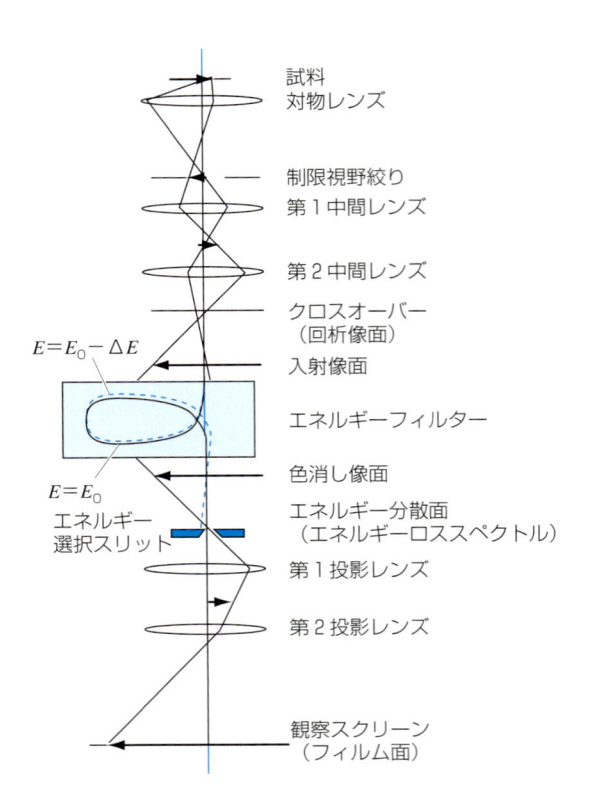

図中ラベル:
- 試料
- 対物レンズ
- 制限視野絞り
- 第1中間レンズ
- 第2中間レンズ
- クロスオーバー（回折像面）
- 入射像面
- $E = E_0 - \Delta E$
- エネルギーフィルター
- $E = E_0$
- エネルギー選択スリット
- 色消し像面
- エネルギー分散面（エネルギーロススペクトル）
- 第1投影レンズ
- 第2投影レンズ
- 観察スクリーン（フィルム面）

図8 エネルギーフィルター電子顕微鏡の結像光学系

外殻電子と相互作用した非弾性散乱電子は相互作用した元素固有のエネルギーを失うので，その元素の種類と位置に関する情報を含んでいる．このような電子のことを専門用語でコアロス電子とよんでいる．ちなみに弾性散乱電子はエネルギーを失わないのでゼロロス電子とよんでいる．

さて，光をプリズムで7色の虹スペクトルに分けるように，もしこれらの電子をエネルギーのスペクトルに分け，特定のエネルギーの電子線のみで結像できれば非弾性散乱電子を除去して分解能やコントラストを改善できるのみならず，非弾性散乱電子から特定元素の位置情報（元素マッピング）を得ることができる．このように電子線をエネルギースペクトルに分け，特定エネルギーの電子だけで結像させる方法が電子分光結像法（electron spectroscopic imaging）であり，そのための特定エネルギーの電子線だけを抽出する装置をエネルギーフィルターという．エネルギーフィルターは質量分析機に似ており，対物，中間レンズ透過後に電子線を付加的な磁場軌道に導き，損失エネルギーに依存する屈折角の違いをもとにスペクトルに分ける．これがelectron energy loss spectrum（一般にEELS）である．

このスペクトルの一部分を取り出して，像形成を行うのがエネルギーフィルター（分光器）電子顕微鏡である．フィルターは中間レンズと投射レンズの間に置くin columnタイプとカメラ室の後につけるpost columnタイプの2種類あるが，結像をおもな目的とする場合，前者が一般的である．図8は日立製作所の田谷，谷口らが開発したγタイプのエネルギーフィルター顕微鏡（EF1000）の結像光学系である．フィルター内の電子線の軌道がギリシャ文字の"γ"に似ているのでこの名前が付けられた．フィルター前方（中間レンズの後焦点面）に収束した回折像をフィルター後面のエネルギー分散面上に倍率1で結像している．同様に像面もフィルター入口前方に存在する入射像はフィルター出口後方の像面に同じく倍率1で結像する．エネルギーフィルター内部では磁場によりいったんエネルギー分散されるものの，このフィルター出口後方の像面に再びエネルギーが収束して通常の透過電子顕微鏡像が現れる（エネルギー分散が一時的に隠されるところからこの像面を色消し像面とよぶ）．その後再び分散を始めエネルギー分散面上ではEELSが形成される．図ではゼロロス電子（エネルギーE_0）の軌道は黒で，試料中でΔEだけエネルギーロスした電子（エネルギー$E_0 - \Delta E$）の軌道は青で示してある．エネルギー分散面にエネルギー選択用のスリットを設けて，色消し像を形成する電子のうち特定のエネルギー電子のみを選択できるようにする．そして，投影レンズには特定エネルギー電子のみが入射され，拡大されて蛍光板に結像する．すなわち，色消し像に含まれる特定エネルギー電子による結像部分（例えば特定元素に由来する像）だけをろ過（フィルター）していることになる．したがって，最終像をフィルター像ともいい，またこのような顕微鏡をフィルター顕微鏡とよんでいる．エネルギーの選択はスリットを動かすのではなく，ΔEだけエネルギーロスした電子による像を得るには加速電圧をΔEだけ上げればよい．これにより目的の電子線のエネルギーはE_0に戻りスリットを通過できる．したがって，さまざまなエネルギーをもつ電子線を選択的に結像できる．スリット幅は観察視野との関係から極端に狭くすることはできず，せいぜい

20〜30μmであるから，エネルギーフィルターの性能はその分散能力で決まる．分散能力が高ければスリット幅はある程度広げたままでも（観察視野を広げたまま）像のエネルギー分解能を向上させることができる．今のところ普通の電子顕微鏡の視野と比べ70％程度の視野率で，像のエネルギー分解能は10〜20 eVである．参考例としてエネルギーフィルター顕微鏡により得られたカエル視細胞外節のCaマッピング像を図9に掲載する．Caコアロス電子だけによる像を得るため，実際にはコンピュータ画像処理によりCaコアロス電子のピークを含むスペクトル像から隣接する20 eV幅のスペクトル像を差し引いて，バックグラウンドを除くことで求められた．

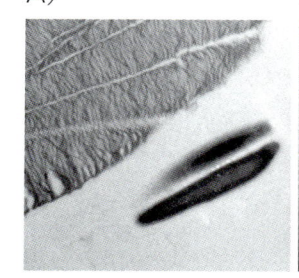

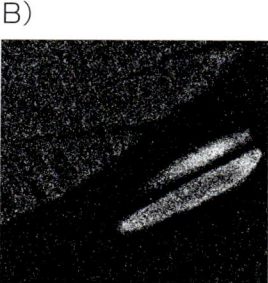

図9 エネルギーフィルター電子顕微鏡によるカエル網膜視細胞のCa元素マッピング
視細胞外節部分と色素上皮細胞の色素顆粒を含む突起部分を観察している．A）急速凍結，凍結乾燥包埋試料の通常の透過像．B）Caコアロス像とその前後像から算出した元素マッピング像．色素上皮細胞特記内にある色素顆粒には多くのCaが色素顆粒から検出されている

電子顕微鏡を利用した観察法の概要

ここでは実際の試料作製法と，それによりどのような構造が明らかにされるのかを概略的に紹介する．溶液のつくり方など細かい点については他の総説を参照することを勧める．

これまで説明してきた電子顕微鏡の画像形成過程は試料作製の基礎である．どの古典的な観察法もこの画像形成過程に基づいて考え出されたものだし，今後考案される新しい観察法もこの過程を満足しなければならない．透過型電子顕微鏡が現在の姿である以上試料は真空に耐えられること，電子線が透過できるほど充分薄く，かつ電子線と相互作用するように作製されていなければならない．基本的にはこの条件を満足していれば観察できるはずである．現在の電子顕微鏡ではどんなに小さくても生きたままの生物は観察できない．そこで生きている状態の構造を保つ工夫がいる．これが固定である．ここで化学固定を選ぶか物理固定を選ぶかは研究の目的と設備に依存する．これまで最も広く行われてきたのが化学固定である．さまざまな固定剤が歴史的に試され，現在では2％程度のグルタールアルデヒドで前固定する．その後，目的に合わせ，必要ならばさらに1％のオスミウム酸水溶液で後固定する．あるいはそのまま次の段階へ進むのが一般的である．一方，物理固定とは急速凍結法をさしている．10^4℃/sec以上の速度で凍らせると立方形の氷晶はできずガラス状の氷となり，構造損傷を起こさず，生きている状態に近く，瞬間的に固定できる．しかし，このような状態で保存できる部分は冷媒に接触した表面からわずか20μm程度の深さまでであり，応用する観察法はおのずと限定される．さて，固定した試料を電子顕微鏡でどのように観察するかであるが，その代表的な方法は以下の5つである．①超薄切片法（凍結置換法，凍結切片法を含む），②フリーズレプリカ法，③低角度回転蒸着法，④負染色法，⑤氷包埋法．

免疫細胞化学と組み合わせ多くの変法が存在するが，ここでは最もオーソドックスな部分だけにとどめる．

1 超薄切片法

組織，細胞などの断面を観察する方法で最も基本的な電子顕微鏡観察法である．現在の細胞学，組織学はこの方法による観察結果の積み重ねにより完成されたといっても過言ではない．細胞の膜系が形態的に暗層，明層，暗層の二重層からなる単位膜（unit membrane）でできていること，また細胞内の核やミトコンドリアがその膜により二重に囲まれていることなど今日では当然の知識になっていることを含め，この方法により明らかにされた事実は数えきれないほどある．しかし，現在ではこの方法だけで新しい形態的知見を得ることは難しく，何らかの方法と併用するのが普通である．

組織片をグルタールアルデヒドで2時間ほど前固定した後さらに1時間オスミウム酸で後固定し，60, 70,

80％という具合に上昇濃度のエタノールで100％まで脱水し，エポキシ系樹脂などのプラスチックに包埋する．電子線を透過させるためには切片の厚さを約80 nm以下にしなければならないが，エポキシ系樹脂は重合に際し収縮が少なく細胞変形を最小限に抑えることができるうえ，薄切も容易である．一般に切片はグリッドに載せ，乾燥後コントラストを付けるため，酢酸ウランとクエン酸鉛で二重染色した後電子顕微鏡で観察する．

免疫染色を切片上で行おうとするときは，オスミウムによる後固定を省き，かつLowicryl K4MやLRWhiteなどの水溶性の樹脂に包埋するのが普通である．切片としてグリッドに載せた後，一次抗体2時間，洗浄，二次抗体1時間，洗浄，という順番で反応させる．二次抗体は電子線に対しコントラストのある金コロイド標識抗体を使用する．金コロイドが遊離しないように最後の洗浄に続いて再度グルタールアルデヒドで固定する．固定後再度蒸留水で洗浄し，酢酸ウランで約10分染色する．洗浄し乾燥後に観察する．

A）凍結置換法

凍結した試料を超薄切片法で観察するために考え出されたのが凍結置換法である．純アセトンにオスミウム酸を2％濃度で溶かし，－80℃まで冷却し置換液とする．この置換液に凍結した試料を入れ約2日間－80℃に保つ．このようにすると試料は凍結状態でタンパク質の移動や脱重合は起きず，氷とアセトンの置換が進み，かつアセトンに含まれるオスミウムにより試料は固定される．すなわち脱水と固定が同時に進行するわけである．その後は徐々に温度を上げ，室温にて2回純アセトンで洗浄した後，普通の超薄切片法同様エポキシ系樹脂に包埋する．固定としては理想的できわめて生きている状態（凍結の瞬間に）に近い構造が得られる．微小管やマイクロフィラメントなどもよく保存され，通常の超薄切片と比べると保存状態が格段によいのがわかる．免疫細胞化学に応用するにはアセトンだけで置換すればよい．樹脂はやはり水溶性のほうが抗体が抗原にアクセスしやすいようで標識には向いている．

B）凍結切片法

凍結切片法は免疫細胞化学やX線微小分析のために使用されることが多い．無固定試料を急速凍結して使用することはほとんどない．最も一般的な方法はTOKUYASU法とよばれ，この方法の普及に努力されたカリフォルニア大学サンディエゴ校の徳安清輝教授（現名誉教授）の名前が付けられている．組織を2％のグルタールアルデヒドで固定し，氷晶形成防止剤であるショ糖とPVP（ポリビニールピロリドン）の混合液に浸けてから，試料台に移し，液体エタンなどで凍結する．凍結後はクライオミクロトームを使い－90℃近傍で切片を作製する．切片は凍結寸前のショ糖の水滴で拾い，グリッド上に載せ乾燥させる．その後，免疫細胞化学やX線微小分析などを行う．さまざまな変法があるので実際に試される方はぜひ方法論の総説を読んでいただきたい．

2 フリーズレプリカ法

Steereら（1953）は凍結標本を利用し，何とか新鮮状態の構造を電子顕微鏡で観察しようと試みた．これがフリーズレプリカ法のはじまりである．実際には急速凍結法が発展する最近まで無化学固定の標本観察はできなかったが，凍結割断により従来の切片法では得られなかった膜内の三次元構造が明らかになり，細胞生物学の分野にブレークスルーをもたらした．その後，氷晶防止剤を使用しない急速凍結標本では細胞質のエッチングが容易であるため，細胞骨格の三次元構造解析にも威力を発揮した．ここではこのようなユニークな電顕観察法であるフリーズレプリカ法についてその方法と特徴を解説する．この方法は厳密にフリーズフラクチャーとフリーズエッチングの2つの方法に分けられる．前者は真空中で凍結試料を割断後ただちに白金を蒸着し，レプリカを作製する．後者は氷晶防止剤（グリセロール）を用いない急速凍結標本で有効で，割断後温度を－90℃位まで上昇させ，割断面から水の昇華を促した後，蒸着してレプリカとする．すなわち，エッチングとは割断面をわずかに真空凍結乾燥させることである．前述のようにフリーズフラクチャーでは膜内の分子構築（P面とE面）とりわけ膜タンパク質の膜内での分布を明らかにできる．フリーズエッチングでは得られる形態情報はさらに多く，膜内構造に加え氷の昇華により露出した細胞膜の表面（PS面，ES面）や細胞内外のマトリックス構造，とりわけフィラメントの走行を観察できる．

ところで，膜割断面などの呼称は組織学の教科書にも載っているが，専門外の方のために改めてここに紹

介する．生体膜が凍結割断面されるとき脂質二重膜の疎水性面に沿って割れるときがあり，このとき細胞脂質側の半葉を外側から見た面をP面とよび，これと逆に細胞外に接した半葉を細胞質側から見た面をE面とよぶ．またフリーズエッチングではこれらとともに細胞質に接した膜の表面と細胞の外に接した膜の表面が露出されるが，それらをそれぞれPS面，ES面とよぶきまりになっている．

ここでは急速凍結標本のフリーズレプリカ法を中心に話を進めるが，これらの方法は化学固定標本にももちろん適用できる．この場合，グルタールアルデヒドで前固定後氷晶防止剤（30％グリセロール）で処理し，緩慢な凍結においても氷晶形成が起きないようにする．しかし，グリセロールは高真空中でもほとんど昇華しないので，きれいなエッチング像は得られない．またそれらの観察にあたっては標本が化学的修飾を受けていることを常に念頭に置くべきである．この方法には興味を示す方が多いので便宜的にプロトコールの概要を記載するが詳しくは他の総説を参照されたい．

プロトコール

1. 新鮮な組織を試料ホルダーの上に載せ，急速凍結する．このとき大切なことは急速凍結時の試料ホルダーがフリーズレプリカ装置のホルダーと共用できるようにすることである．なぜなら，凍結試料のみを取り外し，他の試料ホルダーに移し替えることは大変困難である
2. 装置の取扱い説明書に従い，凍結試料をフリーズレプリカ装置に持ち込み，$-100℃$，5×10^{-7} mmHg程度の条件で試料を割断する．ナイフの温度は$-120℃$以下にする．割断後ただちに白金とカーボンを割面に蒸着し，レプリカを回収するのがフリーズフラクチャー法である
3. フリーズエッチングするには割断後試料中の氷を昇華させるため温度を$-90℃$まで上昇させ，5〜10分程度高真空中に放置した後，白金とカーボンの蒸着を行う
4. 蒸着後は大気圧下に取り出し，室温まで暖め，ブリーチなどの洗剤で試料組織を溶かし，レプリカ膜を遊離させる．組織が溶け洗剤液面に浮いているレプリカは白金ループや薬品に強いモリブデンメッシュを用いて蒸留水液面に慎重に移す．このような操作をもう一度蒸留水で行いレプリカをクリーニングする．その後，支持膜を張ったグリッドメッシュに吸収する．乾いたら透過型電子顕微鏡で観察する

一般的にレプリカ像は切片像とはかなり異なる見え方をするので，正確な理解には観察対象である組織について充分な知識を必要とする．すなわち，エポンなどのプラスチック包埋切片では選択的な染色やエポンとの相対的な強度コントラストにより像が形成されるのに対し，レプリカでは割断により露出されたすべての構造が白金蒸着の対象となり，画像として観察される．したがって，研究目的の組織は前もって超薄切片法で観察し，その微細構造について充分な知識を得ておかないとどこを見ているのか理解できないばかりか，重要な発見を見落とすことになりかねない．さらに膜構造に関しては脂質二重膜の疎水性面に沿って割断されることが頻繁に起こるため，膜内の分子構築を立体的に観察できる反面，初心者による像解釈を困難にしている．図10，11にそれぞれフリーズエッチング像とフリーズフラクチャー像の応用例を示す．

3 低角度回転蒸着法（low angle rotary shadowing）

普通の蒸着法と異なり，試料を回転しながら試料面に対し2〜3°の角度で白金を蒸着する．精製されたタンパク質分子や遺伝子など小さなものを無固定のまま観察するために開発された方法である．しかし，どんな小さいものでも見えるというわけではなく，これまでの経験から分子の形にも依存しているが，いちおう分子量は2万以上が観察しやすい．

プロトコール

1. 精製した$2\mu g/ml$以上の濃度のタンパク質水溶液に100％グリセロールを等量混ぜ，最終的に50％グリセロール水溶液に$1\mu g/ml$以上の濃度のタンパク質が溶けている状態にする
2. 小さく切った雲母板の劈開面にこの溶液$20\mu l$を絵画用のエアブラシなどを用いて吹き付ける．このとき，雲母劈開面には斜めから光を当てたときようやく肉眼で識別できるほどの小さな水滴が載っているのが確認できる程度である
3. この雲母板をただちに10^{-5}Pa程度の真空度の蒸

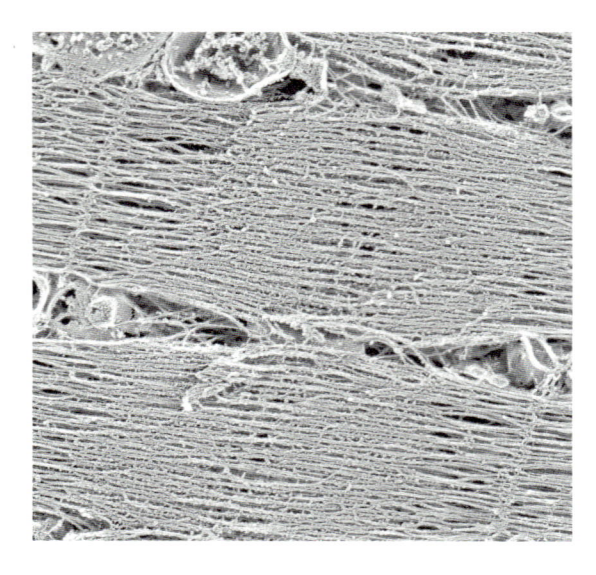

図10 弛緩状態のウサギ腰腸筋のフリーズエッチング像
試料割断後真空中に−90℃で10分程度放置すると細胞質中の氷が昇華しフィラメントが露出される．これによりアクチン線維とZ板との結合状態やミオシン線維との相互作用などを形態的に捉えることができる．ここでは弛緩状態であるのでミオシン線維とのクロスブリッジはほとんど観察されない

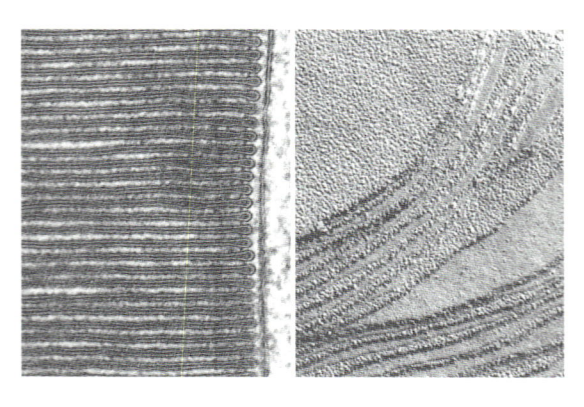

図11 カエル網膜視細胞外節部分の超薄切片法とフリーズフラクチャー像との比較
左側の写真から明らかなように外節は多くの膜状円板の堆積からなる．この円板膜には内在性のタンパク質としてロドプシンという視物質が豊富に存在するが，このような切片ではわからない．一方，右の写真は同じ場所のフリーズフラクチャー像であるが，この方法では割段に際し，膜の脂質二重層に沿って，はがれるので膜内のタンパク質の分布状況を把握できる．この場合P面（本文参照）に認められる粒子がロドプシンと考えられる

着装置に持ち込み，10分間ほど放置し，続いて白金蒸着，カーボン蒸着を行う
④ 蒸着後大気中に取り出し，蒸留水に浸け，雲母板から蒸着膜を剥がし，グリッドに載せ観察する

蒸着角度が高すぎると分子は蒸着金属で埋まり見えなくなるので角度の設定が重要である．ほとんど真横から蒸着することになるので蒸着量はフリーズレプリカ法の2倍以上必要である．それにもかかわらず小さな分子が見えるのは，横からのみ降り積もる蒸着金属がコントラスト増強として働くからである．したがって，形はかなり正確に画像に反映されるが，大きさ，特に細長い分子の幅は蒸着量に依存して大きく変わる．例えば，1 kb程度の長さのDNAを例にとると，その長さはおおよそ340 nmであり，6 nm厚ほど白金を蒸着しても340 nmから346 nmになるだけで変化は少ない．しかし，DNAの幅は2 nmであるから，8 nmとなると約4倍膨らんだことになる．このことは観察時に充分考慮し，形態解釈を誤らないようにする必要がある．また，この方法ではただ膨らむのではなく分子の表面に凹凸があればそれらを反映し，強調

した画像を提供してくれる．DNAでは6倍近く幅が増加してもらせんのねじれは縞構造として現れる．分解能は包埋法や負染色法よりも蒸着分だけ劣るといわれているが，高コントラストで容易に分子の立体構造がとらえられるところが利点である．図12に応用例を示す．

4 負染色法（negative staining）

歴史的には古いほうの範疇に入る観察法である．ここに紹介してある方法の中では最も分解能が高い像が得られるが，コントラストはそれほど高くない．一見，簡単なように見えるが，慎重に行わないとなかなかよい画像が撮れない．やはり試料は固定する必要がないが，前述の低角度回転蒸着法と異なり，膜の破片や細胞内小器官など大きなものも観察できる．もちろん分子も観察できるが，小さくなるとコントラストが低い分だけ微細構造は見にくくなる．

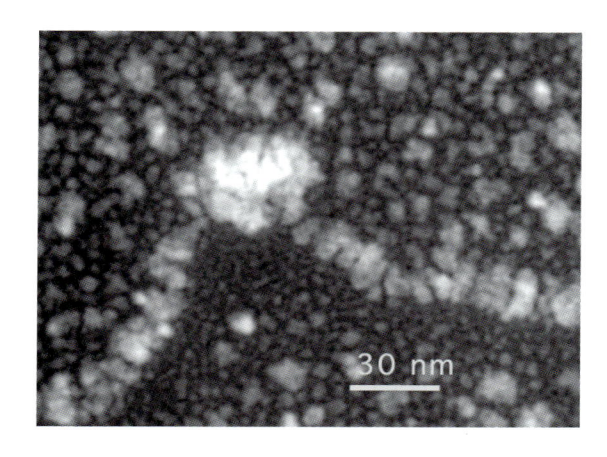

図12 DNA/RNA ポリメラーゼ複合体の低角度回転蒸着像
低角度からの蒸着のため形とコントラストは強調されるが，大きさは実際の倍以上になることがある（蒸着量に依存する）．しかし，RNAポリメラーゼがDNAとどのように結合しているかは容易に判断できる

プロトコール

❶ カーボン支持膜を張ったグリッド上に試料溶液を30μlほど載せ，グリッドを45°程度傾け，ピペットで2％酢酸ウラン水溶液またはリンタングステン酸水溶液を2〜3滴，滴下する

❷ 余分な染色液をろ紙で手早く吸い取り，空気乾燥した後電子顕微鏡で観察する

つまり，試料分子は染色剤で包埋された格好となる．したがって，分子は電子をあまり散乱させないため蛍光板上では明るく見えることになる．負染色の名前はここから由来している．この方法で注意する点は染色剤のpHがきわめて低いため，分子が変性したり剥離する危険性があること，また空気乾燥であるため，たとえ染色剤が包埋剤の役目を果たすからといっても収縮や変形を考慮する必要がある．

おわりに

生命科学における電子顕微鏡の潜在能力は高く，その結像原理を知れば新しい方法の開発にもつながるであろう．すでに述べたように試料による電子散乱が電子顕微鏡による結像の最初のステップであり，散乱電子はその試料特有の構造上の情報を含んでいる．

しかし，今までの電子顕微鏡や結像方法は必ずしも散乱電子の運ぶ形態情報をすべて活用していない．エネルギーフィルターを用いた電子分光結像法や最近流行のトモグラフィーと組み合わせると，さらに詳細な構造上の情報をとらえることができる．一方，それに合わせた試料作製法の工夫も必要であろう．

参考文献

- 電子顕微鏡全体に関すること
1) Agar, A. W. et al.: "Practical methods in electron microscopy" (Glauert, A. M. ed.), pp.1-328, Elsevier, 1974
2) 安永卓生：細胞工学, 16：306-315, 1997
- 電子レンズについて
3) 代田 平，他：電子顕微鏡, 12：74-81, 1977
- 電子銃について
4) 下山 宏：電子顕微鏡, 19：151-164, 1985
- 電子線の散乱について
5) 橋本初次郎：電子顕微鏡, 11：103-113, 1976
6) 神谷芳弘：電子顕微鏡, 11：114-120, 1976
- 電子分光結像法について
7) Taya, S. et al.: J. Electron Microsc., 45：307-313, 1996
- 電子線ホログラフィーについて
8) 外村 彰：電子顕微鏡, 15：123-129, 1981
9) 外村 彰，松田 強：「電子顕微鏡基礎技術と応用 1994（第5回電顕サマースクール実行委員会／編）」，pp22-38, 1994
- 凍結切片法について
10) Tokuyasu, K. T.: J. Microscopy, 143：139-149, 1986
11) 徳安清輝：「日本電子顕微鏡学会第48回学術講演会予稿集」，pp64-75, 1992
- フリーズレプリカ法について
12) 臼倉治郎：バイオマニュアルUPシリーズ「細胞生物学の基礎技術」，pp.266-273, 羊土社, 1997
13) 臼倉治郎：細胞工学, 16：118-1190, 1997
- 低角度回転蒸着法について
14) 加地 秀，臼倉治郎：バイオマニュアルUPシリーズ「細胞生物学の基礎技術」，pp261-266, 羊土社, 1997
- 負染色法について
15) 若林健之：バイオマニュアルUPシリーズ「細胞生物学の基礎技術」，pp256-260, 羊土社, 1997

第3章 顕微解析

10. 走査電子顕微鏡（SEM）
~細胞・組織の三次元立体構造解析~

牛木辰男

> 透過電子顕微鏡（TEM）では薄い切片試料に電子線を透過させて，その「影絵」を見るが，走査電子顕微鏡（SEM）では試料塊に電子線をぶつけて，そこから発生する信号をモニターすることで，試料表面の形状や性状を立体的に観察することができる．

はじめに

走査電子顕微鏡（scanning electron microscope：SEM）は，透過電子顕微鏡（TEM）から派生したもう一つの電子顕微鏡である．この顕微鏡では，試料を鏡体下方の試料室に挿入し，上端にある電子銃から電子ビームを照射する．この電子ビームは磁石でできたコンデンサーレンズと対物レンズによって収束されたのちに試料表面に衝突するが，観察時にはこの電子ビームを偏向コイルによって動かして，試料表面を走査させる．その際，電子ビームが照射した試料表面からは種々の信号が発生するが，このうち二次電子信号を検出して，CRTや液晶モニターに表示するのが一般のSEMである．この二次電子情報には，電子ビームが衝突した部位の凹凸情報が含まれているので，結果としてSEMにより試料の表面立体形状を得ることができる[1) 2)]．

こうしたSEMの特徴を活かして，これまで種々の生体組織の三次元構造解析にこの顕微鏡が応用され，その過程で種々の標本作製法が考案されてきた．しかし，SEMの試料作製法はTEMの標本作製法に比べると多様で，目的に応じてさまざまな工夫を凝らす必要がある．限られた紙面の中でそのすべてを説明することはできないので，ここではSEMによる生体組織観察の基礎について説明し，その観察例を示す．またより発展的な多様な観察法による応用例を若干示すことでSEM観察の有用性と可能性についても触れることにしたい．

原理

光学顕微鏡（LM）が可視光を用いるのに対し，SEMでは光のかわりに電子ビームを用いて像を得る．そのためSEMの鏡体内は電子ビームが散乱しないように真空になっている．また，試料に電子ビームがあたった際に帯電現象を起こさないようにすることも重要である．したがって生物試料のSEM観察のためには，①試料を乾燥させること，②試料に導電性を与えること，③試料をしっかり載台すること，が重要である．このような条件を満たすためのSEM試料作製法の基本的な流れは図1のようになる．

ところでSEMでは試料表面の観察が主体なので，見たい表面をうまく露出させることも重要である．したがって，上記の基本手技の中に，必要に応じて，実体顕微鏡下で見たい表面の機械的な剖出や，見たい表面の洗浄，をする必要が生じることが多い．また，そ

Tatsuo Ushiki：Division of Microscopic Anatomy, Niigata University Graduate School of Medicine（新潟大学大学院医歯学総合研究科顕微解剖学分野）

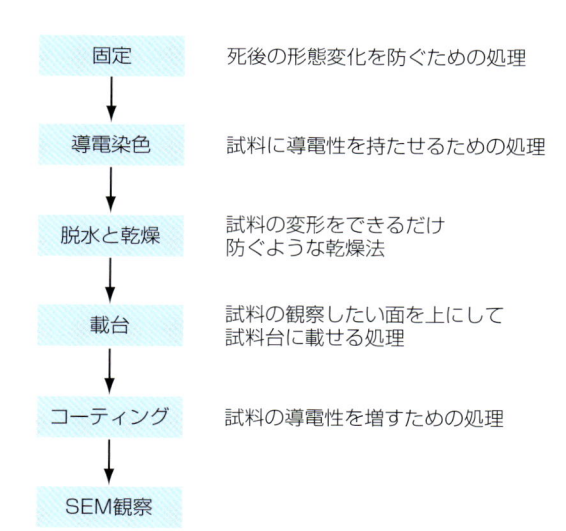

固定	死後の形態変化を防ぐための処理
↓	
導電染色	試料に導電性を持たせるための処理
↓	
脱水と乾燥	試料の変形をできるだけ防ぐような乾燥法
↓	
載台	試料の観察したい面を上にして試料台に載せる処理
↓	
コーティング	試料の導電性を増すための処理
↓	
SEM観察	

図1　試料作製から観察までの流れ

のほかに，特別な化学的処理により目的の構造物を表面に露出させる方法もあるが，これについては最後に述べる．

準備するもの

- バッファー（0.2Mのリン酸バッファーないしカコジル酸バッファー，pH 7.4）
  通常のリン酸バッファー（Sörensen）はリン酸一ナトリウム（Na_2HPO_4）とリン酸二ナトリウム（Na_2HPO_4）の混合液なので，それぞれ0.2M溶液を保存液として作成し，使用時に1：4に混合して作成するのが便利である．
  一方，0.2Mカコジル酸バッファーを作るためには，まず21.4gのカコジル酸ナトリウム $Na(CH_3)_2AsO_3 \cdot 3H_2O$ に蒸留水を加え250 mlにし，pHメーターを見ながら1N HClを滴下することでpHを調整し，最終的に蒸留水を加えて500 mlとする．
- 2％グルタールアルデヒド溶液
  市販されているグルタールアルデヒド水溶液の濃度はさまざまであるが，ここでは25％グルタールアルデヒド水溶液を用いた場合を述べる．固定液は必ずバッファーに溶かして利用する．

25％グルタールアルデヒド水溶液	8 ml
蒸留水	42 ml
0.2Mリン酸バッファーまたはカコジル酸バッファー（pH 7.4）	50 ml
Total	100 ml

- 四酸化オスミウム（OsO_4）
  四酸化オスミウムはメルクなどの薬品会社から結晶として市販されている．保存液としては1gのアンプルを25 mlの蒸留水に溶かし，4％水溶液として冷蔵庫に保管することが多い．四酸化オスミウムは有毒なので処理はドラフト内などで慎重に行い，蒸気を吸い込まないように注意する．

- タンニン酸
- アルコール上昇系列（70％，80％，90％，95％，100％エタノール）
- 乾燥装置（臨界点乾燥装置または t-ブタノール凍結乾燥装置）
  臨界点乾燥装置を使用する場合は酢酸イソアミル，t-ブタノール凍結乾燥装置を使用する場合は t-ブタノールを用意する．
- 試料台と両面テープ，接着剤など
  試料台の形状やサイズは使用するSEMの試料ホルダーにより異なるので，それにあったものを用意する．
- イオンコータ
- 走査電子顕微鏡（SEM）

プロトコール

1 固定

細胞や組織の固定（化学固定）は，基本的にはTEMの方法に準じる．一般に哺乳動物の組織を固定する場合は，2％グルタールアルデヒド溶液（0.1Mリン酸バッファーまたはカコジル酸バッファー，pH 7.4）を用いるのが一般的である．しかし遊離細胞（精子，赤血球，培養細胞）では1％グルタールアルデヒド溶液を用いることが多い（2％以上だと細胞の収縮や変形が起こりやすいため）．試料の固定時間は一般に4℃ないし室温で4時間〜1日程度である[*1]．

> *1 細胞や組織を固定する最も単純な方法は，細胞や組織を直接固定液に浸漬する方法である（浸漬固定）．しかし，動物組織の場合は，目的とする臓器や組織がある程度の大きさをもつため，浸漬固定では内部まで固定液がしみ込まず固定が不充分になりかねない．そこで，血管系を介して目的とする臓器や組織に固定液を効率よく送り込む方法が用いられる（灌流固定）．特にマウス，ラット，モルモットなどの実験用小動物の標本を採取する場合は，心臓から固定液の全身灌流を行うことが多い．

2 導電染色

導電染色は試料の内部に金属を埋め込む（重金属で染色する）ための処理である．これまでいろいろな導電染色が紹介されてきたが，タンニン・オスミウム法（Murakami, 1973）が最も一般的に利用されている．その手順の概要は以下のようになる．

① 固定した試料（組織標本）をバッファーで軽く洗浄
② 2％タンニン酸水溶液に試料を浸し，3〜6時間（長くて一晩），室温で静置
③ 蒸留水で洗浄1時間（2〜3回液交換）

❹ 2％四酸化オスミウム水溶液に 2〜6 時間浸漬

　この方法ではアミノ酸とタンニン酸との親和性，タンニン酸と四酸化オスミウムとの親和性を利用し，タンニン酸を仲介にして組織のアミノ酸にオスミウムを大量に結合させる*2．タンニン酸と四酸化オスミウムの処理時間は試料の大きさや密度によって調整するが，組織片は通常 2〜3 mm 角にしてから導電染色をする．なおスライドガラスなどに付着させた細胞（培養細胞や血球，精子など）では 0.5％タンニン酸で 10 分，1％オスミウムで 30 分程度の処理で充分な導電性が得られる．

> ☞ *2 タンニン酸は薬品会社により分子量や性状が異なり，製品によってはコンタミのもとになったりするもの，導電染色に適さないものがあったりする．タンニン酸処理後，オスミウム酸に入れたときに，標本が真っ黒になる場合は問題がないが，もしも褐色になった場合は，タンニン酸の質を疑う．数万倍までの観察では Nakarai の製品などが適当である．高倍観察時ではろ過をして用いる．使用時に調製する．

3 脱水および乾燥

　生物試料は大量の水分を含むので，真空状態の SEM 鏡体内で観察するためには，あらかじめ標本を乾燥しておく必要がある．しかし単純に標本を自然乾燥してしまうと，水の表面張力により試料の激しい変形・収縮が起きてしまう．したがって，表面張力の働かない（あるいは小さい）条件を作って乾燥させることが重要となる．この目的から，通常 SEM 試料の乾燥には，臨界点乾燥法か凍結乾燥法が用いられる．

ⅰ）臨界点乾燥

　表面張力は乾燥時に液相から気相に変化するところで生じるので，液相と気相の境界面が生じない超臨界状態で乾燥させて乾燥のアーティファクトを防ぐのが臨界点乾燥法である．ただ，水の臨界点は 342 ℃，218 気圧ときわめて高く，この臨界点を超えて試料を乾燥させるための高温・高圧の環境を作るのは困難だし，試料も熱や圧力によって破壊されてしまうことが想像される．そこで，臨界点の低い二酸化炭素（臨界点は 31 ℃，73 気圧）を用いた臨界点乾燥法が用いられている．この場合，導電染色を行った試料をアルコール系列で脱水し，最後に酢酸イソアミルに置換した後に専用の臨界点乾燥装置により乾燥を行う．

ⅱ）t-ブタノール凍結乾燥

　表面張力から解放されるもう一つの条件は，標本をいったん凍結させたのちに，昇華・乾燥させる方法である．この場合に問題となるのは，水分を含んだ標本を凍らせた際の氷晶障害による組織の微細構造の破壊である．そこで，実用的には試料の溶液を t-ブタノールに置換してこれを昇華させる方法が用いられ，このための専用の t-ブタノール乾燥装置が市販されている．

4 載台

　試料台は試料を保持する目的のほかに，吸収電流をアースへ逃がすための働きがある．そのため一般にはアルミニウムなどの金属が使われる．試料台への標本の接着（載台）には，市販の導電ペースト（シルベスト，ドータイトなどの銀ペースト），両面テープ（カーボン地の両面テープ）などが用いられている*3．

> ☞ *3 試料台に載せる際には，観察する面を間違えないように実体顕微鏡下で慎重に目的の面を同定する必要がある．また，ぐらつかないように確実に台に固定する．台に対する接着面が不安定だと，それが原因でチャージアップする場合がある．

5 金属コーティング

　一般には，乾燥した生物試料の表面を金属（金，白金，金パラジウム，白金パラジウムなど）で薄くコートする．これにより，導電性をさらに高めるとともに，二次電子の発生効率を向上させることができる．また電子線照射による組織の熱ダメージの防止にも役立つ．

　金属コーティングには，①真空蒸着法，②イオンスパッタリング法，③オスミウムプラズマコーティングなどが知られており，それぞれ専用の装置が必要である．もっとも一般に用いられているのは，イオンスパッタリング法である．

6 SEM 観察

　できあがった標本を SEM で観察する．一般に生物分野で利用されるものには汎用型 SEM と電界放出型 SEM（FE-SEM）がある．汎用型 SEM では電子銃にタングステンでできた熱フィラメントを用いているのに対し，FE-SEM では特殊な電界放出銃を用いる．これにより，FE-SEM では放出される電子ビームの直径が汎用型にくらべてはるかに細くなり，超高分解能（通常 5 万〜数十万倍の）観察が可能となる．汎用型 SEM ではせいぜい 2 万倍程度までが守備範囲であるから，観察目的に応じて両者を使い分ける必要がある*4, 5．

＊4 現在のSEMは簡単に操作できるように作られているが，よい画像を得るためには，最低限でも焦点合わせと非点収差補正には注意を払う必要がある．特に非点収差（コンデンサーレンズや対物レンズの収差）があっていないと電子ビームのスポットが点にならず楕円形にずれて，全体が流れたような像として見えてくるので注意が必要である．これを補正するためには，非点収差補正装置を用いる．非点収差は一度調節すればよいというものではないので，撮影の前には常に調整をする習慣をつけておくのがよい．近年市販されているSEMには自動焦点補正装置と自動非点収差補正装置がついているが，よい画像を得るためには必ず最後に微調整つまみで手動補正するほうがよい．

＊5 できあがった試料の導電性が悪い場合には，観察中に試料が帯電して画像が揺らぎだす．チャージアップ（帯電）とよばれる現象で，これでは観察も撮影もできなくなる．このような場合は，試料台への試料の接着の状態を改善したり，金属コーティングを再度行うなどの工夫が必要である．

図2　ラット気管内腔のSEM写真
ここで述べたスタンダードな標本作製法により作製したもの．線毛細胞と無線毛細胞がはっきり区別できる．バーは5μm

memo

巷では，導電染色を行わないで，TEMの標本作製法と同様にグルタールアルデヒド固定のあとに単純にオスミウム後固定をして，脱水，臨界点乾燥（または凍結乾燥）を行っていることが多い．SEMの性能が上がり，低加速電圧や低真空で観察可能な装置もでてきて，チャージアップの心配をしなくてよくなったので，こうした試料もそれなりに観察が可能である．しかし，導電染色を省いた標本では，脱水と乾燥時に試料の収縮が著しく，本来の大きさよりもはるかに小さくなってしまったり，変形したり，高倍観察に耐えないなどの種々の問題を含んでいる．この点を充分理解しないで，安易な試料作製を行っている人が多い点は残念である．

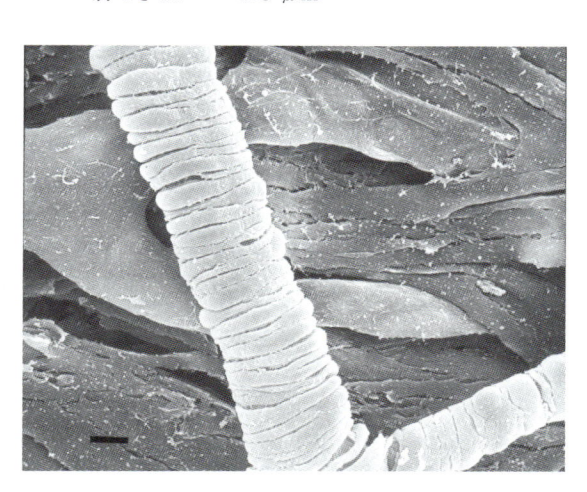

図3　ラット小腸の粘膜下層の細動脈とリンパ管
この標本は，基本的手技に加えてKOH・コラゲナーゼ法[4]を施した．バーは10μm

実験例

上で述べたSEM試料作製法により細胞や組織の標本を作製すると，種々の組織の立体微細形状をSEMで鮮明に観察することができる．これにより，線毛細胞の線毛の形状（図2）や，腎糸球体の足細胞の三次元構造など，SEMならではのリアリティのある画像が得られてきた[3]．

ところで，こうした方法で作製した標本は，生体組織の表面観察に適しているが，深部に埋もれた構造については観察ができない．そこで，これらの基本操作の途中，脱水後の100％エタノールの段階で，液体窒素に試料を放り込み，凍結割断する方法もよく利用される．この方法では，鋭利な試料断面ができるので，実質臓器の内部にある血管の内面や，肺のように内腔をもつ臓器の観察などに役立ってきた．

さらに，組織片の特定の構造物を化学的に除去した後に観察する方法もSEMの標本作製法としていろいろ開発されてきた[4]．例えば，結合組織の線維成分に埋もれた細胞を観察する場合には，固定した組織片を，導電染色前に，60℃に熱した30％水酸化カリウムで8分ほど処理する方法（KOH組織消化法）が有用である．この方法では，結合組織の線維成分だけを除去することができるので，コラーゲンに包まれている筋細胞や腺細胞などの構造を裸にして直接観察することが可能である（図3）．また，固定標本にアルカ

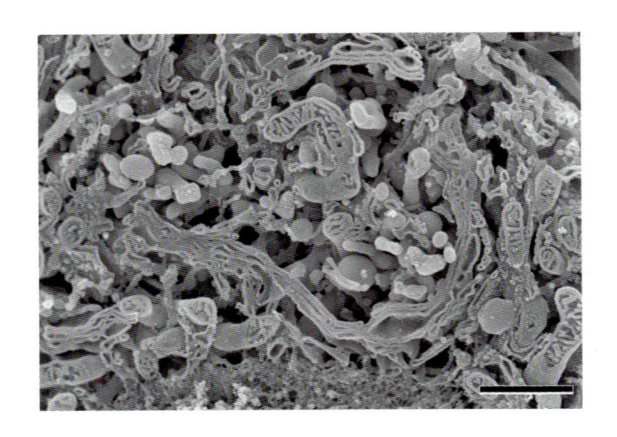

図4 ラット下垂体前葉細胞の細胞内部
ゴルジ装置やミトコンドリアが見える．この標本は，オスミウム浸軟処理法[5)6)]を施した．バーは1μm（新潟大学，甲賀大輔撮影）

リ・水浸軟法という処理を加えると，今度は細胞成分が溶かされて，組織内のコラーゲン細線維の三次元構築が観察可能となる．また，割断試料に0.1％オスミウム酸の処理を加える方法（ODO法とかAODO法とよばれるオスミウム浸軟処理法）は，細胞内の膜成分やリボゾームの解析，とくにゴルジ装置や小胞体，ミトコンドリアの三次元構造解析に威力を発揮してきている（図4）[5)6)]．

そのほか，管腔臓器（血管，リンパ管，気管支など）の立体構造を観察するために，管腔内に溶けた（重合していない）プラスチック（樹脂）を注入し，硬化したあとに周囲の組織を腐食させてSEMで観察する方法（鋳型法）も知られている[7)]．

おわりに

以上，SEMの原理を簡単に説明し，SEM観察に適したバイオ試料作製の基本手技を解説した．

ところで，近年，試料の周囲（試料室）のみを真空の悪い（低い）状態にして観察する低真空SEMが市販されるようになった．この装置では，生物試料をある程度ウエットな状態で，しかもコーティングをすることなく直接観察することができる．特に植物材料（細胞がセルロースでできた細胞壁に覆われている）や昆虫（クチクラが表面を鎧のように覆う）のように比較的硬い試料の場合は，低真空SEMでそのまま観察できるようになった．今後が期待される装置であるが，動物試料の応用については，試料作製法を含めて改善すべき課題も多く，手軽に見えたと喜んだものが，実は「秋刀魚の干物」や「スルメ」のように本来の姿とかけ離れてしまっていることも多い．動物のデリケートな組織であれば，まずはスタンダードの方法に沿って一度は試料作製をし，その姿を確認してから使うようにしたいものである．

また，今回はSEMの多様な信号情報の利用については触れなかったが，反射電子，カソードルミネッセンス，X線など，多様の信号を利用することで，二次電子で信号を得る普通のSEMにない情報を付加する試みもある．興味のある方は，文献等にあたってみていただきたい[8)]．

参考文献

1) 日本電子顕微鏡学会関東支部編：「走査電子顕微鏡」，共立出版，2000
2) 牛木辰男：バイオニクス，2（8）：64-71, 2005
3) 藤田恒夫，牛木辰男：「細胞紳士録」，岩波書店，2004
4) 牛木辰男：臨床電顕誌，28：27-33, 1995
5) 田中敬一：電子顕微鏡，20：198-202, 1985
6) Koga, D & Ushiki, T.：Arch. Histol. Cytol., 69：357-374, 2006
7) 大塚愛二，他：細胞，18：381-384, 1986
8) Kimura, E. et al.：Arch. Histol. Cytol. 67：263-270, 2004

第4章 磁気共鳴分析

1. NMR（核磁気共鳴分光）
~タンパク質の構造解析~

長土居有隆，西村善文

核磁気共鳴は，原子核が磁場の中で，外部からラジオ波を加えることによって共鳴現象を起こす性質を利用している．これにより複雑な分子を構成する原子を1つ1つ区別して見ることができ，さらに分子を構成する原子同士のつながりも知ることができる分析装置である．

はじめに

核磁気共鳴法（NMR）は，X線結晶構造解析法と同じくタンパク質や核酸またはそれらの複合体の立体構造を高分解能でかつ原子レベルで解析できる．NMRで決定した最初の立体構造は1985年，Wüthrich博士らによって行われたプロテアーゼインヒビターBUSI ⅡAである．現在ではNMRのハードウェア（高磁場磁石，クライオプローブ，コンピュータ）や方法論（安定同位体ラベルやパルス手法など）の進展により大きなタンパク質の構造も解析できるようになった（表1）．現在800～900 MHzの超伝導磁石を用いて高分子量（30～50 kDa）のタンパク質のNMRシグナルを充分に分離させる分解能を与えることが可能となりつつある．さらに1 GHz超の超伝導磁石の研究が進められている．立体構造を決定する以外にNMRは生体分子の動的構造である揺らぎ（conformational dynamics）や化学交換過程（chemical exchange process）についてピコ秒から秒までのタイムスケールで観測することができる．以下に構造生物学における生体分子のNMRの利用と溶液NMRの基本的な原理とNMRの生体分子の構造と機能への応用について紹介する．

NMRの原理

1 核スピン

生体分子を構成する大多数の同位体元素はスピン量子数I＞0の固有値をもっている．この場合，磁気双極子モーメントは$\mu = \gamma I$で与えられ，γは核の固有値である磁気回転比である．静磁場B_0に置かれた磁気双極子モーメントが持つエネルギーは

$$E = -\hbar \mu B_0 = -\hbar \gamma I B_0$$

で与えられる（図1）．そのエネルギー準位は量子化されており，2I+1個に分裂する．例えばI = 1/2の核（$^1H, ^{13}C, ^{15}N, ^{31}P$）では2つの量子状態のみが存在し，そのエネルギー準位はα（低エネルギー）状態とβ（高エネルギー）状態で示され，これらは外部磁場B_0方向に対して同方向と反対方向の核スピンである．α状態とβ状態の占有率の差は10^{-5}程度（10万個のプロトン中の1個分）に相当し，吸収するエネルギーは非常に小さい．そのためNMRの感度はきわめて低い．シグナルとノイズの比（S/N比）は下式で与えられ，核スピンの個数（試料濃度に相当）が多くより高磁場であることがS/N比を向上させる．Nは核スピンの個数，γ_{exc}は励起した核スピンの磁気回転比，γ_{det}は

表1 NMRにおける構造決定法の変遷

立体構造		磁石	クライオプローブ	NMR	同位体標識
1980年　10kDa					
J. Mol. Biol., 204 : 675-724, 1988	PDB：2AIT （文献6）	500MHz		二次元	
1990年　25kDa					
Science, 256 : 632-638, 1992	PDB：2BBM （文献7）	600MHz		三次元 四次元 三重共鳴 グラジェント	^{13}C/^{15}N標識
1998年　35kDa					
Nat. Struct. Biol., 6 : 166-173, 1999	PDB：3EZE （文献8）	800MHz		TROSY RDCs	^{2}H^{13}C/^{15}N標識 アミノ酸選択標識
2000年　50kDa					
J. Mol. Biol., 300 : 197-212, 2000	PDB：1EZO （文献9）	900MHz	500MHz 600MHz		セグメント標識 SAIL法
2006年　～100kDa					
Nature, 440 : 52-57, 2006	PDB：2D21 （文献10）	1GHz	700MHz 800MHz		

＊ここに描写した図はすべてPDB（http://www.rcsb.org/pdb/home/home.do）からのイメージをそのまま掲載した．

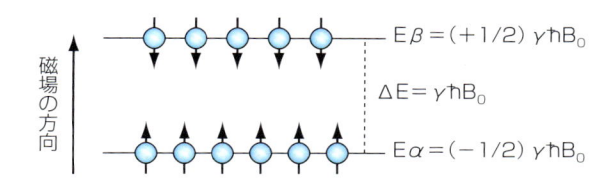

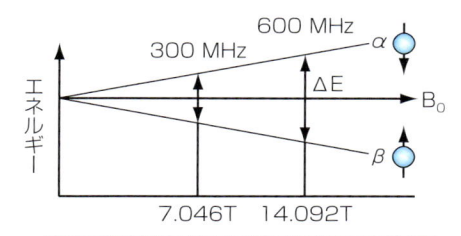

図1 磁場の強さと共鳴周波数

検出する核スピンの磁気回転比，B_0 は磁場の強さ，NS は積算回数，T_2 は横緩和時間である．

$$S/N \propto N \gamma_{exc} \gamma_{det}^{3/2} B_0^{3/2} NS^{1/2} T_2$$

2 FT-NMR

NMR現象を測定するために，ゼーマンエネルギーに相当する共鳴周波数を振動磁場として与える必要がある．FT（フーリエ変換）法では観測したいすべての周波数を含むラジオ波パルスを照射することで，放出されるあらゆる周波数のNMRシグナルを観測することが可能である．その結果，自由誘導減衰シグナル（FID）とよばれる，時間領域のNMRデータが観測される．このデータは周波数領域のデータへフーリエ変換される．

3 緩和とシグナルの線形

熱平衡状態において，巨視的な磁化はz軸上の方向にある．この系にx軸から90°パルスを照射すると個々のスピンの歳差運動の位相がそろいy軸上に横磁化成分が生じる．このような秩序だった状態をコヒーレントな状態とよび，α 状態と β 状態の占有率の差は等しい．系は次第にコヒーレントな状態からランダムな状態へと位相が乱れる．この現象を緩和とよび2つの独立した過程がある．スピン-スピン相互作用のために，xy平面上の位相はコヒーレントな状態からランダムな状態へと移り変わりやがて消失する．その時間を T_2 または横緩和時間とよぶ．一方で格子振動の過程によりz軸上の磁化が回復する時間を T_1 または縦緩和時間とよぶ．T_2 緩和時間が早い場合はNMRシグナルの線幅が広がり分解能が悪くなる．

4 化学シフト

核スピンの共鳴周波数は，核に直接作用する磁場の強さに比例する．核スピンが感じる局所的な磁場が遮蔽されると外部磁場との間にわずかなずれが生じる．そのためにそれぞれの原子核の共鳴周波数は，それ特有の化学的環境を反映する．化学シフトは次式のように定義される．ω：共鳴周波数，ω_{ref}：基準となる周波数，ω_0：装置の観測周波数である．

$$\delta (ppm) = (\omega - \omega_{ref})/\omega_0 \times 10^6$$

5 スピン-スピン結合

スカラー結合およびJ結合は2つのスピン間の共有結合を介した結合である．それぞれのスピンのエネルギー準位は化学結合を通した相互作用によって，元のエネルギー準位とは異なる新たな準位を形成する．この場合，共鳴線はJ値（スピン-スピン結合定数）の間隔をもって分裂する（図2A）．通常，使われる結合定数は，$^1J(HN, N) \sim 92$ Hz，$^3J(HN, H\alpha) \sim 2-10$ Hz である．3つの単結合で隔てられた核スピン間で観測される結合定数（^3J 値）は二面角 Φ と関係づけられる．また，多次元NMR測定においてスカラーカップリングはスピン系の同定のために，磁化移動に使われる．さらに水素結合した核スピン間の結合定数は0.3～5 Hzと非常に小さい値だが装置や測定法の進歩により測定可能になった．

6 核オーバーハウザー効果（NOE）

核オーバーハウザー効果は双極子相互作用したスピン間の交差緩和であり，その現象は空間を介して起こる（図2B）．磁気双極子相互作用は通常，数kHzの範囲にあり，2つのスピン間距離と静磁場 B_0 に対する核間ベクトルの向きに依存する．溶液中の分子が充分に速い運動であると双極子相互作用により双極子カ

4章-1．NMR（核磁気共鳴分光） 147

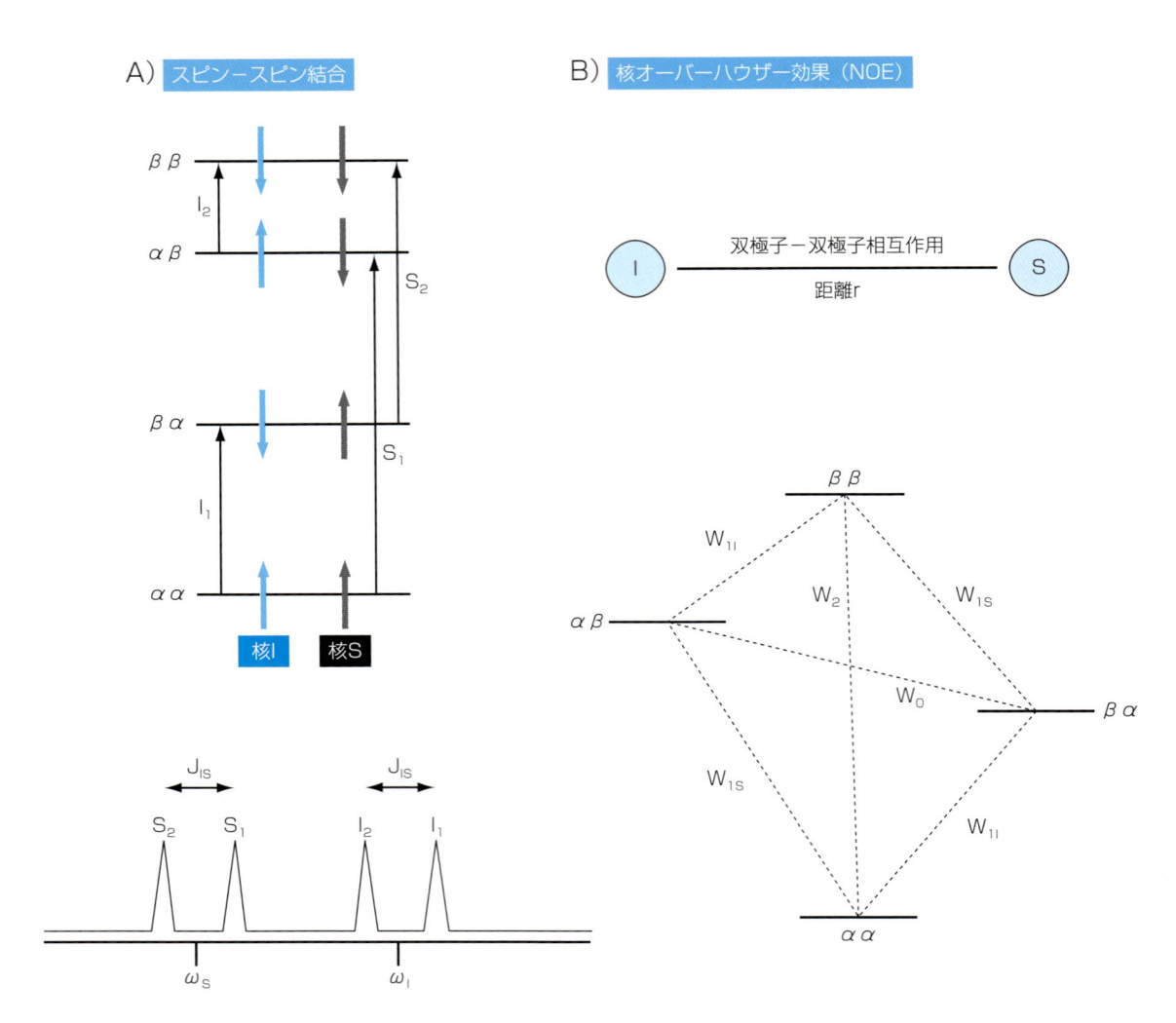

図2 スピン－スピン結合と核オーバーハウザー効果（NOE）

ップリングの値は平均化されてゼロになる．NOEは核スピンの間での交差緩和の結果生じるもので，NOE強度増加率 η はスピン間の遷移速度定数 W_0 と W_2 によって次式で定義されている．

$$\eta = (W_2 - W_0) / (2W_1 + W_2 + W_0)$$

NOEは空間を介してスピンからスピンへの磁化の移動が許容され，スピン間距離rに反比例し，η は $1/r^6$ に比例する．タンパク質について見るとNOEは立体構造決定のための情報として非常に重要であるが，5Åを超える距離ではそのシグナルが観測されなくなる．

7 残余双極子カップリング

2つの核スピン間の双極子相互作用は空間的な異方性をもち，相互作用する2つの核スピンを結ぶベクトルと静磁場との間の角度に応じて双極子相互作用の強さが異なる．分子が溶液中で速い回転運動をしている場合は双極子相互作用の空間的な異方性は平均化されゼロとなり観測されない．しかし，タンパク質が静磁場に対して配向すると例えば ^1H と ^{15}N 間のNH結合の軸と角度 θ の関係式が与えられる．rはスピン間距離とする．

$$D = \text{const}\,(1/r^3)\,(3\cos^2\theta - 1)$$

この弱い配向を作り出すために，異方性をもった脂

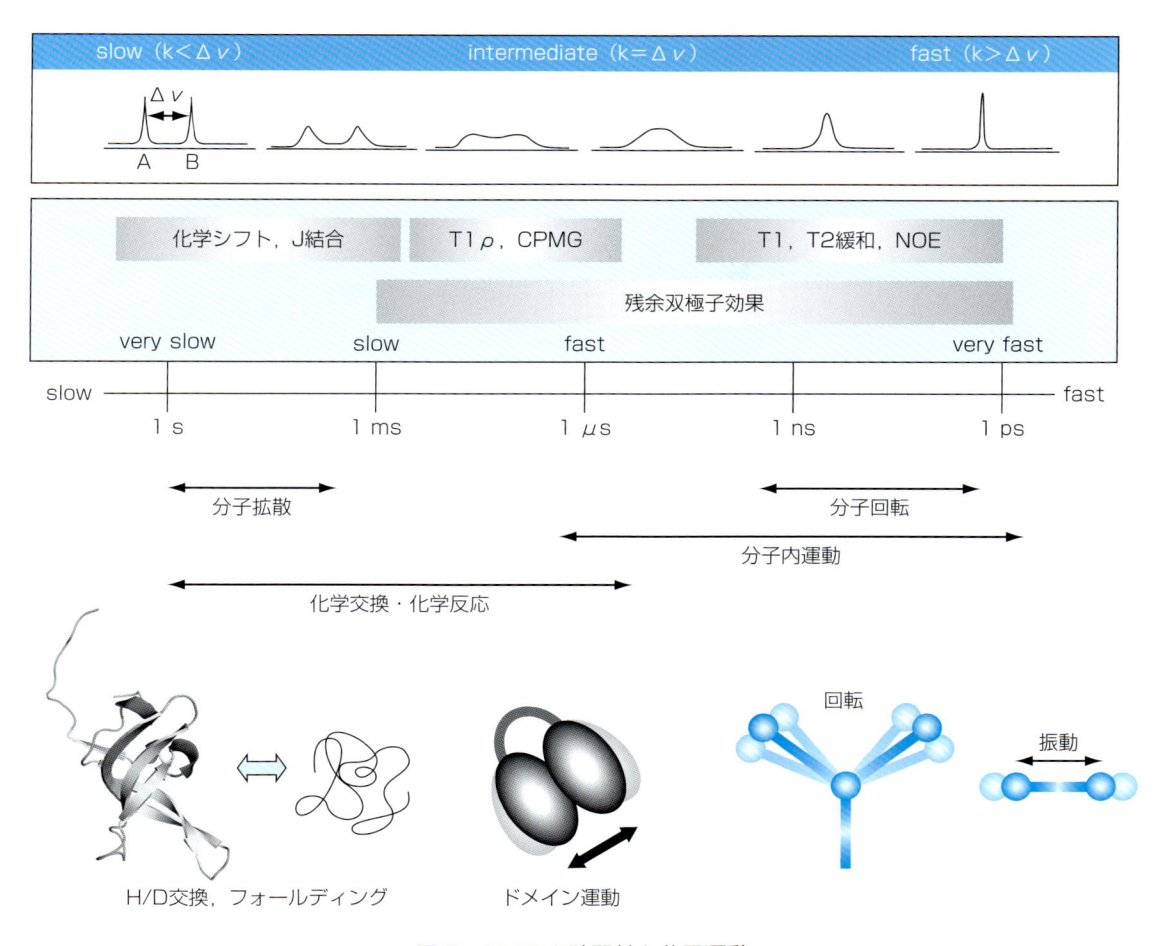

図3 NMRの時間軸と分子運動

質であるDMPC/DHPCの混合液あるいは線状のファージをNMR試料溶液に加え配向させる．得られた情報はロングレンジの制限として構造情報に加え，2つのドメインの配置を正確に規定することができる．

8 化学交換

2つの交換可能な構造は異なる化学環境によりそれぞれが違うNMRシグナルを生じる．例えば，タンパク質に特異的なリガンドが結合した複合体の構造とフリーな2つの状態間の交換速度をkとすると，それが化学シフトのタイムスケールより遅い場合にはシグナルは2つ観測される（図3）．逆に交換速度が化学シフトのタイムスケールより速い場合には2つの状態に対応する周波数が平均化され，1つのピークとして観測される．また，化学シフトのタイムスケールが交換速度と同程度になると個々のシグナルの線幅が広がり，一本の幅の広いシグナルになる．

9 TROSY

NMRの構造解析法の弱点の1つとして，分子量の大きなタンパク質ではT_2緩和時間が短くなり，線幅が増大し分解能が低下する．NMRで決定されたタンパク質の多くは10 kDa前後の小さなタンパク質であり，50 kDaを超えるようなタンパク質にはNMRによる構造解析は非常に困難とされる．そのため緩和時間を短くしている要素である双極子相互作用と化学シフト異方性による交差相関の影響を相殺することで緩和時間を長くし，線幅の縮小と分解能の向上が可能にな

図4　NMR装置の構成
　①磁石　②分光計（コンソール）　③PC

った．これが交差相関緩和法を利用したTROSY法である．さらに^{1}Hを仲介する緩和経路をなくすための^{2}H標識法を適用することでより高分解能な測定が可能となった．

準備するもの

1 NMR装置

NMR分光計は，超伝導磁石，分光計とPCからなる（図4）．

❶ 磁石

　NMRには超伝導磁石が使われている．従来の磁石は，磁場の漏洩が大きく広い設置スペースが必要であったが自己遮蔽型の磁石が作られるようになり比較的狭い場所でも設置が可能になった．その超伝導磁石はニオブを主とする合金からなる細い線材で巻かれたソレノイドコイルが液体ヘリウム中で冷却されている．液体ヘリウムの容器の周囲は真空に保ち，さらにその外側は液体窒素によって保温されている．磁場の中心部にはラジオ波パルスの照射，NMR信号の受信するコイルが位置している．

❷ 分光計（コンソール）

　分光計は図5に示すように，ラジオ波発信機，NMR信号受信，増幅器，AD変換機などの各ユニットから構成されている．送信器から発信されたパルスはプリアンプで増幅された後プローブへ送られる．共鳴によって返されたNMRシグナルは同様にプリアンプで増幅され，AD変換器でデジタル化された後，PC上にデータとして取り込まれる．

2 NMR使用上の注意点

❶ クエンチ（Quenching）による酸欠・窒息

　クエンチとは何らかの理由で超伝導状態が破れて常伝導状態になることである．それにより，磁石やコイルを流れている電流がジュール熱を発生する．すると，液体ヘリウム，液体窒素が気化し，大気中の酸素濃度が急激に低下して，酸欠・窒息のため死亡する可能性がある．対応としてはクエンチを起こさないよう定期的な液体窒素，液体ヘリウムの充填を欠かさないことなどが挙げられるが，起こってしまったら逃げることが最善策である．

❷ 磁場管理区域

　磁石の周りは当然のことながら強力な磁場が発生している．この区域にはペースメーカを装着されている方は絶対に近づかない．また，過去に骨折などの事故に遭い，金具などで固定しているような方も気をつけたほうがよい．特に漏洩磁場が1 mTの非常に磁場が強い範囲内においては鉄などの強磁性体（掃除機，プリンタなど）は磁石に引きつけられ，引き離すことができない恐れがあることからこの区域には強磁性体物を絶対に置いてはいけない．また，小さな磁性体（ホチキスのシンやクリップなど）についても磁石内部に侵入するとNMR操作が不可能になるので細心の注意が必要である．それ以外に磁気カード，時計などの持ち込みは極力避けることが望ましい．

3 NMR測定試料の調製

　NMRの測定には，通常数mg程度のタンパク質試料が必要となる．通常，タンパク質の合成は大腸菌を宿主とする発現系が広く用いられ，宿主大腸菌の多様性や発現ベクターの豊富さから高収率な発現系を構築することが可能となっている．しかし，大腸

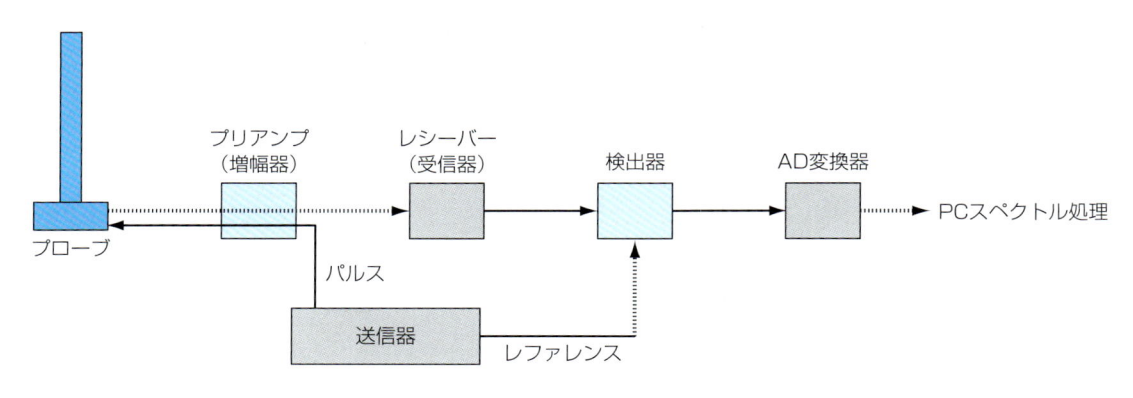

図5　分光計の各ユニット

菌にとって標的タンパク質が毒性である場合はその発現効率は著しく低下するため，毒性に左右されない無細胞合成系が有効である場合がある．一方で質のよいNMRスペクトルを得るために標的タンパク質のドメイン領域をより正確に同定することが望まれる．そのために領域の長さをいろいろと変えた発現系を作製し，二次元 ^{1}H-^{15}N HSQCスペクトル（プロトコル2参照）から構造の折りたたみの是非を観測することは構造解析の重要なアプローチの１つである．また，難溶性のタンパク質では緩衝液の条件（pH，塩濃度，緩衝液の種類）を検討することでよりよいスペクトルを観測できる可能性もある．また，クライオプローブを装着したNMRでは通常の濃度の1/4程度でも充分な感度でスペクトルを観測することが可能である．

4 NMR試料管への充填

目的タンパク質の精製が完了したら，測定に使うプローブの種類にもよるが通常5mmの試料管を使用する．また，通常試料量は500μl程度だが，量が少ないときにはミクロ試料管の利用が効果的である．試料の充填はパスツールを使用して行う．この際，泡やタンパク質の沈殿物は入れないようにするため，前もって遠心機により除去しておく．また，重水素ロックのための重水を5〜10％程度試料溶液に加えておくことは忘れてはいけない．

プロトコール

1 NMR測定の概要

NMR測定の大まかな流れとしては，①サンプル挿入，②測定ファイルの作成，③測定温度の確認，④ロックをかける，⑤シム調整（BSMSユニット），⑥チューニング・マッチングの調整，⑦プロトンの90°パルス幅の決定，⑧プロトンの中心周波数の決定，⑨取込み，処理パラメータ設定，⑩レシーバーゲインの調整，⑪測定開始，⑫ウインドウ関数，フーリエ変換，⑬スペクトルの書き出しという作業になる．

❶ サンプルの挿入

試料管へサンプルの充填が終了したらプローブ内の送受信コイルの位置に対して適正に試料が置かれるようにNMRの試料管を固定具に通して，サンプルゲージにて試料位置の高低を調節する．調整後，試料管をゲージから取り外し，磁石の中央上部から挿入する．この際，試料管，特に試料のある部位は直接手に触れないように注意する．さらに挿入には磁石に寄りかからないように試料管を挿入することが安定した磁場を保つことにおいて重要である．

❷ ロックシステム

ロックシステムの目的は測定試料周りの磁場強度を一定にし，外部あるいは内部の磁場の変動の影響を抑え，分解能向上のために行う．NMRは試料から発せられる信号の正確な周波数を観測する．周波数は磁場に依存するため，磁場の変動は共鳴周波数の変動を生じることになる．よって，磁場をロックすることで正確な信号を観測することが必要である．生体分子を測定する場合，通常重水素を観測することで磁場の値を正確に求める．ロックシステムの検出器に磁場のずれ（ドリフト）が生じると磁石内のコイルに電流を流し磁場の補正を行い，その均一性を保つ．

❸ シムの調整

シムの調整とはいわゆる磁場の均一のための補正

4章―1．NMR（核磁気共鳴分光）

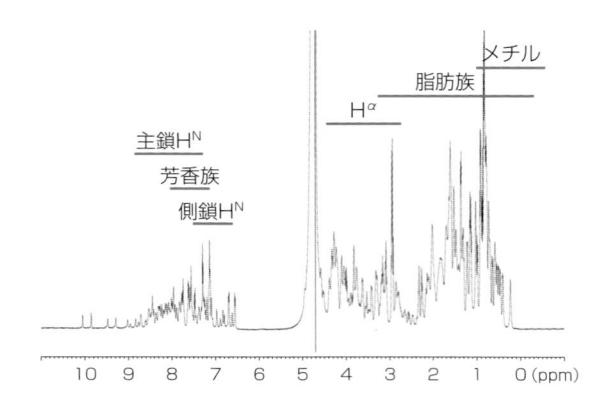

図6 タンパク質の ^{1}H 一次元 NMR スペクトル

作業のことであるがこれは試料の磁石内への挿入によりサンプル周りの磁場が乱れるため，その乱れを調整コイルを用いて補正することである．高分解能NMRにおいて質のよいデータを得るために最も重要な作業である．

④ プローブのチューニングとマッチング

プローブは超伝導磁石の下部から取り替え可能な円筒状の部品であり，試料管の固定の他，ラジオ波の送受信コイルなどが組み込まれている．プローブのチューニングとは，照射およびロック用コイルの周波数チューニングおよびインピーダンスマッチングを行うことである．測定試料の溶媒の種類，量，イオン強度，測定温度によりプローブのインピーダンスがずれるのでチューニングが必要である．チューニングがずれていると，パルス幅の増大や測定感度の減少が起こる．

⑤ 観測核（^{1}H）の90°パルス幅の決め方

FT-NMRは観測したいすべての周波数を含むラジオ波パルスを照射することで，放出されるあらゆる周波数のNMRシグナルを観測することが可能である．90°パルスとはz軸上にある巨視的な磁化をy軸上に90°回転させるパルスである．プロトンの90°パルス幅は測定試料として90％軽水，10％重水溶液を使い，軽水シグナルに注目して360°パルス幅を決定した後にその4分の1のパルス幅を90°パルスとする．

⑥ プロトンの中心周波数の決め方

プロトンの観測中心周波数を決める際は，軽水のシグナルに着目して軽水飽和の実験を行い，スキャンごとのFIDを観測しながら，その最も小さい積分値を示す周波数を中心周波数として採用する．

⑦ プロトンの一次元の測定とフーリエ変換

プロトンの一次元は90°パルス幅と出力レベル，中心周波数そして適正なスペクトル幅を入力し，レシーバーゲインの値を設定した後，測定が開始される．NMRシグナルは自由誘導減衰シグナル（FID）とよばれる，時間領域のデータとして観測される．このデータは周波数領域のデータへフーリエ変換することでNMRスペクトルとして得る（図6）．その際にNMRスペクトルの分解能を上げるためにFIDに適当な関数を乗じることでNMRシグナルを際立たせ，溶媒由来の信号を減らすために，この処理の後に溶媒に由来する信号を切り捨ててFIDと同数の空データであるゼロを付加する（ゼロフィリング）処理が行われる．これによりフーリエ変換後のスペクトルの線形は非常にシャープな線幅をもち，解析を容易にすることができる．また，FIDに含まれる信号が少ない場合には線形予測法（linear prediction）でデータを補足してシグナル分離の向上を図ることも非常に効果的とされる方法の一つである．

2 二次元 ^{1}H-^{15}N HSQC の測定

安定同位体^{15}Nで均一に標識したタンパク質について，二次元^{1}H-^{15}N HSQCを測定すると^{15}Nに直接結合した^{1}H核のみを選択的に観測し，^{1}H（F2）-^{15}N（F1）の二次元に展開される．^{1}H-^{15}N HSQCのパルスシーケンスは^{1}H-^{15}N INEPT[1]，^{15}N展開，^{15}N-^{1}H reverse INEPTから構成されている．観測されるシグナルは，プロリン残基を除くすべてのアミノ酸残基のアミド基とアスパラギン・グルタミン残基などの側鎖に由来するシグナルである．^{1}H-^{15}N HSQCは短い実験時間で感度よくシグナルを検出でき，検出したシグナルのばらつき具合から測定試料が立体構造を形成しているか否かを判断するための指標としてよく使われる．また，DNA結合やタンパク質相互作用にかかわるタンパク質など標的分子との接触面などを同定するときにも非常に役立つスペクトルである（図7）．

このスペクトルの測定に必要なパラメータは基本的に以下に示す通りである．

① ^{1}Hのパルス幅とその出力レベル，スペクトル幅，中心周波数を入力する．
② ^{15}Nのパルス幅とその出力レベル，スペクトル幅，中心周波数を入力する．

さらに，^{13}C核，^{15}N核で均一に標識したタンパク質について，これらの核に直接結合した^{1}H核の

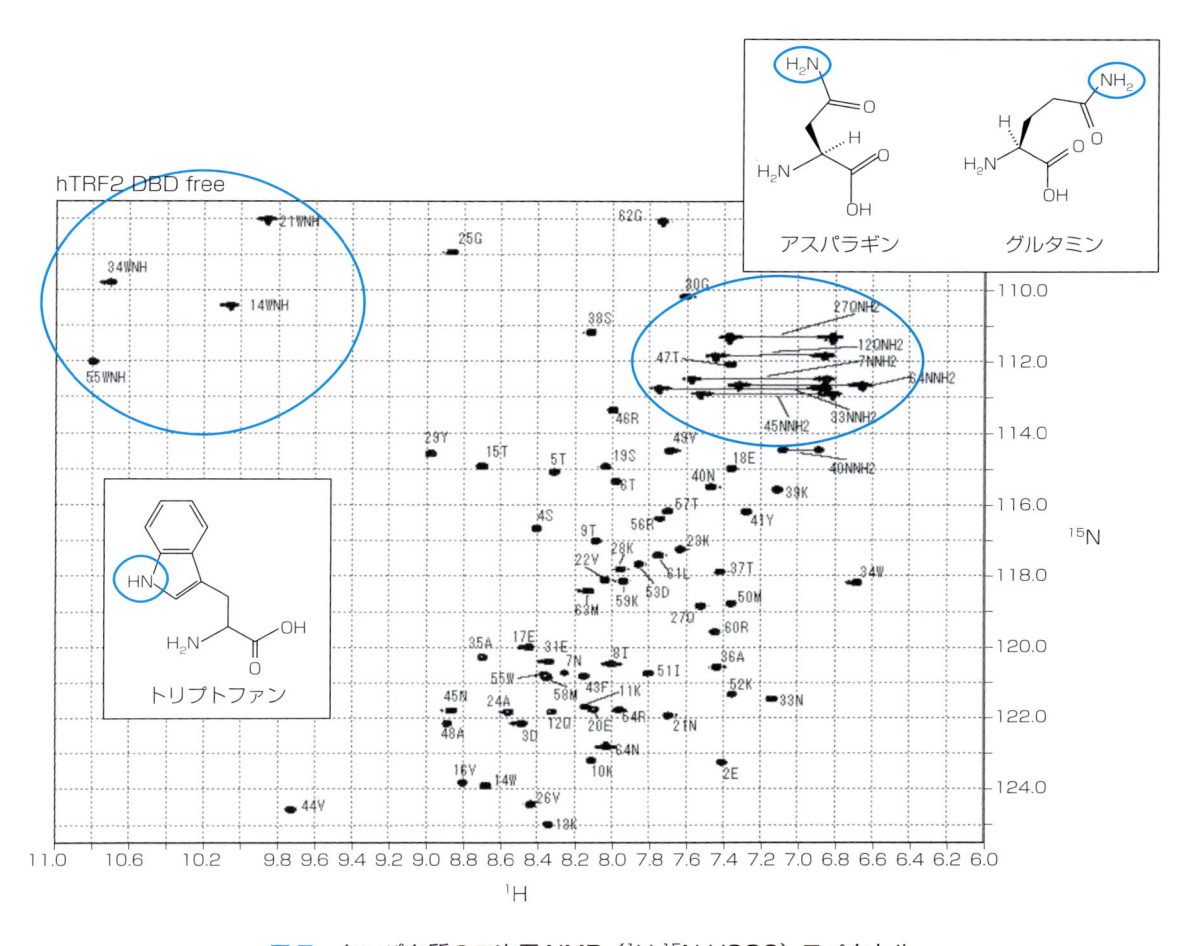

図7 タンパク質の二次元 NMR（^{1}H-^{15}N HSQC）スペクトル

シグナルがスピン—スピン結合のために2つの共鳴線に分裂する．しかしスペクトルの簡略化のために通常^{13}C核，^{15}N核にデカップル用のパルスを照射して共鳴線を1つにする．そのためのパルスに相当するパワー（^{1}H–^{15}N相関であれば1～1.2kHz）を用いるとよい．

3 多次元 NMR 測定

i）多次元 NMR 法の概要

多次元NMR法は二次元NMRに^{1}H核，^{13}C核，^{15}N核などの第3，第4となる周波数軸を加えたNMRスペクトルである．この測定は^{1}H–^{15}N，^{1}H–^{13}C，^{15}N–^{13}C，^{13}C–^{13}Cなどの15～155 Hzの結合定数を利用するため，分子量増大によるプロトンの線幅の増加という問題が解決できる．

二次元NMRのパルスシーケンスは，≪準備—展開（t_1）—混合（τ_m）—検出（t_2）≫の4つの時間領域からなる．準備時間では磁化を適当な初期状態に戻す時間であり，展開時間（t_1）の間に磁化の運動を制御し，混合時間（τ_m）で磁化を混合し，検出時間（t_2）でシグナルを検出するといったサイクルで積算する．この検出したシグナルの位相や強度に，展開時間（t_1）における磁化の挙動が含まれている．その展開時間（t_1）における磁化の挙動を明らかにするために，t_1を順次変化させて積算を繰り返し，最後に測定データF（t_1, t_2）をそれぞれフーリエ変換し，二次元スペクトルF（ω_1, ω_2）としての周波数軸を得る．三次元NMRのパルスシーケンスはこの二次元NMRスペクトルの拡張であり，さらに一組の展開時間と混合時間を組み合わせることで測定が可能になる．三次元NMRでは，≪準備—展開（t_1）—混合（τ_m）—展開（t_2）—混合（τ_m）—検出（t_3）≫の6つの時間領域からなる．二次元NMRと同様に得ら

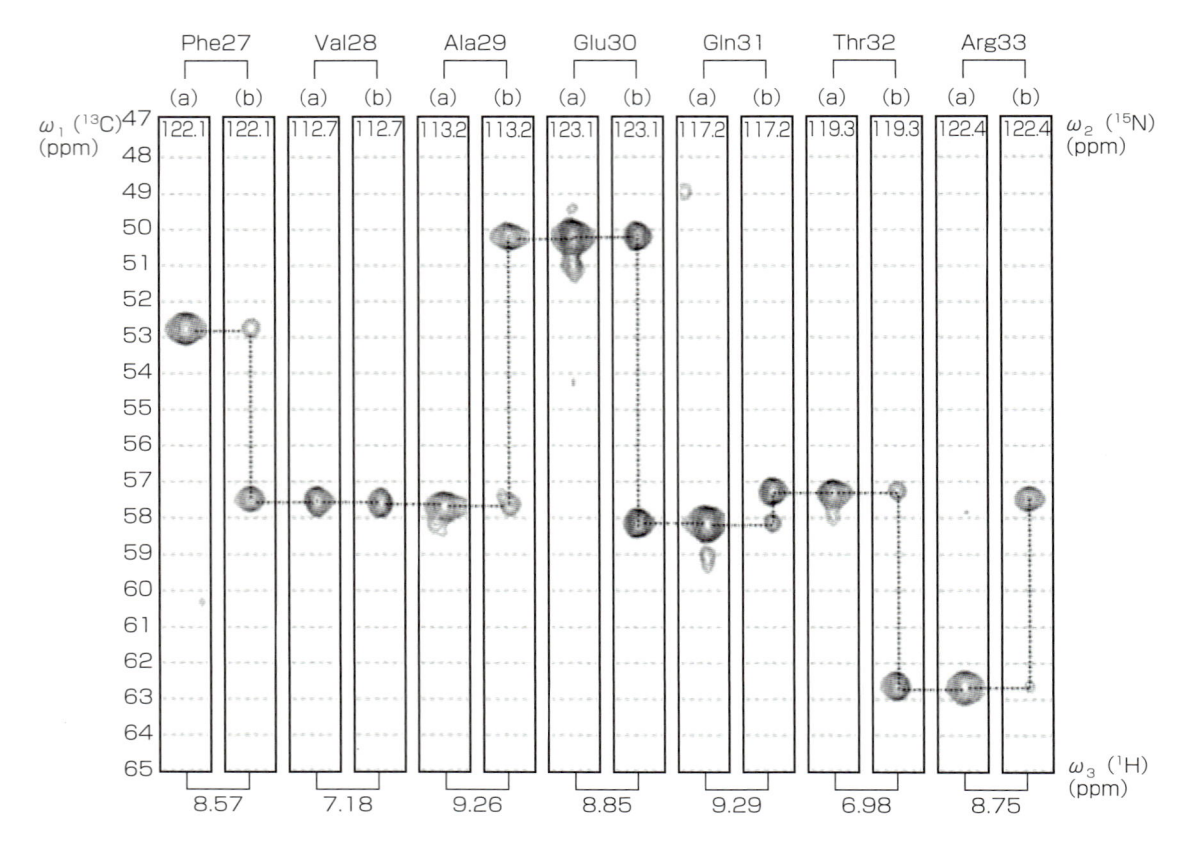

図8 三次元三重共鳴 (a) HN (CO) CA と (b) HNCA による主鎖シグナルの連鎖帰属例
この2つの実験は，128 (t_1) × 32 (t_2) × 1,024 (t_3) のデータポイント数，積算32回で600 MHz，310 K，軽水中で行った．アミノ酸残基Phe27からArg33までの^{15}N化学シフトに対応した[ω_2 (^{13}C)，ω_3 (^{1}H)] 相関スペクトルの短冊表示である

れるデータはF (t_1, t_2, t_3) の3つの時間軸を含み，それぞれフーリエ変換するとF ($\omega_1, \omega_2, \omega_3$) の三次元の周波数軸を得ることになる．次に^{13}C，^{15}N標識したタンパク質について三次元三重共鳴のスペクトルを測定し，解析した一例を紹介する．

ii) 三次元三重共鳴のスペクトルの解析例

HN (CO) CA[3]の実験（図8a）は^{15}N核とカップリングをもつ1残基前の$^{13}C_\alpha$ (i-1) (2$J_{NC\alpha}$ = 4〜9 Hz) のみの相間を与える．磁化の伝達は，^{1}HN (i) → ^{15}N (i) → ^{13}C' (i-1) → $^{13}C_\alpha$ (i-1) (t_1) → ^{13}C' (i-1) → ^{15}N (i) (t_2) → ^{1}HN (i) (t_3) で達成され，観測する核の周波数は [^{1}HN (i)，^{15}N (i)，$^{13}C_\alpha$ (i-1)] となる．HNCA[2]の実験（図8b）は^{15}N核とカップリングをもつ同じ残基内の$^{13}C_\alpha$ (i) (1$J_{NC\alpha}$ = 7〜11 Hz) と1残基前の$^{13}C_\alpha$ (i-1) (2$J_{NC\alpha}$ = 4〜9 Hz) との相間を与える．磁化の伝達は，^{1}HN (i) → ^{15}N (i) → $^{13}C_\alpha$ (i) /$^{13}C_\alpha$ (i-1) (t_1)，→ ^{15}N (i) (t_2) → ^{1}HN (i) (t_3) で達成され，観測する核の周波数は [^{1}HN (i)，^{15}N (i)，$^{13}C_\alpha$ (i)，$^{13}C_\alpha$ (i-1)] となる．これらのスペクトルで充分にシグナルを観測できれば，HN (CO) CA と HNCA とを組み合わせれば配列特異的な帰属は可能である．

さらに，この帰属をより効果的に行うために次の実験と併用することが多い．CBCA (CO) NH[4]の実験（図9a）は$^{13}C_\beta$/$^{13}C_\alpha$ (i-1)，^{15}N (i) と^{1}HN (i) の相関スペクトルを与える．HNCACB[5]の実験（図9b）は$^{13}C_\beta$/$^{13}C_\alpha$ (i-1) − ^{15}N (i) − ^{1}HN (i) および$^{13}C_\beta$/$^{13}C_\alpha$ (i) − ^{15}N (i) − ^{1}HN (i) の相関を与える．カップリング$^1J_{NC\alpha}$ = 7〜11 Hz は $^2J_{NC\alpha}$ = 4〜9 Hz より大きい値をもつので$^{13}C_\beta$/$^{13}C_\alpha$ (i-1) のシグナル強度は低くなり，$^{13}C_\beta$/$^{13}C_\alpha$ (i) との識別が可能である．

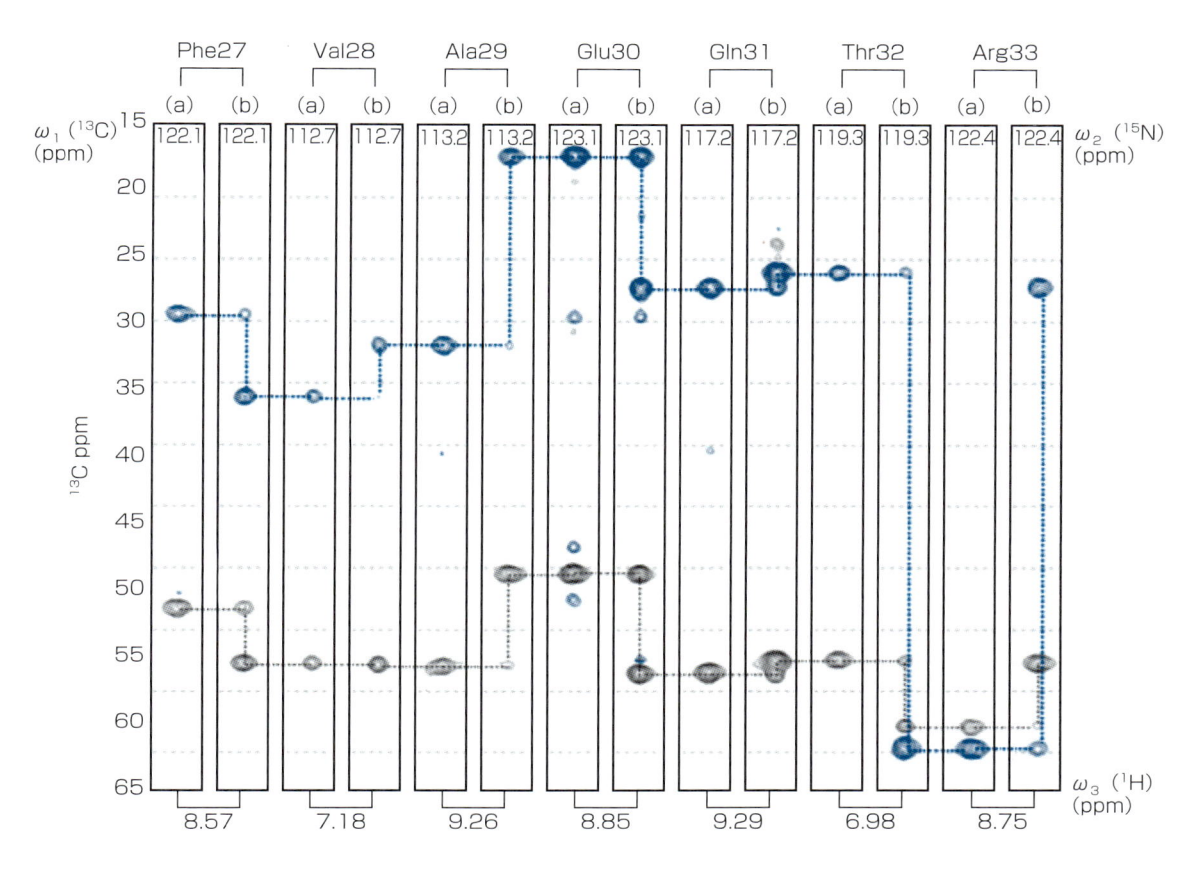

図9 三次元三重共鳴（a）CBCA（CO）NHと（b）HNCACBによる主鎖シグナルの連鎖帰属の例
この2つの実験は，128（t_1）×32（t_2）×1,024（t_3）のデータポイント数，積算32回で600 MHz, 310 K，軽水中で行った．黒く示したシグナルはC_αで，青く示したシグナルはC_βである

以上，6種類の実験からタンパク質の配列特異的な帰属が完了する．さらに帰属した$^{13}C_\beta$, $^{13}C_\alpha$, $^{13}C'$, ^{15}N, ^1HNの化学シフトが同定され，特に$^{13}C_\beta$, $^{13}C_\alpha$, $^{13}C'$からの化学シフト値から二次構造の同定が行われる．

構造解析

帰属した^1Hや^{13}Cの化学シフト値はタンパク質の二次構造の指標として有効な情報となる．三次元NOESYで解析したプロトンとプロトン間のNOEの帰属は非常に時間のかかる作業である．しかし，化学シフトの帰属がすべて完了していれば，自動的にNOESYスペクトル内のクロスピークを短時間で帰属することも可能になった．構造計算では，距離制限としてのNOEの情報を加えるほかに，^3Jの結合定数や残余双極子結合定数が入力情報として使われる．さらに，水素結合の間接的，直接的な測定として凍結乾燥したタンパク質試料にD_2Oを加え，^1H-^{15}N HSQCスペクトルの測定を行うことで観測される交換の遅いアミドプロトンをモニターし同定する．実験的に解析された構造情報はNOEからの距離情報，^3J結合定数から二面角の制限，残余双極子結合からの静磁場に対する配向角度情報がすべて入力データとして立体構造計算に使われる．この段階での構造計算とNOEの帰属と妥当性の評価を繰り返し行い，立体構造を精密化する．構造計算の結果，立体構造は実験データと一致した構造のアンサンブルとして表現される．

立体構造の評価

NMRの構造の論文のなかではその結果を統計デー

タとして要約した表が掲載されている．その中でNMRの構造の精密さを定義するパラメータの1つが根平均二乗距離（RMSD）である．このパラメータはアンサンブルな構造の原子座標，距離制限，二面角の制限，配向角度に対してそれぞれ算出され，いずれも小さい値であれば精密な構造として評価される．また，電子ポテンシャル項（E_{L-J}，Lennard-Jones potential）に基づいた評価項目もあり，この値は負であることが重要である．例えば分子内の原子間距離に誤った見積もりを入力した場合には，その制限が強くなりファンデルワールス半径でのコンタクトに衝突が生じ構造の質に反映されてしまう．また，ラマチャンドランプロットを利用することはタンパク質の主鎖骨格の角度Φと ΨをX線結晶構造解析で決定した構造の角度情報と比較することで評価する．その結果は4段階に評価され，質の高い構造ではそのほとんどの角度ΦとΨは許容領域に位置する．逆に禁制領域に見られる場合はそのアミノ酸残基を含めた周囲の情報を再度見直す必要がある．

タンパク質の運動解析と構造解析

NMRは立体構造を決定するのみならず，分子全体の動きや内部運動の様子を解析するうえで非常に優れた分析装置の一つである（図3）．NMRシグナルの減衰や緩和は核スピンとそれを取り巻く環境によって生じる．その環境との関係は溶液中において分子の回転運動などに起因する局所的な磁場の無秩序な変調によって生じる．その結果，分子運動のパラメータ（オーダーパラメータS^2，回転相関時間τ_c）は緩和の測定によって得られる．タンパク質内の揺らぎを調べることは例えばNMRを用いると非常にタンパク質と核酸との結合に関与する認識部位の機能を理解するうえでも非常に重要である．一方でタンパク質とリガンドとの結合を調べる際には，NMRを用いると非常に効果的に結果を導くことができる．それはリガンドとの結合によって，その結合周辺の核スピンの磁気的環境に変化が起こり，その変化が化学シフトに反映されることによる．この変化量は結合部位の近くで大きな変化となり，タンパク質表面のリガンド結合部位の特定に効果的である．

参考文献

1) Morris, G. A. & Freeman, R.: J. Am. Chem. Soc., 101 : 760-762, 1979
2) Kay, L. E. et al.: J. Magn. Reson., 89 : 496-514, 1990
3) Grzesiek, S. & Bax, A.: J. Magn. Reson., 96 : 432-440, 1992
4) Grzesiek, S. & Bax, A.: J. Am. Chem. Soc., 114 : 6291-6293, 1992
5) Wittekind, M. et al.: J. Magn. Reson., Ser. B 101 : 201-205, 1993
6) Kline, A. D. et al.: J. Mol. Biol., 204 : 675-724, 1988
7) Ikura, M. & Clore, G. M.: Science, 256 : 632-638, 1992
8) Garrett, D. S. et al.: Nat. Struct. Biol., 6 : 166-173, 1999
9) Geoffrey A. et al: J. Mol. Biol., 300 : 197-212, 2000
10) Kainosho, M. et al.: Nature, 440 : 52-57, 2006

教科書

1) 阿久津秀雄，嶋田一夫，鈴木榮一郎，西村善文/編：「NMR分光法　原理から応用まで（日本分光学会測定法シリーズ 41)」，2003
2) 竹内敬人，角屋和水，加藤敏代/著：「初歩から学ぶNMRの基礎と応用」，朝倉書店，2005

第4章 磁気共鳴分析

2. 固体高分解能 NMR
~固体NMRによるタンパク質の解析~

阿久津秀雄, 藤原敏道

近年, 発展の著しい固体NMR法の利用について述べる. その特徴は分子量の制限がなく, 結晶を作らないものや不溶性のものでも解析対象にできることである. 安定同位体標識と組み合わせることにより溶液NMRと同じような構造情報を得ることができる.

はじめに

分子の立体構造を決定する方法には, X線結晶構造解析, NMR, 電子顕微鏡, 中性子線回析などがある. 中でもX線結晶構造解析と溶液NMRの発展は目覚ましく, 今日タンパク質の構造解析を行ううえで重要な手段となっている. X線結晶構造解析は, 精度が高く, 分子の大きさに制限がないという特長があるが, 良質の結晶を作らねばならない. NMRでは, 溶液中や膜上など, 生理的条件に近い状態でのタンパク質の構造を解析できるだけでなく, 変性中間構造やダイナミクスといった, 結晶構造解析では見ることのできない分子の動的性質を調べることができる. しかし, 溶液NMRは"分子量の壁"という宿命的な問題を抱えている. 近年, それを克服する方法として固体NMRが注目されるようになってきた. 固体NMRは分解能が低く, 感度も低いことが問題であったが, マジック角試料回転とスピン相互作用の再結合(リカップリング)法の発展により, タンパク質の分析にも使えるようになってきている. しかし, まだ発展途上の方法である. NMRで定義する「固体」とは常識的な固体だけでなく, 膜や多くの超分子系のように運動が著しく制限されたものを含む概念である. したがって, 固体NMRはタンパク質の干物を測定対象とするわけではない. この測定法を上手に利用すると他の方法では得られないユニークな構造情報を得ることができる.

何をどのようにして解析するか

固体NMRの測定原理は紙面の制限があるので文献[1]を参考にしていただきたい. 解析の対象は主にX線結晶構造解析でも, 溶液NMRでも難しそうな膜タンパク質, アミロイド, オルガネラなどである. 固体NMRによるタンパク質の構造解析も, ストラテジーとしては溶液NMRとあまり変わらない. しかし, 構造情報を得る方法には大きな違いがある. 膜を重ねた一軸配向の試料や結晶を用いると静磁場との配向角に依存した高分解能のスペクトルを得ることができる. 配向していない試料(粉末試料とよばれる)についてはマジック角試料回転(MAS)が必須である. MASは固体でも溶液のような高分解能スペクトルを与える. 試料をどのような状態で測定するかも重要な点である. タンパク質がきちんとした構造をとるためには一定の水和環境に置くことが重要である. また, 脂質膜系では液晶状態で測定するか, ゲル状態で測定するかも重要な選択である. 構造決定には運動を抑えた低温の方

Hideo Akutsu, Toshimichi Fujiwara: Molecular Biophysics Laboratory, Institute for Protein Research, Osaka University (大阪大学蛋白質研究所蛋白質機能構造研究室)

が向いているが，これはしばしば水の凍結を伴うので凍結防止剤の利用も考慮する必要がある．

固体NMRでは現在のところプロトンを情報源として使うのはきわめて困難であるので溶液NMRより情報量は少ない．タンパク質の場合は^{13}C，^{15}Nが主要な観測核である．溶液NMRで確立されている方法をもとに考えれば，タンパク質構造解析法はおおよそ次のようなステップからなる．

1） 試料の^{13}C，^{15}N均一標識あるいは選択標識
2） 固体NMR用の試料調製
3） ^{13}C，^{15}N全シグナルの配列帰属
4） 帰属されたシグナルを用いた距離および二面角情報の収集
5） 得られた構造情報に基づく構造計算

タンパク質の固体NMR解析のために準備するもの

タンパク質の固体NMR解析を行うために準備するものは安定同位体標識試料と固体NMR測定装置である．

＜安定同位体標識試料＞

安定同位体標識の調製については溶液NMRと共通のものが多い．標識法については均一標識と選択標識がある．固体NMRで取り扱うタンパク質は膜タンパク質であったり，不溶性タンパク質であったりする．これらのタンパク質を，最もよく使われている大腸菌の発現系で大量発現させるのにはかなりの工夫をする必要がある．うまく発現しても封入体の場合が多く，これを正しい構造に戻す必要がある．膜タンパク質の発現にはこの他にバキュロ/昆虫細胞系，小麦胚芽無細胞系などが用いられる．動物タンパク質であれば動物由来の培養細胞も選択肢の一つである．特定の残基だけを標識しようと思えば，化学合成を行う必要がある．しかし，取り扱うタンパク質が水溶性タンパク質と異なり，一筋縄ではいかない．膜タンパク質であれば得られたタンパク質を脂質二重膜に再構成する必要がある．

＜固体NMR測定装置＞

固体NMR測定には特別のハードが必要である．"固体状態"では運動が抑えられているため，^{13}Cや^{15}Nとプロトンの双極子相互作用が強い．溶液中では分子の速い回転によってこの相互作用は平均化され，弱められている．固体ではこの強い相互作用が線幅の原因となり，低分解能，低感度につながる．これを断ち切るために高出力のプロトン照射用ラジオ波アンプが必要である．さらに，マジック角試料回転を行うための設備が必要である．試料ロータの回転数は正確に制御される必要がある．このマジック角試料回転と温度可変を行うためには一般に溶液NMRよりもプローブ周りのスペースが必要となる．そのため，固体NMRは溶液で使われているボアサイズ（54 mm）よりも広いボアサイズ（89 mm）の超伝導磁石を用いることが多い．これらの理由のために以前は溶液NMRと固体NMRでは異なった装置を使っていたが，最近は溶液NMRに固体NMR用のアタッチメントをつければ固体NMRスペクトルが測定できるようになっているものが増えている．この場合はボアサイズが狭い場合が多く，自分の実験条件が設定できるかどうかを事前に確認しておく必要がある．

プロトコール・注意点

タンパク質の固体NMRによる解析法にはいろいろなバリエーションがありうるが，基本となるプロトコールを前述したステップに従って述べる．

1 試料の^{13}C，^{15}N均一標識あるいは選択標識

タンパク質の安定同位体の標識法は基本的に溶液NMRと同じなので，そちらに譲る（4章1参照）．基本的な違いは，すでに述べたように固体NMRでは発現の難しいものを対象とするので，解析対象にあわせた発現あるいは化学合成の工夫が必要なことである．

2 固体NMR用の試料調製

固体NMRによる構造解析のために現在使われている試料様態には結晶，一軸配向膜，無配向試料の3種類がある．

ⅰ） 一軸配向膜

現在，構造解析の実績が最も上がっているのは選択的安定同位体標識膜タンパク質と一軸配向再構成膜との組み合わせである[1]．膜としては水和されたリン脂質膜が使われる．選択によりスペクトルが非常に簡単になり，構造情報の解釈も容易である．しかし，選択標識試料を多数作らねばならない欠点がある．^{15}N均一標識した配向試料の^{1}H–^{15}N双極子結合と^{15}N化学シフト二次元相関スペクトルを測定するとアミド交差ピークの帰属をすることなくヘリックスの存在とその傾きについての情報を得ることができる[1]．

ⅱ） 結晶

固体NMR用の試料調製で重要なことは分子がすべて同じ構造をとるような状態にすることである．結晶を作れば構造もそろい，溶液に近い分解能のスペクトルが得られる．実際，均一標識タン

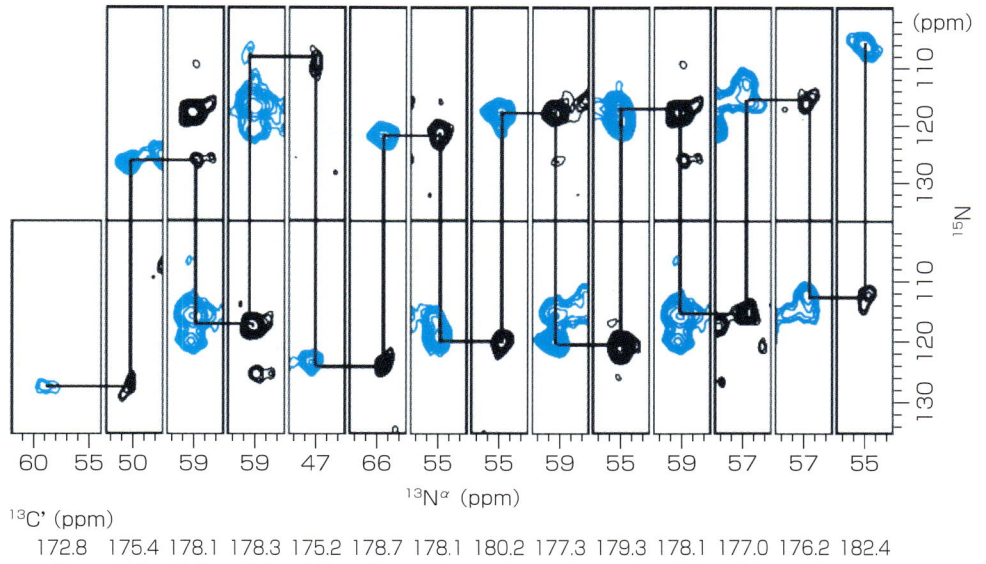

図1 膜結合マストパランXの三次元固体 ^{13}C-NMRシグナルの配列帰属
^{13}C, ^{15}Nの均一標識試料を用いている．黒は ^{13}C, ^{15}Nの残基内相関，青は ^{13}C, ^{15}Nの残基間相関交差ピークである．この両者を交互につなぐことにより骨格信号の配列帰属ができる．下にアミノ酸（1文字表記）配列を示してある．その上にある数字はカルボニル炭素の化学シフトである

パク質の構造が最初に決まったのは α スペクトリン SH3 ドメインの結晶である[2]．固体 NMR では X線の構造解析に使えない微結晶でも使えるという特徴がある．しかし，よい結晶ができれば X線結晶構造解析にかけた方がよいわけで，使い方には工夫がいる．

iii）無配向試料

無配向（粉末）試料は最も調製が容易で，どのようなタンパク質をも対象にすることができるという大きな利点がある．粉末というと凍結乾燥した状態を連想するが，しばしば構造が乱れ，個々の分子の構造はそろっていない場合が多い．したがって，水和などによりタンパク質本来の構造をとるような条件を見つけることが重要である．また，分子の運動を抑えて構造をそろえるために，しばしば構造解析は零度以下の低温で行われる．水和などにより水が共存する場合は水の結晶化がタンパク質の構造に影響を与えないように凍結保護剤を入れることも検討する必要がある．無配向試料を使った研究は近年急速に進んでおり，本項ではこの解析法を主に述べる．

3 ^{13}C, ^{15}N 全シグナルの配列帰属

これ以降は具体的なイメージをつかんでいただくために 14 残基の生理活性ペプチド，マストパラン X を例にとりながら説明を行いたい．帰属の第一歩はアミノ酸の種類の同定である．これには RFDR（radio frequency driven recoupling）や DARR（dipolar-assisted rotational resonance）など広い領域での磁化移動が可能なパルスを用いて全領域での化学シフト相関をみる．アミノ酸の種類の同定には α, β, γ などの側鎖のスピン系を明らかにする必要がある．それには二量子双極子相互作用による磁化移動法（SPC5 など）が役立つ．この磁化移動では共有結合が延びるに従って信号の符号が順次反転するのでわかりやすい．さらに，^{13}C^α と ^{15}N との間の半選択的磁化移動法はポリペプチド主鎖の配列帰属に便利である．^{13}C^α と ^{15}N の磁化移動を起こさせると残基内の相関が得られるが，^{13}C=O と ^{15}N の間で磁化移動を起こさせると残基間の相関が得られる．この際，三次元 NMR スペクトルを測定すれば，シグナルの分解能はさらに上がる．その例をリン脂質膜に結合させたマストパラン X について，図1 に示す[3]．二次元スペクトルでは分解できなかった ^{15}N, ^{13}C シフト相関のクロスピークがきちんと分離して観測され

4章−2．固体高分解能NMR 159

るようになる．ここで $^{13}C^\alpha$ と ^{15}NH の間の残基内相関（黒）と残基間相関（青）をつないでいくことにより骨格シグナルの配列帰属が可能となる．この帰属は二次元 $^{13}C^\alpha_i$-$^{13}C^\alpha_{i+1}$ 相関スペクトルにより確認することができる．固体NMRでは常に分解能が問題となるが，$^{13}C^\alpha$ と $^{13}C^\beta$ は比較的よく分散するシグナルでこれを上手に利用する必要がある．また，アミノ酸残基の数が多く，シグナルの重なりが激しい場合には選択的同位体標識を併用して帰属を行う必要がある．

4 帰属されたシグナルを用いた二面角および距離情報の収集

i）TALOSによる二面角の推定

骨格の ^{13}C と ^{15}N，および $^{13}C^\beta$ の化学シフトが決定されると，これを用いて骨格の構造を決める二面角 ϕ と ψ をTALOS（torsion angle likelihood obtained from shift and sequence similarity）というソフトウエア[4]を用いて推定することができる．これはもともと溶液NMRの化学シフトとタンパク質立体構造のデータベースを基にして作られた方法であるが，固体NMRにも適用できる．二面角はスピン間の異方的相互作用を組み合わせることにより直接決定することもできる．この場合は信頼度と精度の高い角度を得ることができるが，均一標識試料では困難な場合が多い．

ii）核間の距離決定法

構造情報で最も重要なのは核間距離情報である．同種核間の距離決定法として現在広く使われているのは回転共鳴（RR）法である．一方，他種核間で使われているのは回転エコー二重共鳴（REDOR）法である．これらの方法は本来，分子内の2つの核だけが安定同位体（例えば ^{13}C）標識されたものに使われる．最近は均一標識試料でも使われるが，アミノ酸が多くなってシグナルの重なりが出てくると適用が難しくなる．そこで精度は落ちるが，二次元の磁化移動スペクトルが最もよく使われる．これは溶液NMRのNOE（核オーバーハウザー効果）観測に対応する．前に述べたDARRスペクトルは混合時間を延ばすことにより6Å位のものまで交差ピークとして観測される[5]．二次元プロトン駆動スピン拡散スペクトルを用いると距離をもう少し正確に決めることができるがかなり手間がかかる[6]．

iii）膜への結合構造の決定

ペプチドやタンパク質が膜に結合しているとき，どのような形で結合しているかという情報も，アミノ酸残基と脂質分子の間の磁化移動効率から得ることができる．脂肪酸部分を重水素化したリン脂質二重膜に結合したマストパランXのプロトンと脂質のリンあるいは重水素との間の磁化移動の大きさを測定すると，どのアミノ酸のどの原子が膜に埋まっているかを知ることができる．これは $^2H/^{31}P$ 選択的 ^1H 脱分極 ^{13}C-NMR法とよばれる[7]．すなわち，膜の重水素あるいはリンに近いプロトンが選択的に脱分極され，それを分解能のよい ^{13}C で観測するものである．

5 得られた構造情報に基づく構造計算

まず，TALOSなどで求まった骨格の二面角情報から容易に二次構造を推定することができる．さらに，今までの実験で求まった核間距離と二面角を拘束条件として溶液NMRの場合と同じように三次構造を計算することができる．計算ソフトは溶液NMRと同じものを使うことができる．ここで得られる構造の精度はどれだけの距離情報を得ることができるかにかかってくる．

マストパランXが膜に埋まった構造は分子動力学計算と上記の $^2H/^{31}P$ 選択的 ^1H 脱分極 ^{13}C-NMRスペクトルのシミュレーションを組み合わせることにより決定できる．この方法は膜タンパク質が埋まっているときはどのアミノ酸残基が脂質の方を向いており，どのアミノ酸が内側を向いているかを明らかにできる．

実験例

例として取り上げているマストパランXは蜂毒の成分で，三量体Gタンパク質を活性化する機能をもつ．したがって，Gタンパク質共役受容体のGタンパク質活性化領域のモデルペプチドとして使われている．このペプチドは脂質膜にも結合し，それによってGタンパク質活性化効率が上がると報告されている．そこで，マストパランXがリン脂質膜（ジパルミトイルフォスファチジルコリンDPPC：ジパルミトイルフォスファチジルグリセロールDPPG＝4：1）に結合しているときのペプチドの構造，および膜とペプチドの相互作用構造を決定した[3][7]．

1 膜結合マストパランXの構造決定

この均一標識試料はユビキチンとの融合タンパク質として発現させ，酵素でペプチド部分を切り出し，アミド化することによって得た．距離決定のための選択標識試料は化学合成によって5種類作製した．マストパランXを上記のリン脂質膜に結合させて32%の相対湿度で水和させて約20μlの試料を作り実験を行った．まず，二次元の残基内，残基間相関スペクトル，三次元の^{13}C，^{15}N残基内相関，残基間相関スペクトル（図1）を測定してすべての炭素，窒素シグナルの帰属を行った．これらのシグナルを用いてTALOSによりポリペプチド骨格の二面角を推定した．その結果を図2に示す．この図から3番目のトリプトファンと14番目のロイシンの間はαヘリックス構造をとっていることがわかる．さらに正確な構造を求めるため，表1に示すように選択標識した5種類の試料を作り，その核間距離を回転共鳴法と回転エコー二重共鳴法により決定した．ここで得られた5つの核間距離と図2の26個の二面角を用いてCYANAにより構造計算を行った．その結果を図3Aに示す．これからわかるようにN末端側は延びた構造をとり，C末端側のヘリックスは少し歪んでいる．このヘリックスは図3Bからわかるように両親媒性の（疎水的残基が片側に集まり，親水的なものが反対側に集まる）構造をとっている．これはマストパランXの膜への結合をよく説明する．

2 マストパランXと脂質膜との相互作用構造の決定

生理活性を知るうえで重要なことはこのヘリックスが脂質膜へどのような形で結合しているかである．これを知るために$^2H/^{31}P$選択的^1H脱分極^{13}C-NMR法を用いてどのアミノ酸残基が脂肪酸鎖に近く，どの残基がリン酸に近いかを調べた．その結果，予想されたように疎水性アミノ酸残基が膜の疎水性部分に近いことがわかった．さらに，分子動力学とスペクトルシミュレーションにより膜への結合構造を決定した（図4）．これからわかるように，マストパランXは疎水性の面が膜に埋まった形で，10°ほど傾いて脂質膜表面に結合している．この構造ではGタンパク質の活性化で重要な役割を果たす3つのリジン残基が水相に突き出ており，脂質膜結合構造の活性化効率が高いことと整合性がある．

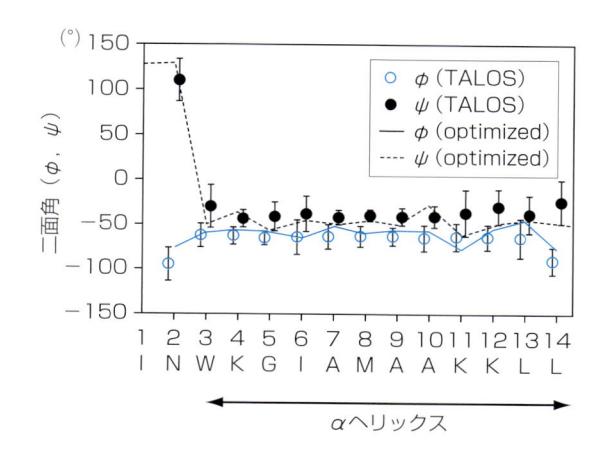

図2 TALOSで予測されるマストパランX骨格の二面角
^{13}C，^{15}Nの化学シフト値を用いて推定した．実線と破線は構造決定して得られた角度である

マストパランXの脂質膜結合構造はすでに溶液NMRを用いて決定された構造が報告されている[8]．この場合，膜との速い解離・会合を利用して，非結合状態のペプチド（特定の構造はとっていない）に残された膜結合時のNOE記憶を使って構造決定を行う（TRNOE法）．この方法は固体NMRによる決定法とは少し異なる性格をもつ．TRNOE法の場合は速い交換を実現するために結合は緩やかでなければならない．また，構造決定が間接的な情報に基づいて行われるため，高分解能な構造は得にくい．これに対して固体NMRではしっかり結合したものの構造を直接決定している．

おわりに

実験例であげたものは14残基のペプチドでタンパク質ではないと思われた読者も多いであろう．残念ながら固体CP/MAS-NMRを用いて脂質膜に埋まった膜タンパク質の構造を決定した例はまだない．配向膜あるいは結晶中のタンパク質については幾つかの構造が報告されている．現在，この方法は急速に発展しており，CP/MAS-NMRによる膜タンパク質などの構造決定も時間の問題となっている．ただ，タンパク質解析用の固体NMR測定装置はまだ溶液のようには普及してはいない．また，解析法もソフトを含めて充分に知られているとはいえず，初心者には難しいところもある．しかし，固体NMRの研究者は少しずつ増えて

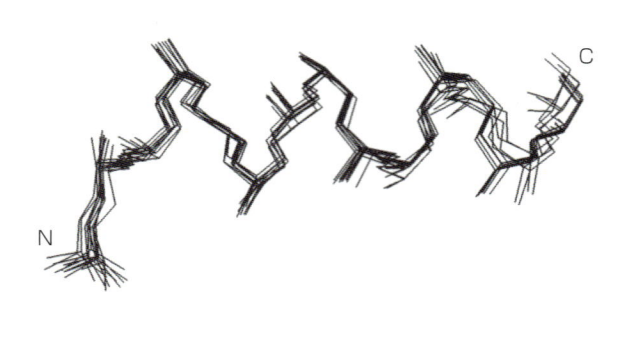

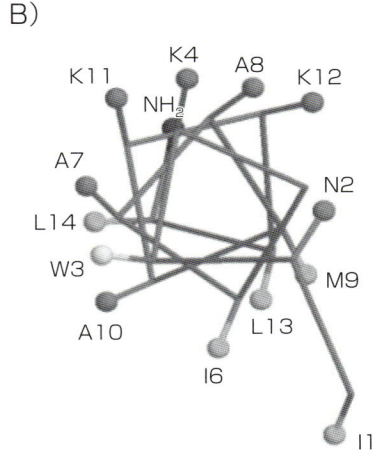

図3 膜結合マストパランXの骨格構造
5つの距離と26個の角度を拘束因子として計算することにより得られた20個の構造の重ね合わせ（A）とヘリックスホイール表示（B）

表1 マストパランXにおける原子間距離（Å）

	実験値[*1]	ヘリックス	βシート
I1[^{13}C']–G5[^{15}N]	6.0	4.0	11.0
G5[^{13}C']–A8[^{13}C^β]	4.2	4.1	9.2
A7[^{13}C']–A10[^{13}C^β]	4.2	4.1	9.2
A10[^{13}C']–L13[^{15}N]	4.2	3.8	7.7
A10[13C']–L14[^{15}N]	4.4	4.0	11.0

＊1：精度 ±0.1 Å. ただし, 6.0 Åに対しては±0.4 Å.

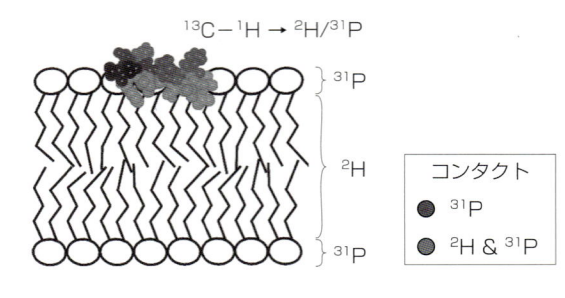

図4 マストパランXのリン脂質膜との相互作用構造
ペプチドのプロトンから近傍の重水素あるいはリンへの磁化移動を観測してこの構造が得られる. スペクトルの分解能を上げるためにプロトンに結合した^{13}Cを観測している. したがって, ^{2}H/^{31}P選択的^{1}H脱分極^{13}C-NMR法とよぶ. 脂質膜の脂肪酸が重水素化され, 極性基中にリンが存在することがわかる

いるので, 是非解析したい対象をもっておられる場合には気軽に相談されることをおすすめする.

参考文献

1) Ramamoorthy, A. ed. : NMR spectroscopy of biological solids : Taylor & Francis, Boca Ration, 2006
2) Castellani, F. et al. : Nature, 420 : 98-102, 2002
3) Todokoro, Y. et al. : Biophys. J., 91 : 1368-1379, 2006
4) Cornilescu, G. et al. : J. Biomol. NMR, 13 : 289-302, 1999
5) Takegoshi, K. et al. : J. Chem. Phys., 118 : 2325-2341, 2003
6) Egawa, A. et al. : Proc. Natl. Acad. Sci. USA, 104 : 790-795, 2007
7) Harada, E. et al. : J. Amer. Chem. Soc., 128 : 10654-10655, 2006
8) Wakamatsu, K. et al. : Biochemistry, 31 : 5654-5660, 1992

第4章 磁気共鳴分析

3. NMRイメージング
~生体組織の非破壊三次元計測~

巨瀬勝美

切除・摘出試料や生きたままの小動物などの内部構造を，試料に含まれる水素原子核を通して三次元的に画像化し．核磁気緩和時間や計測パラメータによって画像コントラストが決定されることで，組織構造や病変を描出することができる．

はじめに

NMRイメージング（magnetic resonance imaging：MRI）は，医学診断分野で広く普及しているが，現時点では，バイオ系の実験室に普及しているとは言い難い．これは，機器の高価さや使いにくさによるものと思われるが，将来，このような点が解決されれば，MRIが実験室で日常的に使われていくことが期待される．

さて，MRIは，生体内にある豊富な水などに含まれる水素原子核（プロトン）の空間分布を，最大10ミクロン程度の分解能で，試料に全くダメージを与えることなく三次元的に画像化できる手法である．ただし，プロトン以外の原子核や，固体に含まれる原子核を画像化することは困難である．なお，空間分解能と時間分解能は，トレードオフの関係にあるので，これらを考慮しながら適用対象，撮像条件などを考える必要がある．ここでは，バイオ系の実験室でMRIを使用する参考例になると思われる，筆者の研究室における計測装置，計測法，計測例を紹介する[1) 2)]．

原理

均一な静磁場の中におかれた単一のNMR共鳴線をもつ物質（水など）に対し，位置に比例して静磁場強度が変化する勾配磁場を加えてNMR信号を観測すると，共鳴周波数に対して，どれだけの核スピンが存在するかを示す「投影像」を得ることができる．このように，MRIでは，均一な静磁場とさまざまな方向の線形勾配磁場を用いて，核スピンの位置と周波数の対応づけを行いながら信号計測を行い，得られた信号の集合から，核スピンの空間分布を数学的操作（画像再構成）により求めている．

信号計測においては，高周波（RF）パルスで核スピン系を励起し，その後に発生するFID（自由誘導減衰）信号や，2個のRFパルスを与えた後に発生するスピンエコー信号を観測する．そして，勾配磁場は，信号観測中ないしその前にパルス的に印加する．このようにすると，核スピンの作る「核磁化分布」の空間的フーリエ成分を，そのデカルト座標系で得ることができる．よって，これらをフーリエ空間内に配置し，二次元ないし三次元フーリエ変換を行えば，核磁化分布を求めることができる．

上に述べたように，核スピン分布ではなく核磁化分布が得られるのは，RFパルスを用いた繰り返し計測（パルスシーケンス）において，核スピン系が，核磁気緩和時間〔T_1（縦緩和時間），T_2（横緩和時間）〕や拡散係数の影響を受けた状態で計測されるからであ

Katsumi Kose：Institute of Applied Physics, University of Tsukuba（筑波大学数理物質科学研究科電子・物理工学専攻）

る．このため，得られる画像は，これらのパラメータによるコントラストがついた画像（T_1強調画像，T_2強調画像）となる．MRIが有用なのは，単なる核スピンの空間的分布ではなく，これらのパラメータの変化により，画像コントラストとして組織の変化をとらえることができるためであり，MRIによる疾患の診断も主にこれを利用している．

準備するもの

＜MRI装置＞

小規模の研究グループで導入・使用可能なMRI装置として，現在市販されているものは，NMR分光計に付属したものと，永久磁石を用いた小動物用MRIの2種類である．

1）NMR分光計付属のMRI

既存のNMR分光計に，勾配磁場プローブと勾配磁場電源，そしてMRI用ソフトウエアを導入すれば，数10ミクロン程度の空間分解能で撮像可能なMRIを構築できる．また，導入当初より，そのような機能を備えている分光計もある．入手先は，日本電子，ブルカー，バリアンの3社である．試験管に入る10〜20 mm程度のサイズで，プロトンを豊富に含む生体試料であれば，どんなものでも撮像対象となりうる．ただし，固体や生きた動物を撮像するのには不向きである．

2）小動物用MRI

1 m×2 m程度の設置スペースに導入可能な永久磁石を用いたMRIが現在入手可能である（大日本住友製薬）．これを用いれば，切除・摘出試料だけでなく，生きたマウスやラットの撮像が可能である．なお，生きた小動物の撮像には，実験小動物用ガス麻酔システム（大日本住友製薬，SF-B01）なども必要である．

＜ソフトウエアなど＞

以上の装置の他に，画像処理や解析を行う計算機とソフトウエアが必要である．MRIメーカーは，一通りのものを提供してくれるが，特定の用途には，特殊なソフトウエアを必要とすることも多い．これらは，メーカーに問い合わせたり，学会やウェブで調べるとよい．Image Toolなどフリーで使用できるものもある．

プロトコール

1 サンプルの調製

ⅰ）切除・摘出試料など

できるだけ直径の小さな試験管（できればNMR用）の中に入れ，撮像中の乾燥や，空気と試料の磁化率差によるアーティファクトの発生を防ぐために，周囲を保存液や生理食塩水などの液体で満たす*1．液面は，試料から画像視野の大きさの半分程度以上離す．また，気泡はアーティファクトになるため充分に抜いておく*2．

> *1 なお，液体に試料が浸された状態では，試料は測定中の勾配磁場の振動などで動きやすいため，スポンジなどを用いて，動かないように固定しておく．
>
> *2 なお，磁性体や金属片などは大きなアーティファクトになるので，試料には，これらが混入しないように注意しておく．

ⅱ）小動物

実験小動物用ガス麻酔システムを用い，イソフルランなどを使用して，製品に添付の説明書に従ってガス麻酔を行う．また，動物そのものは，マジックテープなどを用いて，動物用ホルダーに物理的に固定し動きを押さえておく．心臓の動きは，心電図同期によって補正することが可能であり，そのためのツールも販売されているが，実施するためには，高度な技術が要求される．

2 撮像の準備

❶ 試料をRFコイルの中に入れると，まず，RFコイルのチューニングとマッチングを調整することが必要とされる場合がある．このような場合には，装置のマニュアルに従ってその調整を行うが，調整が不必要な場合もある

❷ 次に，テストシーケンス（多くの場合FID）を走らせ，NMR信号ないしはスペクトルを観察し，試料に合わせたシミングと呼ばれる静磁場の均一化操作を行う．永久磁石の場合には，静磁場強度が磁石の温度により変動するため，静磁場強度とNMR送受信系の参照周波数を，ぴったりと合わせる操作が必要である．そしてその次に，スピンエコー信号を観察して，それが最大になるようにRFパルスの強度を調整する．以上の2つの操作を行えば，撮像可能な状態になる

3 撮像

❶ マウスやラットの撮像においては，頭部や体部，そしてどのような臓器や病変を対象にするかによって，使用するパルスシーケンスは，ほぼ決定されている．よって，撮像パラメータを決定する際には，限られた計測時間（動物の麻酔時間によって決定される）で，最適な画素サイズ，画像マトリクス数などを決定し撮像を行う．撮像の前には，受信ゲインの調整やRFパワーの最適化が必要で

ある

❷ 切除・摘出試料などに関しては，どのようなパルスシーケンスで，どのような撮像パラメータで計測するか不明な場合が多い．よって，初めて計測する試料の場合には，まず，エコー時間（TE）と繰り返し時間（TR）を短くした三次元スピンエコー法を用い，大きめの画素サイズで，1時間以内の撮像時間で，トライアル撮像しておく．また，TEやTRをいくつか変えて撮像してみると，試料の各部のT_1とT_2を推定することができる．これらの緩和時間は，最適画像コントラストを決めるための撮像パラメータの決定に重要である

❸ また，スピンエコー法よりも勾配エコー法が，良好な画像コントラストを得られる場合もあるので，こちらも試しておく．以上の予備的撮像の結果を踏まえ，画素サイズ，画像マトリクス数，信号積算回数などを決定し，本格的な撮像を行う

4 画像処理

❶ 撮像結果は，二次元ないし三次元のデータセットとして得られる．多くの場合，最終的には画像の定量化が必要となるが，その第一歩として，三次元データの場合には，空間的な構造を把握する必要がある．三次元的構造を可視化する方法として，①任意の方向に沿って断層像を連続表示させる方法（multi-planar reconstruction：MPR法），②最大値投影法（maximum intensity projection：MIP法），③サーフェイスレンダリング法（surface rendering：SR法），④ボリュームレンダリング法（volume rendering：VR法）の4つの方法がある[*3]

> *3 画像の詳細を調べるためには，最終的にはMPR法が必要となるが，このためには，三次元データの任意の軸周りでの回転が必要である．MIP法は，アルゴリズムが簡単で全データの把握が容易なため，三次元データを取得した後に最初に実施することが望ましい．SR法は，特定の組織の表面を描出するのに使用し，VRは，複数の組織の相互関係を描出するのに使用する．

❷ 三次元構造の可視化に引き続いて画像の定量化（体積の計測など）を行うためには，特定の組織を抽出するためのセグメンテーションなどが必要となる．この場合，組織間の画像コントラストが決定的な役割を果たすため，コントラスト不足の場合には，撮像パラメータの再検討も必要となろう

❸ 画像データからの定量化を行う場合，全自動で実施できる場合は少なく，いくつかの操作に，オペレータに依存する部分が存在する．よって，定量化の際には，オペレータ間で発生する誤差を，相関係数を計算することなどにより評価しておく必要がある．すなわち，解析誤差の方が，計測誤差を上回る場合も稀ではないため，計測・解析のトータルな誤差を評価しておく必要がある

注意点

切除したり摘出した生体試料の場合には，生理食塩水などに浸された状態でも，時間とともに形状やサイズが変化する可能性があるため，撮像は，それよりも短い時間で行わなければならない．また，試験管をRFプローブの中に入れる場合には，振動しないように，シールテープなどを使って，ぴったりと固定しなければならない．

小動物の撮像において，特定の部位を高い分解能で撮像したい場合には，その局所部位の撮像に適したRFコイルが必要とされる．ただし，そのセッティングなどには，熟練を要するので，経験のあるグループなどに相談するとよい．

実験例

図1に，三次元勾配エコー法（TR/TE = 100 ms/10 ms）で撮像した化学固定ヒト胚子標本（京都大学塩田浩平教授提供）の正中断面像を示す[3]．保存液の中に浸した試料を256×256×512の画像マトリクスで撮像し，1画素のサイズは$(60\ \mu m)^3$，撮像時間は約8時間であった．計測装置は，静磁場強度9.4 T（共鳴周波数400 MHz），室温開口径89 mmの縦型超伝導磁石と，自作の勾配磁場プローブを用いたものである．われわれは，自作のシステムを用いたが，市販のNMR分光計でも，イメージングオプションを追加すれば，同様の画像を取得することができる．

図2に，静磁場強度4.74 T（共鳴周波数202 MHz），室温開口径89 mmの縦型超伝導磁石と，自作の勾配磁場プローブ（RFコイルは内径5 mmソレノイド型）を用いて撮像したカエデの枝の断層像を示す．二次元スピンエコー法を用い，スライス厚は0.5 mm，256×256の画像マトリクスで取得し，1画素のサイズは$(15\ \mu m)^2$，撮像時間は約8時間である．

図3に，静磁場強度1.04 T（共鳴周波数44.3 MHz），

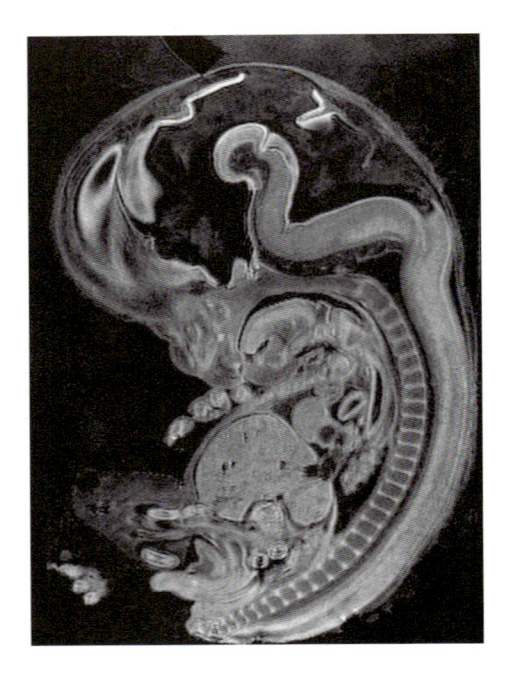

図1 化学固定ヒト胚子標本の正中断面像
三次元勾配エコー法（TR/TE = 100 ms/10 ms）で撮像した化学固定ヒト胚子標本（京都大学塩田浩平教授提供）の正中断面像．画素サイズは（60 μm）^{3}

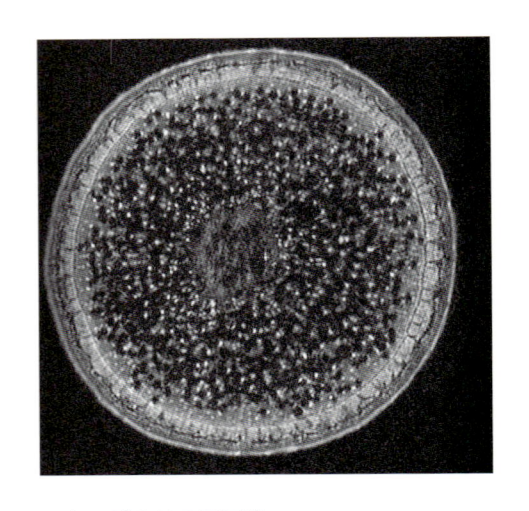

図2 カエデの枝の断層像
二次元スピンエコー法を用いて撮像．スライス厚は 0.5 mm，画像マトリクスは 256 × 256，画素のサイズは（15 μm）^{2}

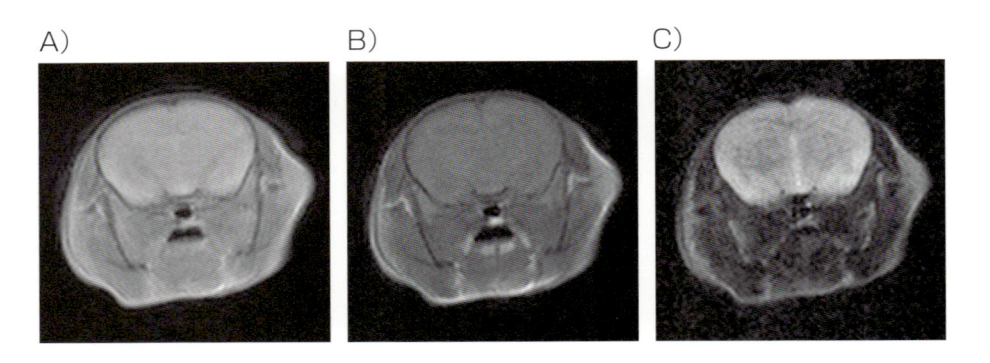

図3 マウス頭部の断層像
左より，プロトン密度強調画像（A），T_1強調画像（B），T_2強調画像（C）．三次元スピンエコー法を用いて 128 × 128 × 16 の画像マトリクスで取得．スライス厚は 2 mm，面内画素サイズは（200 μm）^{2}

ギャップ 90 mm の永久磁石を用いたマウス用 MRI で撮像したマウス頭部の断層像を示す[4]．図に示す3種類の断層像は，それぞれプロトン密度強調画像，T_1強調画像，T_2強調画像である．三次元スピンエコー法を用い，スライス厚は 2 mm，128 × 128 × 16 の画像マトリクスで取得し，1画素のサイズは（200 μm）^{2} である．

プロトン密度強調像は，水または脂肪に含まれるプロトンの量の分布を示す．T_1強調画像は，おもに，造影剤の造影効果，解剖学的形態や脂肪の分布を示す．T_2強調画像は，腫瘍，浮腫を始め，正常でない組織をハイコントラストに抽出するため，患部の抽出能に優れている．

おわりに

MRIは，臨床医学の分野では，非常に有力な手法として認知され，広く使用されているが，基礎系の実験室では，あまり使用されていない．これは，小型の動物になればなるほど，撮像が難しくなるという原理的な問題にも起因するものである．しかしながら，省スペースで，使いやすいMRIの出現により，より広く使われていくことを期待したい．

参考文献

1) 巨瀬勝美/著：「NMRイメージング」，共立出版，2004
2) 巨瀬勝美/編著：「コンパクトMRI」，共立出版，2004
3) Otake, Y. et al.：Concepts Magn. Reson., 29B：161-167, 2006
4) Shirai, T. et al.：Magn. Reson. Med. Sci., 4：137-143, 2005

第4章 磁気共鳴分析

4．ESR（電子スピン共鳴）
～タンパク質の構造解析～

荒田 敏昭

生体内のラジカルや遷移金属分析にESRが使われてきたが，再度脚光を浴びているスピンラベルESR法は，相互作用しながら機能するタンパク質巨大複合体の構造とダイナミクスを原子レベルで検出できる．角度，側鎖運動性，スピン間距離測定法について解説する．

はじめに

タンパク質の高分解能の静的構造を相補または延長して，機能中の巨大複合体の構造変化やダイナミクスを原子レベルで解析してみたい．スピンラベルESR法は蛍光ラベル分光法（1章4参照）と類似の方法であり，それほど高感度ではないが，濁った試料においても，単純な実験法で，角度，運動性や距離の異なるスピンをスペクトル上で一挙に分離できるという長所をもつ[1)～4)]．ここでは，構造生物学のためのESR法－スピンラベルの方法，角度解析，運動性解析，距離解析について記述する．

原理

1 スピンラベルと試料作成

ニトロキシド・スピンラベルは蛍光ラベルに比べ小さく，トリプトファンと同程度の大きさであり，修飾による構造的および生理機能的障害は比較的小さい．遺伝子工学の進歩により，任意の1個のアミノ酸を次々とシステインに置換し，変異タンパク質をバクテリア培養で大量に作り出すことができ，タンパク質精製法も進歩した．また高感度共振器が市販され，微量の試料をESR測定することが可能になった．図1には各種スピンラベルとシステイン側鎖にラベルされた状態を示している．入手できるメーカーは，Sigma-Aldrich, Invitrogen-Molecular Probes, Toronto Research Chemicals（TRC）である．

2 角度解析

スピンラベルが磁場内で電子軌道z軸が0°から90°へ回転すると，Xバンド連続波（CW）スペクトルの3吸収線の間隔すなわち超微細結合定数（hfc）Aが～30G変化し，Zeeman相互作用すなわちgで決定されるスペクトルの吸収線の位置は～10Gずれる（図2A）．すなわち，共鳴磁場強度は，

$$H_{res}(\theta, \phi, m_I) = h\nu/[\beta g(\theta, \phi)] + m_I A(\theta, \phi) \quad (1\text{-}1)$$

$$g^2(\theta, \phi) = g^2_{xx}\sin^2\theta\cos^2\phi + g^2_{yy}\sin^2\theta\sin^2\phi + g^2_{zz}\cos^2\theta \quad (1\text{-}2)$$

$$A^2(\theta, \phi) = A^2_{xx}\sin^2\theta\cos^2\phi + A^2_{yy}\sin^2\theta\sin^2\phi + A^2_{zz}\cos^2\theta \quad (1\text{-}3)$$

となる．ここで，βはボーア磁子，hはプランク定数，νはマイクロ波振動数，m_Iは磁気量子数－1，0，＋1である．磁場は電子軌道のx, y, z軸を使って極座標（H, θ, ϕ）で表す．吸収線の形状は，次式で表

Toshiaki Arata：Department of Biological Sciences, Graduate School of Science, Osaka University（大阪大学大学院理学研究科生物科学専攻）

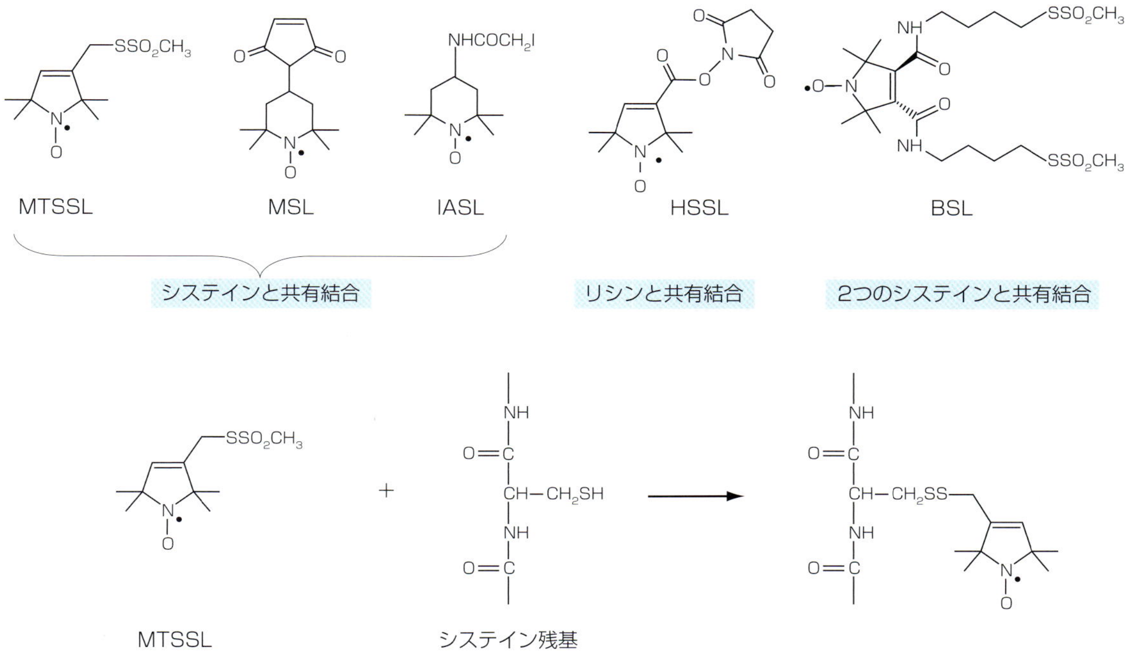

図1 スピンラベル剤
反応基の種類と数を異にするニトロキシド誘導体の代表例と下にはMTSSLとシステインとの反応スキームを示す

される.

$$V(H) = (H - H_{res}) \Delta H_L / [(H - H_{res})^2 + \Delta H_L^2]^2 \quad (1\text{-}4)$$

ΔH_L はローレンツ分布の半値幅を示す（精密線形解析にはガウス分布の m_I 依存性との積算をする）.

3 運動性解析

電子軌道z軸の0°～90°回転による超微細およびZeeman相互作用の変化～30と～10 Gを周波数変換すると，500と185 MHzであるから，Xバンド・スペクトルの線幅はナノ秒域の回転運動に鋭敏である．等方的回転の速さを表す回転相関時間 τ_R は，大雑把には，一回転に要する平均時間と思えばよい．τ_R がナノ秒以下の速い回転では磁場の平均化によるmotional narrowingが起こる（図2F）．τ_R がナノ秒以上起こる，スピンラベル側鎖の統計的運動は複雑で，stochastic Liouvelle equation (SLE) シミュレーション（プログラムはhttp://www.acert.cornell.edu/で得られる）との対比で得られる数式で求める．スペクトルからわかるパラメータ $A_\perp$, $A_{//}$ を用いる（図3A）.

$$\tau_R = 0.54 \left[1 - (A_{//}/A_{//}^R)\right]^{-1.36} \quad (2\text{-}1)$$

^{R} はrigid limit のスペクトルからの値を示す.

頂角 θ_c の円錐内に拘束されて高速ゆらぎをするスピンラベルを仮定し，オーダーパラメータSと関連づけることができる.

$$S = [A_{//} - A_\perp] / [A_{//}^R - A_\perp^R] \quad (2\text{-}2)$$

$$S = (1/2)(3\cos^2\theta_c - 1) \quad (2\text{-}3)$$

さらにsaturation transfer ESR法により，測定時間領域をマイクロ秒からミリ秒まで延長できる[1].

4 CW-ESRによる距離解析（8～25 Å）

CW-ESRスペクトルは2～25Åという電子間距離に鋭敏である．ここでは，スピンラベル–スピンラベルにおける双極子相互作用（8～25 Å）について記述する．タンパク質自体が静止または遅い回転をしており磁場中でランダム配向している系では，次式を使って $\sin\theta$ の重みで計算したPake関数（図4A 上）を用いて，スペクトルを高低磁場へずらせて積算（convolution）することで，空間平均のシミュレーションを得る（図4A）.

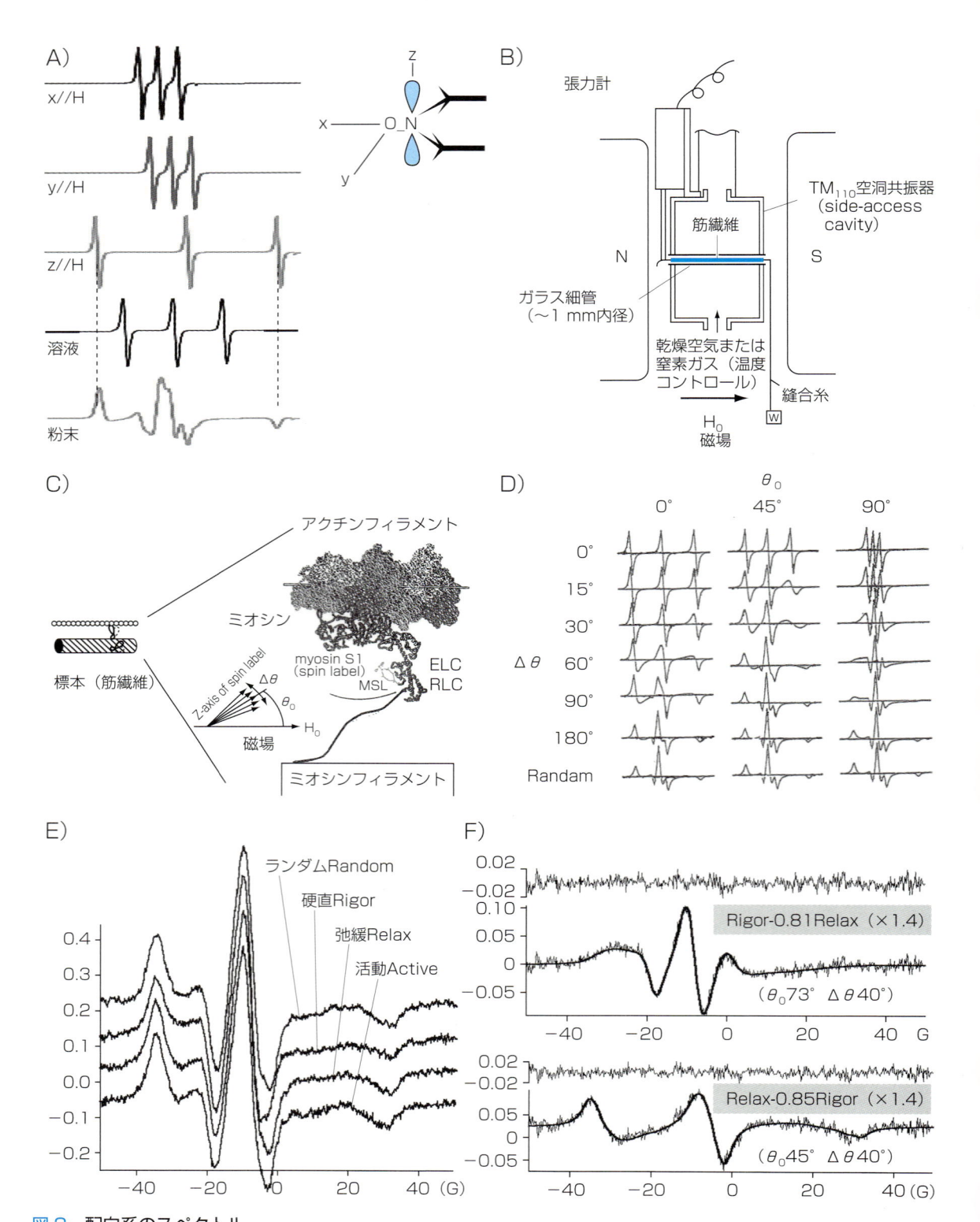

図2 配向系のスペクトル

A) ニトロキシドスピンラベルの座標系と配向 ESR スペクトル（模式図）．B) side-access cavity 筋繊維標本を入れたガラス管を挿入し，磁場に平行にセットしてパイプ還流する．C) 筋肉内ミオシンのスピンラベル．D) さまざまな角度分布のスペクトル．E) 筋肉（MSL-RLC ミオシン）//磁場で得られるスペクトル．ランダム，硬直 Rigor，弛緩 Relax，活動 Active．縦軸は任意値．F) 差スペクトル．（Rigor − 0.81Relax）× 1.4 および（Relax − 0.85Rigor）× 1.4 を示す．それぞれ，角度 $\theta_0 = 45°$ $\Delta\theta = 40°$ および $\theta_0 = 73°$ $\Delta\theta = 40°$ でフィットできる

170　生命科学のための機器分析実験ハンドブック

$$B' = \pm (3/4) g\beta (3\cos^2\theta - 1)/r^3 \quad (5)$$

ここで, θ はスピン間ベクトルと磁場との角である. タンパク質の回転が著しく速い場合 (回転相関時間<6ナノ秒) では, 相互作用の異方性がmotional averagingし複雑な式となる.

ラベル間の相対角度には依存しないこと, 同種のラベルでよく, 特にモノマー当たり1個のラベルによってダイマー間距離が測定できることはFRET (1章4参照) より優れている. ほかに, 遷移金属を用いた距離解析やsolvent accessibility測定法も有用であるが, 他の文献を参考にしてほしい[4].

5 パルス法による距離解析 (>25 Å)

CW-ESRでの距離計測は, 元のスペクトルの寄与が大きく誤差を生むため, 25 Åの測定限界がある. パルスESRの手法を用いると, 双極子相互作用を直接観測することが可能であり, 長い距離をカバーできるようになる. 現在最も使われている方法はパルス二重共鳴法 [PELDOR (pulsed electron double resonance) またはDEER (double electron electron resonance)] である. 観測周波数パルスを3回用いて (パルス間隔 τ), 等方試料のうち, ある方向のスピンAの共鳴周波数 ω_A を使って, 1, 2番目のマイクロ波パルスでエコーを発生させ, 4番目のパルスで再収束させる (図5A). 4番目の異なる周波数パルス (ポンピングパルス) で異なる方向にあるスピンBを励起する. スピンの方向の異なる前者と後者のスピン群のうち近接するスピンがある場合, ポンピングスピンの局所磁場は観測スピンのエコーの強度に変調を与える (図5B). すなわち, ポンピングパルスのタイミング (t) を変えると, エコー強度 $I(t)$ はスピン間距離 r に関係する周期で変調を受ける.

$$I(t) = \cos[\omega_{AB}(\tau - t)] \quad (6\text{-}1)$$
$$\omega_{AB} = [2\pi g_A g_B \beta^2 / (g_e^2 h)](3\cos\theta - 1)/r^3 \quad (6\text{-}2)$$

凍結試料ではスピンA, B間のベクトルと磁場となす角 θ は $\sin\theta$ の重みで空間平均化され, 次式のように表され, エコーの変調カーブはダンピングを受ける.

$$I(t) = \int \cos[\omega_{AB}(\tau - t)]\sin\theta \, d\theta \quad (6\text{-}3)$$

1つの周波数パルスシーケンスをもちいた距離計測法 [double (multi) quantum coherence ESR] もある.

プロトコル

1 スピンラベル-タンパク質の調製と測定準備

i) システイン置換変異体の設計

cDNAを用いて天然システインを別のアミノ酸 (システインに似たセリン) に置換してcyslessまたはcyslite変異体を設計する. 同時に, 調べたい部位のアミノ酸 (例えばセリン) をシステインに置換する.

ii) タンパク質発現と精製

大腸菌を用いるが, 細菌での発現が困難な高等生物のタンパク質の場合には, Sf9, 酵母, 粘菌, COSが用いられるが発現量は少ない. 精製は, Hisタグなどがついている場合にはアフィニティーカラムが使用できる.

iii) スピンラベル反応

❶ >1 mg/mlの精製タンパク質にシステインモル濃度の2〜3倍程度のスピンラベル剤 (MTSSL, MSLなど) を加え, 氷中 (0℃) で一晩, または室温1〜2時間反応させる. リシンアミノ基などとの反応を抑えるため, pHは上げずに7付近にする. ジチオスレイトール (DTT) などで, 前処理してSH基を遊離させておくことが必要な場合もある. 粗精製タンパク質に過剰ラベルを加え, アフィニティーカラムで一気に精製してもよいが[8], 混入スピンが増えることがある. 複数のシステインを反応性の違いにより選択的にラベルするには, 反応時間やモル比を絞るか[5,6,11], 非スピン性修飾剤で高反応性システインをブロックしておく.

❷ スピンラベルしたタンパク質は, 透析, ゲル濾過カラムでラベルを除き, 他のタンパク質などと再構成した後, 濃縮して50 µM以上にする. 1回の測定分量はCW-ESRでは10 µlである. ESR装置の感度などにより, さらに高い濃度や分量が必要かもしれない. 濃縮には遠心限外濾過 (セントリコンなど) をはじめ, 種々の方法が使われる. 試料によっては凍結して保存できる. 長期保存によりスピンの減衰やMTSSLではラベルのタンパク質からの解離が起こることがある.

❸ スピン濃度は, 同一条件 (試料容積など) で測定したESRスペクトルの二重積分値を濃度既知のスピンラベルの値と比較して求める. ラベル効率はタンパク質濃度で割り算することにより, システ

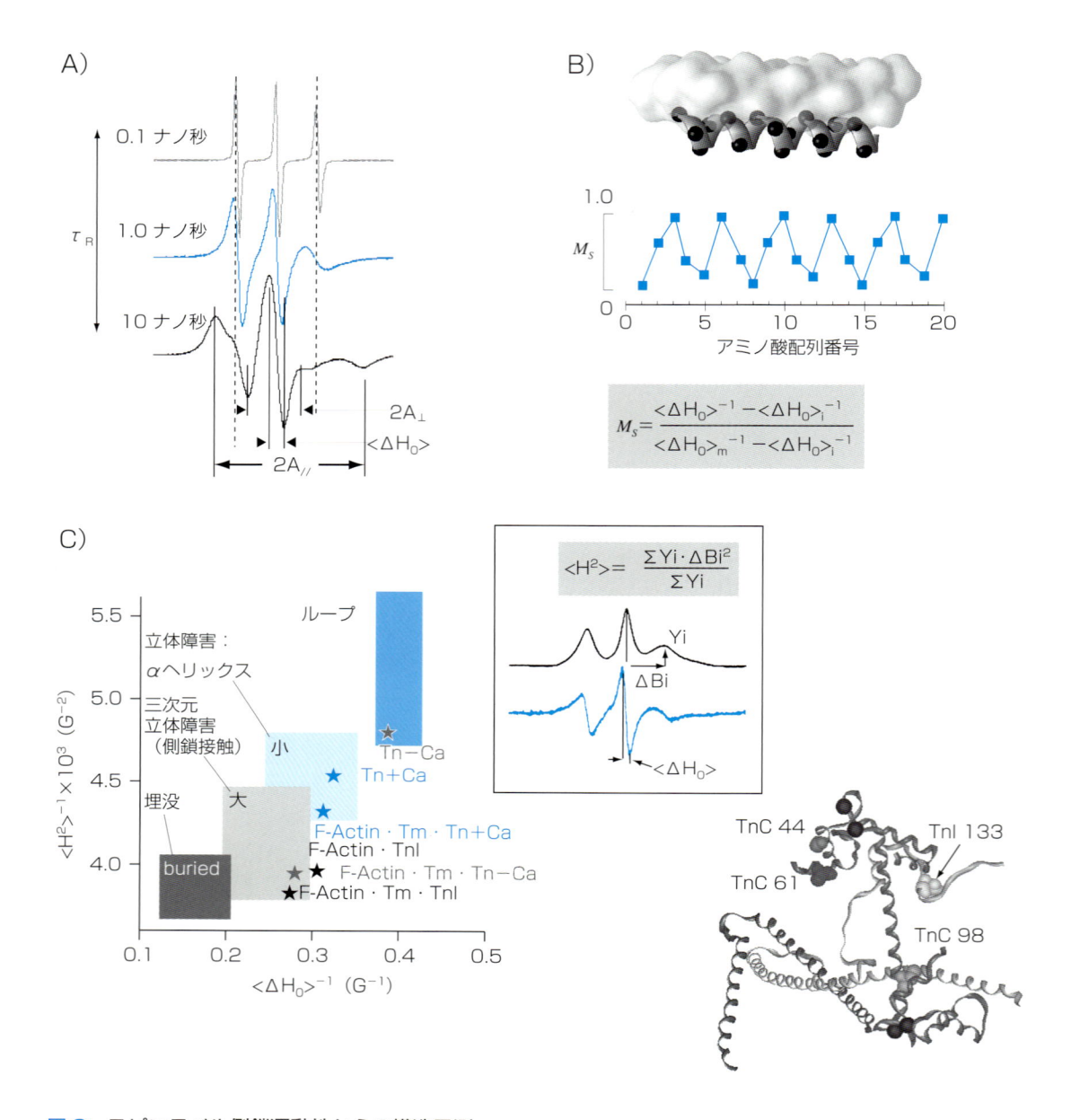

図3 スピンラベル側鎖運動性からの構造予測
A) スペクトルの模式図と各種パラメータ．B) αヘリックスのスピンラベル運動性指標M_Sのアミノ酸配列依存性（模式図）．C) スペクトルの二次モーメントと中央吸収線幅の両逆数プロット．枠内挿入図はその求め方を示す（本文参照）．トロポニン（Tn）複合体$\pm Ca^{2+}$およびアクチン（F-Actin），トロポミオシン（Tm）と再構成した細い繊維F-Actin-Tm-Tn$\pm Ca^{2+}$ならびに，F-Actin-TnI，F-Actin-Tm-TnIについて，計算結果を平面にプロットした．TnI133領域の構造がCa^{2+}およびF-Actinの有無により大きく異なることが見て取れる

インモル当たり1モルが期待される．

iv) 生理機能のチェック

システインを置換しラベルで修飾したタンパク質の生理機能（酵素活性や張力発生など）は調べておかねばならない．

v) ESR測定

水溶液試料による感度低下に対応した，ループギャップ共振器や誘電体共振器が市販され，50〜100ピコモルの試料をESR測定することが可能になった．われわれは，CW-ESRの場合，試料をガラスキャピラリー（例えばヘマトクリット用Drum-

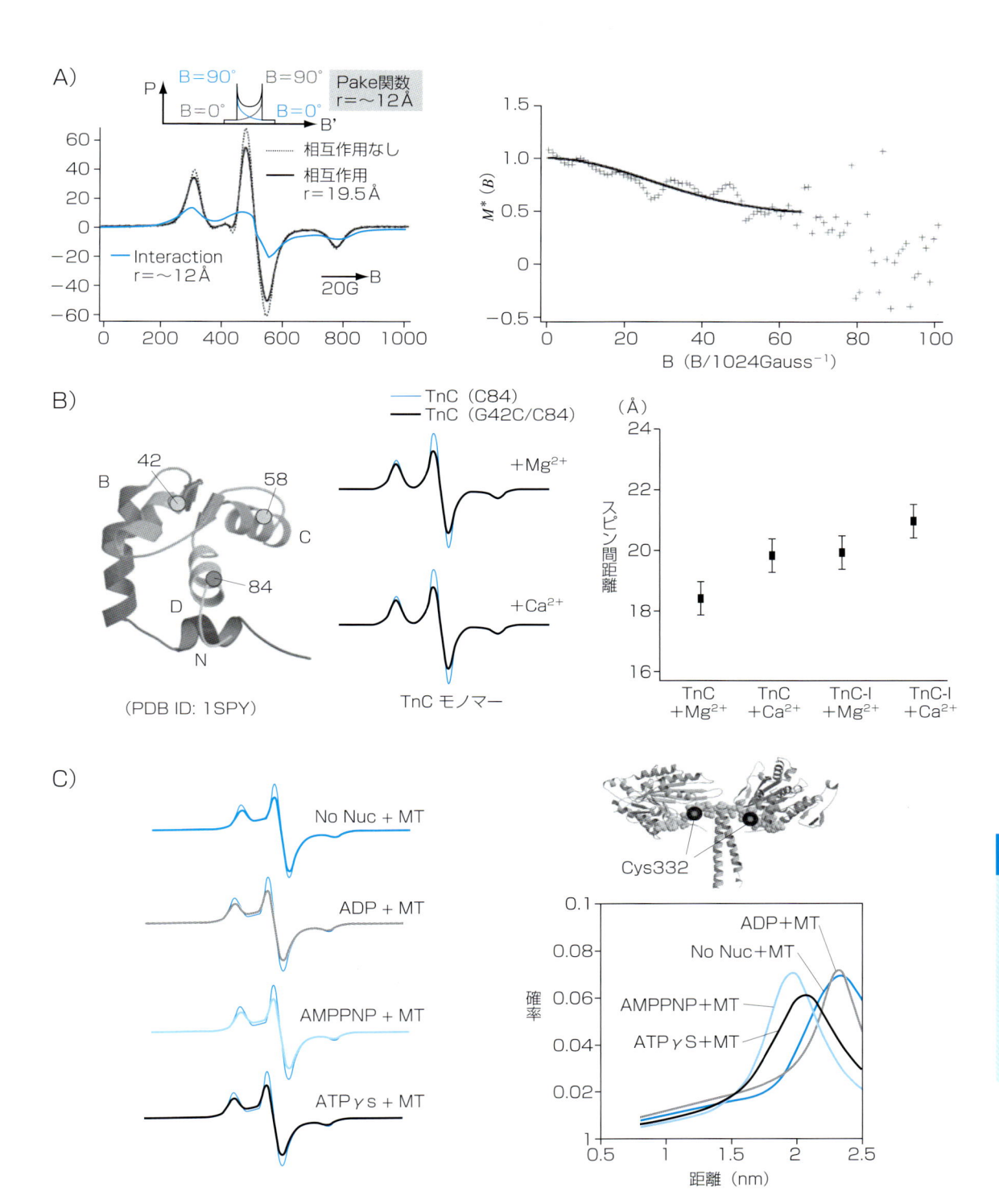

図4 CW-ESRによる双極子相互作用距離計測
　A）左図はαヘリックス4,13Cysスピンラベルの ESR スペクトル．縦軸は任意値．横軸はデータポイント数．スピン間距離 r = 〜12 Å の Pake 関数（上）とスペクトル（青線）も示す．右図はフーリエ・デコンボリューション法．最終的に平均距離19.5 Å が算出される．B）TnCのCys84 – Cys42ダブルラベル（太線）とCys84シングル（細線）のスペクトル．〜50 μM MTSSL-TnC，10〜20 μl，30％ショ糖中150 Kで測定した．図Aの解析からTnCのスピン間平均距離は18.4（+Mg^{2+}），19.8 Å（+Ca^{2+}）と求まる．C）スペクトルフィットによる距離分布決定法．2つのガウス距離分布とシングルスペクトルを用いてダブルスペクトルをフィットする．キネシン（Cys332-MSL）に微小管（MT）とヌクレオチドを加え測定した150Kにおけるダブルラベル（太線）とキネシンモノマーのシングル（細線）を示す．条件はB）と同じ

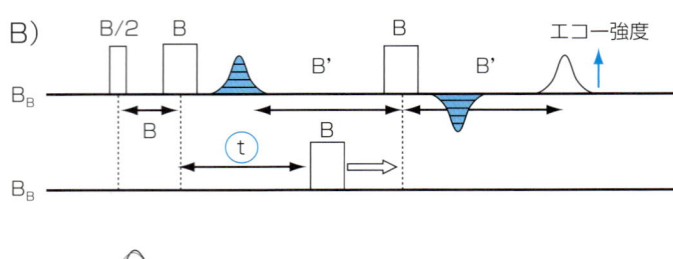

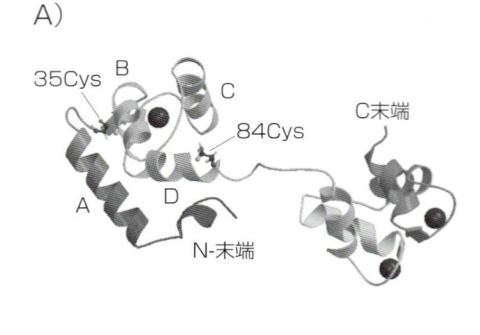

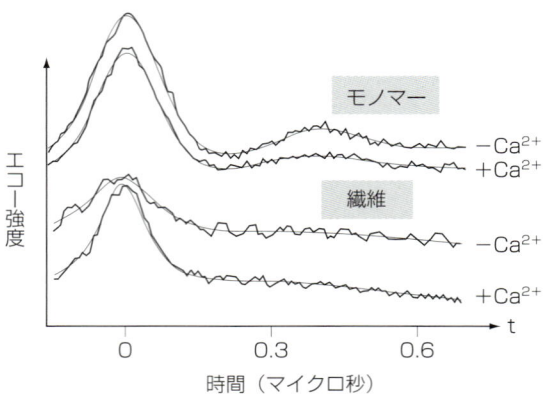

図5 4-パルス ESR による距離計測
　A) 4-パルスシーケンス．詳しくは本文参照．この実験では，90°パルス幅は16ナノ秒，180°パルス幅は32ナノ秒とし，共鳴周波数 ω_A，ω_B は，60 MHz（20 G）だけ異なる．また τ と τ' はそれぞれ，200 と 800 ナノ秒である．B) 80 K におけるモノマー状態（上）と筋肉中に再構成した（下）MTSSL-ダブルラベル TnC のスピンエコー強度のモジュレーションスペクトルとその Ca^{2+} による効果．30％グリセリン中で凍結したサンプル 0.1 ml を使用している．モジュレーションスペクトルは，A で示したエコー強度（↑）の時間 t の関数として得た．t＝τ で規格化したスペクトルが観察され，スピン間距離に対応した周期のモジュレーションが見られる．筋肉中では 35Cys-84Cys スピン間距離は 27.2 ± 3.0 Å（－Ca^{2+}）および 23.2 ± 5.8 Å（＋Ca^{2+}）である

mond 製 100 λ，内径 1 mm 程度）内に 10～20 μl 程度を粘土パテで封入し共振器内に装着している．特殊測定には変形セル，高温制御（＞室温）や低温装置（＜室温，～150 K または～60 K）が必要である．

vi）スペクトル解析
　スペクトルは二重積分値が一定になるように規格化して表示する．ESR 装置付属や市販のグラフソフト（例えば，Igor Pro, Wavemetrics）を用いて，スペクトルの加減算や積分が可能である．簡単なスペクトルシミュレーションやフィッティングが可能である．また，有用なソフトがウェブに公開されている．

2 角度の測定
i）試料セルホルダー
　結晶専用ゴニオメーター，組織片用ティッシュセルは市販されている．特殊セルは，石英，ガラス，フッ化樹脂などで自作できるが[5)6)]，スペクトルのベースラインは無試料による補正が必要である．

ii）測定と解析
❶ ランダム配向試料のスペクトルをフィット解析し，g_{xx}，g_{yy}，g_{zz}，A_{xx}，A_{yy}，A_{zz}，ΔH_L などのパラメータを決める．シミュレーションは，式（1-1）～（1-4）を使って $\sin\theta$ の重みで空間積算する．
❷ 次に配向試料の解析をする．ランダム試料のパラメータを使って，電子軌道と磁場のなす角度（θ，φ）のガウス分布（中央角度 θ_0，ϕ_0，全半値幅 Δθ，Δφ）を仮定し，その重みでスペクトルを積算する．$g_{xx}=g_{yy}$，$A_{xx}=A_{yy}$ を仮定した低空間分解能の解析では，パラメータが減り θ だけの分布が求まる．
　われわれは，活動筋の ESR 測定を，還流セルを用いて世界で初めて成功した[5)]．その後，ミオシン制御軽鎖（RLC）の Cys154 に MSL で選択的ラ

ベルを施した筋肉[6]の配向解析から，RLC結合領域は2つの角度分布をもつことがわかった（図2）．

iii）二官能基性スピンラベル（BSL）

BSLは化学合成[7]またはTRCから入手する．間隔は普通10〜20Åで，タンパク質の2つのシステインに架橋結合する．電子軌道z軸//システイン間ベクトルの場合，ESR測定したBSLの角度はそのままヘリックス長軸の角度となる．

3 運動性の測定

i）回転相関時間とオーダーパラメータ

Rigid limitのスペクトルには，凍結，硫安沈殿，樹脂へ化学固定した試料が用いられる．回転相関時間τ_R，オーダーパラメータSを式（2-1），（2-2）に従って計算する（図3A）．スピンラベルゆらぎの拘束角度θ_cは，式（2-3）を使って推定する．SLEシミュレーションでスペクトルフィットすることもできる[8][9]．

ii）構造予測

中央線幅$<\Delta H_0>$による単純な運動性指標として，$M_S=(<\Delta H_0>^{-1}-<\Delta H_0>_i^{-1})/(<\Delta H_0>_m^{-1}-<\Delta H_0>_i^{-1})$または単に$<\Delta H_0>^{-1}$を用いる．$<\Delta H_0>_m$，$<\Delta H_0>_i$は，測定したサンプル中，最小，最大の線幅である．システイン-スピンラベルスキャニングを行えば，M_Sの変化が，アミノ酸配列番号とともに周期的に起こる場合がある（図3B）．ヘリックスの片面側が溶媒に露出して自由にゆらいでいるからである．M_S変化の周期となるアミノ酸残基数が2ならばベータ構造，3.6ならばアルファ構造である[10]．M_S変化の位相が変化すれば，ヘリックスが長軸のまわりに回転している．

側鎖スピンラベルの運動性から，二次〜四次構造を経験的に推測する試みがある（図3C）．リゾチームに多数結合させたスピンラベルの運動性を，スペクトルの二次モーメントの逆数（hfcの平均化の指標）と中央吸収線の線幅の逆数（g値の平均化の指標）を縦横軸として平面にプロットすると，①ループ上，②ヘリックス上，③三次元的立体障害（側鎖接触）を受けている場合，④ポケット内に埋没した場合，に分かれるクラスターができる．トロポニンとアクチン，トロポミオシンからなる巨大な筋フィラメントを再構成し，カルシウムによる構造変化に伴うトロポニンIの133番目システイン周辺の構造を，同プロットを用いて予測し

た[11]．

4 距離の測定（CW-ESR）

別々のシステインにラベルした2試料からのスペクトルを足しあわせ，シングルスペクトルとする．2システイン試料に非スピン性ラベル（TRCから入手）とスピンラベルを3：1程度に混ぜて反応させてもよい．30％ショ糖またはグリセリン凍結試料（〜150K）は，運動の寄与がなく，シングルラベル試料が1種で充分であり，ESR信号も大きいので好んで用いられる．

スペクトルは普通よりも広く160または200G掃引幅で記録し，二重積分値を規格化して解析する．基本的には，式（5）[*1]によるスペクトルずれと距離r分布積算，角度θ空間積算，すなわちPake関数（図4A上）によるスペクトルのずれ積算である．

> *1 式（5）はタンパク質の回転が速いときには成り立たない．ショ糖中か，凍結試料を用いて静止状態の解析を行う．

❶ ダブルラベルスペクトルのフーリエ関数$D^*(\omega)$はシングルラベル$S^*(\omega)$がずれているとして$D^*(\omega)=S^*(\omega)M^*(\omega)$，そのずれ関数（ブロードニング関数）$M^*(\omega)$をフーリエ・デコンボリューション$M^*(\omega)=D^*(\omega)/S^*(\omega)$により求め，フーリエ空間においてガウス関数を用いてフィットし（図4A右），ガウス関数から距離平均を計算する．すなわち，逆フーリエ変換により実空間のブロードニング関数を得る．$M(B)=(1/\sqrt{2\pi})\int\exp(2\pi i\omega B)M^*(\omega)d\omega$，さらに平均ずれと平均距離$<2B>=\int|2B|M(B)dB/(\int M(B)dB)$，$<r>=\{0.75(3/2)g_e\beta/<2B>\}^{1/3}$を得る．プログラムはY-K Shin博士から得られる[2][4][12]．この方法で解析した心筋調節タンパク質トロポニンCのカルシウムによる構造変化の例を示す（図4B）．

❷ 実空間において❶で求めたずれ関数$M(B)$を，距離rからの計算したPake関数$P(r, B)$を足し合わせてフィットする[4]．C.Altenbach博士から得られる[4]．

❸ 距離rを変数とする1または2個のガウス分布を用いて，シングルラベルスペクトル$S(B)$をB'だけずらせてダブルラベルスペクトル$D'(B)=S(B\pm B')$を計算し，観測スペクトル$D(B)$と比較して最小二乗フィットする．この方法で解析した微小管に結合したモータータンパク質キネシンの歩幅変化についての例を示す（図4C）．同じデ

ータを ❷ の方法で解析しても，結果に大きな差は認められない．

5 距離の測定（パルス法）

パルスESR装置は高価であり，極低温（60〜80K）やパルスシーケンスなどの特別な技術が必要である．図5はトロポニン（Tn）Cの2つのシステイン（Cys35，Cys84）に結合したMTSSLのスピン間距離を4パルスーELDOR（DEER）測定している．エコー強度変調の周期が顕著であり距離分布がシャープであることを示している（図5B）．エコー強度の解析は，変調カーブを1〜2個のガウス距離r分布[*2]を仮定し式（6-3）を用いて最小2乗フィットする．バックグラウンドにペアでないラベル間の不均一相互作用が含まれるので，指数関数近似して除去する．

> *2 ティコノフ正則化によりr分布を算出する方法もある．これら解析ソフトはウェブで公開されている（http://dg3.chemie.uni-Konstanz.de/~agje/G1.htm）．

組織標本での距離測定が世界で初めて行われ，トロポニン構造がCa^{2+}により〜4Å変化した[9]．

おわりに

スピンラベル部位をマッピングしてタンパク質の全体像を原子レベルで解析することによって，活動中の巨大タンパク質複合体の構造がESR解析できることがわかった．測定および解析法がルーチン化し，新しい構造解析法として多用されることを期待する．

参考文献

1) Berliner, L. J. ed.：Spin Labeling Ⅰ, Ⅱ, Academic Press, 1976, 1979
2) Berliner, L. J. ed.：Biological Magnetic Resonance 14, 19, 27, Springer, 2001, 2007, 2007
3) 桐野豊，小沢俊彦：エッセンスESR, 廣川書店，1991
4) 荒田敏昭：分光研究, 55：308, 2006
5) Arata, T. & Shimizu, H.：J. Mol. Biol., 151：411,1981
6) Arata, T.：J. Mol. Biol., 214：471,1990
7) Hirayama,T. et al.：Chem. Lett., 35：834, 2006
8) Sugata, K. et al.：Biochem. Biophys. Res. Commun, 314：447, 2004
9) Nakamura, M. et al.：J. Mol. Biol., 348：127, 2005
10) Dong, J. et al.：Science, 308：1023, 2005
11) Aihara, T. et al.：Biochem. Biophys. Res. Commun, 340：462, 2006
12) Ueki, S. et al.：Biochemistry, 44：411, 2005

第4章 磁気共鳴分析

5. ESRイメージング
~組織のイメージング~

市川和洋, 内海英雄

> ESRイメージングでは，スピン試薬が生体酸化還元系，活性酸素などと反応して常磁性を失うことを利用して生体レドックス反応を可視化する．疾患の発症・進展における生体レドックス反応の可視化は，疾患機序の解析・新規治療薬の開発に有用である．

はじめに

近年，脳梗塞や糖尿病，癌などの生活習慣病において，活性酸素やフリーラジカルなどの生体レドックス変動が示唆されている．「生体レドックス反応」とは，レドックス反応を介した生理機能発現，それに伴う活性種産生，産生された活性種と生体分子との代謝・反応の全体を表すものである．この生体レドックスが疾患の発症あるいは進展にどのように関与しているのかを明らかにすることは，抗酸化の観点からみた疾患の予防や治療，または新規治療薬の開発に役立つと考えられる．

電子スピン共鳴（electron spin resonance：ESR）法は，プロトンスピンを対象とするMRIと同じく磁気共鳴法の一つであり，不対電子（フリーラジカル）スピンを測定対象とする．したがって，活性酸素（reactive oxygen species：ROS）あるいは活性窒素（reactive nitrogen species：RNS）のなかで不対電子を有するもの，あるいは遷移金属の一部などが測定対象となりうる．これまでに，マウス頭部[1]，単離心[2]，癌における生体レドックス[3]などへの応用がなされてきた．ESRでは，フリーラジカルを特異的に捉えるため，他画像化法で得られる形態情報に加え，生体レドックス機能情報を取得できることから，新たな画像診断法として発展する可能性を秘めている．

そこで本項では，ESRを用いた生体レドックス画像化の原理と応用例について解説する．

原理

1 ESR画像化装置

MRIではパルス法により画像化する方法が一般的である．一方，フリーラジカルの緩和時間は，多くの場合プロトンの場合（～ミリ秒）よりも非常に短いため（～数十ナノ秒），装置技術の面からパルス法は適しておらず，ESR画像化では連続波法が汎用されている．

ESR画像化装置は，大別して磁石系，マイクロ波照射系，信号検出系，画像化制御系からなる（図1）．均一な外部磁場を生成する主磁場磁石内の共振器内に置かれた測定試料に対して，マイクロ波源より一定のマイクロ波を照射し，外部磁場を掃引しながら共鳴条件に到達した際の変化を検波系およびロックインアンプを用いて検出する．この際に，検出感度を高めるため磁場変調を加える．得られた信号はデジタル化し，PCに読み込むことで画像化の演算を行う．PCは画像化のためのさまざまな磁場勾配条件の設定と勾配発生用コイル制御も行う．

Kazuhiro Ichikawa, Hideo Utsumi：Department of Bio-function Science, Graduate School of Pharmaceutical Sciences, Kyushu University（九州大学大学院薬学研究院機能分子解析学分野）

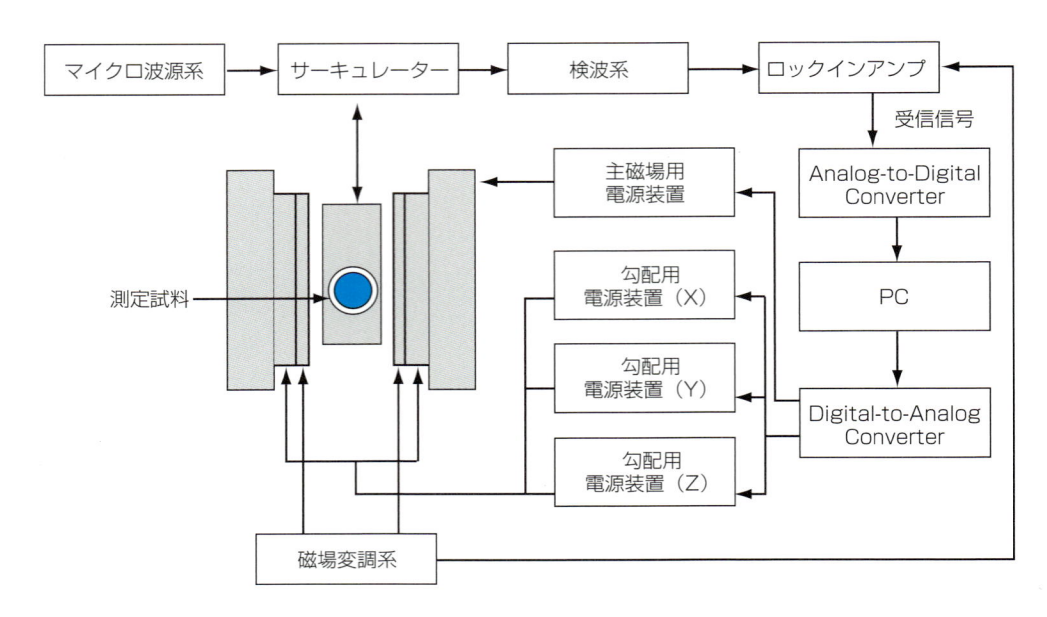

図1　ESR画像化装置の概略図

2 勾配磁場の印加と空間情報

　磁場勾配と画像化の原理について，5個の点状のDPPHサンプルを例にして解説する（図2）。通常のESRスペクトル計測では，均一な外部磁場を掃引する。したがって，5点の共鳴条件は同じであり，磁場掃引を行うと同一磁場強度で共鳴条件に到達するため，一本のESR吸収線が観測される（図2A）。一方，均一な外部磁場とは別に，5点の方向に対して一定の変化率を示す「勾配磁場」（MRIでは傾斜磁場と表現するが，同じものを指している）を加えると，各点が実際に置かれている磁場の強度は，左側が高く右側が低くなっている（図2B）。したがって，勾配磁場を加えた状態で均一な外部磁場を掃引した場合，各点の位置における実際の磁場強度は勾配磁場強度と均一外部磁場強度の和，であるため最も左側の点が一番早く共鳴条件に達し，均一な外部磁場を横軸にとった場合，あたかもより低磁場の条件で共鳴したかのような共鳴位置のシフトが生じる（図2C）。また，最も右側の点では，実際に置かれている磁場強度は勾配磁場がない場合に比べて低くなっているため，共鳴条件に達するためにはより高い均一な外部磁場強度を要する。したがって，これらの点の共鳴条件は，見かけ上

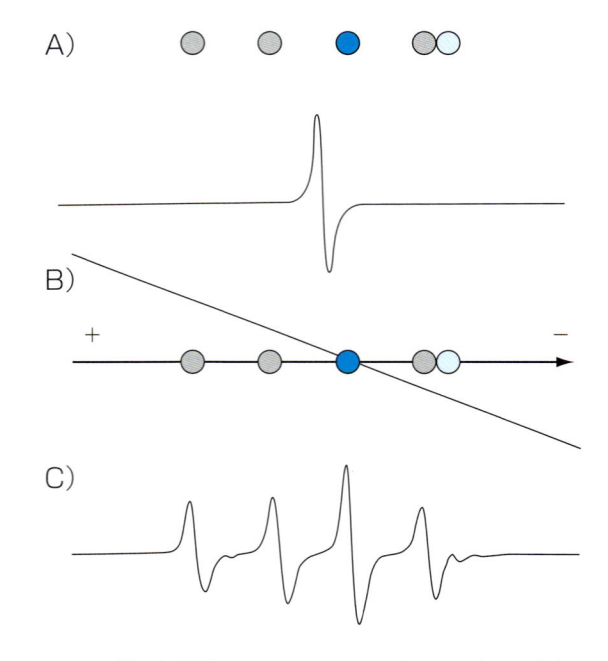

図2　磁場勾配下におけるDPPH点サンプルの分離

表1 代表的なニトロキシルラジカル

基本骨格	R	略名	Po/w
	−CONH$_2$	Carbamoyl PROXYL	0.68
	−COOH	Carboxy PROXYL	0.01
	−COOCH$_3$	MC PROXYL	8.7
	−COOCH$_2$OCOCH$_2$	AMC PROXYL	4.1
	−N$^+$(CH$_3$)$_3$I$^-$	CAT-1	0.0004

より高磁場へシフトする．

磁場勾配が大きいほど空間解像度は高くなるが，同時にスペクトル波形の分離が進行するためESRスペクトルのS/N比が低下する．したがって，実験的に実現可能な空間解像度は，測定対象のS/N比により制限される．

3 空間情報の抽出と画像再構成

勾配磁場を印加することで，空間情報を見かけの共鳴磁場位置の変化として観測することができる．得られるスペクトルは，ESRスペクトルと位置・強度を含んでいる．したがって，これらのスペクトルから，空間情報と強度情報を抽出する必要がある．含まれているESRスペクトル線形が各位置で同一とみなせる場合と複数のラジカルが含まれているなどESRスペクトル線形が異なっている場合で，空間情報を抽出する手法が異なる．

ESRスペクトルが同一とみなせる場合には，磁場勾配を加えない条件におけるESRスペクトルを用いてデコンボリューションを行い位置情報・強度情報を抽出する．一方，異なるESRスペクトル線形を含む場合には，スペクトル−空間画像化法を用いる[4]．後者の場合，多数の磁場勾配データが必要となるため，前者に比べて撮像時間が著しく増加する．

以上のように，磁場勾配をさまざまな角度から印加することにより，異なる角度から見た空間情報・強度が得られる．得られた空間情報を，フィルタ逆投影法（filtered back projection：FBP）や代数的再構成法（algebraic reconstruction technique：ART）などに再構成することで，最終的にESR画像を得る．

4 ESR/ニトロキシルスピンプローブ法

in vivo ESRでは，*in vitro* 計測に用いるX−バンドESR装置より低磁場の装置を用いる必要があるため感度が低い．したがって，生理的条件において直接生体レドックスを観測することはできない．そこで，生体レドックスの検出試薬としてニトロキシルラジカルが用いられている．ニトロキシルラジカル（表1）は，電子受容体としてヒドロキシルアミン体を形成し，また電子供与体としてオキソアンモニウム体を形成することで，常磁性を失う．オキソアンモニウム体は，さらに二電子還元を受けてヒドロキシルアミン体になると考えられている．ニトロキシルラジカルは，ヒドロキシルラジカルやスーパーオキシドアニオンラジカルとの酸化還元反応により常磁性を消失することが知られている．GSHは，ニトロキシルラジカルと直接反応しないが，電子供与体としてニトロキシルラジカル還元に寄与し，アスコルビン酸などもニトロキシル還元反応に寄与している．したがって，ニトロキシルラジカルの非ラジカルへの転換は，生体レドックス代謝の指標として有用である．

5 ESR画像化の実例

現在までにマウスやラットなどの小動物において，

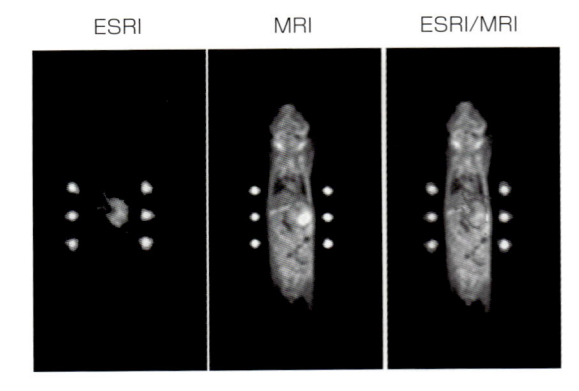

図3 ESRI/MRI融像システムによるラジカル反応の可視化例（巻頭カラー❻参照）
文献5より改変のうえ転載

画像解析装置，画像作成アルゴリズムやスピンプローブ剤などに関するさまざまな改良がなされてきた．しかし，ESR画像単独では臓器や組織の位置は不明である．そこで，臨床用のMRIを併用して，ESR画像取得後にMRIを撮像することによって臓器の位置にフリーラジカルの分布を重ね合わせる手法が最近行われている．図3に，われわれの研究室で行った，マウス胃腔内に経口投与したニトロキシルプローブのESR画像とMR画像の融像と活性酸素による輝度消失の様子を示す[5]．ここでは，投与したスピンプローブ剤と同じものをマウスの周囲に設置し，取得したESR画像とMR画像の位置補正マーカーとすることにより，スピンプローブ剤の体内動態を視覚化することに成功した．以下に，その実例を示す．

準備するもの

- 動物計測用電子スピン共鳴画像化装置（*in vivo* ESR装置）
  日本電子社製 JES-RX3L，JES-CM3L など
- 動物固定台
- スピンプローブ剤
  3-carbamoyl-2, 2, 5, 5-tetramethylpyrrolidine-1-oxyl（carbamoyl PROXYL）など
- 麻酔薬
- マウスなどの実験動物
- 滅菌シリンジ
- 経口投与用ゾンデ
- MRI装置（重畳画像を作成する場合）

プロトコール

❶ carbamoyl PROXYLを2回蒸留水に溶解し2 mMとした後，フィルタ滅菌する
❷ carbamoyl PROXYL溶液の一部を採り，キャピラリーに封入する．同キャピラリーを動物固定台に取り付け，位置マーカーとする
❸ 麻酔後，マウスを動物固定台に固定する．位置マーカー・動物の固定は，ESR画像，MRI画像の重ね合わせ精度を確保するために重要である，したがって，測定中にずれないように注意しながら固定する
❹ マウスを*in vivo* ESR装置の共振器内に挿入し，正しくチューニングされていることを確認する
❺ 位置マーカーの造影剤を用いて，受信器時定数，ゲインなどを調整する
❻ ESR画像化用パラメータ（射影本数などの撮像パラメータ，全撮像枚数など）を設定する
❼ carbamoyl PROXYL溶液をシリンジに採り，ゾンデを用いてマウス胃腔内投与し，ESR撮像を開始する
❽ 複数のESR画像を取得する場合には，夫々の撮像開始時間を記録する
❾ MRIも撮像する場合には，ESR撮像後位置がずれないように注意し，MRI装置に移動し，MRIを取得する

ESRI/MRI融合型システムを用いたフリーラジカルと臓器位置情報の重畳の一例として，マウス胃腔内におけるニトロキシルプローブ可視化を示した．位置マーカーを用いてESRIおよびMRIの2つの画像を重ねあわせたところ，ニトロキシルプローブが胃腔内に滞留する様子が可視化された．

おわりに

生体レドックスが疾患の発症あるいは進展にどのように関与しているのかを明らかにするためには，生体内で，どの時期に，どの活性種が，どこで，どの程度生成し，疾患形成に関係しているのかを明らかにすることが非常に重要になってきた．生体内で生成するフリーラジカルの二次元または三次元分布を視覚化することの可能なESR画像化法は，生成機序の解明あるいは医薬品の抗酸化作用の評価に非常に強力な手段に

なると考えられる．さらに，近年，核・電子間のオーバーハウザー効果を利用したオーバーハウザー効果MRI（OMRI）が開発された[6]．これは，電子スピンとプロトンスピンの相互作用を介して，電子スピン励起によりプロトン信号強度が変化することを利用し，プロトン信号が，最大数百倍まで増加することを利用したフリーラジカルの高感度計測法である．最近，九州大学にOMRI装置が導入され，ニトロキシルスピンプローブを用いたOMRI/スピンプローブ法による酸化ストレス・レドックス代謝解析を開始した[7]．今後，より高解像度の酸化ストレス・レドックス代謝解析が可能となるものと期待される．

将来的に臨床応用への発展を考えた場合，ヒト用共振器の開発，誘電損失による感度低下の改善など，未解決の問題が残されているものの，新しい医用画像診断法の開発に向けて研究の飛躍が大いに期待される．

参考文献

1) Sano, H. et al. : Free Radical Biology & Medicine, 28 : 959-969, 2000
2) Velayutham, M. et al. : Magnetic Resonance in Medicine, 49 : 1181-1187, 2003
3) Yamada, K. I. et al. : Acta Radiologica, 43 : 433-40, 2002
4) Matsumoto, K. & Utsumi, H. : Biophysical Journal, 79 : 3341-3349, 2000
5) Hyodo, F. et al. : Magnetic Resonance in Medicine, 56 : 938-943, 2006
6) Lurie, D. J. et al. : J. Magn. Reson., 76 : 366, 1988
7) Utsumi, H. et al. : Proc. Natl. Acad. Sci. USA, 103 : 1463-1468, 2006

第5章 質量分析

1. 質量分析装置
～タンパク質の同定，翻訳後修飾の解析～

平野　久，山中結子

> 電気泳動や液体クロマトグラフィー（LC）で分離されたタンパク質を，質量分析を用いたペプチドマスフィンガープリントやアミノ酸配列の分析によって同定することができる．また，翻訳後修飾部位や修飾基を同定することができる．

はじめに

質量分析装置（MS）は，イオン源で試料をイオン化し，質量分析計によってイオンを分離してその質量を測定する．イオン化にはいくつかの方法があるが，タンパク質やペプチドの解析では主にマトリクス支援レーザー脱離イオン化（MALDI）法とエレクトロスプレーイオン化（ESI）法が用いられる．一方，イオンの分離には，イオン化法と相性のよい質量分析計が使われるが，MALDIの場合にはたいてい飛行時間型（TOF）質量分析計が，また，ESIの場合には，四重極型（Q MS），イオントラップ型の質量分析計（IT MS）が用いられる．最近は，Q MSにTOF MSを付したQ-TOF MSやTOFを2台接続したMALDI-TOF/TOF MSのようなMS/MSがよく用いられる．MSは機種により特徴が異なる．1台ですべてのプロテオーム分析に対応できる装置はないので，試料の種類，また，分析の目的に適した機種を選択する必要がある．最近では，ペプチドマスフィンガープリンティングによるハイスループットなタンパク質の同定にはMALDI-TOF MSが，アミノ酸配列分析，翻訳後の修飾の解析にはESI IT MS，ESI Q/TOF MSやMALDI-TOF/TOF MSがよく用いられる．一方，イオンサイクロトロン共鳴を利用したフーリエ変換質量分析計は，きわめて高い分離能，精度，感度をもっており，次世代のMSとして期待されている．本項では，MALDI-TOF MS，あるいは，nano二次元液体クロマトグラフィー（2D-LC）を装着したESI IT MS，ESI-Q/TOF MS，MALDI-TOF/TOF MSなどを用いてペプチドマスフィンガープリンティングやショットガン分析によってタンパク質を同定する方法，およびMS/MSを用いて翻訳後修飾部位と修飾基を同定する方法について述べる．

原理

1 ペプチドマスフィンガープリンティングによるタンパク質の同定

二次元電気泳動（2-DE）などで精製されたタンパク質をプロテアーゼ分解した後，分解物をMALDI-TOF MSで分析し，得られた質量スペクトルを，データベースに保存されたタンパク質の理論的な質量スペクトルと比較することによりタンパク質を同定する．ゲルで分離されたタンパク質についてはゲル中でプロテアーゼ消化する．質量スペクトルからタンパク質を効率的に同定するために多種類のソフトウ

Hisashi Hirano, Yuko Yamanaka：International Graduate School of Arts and Sciences, Yokohama City University（横浜市立大学大学院国際総合科学研究科生体超分子科学専攻）

エアが開発されている．感度は高く，数～数十フェムトモル（10^{-15} モル）のタンパク質があればペプチドマスフィンガープリントを得ることができる．スループットは高く，1 台の MS を用いて 1 日に 100 以上のタンパク質を同定することができる．

2 ショットガン分析による タンパク質の同定

分離能や簡便さに関して 2-DE に優る方法はない．しかし，2-DE では自動化が難しく，塩基性や高分子量タンパク質などの分離が容易でない．そのため，電気泳動を使わずにハイスループットでタンパク質を同定するショットガン分析法が開発された．この方法では，まず抽出したタンパク質をプロテアーゼで消化する．消化物を多次元（二次元）LC で分離し，MS/MS で消化物中のペプチドのアミノ酸配列を分析する．大量のシークエンスデータを大容量のコンピュータで分析し，タンパク質を同定していく．この方法はスループットがきわめて高い．しかし，定量的な分析ができないため，ディファレンシャルディスプレイ分析には必ずしも適していない．この点を克服するため，同位体標識法などが開発された．特に，iTRAQ 試薬を用いた標識法は，精度，感度，スループットが高く応用例が増加している．

3 翻訳後修飾部位と修飾基の同定

MS/MS でシークエンス解析を行うとアミノ酸の翻訳後修飾を同定したり，修飾基を決定したりすることができる．DNA の配列から推定されるペプチドの質量を実際のペプチドの質量と比較し，質量差から修飾基を同定する．また，アミノ酸配列が明らかになれば，修飾部位も決定できる．翻訳後修飾を同定するためのソフトウエアは MS に組み込まれている．また，糖鎖のような複雑な構造をもつ翻訳後修飾の構造を IT MS などを用いることによって決定することもできる．

準備するもの

- 電気泳動装置（二次元電気泳動装置，SDS ゲル電気泳動装置）
- UV トランスイルミネーター（UVP）
- 恒温器（30 ～ 37℃）
- 高速液体クロマトグラフィー（HPLC），逆相カラム
- 凍結乾燥機
- 遠心乾燥機
- MALDI-TOF MS（島津製作所，AXIMA-CFS），あるいは，nano2D-LC を装着した ESI LIT MS（日立ハイテクノロジーズ，Nano Frontier），ESI-Q/TOF MS（マイクロマス社，Premier），MALDI-TOF/TOF MS（アプライドバイオシステムズ社，4800）などの装置
- iTRAQ 試薬（アプライドバイオシステムズ社）
- 窒素ガス
- 分析に必要な試薬類（高純度のもの）

プロトコール

1 ペプチドマスフィンガープリンティングによるタンパク質の同定

i）2-DE で精製されたタンパク質のゲル内プロテアーゼ分解

ペプチドマスフィンガープリンティングを行うためには，タンパク質を酵素により，あるいは化学的に断片化する必要がある．充分精製されていない微量タンパク質や不溶性のタンパク質の場合には，2-DE や SDS-ゲル電気泳動（PAGE）でタンパク質を分離精製した後，タンパク質を含むゲル部分を切り取り，ゲル中で[*1]タンパク質を分解するようにする[1]．この場合には，比較的小さなペプチド断片の得られるトリプシンやリシルエンドペプチダーゼを用いて分解することが多い．

☞ *1 なお，精製されたタンパク質がある場合には，溶液中で種々の酵素や試薬を用いて分解することができる．

❶ クマシーブルー，蛍光染色剤（Flamingo ゲルステイン，RUBY GEL ステイン）もしくは質量分析装置用銀染色キットを用いて，ゲル中のタンパク質を染色する．クマシーブルーまたは，質量分析装置用銀染色キットを用いて染色を行った場合，染色されたゲル上のバンドまたはスポットを切り出し，1.5 mL の低吸着のエッペンドルフチューブに移す．また，蛍光染色剤を用いた場合は，UV トランスイルミネーター上でゲル上のバンドまたはスポットを切り出す．この際，ゲルのタンパク質を含まない部分を切り取り対照として用いる

❷ 充分量の 50 ～ 100 mM 重炭酸アンモニウム，50 ～ 60%（v/v）アセトニトリル溶液にゲル片を浸す

❸ 30 ～ 60 分間，30℃でインキュベートする．新しい液に換えて洗浄を 3 回繰り返す[*2]

☞ *2 ゲルの pH に注意．7 以上．

④ 洗浄液をすべて捨て，室温で20分間インキュベートし，ゲルを乾燥させる*3

> *3 収率を上げるため，ゲルを完全に乾燥させないで半乾きの状態にすることが多い．

⑤ 12.5 ng/μlのトリプシン（プロメガ）を含む50 mM NH₄HCO₃溶液を調整する．ゲル片に5～10μlトリプシン溶液を加え，氷上で10分間インキュベートしてゲルにトリプシン溶液を吸収させる
⑥ 20 μlの50 mM NH₄HCO₃を加える．ゲル片の大きさに応じて，添加量を調整する
⑦ 37℃で一晩消化する（少なくとも，5時間以上）
⑧ 消化液を全て回収する
⑨ 残ったゲル片に，終濃度が0.1％になるよう20μlの0.2％（v/v）TFAもしくは0.2％（v/v）ギ酸を加え*4，30分30℃で撹拌．抽出液を消化液に加える

> *4 LC-ESI MSに直接サンプルをアプライする場合は，終濃度が0.1％になるよう0.2％（v/v）ギ酸を加える．

⑩ 抽出液を遠心乾燥器で濃縮した後，HPLC，電気泳動，またはMSでペプチドマッピングを行う

還元アルキル化を行う場合

④の操作の後，ゲル中のタンパク質を還元アルキル化し，遊離のSH基を保護することがある．この場合は，④の操作の後に以下のような処理を行う

① 10 mM ジチオスレイトールを含む100 mM 重炭酸アンモニウムをゲル片が被われるまで加える
② 56℃で1時間インキュベートし，還元する
③ 室温にして，ほぼ同量の55 mM ヨード酢酸を含む100 mM 重炭酸アンモニウムを加える．ときどき撹拌しながら，暗条件下で45分インキュベートする
④ ゲル片を50～100 μlの100 mM 重炭酸アンモニウムで10分間洗浄する
⑤ 約20分窒素ガスを吹き付けるか，凍結乾燥機で乾燥させる

ii) 分解物のMALDI-TOF MSによる分析

ペプチドマスフィンガープリンティングには，MALDI-TOF MSが適している．試料に多量の塩などの夾雑物が含まれている場合は，ZipTipなどを用いて試料添加前に夾雑物を除去した方がよい．以下，MALDI-TOF MSによるペプチドマスフィンガープリンティングの手順を示す．

① タンパク質をゲル中で分解して得られたペプチド混合物をマトリクス（αシアノ-3-ヒドロキシけい皮酸）と混ぜて試料ターゲットに添加し，乾燥させる
② 試料ターゲットをMALDI-TOF MSに設置し，装置を作動させる
③ 1試料につき2～3分で分析は終了し，ペプチドマスフィンガープリントが得られる

iii) 質量スペクトルからのタンパク質の同定

質量スペクトル（ペプチドマスフィンガープリント）からMASCOTのようなソフトウエアを用いてタンパク質を検索する．

2 ショットガン分析によるタンパク質の同定[2]

i) タンパク質のプロテアーゼ分解

① タンパク質試料は，5 mM DTTの含まれる20 mM 重炭酸アンモニウム緩衝液（pH 8.0）に置換し，80℃20分で還元処理を行う
② 室温まで冷やした試料に終濃度が10 mMになるようにヨードアセトアミドを加え，37℃30分でアルキル化反応を行う
③ トリプシンを，タンパク質試料に対して1/50（w/w）となるように添加し，37℃で2～3時間消化した後に，同量のトリプシンをさらに加えて，37℃で一晩消化を行う．終濃度が0.1％になるようにギ酸を加えて消化反応を停止させる

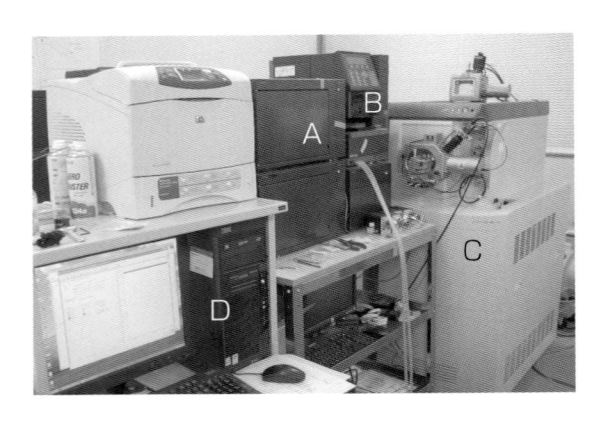

図1 nano2D-LC ESI-Q/TOF MS
A) nano2D-LCシステム，B) オートサンプラー，C) ESI-Q/TOF MS (Premier), D) コンピュータ

ii）分解物の多次元（二次元）LCによる分離

　35 mm×0.32 mm i.d. SCXカラム（polysulfoethyl aspartamide-bonded silica），1 mm×0.5 mm i.d. 逆相トラップカラム（C18），50 mm×0.15 mm i.d. 逆相分離カラム（C18）をオンラインで接続した高性能nanoLCシステム（Dina system, KYAテクノロジーズ）を用いる（図1）．

❶ トリプシンによって消化されたペプチドを強陽イオン交換カラムクロマトグラフィーに注入し，非吸着画分と，50 mM，100 mM，500 mM酢酸アンモニウムのステップワイズ濃度勾配によって溶出される3画分に分離する．

❷ 各画分のペプチドは，オンラインで接続されている逆相トラップカラムにそのまま吸着させ，0.1％（v/v）ギ酸溶液によって脱塩する．

❸ トラップカラムに吸着したペプチドは，70％（v/v）アセトニトリルの濃度勾配によって溶出した後，逆相分離カラムで分離する

iii）MS/MSによるペプチドのアミノ酸配列の分析
　分離されたペプチドを直接，ESI Q-TOF MSに導入してMS/MS分析を行う．推定されるアミノ酸配列から，MASCOTソフトウエアを用いてタンパク質を同定する．なお，後述のMALDI-TOF/TOF MSでも同様な分析を行うことができる．

3 タンパク質の定量的ディファレンシャルディスプレイ分析

　上記ショットガン分析には定量性がない．この点を改善するため，同位体標識法のような定量的ディファレンシャルディスプレイ分析法が開発されている．iTRAQ法は，iTRAQ（isobaric tag for relative and absolute quantitation）試薬を用いた定量的ディファレンシャルディスプレイ分析法である．この試薬は図2のように4種類の質量（114〜117）をもったタグ領域，試薬全体を同じ質量にするためのバランス領域，そして，ペプチドのアミノ基にタグを結合させる活性基からなっている．4種類の細胞から抽出したタンパク質をトリプシンで消化し，異なるiTRAQ試薬で標識し，すべてのペプチドを混合してMALDI-TOF/TOF MSのようなMS/MSで分析する．MSの衝突室で断片化が起こるので，114〜117の質量タグが遊離される．これらのタグの検出強度から元のタンパク質の量を知ることができる．また，MS/MSによってペプチドのシークエンスもわかるので，タンパク質を同定することができる．なお，

iTRAQ試薬は改良が進んでおり，最近では，8種類のタグをもつITRAQ試薬が開発された．また，システインのSH基に結合させるiTRAQ試薬の開発も行われた．

i）ペプチドのiTRAQ試薬による標識

❶ タンパク質試料を20 μlの溶解緩衝液（500 mM炭酸水素トリエチルアンモニウム）と1 μlの変性剤［2％（w/v）SDS溶液］を含む緩衝液に溶解後，タンパク質を定量し，各試料のタンパク質重量（5〜100 μg）を正確に揃える

❷ 各試料チューブに，2 μlの還元剤［50 mMトリ-（2-カルボキシエチル）フォスフィン（TCEP）］を加えて，60℃で1時間還元処理を行う．続いて，1 μlのシステインブロッキング試薬［200 mM メチルメタンスルフォン酸（MMTS）イソプロパノール溶液］を加えて10分間室温でインキュベートし，システイン残基をアルキル化する

❸ 各試料にトリプシン5 μgを添加し，37℃で6時間消化を行った後，さらに同量のトリプシンを加えて，37℃で一晩消化を行う

❹ 消化が終了したら，標識に使用するiTRAQ試薬を室温に戻し，iTRAQ試薬のバイアルにエタノール70 μlを加え，撹拌後，スピンダウンする．1つのタンパク質試料に対して1種類のiTRAQ試薬を添加，撹拌し，室温で1時間インキュベートして標識する

❺ 各試料に，400 μlの脱イオン水を添加し，ラベル化反応を停止する．それぞれのタグで標識されたタンパク質消化物を1つのバイアルにまとめ，遠心乾燥機を用いてエタノールを除去する．終濃度が0.1％になるようにギ酸を加えて，試料のpHを3.0に調整する

ii）分解物の多次元（二次元）LCによる分離と質量分析

　nanoLC/MALDIプレートスポッティングシステム（DiNa MaP System）は，DiNa nano LCシステムと接続することにより，MALDIプレートに試料溶出液とマトリクス溶液を同時に滴下しながら，nlレベルで安定してスポッティングを行うことができる装置である（図3）．この装置では，35 mm×0.32 mm i.d. SCXカラム，1 mm×0.5 mm i.d. 逆相トラップカラム（C18），50 mm×0.15 mm i.d. 逆相分離カラム（C18）を使用する．

❶ トリプシン消化を行い，iTRAQラベルしたペプチ

A)

Isobaric tag
(総質量＝145)

MS/MS フラグメンテーション部位

Reporter — Balance — Peptide reactive group — ペプチド

(質量＝114〜117)　(質量＝31〜28)　アミン特異的反応基

B)

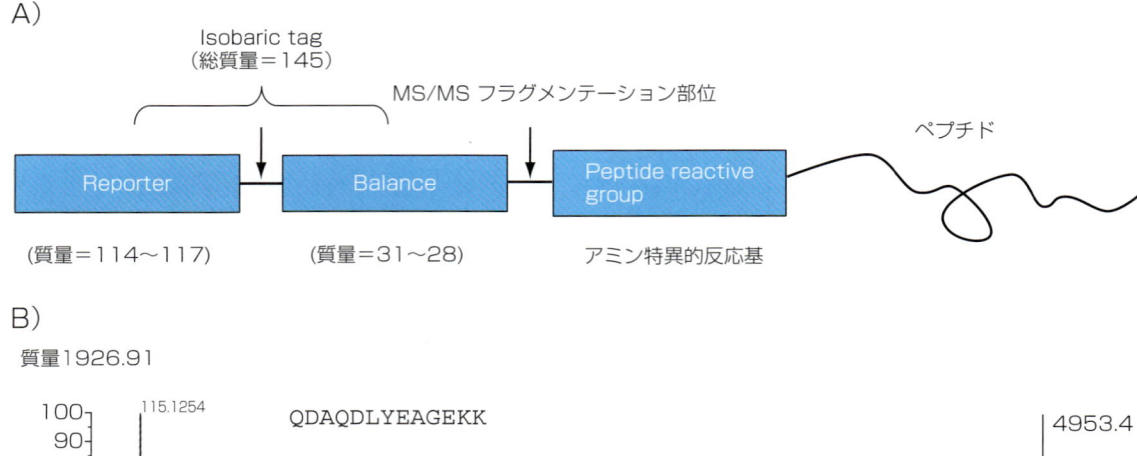

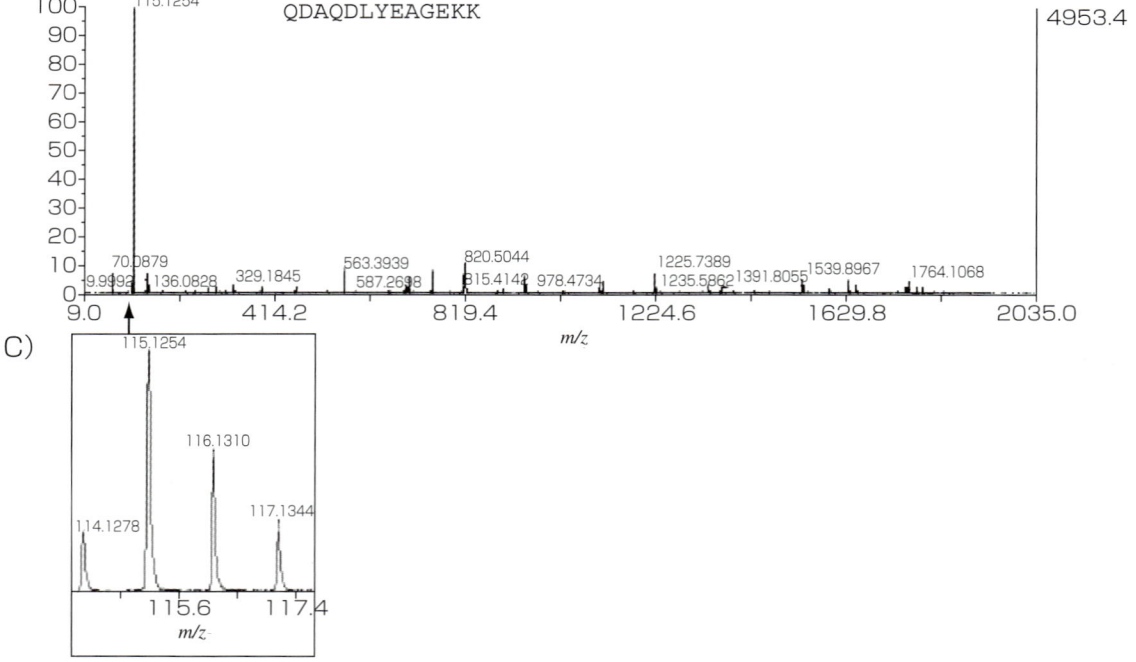

質量1926.91

QDAQDLYEAGEKK

C)

図2　iTRAQ試薬の構造（A）とiTRAQ試薬で標識したペプチドのMS/MS分析結果（B）
異なる細胞由来ペプチドにReporterタグを付けてMS/MS分析を行う．MS内でフラグメンテーションが起こり，Reporterは切断される．Reporterの量を測定すれば，タンパク質を定量できる（C）．ペプチドにもフラグメンテーションが起こるので，フラグメントの質量分析装置を測定すれば，シークエンスが決まる

ドを強陽イオン交換カラムに注入する．25 mM，50 mM，75 mM，100 mM，150 mM，200 mM，300 mM，500 mM ギ酸アンモニウムのステップワイズ濃度勾配溶出によって8画分に分離する．各画分のペプチドは，オンラインで接続されている逆相トラップカラムに自動的に吸着される．トラップカラムに吸着したペプチドは，5〜80%（v/v）アセトニトリルのグラジエントによって逆相分離カラムに移動し，そこでさらに分離・精製

されたペプチドがマトリクス溶液と混合され，ただちにMALDIプレート上にスポッティングされる

❷ 4800 MALDI TOF/TOFを用いて，MALDIプレートに溶出されたペプチドのMSおよびMS/MS測定を行う．4800 MALDI TOF/TOFによって測定されたデータは，専用解析ソフトウエアのGPS Explorerもしくは，Protein Pilotによって解析することにより，同定および定量解析を同時に行うことができる

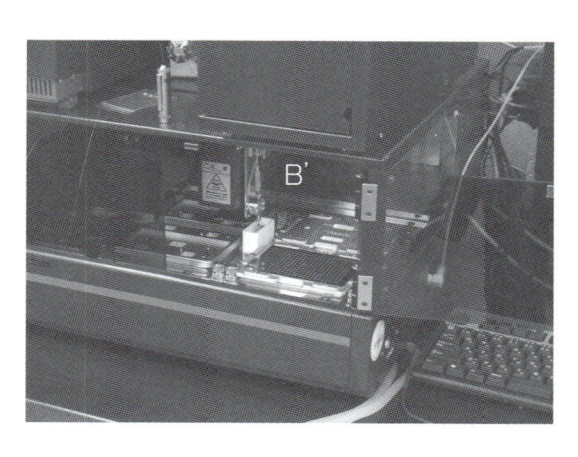

図3 nanoLC/MALDIプレートスポッティングシステム（DiNa MaP System）
A）nanoLCシステム，B）MALDIプレートスポッティングシステム，B'）同システム拡大図

4 タンパク質のiTRAQ試薬による標識（Protein iTRAQ）

ⅰ）タンパク質のiTRAQ試薬による標識

① タンパク質試料を20μlの溶解緩衝液（500mM炭酸水素トリエチルアンモニウム）と1μlの変性剤（2％SDS溶液）を含む緩衝液に溶解後，タンパク質を定量し，各試料のタンパク質重量（25μg）を正確に揃える

② 各試料チューブに，2μlの還元剤［50 mMトリ-（2-カルボキシエチル）フォスフィン（TCEP）］を加えて，60℃で1時間還元処理を行う．続いて，1μlのシステインブロッキング試薬［200mMメチルメタンスルフォン酸（MMTS）イソプロパノール溶液］を加えて10分間室温でインキュベートし，システイン残基をアルキル化する

③ それぞれの試料に20μlの脱イオン水を加える[*5]．使用するiTRAQ試薬を室温に戻し，iTRAQ試薬のバイアルにエタノール50μlを加えた後，撹拌しスピンダウンする

> *5 この際，タンパク質の溶解度を上げる目的で尿素を添加することもある．

④ 1つのタンパク質試料に対して1種類のiTRAQ試薬を添加，撹拌し，室温で2時間インキュベートしてラベル化反応を行う

⑤ 各試料に，500μlの脱イオン水を添加し，ラベル化反応を停止する．それぞれのタグでラベルされたタンパク質消化物を1つのバイアルにまとめ，減圧遠心機を用いてエタノールを除去する

ⅱ）電気泳動による分離，ゲル内消化と質量分析

① タンパク質溶液に等量のSDS試料緩衝液を加え，SDS-PAGEを用いて分離を行う．ゲルを適当な大きさの断片に切断し，ゲル内消化[*6]を行う

> *6 プロテインiTRAQの場合，トリプシンを用いてゲル内消化を行うと，リジン残基の側鎖はiTRAQ試薬により修飾されているため，リジン残基のC末端での切断が行われない．そのため，キモトリプシンや他のプロテアーゼによる消化，もしくは，トリプシンとの併用が推奨されている．

② ゲル内消化されたペプチドは，前出のペプチドiTRAQ同様にnanoLC/MALDIプレートスポッティングシステムによって分離しながら直接MALDIプレートにスポットする

③ 4800 MALDI TOF/TOFを用いて，MALDIプレートに溶出されたペプチドのMSおよびMS/MS測定を行う．4800 MALDI TOF/TOFによって測定されたデータは，専用解析ソフトウエアProtein Pilotによって解析し，タンパク質の同定および定量解析を同時に行う

5 翻訳後修飾部位と修飾基の同定

MS/MSでシークエンス解析を行うとアミノ酸の翻訳後修飾を同定したり，修飾基を決定したりすることができる．翻訳後修飾を同定するためのソフトウエアはMSに組み込まれている．MSの機種によっても異なるが300種類の修飾を同定できるシステムもある．また，糖鎖のような複雑な構造をもつ翻訳後修飾の構造をIT MSなどを用いることによって決定することもできる．

翻訳後修飾されたペプチドは，修飾されていないペプチドに比べMSによって検出しにくい傾向がある．効果的に翻訳後修飾を検出するために種々の方法が開発されている．例えば，リン酸化ペプチドを検出するため，タンパク質をトリプシンで消化した後，リン酸基と金属とのアフィニティーを利用し，金属固定化アフィニティークロマトグラフィー（IMAC）や二酸化チタンカラムクロマトグラフィー担体にリン酸化ペプチドを結合させることによって精製し，MSで測定することによってリン酸化ペプチドの同定やリン酸化部位（アミノ酸）の同定が行われている．

実験例

1 ショットガン分析によるタンパク質の同定

ヒト血漿タンパク質からアルブミンなど多量に存在するタンパク質を東レの中空繊維膜を用いて除去した．HPLC逆相カラムを用いてタンパク質を7画分に分けた後，各画分のタンパク質を還元カルボキシメチル化し，トリプシンで消化した．トリプシンペプチドの混合物をnano2D-LC ESI-Q/TOF MS（マイクロマス社，Q-Tof Premier および Ultima）で分析し，質量スペクトルからタンパク質の同定を試みた．その結果，2,500種類以上の血漿タンパク質を同定することができた[2]．

2 iTRAQ 試薬によるディファレンシャルディスプレイ分析

卵巣癌関連タンパク質を検出するため，まず卵巣癌培養細胞からたんぱく質を抽出した．タンパク質をトリプシンで消化した後，ペプチドをiTRAQ試薬で標識した．これをnano2D-LC（DiNa MaP System）で9画分に分画し，各画分をMALDIターゲットにスポットした．これをMALDI-TOF/TOF MSに設置して分析した．その結果，全部で1,103タンパク質を同定し，コントロールと比較して量的に2倍以上増加したタンパク質は72個，減少したタンパク質は47個確認することができた．これらのタンパク質のなかには，蛍光ディファレンスゲル二次元電気泳動によって検出された卵巣癌組織タンパク質[3]も認められた．

3 翻訳後修飾の解析

紡錘体関連タンパク質のリン酸化部位を検出するため，紡錘体タンパク質を抽出し，SDSゲル電気泳動で分離した．ゲルを18に断片化し，それぞれの断片中のタンパク質をトリプシンで消化した．Fe^3-IMAC担体と共にインキュベートし，結合したリン酸化ペプチドを溶出してnanoLC-ESI-MS/MSでタンパク質を同定した．その結果，736のリン酸化部位を同定することができた[4]．

おわりに

タンパク質やペプチド分析のためのMSは近年，急速に発達した．現在では，MSを用いてfmol（10^{-15}mol）レベルのタンパク質・ペプチドの質量を高い精度で測定することができる．また，質量スペクトルを解析することにより，タンパク質を効率的に同定したり，タンパク質の動態を調べたり，さらにはタンパク質の翻訳後修飾を検出したり，特定のリガンドと相互作用するタンパク質を分析したりすることができる．最近では，バイオマーカーや特定の翻訳後修飾タンパク質などを選択的に検出できるMultiple reaction monitoring（MRM）法や，翻訳後修飾タンパク質の解析に適したElectron transfer dissociation（ETD）のような断片化法などが発達してきた．また，MS周辺技術，例えば，プロテインチップ，特定の種類のタンパク質を精製できるアフィニティー精製法などが急速に発達している．こうしたMSやMS周辺技術の発達は，タンパク質研究の発展に重要な役割を果たすと考えられる．

参考文献

1) 平野 久：「プロテオーム解析－理論と方法－」，p.240，東京化学同人，2003
2) Tanaka, M. et al.：Proteomics, 6：4845-4855, 2006
3) Morita, A. et al.：Proteomics, 6：5880-5890, 2006
4) Nousiainen, M. et al.：Proc. Natl. Acad. Sci. USA., 103：5391-5396, 2006

第5章 質量分析

2. エレクトロスプレーイオン化質量分析（ESI-MS）
～タンパク質複合体の分析～

明石知子

機能しているタンパク質や核酸など生体高分子のネイティブな構造を保持したままでの質量の測定，非共有結合で形成された複合体の丸ごとの質量の測定，および複合体を構成する生体高分子のストイキオメトリー（化学量論）の決定を行うことができる．

はじめに

質量分析は試料をイオン化し，一価あたりの質量（m/z）を測定する方法で，タンパク質の複合体の分析に質量分析を用いれば，native PAGEやゲルろ過クロマトグラフィーなどに比べきわめて正確に複合体の質量を決定することができる．必要な試料量は試料の導入方法にもよるが，5×10^{-6}M 程度の濃度の試料を $2\,\mu l$（約 1×10^{-11} mol；10 pmol）程度でも正確な結果を得ることができ，また，分析に要する時間は数分程度と速いという特徴がある．

タンパク質の同定を行う目的で質量分析する場合は，より多くのアミノ酸配列情報を得るために変性条件下で分析するのに対し，タンパク質複合体の質量分析では，試料の調製法および質量分析のパラメータを工夫することで，非共有結合からなる複合体を変性させずにイオン化し，その質量を測定するという大きな違いがある．

イオン化には一般にエレクトロスプレーイオン化（electrospray ionization：ESI）法[1]，もしくは試料導入の流速を低くしたナノフローESI（nano-flow electrospray ionization：nanoESI）法[2] が用いられる．不揮発性の緩衝液は試料のイオン化を妨害するため，試料は，酢酸アンモニウム水溶液のような揮発性の緩衝液を用いて調製しなくてはならないという制約があるが，100 kDaを超える複合体も分析可能である．ここでは市販の装置を用いてタンパク質複合体を分析するための実験方法を紹介する．

原　理

ESI法は，溶液試料を内径$100\,\mu m$ 程度の金属キャピラリーに$5\,\mu l$/min 程度の流速で導き，キャピラリーに高電圧を印加するとともに，ネブライジングガスで補助をして微細液滴を作り気化と同時にイオン化させる方法である．複合体のイオンの観測には，一般に飛行時間型（time-of-flight：TOF）の質量分離部を組み合わせて用いる．nanoESIはESIをダウンサイジングしたものであり，電圧を印加する際ネブライジングガスを使わずに毛細管現象を利用して数十～百 nl/minで試料溶液をスプレーしイオン化させる方法である．タンパク質の分析では，ESIでは一般にプラス$3 \sim 4$ kVを，nanoESIでは$0.6 \sim 1.0$ kV 程度を印加する．この場合，正に帯電した目的物イオンがスプレーされ質量分離部へ導かれ観測される．質量分離部ではm/zに応じてイオンの挙動が変わることに基づきイオ

Satoko Akashi：Division of Structural Biology, International Graduate School of Integrated Sciences, Yokohama City University
（横浜市立大学大学院国際総合科学研究科生体超分子科学専攻生体超分子機能科学研究室）

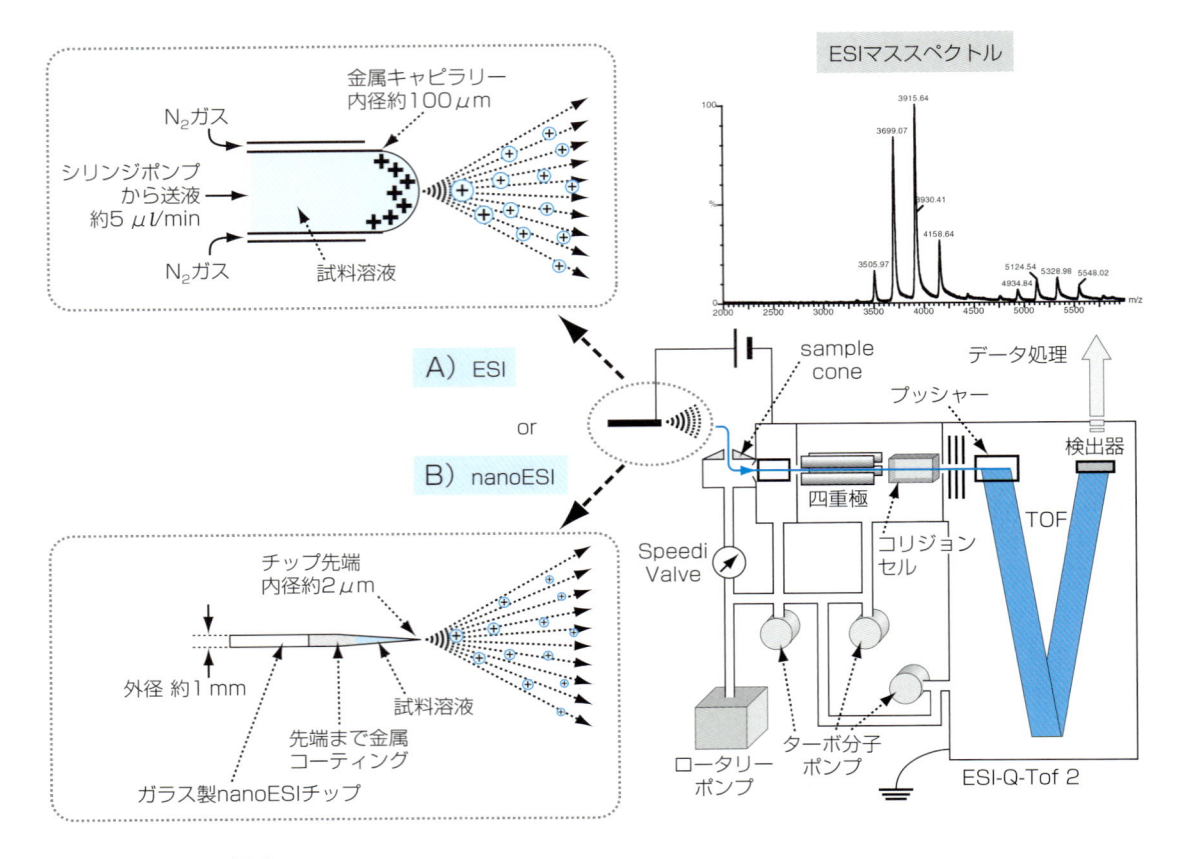

図1 ESI-MS の概略
ESI（A）もしくはnanoESI（B）でイオン化してQ-TOF型質量分析装置でマススペクトルの測定を行う場合の模式図を示す．試料を導入するための金属キャピラリー（A）もしくは金属をコーティングしたnanoESIチップ（B）の先端と対向する電極の間に高電圧を印加してイオン化を行う．ESI（A）では窒素ガスをネブライジングガスとして用い，より細かい液滴が生じるように補助する．nanoESIの場合（B）は，基本的に毛細管現象を利用してチップ先端へ溶液を導き，必要であればチップの後方から窒素ガスで弱い圧力をかけて送液を補助する．生成したイオンは質量分析計に入り，m/zを指標に分離され，検出器に到達する．データ処理を経てマススペクトルが得られる

ンの分離を行う．プラスの電圧を印加した場合，分子に複数（n個）のプロトンが付加され，$[M+nH]^{n+}$という多価イオンが生成される．タンパク質の場合，一般に，付加するプロトンの数には分布があるので，単一のタンパク質でも複数のピークからなるマススペクトルが得られる（図1）．

準備するもの

- エレクトロスプレーイオン源もしくはナノエレクトロスプレーイオン源の装着した**質量分析装置**（イオン源部分の真空度が調節できる飛行時間型質量分析装置が望ましい，例えばWaters Q-Tof 2；本項ではQ-Tof 2を用いた測定法に基づき記述する）
- 窒素ガス発生装置（N_2 99％，13 l/min，例えばシステムインスツルメンツ　Model M12ESなど）
- Arガス（コリジョンガス，純度99.9％以上）
- シリンジポンプ（1〜10 μl/minを脈流少なくコントロールできるもの）およびシリンジコネクター（例えばRheodyne RheFlex 6000-254およびニードルライナー Valco VISL-2）
- ガスタイトシリンジ（25，50または100 μl）
- ピークチューブ（例えばUpchurch社製 #1560，内径0.0025インチ，外径1/16インチ）およびピークコネクター（例えばUpchurch社製F120）
- 10 mM〜1 M酢酸アンモニウム（もしくは炭酸アンモニウム水溶液などの揮発性の緩衝液）
- 微量透析（100 μlの試料を透析できる透析装置；例えばマイクロダイアライザー　TOR-14K）もしくは限外ろ過器具（例えば Millipore Ultrafree-MC）
  試料の分子量に応じて適切な透析膜もしくは限外ろ過膜を使用する
- nanoESI用チップ（例えばWaters Nanoflow Probe Tips）
- ゲルローダーチップ（nanoESI用チップに試料溶液を入れるのに用いる）

プロトコール

1 タンパク質複合体のESI-MS用試料の調製

タンパク質を大量発現系で調製したり天然から単離したりした後，それぞれのタンパク質の性質にあった調製法で複合体を形成させる．一般に，タンパク質のストックのための緩衝液は，中性付近にpHを調整したリン酸などの緩衝液に食塩で塩濃度を調整し，さらにグリセロールや還元剤などを添加した溶液であり，大量の不揮発性無機塩を含む．したがって，そのままではESIの試料として導入することはできない．そこで，ESI-MSの測定には，揮発性の緩衝液に置換する必要がある．緩衝液の置換[*1, 2]は，透析もしくは限外ろ過で行い，終濃度で 5×10^{-6} M程度の試料溶液をESI-MS用として調製する．

> *1 透析の場合は濃縮できないが，限外ろ過の場合は濃縮することも可能である．ゲルろ過での溶媒交換も利用することができるが，大幅に希釈されることに注意する必要がある．
>
> *2 また試料によっては，脱塩・溶媒交換する際，特に限外ろ過で濃縮を伴う脱塩の場合は凝集することがあるので，充分注意しなくてはならない．

ESI-MSに最もよく使用される揮発性緩衝液は，酢酸アンモニウム緩衝液であるが，炭酸アンモニウム緩衝液などで調製した試料溶液でも問題なく測定することができる．複合体の状態を観測する場合，有機溶媒は試料溶液に添加しない．シリンジポンプを用いて試料導入する場合は $20\ \mu l$ 以上準備する必要があるが，nanoESIチップを用いる場合は $2\ \mu l$ 程度で分析できる．

DNA-タンパク質複合体のように，静電相互作用が複合体の安定化に大きく寄与している場合には，揮発性緩衝液の塩濃度（例えば酢酸アンモニウム緩衝液であればその濃度）が低いほど複合体が安定化され，複合体のイオンが観測されやすい．一方，タンパク質-タンパク質複合体で疎水性相互作用が複合体の安定化に大きく寄与している場合には，揮発性緩衝液の塩濃度が高いほうが，複合体が安定化され，複合体のイオンが観測されやすいことが多い．また，疎水性相互作用の寄与が大きい複合体の場合，溶液の塩濃度が低いと変性して凝集するなどの問題が生じる場合がある．Q-Tof 2の場合，2 M程度の酢酸アンモニウムでも問題なく測定できるので，試料の性質に合わせて最適な塩濃度で試料調製する必要がある．

2 質量較正（キャリブレーション）

質量較正用のスタンダードの溶液を調製してESI-MSの測定を行う．測定対象の複合体のすべての多価イオンが m/z 4,000までの領域に検出される場合は，ヨウ化ナトリウム（NaI）を質量較正用のスタンダードとして，NaI $0.25 \sim 0.5$ mg/mlの50％イソプロパノール水溶液を用いる．m/z 10,000程度までの場合は，ヨウ化セシウム（CsI）を質量較正用のスタンダードとして，CsI 1 mg/mlの50％イソプロパノール水溶液を用いる．流速 $5\ \mu l/\mathrm{min}$ で較正用試料溶液を送液し，マススペクトルの測定をした後，キャリブレーションの操作を行う．

3 タンパク質複合体のESI-MS測定

ⅰ）各種パラメータの設定

試料溶液をイオン源にセットして試料を導入する．シリンジポンプで試料を送液・導入するESIの場合は約 $5\ \mu l/\mathrm{min}$ の流速で，nanoESIの場合はゲルローダーチップを用い約 $2\ \mu l$ 程度をnanoESIチップ中にサンプリングし，それぞれイオン化のための高電圧を印加して測定を開始する．ESIの場合は $3 \sim 4$ kV程度を印加する．nanoESIの場合は600 V程度から段階的に高くしていき，イオンを観測できる最低の電圧（通常は $700 \sim 750$ V）を印加して測定する．脱溶媒がマイルドに行えることから，複合体のイオンの観測はnanoESIの方がESIよりも有利であるものの，生成するイオン量が少ないので，試料量に応じてよい方法を使い分けることが望ましい．

ⅱ）複合体を観測する際の注意点

複合体のイオンを観測するために最も注意すべきことは，測定の過程において複合体を解離させないように，できるだけソフトに脱溶媒とイオン化を行うことである．そのため，試料の安定性にもよるが，イオン源やネブライジングガスの温度はできるだけ低く（例えば50℃程度に）保つのがよい．そのため，脱溶媒をよりマイルドに行うことができるnanoESIが望ましい．しかしながら，nanoESIはESIに比べ操作が難しい．試料量が潤沢であればESIでも満足のいくデータを取ることができる場合も多いので，状況に合わせてnanoESIを用いるかどうかを検討する．また，イオン源やガスの温度を低くすると脱溶媒が進みにくくなりイオン化効率が下がるので，イオン化しにくい試料では，感度が極端に下がる可能性もあることを念頭に置く必要がある．

ii-A）30 kDa 以下の複合体

　複合体が 30 kDa 以下の場合は，装置の真空や測定のためのパラメータなど，デフォルトの設定で測定しても複合体のイオンを問題なく観測できる場合が多い．ただし，イオンの質量分析計への取り込み口（Q-Tof 2 の場合には sample cone，図 1）に印加する電圧（コーン電圧）や，コリジョンセル（図 1）に印加する電圧（コリジョン電圧）が必要以上に高いと複合体が解離してしまう．また低すぎるとイオン量が少なくなり，S/N よく複合体のシグナルを観測することができない．そのため，観測されるイオンの出方に注意して，コーン電圧やコリジョン電圧を最適化した後測定を行う．測定のための MS パラメータの中で，コーン電圧やコリジョン電圧は変更しても，m/z 軸がズレることはないので，試料ごとに高感度でイオンが観測されるよう，最適な電圧値に変更する必要がある．測定の m/z の範囲は，30 kDa 以下の複合体では，m/z 1,000〜4,000 の設定で大半の場合は問題なく測定することができる．

ii-B）50 kDa を越える複合体

　サイズの大きい複合体，特に 50 kDa を超える複合体の場合は，質量分析装置のデフォルトの真空度ではイオンが観測されないことが多い．このような場合，コリジョンガスの圧力を 15〜18 psi 程度と通常（10 psi）より高めにし，かつ質量分析装置のイオンの取り込み口に通じる第一真空領域を減圧しているロータリーポンプへのバルブ（SpeediValve，図 1）を絞ることで，質量分析装置の入り口側の真空度を落として大気圧のイオン源との格差を小さくする．Q-Tof 2 の場合，デフォルトの設定では四重極部分の真空度は $3 \sim 7 \times 10^{-3}$ Pa 程度であるが，SpeediValve を絞って 2×10^{-2} Pa 程度まで落として測定する．真空度はイオンの出方を見ながら SpeediValve を調節して最適化する必要がある．さらに，30 kDa 以下の複合体の場合と同様に，コーン電圧やコリジョン電圧を調整して，最適化の後測定を行う．その結果，複合体のイオンを観測できるようになる．サイズが大きい複合体の場合，コーン電圧やコリジョン電圧は，若干高めに設定する．比較的安定な 50 kDa を超える大きな複合体の場合，コーン電圧は 100 V 程度，コリジョン電圧は 50 V 程度を最初の値として，そこから最適化を行うとよい．不安定な複合体の場合は，コーン電圧は 60 V 程度，コリジョン電圧は 20 V 程度を最初の値として，最適化を行うとよい．また，大きな複合体では，一般に，測定する m/z の範囲を高くかつ広くし（例えば m/z 3,000〜8,000 など），5 秒ごとに 1 枚のマススペクトルを取り込むよう積算時間を設定し測定を行う[*3]．

> [*3] 測定する m/z が高くなるほど飛行時間が長くなるため，プッシャーから TOF へイオンを打ち込むイオンパルスの間隔を長くする必要がある．そのため，積算されるマススペクトルの数が，同じ 1 秒間でも，測定する m/z の範囲に応じて大幅に異なってくるため，高い m/z まで測定する場合には，1 枚のスペクトルとしてデータを取り込む時間は 1 秒ではなく，例えば 5 秒程度まで長くしないと S/N のよいスペクトルが得られない．

4 データ解析

　得られたマススペクトルは，同じ測定パラメータで得られたものを積算し，得られたスペクトルの S/N に応じて必要なスムージング処理を行う．ピーク判定の処理の後，それぞれの多価イオンの m/z から，複合体の質量を算出する．図 2 に例として，アルコールデヒドロゲナーゼの ESI マススペクトルを示す．

実験例

　アルコールデヒドロゲナーゼ（10 μM）の ESI マススペクトル．試料は 10 mM 酢酸アンモニウム水溶液に限外ろ過して調製した．m/z 5,000〜6,000 付近に S/N よくピークが観測されている．これらのピークの m/z は，複合体の質量 M，価数 n と，

$$m/z = \frac{M + n \times \text{プロトンの質量}}{n}$$

の関係にあり，隣接するピークは 1 つずつ価数が異なるものに対応する．得られたマススペクトルを装置（Q-Tof 2）付属のソフトウエア（MassLynx v.3.5）を用いて解析すると，それぞれのピークの価数は図 2 に示したように決定され，主成分の複合体の質量 M は $147{,}680 \pm 20$ と算出された．アルコールデヒドロゲナーゼの単量体は 37 kDa である．したがって，ESI-MS で観測された複合体は，ホモ四量体であることがわかる．

おわりに

　ここでは，改造を施していない市販の装置を用いて，タンパク質複合体を解離させずにイオン化し，その質

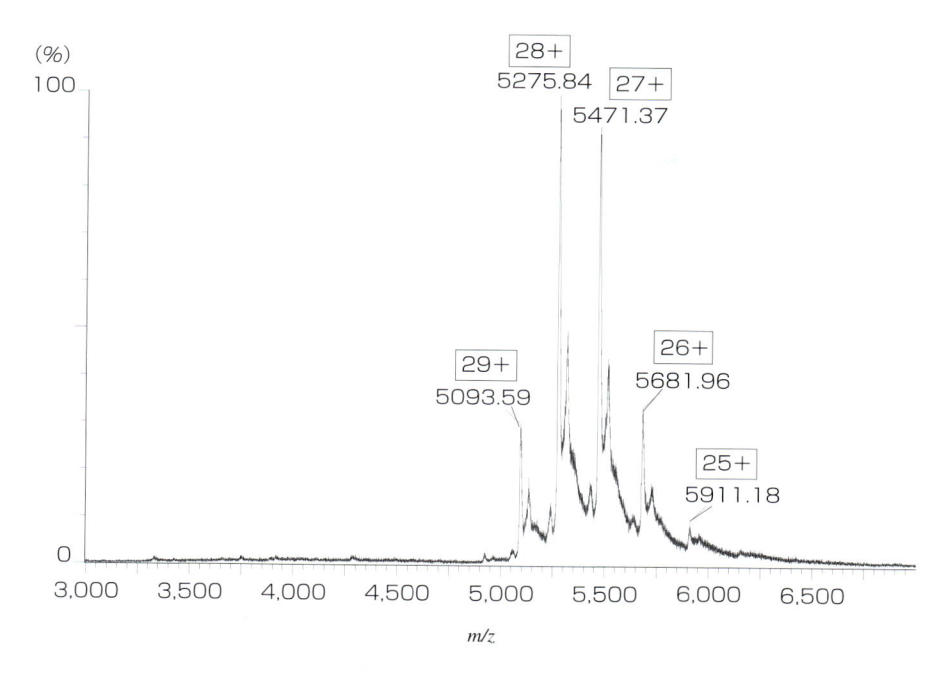

図2 タンパク質複合体のESIマススペクトルの例（アルコールデヒドロゲナーゼ）

量を決定するための実験方法を示した．これまでにわれわれは，ゲルろ過ではヘテロ四量体と考えられていたヒト基本転写因子TFⅡEは，溶液ではヘテロ二量体で存在することをこの方法で明らかにしている[3]．高いm/zのイオンを検出できるように市販のものを改造した装置ではリボソーム[4]や20Sプロテアソーム[5]なども測定が報告されている．また，最近では，ESIで生成したイオンについて，m/zに加えてサイズや形状（コンフォメーション）に基づいて分離する，ion mobility mass spectrometer（IMS：イオンモビリティ質量分析装置）も市販されるようになった．このような新しいコンセプトの装置を利用することにより，質量分析を駆使することで，これまで結晶化に成功せず，構造が解かれていないタンパク質複合体について，その機能に関わる重要な構造情報が獲得できるようになると期待される．

参考文献

1) Fenn, J. B. et al. : Science, 246 : 64-71, 1989
2) Wilm, M. & Mann, M. : Int. J. Mass Spectrom. Ion Processes, 136 : 167-180, 1994
3) Itoh, Y. et al. : Proteins, 61 : 633-641, 2005
4) Rostom, A. A. et al. : Proc. Natl. Acad. Sci. U S A., 97 : 5185-5190, 2000
5) Chernushevich, I. V. & Thomson, B. A. : Anal. Chem., 76 : 1754-1760, 2004

第6章 X線解析・X線分光分析・結晶解析

1. 自動結晶化装置
～タンパク質の自動結晶化ロボットによる結晶化の方法～

朴　三用

迅速にX線構造解析を行いたい場合などに役に立つ，極微量のタンパク質を使って多数の結晶化条件を探索できる装置について紹介する．

はじめに

　膜タンパク質をはじめ，真核生物由来のタンパク質は原核生物のものより発現系の構築，精製などが困難なことが多い．これを克服するため，さまざまな発現系を用いて微量でもタンパク質を発現できる方法を探し，結晶化条件を探索しているのが構造生物学分野の現状である．また，X線構造解析を迅速に行うためには，数多くの結晶化条件を探索し，良質の結晶を得る必要がある．従来，タンパク質の結晶化には蒸気拡散法が広く用いられているが，タンパク質の量が限られている場合，数多くの条件検索をするのは容易ではない．市販されている結晶化条件検索キット（screen kits）は約1,000条件くらいで，人の手による蒸気拡散法では，時間，単価，正確さなどに制限があり，迅速化が必要な大規模プロジェクトには適していない．今回は，極微量のタンパク質で多数の結晶化条件を探索できる自動結晶化装置の中からHydra II -Plus-Oneシステム（スクラム社）を紹介する．

原　理

　タンパク質の自動結晶化装置であるHydra II -Plus-Oneシステムは蒸気拡散法とマイクロバッチ法に適した装置である．この装置は96または384チャンネル分注装置と1チャンネル微量・非接触分注を組み合わせたものである．また，組み合わせ方によって，タンパク質の結晶化以外にPCR反応，化合物のスクリーニングなどへの使用も可能である．今回は，Hydra II -Plus-Oneの96チャンネルを使った蒸気拡散法（sitting drop）による結晶化について紹介する．

　Hydra II -Plus-Oneは本体（Hydra-II 96ベースユニット），XYステージ，1チャンネルマイクロソレノイド（Nanofill：タンパク質の分注部品），コントロールPCから構成されている（図1）．本体は，96個のシリンジを使用して結晶化溶液を結晶化プレートに迅速に分注（分注可能量：0.1～100 μl）する．また，Nanofillは独立したチューブを使用してタンパク質溶液を吸い上げ，結晶化プレートの96マイクロウェルの決められた位置へ非接触状態で分注（分注可能量：0.1～2 μl）する．これらの操作は，コントロールPCとXYステージによって可能となり，一連の作業は非常に高い分注精度，再現性，迅速さを備えている．

準備するもの

- Hydra II-Plus-One システム（スクラム社）（図1）
- ヘリウムガスボンベと窒素ガスボンベ
  ヘリウムガス圧力は結晶化サンプル分注に使用される．ま

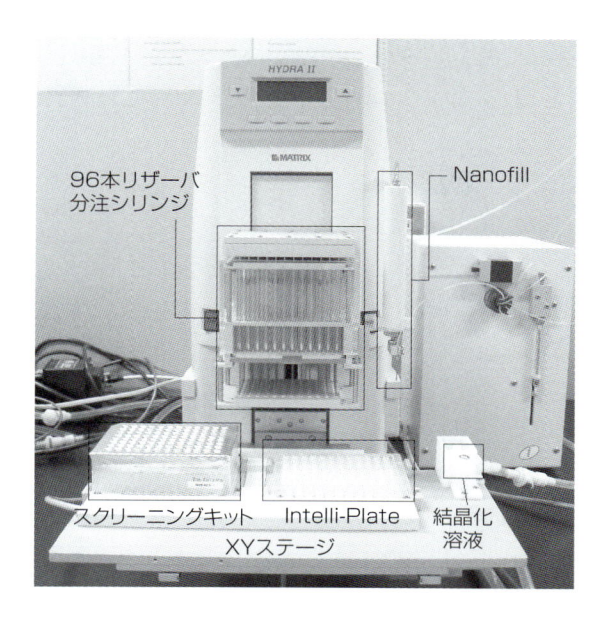

図1 Hydra II-Plus-Oneシステム自動結晶化装置

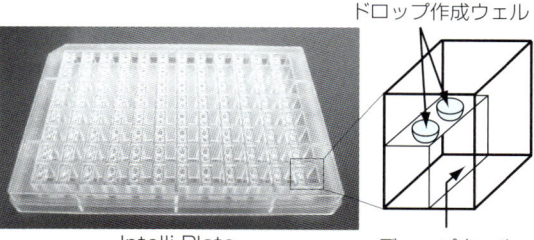

図2 Intelli-Plateのウェルの形状

- 結晶化プレート（図2）：
  Intelli-Plate（Art Robbins Instruments），CorningR Crystal ExTM Microplates（Corning），Sitting Drop Protein Crystallization Plate（Greiner bio-one）などから選択できる[*1]．

  > [*1] 当研究室では，一枚ずつ静電気防止加工されているIntelli-Plateを使用している．結晶化ロボットから分注される溶液量が少ない（0.2または0.3 μl）ため，液滴（ドロップ）が静電気によってプレートに吸い寄せられ，本来の位置からずれるのを防ぐため．

- 結晶化プレートのシール：4 Inch Wide Crystal Clear Sealing Tape（図3．HR社 #HR4-508）もしくは，ClearSeal Film（HR社 #HR4-521）[*2]

  > [*2] ClearSeal Film Applicator™（HR社 #HR4-525），アクリル製枠（テープを事前に貼り付けておく枠）があると便利（図3）．

た，窒素ガス圧力はNanofillの昇降に用いられる
- 0.6 ml クリアチューブ（Molecular BioProducts #3446，もしくは同等品）
- 超純水 4～5 l
  結晶化ロボットのリザーバ分注96本シリンジの洗浄用
- 70% エタノールもしくは，2% Micro-90（SIGMA-ALDRICH #Z281506）
  Nanofillニードルの洗浄用
- 結晶化サンプル（タンパク質溶液など）
- スクリーニングキット（結晶化溶液キット）：
  HAMPTON RESEARCH（HR）社，QIAGEN社，Molecular Dimentions Limited社，Emerald Biostructures社，SIGMA-ALDRICH社などから販売されている，すでに結晶化溶液が96ディープウェルボックスに充填されているキットである．もしくは，空の96ディープウェルボックスに自作の結晶化溶液を充填したものも使用できる．
- スクリーニングキットの蓋
  結晶化溶液が蒸発するのを防ぐ

プロトコール

（ここで出てくる数値に関しては，当研究室のプロトコールによるものである．）

1 結晶化プログラムの選択

結晶化プログラムには，タンパク質溶液と結晶化溶液の混合比など，装置の一連の動作が書き込まれている[*3]．このような結晶化プログラムは装置購入の際に，あらかじめ作成しておくのが便利である．

タンパク質溶液の分注量は0.1～2 μlの範囲で調節できるが，タンパク質溶液分注の正確さ，再現性，費用対効果などを考慮すると，タンパク質溶液の分注量は0.2～0.3 μlの範囲がよい．また，結晶化プレートのドロップ作成ウェルの数によっては，1つのウェルで数個のドロップを作成することができる．Intelli-Plateの場合，2個のドロップを作るウェルがあり，同時に2種類の結晶化サンプル濃度のドロップを作ることができる（図2）．それ以外に，結晶化ロボット洗浄用プログラムとして，結晶化溶液分注用96本シリンジ内部洗浄用（Wash Protocol）と結晶化溶液分注96本シリンジニードル部外側洗浄用（Deep Well Wash Protocol）プログラムがそれぞれ用意されている．

> [*3] ＜結晶化プログラムの例＞
> ①タンパク質溶液（0.2 μl）＋結晶化溶液（0.2 μl）
>   ＋結晶化溶液母液（60 μl）のプロトコール
> ②タンパク質溶液（0.3 μl）＋結晶化溶液（0.3 μl）
>   ＋結晶化溶液母液（60 μl）のプロトコール

6章-1．自動結晶化装置

2 結晶化サンプルの調製

タンパク質溶液を遠心（20,000×g，10分間）し，溶液中の沈殿やホコリを取り除くようにする．当研究室の例として，結晶化プレートは96ウェルIntelli-Plateを使用し，タンパク質溶液を0.2 μlずつ分注する場合は，タンパク質溶液を27 μl（5 μlくらいは余分の量），0.3 μlずつ分注する場合は37 μl（5 μlくらいは余分の量）を用意する．これが1種類のスクリーニングキットに対して使うタンパク質溶液の量である．したがって，作成する予定の結晶化プレートの枚数×27 μl（もしくは，37 μl）のタンパク質溶液*4を用意し，結晶化ロボット用クリアチューブに入れる．

> *4 タンパク質の種類や溶液の性質によって異なるが，タンパク質溶液の濃度が非常に濃い場合（50 mg/ml以上）は粘性が高くなり，Nanofillニードルの先端に液滴ができてしまい，正確に分注できない場合がある．その場合は，タンパク質溶液の濃度を下げて再び試みる．

3 スクリーニングキットの準備

結晶化スクリーニングキットでは溶液の性質によって冷蔵保存するキットもある．この場合は室温に戻し，使う直前にスクリーニングキットの蓋を開ける*5, 6．

> *5 空の96ウェルディープウェルボックスは，市販キットと同型の物を使うのが望ましい．
>
> *6 冷蔵保存することで溶解度が変化し，結晶化溶液中に塩類が析出している条件があるので，スクリーニングキットの底を見て確認する．また，スクリーニングキットの底に空気が入っていると，リザーバ分注96本シリンジが，結晶化溶液を吸い上げることができないので確認しておく．

4 結晶化ロボットの準備と結晶化

Nanofillによるタンパク質溶液の分注に用いるヘリウムガスと，昇降時に用いる窒素ガスのバルブを開け，圧力を0.24±0.02 MPaに設定する．

96本結晶化溶液分注シリンジとタンパク質溶液分注用Nanofillの洗浄を行う．洗浄が終了すると，いよいよ結晶化である．

結晶化の手順は，作成した結晶化プログラムによって以下のような手順で行う．

❶ 結晶化溶液分注用96本シリンジが，スクリーニングキットから結晶化溶液を吸い上げる．

❷ 分注用96本シリンジが，結晶化Intelli-Plateのディープウェルに60 μlの結晶化溶液を分注し，ドロップ作成用ウェルに0.3 μlのドロップを分注する．

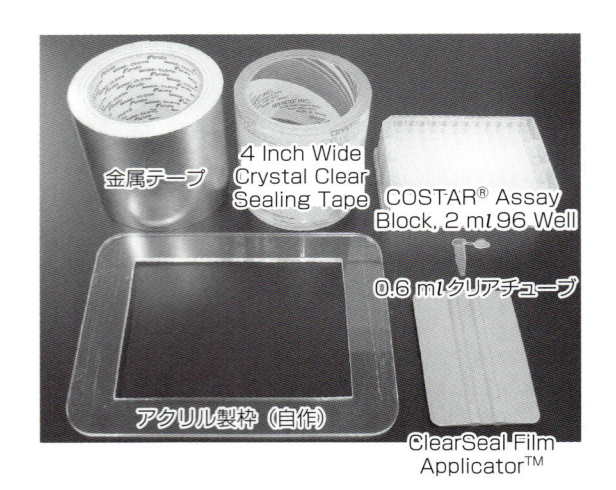

図3 結晶化に必要な物類

❸ 次はNanofillでタンパク質溶液を37 μl吸い上げ，結晶化Intelli-Plateのドロップ作成ウェルに0.3 μlずつ分注していく．

❹ Nanofillによる分注が終了すると，Nanofillが洗浄され，結晶化プログラムが終了する．

❺ また，他の結晶化スクリーニングキットで結晶化を行う場合，96本シリンジ内部洗浄用（Wash Protocol）と96本分注シリンジニードル部外側洗浄用（Deep Well Wash Protocol）プログラムで洗浄する．

5 結晶化プレートシールと保存

溶液の乾燥を防ぐため，分注が完了したプレートに4 Inch Wide Crystal Clear Sealing Tapeでシールを貼る．この作業の注意点はシワのできないように，Intelli-Plateの上にゆっくり乗せ，指の腹で軽く押さえながら貼る．最後に，Intelli-Plateのウェルの間がキチンと密着しているかを確認する*7．

その後，結晶化サンプル名，スクリーニングキットの種類，結晶化プレート作成日，作成者氏名などの情報を結晶化プレートの余白スペースに書き込み，インキュベータに静置する．

> *7 結晶化スクリーニングキット使用後は，再びシールをしなければいけないので，図3に示したような金属テープを使い，キットの大きさに合わせ直接スクリーニングキットに貼り付ける．しっかりと貼り付けされていないと，その条件だけではなく，その周辺の条件の結晶化溶液にも組成が変化してしまう可能性があるので，しっかりと貼り付ける．

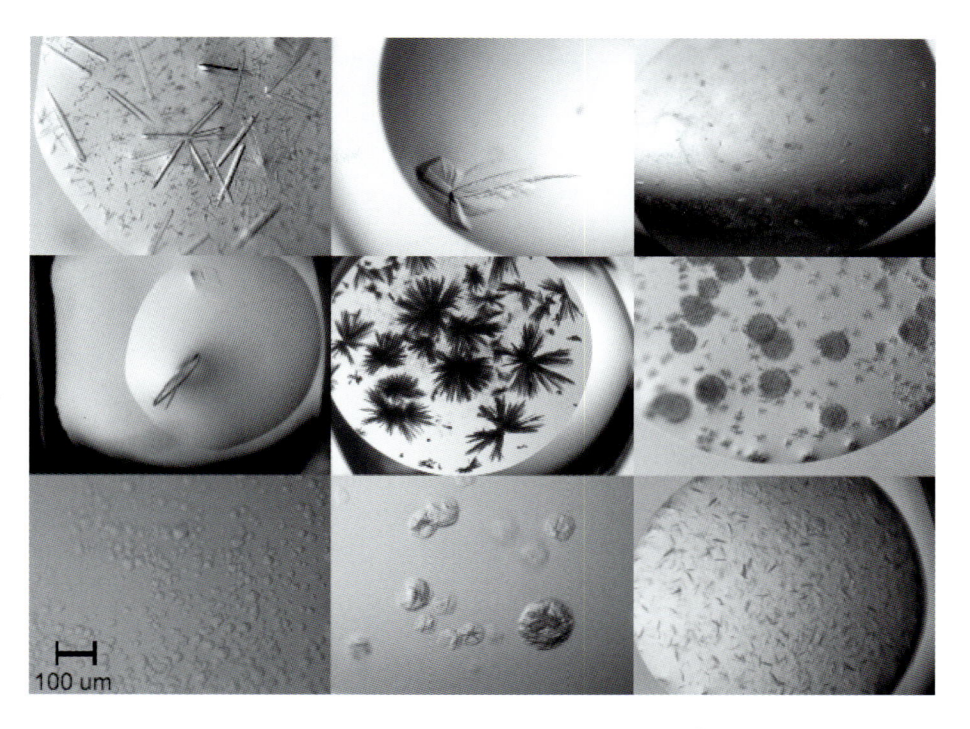

図4 Hydra II-Plus-One システム自動結晶化装置によるさまざまなタンパク質の結晶化の写真

6 結晶化ロボットの終了

結晶化ロボットの立ち上げと同様，96本シリンジ内部洗浄（Wash Protocol）と結晶化溶液分注96本シリンジニードル部外側洗浄（Deep Well Wash Protocol）を行う．そして，PCの電源と主電源を切る．また，ヘリウムガスと窒素ガスのバルブを閉め，廃液を捨てる．最後に，ログノート[*8]を書き終了する．

> *8 ログノートには操作者氏名，日付，結晶化サンプル名，結晶化サンプルのバッファー条件，スクリーニングキット名，スクリーニングキット使用量を記入することによって，装置のメインテナンスなどに利用する．

おわりに

近年，さまざまな構造生物学のプロジェクト研究が行われて，研究周辺の技術が急速に開発されてきた．その一つの例がタンパク質の自動結晶化装置である．しかし，高額なものや大型の装置が多く，通常の研究室に合ったものはそれほど多くない．Hydra II-Plus-One システムは大きさや価格面で研究所以外のニーズに合った装置であると考えられる．

図4は，Hydra II-Plus-One装置で作成したタンパク質の結晶の写真である．あくまでHydra II-Plus-One装置の役割は結晶化の条件探索であって，写真のような結晶はそのまま構造解析には使えない．この結晶化条件の周辺条件を探して，マニュアルで最適化を行う必要がある．

Hydra II-Plus-One装置を用いても，有機溶媒や粘性が高い結晶化溶液，高濃度のタンパク質溶液は，溶液の表面張力または粘性のため正確な分注が難しい．それ以外では高い分注精度，再現性，迅速さを備えたシステムであると言える．

第6章 X線解析・X線分光分析・結晶解析

2. X線結晶構造解析
～タンパク質の結晶構造解析～

清水敏之

タンパク質やその複合体の結晶にX線を照射することにより回折データを得，その立体構造を原子レベルで精度よく決定できる手法である．結晶化，回折実験，位相計算，モデル構築という手順を経る．

はじめに

X線結晶構造解析は物質（ここではタンパク質）の立体構造を原子レベルで決定できる方法の中で最も精度がよくかつ強力なものである．目的とするタンパク質を結晶化させその結晶にX線を照射するが，タンパク質の結晶はもろく，X線をあてていると損傷を受けやすいので結晶を凍結（液体窒素温度：−180℃程度）させて測定するのが一般的である．

結晶にX線を照射すると多数の回折点が得られるがこのような回折点の強度（黒化度）を測定する．この強度は結晶中のタンパク質の立体構造（構造および結晶中での並び方）を反映したものであり，観測された強度と位相情報から電子密度図が得られる．ここにモデルを組み立てていくことによりタンパク質の立体構造情報を得ることが可能となる．

結晶可能なものは分子量の制限なく構造解析可能というのはこの方法の大きな特徴であるが，逆に結晶化できないものは構造決定できないという大きな短所がある．また結晶中のタンパク質の構造は生体内とほぼ同様な構造をとっていると考えられているが，結晶中のパッキングによる構造の変化がみられることがあるため注意しなければならないこともある．

原 理

構造解析に用いられるX線は波長が0.3～3Å程度の電磁波である．X線が物質にあたるとX線があらゆる方向に散乱されるが，規則的な三次元配列になっている結晶にX線があたると相互に干渉しあう．ほとんどのX線は打ち消しあうが特定の方向のX線は加算されて回折X線として検出が可能となる．

検出可能な回折X線は回折斑点の強度から算出される振幅，X線源によって決まる波長（銅をターゲットとして用いる通常のX線装置では1.5418Å）と位相という3つの性質によって定義される．解析にはすべての回折X線について3つの性質を知る必要がある．振幅，波長はすぐに求められるが位相はタンパク質結晶の場合は直接には求められない．そこで水銀や白金などの重原子を結合させた結晶を調製したり，タンパク質中のメチオニンをセレノメチオニンに変えたタンパク質を結晶化させたりして位相を求めることになる．また構造の類似したタンパク質がすでに解析されている場合はその構造情報をもとに位相を求めることが可能となる（図1）．

データ収集は実験室でも行われているが，最近はシンクロトロン放射光施設での強力なX線利用により迅

Toshiyuki Shimizu：Supramolecular Biology, International Graduate School of Arts and Sciences, Yokohama City University（横浜市立大学大学院国際総合科学研究科生体超分子科学専攻構造科学研究室）

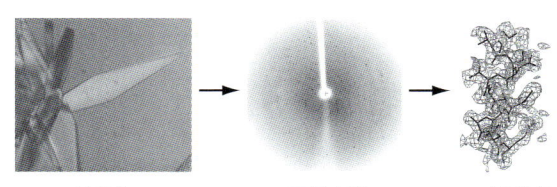

図1　タンパク質X線結晶解析の簡単な流れ

速かつより高精度なデータ収集が可能となっている．

準備するもの

- タンパク質の結晶：単結晶を選ぶ．
- 実体顕微鏡：結晶は小さいので顕微鏡を用いながら結晶を取り扱うことになる．
  ニコン社　SMZシリーズなど
- 結晶取り扱い用治具，クライオ用器具：結晶を取り扱うための治具やクライオ用の器具は例えばハンプトンリサーチ社（http://www.hamptonresearch.com/）からさまざまなものが発売されている．また結晶化スクリーンキットなども発売している．
- 液体窒素タンク（移動用，保存用）：シンクロトロン放射光で測定するときは移動用の液体窒素タンクに結晶を浸して持ち運ぶ．また結晶保存用の大型タンクがあると多くの結晶を長期間ストックできる．
  MVEなど（http://www.mysci.co.jp/）
- X線発生装置：高輝度のX線を得るために微小焦点を備え，さらに単色X線を得るための集光ミラーを備えたものが望ましい．
  リガク社　MicroMax007，FR-Eなど
- X線検出器：実験室ではイメージングプレートを利用した検出器がよく利用されている．
  リガク社　R-AXIS Ⅶ
- 試料吹付低温装置：大気中から抽出した窒素ガスを極低温冷凍機を使って熱交換することにより低温窒素ガスを発生させる装置である．現在はタンパク質結晶解析に必須のものといえる．
  リガク社　GN-12
- データ処理用，データ解析用のコンピュータ：通常のパソコンでも充分可能である．ソフトウエアのほうもLinuxをはじめWindowsなどにも対応しているものが多い．

プロトコール

X線実験は実験室系の装置を用いる場合とシンクロトロン放射光施設の装置を用いる場合があるが主に実験室系の装置を用いる場合について述べる．

1 サンプル調整・タンパク質の結晶化

現在でも最難関のステップといえる．結晶化という作業の前に純度の高いサンプルを少なくとも数十mgは調製しなければならない．その後さまざまな結晶化条件を試すことによって結晶化を行う．現在はさまざまな結晶化スクリーンキットが売り出されておりよく利用されている．セレノメチオニンに置換したタンパク質の精製や結晶化は元のタンパク質とほぼ同じように行えることも多いが性質が変わることもあるので注意する．

結晶は単結晶を選ぶ．偏光顕微鏡で観察してステージを回転させたとき一様消光すれば単結晶といえる（結晶が光学的異方性をもつため）．見た目にもクラスターになっているときは，なるべくクラスター部を取り除いたほうがよいがタンパク質の結晶はもろいので注意を要する．構造解析に使用可能な結晶の大きさは，その回折能によって異なるが，通常，実験室系での回折実験では，100μm以上，シンクロトロン放射光施設でも50μm程度は必要である．いずれにせよ良質の結晶が得られるかどうかは構造解析の成否を決定する．

2 回折強度データ収集，データ処理

ⅰ）X線発生装置・試料吹付装置

毎回チェックする必要はないがビームストッパーの位置，光学系のアライメント，送水装置の水量や結晶を置く位置での温度などをときどきチェックする．またX線の被曝には充分気をつける（フィルムバッジを着用する）．

ⅱ）結晶のマウント

抗凍結条件を満たした母液に結晶を移しクライオループによりすくい上げゴニオメータヘッドにのせる[*1]（図2）．通常のゴニオメータヘッドには直交するアークと直交するそりがある．望遠鏡をのぞきながら，結晶が視野の十字の中心になるようそりを動かしてあわせる．

> *1 タンパク質結晶は非常にもろいので母液の選択には注意する．通常はリザーバー液で大丈夫であることが多いが結晶化ドロップは通常リザーバー液とタンパク質溶液を混合して作成されるのでタンパク質溶液の組成にも注意する必要がある．抗凍結剤入りの母液に直接入れると結晶が割れてしまう場合があるので，ステップワイズに徐々に濃度を上げることも試したほうがよい．また結晶表面が置換されれば基本的には大丈夫なので長時間浸す必要はない．

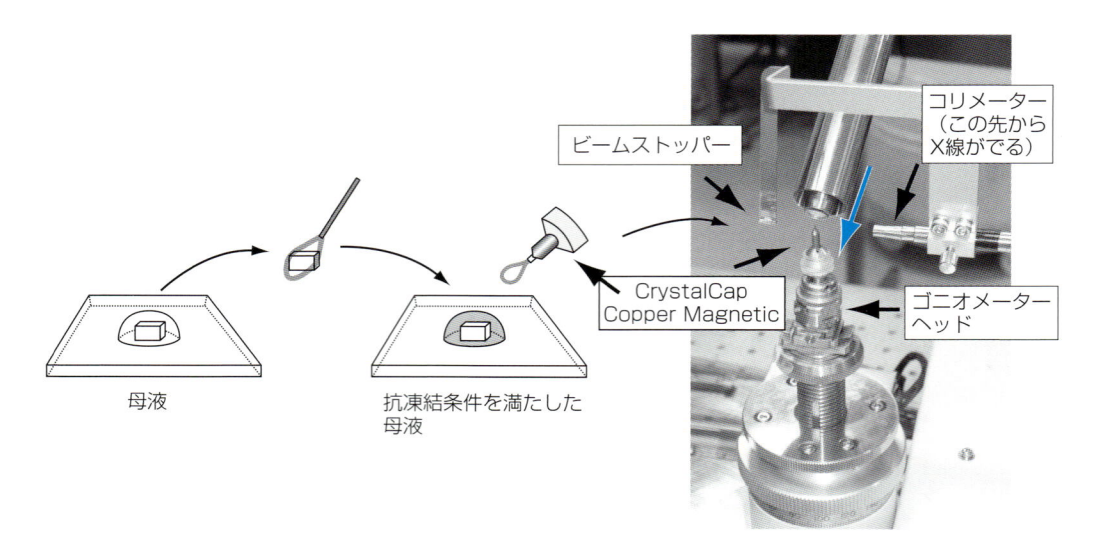

図2 結晶のマウント
結晶ドロップからクライオループを使って抗凍結条件を満たした母液に結晶を移す．さらにゴニオメータヘッドにのせる．青矢印は窒素気流の方向を表す

iii）回折データのチェックと強度測定

　実際にX線をあてて1°程度の振動写真をとり，そのイメージ像から回折データをチェックする．チェックする項目はその結晶の分解能，単結晶，モザイク性，反射の重なりなどである．振動範囲，カメラ長やコンピューターの残りのディスク容量をチェック後，連続測定をする*2．一枚あたりの照射時間は実験室系では数分から数十分程度，シンクロトロン放射光施設では数秒から数分程度であろう．

> *2 結晶の対称性によってデータ収集する範囲が異なる．シミュレーションプログラムを使って何度分をとればいいのか（180°分データ収集すれば問題ない），カメラ距離・1枚あたりの振動範囲は大丈夫か（反射が重ならないか，どこまでの分解能が狙えるか）をチェックする．良好な結晶であれば液体窒素に保存しておきシンクロトロン放射光でデータ収集することを試みる．

iv）強度データの評価

　良好なデータか否かを判断するのにいくつかの指標がある．まずは分解能である．これは回折点がどこまで遠く観測されたかであり，3Åが一つの目安といえる（膜タンパク質などはもっと分解能が悪いことが多い）．次は等価な反射強度のばらつき具合を示す R_{merge} である．通常10％以下ならば普通であり5％以下ならかなり良好といえる．

データの完全性は90％以上，強度のS/N比を表す $I/\sigma(I)$ は最外殻でも2以上，同じデータを何回記録したかを表す多重度は最外殻でも2～3が望ましい．これらのことを総合して判断する．

3 位相計算*3

電子密度を求めるには位相を決めなければならない．これには，MIR（multiple isomorphous replacement；多重同型置換法），MAD（multiwavelength anomalous dispersion；多波長異常分散法），MR（molecular replacement；分子置換法）がある．MRは相同タンパク質の三次元構造が入手可能な場合にのみ適用可能である．既知モデルが存在しない場合はMIRかMADを用いる．MIRは最も一般的な方法であるが，最近はMADもしくは1波長だけを用いたSADを利用した解析例がよく報告されている．

　MIRでは重原子を導入することが行われるがこれは水銀や白金などの化合物がアミノ酸に結合する性質を利用する．さまざまな重原子化合物があるが似た性質の重原子は同じサイトに入りやすいので（例えば水銀化合物はフリーのシステイン），ある重原子が入れば別種の重原子を試した方がよい．ただし配位子の異なる重原子は性質が異なることもあるので別サイトに入る可能性もあることに充分留意する．良好な重原子誘導体結晶であるかどうかの判断基準

は元の結晶に対して格子定数の変化があまりないこと（1％程度以下）と元の結晶に対する強度変化が有意に認められることである（10〜30％）．しかし強調しておきたいのはこれらの統計値はあくまで一つの目安であって最終的には電子密度で判断するということである．ここで調整された重原子誘導体はMAD/SAD測定にも用いられることがある．

> *3 この段階からはコンピューターでの作業が大半を占める．以前はワークステーションなどが利用されていたが現在はパソコンでも充分対応できるようになっている．もちろんデータ数が多くなるような場合（巨大分子や格子定数の大きな結晶を扱うときなど）は高速なコンピューターが必要である．解析ソフトも多数開発されているが代表的なものはCCP4[1]がよく利用されている．最近は位相計算と自動モデリング機能を備えているプログラムもあり（例えばSOLVE/RESOLVE[2]など）データがよければ自動的に大部分がモデル構築されて出力されることもある．
>
> 分子置換の場合はモデルとする構造を用意するが，保存されていないアミノ酸はアラニンに置換したり，ヒンジモーションがありそうなときは複数の部分に分けて分子置換を行う．また用いるデータもいろいろ分解能を変えて試みる．

4 モデル構築・精密化*4

解釈可能な電子密度図が得られれば，いよいよタンパク質のアミノ酸配列に基づいて，アミノ酸残基モデルを電子密度図の中にあてはめる作業を始める．はじめてタンパク質の形を目でみて実感する段階でもある．

低分子化合物と異なり，一般的なタンパク質であれば，分解能の限界が低いため，原子1つ1つを球のように表すことはできない．最初のモデル構築に必要な分解能は3Åを超える程度であれば，電子密度図を見てトレースしていくことは充分可能である．できれば2.5Å程度の分解能があった方が好ましい．

数サイクルの精密化の計算とモデル修正が終了すれば，信頼度因子（R-factor, free R-factor），結合距離や結合角，二面角などの理想値からのずれ［根二乗平均偏差：root mean square deviation（r.m.s.d.）］が，充分許容範囲内であることや，主鎖のコンフォメーションが立体化学的に問題のないことなどを総合的に判断して，最終的な精密化を終える．

> *4 分解能が低いとき（例えば3.5Å以下）は特に注意を要する．電子密度図の解釈において重大な間違いを起こす可能性がある．こうした例はいくつか報告されているが，最近になっても解釈のミスの例があった[3]．

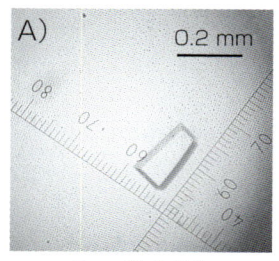

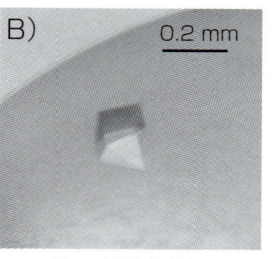

図3 A) Pex（1-148）の結晶，B) Pex（15-148）の結晶

実験例

シアノバクテリアの時計関連遺伝子であるPexの構造解析を行った[4]．全長（148残基）を用いて結晶化を行ったところポリエチレングリコールを沈殿剤に用いたとき図3Aのような結晶が得られた．しかしシンクロトロン放射光を用いても，7Å程度の分解能しか得られなかった．そこで二次構造予測などを行い，構造をとっていないと予測されるN末端14残基をなくしたPex（15-148aa）を調整した．1週間ほどで図3Bのような結晶が得られ1.7Å分解能という非常に良好なデータ収集を行うことができた．その後セレノメチオニンに置換したタンパク質の調製，結晶化にも成功しMAD法にて短期間のうちに構造解析を終了することができた．その結果Pexがwinged HelixモチーフをもつタンパクタンパクであることやDNAと相互作用するアミノ酸などが推定できるなど興味深い知見が得られた．このように良好な結晶を得ることができれば構造解析に成功する確率は高い．しかしながら，もし全長のタンパク質の結晶にこだわっていたら恐らく構造解析に成功しなかったであろう．

おわりに

X線結晶構造解析によるヘモグロビン・ミオグロビンの立体構造決定によってPerutz, Kendrewにノーベル化学賞が授与されたのが1962年である．最近のノーベル賞においてもRNAポリメラーゼ（Kornberg, 2006年ノーベル化学賞），イオンチャネル（Mackinnon, 2003年ノーベル化学賞）の構造解析などが受

賞対象になっていることは立体構造情報の重要性が認識されているともいえる．応用的な側面としては創薬への適用が挙げられるだろう．手法としてのタンパク質のX線結晶構造解析は装置などのハードウェアの面も解析プログラムなどのソフトウェアの面もかなり成熟しているといえる．以前は構造解析を行うにはハードルが高く熟練した研究者が行うイメージが強かったが，現在はそのハードルは相当低くなっており，かなり手が届きやすい状態になっている．今後のタンパク質の結晶構造解析は"何を"構造解析するのかが問われるようになってきている．

参考文献

1）Collaborative Computational Project Number 4 : Acta Cryst., D50 : 760-763, 1994
2）Terwilliger, T. C. : Acta Cryst. D59 : 38-44, 2003
3）Miller, G. : Science, 314 : 1856-1857, 2006
4）Arita, K. et al. : J. Biol. Chem., 282 : 1128-1135, 2007

第6章 X線解析・X線分光分析・結晶解析

3．X線小角散乱法
～生体超分子複合体の構造解析～

佐藤　衛

生体高分子やその有機的な集合体である生体超分子複合体の低分解能溶液構造が解析できる．生体超分子複合体では複合体の構成要員（タンパク質や核酸，脂質など）の分布や形状，大きさなども解析できる．また，放射光を利用した時分割測定によって，生体高分子や生体超分子複合体が外的要因によって引き起こされる動的な構造変化も低分解能ではあるが解析可能である．

はじめに

　タンパク質などの生体高分子やその有機的な集合体である生体超分子複合体の低分解能の溶液構造を短時間で簡単に決定する方法がX線小角散乱法である．これまで数多くの生体高分子やその集合体の立体構造がX線結晶構造解析やNMRで決定されてきた．しかし，結晶化（X線結晶構造解析）や分子量の制限（NMR）などがボトルネックとなって，構造解析（決定）ができないケースも数多く認められる．また，生体高分子やその集合体の構造は周囲環境によっても変化するので，このような構造変化を引き起こす要因を構造科学的に明らかにすることも生体内での機能解明には非常に重要である．X線小角散乱法で決定できる構造は低分解能で，得られる構造情報はX線結晶構造解析に比べると遥かに乏しい．しかしながら，結晶化（結晶構造解析）やラベル化（NMR），固定化（電子顕微鏡）が不要で，最終の精製カラムから溶出された精製標品がそのまま測定に利用できるので，きわめて天然に近い状態での構造が解析できる．また，結晶化が困難な複数のドメインがタンデムに並んだ全長のタンパク質や外的な要因によって引き起こされる構造変化も低分解能ながら解析できるので，生体高分子の構造と機能との関連がより詳細に理解できる．

原　理

1　X線小角散乱法の概要

　X線小角散乱法は試料溶液に単色化されたX線を照射し，試料溶液から散乱されるX線の強度の角度分布から溶質分子の構造を解析する方法である（図1）．小角散乱法とは散乱角が小さい領域（小角領域）の散乱X線（散乱強度が強い）を使って構造解析（決定）するという意味であるが，最近では小角領域だけでなくさらに高角領域の散乱X線も構造解析に利用され，しかも，溶液から散乱されたX線で構造解析するということでX線溶液散乱法とよばれることが多い．構造解析は，実測の $I(q)$ と楕円体や円柱などの簡単なモデルから理論的に計算された $I(q)$ とがよく一致するようにモデル修正を繰り返す方法で行われてきたが[1]，1990年代後半にEMBL（Hamburg）のSvergun博士によってDummy Atom Model（DAM）で生体高分子の溶液構造モデルを規定し，実測の $I(q)$ [$I_{obs}(q)$] とDAMで規定されたモデルから理論的に計算された

Mamoru Sato：Division of Macromolecular Crystallography, Field of Supramolecular Biology, International Graduate School of Arts and Sciences, Yokohama City University（横浜市立大学大学院国際総合科学研究科生体超分子科学専攻構造科学研究室）

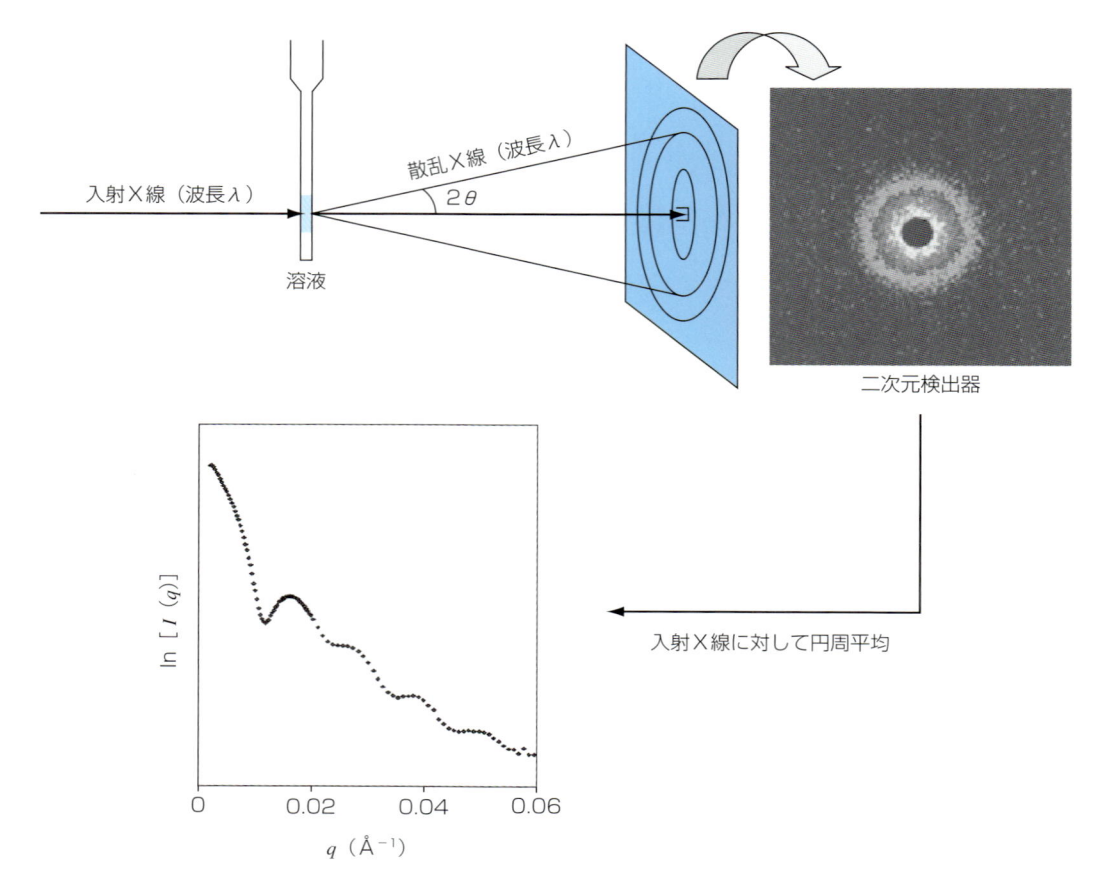

図1 X線小角（溶液）散乱の測定

X線小角散乱では，試料溶液に単色化されたX線（波長λ）を照射し，試料溶液から2θ方向に散乱されるX線（波長λ）の強度を測定する．散乱X線強度の測定には，古くはX線フィルムや一次元の比例計数管が使用されていたが，現在ではイメージングプレート（IP）や多線式比例計数管，CCDなどの二次元の検出器が使用されている．溶液中の溶質分子は時間的・空間的に動き回っているので，散乱X線の強度は入射X線を中心に等方的に分布する．したがって，検出器に記録された強度は入射X線に対して円周平均され，散乱角2θ（正確には，散乱パラメータ$q = 4\pi \sin\theta/\lambda$）のみ依存する一次元のデータ［$I(q)$］となる．

$I(q)$［$I_{calc}(q)$］の差の二乗の和をSimulated Annealing法で最小化するアルゴリズムが開発され[2]，タンパク質などの生体高分子やその集合体（生体超分子複合体）の低分解能溶液構造が短時間で簡単に決定できるようになった．以下に，その原理を概略する．

2 DAMを使った溶液構造解析の原理

DAMを使った溶液構造解析は次の2つのステージ（ステージⅠとⅡ）から構成される．

ステージⅠ：初期のDAMの構築

① 散乱強度データ$I(q)$のフーリエ変換によって得られる距離分布関数$P(r)$からX線散乱体（生体高分子や生体超分子複合体）の最大長D_{max}を求め，半径R（$= D_{max}/2$）の球体を定義する．

② 半径Rの球体中にN個の半径rのDummy Atomを最密充填する．

なお，Dummy Atom内の電子密度は一定とする．

③ 各々のDummy Atomに対して指標X_j［$1 \leq X_j \leq K$，KはX線散乱体を構成する電子密度の異なる成分（phase）の数］を規定する［例えば，X線散乱体がタンパク質のみから構成されている場合は$K = 1$，ウイルスのようにタンパク質と核酸から構成された複合体（X線散乱体）の場合は$K = 2$］．

④ DAM を Dummy Atom の数だけの要素をもつベクトル X（Configuration Vector）で定義する．

ステージⅡ：Simulated Annealing 法による Goal Function $f(X)$ の最小化

$$f(X) = \chi^2 + a \cdot P(X)$$
$$\chi^2 = \frac{1}{M}\sum_{i=1}^{M}\sum_{j=1}^{N}[I_{obs}^{(i)}(q_j) - I_{calc}^{(i)}(q_j)/\sigma(q_j)]^2$$

M ： $I(q)$ データセットの数
N ： 各々の $I(q)$ データセットのデータ数
I_{obs} ： 実測の散乱強度
I_{calc} ： DAM から理論的に計算される散乱強度

最小化する $f(X)$ の第一項 χ^2 は $I_{obs}(q)$ と $I_{calc}(q)$ の差の二乗の和である．一方，第二項 $P(X)$ は Dummy Atom の充填率をチェックする Penalty function で，Dummy Atom のモデルへの充填率が低いと大きな値をとり，充填率が高いと小さな値をとる関数が定義されている．a は χ^2 の項に対する $P(X)$ の項のウエイトである．Goal Function $f(X)$ の最小化をタンパク質の X 線結晶構造解析（精密化）に対応させると，χ^2 が $\Sigma(|F_{obs}|-|F_{calc}|)^2$ の項に相当し，$P(X)$ が立体化学的な制限の項に相当する．

準備するもの

- 精製された生体試料溶液
  溶質間の相互作用を補正するために，試料溶液は溶質濃度 1～10 mg/ml の範囲で濃度の異なる溶液を 3～4 種類準備する．なお，それぞれの試料の量は 20～50 μl．
- X 線発生装置と X 線溶液散乱測定装置
  両装置とも市販されているが，X 線源として放射光を利用する場合は放射光利用施設にすべて準備されている
- 解析用のコンピュータ（PC や MAC）

プロトコール

❶ X 線小角散乱データ［$I(q)$］の収集（図 1）
  1. 試料溶液からの $I(q)$ データの収集
  2. 溶媒（試料が溶解されている緩衝溶液[*1]）からの $I(q)$ データの収集

  [*1] X 線小角散乱測定に使用できない緩衝液の組成は一切ない．

❷ 試料溶液の $I(q)$ データから溶媒の $I(q)$ データを差し引き，溶質の $I(q)$ データを求める[*2, 3]

[*2] 試料溶液の $I(q)$ データと溶媒の $I(q)$ データは同一条件で収集されることが望ましいが，そうでないときは，試料溶液の $I(q)$ データから溶媒の $I(q)$ データを差し引くときに，入射 X 線の強度や X 線の照射時間について両方のデータ間で規格化しなければならない．

[*3] 生体試料が X 線による損傷を受けていないかを確認する．X 線による損傷は X 線源として放射光を用いた場合や溶質濃度が低い場合に受けやすい．X 線による損傷の確認は，次のようにして行う．
  ① 試料溶液の $I(q)$ データから溶媒の $I(q)$ データを差し引いた $I(q)$ データを用いてギニエプロット（$\ln[I(q)]$ vs q^2 プロット）を行う．
  ② q が小のときにギニエプロットは直線になるが，試料が X 線の損傷を受けると分子が凝集するので，q が小になるとギニエプロットは直線から上方に大きく外れる．

❸ 濃度の異なる複数の溶質の $I(q)$ データを溶質濃度ゼロに内挿し，溶質間の相互作用がない $I(q)$ データ［$I_{obs}(q)$］を求める．なお，$I(q)$ データを溶質濃度ゼロに内挿するためにはプログラム（GNOM）を用いるのが一般的である．GNOM は，http://www.embl-hamburg.de/ExternalInfo/Research/Sax/download.html からダウンロードできる

❹ $I_{obs}(q)$ と DAM で規定されたモデルから理論的に計算された $I(q)$［$I_{calc}(q)$］の差の二乗の和を Simulated Annealing 法で最小化する．通常は，このような最小化のプロセスを複数回行い，得られた DAM がいずれも類似した構造であることを確認する．確認後は得られた複数の DAM を平均化する．なお，Simulated Annealing 法で $I_{obs}(q)$ と $I_{calc}(q)$ の差の二乗の和を最小化するプログラム（DAMMIN や GASBOR）および類似した複数の DAM を平均化するプログラム（DAMAVER）は，http://www.embl-hamburg.de/ExternalInfo/Research/Sax/download.html からダウンロードできる

実験例

1 生体高分子（タンパク質）の溶液構造解析例

まず，われわれの研究室において X 線結晶構造解析された制限酵素（*Eco*O109I）の低分解能溶液構造解析の例を紹介する[3]．ステージⅠでは，距離分布関数 $P(r)$ からタンパク質分子の最大長が $D_{max} = 79$ Å と

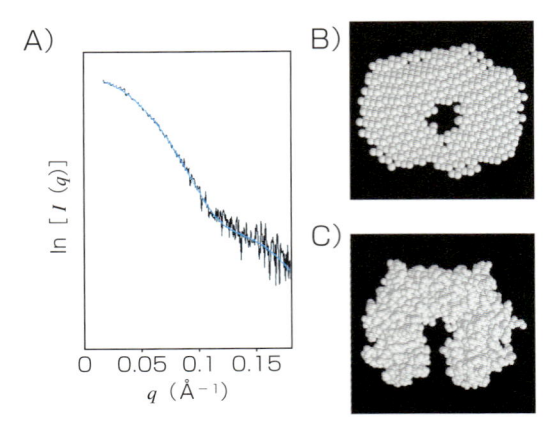

図2 制限酵素（*Eco*O109I）の低分解能溶液構造解析
A）$I_{obs}(q)$（黒線）と最終のDAMから計算された $I_{calc}(q)$（青線），B）最終のDAM，C）X線結晶構造解析された構造（空間充填モデル）

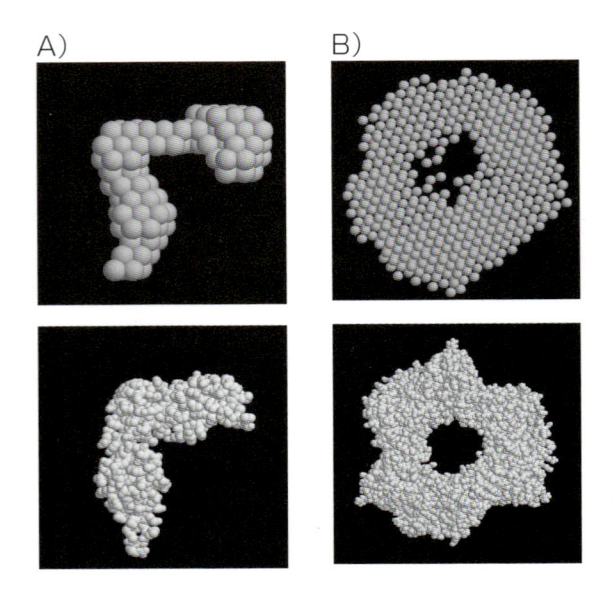

図3 最終のDAM（上）とX線結晶構造解析された構造（空間充填モデル）（下）
A）高度好熱菌由来のelongation factor P, B）proliferating-cell nuclear antigen（PCNA）

見積もられたので，半径79/2Åの球体内にDummy Atomを最密充填して初期のDAMモデルを構築した．また，ステージIIでは，溶質（*Eco*O109I）は成分としてタンパク質のみから構成されているので$K=1$，$I(q)$データセット数は1であるので$M=1$とした．図2Aに実測の$I(q)$ [$I_{obs}(q)$] と最終のDAMから計算された$I(q)$ [$I_{calc}(q)$] を示す．両者は非常によく一致している．図2Bは実測の$I(q)$と最もよく一致する$I(q)$を与えたDAMで，全体の形状や大きさはX線結晶構造解析によって決定された*Eco*O109Iの立体構造（図2C）とよく一致している．図2Cの中央に認められる穴はそこにDNAが結合して切断される部位であるが，このようなDNAの結合部位も図2BのDAMにおいてはっきりと確認されている．さらに，図3には高度好熱菌由来のelongation factor P（図3A）[4] とproliferating-cell nuclear antigen（PCNA, 図3B）[5] の構造について，DAMを使ったX線溶液構造解析とX線結晶構造解析の結果が比較されている．制限酵素（*Eco*O109I）同様に，X線小角散乱から得られたDAMとX線結晶構造解析によって決定された構造とがよく一致しており，DAMを使ったX線溶液構造解析の有効性を物語っている．

2 生体超分子複合体の溶液構造解析例

これまでは，最も単純な系（$K=1$）すなわちタンパク質のように単一の生体成分（phase）で構成される系を対象に，DAMを使った溶液構造解析の実例を紹介してきたが，生体内には複数の生体高分子が有機的に集合して生体超分子複合体を形成してそれぞれの分子の機能を高度に効率化している場合が多い．このような複合体には生体膜に埋め込まれた膜タンパク質（タンパク質の集合体）やウイルスやリボソーム（タンパク質と核酸の集合体）などがあり，その一部はX線結晶構造解析によりその立体構造が明らかになっているが，大部分は構造が未知のままである．そこで，構造未知の生体超分子複合体として昆虫のリポタンパク質（リポフォリン）を取り上げ，より複雑なX線散乱体の系においてもDAMを使った溶液構造解析が有効であるかどうかを確かめてみる．

リポフォリン（lipophorin）は昆虫の血液中にあって，水に不溶である脂質類の輸送に携わっているリポタンパク質である[6]．輸送される脂質としては，リン脂質，シアルグリセロール，コレステロール，炭化水素が挙げられ，これらがタンパク質（アポタンパク質IとII）と複合体を作って分子量60万のリポフォリン粒子を形成している．したがって，リポフォリンにはタンパク質以外に多くの構成員が含まれているので，

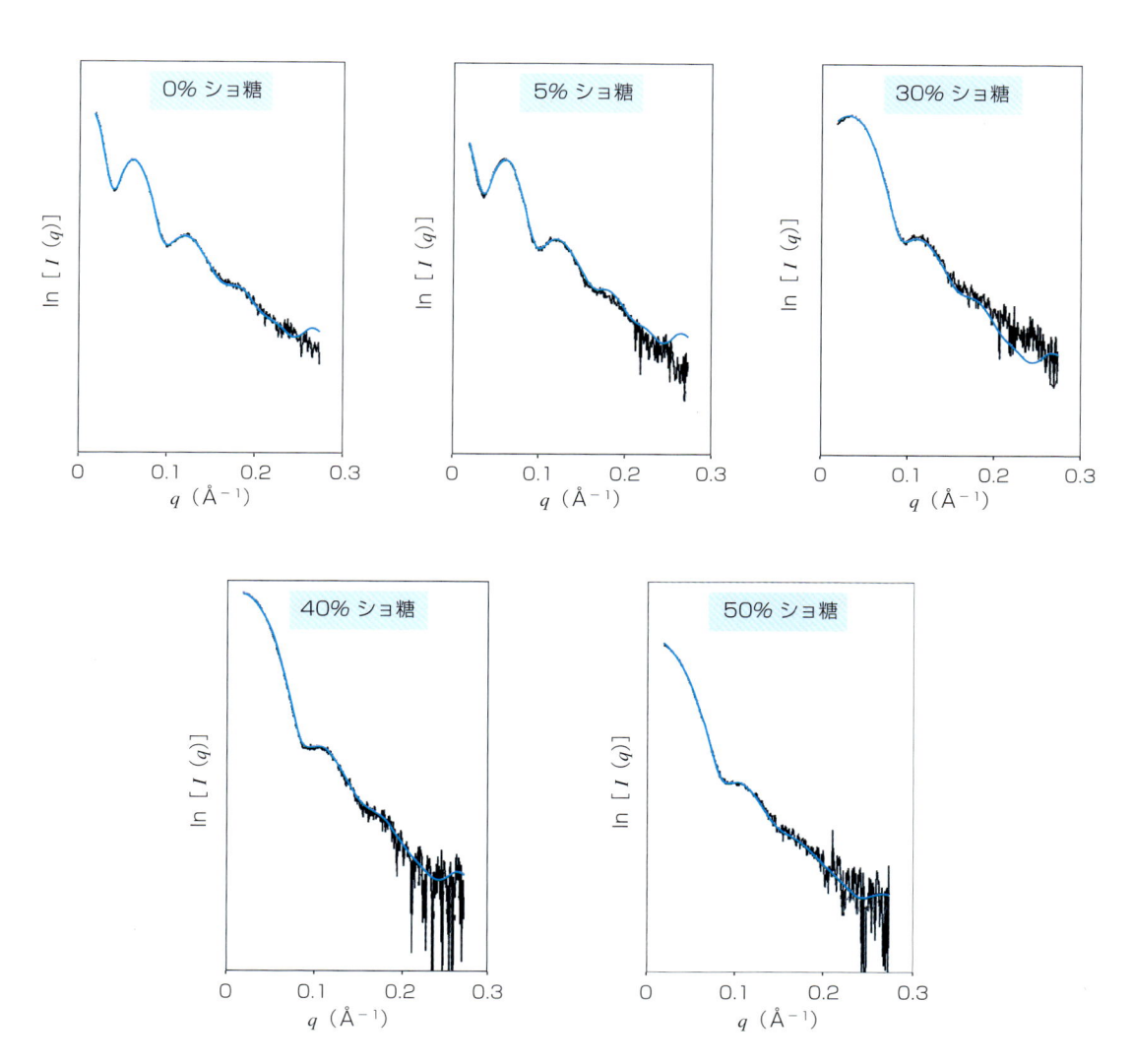

図 4 昆虫のリポタンパク質（リポフォリン）の X 線小角散乱のショ糖濃度依存性
黒の太線：$I_{obs}(q)$，青線：最終の DAM から計算された $I_{calc}(q)$

DAM モデルを一義的に構築するためには，Simulated Annealing 法による Goal Function $f(X)$ の最小化において数多くの観測値［$I_{obs}(q)$ データセットの数］が必要である．そこで，溶媒のショ糖濃度が 0％，5％，30％，40％，50％であるリポフォリン溶液を調製し，溶質と溶媒の電子密度の差（コントラスト）を変化させて（コントラスト変調法[7]）$I(q)$ データを収集した（図 4）．

構造解析では得られた 5 つのショ糖濃度の異なる $I(q)$ データを使って，DAM による溶液構造解析を試みた．まず，0％ ショ糖溶液の $I(q)$ から距離分布関数 $P(r)$ を計算し，$P(r)=0$ となる r の値よりリポフォリンの最大長 D_{max} を求め（$D_{max}=160$ Å），半径 80（＝160/2）Å の球体内に Dummy Atom を最密充填して初期の DAM とした．このとき，ゴキブリのリポフォリンはタンパク質，リン脂質，ジアシルグリセロール，コレステロール，炭化水素の 5 種類の構成員から構成されているが，リン脂質，ジアシルグリセロール，コレステロールの平均電子密度はほぼ等しいので，これら 3 種類の構成員を同一の成分（phase）とみなした．したがって，構造解析では 3 成分（three phases, $K=3$）の Dummy Atom から構成される

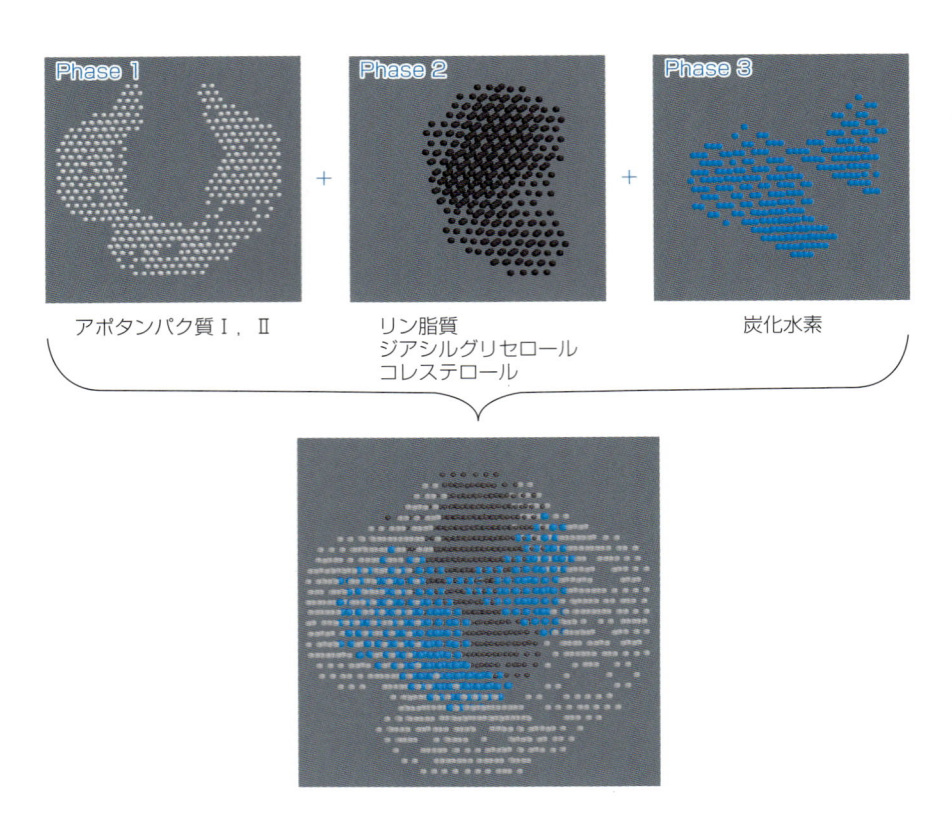

図5 昆虫のリポタンパク質（リポフォリン）の最終のDAM

DAMを構築して，Simulated Annealing法によるGoal Function $f(X)$ の最小化を行った．なお，$I(q)$ データセットの数Mは，ショ糖濃度0％，5％，30％，40％，50％のリポフォリン溶液の$I(q)$ を収集したので，$M=5$ とした．

図5にSimulated Annealing法による最小化によって得られたリポフォリンのDAMを示す．この図をみると，水に不溶な炭化水素（phase 3）は粒子のコア部分に2つのドメイン構造を形成して溶媒領域から完全に分離されており，化学的に合理的な様式で存在している．リン脂質やジアシルグリセロール，コレステロール（phase 2）はリポフォリン粒子の内部から表面まで広く分布している．一方，phase 1のアポタンパク質ⅠとⅡは，表層に存在してphase 2とphase 3を包み込んでいるが，その一部は分断され，その部分にphase 2が入り込んで溶媒と接触している．この分断されている領域の大きさや形状はアポタンパク質の構造変化によって大きく変化するので，この部分が開閉して脂質トランスポータとしての積荷（脂質など）の

積み下ろしを制御しているものと思われる．こうして解析されたリポフォリンの溶液構造はこれまでに蓄積されてきたすべての生化学的データを満足するもので，結晶構造が未知とはいえ，得られた構造（DAM）の信頼性は高いと思われる．なお，図4には図5のDAMから計算された$I(q)$ を示している．いずれのショ糖濃度においても，実測の$I(q)$ とよく一致しており，Simulated Annealing法によるGoal Function $f(X)$ の最小化のアルゴリズムがリポフォリンのような複雑なX線散乱体の系においても有効であることが示唆される．

おわりに

以上，X線小角散乱データからDummy Atom Model（DAM）を使って生体高分子および生体超分子複合体の溶液構造を解析する方法を概説した．この方法で得られる構造は低分解能で，原子レベルでの機能解析はできないが，微量（0.02〜0.5 mg）かつ迅速に

生理的条件に近い溶液状態の構造が解析できる点も含め，電子顕微鏡や原子間力顕微鏡（AFM）よりも明らかに優れており，今後，電子顕微鏡や原子間力顕微鏡以上に生体高分子の構造と機能の解明に利用されていくものと期待される．

参考文献

1) Glatter, O. & Kratky, O. : Small-angle X-ray scattering. Academic Press, London, 1977
2) Svergun, D. I. : Biophys. J., 76 : 2879-2886, 1999
3) Hashimoto, H. et al. : J. Biol. Chem., 280 : 5605-5610, 2005
4) Hanawa-Suetsugu, K. et al. : Proc. Natl. Acad. Sci. USA, 101 : 9595-9600, 2004
5) Bowman, G. D. et al. : Nature, 429 : 724-730, 2004
6) 茅野春雄：化学と生物, 20 : 638-645, 1982
7) Stuhrmann, H. B. & Miller, A. : J. Appl. Crystallogr., 11 : 325-345, 1978

第6章 X線解析・X線分光分析・結晶解析

4. 中性子解析
～生体高分子の水素原子の同定～

黒木良太，安達基泰，栗原和男，玉田太郎

> 生体高分子の中性子解析では，結晶による中性子の回折を利用して生体高分子を構成するすべての原子の構造を決定することができる．特に水素などの軽元素の観測にも大きな効果があるため解離基の状態や水和水の構造も決定できる．

はじめに

重要な生体高分子の一つであるタンパク質を構成する原子の半数は水素である．炭素などの原子と結合した水素原子は，溶媒の水素原子との交換が起こらないので，高分解能のX線結晶回折法によって十分観測が可能である．しかし分極した水素原子の観測にはその原子核からの回折を直接観測できる中性子回折法の方が効果的である．特にタンパク質のような高分子は，局所的に作られた特殊な環境で生ずる水素（プロトン）の授受や水和した水分子の配向によって複雑な機能を発現する．したがって中性子解析ではタンパク質を構成する各原子だけでなく表面に形成された特殊な環境の水素や水和構造を，原子レベルで観測することが可能である．中性子を利用したタンパク質の立体構造解析は，すでにX線結晶構造が決定されていれば容易に実施することができる．中性子解析がX線解析と異なるのは線源だけであり，データ処理や構造解析ソフトウエアは，共通に使えるものが多い．日本国内ではタンパク質の構造研究用に用いることのできる中性子源は，日本原子力研究開発機構（原子力機構）の研究用原子炉だけであり，2台の専用中性子回折計が稼働中である．この回折計の利用は，原子力機構の施設利用窓口（http://www3.tokai-sc.jaea.go.jp/sangaku/）から申請が可能である．しかし中性子ビームの強度が弱いために大型結晶試料が必要である．新しい中性子源となる大強度陽子加速器（J-PARC）は，2008年に稼働を予定しており，今後ますます利用が増えると予想されている．

原 理

中性子結晶構造解析は，各原子の原子核との相互作用によって生じる中性子の回折を利用する[1]．したがって線源が異なるだけで構造解析の原理はX線結晶回折法と全く同じである．原子核電子とのトムソン散乱を利用するX線回折法は，散乱の強度が原子番号に比例するため，重原子の観測は容易であるが，水素のような軽元素の観測は苦手である．図1にタンパク質を構成している各原子によるX線および中性子の散乱の強さを，それぞれ原子散乱因子および原子散乱長として示した．中性子による散乱の強度は，原子番号によらず同程度であり，水素原子でも炭素原子の1/2程度である．この図においてきわめて興味深いことが2つある．それは水素原子の原子散乱長が負の値を取っていることと，重水素原子が炭素原子とほぼ同じ原子散乱長を有することである．このことはタンパク質結晶を重水で調製した保存溶液に移せば，極性の高い水

Ryota Kuroki, Motoyasu Adachi, Kazuo Kurihara, Taro Tamada：Japan Atomic Energy Agency, Quantum Beam Science Directorate, Neutron Biology Research Center, Molecular Structural Biology Group（日本原子力研究開発機構量子ビーム応用研究部門中性子生命科学研究ユニット生体分子構造機能研究グループ）

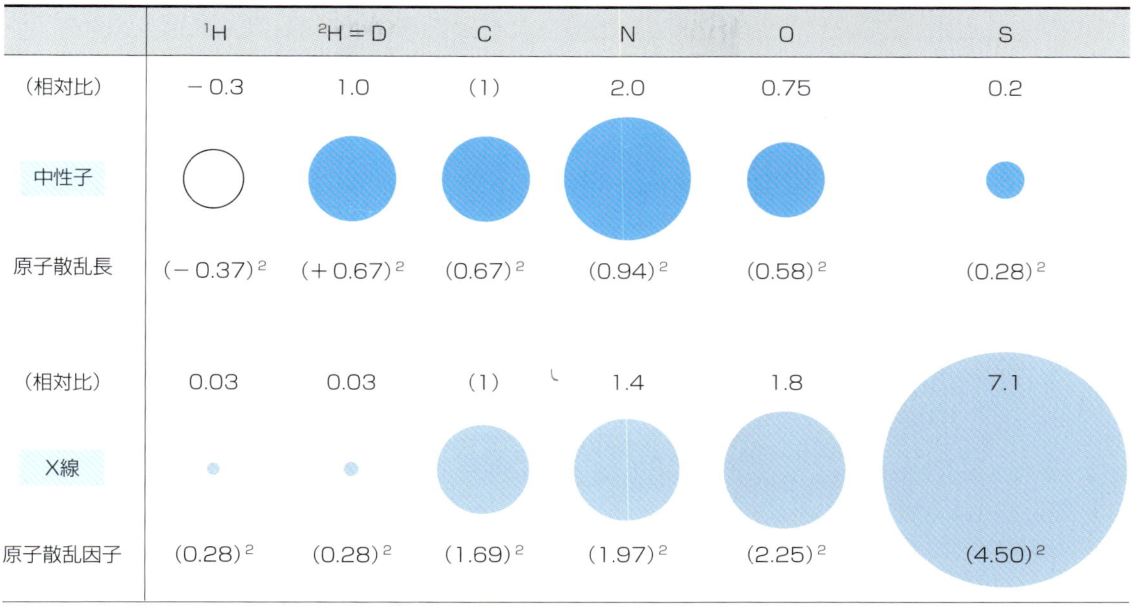

	¹H	²H = D	C	N	O	S
（相対比）	− 0.3	1.0	(1)	2.0	0.75	0.2
中性子	○	●	●	●	●	●
原子散乱長	$(-0.37)^2$	$(+0.67)^2$	$(0.67)^2$	$(0.94)^2$	$(0.58)^2$	$(0.28)^2$
（相対比）	0.03	0.03	(1)	1.4	1.8	7.1
X線	·	·	●	●	●	●
原子散乱因子	$(0.28)^2$	$(0.28)^2$	$(1.69)^2$	$(1.97)^2$	$(2.25)^2$	$(4.50)^2$

図1 中性子による原子散乱長とX線による原子散乱因子の比較
炭素原子の値をそれぞれ1として表示した

素は重水由来の重水素と置換し，炭素原子と同様な確からしさで観測が可能となることを意味する．また水素原子は負の原子核密度を示すことになるので，分子内に水素原子が存在することを直接的に示すことができるというメリットがある．さらに重水に置換して測定することは，水素原子由来の非干渉性散乱を抑えると同時に回折強度を増大させることにも繋がるため，S/N比の高い回折データの収集が可能となる．

準備するもの

＜解析対象となる試料および試薬＞

準備する試料は，結晶化が可能な安定な分子ということになるが，構造を知りたい側からは，安定な分子だけを対象とすることはできない．現在の立体構造研究の対象となっているタンパク質分子はアミノ酸の配列が決定されている必要があるためほとんどが遺伝子組換え体として調製されたものである．試料によってはN末端やC末端にタグが付加された分子や，不安定な配列がタンパク質工学的に改変された分子も解析の対象となることが多い．近年では結晶化を前提としたタンパク質工学的な改変も実施されている．

- 試料タンパク質：約20 mg
- 重水（D_2O）
- 完全重水素化試薬（重水素化酢酸，重水素化塩酸，重水素化された各種沈殿剤）
- その他，タンパク質試料を重水素化する場合には，重水素化培地など
  重水および重水素化関連の試薬は，Cambridge Isotope Laboratories社，Isotech社などから購入できる．

＜生体高分子の結晶＞

中性子構造解析は，X線結晶構造解析で得られた立体構造情報に水素や水和水の情報を付加することになる．中性子を用いた構造解析では，一旦X線回折法によって立体構造を決定しておく必要がある．現在の中性子回折計で解析する場合には，表1に示したような大型化結晶が必要である．

＜中性子回折計＞

回折データの測定には，中性子を検出できる専用の検出器を備えた回折計を用いる．国内では原子力機構の2台の生体高分子用中性子回折計（BIX3および4）となる[2]．この装置は，ビーム強度を可能な限り増やすためビームの角度分散を極力大きくとった結果，回折スポットを分離するためにタンパク質結晶の格子長がおおよそ100 Å以下である必要がある．またスポットの強度が単位格子体積の二乗に反比例するため，結晶格子はできるだけ小さい方が回折スポットの測定に有利である．

＜回折データの処理～立体構造の精密化に必要な機器＞

測定した回折スポットは，X線回折でも用いられるDENZOなどの処理プログラムを用いて積分値（HKLファイル）に変換する．以降の立体構造モデルの構築に

表1　中性子構造解析を実施する場合の試料側の条件

	研究用原子炉	大強度陽子加速器 （最大強度1.0 MW達成時）
結晶格子の大きさ（設計値）	a, b, c＜100 Å	a, b, c＜135 Å
格子体積（Å）（実測経験値）	＜3×10^5 Å^3	未測定
放射光X線での分解能	＜1.5 Å	
実験室X線での分解能	＜2.0 Å	
測定に用いる結晶の大きさ	5 mm^3（50日）	0.1 mm^3（50日） 5 mm^3（1日）
重水素化試料結晶を用いる場合	0.5 mm^3（50日） 5 mm^3（5日）	0.1 mm^3（5日） 5 mm^3（0.1日）
結晶の大きさ（例）	5 mm^3＝1.7×1.7×1.7	0.1 mm^3＝0.5×0.5×0.5

使われるソフトウエアやグラフィックワークステーションは基本的にX線結晶解析で使われるものと同じものが必要である．

プロトコール

生体高分子の中性子構造解析のための基本的な作業は，線源の違いを除くとX線結晶構造解析と同様である．ここではすでに解析対象のタンパク質の結晶化条件やX線結晶構造が決定され，さらに表1の条件を満たす状態を想定して，中性子構造解析における独特の手順や注意点を中心にプロトコールを紹介する．

1 大型結晶の作製

先にも述べたように，中性子ビームの強度が弱いことから，解析に用いる結晶はX線結晶構造解析に用いられるものよりも大幅に大きなものが必要である．解析に必要な要件については表1を参照いただくとして，以下に大型の結晶を取得する主な方法を概説する．

ⅰ）結晶化相図の作成

まず大型のタンパク質結晶を作製するために最適な結晶化条件を探索する．結晶化条件の探索では，タンパク質固有の溶解度に影響を与える2つのパラメータ（タンパク質濃度と沈殿剤濃度）を少しずつ変更させ，結晶化相図を作成する（図2）．タンパク質の結晶化は蒸気拡散法の場合，結晶化母液の濃縮，核形成，結晶成長の段階を経る（図2の矢印で示した経路）ことが知られている．

したがって大型の結晶を得るには，核形成が抑えられ結晶が成長する準安定状態をできるだけ長く経ることのできる条件を設定する．

ⅱ）マクロシーディング

過飽和状態で結晶が析出すると，結晶の成長に伴ってタンパク質溶液の濃度が減少する．結晶の成長はタンパク質固有の溶解度に達すると止まってしまうので，結晶をさらに大きく成長させるには，結晶化母液に新しいタンパク質を供給する必要がある．その方法として析出した結晶を，沈殿剤を含む新しいタンパク質溶液に移動させるマクロシーディング法が一般的である．このとき用いる結晶化母液の条件は，準安定状態での結晶成長が効果的に生じるように，先に作成した結晶化相図を参考に決定する．具体的には，通常のスクリーニングで析出した結晶（長辺0.1 mm程度）を，ほぼ溶解度に達したタンパク質－沈殿剤溶液（50〜100 μl）に移した後，蒸気平衡を少しずつずらすことによって準安定状態へと移行させ結晶を成長させる．1 mm^{3}の体積の結晶には約1 mgのタンパク質が含まれるので，結晶化母液には少なくともその量を上回るタンパク質が含まれている必要がある．成長した結晶を用いてさらにマクロシーディングを繰り返し，結晶の長辺が1 mmを超えるまで成長させる．

2 結晶の重水素置換，試料の重水素化

作製した大型結晶を中性子回折実験に用いるには，まず結晶の母液を重水で調製した結晶保存液に置換

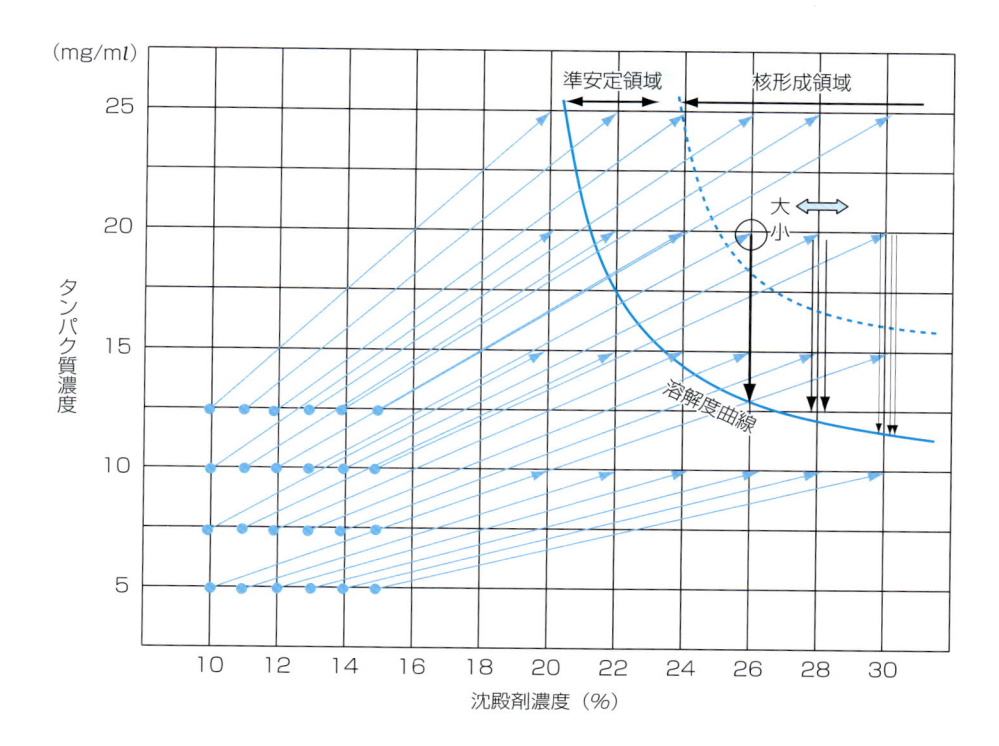

図2　結晶化相図の作成
タンパク質溶液と沈殿剤溶液を1：1で混ぜた場合の濃縮過程（青矢印）と結晶成長過程（黒矢印）で示した．沈殿剤濃度あるいはタンパク質濃度が上昇するほど形成される核が多くなり，析出する結晶の数が増大する（イメージを矢印の本数で表示）

する．これは水分子の水素に由来するバックグラウンドノイズを低減させるために最低限必要な操作である．重水で調製した結晶保存溶液へ置換する場合には，さまざまな解離基の挙動が変わってくるので，十分な予備検討の実施が必要である*1．もちろん最初から試料の結晶化を重水を用いた系（緩衝液や沈殿剤に重水素置換したものを用いる）で実施してもよい．

*1 結晶を重水で調製した結晶保存液へ移動させる場合には，前もって小型の結晶を用いて安定性を検討しておく．移動してすぐは変化がない場合でも，念のため一晩置いて安定性を確認する．一晩経過しても結晶の外形に変化がない場合には結晶を回収してキャピラリーにマウントする．

タンパク質試料に含まれる水素をさらに重水素に置換（完全重水素化）すれば，よりS/N比の高い回折データを収集できることが知られている．実際に試料を完全重水素化した場合には，結晶の体積を0.15 mm^{3}程度の大きさの結晶で回折データを収集できたという報告もある[3]．この大きさはこれまで中性子構造解析に用いられてきた結晶体積の約1/10に相当する．試料の重水素化は，今後の中性子回折実験における重要な鍵となる．

タンパク質の重水素化はNMRによるタンパク質構造解析においてはすでに定番的な技術となっている．重水素化タンパク質は，大腸菌を重水素化されたアミノ酸や炭素源で作られた最小培地や市販の重水素化珪藻培地（CIL社，BioExpress CGM-1000-D）を用いて培養するか，あるいは重水素化されたアミノ酸を用いて試験管内翻訳系で調製することができる．これらの方法では調製されたタンパク質に含まれる水素の90％以上が重水素に置換される*2．

*2 重水素への置換率は，タンパク質試料をプロテアーゼで分解してペプチドにした後，質量分析などで確認するほうがよい．タンパク質をそのまま質量分析にかけると，タンパク質内部に部分的に軽水素が残る可能性があるので，正確な置換率が計算できない．

3 中性子回折実験

以上のようにして準備された生体高分子の結晶を石英キャピラリー（結晶の大きさに応じて内径の太

いものが必要）に封入し，中性子回折実験に用いる．測定は現在のところ装置の構造上から室温に限られる．近い将来には100 Kでの測定への対応が検討されている．中性子回折実験には日本原子力研究開発機構の研究用原子炉（JRR3）に設置された2台の中性子回折計（BIX-3あるいは4）を用いる．年間の稼働日数は約170日であり，このうち30％程度が施設共用に供されている．回折計は2台あるので，のべ稼働日数は340日，共同利用は100日となる．1フレームの回折データの取得には通常60分から120分の露出が必要であるため，180°を0.3°刻みで測定すると約600フレームの測定になり，約25日間の連続測定となる．したがって対称性の高い結晶はできるだけ測定の方向を工夫し，短期間に測定を終えるようにしている．研究原子炉で稼働中の回折計を利用して回折実験を実施する場合には，原子炉への立ち入りや中性子回折計の操作に専門的な知識が要求されるので，利用者は原子力機構の施設共同利用窓口あるいは中性子回折計担当者（http://hhdb.tokai-sc.jaea.go.jp./TOP/index.html）への相談を歓迎する．

　2008年からは現在建設が進められている大強度陽子加速器（J-PARC）に，茨城県が産業利用目的の中性子回折計を設置する予定である．この回折計は産業利用が目的であるため基本的には使用料の徴収が行われるが，全ビームタイムの20％程度が一般のユーザーへの共同利用に供される予定である．現在のところ利用に関する詳細は未定である．

4 データ処理と構造の精密化

　データ処理では，X線回折法と同様にDENZOなどの処理プログラムを用いて回折スポットの積分や指数付け，さらには回折データの結合を行い，HKLファイルに統合する．このHKLファイルと同形結晶から得たX線結晶構造の位相を利用して原子核密度分布を計算し，立体構造モデルを構築する．原子核密度分布図の解釈には，X線結晶解析で一般に用いられるXtalview（Scripps inst.）やQUANTA（Accelrys社）などの分子グラフィックスソフトウエアを用いることができる．また立体構造モデルの精密化には，CNS（Yale大学）やSHELX（Göttingen大学）などのソフトウエアを用いることができる．このときX線で用いられる各原子の散乱因子を，中性子との相互作用を反映させた原子散乱長（図1参照）に変更しておく必要がある．X線で得られた構造と中性子の「原子核密度」分布の比較を基に，水和水の酸

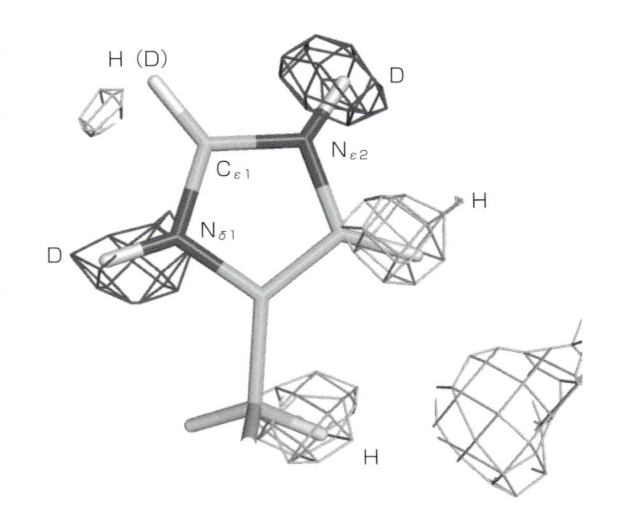

図3 中性子構造解析されたタンパク質のアミノ酸残基の水素原子
　水素原子（H）および重水素（D）の原子核密度分布（F_o-F_c）を示した．$C_{\varepsilon 1}$に結合した水素原子は部分的に重水素に置換され見えない

素・水素位置を決定する．最終的にはモデル構造の妥当性を示す R-factor が，20％程度になるまで精密化を実施する．

5 得られた結果の解釈

　中性子回折実験から得られた原子核密度分布に従って，立体構造を精密化した立体構造モデルを分子グラフィックスに表示する．同時にHKLファイルと精密化された立体構造モデルから$2F_o-F_c$あるいはF_o-F_cなどの原子核密度分布図を計算し表示する．計算の手法はX線結晶構造解析の場合と同様である．原子核密度分布図の表示においては，水素原子だけは負の原子核密度分布として表示されるので注意が必要である．また，極性の高い官能基やアミド結合の水素原子は，結晶保存液由来の重水素と置換し，炭素原子などと同様に強い原子核密度分布を示す．

　水素原子の位置が実験的に測定されることによって，タンパク質や核酸などの生体高分子の立体構造を形成する水素結合や解離性側鎖の状態，さらには水和水の構造が観測できる[4)~7)]．一例として，中性子構造解析によって得られた解離基（ヒスチジン残基）の例を図3に示す．ヒスチジン残基の2つの窒素原子に水素（この場合は重水素）が付加した状態を観測できる．このようにして解析された立体構造を，原子力機構と科学技術振興機構（JST）が共同で運用する生体水素水和水データベース（http://hhdb.

tokai-sc.jaea.go.jp/HHDB/）に登録すれば，その解析ツールを用いて個別のタンパク質における水素結合の様子（水素結合の角度や距離）や，統計値から外れた特殊な水素原子を選び出すことができる．

実験例

1 ADP-ribose pyrophosphatase（ADPRase）の大型結晶の作製

ADPRase（空間群：$P3_221$，格子定数：$a = b = 50$ Å, $c = 118$ Å）の大型結晶の作製は次のようにして行った．すでに決定された結晶化条件に基づき，タンパク質濃度と沈殿剤濃度を変化させて結晶化する条件を探索した．最初に結晶化条件である，0.2 M硫安，20％グリセロール，18％PEG4000を含む0.1 M酢酸ナトリウム緩衝液（pH 5.3）で長辺約0.1 mmの単結晶を得た．この単結晶を注意深く，新しいタンパク質結晶化溶液にシーディングし，結晶が安定に存在することを確認した後，新しいタンパク質溶液を添加することで，長辺が最大約2.5 mm（10 mm³）の結晶を取得した．

2 ブタ・エラスターゼの中性子回折データの測定

ブタすい臓エラスターゼの単結晶（空間群：$P2_12_12_1$，格子定数：$a = 51.2$ Å, $b = 57.8$ Å and $c = 75.6$ Å.）の中性子回折データの測定では，マクロシーディング法によって大型化（1.6 mm³）したものを用いた．この結晶を石英キャピラリー内にマウントし，原子力機構の生体分子用中性子回折計BIX3を用いて，180°の範囲を0.3°刻みで595フレーム（1フレームあたり50分露出）測定した．得られた回折データをDENZOで処理し，2.3 Åの回折データを得た．このデータとすでに決定されたX線結晶構造を初期構造にして立体構造の精密化を行いエラスターゼの水素原子位置を確定した．

おわりに

中性子を用いてタンパク質の立体構造を決定するというアプローチの歴史は古いが，中性子ビームの強度が弱いために測定時間がとても長くかかることが最も大きな障害であった．近年，原子炉で作られる中性子を用いてタンパク質結晶を用いた実用的な測定が可能になってきたのは，中性子検出技術の進歩によるところが大きい．原子炉の出力をさらに増大することは実質的に大変難しいと考えられるので，原子炉中性子の利用では検出系のさらなる高感度化が次の課題である．一方，2008年稼動予定のJ-PARCに設置される茨城県生命物質解析装置（産業用）では，J-PARCが最大出力に到達したとき（2013年ごろ）には，現在の原子炉中性子回折計の50倍から100倍の測定効率を達成するとのことである．一方，中性子源の高輝度化には限界があり，その限界を克服する技術は結晶を大型化して回折データを収集することである．従来の結晶の大型化は，基本的に結晶化条件の探索であった．タンパク質の立体構造データが蓄積した今，タンパク質の結晶化の仕組みを論理的に解析し，結晶の大型化に活かすことができるようになると思われる．

中性子構造解析は，先に述べたようにタンパク質を構成する水素などの軽元素の検出に威力を発揮する．そこで酵素の触媒機構の解明においては，触媒基の解離状態や活性に関与する水分子の構造の解明に威力を発揮する．酵素などの薬物標的タンパク質の場合には阻害剤が結合する領域の水和構造を決定し，阻害剤の結合に伴う脱水和効果を正確に見積もることによってより精度の高い薬物設計が可能になると思われる．

参考文献

1) 新村信雄：「実験化学講座10　回折」，pp481-548，丸善
2) Tanaka, I., et al. : J. Appl. Cryst., 35 : 34-40, 2002
3) Blakeley, M. P. et al. : Eur. Biophys. J., 35 : 577-583, 2006
4) Myles, D. A. : Curr. Opin. Struct. Biol., 16 : 630-637, 2006
5) Niimura, N., et al. : Cell. Mol. Life. Sci., 63 : 285-300, 2006
6) Kurihara, K. et al. : Proc. Natl. Acad. Sci. USA., 101 : 11215-11220, 2004
7) Chatake, T, et al. : Proteins, 50 : 516-523, 2003

第6章 X線解析・X線分光分析・結晶解析

5．EXAFS（広域X線吸収微細構造）
～金属タンパク質の局所構造解析～

菊地晶裕，城 宜嗣

金属タンパク質に含まれる金属イオン近傍の局所構造（距離情報）を高精度で解析することができる．

はじめに

　各原子はその原子に固有なX線領域のエネルギーを吸収する．この吸収が起こるエネルギー領域のスペクトル（X-ray absorption spectrum：XAS）を詳細に調べると，吸収端付近に大きな変化が見られる．これはXANES（X-ray absorption near edge structure）とよばれ，それよりもさらに高エネルギー領域を見ると，広域X線吸収微細構造（extended X-ray absorption fine structure：EXAFS）とよばれる微細なスペクトル構造が観測される．このEXAFS領域を物理的に解析することにより，目的元素を中心とする局所構造を高精度で明らかにすることができる．測定対象を生体関連物質と限り，国内で，となると鉄や銅，亜鉛などの金属タンパク質に含まれる遷移金属元素の局所構造を解析する手法と捕らえるのが現実的である．金属タンパク質は反応の前後でも金属イオン周辺の構造変化が小さく，分解能などの制約から結晶構造解析では反応前後の構造に差がみられないことも多い．また，NMRでは常磁性元素が含まれていると肝心な金属イオン周辺の構造が解析できないこともある．したがって，EXAFSを結晶構造解析やNMRなどと相補的に用いることにより，それぞれの手法では観測できない金属タンパク質の高精度な局所構造を明らかにすることができる．さらに，EXAFS測定は測定対象試料の状態は問わず，結晶でも溶液でも測定が可能であるため，ストップドフローやラピッドクエンチングなどを組み合わせることで，反応中間体の構造解析を行うこともできる．ただし，解析にはある程度の任意性も伴うため，いずれの測定でも標準試料を同時に測定することが望ましい．また，XANES自体も金属イオンの酸化数や配位数を顕著に反映するため，構造機知のスペクトルと比較することで，構造未知の金属タンパク質の金属イオン周辺の構造を大まかに知ることも可能である．

　XANESとEXAFSの総称をXAFS（X-ray absorption fine structure）ということが多いが，生体試料を対象にしたXAFSはbioXAS（biological application of X-ray absorption spectroscopy）とよばれることも多く[1]，本項でもbioXASとよぶ．

原　理

　ある原子にX線を照射すると，その原子に特有なエネルギーを吸収する．そのため，エネルギーを横軸に，試料のX線透過前の強度（I_0）と透過後の強度（I）の比，$\mu t = \ln(I_0/I)$ を縦軸にしてプロットするとXASが得られる．その一例として，図1にplant-type［2Fe-2S］クラスターをもつフェレドキシンのFe K-

---

Akihiro Kikuchi, Yoshitsugu Shiro：Biometal Science Laboratory, RIKEN SPring-8 Center ［独］理化学研究所播磨研究所放射光科学総合研究センター城生体金属科学研究室］

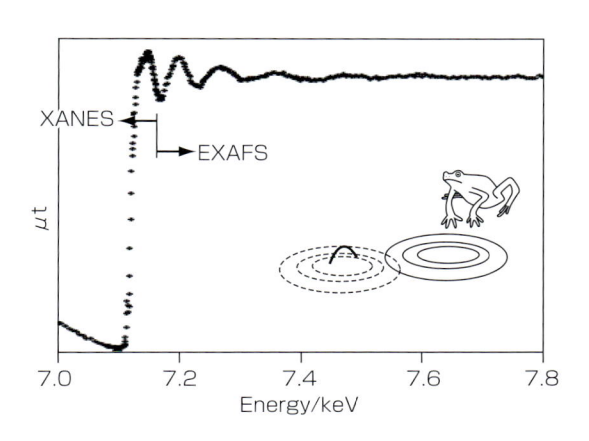

図1 plant-type［2Fe-2S］クラスターをもつフェレドキシンの Fe K-edge X線吸収スペクトル
SPring-8 BL38B1にて測定した生データ

edgeスペクトルを示す．7.1 keV（〜1.7 Å）付近に鉄原子のX線吸収に伴うXANESが見られ，さらに高エネルギー領域のスペクトルにも微細構造（EXAFS）が観測されている．これは鉄原子がX線を吸収することで，鉄原子の内殻（K殻）電子が核からの束縛を離れて光電子として放出され，その飛び出した光電子が周辺原子の散乱により再び鉄原子まで戻ってくる過程で干渉が起き，その結果として遷移モーメントの変調が微細構造として観測されることによるものである．この事情は雷に驚いた蛙が古池に飛び込む様子に例えて言うことができる（図1）．雷に驚いた蛙が飛び込む（原子がX線により励起される）ことで水面に波ができる（光電子を出す）が，古池に岩があれば，その波は岩により跳ね返るために水面には複雑な波紋が見られる（光電子が周辺原子により散乱されて干渉する）．したがって，波紋を解析することで，蛙の飛び込んだ地点（注目する原子）と岩（周辺にある原子）との距離，岩の大きさ（原子の種類）や個数（原子の数）を決めることができることは容易に想像できるであろう．また，この例えでもわかるように，この現象はX線を吸収する原子を中心にして起こるため，回折実験とは異なり試料は周期的構造をもっている必要はなく，したがって，溶液状態でもその局所構造解析が行える．

memo

透過法と蛍光法

透過前後のX線強度を観測する方法は透過法とよばれるが，bioXAS測定の場合，試料濃度の問題により透過法による測定は現実的ではなく，X線吸収の二次的な過程として放出される蛍光X線を検出する蛍光法で測定することとなる．蛍光検出器としては試料濃度に応じて，ライトルまたは多素子半導体検出器（SSD）を用いる．なお，放出される蛍光X線（I_f）は吸収量と比例するために，図1の縦軸は$μt＝I_0/I_f$となっている．

準備するもの

- 測定試料
  （タンパク質試料，モデル化合物試料，標準試料）
  測定に必要な試料の容量は多いに越したことはないが，われわれは微量でも測定可能な試料ホルダーも作製しており，金属イオン濃度で1 mM以上の溶液が1 μl程度あればbioXAS測定は可能である．
- 試料ホルダー（図2）
  試料の状態や実験方法により異なるが，ガラスなど，X線透過を妨げる材料は避けるべきである．実験例の項でわれわれが用いている具体的な試料ホルダーを例として示している．
- 解析ソフトウエア
  国産のREX2000（リガク）[2]や，WinXAS[3]，DL_Excurv[4]，FEFF[5]など，ライセンスが必要なものが多いが，フリーでダウンロードできるプログラム[6]もある．それぞれの動作環境に関してはWebなどを参考のこと．

> bioXAS測定を行うには，放射光施設において多素子のSSDを利用する蛍光法で測定するのが現実的である．国内ではSPring-8（播磨）のBL01B1[7]やPhoton Factory（つくば）[8]のBL-9A，BL-12Cにおいて測定が可能であるが，いずれもbioXASに特化したビームラインではないため，ビームタイムの申請前に各ビームラインの担当者あるいはbioXAS測定の経験者と実験の詳細に関して打ち合わせを行うことが必須である．

プロトコール

❶試料の調製

試料の状態は問わないが，金属タンパク質を対象にした場合には，

- 凍結乾燥した試料
- 水溶液（組成は問わないが，われわれの経験から金属イオン濃度で1 mM以上であることが望ましい．室温での測定も可能であるが，通常はX線損傷を考慮し，溶液を試料ホルダーに導入した後に低温下で凍結させて測定することになることが多い．そのためグリセロールなどの抗凍結剤を含むものがよい．）

6章―5．EXAFS（広域X線吸収微細構造）　217

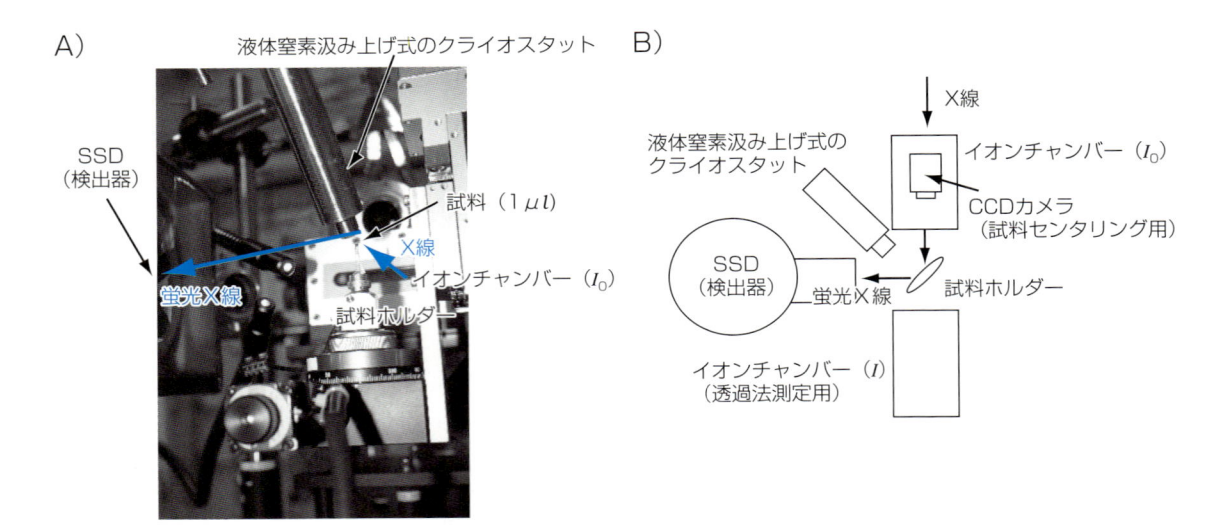

図2 自作微量試料ホルダーを利用したbioXAS測定用セットアップ

- ラピッドクエンチング法などで得られる凍結溶液(溶液と同様に1 mM以上で抗凍結剤を含むものが望ましい)
- 結晶(結晶の場合,すでに純度・濃度が共に高くなっているため,回折実験には向かない結晶,例えば,低分解能の結晶1つで構わない.回折実験に用いたものをそのまま用いてもよい)

などになるであろう[*1].

*1 EXAFSは元素選択性が高いために,必ずしも高純度な試料である必要はなく,極端な例では目的タンパク質を発現させた大腸菌の上清でもよいが,例えば,ヘムタンパク質の測定時に亜鉛や銅タンパク質の混入は問題にならないが,目的以外の鉄タンパク質が混入すると正しい解析を行うことができなくなる要因となり,注意が必要である.また,濃縮後も機能を維持した試料であることを動的光散乱測定などで調べておくことは有効である.

❷試料をホルダーにマウントし,ビームラインの実験ハッチ内にマウントする[*2].

*2 金属タンパク質のモデル錯体などで試料がグラムオーダーでも用意できる場合には透過法で測定することも可能である.その場合,必要な試料量をXAFS_Sample[7]やSAMPLEM[8]などのプログラムで計算する必要がある(計算方法についての詳細は教科書[9]を参照のこと).粉末試料の場合には窒化ホウ素(BN)と試料を混ぜてペレットにすると扱いが容易となる.

❸測定

各ビームラインには測定用graphical user interface(GUI)が備わっており,測定は容易に行える.希薄な系であるためS/Nのよいデータを得るには,スペクトルの多重積算が必要である[*3].

*3 積算する場合には低温下であってもX線による試料のダメージも考慮する必要がある.測定時には最低限,XANESに変化がないことを確認し,可能であれば測定後の試料を回収して紫外可視吸収スペクトルや活性測定などにより,X線損傷がないことを確認することが重要である.

❹解析

得られたデータを解析ソフトで読み込ませるためにはデータフォーマットの編集が必要になることが多い(解析で用いる数式やパラメータの詳細は教科書[9]を参考のこと)[*4].

*4 解析には多くのパラメータを使って実験データとのフィッティングを行うことになるため,全く構造予測ができない試料に対するEXAFS解析は無意味である.したがって,構造が既知であり測定対象の標準となり得る試料の測定も合わせて行い,その解析結果も利用しながら目的試料の構造解析をするのが望ましい.

また,FEFFを用いることもできる.FEFFはモデル構造から理論的なEXAFS信号を計算してくれるプログラムであり,この結果を用いて構造解析を行うこともできる.その場合,手持ちの,あるいはプロテインデータバンク(PDB)から金属イオン周辺の原子座標を抽出してFEFFのインプットファイルを作ればよい.perlなどでスクリプトを作るのも簡単であるが,中心元素から指定した距離の中にある原子をPDBから抽出してFEFFのインプットファイルを作製してくれるcrystalff[10]を利用してもよい.

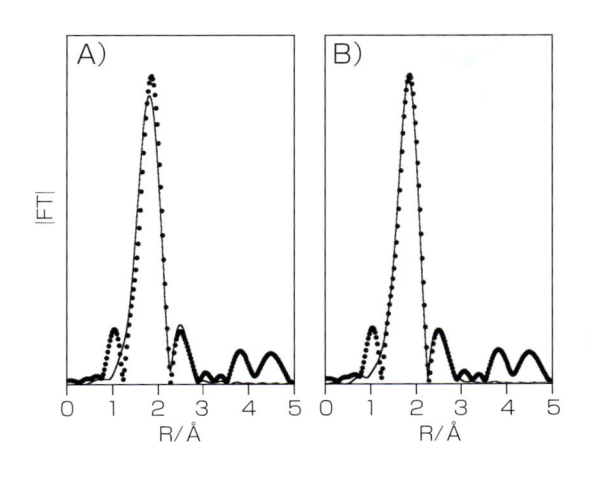

図3 動径構造関数（…）とFEFFを用いたフィッティング（―）
A）配位数と距離を固定した場合，B）距離もパラメータとして利用した場合

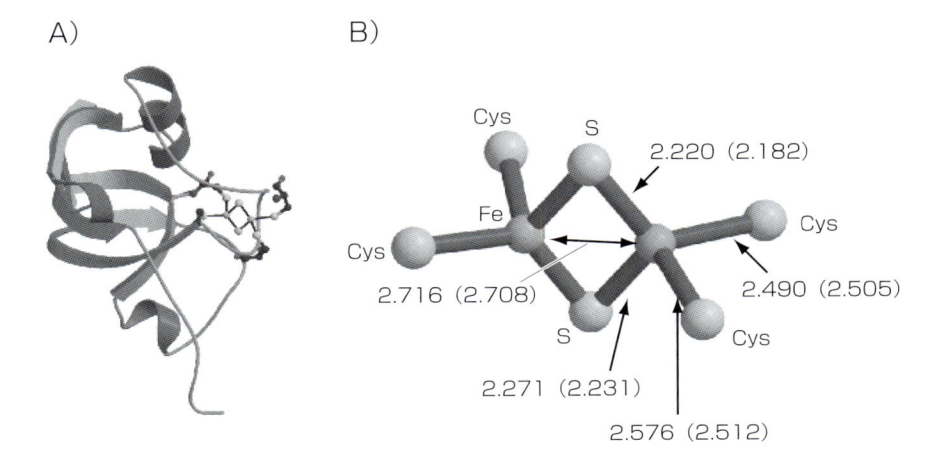

図4 フェレドキシンの全体構造（A）と[2Fe-2S]クラスターモデル（B）
（巻頭カラー**7**参照）
数値はEXAFSの解析結果（括弧内は結晶構造解析による原子間距離，単位はÅ）

実験例

ここでは，図1に示したデータの測定を行った際のセットアップとその後の解析結果を紹介する．

植物葉緑体由来の［2Fe-2S］plant-typeクラスター含有フェレドキシンを大腸菌により発現させ，精製後，10 mg/ml程度（タンパク質濃度で約1 mM，鉄イオン濃度にすると2 mM）に濃縮した（Tris buffer）．ビームラインの実験ハッチ内でこの溶液を1 μl取り，Hampton Research社製のCrystalCap Magneticをベースにした自作のテフロン製試料ホルダー（図2）に導入して，クライオストリーム（100 K）で凍結させた（測定中も100 Kを維持）．19素子SSDを用いた蛍光法での測定を行うため，試料はX線入射軸に対して45°傾けてマウントし，検出器はX線入射軸から見て直行方向（90°）の位置に設置した．実験ハッチを閉じて，GUIを用いて6.78～8.08 keV（実際にはモノクロメーターの角度で指定する）の範囲でエネルギースキャンを行い，図1に示すデータを得た（このときの測定時間は約90分）．

解析の細かな手順は教科書に譲るが[9]，ここではWinXASを用いてEXAFS関数$\chi(k)$を抽出後，フーリエ変換により図3（点線）の動径構造関数を得た．フェレドキシンの鉄イオン近傍の構造をPDB（ID：1GAQ）座標から抽出して，図4の構造を基にしてFEFFから理論的なEXAFS信号を計算させた．

この計算結果を実験データにフィットさせることで鉄イオン近傍の局所構造を解析した．まず，配位数と距離を結晶構造と同じと仮定して，それらを固定してフィッティングを行うと，図3Aのような結果となる．一方，配位数のみを固定して，距離情報もパラメータに加えると，図3Bのように実験データをよりよく再現した．そのEXAFS解析の結果が図4に示した数値である．この結果を結晶構造（括弧内の数値）と比較すると，溶液と結晶中では結合距離が異なっていることがわかる．

memo

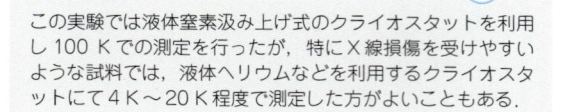

この実験では液体窒素汲み上げ式のクライオスタットを利用し100 Kでの測定を行ったが，特にX線損傷を受けやすいような試料では，液体ヘリウムなどを利用するクライオスタットにて4 K～20 K程度で測定した方がよいこともある．

おわりに

bioXASは金属タンパク質研究においては非常に高いポテンシャルをもっており，EXAFS解析による距離情報だけではなく，XANESからも金属イオンの有無，配位環境や配位数，さらには電子状態の解析も可能である．EXAFS解析から，反応サイクルに描かれるすべての中間体の構造を明らかにしたような研究もある[11]．ただし，例えばここで紹介したplant-typeのフェレドキシンの場合も2つの鉄イオンがあるため，得られた距離情報はあくまでも2つの鉄イオンの配位環境の平均値である．同じフェレドキシンでもReiske-typeの［2Fe-2S］クラスターの場合には，2つの鉄イオンを厳密に見分けるのはさらに困難になる．また，全く配位環境がわからない場合には，構造既知のものとXANESを比較し，構造を推測することは不可能ではないが，EXAFS解析から正確な構造決定ができるわけではなく，bioXASは金属タンパク質の局所構造解析の万能ツールではない．とはいえ，bioXAS測定のもつポテンシャルは，ビームラインの開発も含め，利用者が増えることでさらに高いものになると期待される．

参考文献・URL

1) Ascone, I. et al. : J. Synchrotron Rad., 10 : 1-112, 2003
2) http://www.rigaku.co.jp/products/p/xdxa0020/
3) Ressler, T. : J. Synchrotoron. Rad., 5 : 118, 1998（http://www.winxas.de/）
4) Tomic, S. et al. : CCLRC Technical Report DL-TR-2005-001, ISSN 1362-0207, 2005（http://srs.dl.ac.uk/XRS/index.html）
5) Ankudinov, A. L. et al. : Phys. Rev., B 67 : 115-120, 2003（http://leonardo.phys.washington.edu/feff/）
6) Ravel, B. & Newvlle, M. : J. Synchrotron Rad. 12 : 537-541, 2005（http://cars9.uchicago.edu/ifeffit/）
7) http://bl01b1.spring8.or.jp（XAFS_Sampleのダウンロードが可能）
8) http://pfwww.kek.jp/nomura/pfxafs/（SAMPLEMのダウンロードが可能）
9) 太田俊明/編：「X線吸収分光 －XAFSとその応用―」，アイピーシー，2002
10) Provost, K. et. al. : J. Synchrotron Rad., 8 : 1109-1112, 2001
11) Kleifeld, O. et al. : Nature Struct. Biol., 10 : 98-103, 2003

第6章 X線解析・X線分光分析・結晶解析

6. 顕微分光
～タンパク質結晶の分光～

足立伸一

タンパク質結晶の微小領域の分光，結晶中のタンパク質の酸化還元状態，放射線損傷などさまざまな状態の同定に適した方法である．

はじめに

補欠分子を含むタンパク質の結晶を扱う場合，その分光スペクトルの測定が必要になることがある．タンパク質結晶の分光スペクトルから結晶中の補欠分子の酸化還元状態やプロトン化・脱プロトン化状態などを判別したいというような場合である．特に高強度のX線をタンパク質結晶に照射しつづけることにより結晶中に水和ラジカルが生成し，凍結条件下でもタンパク質分子の一部が損傷を受けたり，生成した水和ラジカルにより酸化還元反応が進行することが知られている[1]．このような結晶の状態を判別する方法として顕微分光法は最適である．ただし市販されている一般的な分光器は，タンパク質結晶のように微小な試料の測定には標準で対応していないので，測定のために多少の工夫が必要である．市販の顕微鏡，光ファイバーと分光器を組み合わせてタンパク質結晶の顕微分光を簡便に行うことができる．

原 理

基本的には吸収スペクトル測定（第1章参照）なので，以下の式に従う．

$$A(x) = -\log I(x)/I_0(x) \quad (1)$$

Aは吸光度，I_0，Iはそれぞれ参照光と試料の透過光の光強度，xは波長である．参照光強度I_0と透過光強度Iを波長の関数として測定すれば，吸収スペクトルA(x)が求められる．

準備するもの

- 顕微鏡（市販の生物顕微鏡が使用しやすい）
- ゴニオメータ（顕微鏡にあわせて準備する）
- 光ファイバー（測定する波長域に応じて選択する）
- ファイバー接続式分光器（例えば，Ocean Optics社製HR4000スペクトロメータ）
- タンパク質結晶（キャピラリーまたはクライオループにマウントする）
- 低温ガス吹き付け式試料冷却装置（低温条件下で測定する場合）
  試料位置に合わせて，低温ガスの吹き付け装置を設置する．

プロトコール

1 装置の構成

顕微分光装置の写真（図1）および光路構成図（図2）を示す．この例では市販の倒立型生物顕微鏡（ニコンTE2000-U）を基本ユニットとしている．この顕微鏡の光源支柱部にはフィルター類を挿入するためのスロットがある．このスロットの位置にフィルターの代わりに，適当な開口サイズ（直径10から100μm程度）のピンホールを挿入することにより，試料位置にピンホールのサイズに対応したスポ

Shinichi Adachi：High Energy Accelerator Research Organaization (KEK), Institute of Materials Stmcture Science（高エネルギー加速器研究機構物質構造科学研究所）

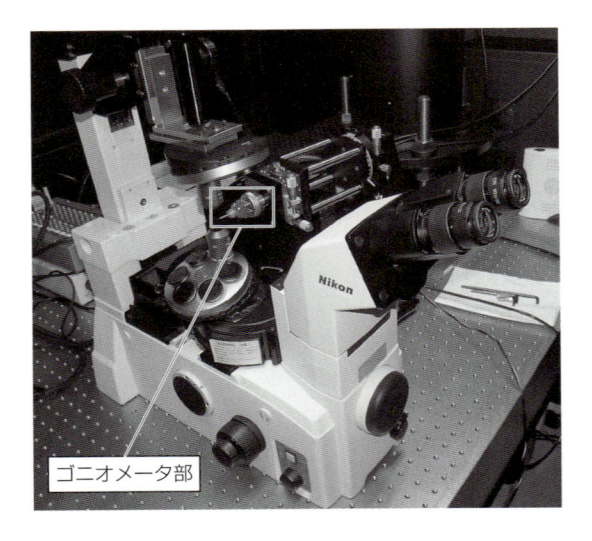

図1　倒立顕微鏡を用いた顕微分光装置

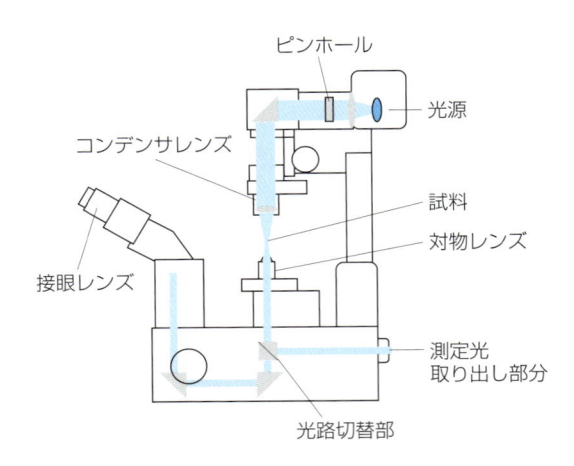

図2　顕微分光装置の光路図

図3　ゴニオメータ部に試料を装着した様子

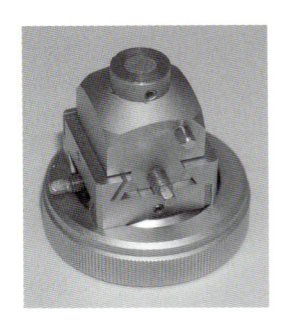

図4　ゴニオメータヘッド

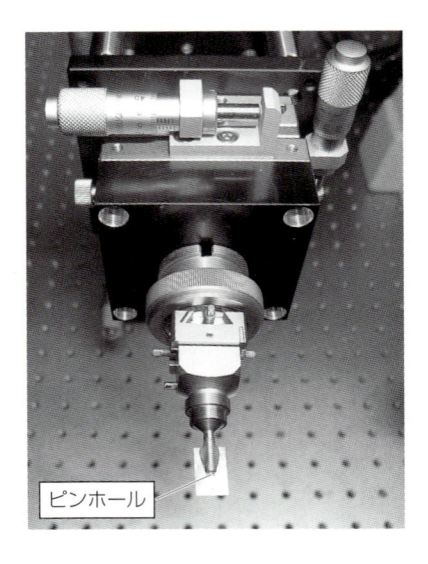

図5　ゴニオメータヘッドにピンホールを装着

ットライトを作ることができる．スポットライトの位置に測定試料を置き，試料の透過光を測定光取り出し部に設置した光ファイバーを通して分光器に導入することにより，顕微分光スペクトルが得られる．

2 ゴニオメータ部のアライメント

❶ゴニオメータ部（図3）にゴニオメータヘッド（図4）を装着する．測定時には，ゴニオメータヘッド上にタンパク質結晶を装着する．ゴニオメータヘッドは，直行した2つの方向について独立に並進位置の調整をすることができる

❷ゴニオメータ部は360°回転し，結晶の方位を任意に変えることができる．結晶の向きがどのよう

A）ピンホールなし　　　　　　　B）ピンホールあり

図6　顕微鏡下での結晶の観察例

な向きになっても，結晶の中心が顕微鏡の視野内で常に同じ位置になるよう，ゴニオメータ部を調整する．この調整を「センタリング」という．センタリングを行うために，ゴニオメータヘッド先端部に直径20μm程度の小さな穴の開いた板状の治具（ピンホール）を固定する（図5）

❸ 顕微鏡でゴニオメータヘッドに装着したピンホールを観察し，ピンホールの中心位置（A）を記録する．次に，ピンホールを180°回転させて裏側を観察し，ピンホールの中心位置（B）を記録する．ゴニオメータヘッドの調整ねじを使って，表と裏で記録した（A）と（B）の中間点にピンホールを移動させる．さらに裏と表を交互に観察し，表裏どちら側から見てもピンホールの中心位置が視野内でずれないように，ゴニオメータヘッドの調整ねじを使って，微調整を行う

❹ ピンホールを90°回転した方向についても，同様に調整を行う．ただし，90°回転した方向はピンホールを直接見ることはできないので，ピンホール板の厚み方向の中心位置で判断する．以上で，ピンホールが正しくセンタリングされた

❺ ゴニオメータ部全体の並進ステージを利用して，スポットライトの位置に，ピンホールの回転中心を一致させる．ここまで終わった段階で，ゴニオメータヘッドからピンホールを取り外してよい

3 光ファイバーの位置調整

❶ 測定光取り出し部に薄い紙をおき，光のスポットの位置を目視で確認する．光ファイバーの末端部を光ファイバーマウントなどで固定し，XZステージにより光ファイバーの位置調整ができるように準備する．光のスポット付近に光ファイバーの末端を設置する．もう片方の末端を分光器に接続し，検出器からの光の強度の出力をパソコン上でモニターする．測定光取り出し部に設置した光ファイバーの末端をXZステージにより調整し，光の強度が最大になるように調整する

❷ 以上で，光ファイバーの位置が正しく調整された

4 結晶のマウントとスペクトル測定

❶ 結晶をマウントする前に，結晶のない状態で参照光スペクトル$I_0(x)$を測定する

❷ 低温条件下で測定する場合は，試料位置に合わせて，低温ガス吹き付け装置の吹き付け部を設置し，試料の冷却を開始する

❸ ゴニオメータヘッド上にタンパク質結晶を固定し，タンパク質結晶をセンタリングする

❹ タンパク質結晶が顕微鏡下で図6Aのように観察できているとする．ピンホールを挿入すると，図6Bのように観察できるはずである．結晶上のスペクトルを測定したい部分にピンホール像が一致するように結晶の位置を微調整する．光路変更により，結晶の透過光を光ファイバー側に導く

❺ 光ファイバーを通して分光器に透過光を導入し，透過光スペクトル$I(x)$を測定する．式（1）により，吸収スペクトル$A(x)$を計算する

6章－6．顕微分光　223

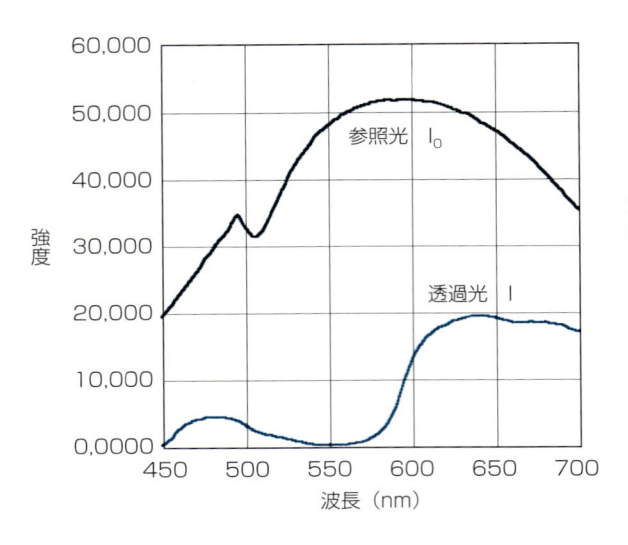

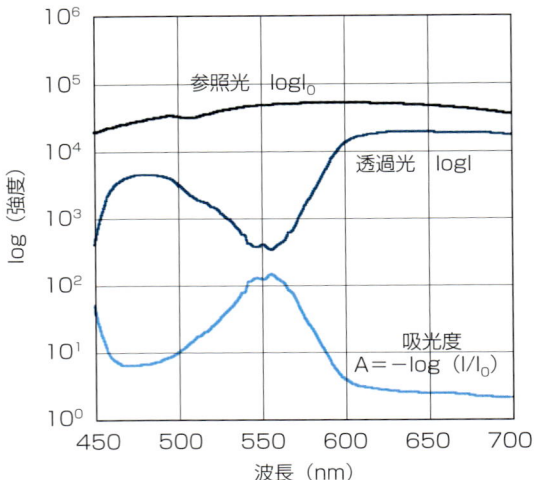

図7　顕微分光スペクトルの測定例

実験例

　タンパク質結晶を用いて，顕微分光スペクトルを測定した例を図7に示す．プロトコールに述べた方法で参照光強度I_0と透過光強度Iを測定し，（1）式で吸収スペクトルA（x）が求められる．

　結晶中の分子は溶液状態と比べて非常に高密度に詰まっているため，吸光度は高くなりがちである．正確な顕微分光スペクトルを測定するためには，その吸光度の見積もりが重要である．この実験例では，550nm付近に吸収のピークがあるが，この波長では元々の参照光強度が約50,000カウントであるのに対して，透過光強度は500カウント程度しかない〔すなわち，A（550 nm）＝ーlog（500/50000）＝2〕．吸収スペクトルのピーク付近にノイズが見え始めているのは，迷光によるランダムノイズの影響であり，このシステムではこれ以上の吸光度の測定は困難である．したがって，実際の測定では吸光度が2より小さくなるように，結晶の厚みを調整する必要がある．もしさらに高い吸光度まで測定したい場合には，よりダイナミックレンジの広い測定が必要となるので，迷光をさらに減らした顕微分光システムを構築する必要がある[2]．

おわりに

　結晶内のタンパク質分子の状態を知るために，さまざまな場面で顕微分光測定が必要になると考えられる．市販の生物顕微鏡に少し手を加え，ファイバー分光器と組み合わせることにより，顕微分光測定が可能であるので，試していただきたい．

参考文献

1) Berglund, G. I. et al. : Nature, 417 : 463-468, 2002
2) Sakai, K. et al. : J. Appl. Cryst., 35 : 270-273, 2002

第7章 イメージング解析

1. PET（陽電子放射型断層撮影）
～小動物の薬物代謝～

田崎洋一郎，井上登美夫

> 小動物用PET装置の開発が進み，薬物動態の評価は in vivo での評価が可能となってきた．本項ではPET装置とPET核種の特徴と共に注意点について，そして検査方法の概要について述べる．

はじめに

PET（positron emission tomography）検査は，サイクロトロン・合成装置・PET装置など高額な投資が必要で，利用できる施設も限られていた．しかしPET装置の開発が進み，悪性腫瘍における ^{18}FDG-PET（2-deoxy-2[^{18}F]fluoro-D-glucose）の有用性が明らかになり，安定した合成が可能となったことで，PETは多くの施設で実施され，今日"がん"の診断を中心に，広く利用されるようになった．またPET4核種［^{11}C, ^{13}N, ^{15}O, ^{18}F］の廃棄について規制緩和が進んだことは，PET検査の今後普及していく環境が，徐々に整ってきたものと考えられる．しかし，使用する放射性同位元素が短半減期核種であるため，比較的高放射能となることもあり，被験動物への投与準備中は，高放射能な状態での取扱を強いられ，放射線作業従事者の外部被ばく線量が多くなる可能性が高いことには，注意が必要である．しかし，これらのPET検査に関連する問題点を理解することで，従来の画像検査に比べて①生体物質構成元素で観察・定量評価が可能，②高感度，③高分解能という特徴を活かす検査が可能である．

原理

PETで使用する陽電子放出核種は，原子核の崩壊過程で陽電子を放出する．この陽電子は，物質中を移動しエネルギーを失い，組織中の電子と結合し消滅放射線（0.511 MeV）を同時に2本放出して消滅する（図1）．

陽電子の最大飛程を（表1）に示す．この一対の消滅放射線を同時係数（coincidence）することで両検出器間を結んだ線上に標識化合物の存在を確認することができる．そしてこれらの各方向の投影データを利用することで断層面が構築できる．PET検査で得ら

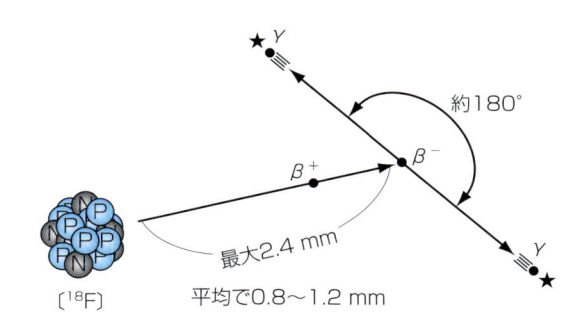

図1 ^{18}Fにおける原子核の崩壊過程の概略図

Yoichiro Tasaki [1], Tomio Inoue [2]：BayBioImaging Co.Ltd. [1], Department of Radiology, Yokohama City Univ. Faculty of Medicine [2]（株式会社ベイ・バイオ・イメージング[1]，横浜市立大学大学院医学研究科放射線医学[2]）

表1 ポジトロン放出核種の半減期と最大飛程

ポジトロン 放出核種	半減期	ポジトロン放出後 の安定核種	ポジトロン運動 エネルギー(MeV)	最大飛程(mm) [計算値]
^{11}C	20.4分	^{11}B	0.961	3.88
^{13}N	9.96分	^{13}C	1.190	5.12
^{15}O	122秒	^{15}N	1.738	8.09
^{18}F	109.8分	^{18}O	0.633	2.17

Rmax = 0.407E1.38（0.15＜E＜0.8），Rmax =（0.542×E）− 0.133（0.8＜E＜3）
［ただし Rmax：最大飛程（g/cm^2），E：陽電子のエネルギー（MeV）］

れるカウントは「真の同時計数」「散乱同時計数」「偶発同時計数」「シングルス」で表されるが，真の同時計数の他はいくらカウントが多くなっても画質の劣化につながるので，収集に関わる「投与量」「acquisition time」「energy window」「coincidence time window」などの収集条件については，処理条件と共に装置ごとの充分な検討が必要である．

準備するもの

- PET装置
- マウスまたはラットなど
- 試薬（例：^{18}FDGの場合は，被験動物のサイズにもよるがマウスの場合には撮像時15 MBq程度を上限とすると60分前なら約22 MBq，110分前なら30 MBqを準備する*1, 2）
- 動物用麻酔装置（検査時間は1 bedあたり15〜20分程だが，全身の場合には数bed必要になるので，emission scanに30分から1時間は要するため）
- チューブ（ソーレックスチューブなど，麻酔薬を延長して使用するため）
- 吸入麻酔薬（イソフルラン吸入剤など）
- ストップウォッチ（準備薬剤測定時刻からの経過時間，また投与してからの経過時間確認用）
- シリンジ（1 mL）
- 注射針（27 Gまたは29 G程度で使用目的にあったもの）
- 1 mL用シリンジシールド（鉛坪などで代用可）
- 酒精綿
- ビニール手袋
- 試薬投与を検査台上で行わない場合には，専用保定器または50 mLのファルコンチューブで代用も可
- 必要に応じて尾の保温を，温水や照明で行う

> *1 放射性壊変
> 放射能Aは経過時間tと半減期Tの関係により，以下の式で表される．
> $A = A_0 (1/2)^{t/T}$
> A，A_0：時間tおよび最初の時刻における放射能
> t：経過時間　T：半減期

> *2 試薬の投与量
> 通常^{18}FDG-PETは，放射能量を基準に投与量を決めている．これは，ある時刻で投与された試薬に対して，標識物質の半減期経過後（^{18}Fの場合108.9分）投与する場合では，収集されるカウントを同一にする（画質を同一にする）ためには，単純に投与量として2倍量が必要であるからである．しかし，研究ではその標識試薬自身の動態観察や薬効の評価を目的とすることもある．このことから投与量は，「放射能量を基準」「被標識物質の量を基準」のような2つの判断基準から決められる．このように投与する試薬の量を決定する際には評価の目的を定めて投与量を決定することが必要である．

プロトコール

1 ^{18}FDG-PET

ブドウ糖類似の化合物であるFDGは，糖代謝の盛んな組織に，より多く集積する．脳・心筋・腫瘍の評価が主目的となる製剤である．今後は担癌マウスにおける癌細胞の存在やバイアビリティの評価などの利用が多くなると考えられる．

2 製剤の精製

（現在主流なのはF$^-$を用いたハマチャー法である）

1. サイクロトロンにて，F$^-$を製造する．［^{18}O］OH$_2$Target水中に含まれる形で，合成装置に導入される
2. 合成装置内にてF$^-$イオンがトラップされ，前駆体から合成が行われる
3. 最終産物としてのFDGが生理的食塩水に溶けた液体製剤として得られる
4. ヒトに使用する際には，検定項目がガイドラインで定められており，動物実験用に供する場合もヒトの場合に準じはするが，すべての項目や無菌試験まで単独で行う必要性は，ケースバイケースで判断する必要がある

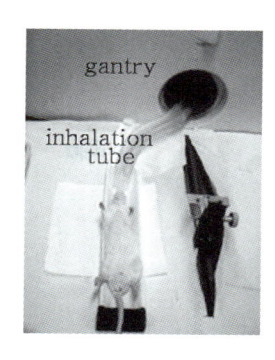

図2 小動物用 in vivo PET システム eXplore Vista と被験動物の検査台への固定方法の概略図
提供：日本メジフィジックス株式会社

❺動物実験施設とサイクロトロン設置施設が別の事業所の場合は，必要量を放射能量として分注し，バイアルなどに入れて，譲渡譲受の手続きにより動物実験施設に運搬する

3 PET検査前処置

❶ ¹⁸FDG-PET の場合には，飼料を4時間程度前から与えないなどの前処置が必要である．ただし正常集積のウォッシュアウトが進むことで組織間のコントラストを良好にするために，飲水は摂取を続ける

❷合成装置より精製された ¹⁸FDG から，事前に確認した投与に必要量をシリンジに準備する．このとき準備されたバイアルは高放射能であることが想定されるので，鉛ブロックなどで遮蔽を忘れないようにする

❸ ¹⁸FDG の投与の前に，麻酔処置を行う．検査時間中は動くことのないよう，しっかりと検査台に仰臥位で固定する（図2）

❹ ¹⁸FDG は尾静脈より 1 ml シリンジにて，27 G 針または 29 G 針を用いて投与する．放射性同位元素による汚染や被ばくには充分に注意する

❺PET 装置にマウスを固定し，呼吸状態などに注意を払いながら，1時間後の撮像開始を待つ

4 PET検査

❶ ¹⁸FDG 投与 uptake time *³ を1時間とし，収集（emission scan）を開始する

> *3 uptake time
> 投与後 scan 開始までの間の時間を，uptake time とよぶが，この時間をどれくらいに設定するかにより正常組織や腫瘍組織，炎症組織などへの集積

は変化する．したがって，同一 study 内では，常に投与後同一時間での画像収集開始が行えるよう心掛ける必要がある（もちろん uptake time の検討を主たる目的にしている場合は除くが，ここでの時間は，評価対象とする組織により time activity curve が異なることも想定されるので，"FDG が1時間だから，同様になんでもかんでも1時間"である必要はない）．

❷transmission scan *⁴ が必要な場合には，装置によっては ¹⁸FDG 投与前に収集する必要があるので，その場合には ¹⁸FDG 投与前に収集を完了しておく必要がある

> *4 吸収補正（transmission scan）
> RI を利用し体外からその放射能量を計測する場合には，その放射線源の存在する表面からの深度や，肺や骨などの消滅放射線の吸収の程度にも影響され，測定されるカウント数は変化する．その対策として CT 画像や外部線源を用いることで，得られるカウント数を補正する方式が利用されている．CT を装備した PET 装置は高価であり，現在は密封線源を利用した吸収補正が用いられているものが多い．しかし吸収補正を行うために要する時間は，密封線源の強度にもよるが，かなり長時間となることが多く，全例に対して実施することはあまりない．

5 画像処理

❶定量性を求める場合には FBP（filtered back projection）法による再構成画像が用いられていることが多い

❷S/N 比（signal to noise ratio）が良好で，アーティファクトの少ない OSEM（ordered subset expecta-

memo

評価方法
ROI（＝関心領域：region of interest）における SUV（standardized uptake value）とは下記の式で表される．

SUV ＝〔組織放射能（cpm）／組織質量（g）〕／〔投与量（cpm）／体重（g）〕

SUV は PET 装置において吸収補正や減衰補正など種々の補正のもとに表示させることが必要である．この評価方法は被験動物内に投与量がどのような量であったとしても，通常（均一な組織と仮定）は SUV ＝1で表され，集積のあった部位はその値が高く，集積のない部位は値が低くなるというものである．また同一個体内の均一な組織や小脳などを参考データとして，解析に用いる手法は存在するが，現状は SUV における評価方法が主流である．

部分容積効果
求める組織のサイズが小さいものほど，計測結果より得られるカウント（または SUV など）の値は，小さくなる．腫瘍のサイズの評価と共に被検物質の集積の変化を検討するときなどには，注意が必要である．

7章-1．PET（陽電子放射型断層撮影）

tion maximum）法の Iteration（繰り返し回数），Subset（積算回数），Gaussian フィルタ（平滑化フィルタ）などの関係を検討し，それぞれの施設で適当な値を決定する必要がある．ただし画像の評価は，常に同じ処理方法にて再構成された手法を用いて評価する

再構成方法は，さらに高速で安定性の高い手法として，いくつかのPET製造メーカーで利用されはじめている．今後は処理コンピュータの高速化と共に，定量性に優れた処理方法が開発されるものと期待する．

6 その他
1. 収集が終了したら，被験動物はRI廃棄物として乾燥後廃棄する
2. PET4核種としての申請した施設であれば，7日間保管後RI管理から除外できる[*5]

> *5 PET廃棄物の規制緩和
> 平成16年に放射線障害防止法施行規則および告示の一部改正が行われ，放射性同位元素における不純物に関しての条件を満たすことで，充分に減衰が進んだ時期に非放射性同位元素として廃棄ができることが示された．

memo
放射線被ばく
PET検査と関係して，放射線被ばくの問題がよく取り上げられる．しかしヒト対象の医療機関とは異なり，扱う放射能量も少なく，同一環境下であればほとんど問題が出ることはない．しかし医療現場では合成から投与までは，充分に遮蔽された環境が整っているのに対し，ルーティン業務の存在しない研究施設で医療現場と同一の運用を適用することは，かなり困難な問題である．また消滅放射線の高いエネルギーに対しては，これまでより充分に厚い遮蔽体が必要である．そこで業務の効率を考慮した場合には，「距離を離す」，「短時間で作業を行う」などを心掛けることが，より重要な対策である．

実験例

1 脳 ¹⁸FDG-PET
製剤の準備および検査前準備など

製剤：¹⁸FDG
投与量：74 MBq
uptake time：50分
emission scan：30分
Rat：24 w，254 g

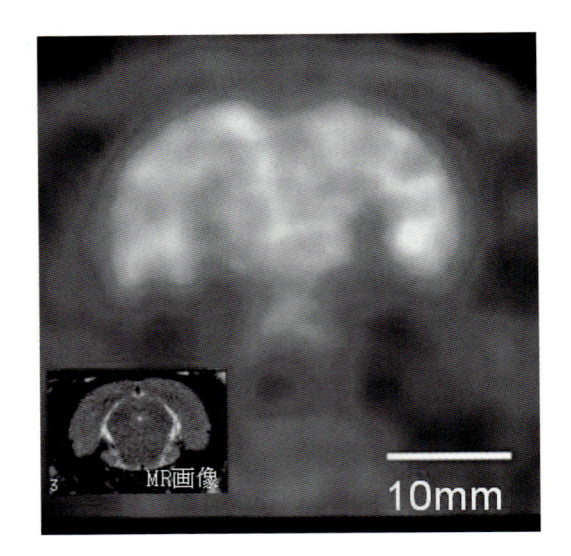

図3 ¹⁸FDG投与後の脳イメージング（ラット）（巻頭カラー⑨参照）
左下はMR参照画像
提供：日本メジフィジックス株式会社

イソフルランを使用し，麻酔下で撮像

2 画像処理

energy window：250～700 keV
reconstruction：3D-OSEM
iteration：5
subset：50
吸収補正：無

¹⁸FDG-PETにて得られた画像を（図3）に示す．脳の糖代謝が周囲の組織に比べて盛んなことが，¹⁸FDG集積の高さからもよく理解できる．

memo
脳への集積はヒトでは投与後30～40分に平衡状態になると言われている．

おわりに

今回紹介したPET検査薬としての¹⁸F-FDGは，現在多くの試験で利用されている．これは化学構造式，体内挙動がグルコースに類似しており，糖代謝の亢進しているがん組織の描出に優れており，医療分野で利

用され，エビデンスも確立していることが大きな要因と考えられる．今後は，その他の核種の標識技術も考案され，利用方法がより確かなものになっていくものと考える．そして装置の開発が進むにつれて，高感度化・高分解能化が図られ，急速にPET装置の用途が拡大されていくものと期待する．

本稿を執筆するにあたり，PET画像を提供いただいた日本メジフィジックス創薬研究所の方々には，深く御礼申し上げます．

参考文献

1) 日下部きよ子/編：「必携！がん診療のためのPET/CT」，金原出版株式会社，2006
2) Tanimoto, K. et al. ：核医学技術，26：207-220，2006
3) 田崎洋一郎：日本放射線技術学会誌，63：25-28，2006
4) 大西英雄，他：「核医学検査技術学」，オーム社出版局，2002
5) 坂本 攝：核医学技術，24：233-241，2004
6) 西村恒彦，他：「クリニカルPET 一望千里」，メジカルビュー社，2004
7) Satoko, K. et al. ：Annals of Nuclear Medicine，18：51-57，2004
8) 関 育也：BIO Clinica 分子イメージング，21（11）：67-72，2006

第7章 イメージング解析

2. 2光子励起顕微鏡を用いた カルシウムイメージング
～神経細胞局所におけるカルシウムイオンの動態解析～

野口　潤，河西春郎

細胞内におけるカルシウムイオン濃度の局所的な変化は細胞機能に重要な役割を果たしている．そこで，組織標本の観察に優れている2光子励起顕微鏡を用いて細胞内局所におけるカルシウム動態を解析する方法について概説する．

はじめに

細胞内カルシウム濃度（$[Ca^{2+}]_i$）は静止状態では約100 nM程度の非常に低い値に制御されている．しかし，カルシウムチャネルの開口などによりその濃度は急激に上昇し，カルシウム依存的な細胞内シグナル伝達を引き起こす．しかも最近では時空間に限定的に$[Ca^{2+}]_i$が上昇することが重要な意味をもっている例が多くわかってきている．

ここでは神経細胞スライスや細胞塊などの厚みのある試料においても高い解像度で観察可能な2光子励起顕微鏡に限定し，微小ガラス管からカルシウム指示薬を細胞内に導入して測定する方法の実際を詳しく述べる．実験例として，われわれが取り組んでいる海馬神経細胞の樹状突起に存在するスパインという長さ～1 μmのトゲ状の構造にイオンチャネルを介してカルシウムが流入し，次いで樹状突起に流出する様子を観察した結果を紹介する．

原理

1 2光子励起顕微鏡

通常の蛍光現象（1光子励起）は，1つの光子が色素分子に吸収されることにより，光子のエネルギーに相当するエネルギー準位に色素分子が励起され，熱的な緩和過程を経た後に残りのエネルギーに相当する光子を放出して基底状態に戻る過程である[1]．これに対して2光子励起は2つの光子が同時に1つの色素分子に吸収され，そのエネルギーの和により決まるエネルギー準位へ単一の量子過程として分子を励起することを指す（図1）．

2光子励起は以下のような特徴を有している．①2光子励起現象が発生するには，非常に高い光子密度が必要である．時間的に光子密度を圧縮するため，超短パルスレーザーを用いる．さらに，②空間的にもレーザーの光子密度が圧縮された対物レンズ焦点付近（～1 μm^3）でのみ2光子励起は生ずる．③焦点以外の部分を励起しないので，蛍光色素の褪色が抑制される．④焦点以外の部分を励起しないことは組織表面からやや深い部位（深さ最大およそ1 mm）の観察を容易にする．なぜなら，焦点以外の部分が励起されると散乱光の一部が検出器に到達して画像のボケの原因となるからである．⑤光子のエネルギーは波長に反比例する．したがって，1光子励起の場合と比較して励起波長は約2倍になり，赤外線を用いる．赤外線は深部到達性に優れているので，組織深部を観察するのに都

Jun Noguchi, Haruo Kasai：Basic Medical Sciences Ⅱ, Graduate School of Medicine, University of Tokyo［東京大学大学院医学系研究科疾患生命科学部門（2）］

A)

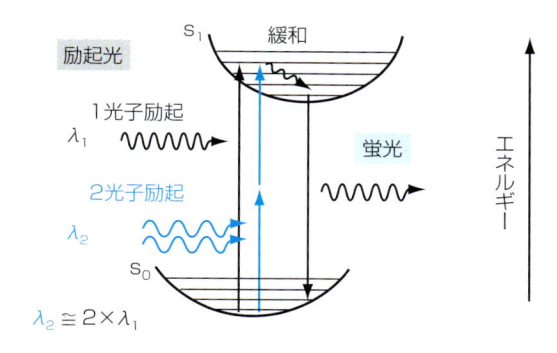

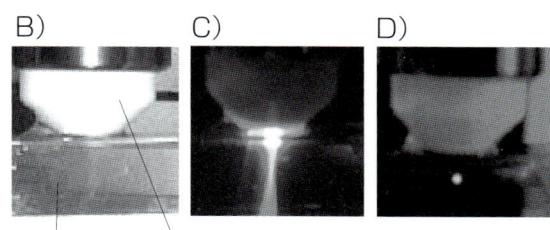

励起光
1光子励起 λ₁
2光子励起 λ₂
$\lambda_2 \cong 2 \times \lambda_1$

S₁ 緩和
蛍光
S₀
エネルギー

B) C) D)

色素を入れた　対物レンズ
キュベット

図1　2光子励起の説明
A) 1光子励起と2光子励起のエネルギーダイアグラム．λ₁：1光子励起波長，λ₂：2光子励起波長，S₀：基底状態，S₁：第1励起状態．B〜D) 色素を満たしたキュベット（B）に励起光を照射し，色素を1光子励起（C）もしくは2光子励起（D）した

> A) 2波長励起，1波長蛍光測定のレシオメトリーによってカルシウム濃度測定が可能なもの：Fura-2など
> B) 1波長励起，2波長蛍光測定のレシオメトリーによってカルシウム濃度測定が可能なもの：Indo-1など
> C) 蛍光強度の変化によってカルシウム濃度測定を行うもの

　レシオメトリーとは，2つの波長の場合のそれぞれの蛍光強度の比を取ることにより，指示薬濃度の変動や試料の動きなどが補正されたカルシウム濃度を算出することである．実際はA) のレシオメトリーは2光子励起では，レーザーが2本ない限りは実施しづらい．なぜなら，波長可変のレーザーでも波長を変動させるのにある程度時間がかかり，波長を変動させると光線の方向や広がりがわずかに変化するので，光路調整を行わなければならないからである．励起波長や指示薬の親和性が実験者の目的と合致するならばB) は有効な手段となる．
　C) は2光子励起の上記性質⑥により，カルシウム指示薬とカルシウム非感受性の蛍光色素を同時に励起して個別に蛍光を検出することによりB) の方法と同等となる．多数の試薬がC) のカテゴリーに入るので，励起波長や親和性を選択しやすい．実験例ではC) の方法の例を示している．

合がよい．⑥励起波長は正確に1光子励起の場合の2倍になるわけではなく，一般的に2倍のやや短波長側に励起できる範囲が広がる傾向がみられる（ブルーシフト）．このため1光子励起では励起波長が異なる複数の色素を1つの波長で2光子励起できることがある（同時多重染色性，表1参照）．
　2光子励起顕微鏡はレーザーをスキャンしてコンピュータ上で画像を構築する点は共焦点顕微鏡と共通している．

2　2光子励起法によるカルシウム測定

　UVあるいは可視光線で励起するほとんどのカルシウム指示薬（蛍光色素）および，遺伝的に細胞に導入するカルシウムレポータータンパク質（改変GFP同士のFRET等を使用）は，2光子励起法で使用可能である．以下蛍光色素のカルシウム指示薬に限定して説明する．表1で紹介するカルシウム指示薬には，おおまかに以下の3種類がある．

3　ホールセルパッチクランプ法

　ホールセルパッチクランプ法とは微小ガラス管を細胞膜に密着させたのち，ガラス管内に陰圧を加えて細胞膜を破り，微小ガラス管内と細胞内を連絡して電気計測を行う手法である（8章9参照）[3]．このとき細胞質がガラス管内の溶液で置換される．このことを利用してカルシウム指示薬を細胞内に導入する．

準備するもの

＜試薬＞

1) カルシウム指示薬，蛍光色素
Invitrogen社（旧Molecular Probes社），Dojin社などから入手．検出したいカルシウム濃度と使用波長などを考え指示薬を選択する（表1）[*1, 2]．現象のおおよその $[Ca^{2+}]_i$ の目安があるならば，それと同程度の K_D の指示薬をまず試してみる．

表1 代表的カルシウム指示薬

カテゴリー		親和性[6] K_D (μM)	励起波長 1光子 (nm)	励起波長[1] 2光子 (nm)	蛍光変化率[6]	備考
A	Fura-2	0.145	380/340	700〜830		Fura-5FとBis-fura-2とMag-fura-2は2光子励起未確認 [2, 3, 5]
	Fura-4F	0.77				
	Fura-5F	0.4				
	Fura-6F	5.3				
	Fura-FF	5.5				
	Fura-PE3	0.146				
	Bis-fura-2	0.37				
	Mag-fura-2	25				
	Fura red	0.14	490/440	〜800		[2, 4]
	BTC	7	480/430			
B	Indo-1	0.23	340	590〜800[8]		Indo-5FとMag-Indo-1は2光子励起未確認 [5]
	Indo-5F	0.47				
	Mag-indo-1	35				
C	Fluo-3	0.39	506	800〜850	>100	Mag-fluo-4は2光子励起未確認 [5]
	Fluo-4	0.345	488	800〜850	>100	
	Fluo-5F	2.3				
	Fluo-4FF	9.7				
	Fluo-5N	90				
	Mag-fluo-4	22				
	Calcium green-1	0.19	506	800〜850	〜14	
	Calcium green-2	0.55			〜100	
	Calcium green-5N	14			〜38	
	Calcium orange	0.185	550	800〜850	〜3	
	Calcium crimson	0.185	580	800〜850	〜2.5	[4]
	Magnecium Green	6	506	800〜850		[5]
	Oregon green 488 BAPTA-1	0.17	488	800〜850	〜14	
	Oregon green 488 BAPTA-2	0.58			〜100	
	Oregon green 488 BAPTA-6F	3			〜14	
	Oregon green 488 BAPTA-5N	20			〜44	
	Rhod-2	0.57	550	810〜840	〜100	AM体を特異的にミトコンドリアに取り込ませることができる．Rhod-FF, Rhod-5N, X-Rhod-5F, X-Rhod-FFは2光子励起未確認
	Rhod-FF	19				
	Rhod-5N	320				
	X-rhod-1	0.7	580	900〜925		
	X-rhod-5F	1.6				
	X-rhod-FF	17				

*1：2光子励起はよく用いられる波長を記載した．これ以外の波長で励起できないわけではない．
*2：これらの指示薬は2光子励起ではCa²⁺未結合で明るく，結合すると暗くなる．
*3：700 nm近くでも励起可能だが蛍光変化率は小さくなる．
*4：長波長の蛍光を放つ指示薬を2光子励起で用いる場合は，励起光のカットフィルターで蛍光が減弱していないことを確認する．
*5：Mag-とつくAPTRA (BAPTAの半切) 型にはMg²⁺親和性 (1〜5 mM) もある．これら以外の指示薬はBAPTAを基本骨格としている．
*6：親和性 (解離定数) と蛍光変化率は，参考図書B)，製品添付文書より転載．
*7：本表に掲載の指示薬はInvitrogen社 (Molecular Probes) ほかから入手可．Fura-PE3はTefLabs社から入手可．
*8：800 nmを超える波長で，3光子励起が起こる可能性がある．

> *1 指示薬の濃度は文献などから適切な濃度を選ぶ（最大1 mM程度）．濃度を高くすると静止時の明るさは大きくなり，指示薬がカルシウムで飽和しにくくなるが変化率は下がる．また，1 mMを超えると細胞へのダメージが大きくなるようである．カルシウム指示薬はそれ自体がカルシウムバッファーであることに注意．K_Dを小さくしたり濃度を大きくするとカルシウム結合比κ（バッファー能の目安．MEMO参照）が大きくなる．内在性のバッファー能よりもはるかに大きいκの指示薬を入れるとそれだけカルシウム動態を変化させる．
>
> *2 カルシウム指示薬は，製品によってはかなりロット差が大きく，添付文書に表記されている蛍光変化率と大幅に異なることがあった．ノートには必ずロットを記載しておく．いくつかのロットを試してスペック通りの変化率を示すロットを見出し，必要なだけキープしておいて一連の実験はすべて同一ロットで行うことをすすめる．

2）パッチクランプ用細胞内液*3

われわれが今回用いた内液を以下に記載する．

- 測定用内液

$MgCl_2$	（4 mM）
Cs-gluconate	（～130 mM）
Cs-Hepes	（10 mM）
Na-ATP	（4 mM）
Na-GTP	（0.4 mM）
Na_2-phosphocreatine	（10 mM）
Oregon Green 488 BAPTA-5N（OGB-5N）	（0.5 mM）
Alexa fluor 594	（0.04 mM）

- 校正用 High-Ca 内液
  測定用内液 + 10 mM $CaCl_2$

- 校正用 Low-Ca 内液
  測定用内液 + 10 mM EGTA

pH 7.2，浸透圧をCs-gluconateで約280 mOSM/kgにあわせる．

> *3 微量のカルシウムは手の脂や唾液・実験室のホコリ・pHメーターその他から容易にコンタミする．容器はできるだけディスポーザブルのものを使用し，ビーカーなどはきれいに洗ったうえ，超純水で何度もリンスして用いる．試薬の作製には超純水を用いる．作業時に手袋・マスクを着用することも有効．オートクレーブすると不純物の混入した蒸気が付着するので，ピペットマンなどのチップはオートクレーブしていないものを用いる．

3）潅流液*4

- ACSF

NaCl	（125 mM）
NaH_2PO_4	（1.25 mM）
KCl	（2.5 mM）
$CaCl_2$	（2 mM）
$MgCl_2$	（1 mM）
$NaHCO_3$	（26 mM）
D-glucose in H_2O	（20 mM）

- 測定用外液

ACSF	
Trolox	（0.2 mM）
picrotoxin	（0.05 mM）
TTX	（0.001 mM）
CNQX	（0.01 mM）

- （＋）Ca校正用外液
  ACSF + 1 μM 4-bromo-A23187
- （－）Ca校正用外液
  ACSFから$CaCl_2$を除く．

> *4 $CaCl_2$，TTX，CNQX，4-bromo-A23187以外の試薬を混合し，40℃程度に加熱してTroloxとpicrotoxinを溶解した後室温に戻し95% O_2，5% CO_2 で10分以上バブリングしてから$CaCl_2$，TTX，CNQX，4-bromo-A23187を加える．

- ケイジドグルタミン酸（10 mM MNI-glutamate，Tocris社）
  測定用外液に溶解する．

<器具・機械>（図2参照）

- 走査光学顕微鏡セット（検出器波長：Ch1 400-570 nm，Ch2 590-650 nm）
- 超短パルス赤外線レーザー（Spectra-Physics社，Coherent社）．
- パッチクランプアンプ
- マニピュレータ
- ガラス微小電極作製装置
- 浸透圧測定装置
- 観察用チャンバー
- 脳スライス保存容器
- 95% O_2，5% CO_2 ボンベ
- 窒素ガスボンベ

<サンプル>

- 幼若ラット急性海馬スライス
  15～20日齢のSDラットから350 μm厚のものを調製して今回用いた．詳しくは文献3) 参照．

プロトコール

1 R_{min}，R_{max}（MEMO参照）の in vivo 校正*7

i）R_{min}

1. 保存容器から脳スライスを1枚取り出し，観察用チャンバーに置き，顕微鏡下にセットする．95% O_2，5% CO_2 でバブリングした（－）Ca校正用外液を 1 ml/min の割合で供給する

2. 微小電極作製装置で事前に作製しておいたガラス微小電極に校正用Low-Ca内液を入れる

3. 明視野画像で細胞を見ながらガラス微小電極を海馬錐体細胞に押し当て，細胞膜を破りホールセルパッチクランプ状態にする．微小電極を通じて色素が細胞内に拡散する*5

4. 10～20分程度で細胞体の色素濃度が平衡に達する．微小電極内の色素の濃度と細胞内の色素の濃度がほぼ同じであること，しばらく時間をおいても蛍光強度が上昇しないことをCh2のAlexa594の蛍光を見て確認する

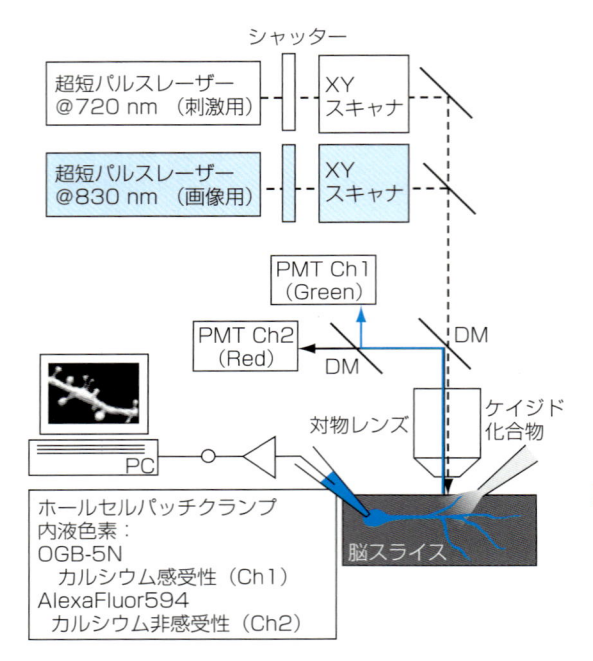

図2　2光子励起顕微鏡を中心とした実験セットの例
破線は励起光を示す．サンプルからの蛍光はダイクロイックミラー（DM）によって波長で分離される．パッチクランプ用のガラス電極と，ケイジド化合物吹きかけのための微少ガラス管はマニピュレータ（省略）で保持されている．PMT：Photomultiplier tube（光電子増倍管）

> ＊5 色素の拡散が悪いときはガラス微小電極先端の詰まりによる抵抗の上昇であることが多く，他の細胞でやり直す．直列抵抗値（Series resistance, Rs）は 15 MΩ以下にする．

⑤ 細胞体の Ch1，Ch2 双方の XYZ 画像を取得する
⑥ 細胞質部分の Ch1，Ch2 の蛍光 f_1, f_2 と，バックグラウンドの蛍光 b_1, b_2 から，次のように求める
$R_{min} = (f_1 - b_1) / (f_2 - b_2)$
ⅱ）R_{max}
上記 R_{min} 算出の操作を（＋）Ca 校正用外液，校正用 High-Ca 内液＊6 を用いて同様に行う．

> ＊6 校正用 High-Ca 内液の場合には，ホールセルパッチクランプが成功しても，しばらくすると穴がふさがりやすい傾向がある．電極の先端径を若干大きめにして，測定終了まで穴がふさがらないように電極のドリフトを常に修正する．

> ＊7 指示薬の蛍光変化率（$R_f = R_{max}/R_{min}$）はキュベット内と細胞に入れたときで異なることに注意．これは細胞内に入った指示薬が細胞内のタンパク質などと結合することによりカルシウム非依存的に蛍光強度が変化することなどによると思われる．目的の細胞で R_{min}, R_{max} を確認することが望ましい．

2 ラインスキャンによるカルシウムイメージング

① 保存容器から脳スライスを1枚取り出し，観察用チャンバーに置き，顕微鏡下にセットする．95% O_2，5% CO_2 でバブリングした測定用外液を 1 ml/min の割合で供給する（図2も参照）
② 微小電極作製装置で事前に作製しておいたガラス微小電極に測定用内液を入れる
③ 明視野画像で細胞を見ながらガラス微小電極を細胞に押し当て，細胞膜を破りホールセルパッチクランプ状態にする
④ ホールセルパッチクランプ成立後20分以上経過したら，Alexa594 画像（Ch2）を用いて錐体細胞樹状突起の形を観察し，測定に適する位置を探す
⑤ 適当な場所が見つかったら，ケイジドグルタミン酸を別の微小ガラス管に入れてマニピュレータにセットしこれを静かに下ろし，測定場所付近に設置する
⑥ ケイジドグルタミン酸を入れた微小ガラス管に窒素ガスで圧力（5 mmHg）をかけることにより，ケイジドグルタミン酸を測定場所付近に吹きかける
⑦ 任意に選択した樹状突起スパインに波長 830 nm のレーザーのラインスキャンを行うことにより，スパインと樹状突起の蛍光強度の変化を記録する＊8．スパイン先端付近に波長 720 nm のレーザーを照射し，ケイジドグルタミン酸を2光子励起により分解（uncage）し，グルタミン酸を投与する[5]

8 カルシウム濃度への変換は，MEMO 欄の（式7）もしくは（式8）を用いる

> *8 指示薬がカルシウムで飽和しないよう留意すること．局所的に指示薬が飽和している場合は解像度の低い顕微鏡で観察すると平均されて見かけ上飽和しない．これについては，文献[2] 参照．蛍光強度は，最大の蛍光強度（カルシウム過剰時）の半分程度までを目安とし，これを超えるようであればより低親和性の指示薬で測定し直す．

memo

カルシウム結合比（Ca binding ratio：κ）

カルシウムと結合する物質はカルシウムバッファーとして働く．その程度をカルシウム結合比（κ）で表す．κの定義は，

$$\kappa = \frac{d[CaB]}{d[Ca^{2+}]} \quad （式9）$$

である．

（式5）に（式2）を代入すると，

$$[CaB] = \frac{[Ca^{2+}][B_T]}{K_D + [Ca^{2+}]} \quad （式10）$$

であるから，

$$\kappa = \frac{d[CaB]}{d[Ca^{2+}]} = \frac{K_D[B_T]}{(K_D + [Ca^{2+}])^2} \quad （式11）$$

$[Ca^{2+}]$ が K_D に比べて充分小さいなら，

$$\kappa = \frac{d[CaB]}{d[Ca^{2+}]} \approx \frac{[B_T]}{K_D} \quad （式12）$$

である．

memo

蛍光強度からカルシウム濃度を算出

励起された指示薬分子の放出する蛍光はカルシウムが結合していないものでは単位濃度あたり A で，カルシウムが結合するとその R_f 倍になるとする．

このとき総蛍光 F は，

$F = [B]A + [CaB]R_fA$ （式1）

ここで，[B] は遊離指示薬分子，[CaB] はカルシウムと結合した指示薬分子の濃度である．

（式1）に

$[B_T] = [B] + [CaB]$ （式2） を代入して，

$F = [B]A(1 - R_f) + [B_T]A$ （式3）

を得る．ここで，$[B_T]$ はカルシウム指示薬分子の総濃度である．一方，定義より，最大の蛍光強度 F_{max} と最小の蛍光強度 F_{min} は，

$F_{max} = [B_T]R_fA$, $F_{min} = [B_T]A$ （式4）

である．また，指示薬のカルシウム解離定数の K_D の定義より，

$K_D = \frac{[Ca^{2+}][B]}{[CaB]}$ であるから，

$[Ca^{2+}] = K_D \frac{[CaB]}{[B]}$ （式5）

（式5）に（式2），（式3）と（式4）を代入すると（式6）を得る．

$[Ca^{2+}] = K_D \frac{F - F_{min}}{F_{max} - F}$ （式6）

F と Alexa594 の蛍光値 X との比を F/X = R とすると，（式6）より

$[Ca^{2+}] = K_D \frac{R - R_{min}}{R_{max} - R}$ （式7）

低親和性のカルシウム指示薬では，$R_{min} ≈ R_0$ （静止時のR）であるから，$\Delta R = R - R_0$ として，

$[Ca^{2+}] = K_D \frac{\Delta R}{R_{max} - R_{min} - \Delta R}$ （式8）

（式8）に ΔR, R_{max}, R_{min}, K_D を代入し，カルシウム濃度を得る．

実験例

幼若ラット海馬スライスにホールセルパッチクランプを行い，錐体細胞の樹状突起上のスパインを観察した．ケイジド化合物を2光子励起により分解してスパインの先端付近にグルタミン酸を投与すると，スパインではカルシウム非感受性のAlexa594の蛍光強度の変化は生じなかったが，OGB-5Nの蛍光強度は大きな変化が生じた（図3A，B）．このことは，NMDARチャネルが開口しCa^{2+}がスパイン内部に流入したことを示す．OGB-5Nの蛍光強度の上昇はスパインに続いて樹状突起でも上昇した．また，樹状突起シャフトの反対側にグルタミン酸を投与しても蛍光強度の上昇はほとんど見られなかったことから（データ省略），NMDARチャネルを通じてスパインに流入したCa^{2+}が樹状突起に流出したことが示唆された[4]（図3C）．

おわりに

今回紹介した方法の本質的な問題点として，カルシウムのバッファー，すなわちカルシウムキレーターであるカルシウム指示薬を細胞内に必然的に導入してしまうことが挙げられる．別の問題点として，細胞質成分がパッチクランプの内液に置換されてしまうことがある．つまり，細胞質成分の置換により可溶性のカルシウム結合タンパク質が減少し，また，イオンチャネルなどの失活が生じる可能性がある．以上の問題点は

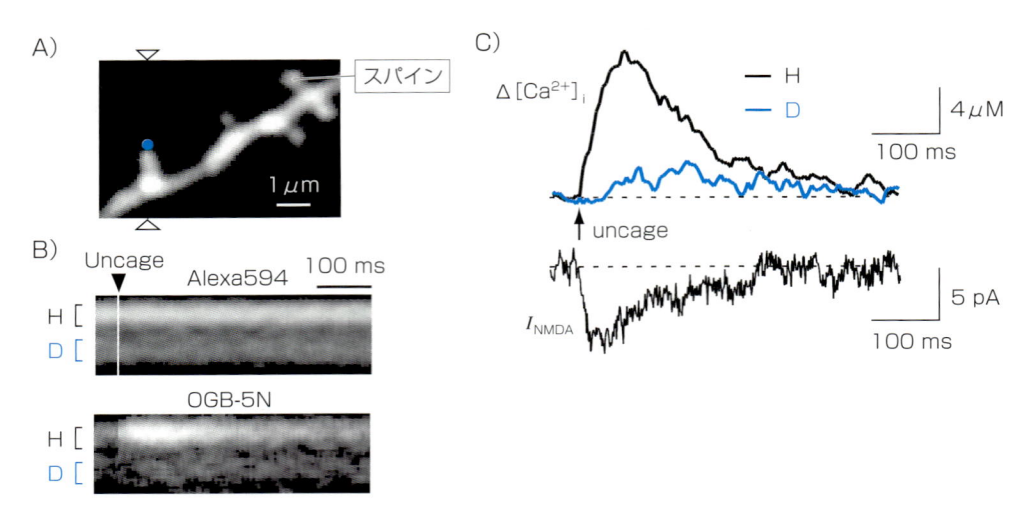

図3 シナプス刺激によるカルシウム流入のイメージング
A) Alexa fluor594 の蛍光（Ch2）で得られた海馬神経細胞樹状突起の画像．Zを変えて21枚撮影した画像を重ね合わせて作成した．樹状突起から出ているトゲ状のものはスパインとよばれ，中枢神経の興奮性シナプスのほとんどはスパイン上に形成される．B) 720 nm のレーザーを 5 ミリ秒間スパイン先端（Aの青丸）に照射してグルタミン酸をスパインに投与した．スパイン上に存在するグルタミン酸受容体の1つであるNMDA型受容体は Ca^{2+} も透過するイオンチャンネルであり，グルタミン酸が結合すると，Ca^{2+} がスパインの中へ流入する．このとき，Aの三角の間で 830 nm のレーザー光のラインスキャンを行い，蛍光強度の変化を調べると，カルシウム指示薬である Oregon Green 488 BAPTA-5N（OGB-5N）の蛍光は 720 nm レーザーの照射（矢頭）とともに急激に上昇した．一方，カルシウム非感受性の Alexa の蛍光強度は変化しなかった．C) NMDA受容体を介する電流（I_{NMDA}）とBの画像から求めたカルシウム濃度の変化を図示した．スパイン（H）に引き続いて樹状突起（D）で Ca^{2+} が上昇しているのがわかる．スパインに入った Ca^{2+} が樹状突起に流出したと考えられる（文献4より転載）

測定しようとする対象のカルシウム動態に影響を与えるので，結果の評価に慎重な検討が必要である．上記の最初の問題点は，低親和性のカルシウム指示薬を用いて内在性のカルシウムバッファーに影響しない程度に用いることで低減することができる．第二の点は，カルシウム指示薬をAMエステル体で導入するか，カルシウム感受性のレポータータンパク質を遺伝的に細胞内に導入することにより回避可能である．しかし，AM体は濃度校正が困難であり，レポータータンパク質はカルシウムに対する時間応答などの欠点がある．これらの点は今後も検討課題である．

参考文献

1) 河西春郎, 他：生物物理, 42 (2) : 91-94, 2002
2) 岸本拓也, 他：Surgery Frontier, 6 (4) : 77-84, 1999
3) 斎藤康彦, 他：「新パッチクランプ実験技術法」, pp92-101, 吉岡書店, 2001
4) Noguchi, J. et al. : Neuron, 46 : 609-622, 2005
5) Matsuzaki, M. et al. : Nat. Neurosci., 4 : 1086-1092, 2001

参考図書

A) Yuste, R. & Konnerth, A. : "Imaging in Neuroscience and Development: A Laboratory Manual", Cold Spring Harbor Laboratory Press, 2005
B) Molecular Probes: "Handbook of Fluorescent Probes and Research Products" (9th edition)

第7章 イメージング解析

3. 1分子イメージング
〜タンパク質1分子のイメージング〜

原田慶恵

> マイクロビーズや蛍光色素を標識として，水溶液中や細胞内の個々のタンパク質分子の動きの観察，タンパク質分子間の相互作用の検出，タンパク質分子内の動きの検出を行うことができる．

はじめに

タンパク質分子がどのような分子メカニズムではたらいているかということを理解することは，生命現象の解明のために非常に重要である．最も直接的なアプローチは，個々のタンパク質分子が実際に機能している様子を直接観察する方法である．四半世紀ほど前には，ほとんどの研究者は，わずか数十 nm の大きさのタンパク質分子がはたらく様子を観察することなどできそうもないと考えていた．しかし，さまざまな技術の進歩，装置や手法の開発の結果，最近は，個々のタンパク質分子が機能する様子を観察する手法として1分子イメージング法が確立されつつある．

原理

タンパク質分子は大きいものでも数百 nm 程度の大きさしかないので，分子の形を観察するためには電子顕微鏡を使わなければならない．しかし，電子顕微鏡観察は真空中で行うので，タンパク質分子の機能は失われている．機能をもった状態のタンパク質分子を観察するためには生理的条件下，すなわち水溶液中で観察する必要がある．そのため，1分子イメージングには光学顕微鏡を使わざるを得ない．光学顕微鏡の場合，光源として可視光を使うので，空間分解能（2点を識別することができる最小距離）は，可視光の波長のおよそ半分，最高でも 200 nm 程度である．したがって，それと同じくらいあるいは小さいタンパク質分子を直接光学顕微鏡で観察することはできない．そこで，タンパク質分子を光学顕微鏡で観察するために，タンパク質分子にさまざまな標識を付ける．そして，それらを手がかりに個々の分子の機能に伴う動きを観察する．このような方法を1分子イメージングという．標識として光学顕微鏡で容易に観察できる大きさのものを付ける方法，蛍光色素などの光るものを標識する方法などがある．表1に1分子イメージングに使われる代表的な標識物質とその観察法，特長を示す．ここでは，最も大きい標識であるマイクロビーズと最も小さい標識である蛍光色素を標識物質として使う実験を中心に1分子イメージングについて解説する．

準備するもの

1 標識物質

A）マイクロビーズ

マイクロビーズの材質はポリスチレンなどのポリマーあるいはシリカ製のものが市販されている．ビーズの直径は 10 nm くらいから非常に大きなもので 500 μm

表1　1分子イメージングで用いられる標識

標識となるもの	観察方法	特長
マイクロビーズ （直径1μm程度）	明視野顕微鏡 位相差顕微鏡 微分干渉顕微鏡	高精度の位置計測 レーザーによる操作
金コロイド（金ナノ粒子） （直径数十nm）	暗視野顕微鏡	レーザーによる操作 きわめて安定
蛍光マイクロビーズ （直径数十nm程度）	蛍光顕微鏡	高いコントラスト
量子ドット （直径十数nm）	蛍光顕微鏡	きわめて安定
蛍光タンパク質（GFPなど） （直径数nm）	蛍光顕微鏡	遺伝子による標識 1分子標識
蛍光色素 （直径数Å）	蛍光顕微鏡	コンパクト 1分子標識

くらいまでさまざまなものがあるが，1分子イメージングでよく使われるのは，0.5〜2μmくらいの大きさのビーズである．ビーズには表面がアミノ基やカルボキシル基で修飾されているものや，生体分子を結合するためのビオチン，ストレプトアビジン，プロテインAなどが結合されているものがある．直径が0.5μmより大きいマイクロビーズは光学顕微鏡とCCDカメラで簡単に観察することができる．また，光ピンセット（3章4参照）での操作，力測定，ビーズの位置の高精度に計測を行うことができるため，モータータンパク質分子のナノメートルの動きや，分子の発生する数pNの力を計測する実験に用いられる[1]．ビーズには，磁石で操作することができる，ポリマー内に酸化鉄が封入されている磁気ビーズ，蛍光観察することができる蛍光マイクロビーズなどもある．いずれも1分子イメージングに使用される．マイクロビーズを販売しているメーカーは多くあるが，以下にそのうちの代表的なものを示す．

☞ マイクロビーズの販売メーカー
Bangs Laboratories社
　http://www.bangslab.com/
Polysciences社
　http://www.polysciences.com shop/
Seradyn社（磁気ビーズ）
　http://www.seradyn.com/
Molecular Probes（invitrogen）社（蛍光ビーズ）
　http://www.probes.com/

Bangs Laboratories社のホームページには，マイクロビーズの取り扱い法や修飾法などのプロトコールが詳しく書かれているので参考にするとよい．

B）蛍光色素

顕微鏡の改良によって背景光を気にしなくてもよいなら，励起光を強くしていけば蛍光色素はより多くの蛍光を放出するので，どんな蛍光色素も明るく観察できることになる．しかし，現実にはそういうわけにはいかない．蛍光色素には寿命があり，決まった数の蛍光を放出したら構造が壊れて蛍光を発しなくなる，すなわち褪色してしまう．いくつかの蛍光色素の性質を表2に示す．タンパク質分子を標識し，1分子イメージングを行うのに適した明るく安定な蛍光色素はCyDyeなどのシアニン色素である．特にCy3は明るく褪色が遅く，数分間の連続観察が可能である[2]．Cy3の他にAlexa Fluor 532, tetramethylrhodamine（TMR）なども1分子イメージングに用いられる．Cy3など緑励起される蛍光色素と，蛍光共鳴エネルギー移動法（FRET）（1章4参照）のペアとして使われる赤励起の蛍光色素として，Cy5, Alexa Fluor 647, ATTO 647Nなども1分子イメージング可能な色素である．また，細胞の実験でよく使われる緑色蛍光タンパク質（GFP）分子も短時間であれば，1分子観察が可能である．さらに最近，量子ドットという半導体のナノ結晶が開発され，蛍光色素と同様に使われるよう

表2　蛍光色素の性質の比較

スペクトルの性質	蛍光色素			
	Cy3	Cy5	Alexa Fluor 532	eGFP(S65T)
最大励起波長 λm (nm)	549	646	531	488
最大蛍光波長 λe (nm)	573	670	554	508
モル吸光係数 εm ($M^{-1}cm^{-1}$)	150,000	218,000	80,000	55,000
量子収率 Φ	0.33	0.28	0.95	0.61
10 MWm^{-2}での褪色速度(s^{-1})	0.007	0.4	0.06	0.06
蛍光分子あたりの放射光子の総数×10^6	38	1.4	13	5

になってきた[3].量子ドットは蛍光色素と比べて,モル吸光係数は桁違いに大きく,量子収率(吸収した光を蛍光に変える効率)は蛍光色素と同じかやや勝っているので,発する蛍光は桁違い(1,000倍から場合によっては10,000倍程度)に明るい.

> 蛍光色素・量子ドットの販売メーカー
> Molecular Probes（invitrogen）社
> （CyDye以外の蛍光色素）
> 　http://www.probes.com/
> GEヘルスケア バイオサイエンス社（CyDye）
> invitrogen社（量子ドット）
> 　http://probes.invitrogen.com/products/qdot/

2 光学顕微鏡

標識物質として直径1μm程度のマイクロビーズを使った場合は,一般的な生物顕微鏡で60倍あるいは100倍の対物レンズを使用して明視野で観察することができる.

標識物質が蛍光色素の場合は,1分子の蛍光色素をイメージングすることができるエバネッセント蛍光顕微鏡を使う.レーザーと光学部品を使ってエバネッセント照明の光学系を組み立てることもできるが,数年前からは,対物レンズを使ったエバネッセント照明を組み込んだ顕微鏡に,固体レーザーや高感度カメラまでセットされたものが市販されているので,これを購入すれば,すぐにでも蛍光1分子イメージングができる〔全反射蛍光顕微鏡システム（オリンパス社),エバネッセンス顕微鏡システム（ニコン社）など〕.

3 カメラ

カメラは取り込んだ光の位置と光の強さの情報を電気信号に変換し,映像信号として出力する装置である.マイクロビーズの観察には市販の安価なCCDカメラで充分であるが,蛍光色素分子の観察には微弱な光を検出する高感度カメラが必要である.高感度カメラは,光を電子に変換する効率,すなわち量子効率が非常に重要である.量子効率を上げるためのさまざまな工夫により,高感度カメラもこの十数年で格段によくなっている.

A）増倍型高感度カメラ

10年ほど前までは,イメージインテンシファイア（光を電子に変換し電気的に増幅して,再び光に戻すことで光量を増倍するデバイス）を前につけたSITカメラ（silicon intensified target camera）が主に使われていた.SITカメラは一見きれいに見えるが,残像が大きく動きの速いものを観察するには不向きであることや,入力した光に対する出力のリニアリティーが悪いため,最近はあまり使われなくなった.

その後,EB-CCD（electron bombardment CCD）とよばれるカメラが開発された.このカメラは入射した光を光電面で電子に変換し,その電子に電圧をかけて加速し,背面照射型CCDに衝突させて衝突エネルギーで電子を増倍させる電子増倍機能をもったカメラである.SITカメラのような残像がなく,リニアリティーがあり,電子の衝突エネルギーがすべて電子に変換されるので,発生する電子数の揺らぎが小さい.EB-CCDカメラの前にイメージインテンシファイアを付けることで,さらに微弱な光を検出することができるようになる.

B）蓄積型高感度カメラ

SITカメラやEB-CCDカメラはビデオレート（30

フレーム/秒）で観察する増倍型高感度カメラであるが，高感度カメラには蓄積時間を延ばすことで感度を上げる蓄積型高感度カメラがある．蓄積型高感度カメラは，一般的に冷却CCDとよばれている．冷却CCDカメラはカメラのノイズを極力抑えるさまざまな工夫がなされている．まず，その名の通り，暗電流ノイズを減らすためにマイナス数十度に冷却している．また，読み出し時にゆっくりスキャンすることで読み出しノイズを減らしている．冷却CCDカメラは，ノイズを減らす代わりに画像を得る速度を犠牲にしているというわけである．ゆっくりした現象をきれいに観察する場合には冷却CCDカメラは有効である．

C）EM-CCDカメラ

最近，蓄積型高感度カメラと増倍型高感度カメラの両方の特長を活かした新しいタイプのカメラが開発された．それが，EM-CCD（electron multiplier CCD）カメラである．EM-CCDカメラは，冷却することで暗電流ノイズを減らし，かつCCDのチップ上に電子を増倍する機能をもったCCDカメラである．量子効率は可視領域の広い範囲で90％を超えており，ビデオレートでの観察が可能である．目的に応じて電子増倍率を下げて蓄積時間を延ばすことで冷却CCDのようにきれいな画像を取得することもできる．SITカメラやEB-CCDカメラのように光電面型のカメラは，明るい光を照射すると焼き付きが起こり，使用時には強い光を当てないよう細心の注意が必要であったが，EM-CCDカメラは焼き付きが起こらないので，扱いやすい．

プロトコール

1 実験系のデザイン

1分子イメージングは高倍率の対物レンズを使って光学顕微鏡下で行うので，まずそのような条件下で目的のタンパク質分子が機能する系を確立する．さらにどのような標識物質を結合させ，どのような方法で観察するのかなど，実験系のデザインを行う．

2 タンパク質の標識

❶ ビーズの標識

ビーズにタンパク質分子を機能を保ったまま確実に1分子だけ固定するのは非常に難しいので，通常はビーズの数に対して加えるタンパク質分子の数を非常に少なくした条件でタンパク質をビーズに固定する．タンパク質のビーズへの固定はカルボキシル基をもったビーズを使用し，タンパク質のアミノ基とビーズのカルボキシル基を水溶性カルボジイミド（EDC）で架橋する方法が用いられる．このほか，できるだけ機能を保った状態で結合させる工夫として，ビオチン−ストレプトアビジン，抗原−抗体，抗体−プロテインAなどの特異的結合を利用して間接的に固定する方法がある．

❷ 蛍光色素の標識

蛍光色素の標識はタンパク質のアミノ基あるいはシステインのSH基を利用して行う．まず，蛍光色素の多くは水に溶けにくい．その場合，少量のジメチルスルホキシド（DMSO）あるいはジメチルホルムアミド（DMF）に溶かす．また，反応基は水によって徐々に分解する．そのような場合は，使用直前に溶かし，すぐに使ってしまうようにする．加える蛍光色素はモル比でタンパク質の2〜20倍程度で，目的に応じて変える．タンパク質の失活を防ぐため，溶かした有機溶媒の最終濃度が数％を超えないように注意する．アミノ基に反応するスクシニミジルエステル基やSH基に反応するマレイミド基は，弱アルカリ性（pH 7.5〜8.5）の方が反応速度は速い．限られたアミノ酸だけを標識しようとする場合は，中性（pH 7.0）で反応を行った方がよい．タンパク質のアミノ基に蛍光標識する場合，トリス，グリシンなどのアミノ基をもった緩衝液を使用しないように注意する．また，アジ化ナトリウムはFITCの反応を阻害する．SH基と反応する試薬を使う場合は，2−メルカプトエタノールやジチオスレイトールなどの還元剤が入っていないことを確認する．

標識後は，G-25などでゲル濾過し，未反応の蛍光色素とタンパク質を分離する．標識されたタンパク質の蛍光色素の濃度は，試料の吸光度の測定から見積もる．一方タンパク質の濃度は蛍光色素が280 nmに吸収を全くもたない場合は280 nmの吸光度から見積もってもよいが，280 nmに吸収をもつ場合は，Lowry法やBradford法などによって決める必要がある．その場合もそれらの測定波長が，蛍光色素の波長と重ならない方法を用いなければならない．

3 顕微鏡による観察および解析

タンパク質の標識ができたら，顕微鏡下で観察を

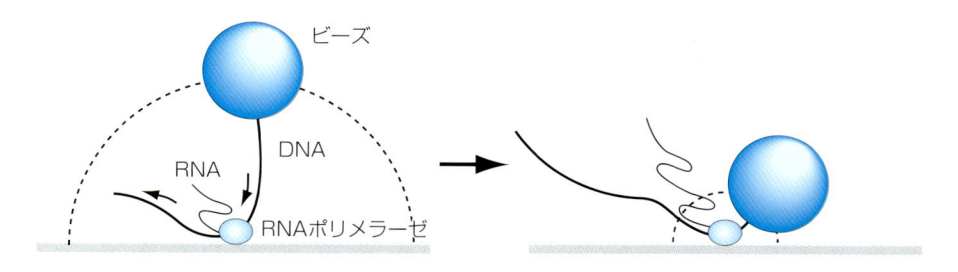

図1 RNAポリメラーゼによるDNA転写の1分子イメージング実験の模式図
下流端に直径約1μmのビーズを結合したDNAとRNAポリメラーゼからなる転写複合体をRNAポリメラーゼ部分でガラス表面に固定する．ビーズはRNAポリメラーゼとビーズの間のDNAの長さに応じた範囲でブラウン運動する．転写が進むにつれて，RNAポリメラーゼはDNAをたぐり寄せるため，ビーズのブラウン運動の範囲は狭くなっていく

行う．得られた像を記録し，データの解析を行う．

> 1分子イメージングで注意しなければいけないのは，見たい現象を本当に観察しているのかということ，そして，見ている現象が本当に1分子によって起こっている現象なのかということである．特にビーズを標識する場合は，ビーズ1個に1分子のタンパク質しか固定されていないという条件にするためには，ビーズの数に対して加えるタンパク質分子の数を非常に少なくするという方法しかない．一方，蛍光色素の場合は，通常反応基は1つしかないので，1分子の蛍光色素に複数分子のタンパク質が結合することはない．したがって蛍光顕微鏡下で観察している輝点が蛍光色素1分子であれば，それはタンパク質分子1分子を見ていることになる．

実験例

1 RNAポリメラーゼによるDNA転写の1分子イメージング

1990年代はじめにLandickらは，RNAポリメラーゼ分子が転写に伴って，徐々にDNAをたぐり寄せる動きを，DNAの端に付けたビーズのブラウン運動の変化として観察するtethered particle motion（TPM）法を開発した[4]．TPM法では，まず，DNAとRNAポリメラーゼの転写複合体をつくる．この転写複合体を図1のようにRNAポリメラーゼのところでガラス表面に固定する．DNAの片方の端に直径およそ1μmのプラスチックビーズをつける．このビーズを光学顕微鏡で観察すると，ビーズはゆらゆらとブラウン運動している．しかし，ブラウン運動の範囲はポリメラーゼの位置からビーズがくっついている鋳型DNAの端までの長さで制限されている．ここで，4種類の基質ヌクレオチド溶液を流し込む．すると転写複合体の転写反応が開始し，ビーズのブラウン運動が変化していく．ビーズをDNAの下流（RNAポリメラーゼが転写していく方向の端）に付けた場合，RNAポリメラーゼによる転写が進むとRNAポリメラーゼがDNAをたぐり寄せるため，ビーズのブラウン運動の範囲はしだいに小さくなる（図1）．そしてその運動の範囲の変化からRNAポリメラーゼの転写速度を知ることができる．この実験で求められたRNAポリメラーゼの転写の平均速度はおよそ10塩基/秒で，同じ条件下での溶液中の大腸菌のRNAポリメラーゼの転写速度とほぼ同じ値であった．

2 タンパク質分子モーターの1分子イメージング

キネシンは神経軸索内でミトコンドリアやシナプス小胞前駆体などの輸送を行うモータータンパク質である．丸いモーターの機能をもったドメインと，細長い尾部からなる．尾部の先にミトコンドリアや小胞などの輸送するものを結合し，モーターの部分で微小管というタンパク質でできた細長いレールと相互作用して，ATPを加水分解して得たエネルギーを使って滑り運動する．この滑り運動観察のためにまず，キネシンをCy3で蛍光標識した．遺伝子工学的手法を用いて，尾部に反応性の高いアミノ酸残基（システイン）を導入した変異キネシンを大腸菌で発現させ精製し，導入したシステイン残基にCy3を標識した．このキネシン

と，軸糸（微小管の束）をATP存在下で混合し，エバネッセント照明蛍光顕微鏡で観察した（図2）．その結果，蛍光標識キネシン1分子が軸糸上を一方向に滑り運動する様子が観察された[5]．蛍光スポットの強度や褪色の様子から1分子であることを確認した．滑り速度は0.3 μm/秒で，これまで報告されている値とほぼ同じであった．

おわりに

生体内で筋収縮や細胞運動，細胞内物質輸送などを担っているのは，アデノシン三リン酸（ATP）などのヌクレオチドの加水分解によって得た化学エネルギーを，回転運動や滑り運動などの力学エネルギーに変換することができる生物分子モーターとよばれるタンパク質分子群である．これらモータータンパク質分子は機能に伴ってダイナミックな動きをするので，1分子イメージングの手法を使って動きを観察する実験がたくさん行われてきた．しかし，ここで紹介した1分子イメージング技術はあらゆる生体分子の1分子レベルの機能アッセイ，例えばタンパク質間の相互作用，タンパク質とDNAの相互作用，タンパク質とさまざまなリガンドの相互作用の研究に応用できる．これからは，モータータンパク質だけでなく，さまざまな生体分子の機能の研究に，さらに個々の分子が細胞や個体というシステムの中で，どのように振る舞っているかを探るために，1分子イメージング技術が使われるようになっていくであろう．

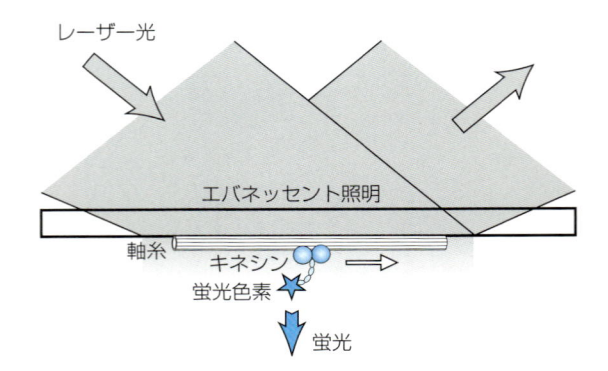

図2 蛍光標識キネシン分子の滑り運動の1分子イメージング実験の模式図
蛍光色素Cy3で標識したキネシン分子がガラス表面に固定した軸糸に沿って動く様子をエバネッセント照明で観察する．軸糸と相互作用しているキネシンが明るい輝点として観察される．エバネッセント照明範囲外のキネシンは励起されないので，観察の邪魔にならない

参考文献

1) Mehta, A. D. et al. : Science, 283 : 1689-1696, 1999
2) Funatsu, T. et al. : Nature, 374 : 555-559, 1995
3) Michalet, X. et al. : Science, 307 : 538-544, 2005
4) Schafer, D. A. et al. : Nature, 352 : 444-448, 1991
5) Vale, R. D. et al. : Nature, 380 : 451-453, 1996

第8章 その他の分析機器

1. Biacore
～タンパク質とリガンドとの相互作用の解析～

椎名政昭, 緒方一博

> タンパク質や核酸などの生体高分子間, あるいは生体高分子と有機低分子との相互作用を, 表面プラズモン共鳴法によって速度論的に解析する.

はじめに

Biacoreは, 表面プラズモン共鳴法 (surface plasmon resonance, 以後SPR) を利用して, 分子間相互作用をリアルタイムで観測する装置である. センサーチップ表面に試料 (これをリガンドとよぶ) を固定し, リガンドと相互作用する試料 (これをアナライトとよぶ) を含む溶液をセンサーチップ表面に流すと, リガンドとアナライトが相互作用し, SPRシグナルが変化する. このSPRシグナルの変化をリアルタイムで観測することによって, 結合速度定数と解離速度定数を直接見積もることができる. 応用範囲が広く, 分子間相互作用の速度論解析, 熱力学解析, 試料濃度測定, エピトープマッピングの他, 未精製試料を用いた定性的解析などを行うこともできる[1]. 他の方法, 例えば放射性同位体標識を利用する方法と比較して, 操作の簡便性と感度の点で優れているが, センサーチップが比較的高価なのが難点である. また, 定量的解析では高純度の精製試料を用いる必要がある. ここでは, 生体高分子間相互作用の定量的解析方法について解説する.

原理

操作は, センサーチップ表面へのリガンドの固定, アナライトを添加しながらのセンサーグラムの測定, および測定データの処理の3つからなる.

センサーチップ表面へのリガンドの固定は, さまざまな方法で行うことができる. また, 金膜表面をさまざまに加工したセンサーチップ[2]がBiacore (株) から販売されているので, リガンドの種類と固定方法に応じて適したセンサーチップを選択する. 本項では, 最も基本的なリガンド固定法であるアミンカップリング法を取り上げ, 表面にカルボキシルメチル基をもつCM4あるいはCM5という種類のセンサーチップにアミンカップリング法によってストレプトアビジンを固定し, これにリガンドとしてビオチン化した試料を固定する実験を示す.

SPRシグナルの変化を経時的に記録し, 縦軸をレゾナンスユニット値 (RU), 横軸を時間 (秒) としてプロットしたものがセンサーグラムである. 速度論解析におけるセンサーグラムを図1に示した.

準備するもの

<装置>
- Biacore本体
  精度の高い測定を行うためには日常のメンテナンスが重要である.
  ・2～3日ごとに"desorb"を行う.
  ・2週間ごとに"sanitize"を行う.

Masaaki Shiina, Kazuhiro Ogata: Yokohama City University Graduate School of Medicine Department of Biochemistry (横浜市立大学大学院医学研究科生化学)

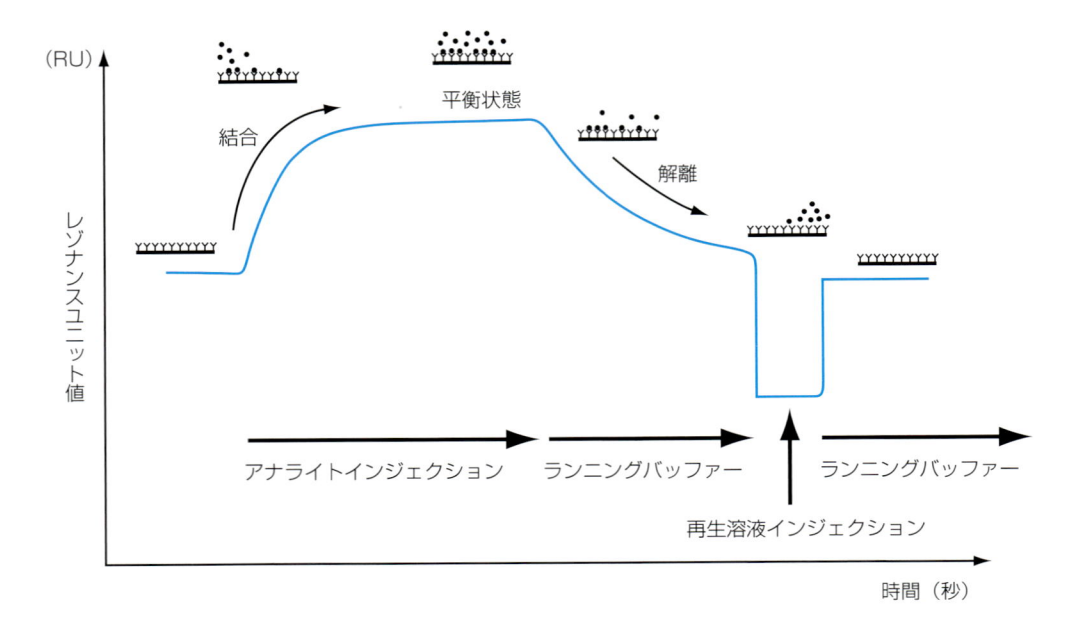

図1 センサーグラムとBiacoreの動作およびセンサーチップ表面の関係

<試薬>
1）緩衝液
・要時調製する．
・ポアサイズ0.22μmのフィルターでろ過した後よく脱気して使用する．
・組成は解析試料に適したものを選択する．ただし，TWEEN20などの非イオン性界面活性剤を最終濃度0.005%になるように加える〔Biacore（株）より標準緩衝液として数種類が販売されている〕．

2）センサーチップ作製用試薬
- 50 mM NaOH
- 0.1％（v/v）HCl
- 0.1％（w/v）SDS
- 0.085％（v/v）H_3PO_4
- 脱気したmilliQ水（Millipore社製純水製造装置を使用）

3）アミンカップリング用試薬
- EDC〔1-ethyl-N'-（3-dimethylaminopropyl）carbodiimide hydrochloride〕〔Biacore（株），Amine Coupling Kit〕
  75 mg/mlの濃度の水溶液を調製し，200μlずつ分注し，－20℃で保存する．
- NHS（N-hydroxysuccinimide）〔Biacore（株），Amine Coupling Kit〕
  75 mg/mlの濃度の水溶液を調製し，200μlずつ分注し，－20℃で保存する．
- エタノールアミン-HCl pH 8.5〔Biacore（株），Amine Coupling Kit〕
- 200μg/mlストレプトアビジン水溶液（ナカライテスク）
  1 mg/mlの濃度の水溶液を調製し，50μl程度ずつ分注して，－20℃で保存しておき，使用時に10 mM酢酸緩衝液pH 4.0を用いて200μg/mlに希釈する．
- 10 mM NaOH

4）リガンドおよびアナライト
リガンドはビオチン化する．いずれも高純度に精製したものを用いる．

<器具>
- CM4（あるいはCM5）センサーチップ〔Biacore（株）〕
  4℃で保存する．

プロトコール

1 CM4センサーチップの準備

① 脱気したMilliQ水をBiacoreにセットする
② CM4センサーチップを開封し，Biacore装置に挿入する（"DOCK"）
③ "prime"を3回行う
④ "normalize"する
⑤ 50 mM NaOHを10μl/minで30～60秒間すべてのセル[*1]に流す

[*1] センサーチップは複数のチャンバーをもち，独立してリガンドを結合させることができる．Biacore2000や3000では4つ，最新の装置では数100のセルに対して，それぞれに異なるリガンドを結合させることが可能である．

❻MilliQ水を2分間すべてのセルに流す
❼❺，❻の操作を1回繰り返す
❽上記❺～❼の操作を0.1％ HCl，0.1％ SDSおよび0.085％ H₃PO₄について順番に行う
❾"prime"を行う

2 アミンカップリング

　ここでは，フローセル1，2番（以降FC1, 2のように記載）にストレプトアビジンを固定し，FC1をリガンドの結合していないブランクのセルとする*2．CM4センサーチップ表面のカルボキシルメチル基は，EDC/NHS混合液を添加することによって求核試薬との反応性が上がる（活性化）．この状態でストレプトアビジンを添加すると，ストレプトアビジンのアミノ基がチップ表面との間で共有結合を形成する（アミンカップリング）．ストレプトアビジン添加後，チップ表面に残存した活性基を高濃度のエタノールアミンの添加によって不活性化する（ブロッキング）．

> *2 リガンドを結合させないブランクのフローセルを必ず用意すること．これはセンサーチップ表面へのアナライトの非特異的な結合に起因するシグナルを差し引くためのコントロールとして必須である．FC1をブランクに設定すれば，測定時に自動的にブランクのデータを差し引いたセンサーグラムを同時に記録でき，便利である．

❶マニュアルに記載されているアミンカップリング法に従って，EDC，NHS，空のチューブ，ストレプトアビジン水溶液，エタノールアミンおよび10 mM NaOHをラックの所定の位置に準備する．EDCとNHSは，プログラムによって空のチューブ内で混合される

❷Biacore標準の固定化用プログラムを，flow rate 10 μl/min，EDC/NHS 70 μl，ストレプトアビジン水溶液70 μl，エタノールアミン70 μl，50 mM NaOH 10 μlに設定する*3．プログラムを実行し，上記の順に試料をインジェクトする*4

> *3 活性化時間，リガンド添加量などは，実験の目的によって変える．例えば転写因子をアナライトとする場合，CMセンサーチップ表面への非特異的結合が問題となる場合がある．このような場合，活性化時間およびエタノールアミンによるブロッキング時間を長くとり，センサーチップ表面のカルボキシルメチル基をなるべくつぶすのが効果的である．本研究室では，flow 10 μl/min，EDC/NHS 180 μl，ストレプトアビジン水溶液100 μl，エタノールアミン200 μlの条件でFC1，2にリガンドを固定し，転写因子の非特異的結合を防ぐことができた例がある．

> *4 今回は，センサーチップ表面にストレプトアビジンを固定し，これにビオチン化されたリガンドを固定する．しかし，直接リガンドをセンサーチップ表面にアミンカップリング法などによって固定することも可能である．この場合，センサーチップ表面に固定されるリガンドの部位は一定にならない．そのためセンサーチップ表面の性質が不均一になり，解析に影響が出ることがある．ビオチン化されたリガンドを固定する場合には，リガンド分子の向きが一定になることが期待され，より均一な性質のセンサーチップを作製することができる．

❸MilliQ水から相互作用の解析に用いるランニングバッファーに付け替え，"prime"を1回行う

❹リガンドを固定するフローセル（ここではFC2）のセンサーグラムをモニターしながら，ビオチン化したリガンドをマニュアルでインジェクトする*5．操作としては，画面上方の"Run"から"Run sensorgram"を選択する．新たに開いたウインドウ上で"inject"を選択し，モニターするフローセルにFC2を指定する

> *5 一般的に速度論的定量解析では，固定したリガンド量は少ない方がよい．これはマストランスポート・リミットの影響が抑えられるため，解析時のフィッティングが容易になるからである．
> 　マストランスポート・リミットは以下のように説明される．リガンドにアナライトが結合すると，チップ表面近くではアナライトの濃度が局所的に低下する．減少したアナライトは周囲溶液からの拡散によって再び供給される．アナライトとリガンドの反応速度（結合速度と解離速度）がより速い場合や，センサーチップ上のリガンドの密度が高い場合，および流速が遅い場合に，アナライトの拡散による供給が間に合わないことがある．その場合，Biacoreの反応速度は，アナライトの拡散速度が律速段階となる．これをマストランスポート・リミットとよび，Biacore測定において頻繁に遭遇するアーティファクトの1つである．

❺アナライトを添加し，センサーグラムを確認する．シグナルが弱い場合は❹に戻って固定化リガンド量を増やし，再度アナライトを流して確認する．これを繰り返して測定に最適なリガンド密度のセンサーチップを作製する．同時に，再生溶液*6の条件検討を行う*7

> *6 再生溶液は，リガンドからアナライトを完全に解離させる溶液である．リガンド分子にはなるべく影響を与えないものが望ましい．よく使用される再生溶液のセットが，Biacore（株）から販売されている．これらを参考にして自作してもよい．

> *7 われわれの研究室では，ビオチン化したDNAをリガンドとして固定することが多いが，その場合，まず20 RU程度のビオチン化DNAをセンサーチップに固定した後，アナライトを流して実際にセンサーグラムを確認している．

```
DEFINE APROG assay
PARAM %pos
    FLOW 100
    FLOWPATH 1, 2
  * KINJECT %pos 100 150
  -0:10  RPOINT Baseline -b
   1:10  RPOINT Bound
    INJECT R2F3 30
END

MAIN
    RACK  1  thermo_b
    RACK  2  thermo_a
    DETECTION 2-1
    APROG assay R1A1
    APROG assay R1A2
    APROG assay R1A3
    APROG assay R1A4
    APROG assay R1A5
    APROG assay R1A6
    APROG assay R1B1
    APROG assay R1B2
    APROG assay R1B3
    APPEND STANDBY
END
```

"assay"という名前のコマンドを定義

"PARAM"は，"assay"が%posをパラメータとして読み込む，と定義している．%posはサンプルの位置を示すパラメータで，MAINブロックのところでユーザーが指定する．

流速と使用するフローパスを指定する．

"KINJECT"は，サンプリング時のアナライトの希釈を抑えるサンプル添加の方法である．速度論解析で用いる．この例では，"KINJECT"は，MAINのブロックで指定されたアナライトの場所（次々変わる），添加量100 μl，解離時間150秒の設定となる．

"RPOINT"は，"*"を時間0として，指定の時間にRU値をリポートする．"-b"はこの時点のシグナル強度を0とするオプション．"Baseline"や"Bound"はリポートの項目につけられる名前で，任意に設定できる．"RPOINT"は省略しても解析に支障はない．

R2F3のポジションにセットした再生溶液を30 μlインジェクトする．

分析用セルのFC2からブランクセルのFC1のRU値を差し引いたものを記録する．FC1, 2の各生データも記録される．

%posにR1A1〜R1B3をセットしながら，次々にアナライトの場所を換えて，"assay"の実験を繰り返す．

図2　速度論解析における連続測定プログラムの例

3 センサーグラム測定

❶測定プログラムを作成する．決定する必要があるパラメータは，送液速度，アナライト添加量，解離の観測時間および添加する再生溶液量である．また，アナライトや再生溶液を試料ラックのどこに置くのかをプログラム中で設定する．図2にプログラムの1例を示す

❷アナライトとして使用する試料については，充分に遠心分離するか，あるいは0.22 μmのフィルターでろ過することによって，不溶性の粒子をとり除く

❸ランニングバッファーを用いて，さまざまな濃度に希釈した試料を準備する．例えば，256 nM，128 nM，64 nM，32 nM，16 nM，8 nM…など．必要なアナライトの量は測定プログラムに依存する

❹プログラムに従ってアナライトおよび再生溶液を試料ラックの所定の位置に置く[*8]

*8 アナライト溶液を入れる容器は，Biacoreの試料ラックの形状に依存する．例えばThermo_rack Cには，1.5 mlのエッペンドルフチューブをセットすることができる．エッペンドルフチューブを使用する場合，フタは切り落とす．これは，フタがオートサンプラーの針に引っかかることがあるためである．

図2で示したように，プログラムで連続測定を組むこともできる．あらかじめ多数のアナライトを試料ラックにセットしておき，自動測定させることが可能である．ただし，アナライト溶液の蒸発を防ぐため，フタをする必要がある．この場合，オートサンプラーの針が貫通できるように設計された純正の容器とフタのセットが便利である．

❺測定プログラムを"Run method"より実行する

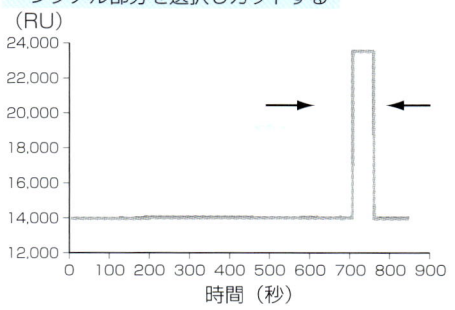

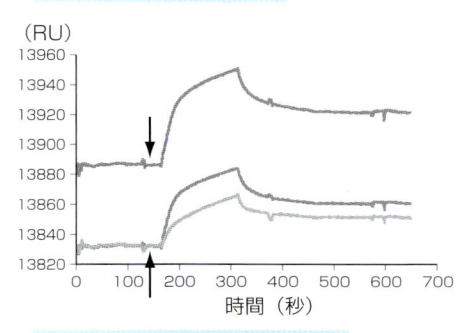

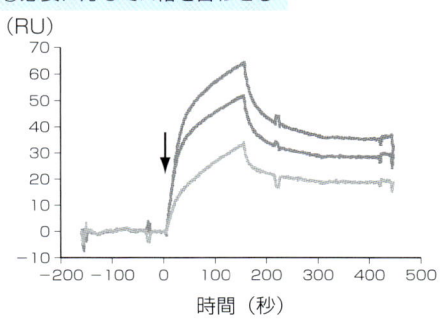

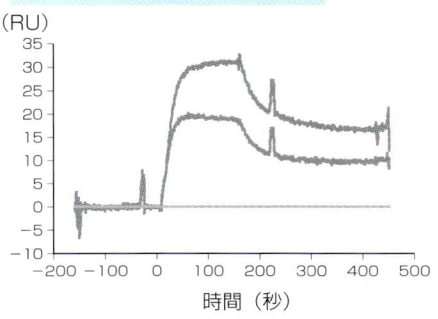

図3 センサーグラムの整形方法
フィッティングに使用するセンサーグラムをすべて処理する．範囲の指定はマウス右ドラッグで行う．測定プログラム中で"DETECTION 2-1"などと記載すれば，④の操作は省略できる

4 解析

1. 4〜5本以上の異なるアナライト濃度のセンサーグラムに対して，グローバルフィッティングを行う．図3のように，まずフィッティング処理ができるようにセンサーグラムを整える
2. 同様に，各アナライト濃度のセンサーグラムに対して，それぞれフィッティングする（ローカルフィッティング）
3. グローバルフィッティングとローカルフィッティング，およびこれらの残差プロットを利用して，フィッティングの妥当性を判定する．χ^2の値は，フィッティング操作時に自動的に計算される．理想的にはBiacoreのノイズレベルの値である2 RU前後になる

memo

リガンドを結合させる前に，アナライトのチップ表面への非特異的吸着の有無を確認しておくとよい（今回示す例では，ストレプトアビジン固定後に行う）．測定に用いるアナライトとランニングバッファーをBiacoreにセットし，マニュアルでアナライトをインジェクトした後，充分にランニングバッファーを流す．このときセンサーグラムのRU値が，アナライトをインジェクションする前のRU値に戻らない場合は，非特異的な吸着が疑われる．この場合は，センサーチップの種類を変更する，CM4の活性化やブロッキングの条件を最適化する，あるいはBSAを加えるなどの工夫が必要になることがある．

高精度のデータを得るための工夫としては，以下のようなポイントがあげられる．
・アナライトは同じ濃度のものを2回以上測定し，再現性を確認する
・アナライトの試料添加の順番は，濃度順ではなく，ランダムにする
・異なる濃度のアナライトの測定の間に，ときどきアナライトを含まないバッファーのみの試料を測定する

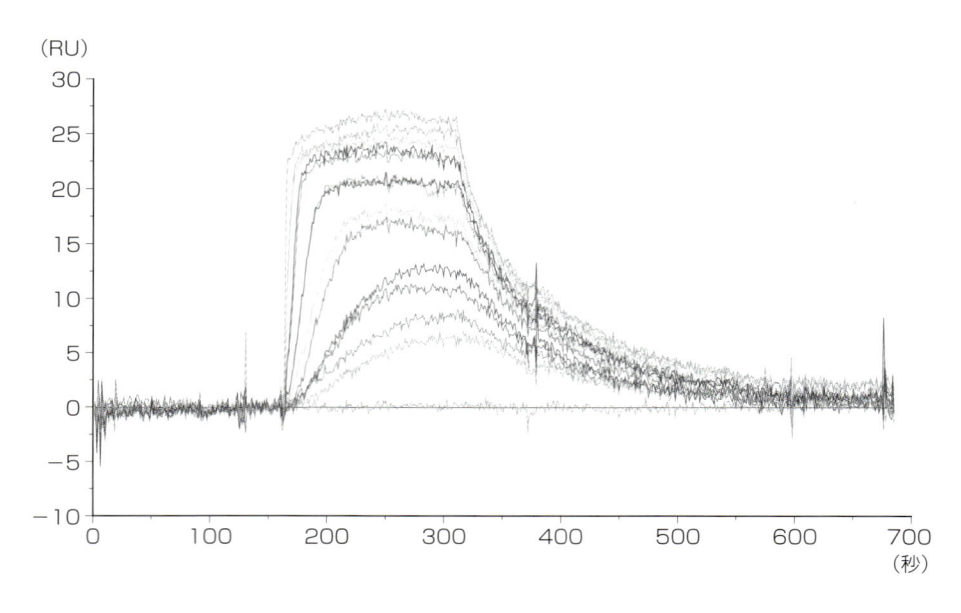

図4 Runx1 と *mcsfr* プロモーター DNA との相互作用のセンターグラム
CM4センサーチップにストレプトアビジンを固定し，さらにこれにビオチン化したDNAを固定した．アナライトとして変異を導入した転写因子Runx1のDNA結合ドメインをさまざまな濃度で添加した

実験例

マクロファージコロニー刺激因子受容体（macrophage colony stimulating factor receptor：*mcsfr*）遺伝子のプロモーターの転写因子Runx1認識配列を含むDNAと，Runx1との相互作用の速度論解析の例を示す．Runx1の特異的DNA結合は，結合速度が大きいため，マストランスポート効果の影響が大きいことがわかった．そこで固定化するリガンド量を極力少なく抑えたところ，1：1（Langmuir）binding modelにフィッティングすることができた（図4）．

おわりに

Biacoreによる分子間相互作用の速度論的定量解析法について，基本的な操作と注意点を解説した．解析においては，モデルの選択やデータの解釈の点で考慮しなくてはならない点が多くあるが，紙面の都合で充分には記載していない．解析の際に問題が生じた場合は参考文献[2]～[4]を参照されたい．

参考文献

1) Navratilova, I. & Myszka, D. G. : Springer Series on Chemical Sensors and Biosensors, 4 : 155-176, 2006
2) Löfås, S. & McWhirter, A. : Springer Series on Chemical Sensors and Biosensors, 4 : 117-151, 2006
3) 夏目徹：「生体物質相互作用のリアルタイム解析実験法―BIACOREを中心に」（永田和宏，半田宏/編），pp63-74，シュプリンガーフェアラーク東京株式会社，1998
4) 安井裕之：「生体物質相互作用のリアルタイム解析実験法―BIACOREを中心に」（永田和宏，半田宏/編），pp74-86，シュプリンガーフェアラーク東京株式会社，1998
5) Medaglia, M. V. & Fisher, R. J. : Molecular Cloning 3rd, pp18.96-18.136, 2001

第8章 その他の分析機器

2. 等温滴定型カロリメトリー（ITC）
～熱量測定による相互作用の定量的解析～

大澤匡範，嶋田一夫

> 2種の分子の結合に伴う熱の出入りの滴定曲線の解析から，結合の等量数，解離数，エンタルピー・エントロピー変化量を算出できる．複数の温度での実験により，熱容量変化が求まる．

はじめに

　等温滴定型カロリメトリー（isothermal titration calorimetry：ITC）では，相互作用する2種の分子の溶液を混合する際に生じる熱量（発熱または吸熱量）を観測する．その滴定曲線の解析から，結合のストイキオメトリー（n），解離定数（K_d），エンタルピー変化量（ΔH），エントロピー変化量（ΔS）などを求めることができ，さらに複数の温度で実験することで，熱容量変化（ΔC_p）が得られる．このように相互作用の熱力学的パラメータが定量的に得られる点がITCの特徴である．装置の操作法は非常に簡便で，同じバッファーに溶解した2種の溶液をそれぞれ試料セルと滴定シリンジに入れ，測定を開始するだけである．したがって，得られるデータの質は，用意する試料の質（純度，非特異的会合の有無など），濃度の定量，測定に用いる濃度（実験のデザイン）によって決まると言える．解析可能なK_dの範囲は，一般に10^{-8}～10^{-3}Mである．実験のデザインは，K_d値および熱交換量に基づくので，事前にそれらの情報がない場合には，試行錯誤により最適な実験条件を見出す必要がある．本項では，実験のデザインに必要なバックグラウンドを中心に紹介する．

原理

　ITCの装置には，試料セルと対照セルが恒温槽の中にあり，試料セルには滴定用のシリンジが挿入されている（図1[1]）．試料セルと滴定シリンジにはそれぞれタンパク質溶液とリガンド溶液が入っている．対照セルはバッファーもしくは純水で満たす．滴定開始前においては，試料セルおよび対照セルにはヒーターが付属しており，約20μcal/秒の熱量を発する電流が流れた状態で，試料セルと対照セルは等温に平衡化されている．リガンド滴定時に発熱があれば試料セルの温度が上がり，それを対照セルと等温に戻すためにヒーターの電流値が下げられる．吸熱があれば，電流値を上昇させ等温に戻す．1回のリガンド滴下に伴う電流値の変化を時間に対して積分し，それを相互作用に伴う熱交換量とする．

　試料セル中のタンパク質のモル数に対して2.3等量までのリガンドを，例えば0.07等量ずつ29回の滴定を行い（図2上），リガンド滴下時の電流値の変化を積分し，等量数に対してプロットすると，以下のようなシグモイド曲線が得られる（図2下）．この曲線のy切片の値はΔHを，変極点の等量数が結合のストイキオメトリーnを表している．解離定数K_dは，曲線

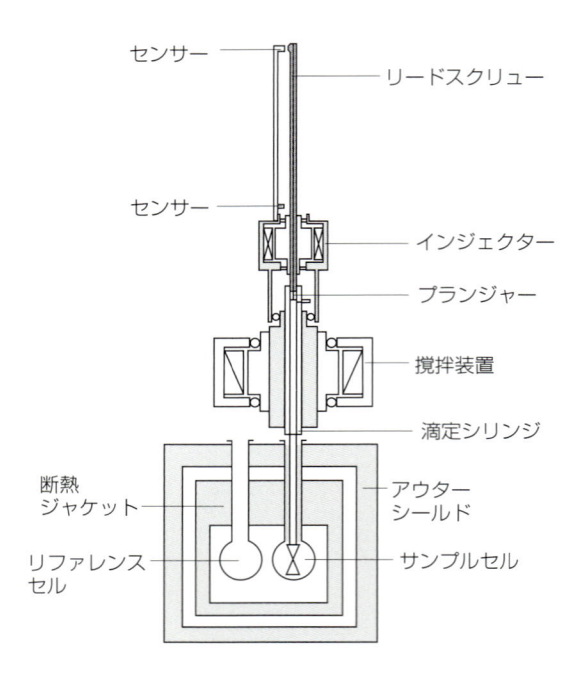

図1 等温滴定型カロリメータの概略図
（MicroCal社製）
日本シイベルヘグナー社のご好意による

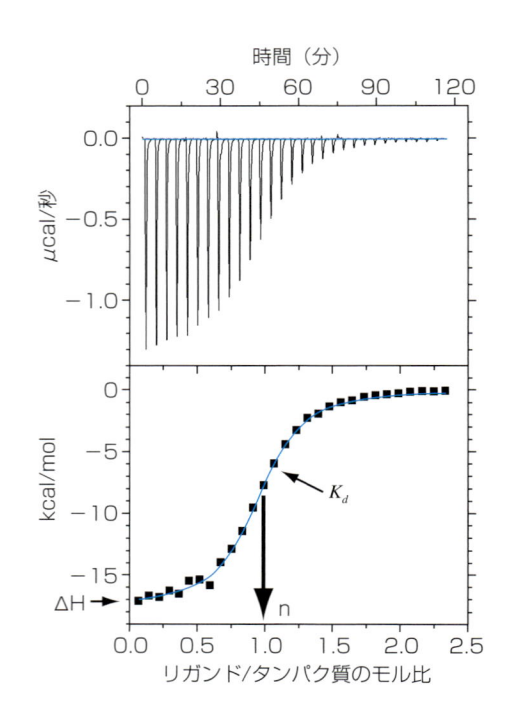

図2 ITCの滴定曲線と得られる熱力学的パラメータ
（上）リガンド滴定時の等温曲線．4分ごとに29回リガンド溶液の滴下を行った．ベースラインを青で示す．（下）上の各ピークを積分しタンパク質とリガンドのモル比に対してプロットした．1：1の結合モデルを用いてフィッティング（青の曲線）することにより，結合のストイキオメトリー（n），解離定数（K_d），エンタルピー変化量（ΔH）が求まる

の形状に反映されている（後述）．実際には，この曲線をn，ΔH，K_dを変数とした1：1結合モデルの式でフィッティングをかけ，それぞれの値を得る．

$$\Delta G = R \cdot T \cdot \ln K_d = \Delta H - T \cdot \Delta S$$
（ΔG：自由エネルギー変化量，R：気体定数，T：測定温度）

の式から，ΔGおよびΔSが求められる（図2下）．

準備するもの

- 透析用バッファー，透析膜（もしくは，PD-10などのバッファー交換のできるゲルろ過カラム）
- 試料セルに入れるタンパク質溶液（2 ml，濃度は後述）
  2〜15 mlのチューブに入れる．
- 滴定シリンジに入れるリガンド溶液（1 ml，濃度は後述）
  1.5 mlチューブに入れる．
- 試料セル・滴定シリンジ洗浄用の純水 1 l
- キムワイプ
- ディスポーザブルのシリンジ（1 mlと15 ml，テルモシリンジなど）

プロトコール

1 実験のデザイン

図2下には，シグモイド曲線が得られているが，この曲線の形状は試料セルに入れるタンパク質濃度P［M］と解離定数K_d［M］との比であるc＝n・P/K_dの値によって，図3のように変化する．c値が100以上と大きすぎる場合には，y軸への外挿であるΔHは正確に求まるが，等量点付近の変化が急すぎ，K_dを正確に求めるだけの十分な観測ポイント数がとれない．また，c値が4〜5以下では，もはやシグモイド曲線ではなくなり，K_dだけでなくnやΔHも正確に求められない．したがって，c値が10〜100となるようにタンパク質濃度を設定する．すなわち，1：1のモル比での結合の場合，K_dの10倍から100倍の濃度にタンパク質を調製するとよい．

一方，リガンドはタンパク質の2等量程度まで滴定するが，その溶液の濃度は用いるITCの試料セル

と滴定シリンジの容量に依存する．ここでは最も普及しているMicroCal社のVP-ITCの規格に基づいて紹介する．試料セルが1.4 m*l*，滴定シリンジは280 μ*l*とすると，2等量まで滴定するには，リガンドはタンパク質の10倍の濃度が必要である．

したがって，K_dがあらかじめ大まかにわかっている場合には，タンパク質はK_dの10倍の濃度で2 m*l*，リガンドはさらにその10倍の濃度で1 m*l*用意するとよい．しかし，タンパク質濃度が1 μM以下になると，一般に熱量変化が測定限界（0.1 μcal/秒）以下となってしまうため，できれば数μM以上とする（もちろん，熱量変化の大きい相互作用系の場合にはその限りではない）．また，K_dについての情報が全くない場合には，10 μM程度で一度予備実験を行い，得られた滴定曲線が図3においてどのc値の曲線に近いかということから，次の実験における試料濃度を適切に設定することによって，効率よく良いデータを取得することができる．

2 試料の透析

ITCでは，リガンド溶液をタンパク質溶液に滴定する際に生じる熱量変化を丸ごと観測しているため，それぞれの溶液は相互作用する溶質以外に塩濃度やpHが異なると，それらの違いにより滴定時に熱が発生し，観測される熱量変化に含まれてしまう．したがって，両溶液は溶質以外すべて同じ条件としなければならない．両者ともに同じバッファーに対する透析を2，3回繰り返すのが理想的であるが，透析できないほどの低分子量リガンドなどは，タンパク質を透析したバッファーに溶解する．また，長時間ITCバッファーに晒すことで不安定化するタンパク質などの場合には，PD-10などの市販のゲルろ過カラムでバッファー交換を行うのも一手である．

3 試料の脱気

ITCの測定中に気泡が生じると，熱量測定のノイズとなるため，あらかじめ脱気しておいたほうがよい．限外ろ過膜で濃縮したタンパク質には多量の空気が溶解しており，4℃での透析後にそのままITC装置に入れると，測定中に気泡を生じる可能性が高い．ITC測定温度かそれより1〜2℃高い温度で，30分程度遠心することにより，溶存空気は測定上問題とならないレベルまで取り除くことができる．

4 試料の定量

前述のようにITCの滴定曲線はタンパク質濃度と

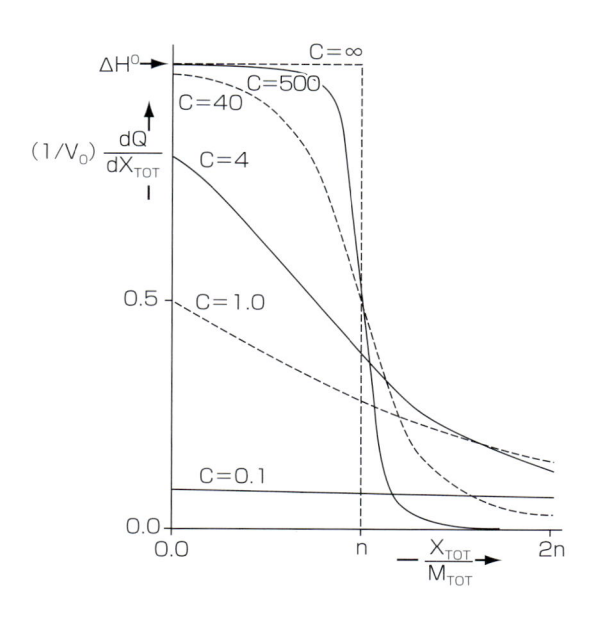

図3 さまざまなc値に対するITC滴定曲線の形状のシミュレーション
x軸は試料セル中の試料（タンパク質）に対する滴定シリンジ中の試料（リガンド）のモル比．y軸は，熱交換量を示す（文献1より転載）

K_dの関係により決まる．逆にK_dを滴定曲線から求めるには，タンパク質濃度を正確に定量しておく必要がある．また，ΔHは滴下したリガンドのモル数により規格化されるため，リガンドの濃度も正確に定量しなければならない．

タンパク質の場合には，280 nmのUVの吸光度から定量するのが一般的である．立体構造を形成しているときと変性状態とで吸光度が異なる場合には，変性状態のタンパク質での検量線を作成し，ITCに使用するサンプルの一部を変性させて定量する．また，280 nmの吸収がないタンパク質やペプチドについては，アミノ酸配列から205 nmおよび214 nmのε値を求める式が報告されている[2]．この場合，逆相精製後の残留TFAやNaClなども吸光をもつので，純水に透析してから定量する．他に定量法が確立されている場合にはそれに従えばよい．

5 ITC装置への試料の導入

あらかじめ希望の測定温度に平衡化しておいたITC装置に試料を入れる．気泡を入れないように注意する．試料セル容量は約1.4 m*l*であるが，試料は2.0 m*l*程度用意しておくと気泡の混入を回避しやすい．また，試料セルに入れるタンパク質溶液は，1分程

度氷上に置くなどして測定温度より1～2℃低めにしておくと，測定開始までの温度平衡化の時間が短くなる．

リガンド溶液は滴定シリンジに入れる．周りをキムワイプで拭い，試料セルに挿入する[*1]．

> [*1] 試料セルに試料を出し入れする際，シリンジで試料セルを傷つけないように留意する．滴定シリンジはまっすぐ試料セルに挿入し，絶対に曲げないようにする．測定を開始し，最初の1～2回の滴下時のピークが0.5 μcal/秒に満たない場合，即座に滴下量を増やす．

6 測定開始

1回のリガンド滴下量，回数，滴定間隔などを設定する．滴定時に発生する熱量がわからないときは，10 μl×29回，4分間隔に設定し，測定を開始する．最初の測定点でのピークの大きさが0.5 μcal/秒よりも小さいときは，1回の滴下量を増やすことにより個々の測定点のS/N比が上昇する．

7 ブランク実験～リガンドの希釈熱の測定

前述したように，バッファー組成の不一致などにより，リガンド溶液を透析外液に滴定する際にも熱量変化が観測される．高濃度のリガンドの場合には，希釈される際の熱量変化も観測される．したがって，8 での積分により得られる滴定曲線について，リガンドをタンパク質溶液に滴下した曲線から，透析外液に滴定したときの曲線を差し引くことによって，バッファー組成のわずかな違いやリガンドの希釈熱の寄与を最小化することができる．

8 解析

6，7 での等温曲線のベースラインを補正し，積分を行うことにより，滴定曲線が得られる．両者の差をとり，1：1の結合モデルでフィッティングすることにより，各熱力学的パラメータを算出する．

9

異なる温度で測定を行うことにより，ΔHの温度依存性，すなわち熱容量変化量（ΔCp）を求めることができる．

$$\Delta C_p = (\Delta H_{T2} - \Delta H_{T1}) / (T2 - T1)$$

実験例

図4には，酵母のカルシウム結合タンパク質であるFrq1と，Frq1に結合するペプチド（Pik1）との相互

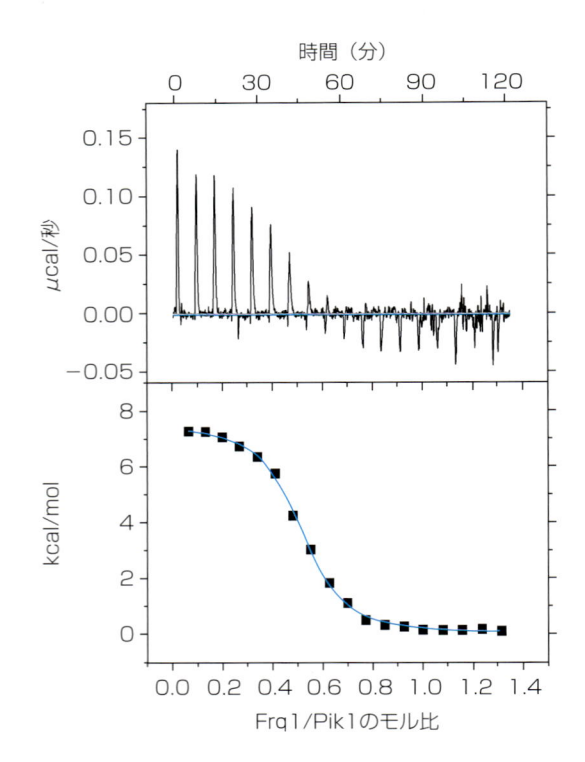

図4 酵母のカルシウム結合タンパク質であるFrq1を，Frq1に結合するペプチド（Pik1）に対して滴定した際のITC結果（文献3も参照）

作用をITCで解析した例を示す[3]．Frq1は，バッファー[10 mM HEPES・NaOH（pH 7.4），5 mM CaCl$_2$，1 mM DTT]に対して一晩透析し，Pik1ペプチドは，Frq1の透析外液に溶解した．実験は25℃で行った．

予備実験より，Frq1：Pik1ペプチド＝1：2で結合し，K_dは0.1 μM程度であることが示唆された（n＝0.5，$K_d \approx 0.1$ μM）ため，c値（$c = n \cdot P / K_d$）が10～100の範囲になるためには，P（試料セルに入れるPik1ペプチドのモル濃度）は2 μM以上（c≧10）が妥当であると考えた．実際には観測される熱量変化が小さかったことから，Pを10 μMとし，1回の滴下量を16 μlと増やした（注：1回の滴下量は15 μl以下が推奨されている）．

滴定シリンジには58 μM Frq1溶液を入れ，16 μlずつ18回の滴下を行った．その結果，図4上に示した等温曲線が得られた．最大ピークの大きさが約0.15 μcal/秒であり，解析に耐えうるぎりぎりの熱量変化量であった．Frq1をバッファーに対して滴定したブ

ランク実験を差し引き，フィッティングをかけたところ，$K_d = 0.14 \pm 0.01 \mu M$，$\Delta H = 7.52 \pm 0.07$ kcal/mol，結合のストイキオメトリーは，Frk1：Pik1ペプチド＝（0.991 ± 0.006）：2 という値が得られた．改めてc値を計算してみると35となり，予備実験に基づいた実験のデザインが妥当であったことがわかる．

おわりに

ITCで観測するΔHには，結合構造における直接の相互作用形成に伴う熱（結合熱）が含まれるが，それ以外にも2液を混合する際に生じるすべての熱，例えば，リガンドの希釈熱，バッファー組成の違い，水和水の解離・会合，構造変化・構造形成，局所的運動性の抑制なども含まれている[4]．タンパク質―タンパク質の結合のほとんどは水和水，構造変化，運動性変化などの影響を含んでおり，複合体の構造が既知の場合でも，ΔHを個々の直接の相互作用のエネルギーへと割り付けることは困難である［鍵と鍵穴モデルで説明されるような構造変化を伴わない結合の場合には，結合に伴う熱容量変化（ΔC_p）と，結合により減少する溶媒露出面積とがある程度相関がみられるが，このようなケースは稀である］．

一方，大きなΔSは，結合により多くの水分子が分子表面から放出されること，すなわち結合界面が大きいことを示唆している．また，塩濃度に対するK_dの依存性が大きければ，静電的相互作用の寄与を評価でき，グリセロールなどの浸透圧調節物質を添加し水の活量を低下させることにより結合界面にある水分子の寄与を評価することもできる．

このように，解析対象にあった実験を組むことにより応用範囲は広がる．2002年，2003年，2005年に報告されたITCの論文がレビューされている[5]〜[7]ため，実際の応用例についてはこれらを参考にしていただきたい．

参考文献

1) Wiseman, T. et al.: Anal. Biochem., 179:131-137, 1989
2) Moffatt, F. et al.: J. Chromatography A, 891:235-242, 2000
3) Huttner, I.G. et al. J. Biol. Chem., 278:4862-4874, 2003
4) Jelesarov, I. & Bosshard, H.R.: J. Mol. Recognit., 12:3-18, 1999
5) Cliff, M. J. & Ladbury, J. E.: J. Mol. Recognit, 16:383-391, 2003
6) Cliff, M. J. et al.: J. Mol. Recognit., 17:513-523, 2004
7) Ababou, A. & Ladbury, J. E.: J. Mol. Recognit., 20:4-14, 2007

第8章 その他の分析機器

3. 超遠心分析
~タンパク質分子および複合体の分子量の決定と
おおよその形状の推定~

雲財 悟

> 溶液中のタンパク質の均一性の検定，タンパク質分子および複合体などの分子量の決定ができる．また，タンパク質分子のおおよその形状を推定することができる．

はじめに

超遠心分析とは，タンパク質溶液を高速で遠心し，遠心力場におかれたタンパク質分子が溶媒の中を沈降する様子をリアルタイムで観測・記録することによって，タンパク質の均一性を検定するとともに分子量を求める手法である（図1）[1]．この手法の長所には，①通常の水溶液中のタンパク質分子を測定できる；②ペプチドのような小分子からウイルスなどの巨大分子複合体まで，非常に広い範囲の分子量を測定できる；③タンパク質のおおよその形状や，分子間の相互作用の強さなどの情報も得られる；などが挙げられる．短所には，測定のためにタンパク質が比較的大量（0.1～1 mg程度）に必要な点，および装置が高価という点が挙げられよう．これらの長短所は，質量分析装置や静的および動的光散乱装置などのそれと好対照をなしており，互いに情報を補い合える．

本項では，超遠心分析の2つの実験手法「沈降速度法」[2]と「沈降平衡法」[3]について紹介する．筆者は沈降平衡法を行う場合でもまず沈降速度法を行ってタンパク質溶液の性状についての情報をできるだけ収集するようにしている．沈降速度法を行うと，夾雑タンパク質の有無や，タンパク質分子の流体力学的均一性がわかる．均一性が高ければ，タンパク質分子のおおよその分子量や形状についての情報が得られる．得られた情報を基にして沈降平衡法を行えば，タンパク質の分子量を精密に求めることができる．

原理

沈降速度法とは，タンパク質溶液を強力な遠心力場に置いた際に，「沈降係数」の大きいタンパク質ほど速く溶媒の中を沈降することを利用して，そのタンパク質溶液の流体力学的均一性と沈降係数の分布を見積もる実験手法である．溶媒中のタンパク質分子が底に向かって沈降を始めると，溶媒中のタンパク質がなくなった部分とまだ存在している部分の間に，「移動境界面」が生じる（図2）．この移動境界面の曲線の形状や時間変化が，タンパク質分子の沈降係数と拡散係数の大きさを反映しているので，これを分光学的に観測・記録して，解析に用いる．なお，繊維状タンパク質や扁平な形状のタンパク質は，同じ分子量の球状タンパク質と比べて拡散係数が小さく，したがって遅く沈降する．また，沈降係数と拡散係数（または拡散係数と反比例の関係にある「摩擦係数」）からタンパク質分子の形状に関する情報を得ることができる．

Satoru Unzai：International Graduate School of Arts and Sciences, Yokohama City University（横浜市立大学大学院国際総合科学研究科）

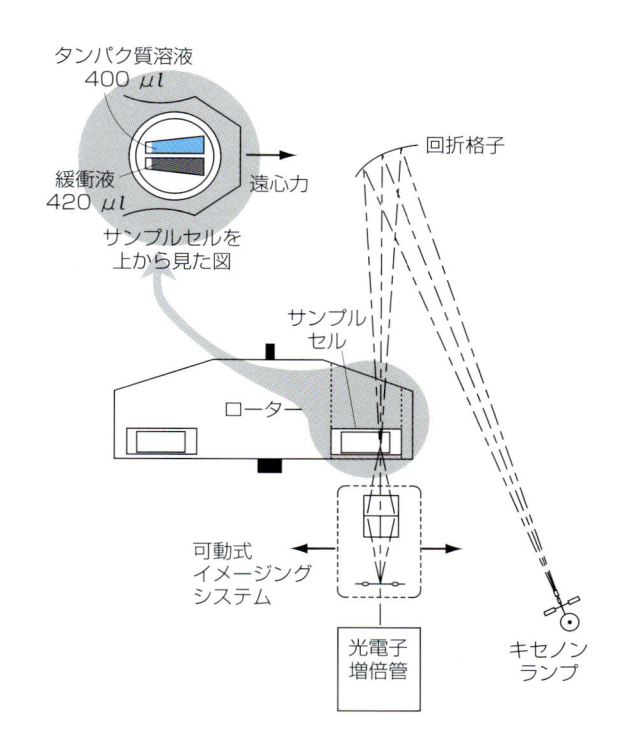

図1 超遠心分析機の光学系およびローター・サンプルセルの模式図

キセノンランプから出た光は回折格子で単色光となり、回転しているローター中のサンプルセルへと導かれる。サンプルセルには2つの穴があり、タンパク質溶液と緩衝液がそれぞれ入っている。タンパク質溶液を通り抜けた光と、緩衝液を通り抜けた光が、ローターの下にあるイメージングシステムを経て、光電子増倍管によって検知される。結果、タンパク質溶液の吸光度が計算され、測定された位置（回転中心からの半径）の情報と併せて記録される。イメージングシステムは、ロータ一半径方向に少しずつ（0.05 cmごと）移動してタンパク質溶液の吸光度情報を収集していく

一方、沈降平衡法とは、タンパク質溶液を比較的弱い遠心力場に置き、その結果、溶液中に生じるタンパク質の濃度勾配を測定する実験手法である。タンパク質分子にかかる遠心力、浮力、濃度差に起因する拡散、の3つが釣り合って平衡状態に達した状態を分光学的に測定する（図3）。タンパク質の濃度を回転中心からの距離を横軸にとってプロットすると指数関数になることが知られており、測定で得られた曲線に理論曲線をカーブフィッティングして分子量を決定することができる。

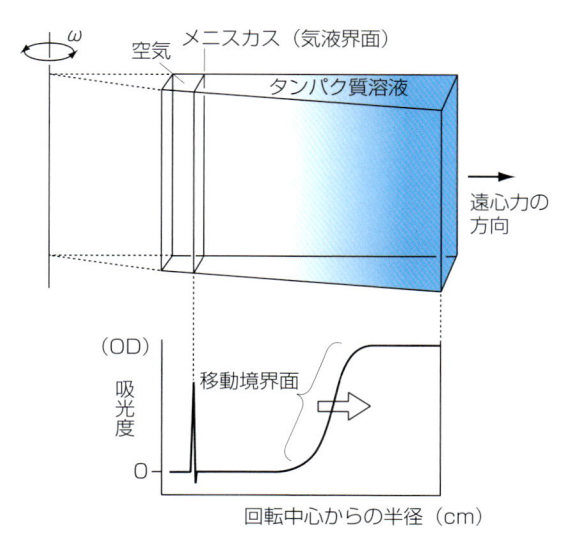

図2 沈降速度法実験中のタンパク質溶液と得られるデータの模式図

くさび形の穴の中にタンパク質溶液が入っている。タンパク質溶液が強力な遠心力場に置かれ、溶媒中のタンパク質分子が沈降を始めると、溶媒中のタンパク質がなくなった部分とまだ存在している部分の間に、「移動境界面」が生じる。移動境界面は時間と共に遠心力の方向に動いていく。移動境界面の曲線の形状および時間変化が、タンパク質分子の沈降係数や拡散係数など非常に多くの情報を含んでいる

準備するもの

<機器[4]>
- 代表的な超遠心分析機、Beckman Coulter社の分子間相互作用解析システム XL-A (XL-I) および付属品（制御用PC、ローター、サンプルセル、カウンターバランスなど）を利用することを想定する．
- 装置に付属してくるサンプル注入用のビニール製チューブとシリンジ、もしくは先の細いチップとピペットマン

<試料（サンプル）>
- タンパク質溶液
  緩衝液で透析されたものが望ましい．平衡法ではタンパク質の濃度範囲をできるだけ広く取るために、複数の濃度溶液を用意する．速度法でも試料に余裕があれば、沈降係数の濃度依存性を調べるために複数の濃度を用意することが望ましい[*1]

*1 タンパク質溶液は、X線結晶構造解析やNMR測定に用いられるような、SDSゲル電気泳動で単一バンドになるくらいの純度のものであれば問題ない．タンパク質の測定には280 nmの光吸収がよく用いられる．沈降速度法に用いるタンパク質溶液は、測定波長での吸光度が0.8～1.0程度のものを400 μl用意する．試料に余裕があれば、これ以外に吸光度が0.5程度、0.25程度のものも400 μlずつ用意する．沈降平衡法に用いる溶液は同様に、吸光度0.5程度、0.25程度、0.15程度、の3種類をそれ

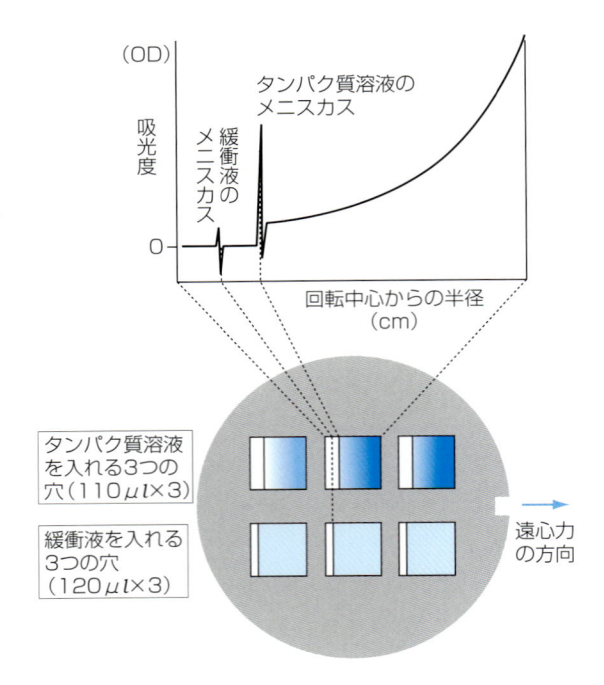

図3 **沈降平衡法用6穴センターピースと得られるデータの模式図**
四角い穴の中に，3つの異なる初濃度のタンパク質溶液と，光学系リファレンス用緩衝液が並ぶように入っている．タンパク質分子にかかる遠心力，浮力，濃度差に起因する拡散，の3つが釣り合って平衡状態に達した状態を分光学的に測定する．タンパク質の濃度（吸光度）を回転中心からの距離を横軸にとってプロットすると指数関数になることが知られている

（グラフ軸：縦軸 吸光度(OD)，横軸 回転中心からの半径(cm)，緩衝液のメニスカス，タンパク質溶液のメニスカス）

タンパク質溶液を入れる3つの穴（110 μl×3）
緩衝液を入れる3つの穴（120 μl×3）
遠心力の方向

それ110 μlずつ用意する．溶液濃度が低い場合は測定波長に230 nmを用いることもできる．

- 緩衝液
光学系リファレンスに用いる．シリンジの洗浄にも用いるため，2～3 ml必要*2

  *2 緩衝液は，トリス-HClやリン酸など一般的なものであれば問題ない．緩衝液中の塩濃度が重要である．タンパク質分子同士の非特異的な静電相互作用を抑えて，沈降実験に理想的な溶液状況にするために，塩濃度を0.1～0.2 M程度にする．また，測定波長周辺に大きな光吸収をもつ物質，例えばATPが緩衝液に入っていると，光吸収を用いたタンパク質の測定は難しい（他の測定方法を後述する）．DTTやメルカプトエタノールなどの還元剤も280 nm付近に光吸収があり，時間とともに変化してしまう恐れがあるので緩衝液に入れるのはおすすめしない．TCEPなどの280 nmの光吸収が少ない還元剤が代わりに使われた報告がある．

＜その他*3＞
- タンパク質のアミノ酸組成の情報
- 緩衝液の組成の情報
- データ解析用ソフトウエア
SEDNTERP[5]，SEDFIT[6]，いずれもWindows用．それぞれhttp://www.jphilo.mailway.com/download.htm，http://www.analyticalultracentrifugation.com/default.htm から無料でダウンロード可

*3 超遠心分析のデータ解析には，タンパク質分子にはたらく浮力や摩擦力が重要なので，タンパク質の偏比容，緩衝液の密度，粘度の数値が必要である．偏比容は，1 gの溶質を多量の溶媒に溶かしたときの溶液の容積増加として定義され，単位はml/gである．タンパク質の偏比容を精密に測定するのは大変なので，代わりに構成アミノ酸残基の偏比容の重量平均を計算する．タンパク質の偏比容，緩衝液の密度，粘度の数値は，Laueらが開発したソフトウェア「SEDNTERP」で計算することができる．

プロトコル

XL-A（XL-I）の詳しい使用方法は，装置のマニュアルを参照すること．ここでは，作業の大まかな流れと注意点を挙げる．

1 サンプルセルの組み立て

サンプルセルは非常に高価なので丁寧に扱う．沈降速度法では，2つの穴をもつ「ダブルセクターセンターピース」とよばれる部品と，「ウインドウアセンブリ」，専用の「セルハウジング」などが使われる．平衡法では，同じセルを用いることもできるが，6つの穴をもつセンターピースを用いると1つのセルで3つのサンプルを同時に測定することができる（図3）．

2 サンプルをセルに注入する

速度法用ダブルセクターセルに，側面の小さな2つの穴を通してタンパク質溶液400 μl，緩衝液420 μl をそれぞれ注入する．装置付属のチューブと1 mlシリンジ，もしくは先端の細いチップとピペットマンを用いて容積をきちんと測り取る．穴はポリエチレン製の専用フィルムで塞ぎ，その上を小さなねじ式フタで締める．

平衡法で6個の穴のあるサンプルセルを用いる場合は，1つのセルで3つの異なる初濃度を測定できる．タンパク質溶液（110 μl）と緩衝液（120 μl）を隣り合わせるようにセルに入れる（図3）．平衡法でダブルセクターセルを用いる場合は，タンパク質溶液と緩衝液をそれぞれ120 μlおよび140 μl注入する．

3 セルの重さをはかり，専用ローターに入れる

速度法で使用するサンプルセルと「カウンターバランス」とよばれる基準セルの重さがつり合うように，カウンターバランスの重さを調節する．カウンターバランスは必ずローターの4番穴（50 Ti ローターの場合は8番穴）に入れ，その対位置にサンプルセルを入れる．平衡法の場合も同様に行う．

複数のサンプルセルを測定する場合は，測定するすべてのサンプルセルの重さをはかり，重さの差が0.5 g未満のもの同士を選んでローターの対位置に入れる．残りのサンプルセルとカウンターバランスの重さを合わせてローターに入れる．

4 ローターと光学系の設置，温度平衡

サンプルセルを入れたローターと光学系を装置チャンバー内に設置する．フタを閉じて測定温度を設定後，チャンバー内を真空ポンプ装置で減圧する．超遠心分析の実験では，20℃が標準温度として最もよく使われる．ローター内の温度が完全に平衡に達するようにするために，ローター温度が設定温度に達してからさらに1時間ほど待った後に運転を開始することが望ましい．

5 データ収集

i）沈降速度法の場合

測定用のローター回転数は沈降係数に依存するが，50 kDa以下のタンパク質ではローターの最高回転数を用いるのが普通である［目安は40,000～60,000 rpm（r.p.m.＝回転数/分）］．測定回転数に達してからデータ収集を開始する．5～10分に1回スキャンするのが標準的である．すべてのタンパク質分子種がセルの底に沈降するまで遠心およびデータ収集を続けるのがよい．

ii）沈降平衡法の場合

測定用の最適なローター回転数は，タンパク質の沈降係数と拡散係数によって異なる．このため，あらかじめ速度法実験を行ってタンパク質のおおよその分子量または沈降係数を求めておくのがよい．Beckman Coulter社から最適なローター回転数とタンパク質分子量の関係についてのグラフが提供されているので，これを参考にして回転数を決める．この回転数より30％程度多い回転数，30％程度少ない回転数でもデータ収集する．また最後に，セルのベースライン情報を得るために，大きな回転数でタンパク質を緩衝液の底に沈降させて緩衝液だけの状態にしてデータ収集を行う（例：60 kDa程度のタンパク質を測定する場合，7, 10, 13, 30 krpmの4つの回転数でデータ収集を行う）．一連のデータ収集を自動で行うようにプログラムが組める．小さい回転数から順番にデータ収集を行う．1つの回転数につき，タンパク質濃度勾配が平衡に達するまで12～18時間かかるので，すべての測定が終了するまでに60時間程度，つまり2日半ほどかかる．各回転数で平衡に達したかどうかは，数時間おきにデータ収集を行って，得られた濃度勾配曲線を重ねてプロットして，完全に重なることを見ることによって確認できる．

6 測定終了

データ収集終了後，ローターの回転を止め，チャンバー内の減圧を解除する．測定後のサンプルは，サンプルセル注入穴から9割以上回収できる．

7 データ解析

i）沈降速度法で得られたデータの解析

沈降速度法では，異なるタンパク質濃度で実験を行って得られたデータはそれぞれ別々に解析を行う．解析のためのソフトウエアにはいろいろなものがあるが，ここではSchuckらが開発したSEDFITとよばれるWindows用ソフトを紹介する（図4）．SEDFITウェブサイトには，理論的背景，具体的な使用方法，サンプルデータなどがきめ細かく掲載されている．SEDFITの最大の特徴は，沈降速度法実験データから非常に分解能の高い

A)

B)

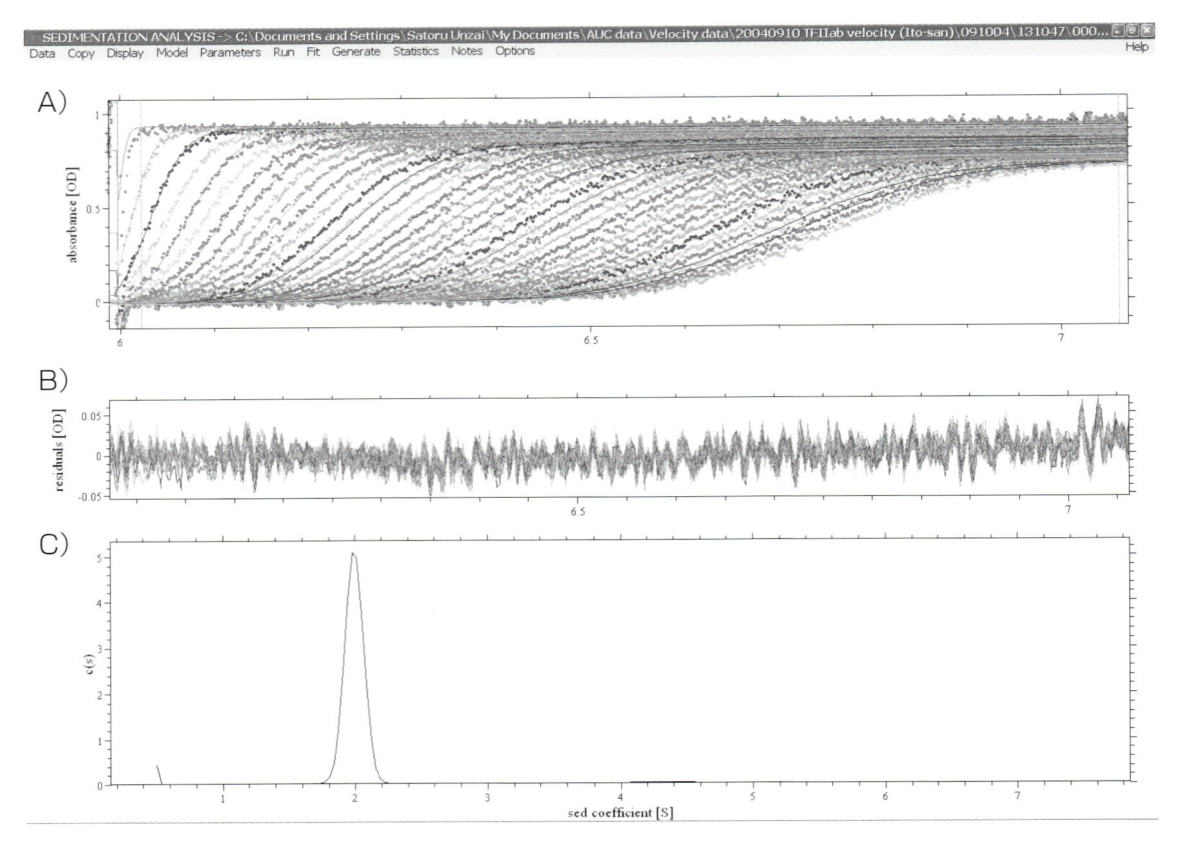

C)

図4 沈降速度法データ解析用ソフトウエア「SEDFIT」の使用例（巻頭カラー8参照）
A）沈降速度法で収集したヒト転写因子TFⅡE溶液の移動境界面データ（小ドット）およびフィッティングで得られた理論曲線（実線）．15分ごとのデータが表示されている．横軸は回転中心からの半径（cm），縦軸は吸光度（OD）である．実験条件：緩衝液［20 mM phos/Na buffer, pH 7.9, 500 mM NaCl, 10％（w/v）グリセロール］，タンパク質濃度（1.37 mg/ml），温度（20℃），ローター回転数（40,000 rpm），測定波長（280 nm）．B）上記の沈降速度法実験データと理論曲線の残差．39本の曲線の残差をすべて重ねてプロットしたもの．残差は非常に小さいので，実験曲線は理論曲線で非常によくフィットされたと言える．C）解析の結果，得られた沈降係数分布関数 $c(s)$ のグラフ．横軸は沈降係数 s（単位S），縦軸は $c(s)$ の大きさ（単位OD/S）である．グラフには非常にシャープな形のピークが1つだけあり，これはTFⅡEが非常に安定で均一性が非常に高いことを意味する．解析の結果，TFⅡEの沈降係数2.0 S，摩擦比2.1，約81 kDaなどのパラメータが得られた

「沈降係数分布関数，$c(s)$」を得られるところだろう（図4下）．グラフの横軸は沈降係数 s（単位S）[*4] である．縦軸は「沈降係数 s と $s+\Delta s$ の間に存在する分子種の濃度」と定義された $c(s)$ の大きさである（単位はOD/S，ODは吸光度，Sは沈降係数の単位）．$c(s)$ のグラフはゲルろ過カラムからのタンパク質溶出パターンに似ている．ただし，ゲルろ過では分子量の大きなタンパク質ほど早く溶出するので，左右が逆になる．大きい s 値をもつタンパク質ほど一般的には分子量が大きい．また，ピークの大きさはその成分の存在量（重量濃度に比例）を示す．

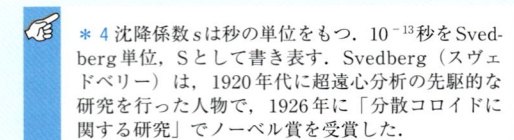

[*4] 沈降係数 s は秒の単位をもつ．10^{-13}秒をSvedberg単位，Sとして書き表す．Svedberg（スヴェドベリー）は，1920年代に超遠心分析の先駆的な研究を行った人物で，1926年に「分散コロイドに関する研究」でノーベル賞を受賞した．

$c(s)$ グラフの形から読み取れることを何点か挙げる．

i-A）シャープな形のピークが1つだけで，ピークの s 値にタンパク質の濃度依存性がほとんどない場合

これはタンパク質の均一性が高く，非常に安定で

あることを示している．このケースでは，SEDFITでタンパク質分子の「摩擦比」も求めることができる．摩擦比とは流体力学の用語であるが，タンパク質の形状が真球に比べてどのくらい偏っているかを知る目安となる．通常の球状タンパク質であれば，1.05から1.30程度の摩擦比を示すことが多い．細長い形状や扁平な形状のタンパク質は，これよりも大きな摩擦比を示す．沈降係数s，および摩擦比（または拡散係数）が求まると，タンパク質分子の分子量も求めることができる．SEDFITでは，$c(s)$グラフを「分子量分布，$c(M)$」に計算し直すことができて便利である．

i-B）$c(s)$グラフにピークが複数ある場合

夾雑タンパク質がある，もしくはタンパク質が単量体—多量体平衡などの自己会合状態にあると考えられる．この場合は，複数のタンパク質濃度を用いて速度法実験をするべきである．高い濃度のタンパク質を実験に用いると大きなs値をもつ成分が増えるのであれば，可逆的な自己会合・解離の平衡状態にあると考えられる．SEDFITでは$c(s)$から$c(M)$への変換において「すべての分子種の摩擦比が共通である」という仮定をおいているので，SEDFITだけで正確な分子量を求めることは難しい．正確な分子量は沈降平衡法を用いて求めるべきである．

i-C）$c(s)$グラフのピークは1つだけだが，形がなだらか，もしくは偏った形である．高い濃度のタンパク質を実験に用いると，ピークの形が変化してs値が大きくなる傾向にある場合

タンパク質が単量体—多量体平衡状態にあり，会合・解離の速度が速いケース（$k_{off} > 0.01$/秒程度）と考えられる．この場合も，下記のように沈降平衡法を用いて分子量を求めるべきである．

ii）沈降平衡法で得られたデータの解析

他方，沈降平衡法で得られたデータは，XL-A（XL-I）装置に添付されているソフトウエアで解析されることが多い．タンパク質の3つの初濃度，ローター回転数各3つから合計9個のタンパク質濃度勾配曲線が得られる．9個の実験曲線をまとめて理論曲線でフィッティングする．これは「グローバルフィッティング」とよばれる．

ここで大事なのが，どのような「理論モデル」を用いるか？である．沈降速度法で得られた情報が，モデル選びの際に重要な役割を果たす．速度法でタンパク質の均一性が高いとわかれば，最も単純な「単一成分モデル」を選べばよい．最小二乗法で浮動させるパラメータはタンパク質の分子量だけである．実験曲線をすべてフィッティングできる分子量を，高い精度で求めることができる．タンパク質が単量体—多量体平衡にあると見当がつけば，「単量体—二量体平衡モデル」や「単量体—三量体平衡モデル」などを選ぶ．これらの場合は，タンパク質の分子量と結合定数が浮動パラメータとなる．最も単純なモデルから始めて，必要に応じてより複雑なモデルを試みるのがよい．こうして，実験曲線を最もよくフィッティングできるモデルが妥当ということになる．平衡モデルでは結合定数をパラメータとしてフィッティングを行うので，この解析法でタンパク質の分子量のみならず，相互作用の強さの情報も得ることができる．

実験例

超遠心分析が，ヒト転写因子TFIIEの分子量決定，およびおおよその形状の推定に使われた例を紹介する[7]．TFIIEはαサブユニット（50 kDa）とβサブユニット（35 kDa）からできている．超遠心分析，EMI-MS，そしてX線小角散乱の3つの手法を用いてTFIIEの分子量および分子形状を見積もる試みがなされた．沈降速度法実験（図4）から，TFIIEは非常に安定で，$\alpha_1\beta_1$ヘテロダイマーに相当する分子量をもち，かつ，2.1という非常に大きな摩擦比を示すことがわかった．この大きな摩擦比は，TFIIEが非常に細長い形状，もしくは扁平な形状をもつことを示す．計算から，細長い葉巻型楕円形（流体力学モデル）に近似すると，長辺と短辺の長さの比15：1程度のものが，摩擦比2.1を示すことがわかったので，この摩擦比がいかに特異な数値であるかがわかる．超遠心分析の結果は，EMI-MS（マススペクトル），X線小角散乱（低分解能分子構造モデル）の結果と一致したので，TFIIEはαサブユニットとβサブユニットそれぞれ1つずつからできた$\alpha_1\beta_1$ヘテロダイマーで，非常に細長い全体構造をもつと結論付けられた．

おわりに

タンパク質がほとんど光吸収をもたない場合や，緩衝液にATPなどの紫外光を吸収する物質が含まれて

いる場合，また非常に濃いタンパク質サンプルを扱う場合は，光吸収を利用したタンパク質の測定はできない．Beckman Coulter社のXL-Iは通常の吸収光学測定系の他に，「レイリー光学干渉計」を付属しているので，このようなサンプルでも実験が可能である．

インターネット上では，超遠心分析に関する意見・情報交換が行われている．以下に代表的なサイトを挙げる．メーリングリストの過去ログなども閲覧可能なので，困ったことや疑問があればまず検索してみることをおすすめする．

○ http://www.bbri.org/RASMB/rasmb.html
RASMB分析超遠心討論グループメーリングリスト，ソフトウェアアーカイブ，FAQなど（英語）

○ http://bilbo.bio.purdue.edu/mailman/listinfo/sedfit
SEDFITユーザーグループメーリングリスト（英語）

○ http://www.farisaka.bio.titech.ac.jp/aucforum/auc-club.html
超遠心分析クラブインターネットフォーラムメーリングリスト（日本語）

参考文献

1) Lebowitz, J. et al. : Protein Science, 11 : 2067-2079, 2002
2) 有坂文雄：蛋白質 核酸 酵素，43（14）: 2145-2152, 1998
3) 有坂文雄：蛋白質 核酸 酵素，43（15）: 2238-2244, 1998
4) 有坂文雄：蛋白質 核酸 酵素，43（13）: 2024-2032, 1998
5) Laue, T. M. et al. : Analytical Ultracentrifugation in Biochemistry and Polymer Science (Harding, S. E., et al.), pp90-125, Royal Society of Chemistry, Cambridge, 1992
6) Schuck, P. : Biophycical Journal, 78（3）: 1606-1619, 2000
7) Ito, Y. et al. : Proteins, 61（3）: 633-641, 2005

4. HPLC（高速液体クロマトグラフィー）
～ペプチドの分析～

川崎博史

> HPLCは，高分離または高速な分析が可能な液体クロマトグラフィーで，ペプチドマッピングによるタンパク質の比較，ペプチドの単離，精製などに利用できる．質量分析装置など組み合わせることにより，タンパク質の構造解析，同定にも使用される．

はじめに

　HPLCは，high performance liquid chromatographyの略語で，これは高速液体クロマトグラフィーと訳されている．HPLCは，直径数μm程度のそろった粒径をもつ充填剤を詰めたカラムを使用することで，高分離または高速な分析を可能にした液体クロマトグラフィーである．充填剤の粒径が小さくなることによってカラムの操作圧が高くなるので，高い圧力に耐えられるカラム，充填剤，送液ポンプが必要である．液体クロマトグラフィーは，固定相である充填剤と移動相である溶離液との間の分配の差によって物質の分離を行う方法である．分離に利用される固定相と移動相との間の分配の種類にはイオン交換，逆相分配など多くの種類があり，HPLCによるペプチドの分離でもさまざまな種類の分配モードが使用できる．しかしながら，タンパク質の構造解析において，ペプチドを分離する場合に使用されるのは，オクタデシルシリカゲルを充填した逆相カラムを使用し，トリフルオロ酢酸を加えた水・アセトニトリル溶離液を用いてアセトニトリルの濃度勾配による溶出を行うクロマトグラフィーがほとんどである．この系が好まれるのは，高い分離能を有することに加えて，単離したペプチドの脱塩，濃縮が容易なためである．

原理

　クロマトグラフィーは，固定相と移動相への間の分配が物質によって異なることを利用して分離を行う方法である[1]．移動相が気体の場合はガスクロマトグラフィーとよばれ，液体クロマトグラフィーの場合，移動相は液体である．二相間の分配モードによってさまざまなクロマトグラフィーが可能である[2]．固定相の表面への吸着である場合には吸着クロマトグラフィーとよばれ，担体表面に固定された液相と移動相との分配と考えられるときには分配クロマトグラフィーとよばれる．その他にイオン交換クロマトグラフィーやサイズ排除クロマトグラフィーなどがある．クロマトグラフィーの歴史は古いが，生体成分の分析への応用では，シリカゲルやろ紙を用いた分配クロマトグラフィーによるアミノ酸の分析に対してA. J. P. MartinとR. L. M. Syngeに1952年のノーベル化学賞が授与されている．アミノ酸分析はその後，強陽イオン交換樹脂カラムを用いたイオン交換クロマトグラフィーを自動化した装置が開発され，現在でも使用されている．ペプチドの分析には，陽イオン交換クロマトグラフィー

Hiroshi Kawasaki：Supramolecular Biology, International Graduate School of Arts and Sciences, Yokohama City University（横浜市立大学大学院国際総合科学研究科生体超分子科学専攻生体超分子相関科学研究室）

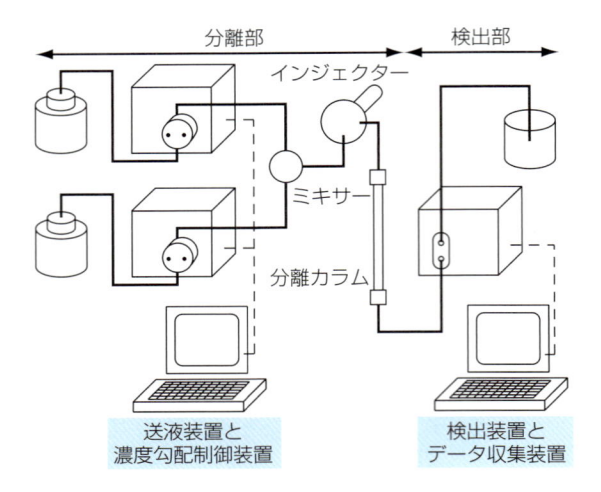

図1 HPLCの模式図

高圧混合型のHPLCシステムの模式図である．検出部は，紫外吸収測定装置などの他に，質量分析装置などを使用されることもある．低圧混合型の場合は，1台のポンプの前に溶離液の混合比率を決める電磁弁がある．データ収集は，チャートレコーダーで行うことも多い

も利用されるが，多くの場合，化学結合型充填剤を用いた逆相クロマトグラフィーによる分離が行われる．逆相クロマトグラフィーとは，固定相に極性の低いものを用い，移動相に極性の高い溶媒を用いる分配クロマトグラフィーである．初期の分配クロマトグラフィーに用いられた担体はセルロース，シリカゲル，珪藻土などで固定相は極性が高く移動相に極性の低い溶媒を用いた分離が行われていた．これを順相クロマトグラフィーとよぶ．逆相クロマトグラフィーの担体として初期の頃は，シリカゲルなどに極性の低い溶媒を吸着させたものが使用されていたが，1970年代初頭に炭化水素鎖でシリカゲル表面を修飾した化学結合型逆相充填剤が開発され，広く用いられるようになった．

準備するもの

<装置>

高速液体クロマトグラフィーの装置は，分離のための分離部と分離した物質を検出する検出部に分けられる（図1）．

1）分離部について

分離部は，分離のためのカラム，試料注入装置，カラムへの溶離液（移動相）の送液装置（ポンプ）からなる．ペプチドの分離には，溶離液の組成を変化させる濃度勾配溶出法が用いられるので，濃度勾配溶出が可能な送液装置が必要である．濃度勾配の作成法には低圧混合型と高圧混合型の2種類がある．低圧混合型では送液ポンプで加圧する前に，電磁弁の開閉によって2種類以上の溶離液を混合して濃度勾配を作成する．3種類以上の溶離液を用いた濃度勾配溶出が可能な点は長所であるが，流速が遅い場合などにカラムでの濃度勾配溶出の遅延が大きくなることがある．高圧混合型では2つ送液ポンプの流量を調節することで濃度勾配を作成する．混合点をカラムの近くに置くことで濃度勾配溶出の遅延を低い流速の時でも少なくできる．また，加圧下で混合するために溶媒の混合時に発泡しにくいという利点もある．ただ，高圧ポンプ2台と制御装置が必要なために，低圧混合型よりも高価である．試料注入装置は高圧に耐えられる6ポートの切替えバルブである．システムによっては，自動試料注入装置を備えたものもある．カラム，溶離液については別に述べる．

2）検出部について

高速液体クロマトグラフィーの検出部には，蛍光検出器，紫外吸収検出器，光散乱検出器や質量分析装置などさまざまな装置が用いられる．ペプチドの検出には，紫外吸収検出器を使用して210 nmの吸光度を測定することが一般的に行われている．この検出法は非破壊的であるので，ペプチドを分取，精製する場合にも使用できる．また，高速液体クロマトグラフィーの溶離液を直接，質量分析装置に導入し，ペプチドの同定を行うことも行われている．

<溶離液>

A，Bの2種類の溶離液を準備し，AとBを濃度勾配作成装置で混合して溶出を行う．A液として0.1％トリフルオロ酢酸を含む水，B液として0.1％トリフルオロ酢酸を含むアセトニトリルを用いることが多い．質量分析装置に溶離液を直接導入する場合には，ペプチドのイオン化効率を下げないようにトリフルオロ酢酸のかわりにギ酸が用いられる．水とアセトニトリルは，必ずしも混ざりやすいわけではないので，このようなA液，B液で濃度勾配を作るとベースラインがふらつくことがある．そのようなときには，A液として，0.1％トリフルオロ酢酸を含む水：アセトニトリル（95：5），B液として0.1％トリフルオロ酢酸を含む水：アセトニトリル（5：95）のような溶離液を使用すると改善されることがある．蒸留水やアセトニトリルなどはHPLC用のものを使用した方がよい．

<カラム>

カラムは，市販のODSシリカゲルが充填されたものを購入する（表1）．使用する流速などにあったサイズのカラムを選択する．粒径は5μm，細孔径は100Å程度のODSシリカゲルを充填したカラムが使用されるが，ナノLCあるいはマイクロLCなど流速が数百 nl/分や数μl/分程度の分析では充填剤の粒径が3μmあるいはそれ以下のものが使用される．シリカゲル表面のシラノール基は完全に修飾されている方がよい．

<ペプチド試料>

高速液体クロマトグラフィーでは，合成ペプチドの純度の確認や精製を行える．ペプチドは，0.1％トリフルオロ酢酸を含む水に溶解するかクロマトグラフィーに用いる溶媒Aに溶解すればよい．これらの液に溶解できない場合は，ペプチドが溶解する溶媒組成を探索する必要があり，クロマトグラフィーの分離分析の条件も検討しなければならない．同定や構造解析のためにタンパク質の酵素消化物の分析を行うことも多い．消化液にトリフルオロ酢酸など加えて酸性にして分析した方が，シリカゲル担体のカラムを長持ちさせることが

表1 HPLCで使用される充填剤

逆相クロマトグラフィー

略称など	化学結合基	結合型	粒子径 (μm)	炭素含有率 (%)	平均細孔径 (Å)	特徴など
C18	オクタデシル基	モノメリック	3, 5, 15など	10-20	120	完全にシラノール基が保護されたものは、アルカリ側でも使用できる
C18	オクタデシル基	ポリメリック	3, 5, 16など	10-20	120	ペプチドの分離には通常、このタイプが使用される。耐酸性に優れる
C18	オクタデシル基	ポリメリック	5	5-10	300	タンパク質、核酸の分離に使用される
C8	オクチル基	モノメリック	5	約10	120	
C8	オクチル基	モノメリック	5	約7	300	タンパク質、核酸の分離に使用される
C4	ブチル基	モノメリック	5	約7	120	
C4	ブチル基	モノメリック	5	約6	300	タンパク質、核酸の分離に使用される
TMS	トリメチル基	モノメリック	5	約5	120	
PE	フェニルエチル基	モノメリック	5	約6	120	
CN	シアノプロピル基, シアノエチル基	モノメリック	5	約7	120	

イオン交換クロマトグラフィー

略称など	化学結合基	粒子径 (μm)	平均細孔径 (Å)	特徴など
DEAE	ジエチルアミノエチル基	10	1,000	担体が親水性ポリマーからなるものとシリカゲルからなるものがある
QA	4級アンモニウム基	10	1,000	シリカゲルを担体とするものはアルカリ側での使用には適さない
CM	カルボキシメチル基	10	1,000	
SP	スルフォプロピル基	10	1,000	

サイズ排除クロマトグラフィー

化学結合基	粒子径 (μm)	平均細孔径 (Å)	特徴など
ジオール基	5	60-300	シリカゲル担体を親水性の基で修飾したもの
ポリヒドロキシエチルアスパルタミド	5	60-1,000	移動相を変えることで、修飾基の構造が変わり分子ふるいによって分画できる範囲を変化させることができる。シリカゲル担体である
親水基	4, 10, 13	300-1,000	親水性ポリマーを担体とする

注) カラムは，ナノフローLC用の内径50μm程度のものから調製用の数cmの太さのものまでさまざまなものが各メーカーから販売されている．充填剤を指定してカラムの充填を行ってくれるところもある．

できる．ただし，pHの変化でペプチドが沈殿したりしていないことを確認するべきである．遠心あるいは0.22μm程度のフィルターでろ過した試料を用いることが望ましい．

<タンパク質分解酵素>

・トリプシン
　TPCK処理により，混在する可能性のあるキモトリプシン活性を抑えたトリプシンを使用する．

・リジルエンドペプチダーゼ
　尿素やSDS存在下でも活性がそれほど低下しないので，タンパク質を変性させて消化する時には便利である．また，比活性も高く，切断の特異性も高い．

<酵素消化のための緩衝液>

　トリプシン消化のためには，0.1 M 重炭酸アンモニウムが，リジルエンドペプチダーゼ消化には0.1 M Tris-HCl pH 9.0

が用いられる．トリプシンは2M尿素中では活性がそれほど低下しないので，タンパク質を変性させてトリプシン消化したいときには，まず6〜8M尿素にタンパク質を溶解し変性させた後2Mまで希釈して消化することができる．リジルエンドペプチダーゼはアミンやアンモニウム基を含む化合物で活性が阻害されるが，Trisは活性を阻害しないのでTris緩衝液を用いる．

プロトコール

1 基本的な操作法

高速液体クロマトグラフィーの機器の具体的な取り扱い，例えば流速の設定の仕方や濃度勾配溶出のプログラムの作成法などについては，機器に添付されているマニュアル，取り扱い説明書を参照されたい．ここでは，各機器に共通する操作や注意点について述べる[2]．

ⅰ）溶離液とカラムについての注意事項

日常的な使用において，比較的頻繁に起こるのは溶離液の追加，交換とカラムの交換であろう．新たに溶離液を調製したときには脱気すべきである．空気の水と有機溶媒に対する溶解度の差から，濃度勾配を作る2つの溶離液を混合すると泡が出ることがある．このためにクロマトグラムのベースラインが不安定になることがある．別の組成の溶離液と交換するときには，両方の溶離液と容易に混合する溶媒にポンプや流路を置換してから行うべきである．ペプチドを分離する際にはほとんど使用しないが，水に溶けない有機溶媒と水溶液の溶離液とを交換するときなどに注意が必要である．

また，高濃度の塩を含む溶離液の場合も塩が析出しないように注意すべきである．高速液体クロマトグラフィーの装置には，ポンプや流路の配管などにステンレスが使用されているものが多い．ステンレスはハロゲンイオンの存在下では腐食しやすいので，NaClを含む溶離液を使用するときには，使用後にすぐ水で装置の流路を洗浄しておく方がよい．あるいは，イオン交換クロマトグラフィーでもハロゲンイオンを含まない組成の溶離液を使用する．

カラム交換などで流路の一部を外したときは，接続する時に空気を入れないように，少し液を流して流路が溶離液で満たされていることを確認してから接続する．配管の接続は，ほとんど押しねじ型のフェラールを使用した方式になっている．ネジの径とピッチは，ほとんどのメーカーの機種で統一されているが，チューブの深さやフェラールを受ける方の形状が微妙に異なることがあるので，異なるメーカーのカラムを使用するときや配管を流用する時には注意しなければならない（図2）．

カラムの外でのピークの広がりを少なくするために，配管をむやみに引き回したり，不要なユニオン接続をしたりしないようにしなければならない．配管の内径は，使用する流速に応じたものを選択する．分取するために大きなカラムに高い流速で送液するときに，細い配管を使うと配管による圧力上昇が大きくなる．また，マイクロLCのように，非常に低い流速を使用するときに，太い配管で接続するとピークの広がりが起こることがある．ペプチドを分取する際に，検出器と溶離液の補集点までの時間差を考慮しないとピークを取り損ねることがある．紫外吸収検出器の機種によってはフローセルの後にベースラインを安定化させるために長いループが巻いてあることがあるので注意が必要である．

ⅱ）界面活性剤の影響について

ペプチドを分離するときに試料中に界面活性剤が入っている場合は注意が必要である．逆相クロマトグラフィーによる分離では，弱酸性や中性の界面活性剤はペプチドの分離には影響を与えない．デオキシコール酸やオクチルグルコシドのような純品からなる界面活性剤は単一のピークとなりペプチドと分離しやすいが，複雑な混合物からなる界面活性剤はペプチドと分離しにくいことがある．また，強イオン性の界面活性剤であるSDSは，強いイオン対としての作用を示し，逆相クロマトグラフィーでのペプチドの分離に大きな影響を与える．SDSを含むペプチド試料を逆相クロマトグラフィーで分離するときには，逆相カラムの手前にDEAE-Toyoperlなどの陰イオン交換カラムをつなぎSDSをペプチドから分離する必要がある（図3）[3]．

2 タンパク質の酵素消化

タンパク質の同定や構造解析においては，タンパク質をプロテアーゼによって限定的に分解することで生じたペプチドの分析を行うことが多い．ここではタンパク質の還元カルボキシメチル化とトリプシンによる消化の方法を紹介する[4]．

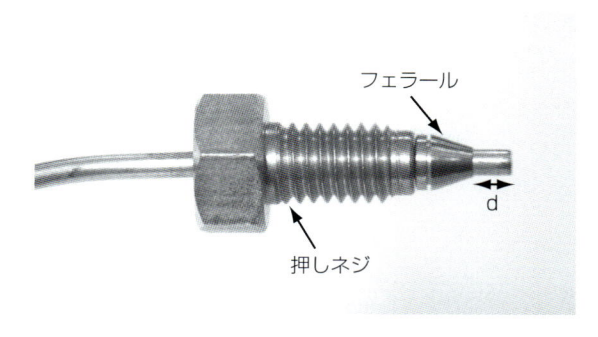

図2 配管の接続に使用されるネジ，フェラール
ネジの規格はほとんどの装置で統一されつつある．しかし，フェラールやステンレス管の深さ（d）などはメーカーによって少しずつ異なる

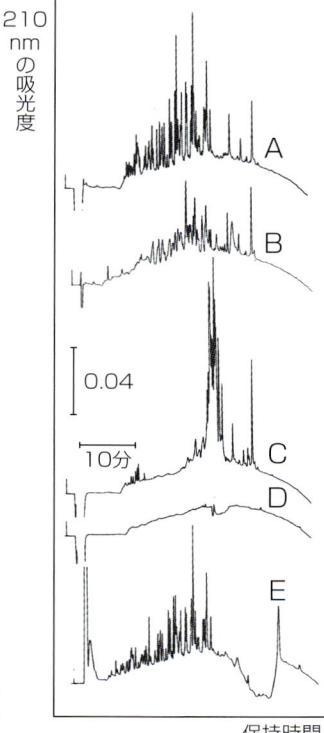

図3 SDSの効果
微量なSDSは，ピークを広げるだけだが，大量のSDSがカラムに吸着するとほとんどのペプチドがSDSとほぼ同時に溶出されるようになる．SDSを除くにはDEAEプレカラムを用いる方法が簡便である．
A）タンパク質消化物，B）Aと同じ量のタンパク質消化物を100 μlの0.1％SDSを含む緩衝液に溶解して分析，C）Aと同じ量のタンパク質消化物を1 mlの0.1％SDSを含む緩衝液に溶解して分析，D）0.1％SDS，1 ml，E）Cと同じ試料をDEAEプレカラムを取り付けて分析（文献3より改変）

❶ およそ10 μgのタンパク質をエッペンドルフチューブにとり，乾固する．揮発性の緩衝液に溶けていた場合は，❷ へ進む．20 μlの水を加え，溶解した後，40 μlの冷やしたアセトンを加えてタンパク質を沈殿させ脱塩を行う．この操作を2～3回繰り返した後，再度乾燥させる

❷ 30 mM DTT（ジチオスレイトール）—0.2 M重炭酸アンモニウム5 μlをタンパク質試料に加えて，80℃で20分静置する

❸ 氷上で冷却した後，40 mM IAA（ヨード酢酸）—0.1 M重炭酸アンモニウム5 μlを加え，37℃で遮光して30分置く

❹ 0.1M重炭酸アンモニウム80 μlを加えた後，200 μg/mlのTPCK—トリプシン水溶液を1 μl加えて37℃で一晩消化する

3 In-gel 消化

SDS-PAGEでタンパク質を分離した後クマシーブリリアントブルーR250（CBB）で染色して検出したバンドを切り出し，SDS存在下で酵素消化する方法を紹介する[5]．

❶ CBBで染色したゲルを脱染色液から水に移し，十分に脱染色液を除く（30分×2）

❷ CBBで染色されたタンパク質のバンドを切り出し，チューブに移す

❸ ゲル片が浸る程度の0.1％SDSを含む100 mM Tris-HCl（pH 9.0）をチューブに加える（約10 μl程度）

❹ 37℃で1時間置く

❺ 0.1 μl程マイクロピペットでとり，pH試験紙でpHを確認する．pHは9付近のはずである．低くなっていれば，1 M Tris-HCl（pH 9.0）を少量加えるなどして，9付近に戻す

❻ リジルエンドペプチダーゼを濃度が2 μg/ml以上になるように加える［❸で10 μlの0.1％SDSを含む100 mM Tris-HCl（pH 9.0）を加えたなら，20 ngのリジルエンドペプチダーゼを加える］

❼ 37℃で1晩消化する

❽ 消化液を別のチューブに移す

❾ ゲル片に50〜100 μlの0.1％SDSを含む100 mM Tris-HCl（pH 9.0）を加える．ゲル片は，ナイロンメッシュなどで細かくしておくとペプチド

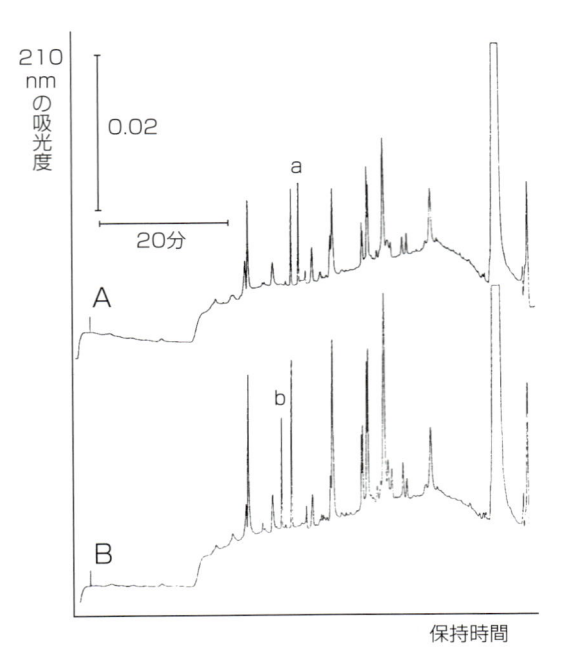

図4　ペプチドマップ
SDS-PAGEで分離精製して，In-gel消化した正常タンパク質（A）と変異タンパク質（B）のペプチドマップである．aとbで示したペプチドが異なっている（文献5より改変）

の回収がよい
⑩ 37℃で1時間置いた後，ペプチドを含む緩衝液を0.22 μmフィルターを通してゲル片から分離する
⑪ この液は，⑧の消化液と合わせる
⑫ DEAEプレカラムをつけた逆相クロマトグラフィーでペプチドを分離する

実験例

■ SDS-PAGEで分離したタンパク質のペプチドマッピング

大腸菌で発現させた正常なタンパク質と変異タンパク質をSDS-PAGEで分離精製し，ペプチドマップを比較して変異を確認した例を紹介する[5]．

カルパスタチンは，カルシウム依存性の細胞内プロテアーゼ，カルパインの内在性インヒビターである．4つの相同なドメインからなり，それぞれがカルパインに対する阻害活性を有する．ドメインのほぼ真ん中にTIPPXYRという4つのドメインの間で保存された配列がある．この配列のY→Sの変異によっては阻害活性は変化しない．大腸菌で正常型のドメインIとY→Sの変異を有するドメインIを発現させ，SDS-PAGEで分離精製後，In-gel消化してペプチドマップ（クロマトグラム）を比較し，タンパク質レベルで変異を確認した（図4）．

おわりに

高速液体クロマトグラフィーは，さまざまな物質の分離分析に用いられる汎用な方法である．ペプチドの高速液体クロマトグラフィーの分離分析は，合成ペプチドの精製のような大量の試料を扱う場合と細胞内のタンパク質の同定をペプチドマップによって行う場合のような極微量の分析との両極端へ別れてきている．いずれの場合も基本的な原理や注意点は同じであるが，同一の装置で分離精製と微量分析を行うことは不可能ではないが問題が多い．用いる用途によって，最適化された装置を選択することが望ましい．

参考文献

1) 津田孝雄：「クロマトグラフィー —分離の仕組みと応用—」（化学セミナー15），丸善，1989
2) 「高速液体クロマトグラフィーハンドブック改訂2版」（日本分析化学会関東支部会／編），丸善，2000
3) Kawasaki, H. & Suzuki, K.: Anal. Biochem., 186 : 264-268, 1990
4) Tanaka, Y. et al.: Proteomics, 6 : 4815-4855, 2006
5) Kawasaki, H. et al.: Anal. Biochem., 191 : 332-336, 1990

第8章 その他の分析機器

5. 中低圧カラムクロマトグラフィー
～タンパク質の簡便な分離精製～

黒川裕美子, 岩﨑博史

精製システムを利用した粗抽出液からの目的タンパク質の分離と精製

はじめに

　カラムクロマトグラフィーは，タンパク質精製における常套手段で，最も有効な分離精製法の一つである．大腸菌や昆虫細胞の発現システムを利用して多量発現させた細胞抽出液を出発材料とすれば，目的タンパク質を高純度に多量精製することが可能となる．しかし，いくら多量発現細胞を出発材料にしたとしても，一種類のカラムクロマトグラフィーだけで高純度に精製できることはまれで，通常は，数種類の原理の異なるクロマトグラフィーを組み合わせる必要がある．また，最近はHisタグ，GSTタグあるいはFLAGタグなどを利用したアフィニティー精製法が普及し，マニュアル化されたワンステップ精製法で，ある程度高純度タンパク質標品が簡単に得られるようになった．しかし，酵素学的解析や構造生物学的解析のサンプルとして供するには純度が不充分な場合が多く，さらに純度を上げるために，引き続き別のカラムクロマトグラフィーを行うことも少なくない．

　このようにタンパク質精製には通常連続的なクロマトグラフィーが必須であるが，これをよりスピーディーかつ簡便に行えるシステムとして，中低圧液体クロマトグラフィーシステムがここ10年ほどの間に広く普及した．このシステムを用いると，それほど労力をかけないで数ミリグラムオーダーのタンパク質精製が可能となる．本項では，中低圧カラムクロマトグラフィーシステムの一例として，比較的廉価であるにもかかわらず，使用できるカラムにおいて高い選択性を有するGEヘルスケア社のAKTAprimeカラムクロマトグラフィーシステムの操作について紹介する．

原理/ストラテジーの概略

1 カラムの種類と性質

　カラムクロマトグラフィーは，担体（レジンともいう）を詰めたカラム（円筒状の管）にタンパク質混合液を通過溶出させることにより，夾雑物から目的タンパク質を分離精製する方法である．タンパク質はそれぞれ異なる物理的・化学的性質（分子量・等電点・疎水性など）をもつため，担体との相互作用が異なり，その結果，溶出パターンの違いを生み出す．カラムクロマトグラフィーは，このことを利用したタンパク質分離法である．

　分離原理の違いによって，ゲルろ過，陰・陽イオン交換，疎水性相互作用，アフィニティークロマトグラフィーの4種類に大きく分類される．表1は，現在市販されている一般的なレジンの種類と性質についてまとめた．

　レジンによっては，同じ官能基（リガンド）が固定化されているにもかかわらず，支持体（ゲルマトリックス）が異なるものが数種類市販されている．これは，同じリガンドであっても固定化されたゲルマトリック

Yumiko Kurokawa, Hiroshi Iwasaki：Division of Molecular and Cellular Biology, Supramolecular Biology, International Graduate School of Arts and Sciences, Yokohama City University（横浜市立大学大学院国際総合科学研究科生体超分子科学専攻創製科学研究室）

表1　カラムクロマトグラフィーの種類とその特徴

クロマトグラフィー	分離原理	リガンド（通称名を含む）	結合・溶出条件	商品名
陰イオン交換	電荷（静電的相互作用）	Diethylaminoethyl (DEAE) Quaternary ammonium(Q) など	低塩濃度で結合，NaClなどの高塩条件化で溶出	HiTrap DEAE FF(GE)* HiTrap Q HP(GE) Q Sepharose HP(GE) UNOsphere Q(BR) Macro-Prep High Q(BR) など
陽イオン交換	電荷（静電的相互作用）	Carboxymethyl (CM) Sulphopropyl(SP) Methyl sulphonate (S) リン酸(P) など	低塩濃度で結合，NaClなどの高塩条件化で溶出	HiTrap SP HP(GE) SP Sepharose HP(GE) UNOsphere S(BR) Macro-Prep High S(BR) Phosphocellulose(WM) など
ハイドロキシアパタイト	電荷（静電的相互作用）	ハイドロキシアパタイト（リン酸カルシウム）	低塩・低リン酸濃度で結合，高リン酸やNaClなどの高塩条件化で溶出	エコノパックCHT-II(BR)
疎水（ハイドロフォービック）	疎水結合	Ether Isopropyl Phenyl Octyl Butyl Methyl	高濃度硫安溶液で結合させ，硫安濃度を下げて溶出．溶出バッファーにエチレングリコールや界面活性剤を加えることもある	HiTrap Phenyl FF(GE) エコノパックMethyl HIC(BR) など
アフィニティー	タンパク質の生理機能による特異的結合	Heparin	NaClなどの高塩条件化で溶出	HiTrap Heparin(GE) アフィゲルヘパリン(BR) など
		Cibacron Blue F3G-A	NaClなどの高塩条件化で溶出	HiTrap Blue HP(GE) エコノパックブルー(BR) など
		Glutathione	還元型グルタチオン	GSTrap HP(GE)
		Protein A	強酸条件下・Mg^{2+}などのカオトロピックイオンの高濃度存在下	HiTrap protein A HP(GE) エコノパックプロテインA(BR)
		Ni^{2+}	イミダゾール（競合試薬），キレート剤，低pHのバッファーなど	HisTrap HP(GE) Ni-NTA superflow(QI)
ゲルろ過	分子量（分子のStokes半径）	--	バッファーの送液量	Superdex(GE) Sepharose(GE) など

＊GE：GEヘルスケアバイオサイエンス，BR：バイオラッド，WM：ワットマン，QI：キアゲン

スの違いによって分離能や価格が異なるためである．一般に，ゲルマトリックスの粒子径がより均一で小さいものほど分離能が高くなり，それと同時に価格も高くなる．また，小粒子径のマトリックスを充填したカラムを使用するには高送液圧を必要とするため，利用できるクロマトグラフィーシステムが限定されるようになる．それゆえ，最終精製時に用いられることが多い．一方，粒子径が大きいレジンは一般的に安価で，低送液圧操作が可能であり，自作カラムに使用され初期精製時に多く用いられる．最近では，低送液圧でも高い分離能を示す低価格レジンが開発され，このレジンを充填した廉価なプレパックカラムが各社から市販されている．充分に多量発現した細胞の抽出液を使用すれば，この廉価なプレパックカラムを何種類か組み

合わせたクロマトグラフィーだけで，充分高純度な精製が可能である．勿論，どの担体を用いるか，組み合わせや順番，さらにバッファー条件などによって精製結果が大きく左右されるので，精製方法を確立するには，試行錯誤が必要となるのは無論である．

2 AKTAprimeシステムの構成

タンパク質精製用液体クロマトグラフィーシステムとして，GEヘルスケア社のAKTAシリーズやバイオラッド社のBioLogicシリーズなどが市販されている．本項では，プレパックカラムHiTrap Q（GEヘルスケア社）を接続して使用する場合を例として，AKTAprimeの操作法について紹介する．

図1にAKTAprimeシステムを模式的に示した．詳細は装置に添付されている取扱説明書[1]（HPからでも入手できる）を参照していただきたい．システムは大きく分けて，本体とフラクションコレクターとチャートレコーダーから構成されている．チャートレコーダーの代わりにコンピュータが接続されたものもある．

サンプルは，ポンプによるバッファーの送液に伴って移動する．サンプルの流路を青で示した．

バッファーには3種類の基本的な液路（LOAD，INJECT，WASTE）があり，バルブによって選択される．バルブのLOADポジションは，バッファーがサンプルループを通らず，直接カラムに向かうポジションである．カラムの洗浄や平衡化，また，実際にクロマトグラフィーを展開するときのポジションである．INJECTポジションはサンプルループを通ったあとカラムに向かう．文字通り，サンプルをカラムにINJECTするためのポジションである．WASTEポジションは，サンプルループもカラムも通らず，直接廃液瓶に向かう．このポジションは，主にAKTAprime本体の流路の洗浄のためのポジションである．

陰・陽イオン交換，疎水性相互作用，アフィニティークロマトグラフィーなどは，一般に，イオンの濃度変化によって，異なったタンパク質を差別的に溶出する．このための濃度勾配は，バッファーAとBをミキサー内で混合させることによって作成する．一般的には，バッファーAは低イオン濃度，バッファーBを高イオン濃度にしておき，両者の混合比を連続的に変えることによってイオン濃度グラジエントが作成される．濃度勾配の勾配や段階的変化などは，AKTAprime本

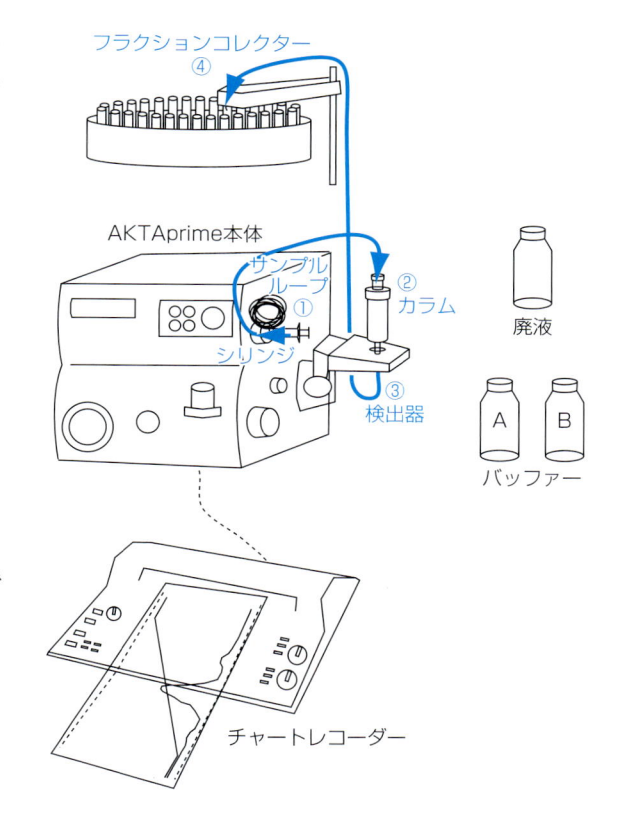

図1　AKTAprimeシステム模式図とサンプルの流れ
青字はサンプルの流れを示した．バッファーA・Bや廃液の接続チューブについてはここでは省略してある．①サンプルループ内にシリンジを用いてサンプルが注入される，②サンプルがカラムにアプライされる，③カラムから出てきたサンプルの吸光が検出器で検出される（このデータはチャートレコーダーに記録される），④フラクションコレクターによって，サンプルがフラクションチューブに分取される．

体のコンピュータによって任意に設定可能である．また，高頻度に使用されるカラムについては，本体内部のコンピュータに標準的なメソッドプログラムとして保存されており，これを呼び出してRunすれば自動でサンプルのロードからカラム洗浄，溶出，分取まで行ってくれる．メソッドは実験者でカスタマイズすることができ，サンプル液量/流速/グラジエント液量/開始最終グラジエント%/各フラクション回収液量/UVレンジ/チャートスピードなどを設定できる．また，完全なマニュアル操作も可能で，作動させながら，流速やバッファー送液量，グラジエント%などを自分で様子を見つつ調整しながら精製するといったことも可能

である．

準備するもの

- サンプル（目的タンパク質を含む溶液）
- AKTAprime システム（GE ヘルスケア社）
- HiTrap Q 1 ml プレパックカラム（GE ヘルスケア社）
- 5 ml サンプルループ
- 2 ml キャップレスチューブ
- バッファーA（結合用バッファー）
  20 mM Tris-HCl pH 8.0, 10％ Glycerol, 1 mM DTT, 0.05 M KCl, 1 mM EDTA
- バッファーB（溶出用バッファー）
  20 mM Tris-HCl pH 8.0, 10％ Glycerol, 1 mM DTT, 1 M KCl, 1 mM EDTA)
- 超純水
- 20％エタノール

  ＊カラム操作に使用するバッファー類はあらかじめ 0.45 μm のフィルターを通し，脱気しておく
  ＊すべて 4℃にしておくこと

プロトコール

1 AKTAprime の準備

❶ UV ランプが ON になっているか確認する[*1]

  ＊1 スイッチを入れてから安定するまで30分位かかる．

❷ チャートレコーダーの［rec on-off］を on にし，チャート紙残量もチェックしておく[*2]

  ＊2 これをしないとデータの自動記録がされない．

❸ 赤と青のペンそれぞれを［down］にする[*3]

  ＊3 われわれは赤＝バッファーB％，青＝UVピークに設定している．

❹ フラクションコレクターに 2 ml キャップレスチューブをセットする

❺ 5 ml のサンプルループを接続する[*4]

  ＊4 サンプルボリュームが多いときはスーパーループを使うか8番ポートから直接ロードする．

❻ 廃液用チューブ3本を廃液ボトルに入れる[*5]

  ＊5 パススルーフラクションを取得する場合は，フラクションコレクターをオンにして分取するか，廃液チューブ3本のうちフラクションコレクターから出ている1本を別のボトルにさして回収する．

❼ シリンジを用いてサンプルループ内を超純水で洗浄する．その後，同様の操作をバッファーAで行う

❽ 超純水が入ったボトルに，バッファーA用チューブとバッファーB用チューブの両方を入れる

❾ 超純水を用いてシステム全体の洗浄を自動プログラムで行う：［System Wash Method］を選択

2 カラムの準備

❶ AKTAprime のマニュアル操作で，バルブを LOAD ポジションのまま，流速0.5 ml/分位で超純水をゆっくり送液し，チューブ先から超純水を垂れ流す

❷ HiTrap Q プレパックカラムの上部のストッパーをはずす

❸ 超純水を垂れ流しながらチューブ先をカラムに緩く接続する．すぐに，カラム下部のキャップを捻り切って開放する．その後，上部のカラムとチューブをしっかり接続し，次に，カラム下部とチューブの接続をする[*6]

  ＊6 カラム内へ空気が入らないようにする方法である．

❹ カラムの5倍量の超純水を送液する[*7]

  ＊7 新品のカラムは20％エタノールで平衡化されている．高濃度の塩を含むバッファーでいきなり置換するとカラム内に塩が析出することがある．今回用いたバッファーAのような低塩濃度のバッファーの場合は直接置換しても問題はないが，ミスを防ぐためにも最初超純水で置換する習慣をつけておきたい．

❺ AKTAprime のバッファーAチューブ，バッファーBチューブをそれぞれバッファーA，バッファーBが入ったボトル内へ入れる

❻ システム全体の洗浄とカラムの平衡化を自動プログラムで行う：［System Wash Method］[*8]

  ＊8 これによりカラム内がバッファーB 100％で洗浄の後，バッファーB 0％（＝バッファーA 100％）に平衡化される．

3 サンプルの調製と注入

［サンプル例］大腸菌細胞抽出液の調製と前処理

❶ 目的タンパク質を発現した大腸菌を集菌する

❷ 適当なバッファー（結合バッファー＋0.3 M NaCl など）に懸濁し，超音波処理で細胞を破砕する

❸ 細胞破砕液を超遠心（100 k×g，1時間）し，上清を回収する

❹ 上清に対して，PEI（ポリエチレンイミン）沈殿や硫安沈殿などを行い，粗精製分画とする[*9]

☞ *9 核酸は，陰イオン交換体に強く結合することからカラムのタンパク質結合能を低下させる．それゆえ，陰イオン交換クロマトグラフィーを行う際にはサンプル中の核酸をあらかじめ除去する必要がある．簡便な核酸除去法として，PEI沈殿法や硫安沈殿法などが用いられる．PEIは，溶液中の核酸と不溶性の複合体を形成することから，遠心によって容易にPEI―核酸複合体を除去することができる．また，核酸結合タンパク質の場合，このPEI―核酸複合体と一緒に結合して遠心沈殿画分に分離されることがある．この場合は，複合体を高塩濃度のバッファーに懸濁すると，タンパク質が溶出され，精製の効果的な1ステップにもなる．硫安沈殿法は，高濃度の硫安存在下では疎水的相互作用が増加し，タンパク質が沈殿することを利用した分別沈殿による分画である．通常の実験条件では核酸は沈殿しないので，目的タンパク質を含む硫安沈殿物を回収することにより，核酸が除去されたサンプルを調製することができる．

❺ 粗精製分画をバッファーAで溶解，または，透析法などでバッファーAに対して平衡化する*10

☞ *10 沈殿サンプルが溶解しにくいときは，数百mMの塩を加えたバッファーだと溶ける場合がある．サンプルボリュームが少量の場合は，透析の代わりに，Sephadex G-25を用いたゲルろ過によって短時間に平衡化できる．

❻ 遠心（数万×g，30分）または0.45 μmフィルターを通して，サンプルから不溶物を除く*11

☞ *11 カラムの目詰まりを防ぐためである．

❼ シリンジを用いてサンプルループ内へサンプルを注入する*12

☞ *12 サンプルを注入後もシリンジは挿入したままにすること．

4 AKTAprimeの設定

[Method template] から [Ion Exchange Gradient elution] を選択し，サンプル添加方法＝InjV（サンプルループ使用の場合），流速＝0.5 ml/分，フラクションサイズ＝1 ml，カラム平衡化バッファー量＝5 ml，サンプル量＝5 ml，洗浄バッファー量＝5 ml，グラジエント体積＝40 ml，グラジエント終了後の洗浄量＝5 ml，と入力して最後にこのメソッドを保存する*13

☞ *13 このとき保存したメソッド番号を忘れないこと．カラムの種類やスケールによっても条件が異なるのでカラムのマニュアルを熟読してから設定する．

5 分離精製スタート

❶ UVレンジとチャートレコーダー，フラクションコレクターが準備できているか最終確認する
❷ 保存したメソッドを呼び出してスタートさせる*14

☞ *14 状況に応じてマニュアル操作で各設定条件を変更・調整することも可能である．スタート後も，設定通り動いているか，ときどき様子を見にいくことも大事である．

[補足] マニュアル操作の場合

メニューの [Manual Run] を選択し，以下の順序に従って行う．
❶ バッファーB＝0％，流速＝0.5 ml/分，[Load] ポジションを設定し，5 ml分（カラムボリュームの5倍量）を送液する（カラムの平衡化）
❷ 一時停止ボタンを押す
❸ バルブが [Load] ポジションになっているのを確認して，サンプルをサンプルループ内に注入する
❹ 一時停止ボタンを解除する
❺ [Load] ポジションから [Inject] ポジションに切り替え，5 ml分を送液させる（サンプルループ内のサンプルがカラムに添加される）
❻ [Inject] ポジションから [Load] ポジションに戻し，5 ml以上送液を続ける〔チャート上のUVの吸光がベースラインまで安定するまでカラムを洗浄する．後の確認のために，パススルー（カラムに結合しない素通り画分）も回収する〕
❼ 一時停止ボタンを押す
❽ [Gradient] をONにし，バッファーB＝100％まで40 mlで到達するよう設定する
❾ フラクションサイズを1 mlと入力する
❿ 一時停止ボタンを解除する（グラジエント溶出とサンプルのフラクション分取が開始される）
⓫ バッファーB＝100％まで到達したら，そのまま5 mlほど送液を続けカラムを洗浄する
⓬ ENDボタンを押して終了

6 サンプルの回収

メソッド終了後，分取された各サンプルフラクションのSDS-PAGEや活性測定などを行い目的タンパク質の存在するフラクションと精製度を確認する．その際，チャートのUV吸収ピークが参考になる*15

☞ *15 タンパク質によっては吸光係数が低く，吸光が出にくいものもある．

7 AKTAprimeの洗浄と終了

❶ 全行程終了後はバッファーA，Bチューブを超純水に入れ，[System Wash Method] の後，20％エタノールで同様に洗浄・置換する*16

☞ *16 一時的な保存であれば，超純水だけでもよい．

8章-5．中低圧カラムクロマトグラフィー 271

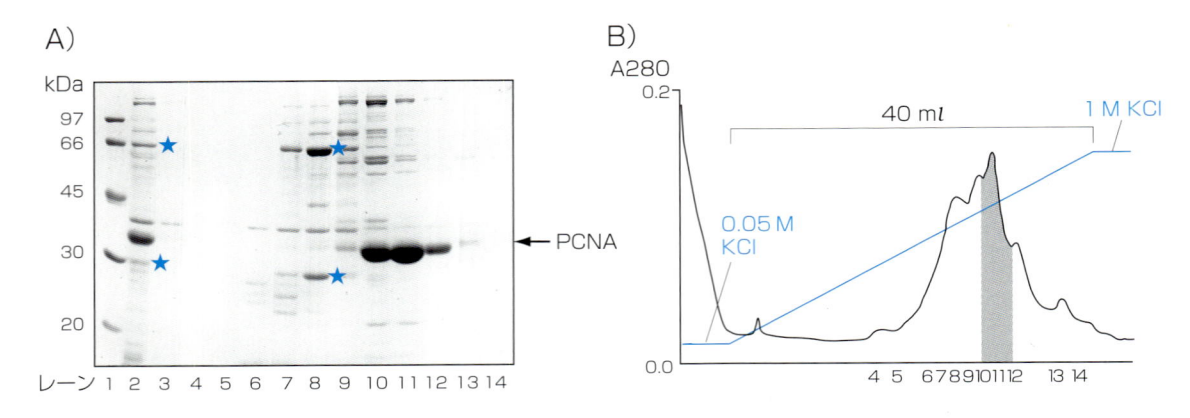

図2　分裂酵母 PCNA タンパク質の陰イオン交換カラムクロマトグラフィー
A）SDS-PAGE 後のゲルを CBB 染色したもの．矢印は PCNA タンパク質の位置を示している．星印は，よく分離できた夾雑タンパク質．レーン1：分子量マーカー，2：粗精製した抽出液，3：パススルー画分，4～14：溶出サンプル．B）チャートデータを示す．図の下の数字は SDS-PAGE のレーンに対応している．灰色の部分は PCNA の溶出範囲を示している

❷ カラムを外すときは接続のときとは逆で，送液しながらカラム出口から先に外すこと*17

*17 カラム汚れが気になる場合は，超純水—0.5 M NaOH—超純水で洗浄する方法があるが，それぞれのカラムの洗浄方法については各マニュアルや GE ヘルスケア社の HP でも紹介されているのでそちらを参考にするとよいだろう．

❸ 本体は ON のままで，UV ランプを OFF にする*18

*18 高価な UV ランプには寿命があり，照射したままだと UV フィルターが劣化するので，不使用時は，UV ランプのスイッチを切ること．一方，本体のほうは，スイッチの ON/OFF に伴う温度変化が結露を誘発し，電子部品の故障の原因になりうるので，常時 ON のままにしておく．本体を室温で使用する場合はこの限りではない．

実験例

分裂酵母 PCNA タンパク質を大腸菌で発現（500 ml 培養）させ，30～60％硫安沈殿による粗精製後に AKTAprime と HiTrap Q 1 ml を用いて陰イオン交換カラムクロマトグラフィーを行った（図2）．各フラクションの一部を 12％ SDS-PAGE，CBB 染色した．フラクション番号10～12に PCNA が溶出されている．星印をつけた夾雑タンパク質は，別のフラクション（6-9）に溶出されている．

おわりに

タンパク質精製の過程で初心者が最も陥りやすい失敗は，目的のタンパク質を見失うことである．memo では，この問題に対するトラブルシューティングをまとめた．イオン交換クロマトグラフィーを想定しているが，塩濃度を変化させて展開する吸着クロマトグラフィー（ヘパリンなどに代表されるある種のアフィニティーやハイドロキシアパタイトクロマトグラフィー）にも適応できる．また，対応する原理そのものは，疎水クロマトグラフィーにも応用できる．参考になれば幸いである．

参考文献

1) AKTAprime User Manual
   http://www.jp.amershambiosciences.com/index.asp
2) 「Handbook はじめての組換えタンパク質精製」，GE ヘルスケア社，2003
3) 岡田雅人，宮崎 香/編：「タンパク質実験ノート㊤（改訂第3版）」，羊土社，2004

memo

イオンクロマトグラフィーにおけるトラブルとその解決法

1) チャート上に，タンパク質シグナルが何も検出されない．
   ① チャートレコーダーと本体の配線は OK？
   ② OD レンジが大きすぎる（低感度すぎる）
   ③ バッファーA，B が 280 nm 付近に高い吸収がある物質（例えば，ヌクレオチドなど）を含んでいる．このような場合は，ベースが高くなり過ぎて，検出レンジ外になっている．
   ④ バルブポジションは OK？
   → ［LOAD］ポジションでサンプルはサンプルループに注入され，［INJECT］でサンプルがカラムにアプライされる．［INJECT］ポジションでサンプルを注入しても，サンプルは WASTE に流れるだけ．メソッドプログラムを使うにしろ，マニュアルで動かすにしろ，［LOAD］ポジションから［INJECT］ポジションに変わると，ジーという音がするので，その音を確認すること．

2) パススルーフラクションにだけ高いシグナルが検出され，クロマトグラフィーで展開しているフラクションにはシグナルがほとんどない．
   この状態は，アプライされたサンプルのほとんどが，カラムに結合しなかったことを示している．この場合は，目的タンパク質もカラムに結合しなかったのか，または，カラムに結合しクロマトグラフィーで分画されたが，タンパク質の吸光係数が極端に低いためにシグナルが非常に弱い場合がある．後者の場合は，他の夾雑タンパク質と効率よく分離できたわけだから，結果的には非常に有効な精製ステップであるといえよう．もし，高いシグナルを検出したいのであれば，オプションの 214 nm 吸光検出システムも導入できる．もしくは SDS-PAGE で解析して，分取フラクションを決定すればよい．一方，前者の場合（カラムに結合することが予想されている場合）については，ミスが考えられるので，以下に対応方法を列挙した．

   ① カラムがバッファーA で充分に平衡化されていない
   ② 目的タンパク質を含むサンプル溶液が，カラムの平衡状態と違いすぎる．すなわち，サンプル溶液の pH がバッファーA と違いすぎる．もしくは，高濃度の塩を含んでいる．
   → 通常，サンプル溶液はバッファーA に対して平衡化してからカラムにアプライすべきだが，低塩濃度のバッファーに対して透析した場合，目的タンパク質が析出する場合がある．この場合は，まず，高塩濃度のバッファーに対して充分透析し，pH をバッファーA と一致させてから，アプライ直前にバッファーA で希釈する．希釈の目安は，目的タンパク質が溶出される塩濃度の 1/3 以下である．
   ③ 目的タンパク質が，非特異的にカラムに吸着，もしくは，非常に強くレジンに結合したため．
   → イオン交換クロマトグラフィーの場合は，1 M 塩濃度でほとんどすべての結合物質が溶出される．最近のゲルマトリックスは，タンパク質との非特異的吸着が起こることは非常にまれであり，カラムに吸着したまま目的タンパク質が出てこないということは，ほとんどない．一方，疎水・ヘパリン・ハイドロキシアパタイトクロマトグラフィーなどでは，カラムに吸着して溶出されないということが低頻度ではあるが起こる．クロマトグラフィーで展開したフラクション，パススルー画分，WASTE すべてチェックしても検出できなかったら，このことを疑ってみよう．変性剤（強酸・強アルカリ・尿素もしくは SDS）などをカラムに通せば溶出できる．また，SDS-PAGE を行うことを考えれば，カラムを分解してレジンを一部掻き取り，それに SDS-PAGE ローディングバッファーを加えればすぐに解析用サンプルとなるので，この方法の方が簡便かもしれない（プレパックカラムの場合は不可能だけれども）．

第8章 その他の分析機器

6. アミノ酸分析装置
～タンパク質のアミノ酸組成を調べる～

平野　久

アミノ酸分析は，タンパク質の特徴を明らかにするうえで欠かすことができない．タンパク質を加水分解してアミノ酸分析装置を用いてアミノ酸組成を分析する．

はじめに

タンパク質のアミノ酸分析では，タンパク質を加水分解し，生じるアミノ酸を専用の装置で定量分析する．タンパク質の加水分解は通常，精製したタンパク質に5.7～6 N塩酸を加えて，減圧脱気条件下，105～110℃で24～72時間行われる．アルカリやペプチダーゼを用いて加水分解を行う方法もある．

アミノ酸分析法には，加水分解物をカラムクロマトグラフィーで分離した後に誘導体化して検出するポストカラム法と，加水分解物を誘導体化してからカラムクロマトグラフィーで分離検出するプレカラム法がある．従来，よく用いられてきたニンヒドリン法は前者に属し，OPA法，PTC法，ダブシル法，Fmoc法などは後者に属する．ポストカラム法は，一般に，プレカラム法に比べ正確で，再現性が高い．しかし，試料を分離した後，ラベルするため，試料の希釈やクロマトグラフィーのベースラインの変動は避け難い．したがって，微量分析にはプレカラム法の方が適している．ここでは，よく用いられるニンヒドリン法と新しいプレカラム法として注目されているAccQ・Tag法について述べる．

原理

タンパク質のアミノ酸組成を分析するためには高純度の試料を調製する必要がある．純度はSDS-PAGEで調べることができる．また，タンパク質の正確な分子量がわかれば，タンパク質1分子中のアミノ酸のモル数を明らかにすることができる．最近は，質量分析装置が発達しているので，これを用いて分子量を測定できることが多い．

システインの定量を行うためには，加水分解前にシステインのSH基をカルボキシメチル化やピリジルエチル化などによって保護しておく．加水分解は，Waters社（Pico・Tagワークステーション）などから市販されている自動装置によって行うこともできる．加水分解すれば，あとはニンヒドリン法やAccQ・Tag法を用いたアミノ酸分析装置によって自動的にアミノ酸組成を分析することができる．

ニンヒドリン法では，陽イオン交換クロマトグラフィーで分離されたアミノ酸をポストカラム反応によってニンヒドリンと反応させ（図1），プロリン以外のアミノ酸誘導体を570 nmで，またプロリン誘導体を440 nmで定量する．ニンヒドリン法の検出感度は50 pmol程度であり，定量分析の限界は300～500 pmolである．ニンヒドリン法は他の方法と比較すると検出感度は劣るが，定量性に優れている．ニンヒドリン法

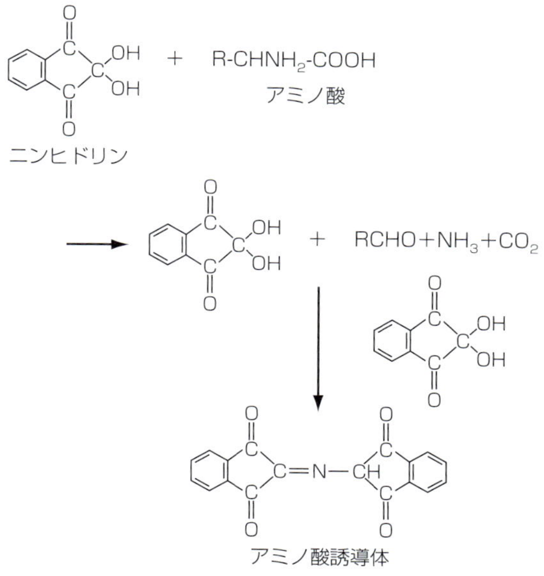

図1 ニンヒドリン反応
アミノ酸はニンヒドリンと反応すると青紫色物質を生成するので，これを570 nmの波長で測定する．ただし，プロリンからは黄赤色物質が生成されるので，これについては440 nmの吸収を測定する

によるアミノ酸分析装置は日立製作所などから販売されている．

　AccQ・Tag法は，カルバミン酸6-アミノキノリン-N-ヒドロキシスクシンイミド（AQC）を弱アルカリ条件下でアミノ酸と反応させ，誘導体化し，逆相HPLCで分離・定量を行うプレカラム分析法である（図2）．ポストカラム法では，定量時に試料が誘導体化試薬溶液によって希釈されてしまうが，プレカラム法ではその心配がない．そのため，各アミノ酸を数pmolの検出感度で定量することができる．AccQ・Tagアミノ酸分析には，Waters社の分析システムを用いる．

準備するもの

<試料の加水分解>
- ガラス試験管
- 液体窒素
- 酸素ガスバーナー
- 6 M定沸点塩酸

<アミノ酸分析（ニンヒドリン法）>
- 高速アミノ酸分析計 AMINOSAGE L-8900（日立）
- ニンヒドリン：和光純薬工業のL-8900用キットを用いて調製する．
- アミノ酸分析計用緩衝液：三菱化学のMCI Buffer L-8500キットを用いる．
- 標準アミノ酸混合液H型（和光純薬工業）

<アミノ酸分析（AccQ・Tag法）>
- Waters Pico・Tagワークステーション（Waters社）
- 高速液体クロマトグラフィー（HPLC）

プロトコール

1 試料の加水分解

ⅰ）ガラス管を加工して行う場合

❶ 加水分解用ガラス管にタンパク質試料（10〜100 μg）を入れ，乾燥させる．ガラス管に100〜200 μlの6 M塩酸を加える．ガラス管の中央部を酸素ガスバーナーで細くする

❷ 試料部分を液体窒素で冷却し，真空ポンプを使って減圧脱気する*1．減圧下でガラス管の細くした中央部を酸素ガスバーナーで封管する

　*1 脱気が不充分であるとメチオニンが一部メチオニルスルホキシドに酸化される．

❸ 封管したガラス管を110℃の恒温器に入れて20時間インキュベートする*2, 3

　*2 24時間加水分解中にセリンとトレオニンは約5％分解されてしまう．正確な値を得たい場合には，24, 48, 72時間加水分解を行って得られる値から，外挿によって0時間での値を推定する．

　*3 イソロイシン，バリンを含むペプチド結合の切断は，24時間加水分解では不充分であることが多い．72時間目の値を用いる．

❹ 加水分解後，ガラス管を冷却し，ヤスリを用いて開管する．遠心乾燥機で試料を乾固させ，アミノ酸分析に用いる

ⅱ）Pico・Tagワークステーションを用いる場合
　一方，下記のようにPico・Tagワークステーションを用いて半自動的に加水分解を行うこともできる．

❶ WISPバイアル（Waters社）に，塩酸（36〜38％）1 ml，脱イオン水1 ml，フェノール20 μlを混合し，加水分解用6 M塩酸*4（1％フェノール*5）とする

　*4 トリプトファンの回収を目的とする場合には，6 M塩酸の代わりに，4 Mのメタンスルホン酸を用いて加水分解する．

　*5 チオグリコール酸やフェノールの添加により，トリプトファン，メチオニンおよびチロシンの回収率が高まる．

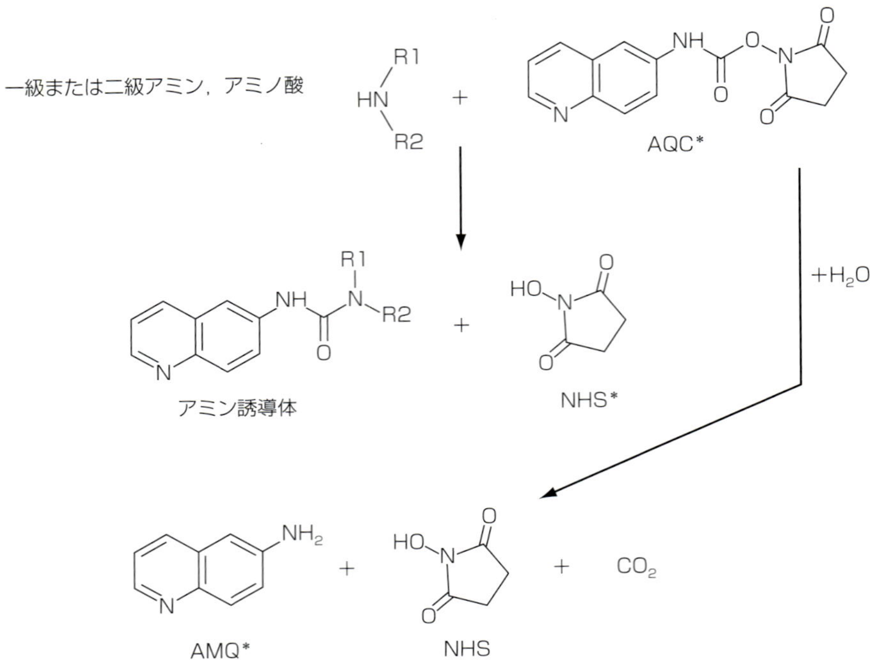

図2 AQC反応
過剰なAQCは，加水分解され，6-アミノキノリン（AMQ），N-ヒドロキシスクシンイミド（NHS），CO_2を生成する．AQCアミノ酸をEx 250 nm, Em 395 nmで検出する．AMQは395 nmに吸収があるが，クロマトグラフィーで分離することができる．NHSとCO_2は分析を妨げない

❷ 反応バイアルの緑ボタンを押し込み，反応バイアル内を常圧にしてキャップを外す．6 M塩酸（1%フェノール）溶液200 μlを反応バイアルに注入する

❸ 窒素ガスボンベの二次圧調整バルブが閉じる．ついで窒素ガスボンベの一次バルブを，次に三次バルブ，Pico・Tagワークステーション本体の窒素ガスバルブも開ける

❹ 二次圧調整バルブをゆっくりと開け，二次圧を0.14 kg/cm²に設定する．約10秒間この状態にしておき，窒素ガスボンベからPico・Tagワークステーションまでを窒素ガスで置換する．置換後，Pico・Tagワークステーションの窒素ガスバルブを閉じる．そして，反応バイアルを本体にセットし，緑ボタンを押し込む

❺ 真空ゲージが5 torrを超える程度まで真空バルブを手早く開ける．2〜3秒間減圧を続ける．この時，ゲージは1〜2 torrとなっている．ついで，真空バルブを閉じる

❻ 窒素ガスバルブを約5秒間開けて窒素ガスによるパージを行う．❺〜❻を2回繰り返す

❼ 減圧バルブを約5秒間開けて反応バイアル中の窒素ガスを除く．この状態で真空ゲージは1.8〜1.2 torrを指す．減圧状態のまま，反応バイアルの赤ボタンを押し込む

❽ 減圧バルブを閉じ，Pico・Tagワークステーション本体より反応バイアルを外す．軍手などを装着して，反応バイアルをPico・Tagワークステーションのオーブンに設置する．そして，加水分解を行う

❾ 加水分解後，反応バイアルをオーブンより取り出し，バイアルを斜めにして室温まで冷却する．冷却後，反応バイアルの緑のボタンを押し込んでキャップを外す

❿ 試料チューブをピンセットで取り出し，チューブ外側に付いた塩酸溶液を拭いとる

⓫ 別の反応バイアルに，このチューブを移しキャップする．Pico・Tagワークステーション本体にセットし，減圧バルブを開け，加水分解後の試料を乾固する．圧力ゲージが65 mm torr付近で変化しな

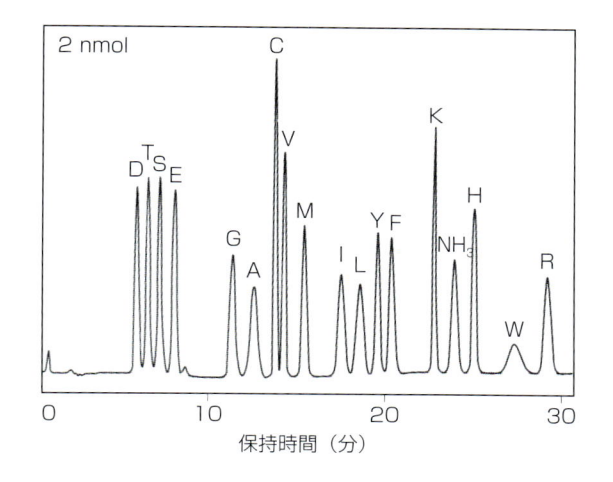

図3 ニンヒドリンで誘導体化された標準アミノ酸の分離
陽イオン交換カラム［4.6×60 mm，粒径3μm，日立カスタムイオン交換樹（P/N 855-3606）］．30分で分析．570 nmで17種類のアミノ酸配列分析を検出

くなれば乾燥が終了．減圧バルブを閉じ，赤ボタンを押し込んで反応バイアルを外す．そして，緑ボタンを押しキャップを開けピンセットで試料チューブを取り出す

2 ニンヒドリン法によるアミノ酸分析

❶ アミノ酸分析計L-8900の分析ソフトウエアを起動させる．分析画面を選択し，メソッド，試料数，オンラインブランク補正の有無など必要情報を入力する．各種緩衝液，ニンヒドリン試薬の残量を確認し，標準試料と分析試料を準備する．2 nmol/20μlの標準試料をオートサンプラーの試料チューブに注入する．各アミノ酸の濃度が0.4〜10 nmol/20μlとなるように加水分解試料を0.02 M塩酸に溶解し，試料チューブに注入する

❷ 装置のコンディショニングを実施した後，分析が始まる．1試料約30分（1サイクル約50分）で分析は終わる．アミノ酸のニンヒドリンによる誘導体化は自動的に行われる

❸ 標準アミノ酸の分析データ（図3）に基づいて検量線を作成し，試料の測定データを解析して各アミノ酸を定量する

3 AccQ・Tag法によるアミノ酸分析

ⅰ）AQC試薬の調製

❶ オートサンプラー用バイアル瓶（P/N＝72710）に

10μlの6M塩酸と脱イオン水3 mlを注入する．

❷ AQC試薬[*6]に2 mlのAQC希釈液を加える．バイアルのキャップをきつく閉め，ボルテックスミキサーで10秒撹拌する．55℃のヒータブロック上にバイアルを置いてAQC試薬の結晶が溶けるまで加温する．加温は10分以内とする

> [*6] AQC試薬については，デシケーター中，室温で1週間保存できる．また，AQCで誘導体化したアミノ酸については，室温で1週間，4℃では1カ月は保存可能である．

ⅱ）アミノ酸標準試料および分析試料の誘導体化

❶ Pico・Tagオートサンプラー用バイアル瓶（P/N＝72710）に40μlのH型アミノ酸標準混合液の原液（2.5μmol/ml）と960μlの脱イオン水を混合する

❷ 試料チューブ（6×50mm，P/N＝07571）に10μl注入する．これに70μlのAQCを含むホウ酸緩衝液を加えミキサーで撹拌する．さらに，20μlのAQCを含むホウ酸緩衝液を加えて直ちにミキサーで10秒撹拌する．そのまま1分間静置して反応させる

❸ 反応後，オートサンプラー用微量ビンにこれを移し，ブロックヒーターを用いて55℃で10分加温する

❹ 同様にして加水分解した試料も誘導体化する

ⅲ）HPLCによる分析

❶ 100 mlのAccQ・Tag溶離液A濃縮液と1 lの脱イオン水を混合し，AccQ・Tag溶離液Aを作製する．溶媒瓶Aに1 lのAccQ・Tag溶離液A，同Bに1 lのアセトニトリル，同Cに1 lの脱イオン水を添加し，ヘリウムガスで脱気する

❷ オートサンプラーのニードル洗浄溶媒引き込みチューブに500 mlの10％メタノール水溶液を添加する．ポンプのコントローラーにより溶媒瓶Cの電磁弁を開く．Cの脱イオン水を引く

❸ カラムを接続せずに溶媒C 100％，流速1 ml/分で20分間ポンプを作動させ，HPLCシステム全体を水で洗浄，置換する．ポンプヘッドに気泡がある場合には，エア抜き操作を行う

❹ 続いて溶媒C 100％，流速1 ml/分のまま，オートサンプラーをパージした後，一旦，流速を0とする．続いて，溶媒Aの電磁弁を開き，ドローオフよりAccQ・Tag溶離液Aを流す．溶媒Cの電磁弁を開け，再び脱イオン水を流す．溶媒Bの電磁弁を開きドローオフによりアセトニトリルを流

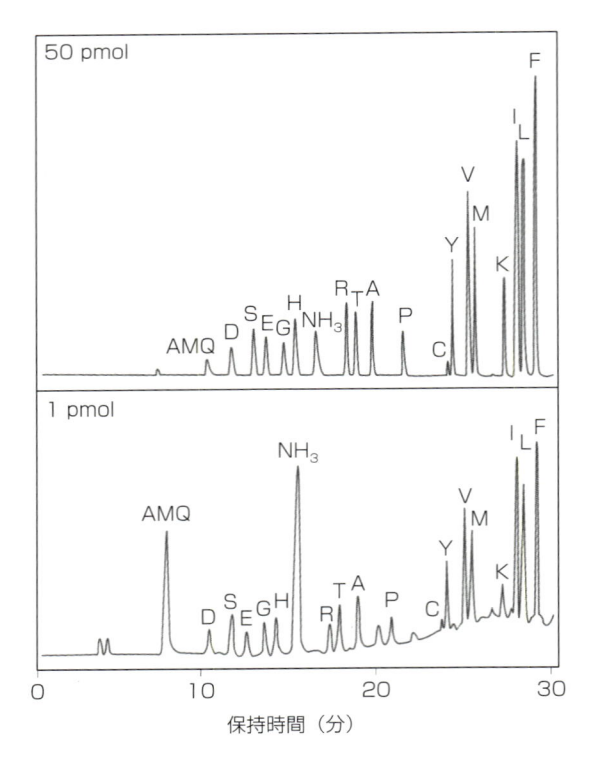

図4 AQC で誘導体化された標準アミノ酸の分離
AccQ・Tag カラム（3.9×150 mm, Waters 社）．流速 1 ml/分，カラム温度 37℃，溶離液 A（AccQ・Tag 溶離液 A：140 mM NaOAc, 17 mM トリエチルアミン，pH 5.04），溶離液 B（60％アセトニトリル）

す

⑤ AccQ・Tag アミノ酸分析カラム（3.9×150 mm, P/N＝52885）を接続し，B60％，C40％，流速 1 ml/分で 10 分間送液する．次に溶媒 A100％，流速 1 ml/分で 10 分間送液し，このときにオートサンプラーをパージする

⑥ B60％ C40％，流速 1 ml/分で 5 分間送液する．ついで A100％，流速 1 ml/分で 9 分間送液する．

⑦ 試料を注入し，メーカーのマニュアルに従って装置を作動させる．1 試料約 30 分（1 サイクル約 50 分）で分析は終わる

⑧ 標準アミノ酸の分析結果（図4）を基に検量線を作成し，未知試料のデータを解析して各アミノ酸を定量する

実験例

■ ペプチジルプロリル cis-trans イソメラーゼのアミノ酸分析[1]

ペプチジルプロリル cis-trans イソメラーゼ（PPIase）を SDS-PAGE で分離し，17.5 kDa のタンパク質を PVDF 膜にブロットした．膜上のタンパク質を 6 M 塩酸によって 110℃で 24 時間，気相で加水分解した．ついで PVDF 膜を 10 μl のアセトニトリル，10 μl の 0.1 M 塩酸で湿らせた後，50 μl の 0.2 M ホウ酸緩衝液 pH 8.8 と 20 μl の 10 mM AQC 試薬を加え，55℃で 10 分インキュベートした．ホウ酸緩衝液で 10 倍に希釈し，HPLC でアミノ酸分析を行った．HPLC カラムには Cosmosil 5C8-MS，4.6 mm×150 mm を用い，5 mM テトラブチル塩酸アンモニウムを含む 30 mM リン酸緩衝液 pH 7.2 と，40％ 30 mM リン酸緩衝液 pH 7.2 および 52％アセトニトリル（直線濃度勾配 0～3 分 11.5％，6 分 16.3％，63 分 62～65％）の溶媒系，温度 30℃，流速 0.5 ml/分で溶出した．その結果，表 1 のようなアミノ酸組成が明らかになった．この実測値は理論値とよく一致することがわかった．

おわりに

かつてペプチドのアミノ酸配列を決定する場合には，あらかじめペプチドのアミノ酸組成を調べ，決定された配列が正しいことを確かめた．しかし，最近では，質量分析装置が発達したため，ペプチドの質量を質量分析装置で測定すれば，アミノ酸分析を行わなくても配列の正否は判断できる．そのためアミノ酸分析を行うことが少なくなった．しかし，タンパク質のアミノ酸組成がわかれば，タンパク質の性質，例えば，等電点や疎親水性などを推定することができる．アミノ酸分析は，タンパク質の特性を知るうえで依然として重要であると考えられる．なお，ここでは取り上げなかったが，通常の HPLC があれば，OPA 法，PTC 法，ダブシル法のようなプレカラム法によってアミノ酸分析を行うことができる．これらの方法については成書を参照されたい．

表1 PPIaseのアミノ酸分析の結果（文献1より引用）

アミノ酸	理論値 残基数	理論値 組成（%）	実測値 濃度（pmol）	実測値 組成（%）
アルギニン	3	1.99	1.0174	2.31
ヒスチジン	1	0.66	0.2947	0.67
セリン	2	1.32	0.6417	1.46
グリシン	12	7.95	3.5476	8.05
プロリン	6	3.97	1.7711	4.02
トレオニン	7	4.64	1.8900	4.29
アラニン	11	7.28	3.1853	7.22
アスパラギン酸	16	10.60	4.6473	10.54
グルタミン酸	27	17.88	8.0649	18.29
チロシン	4	2.65	1.2029	2.73
バリン	16	10.60	4.8313	10.96
メチオニン	4	2.65	0.9217	2.09
リシン	12	7.95	3.4984	7.93
イソロイシン	14	9.27	3.9390	8.93
ロイシン	9	5.96	2.6164	5.93
フェニルアラニン	7	4.64	2.0270	4.60
計	151	100.00	44.0968	100.00

参考文献

1) Maruyama, K. et a. : Electrophoresis, 21 : 1733-1739, 2000

引用文献

○ Cohen, S. A. & De Antonis, K. M. : J. Chromatogr. A, 661 : 25-34, 1994

○ 日本生化学会編：「新生化学実験講座1 タンパク質Ⅱ 一次構造」，東京化学同人，1990

○ 平野 久：「遺伝子クローニングのためのタンパク質構造解析」，東京化学同人，1993

第8章 その他の分析機器

7. 気相プロテインシークエンサー
～微量タンパク質N末端アミノ酸配列の分析～

平野 久

気相プロテインシークエンサーによってクロマトグラフィーや電気泳動で精製された微量タンパク質のN末端アミノ酸配列をエドマン分解によって自動的に決定することができる．ただし，N末端アミノ基が修飾されたタンパク質については気相シークエンサーで直接N末端配列を決定することはできない．

はじめに

気相シークエンサーは，ポリブレンをコーティングした直径1.2 cm，厚さ1 mmのガラス繊維ろ紙やポリビニリデンジフルオリド（PVDF）膜のような膜フィルターにタンパク質やペプチドを非共有的に結合させ，膜フィルター上のタンパク質のN末端アミノ酸配列をエドマン分解によって自動的に決定する装置である．分析に用いる一部の試薬を気体として供給するため，気相プロテインシークエンサーとよばれる．この装置によって数pmolレベルのきわめて微量のタンパク質あるいはペプチドでも20残基程度のアミノ酸配列を決定することができる．

気相シークエンサーを使えば，クロマトグラフィーなどで精製されたタンパク質だけでなく，ゲル電気泳動によって分離したタンパク質でもN末端配列を分析することができる．この場合には，通常，電気泳動後，PVDF膜に電気泳動的に転写（エレクトロブロッティング）し，PVDF膜のタンパク質部分を切り取り，これを直接気相シークエンサーに挿入して分析する．

原 理

気相シークエンサーによる配列分析はエドマン分解によって行われる．エドマン分解ではまずタンパク質やペプチドのN末端基にPITCをカップリングさせる．得られたフェニルチオカルバミル（PTC）ペプチドに強酸を作用させ，N末端ペプチド結合を特異的に切断する．遊離されたN末端アミノ酸のアニリノチアゾリノン（ATZ）誘導体を安定なフェニルチオヒダントイン（PTH）アミノ酸に転換し，高速液体クロマトグラフィー（HPLC）で同定する．新たに生じるペプチドを同様に繰り返し分析して，N末端からのアミノ酸配列を逐次決定する．

アプライドバイオシステムズ（AB）社の気相シークエンサー（Procise HT，図1）は，フィルターカートリッジ部，コンバージョンフラスコ部，オンライン化されたHPLC，フラクションコレクター部およびデータ処理装置とから構成されている．フィルターカートリッジ部にある2個のガラスブロック間のくぼみ（エドマン反応槽）にタンパク質やペプチドを結合させたガラス繊維ろ紙やPVDF膜を挿入し，テフロンディスクと共にフィルターカートリッジ部に設置しさえすれば，後はすべて自動的にアミノ酸配列分析を行う

Hisashi Hirano：International Graduate School of Arts and Sciences, Yokohama City University（横浜市立大学大学院国際総合科学研究科生体超分子科学専攻）

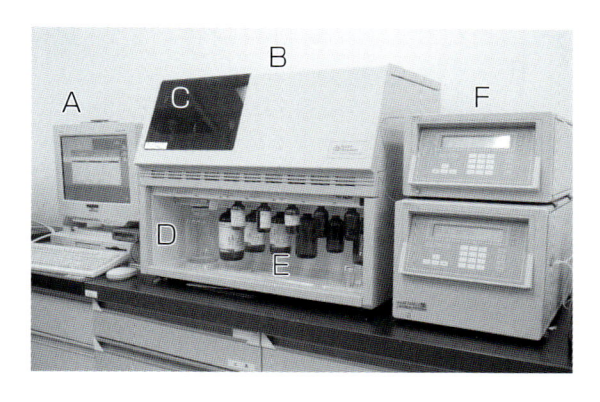

図1 気相シークエンサー（AB Procise HT）
A）コンピュータ，B）シークエンサー本体，C）エドマン反応槽とコンバージョンフラスコ部，D）廃液ボトル，E）試薬・溶媒ボトル，F）HPLC

ことができる．ガラスブロック間に挿入するテフロンディスクは，試料を添加したフィルターを保持し，ガラスブロック間からアルゴンガスや試薬溶媒が漏出するのを防ぐ．島津製作所の気相シークエンサー（PPSQ）もほぼ同じ構造になっている．

気相シークエンサーを作動させると，内蔵されたマイクロコンピュータの制御によりアルゴンガスや試薬溶媒が供給され，エドマン分解が繰り返し行われる．まず，48℃に保たれたフィルターカートリッジ部の反応槽にN-メチルピペリジンが気相で供給された後，PITCが送り込まれる．そして，タンパク質やペプチドのN末端アミノ基とPITCとのカップリング反応が行われる．カップリング後，酢酸エチルによって，N末端基と反応しなかった過剰のPITCや反応副産物が除去される．次に，TFAが送液され，N末端ペプチド結合が切断を受ける．生じたATZアミノ酸が塩化n-ブチルにより抽出され，コンバージョンフラスコ部へ移送される．ここでATZアミノ酸は，25％TFAによって，62℃恒温下で安定なPTHアミノ酸誘導体へ転換される．PTHアミノ酸誘導体は，20％アセトニトリルに溶かされ一定量（75 μl）が自動的にHPLCに注入される．そして，HPLCによりいずれのアミノ酸かが同定される．Procise HTシークエンサーは，この1サイクルのエドマン分解を35分で行う．他の機種でも30〜50分で1サイクルの分析が行えるようになっている．

気相シークエンサーでは，わずか150 μlの容量の反応槽に挿入したフィルターに，タンパク質やペプチドを保持してエドマン分解を行うので，カップリング反応後，過剰試薬や反応副産物を効果的に除去することができる．

Prociseシークエンサー本体とオンライン化されているHPLCは，マイクロボア逆相カラム（2.1 mm×22 cm，C18）により低流量（325 μl/min）でPTHアミノ酸を溶出する．5％テトラヒドロフランを含む酢酸緩衝液にアセトニトリル/プロパノールの濃度勾配を用いた溶媒系で全アミノ酸を分別することができる．この装置を用いることにより，pmolレベルのPTHアミノ酸でも感度よく検出することができる．

島津製作所のPPSQシークエンサーは，PTHアミノ酸を単一溶媒系（イソクラティク）のHPLCで分別するようになっている．イソクラティクHPLCは，早く溶出されるアミノ酸の分離が概して悪く，遅れて溶出されるアミノ酸のピークは低く，かつ幅広くなり，同定し難いという欠点はあるが，装置が高価でなく，濃度勾配HPLCのような溶媒組成の変化に伴うベースラインの変動がないなどの利点がある．

準備するもの

＜エレクトロブロッティング＞
- PVDF膜
- エレクトロブロッティング用保存溶液

ブロッティング溶液A　　　　　　　（最終濃度）

トリス	36.3 g	（0.3 M）
メタノール	200 ml	（20％）
10％ SDS	2 ml	（0.02％）

脱イオン水を加えて，1,000 mlとする．4℃で保存する．

ブロッティング溶液B　　　　　　　（最終濃度）

トリス	3 g	（25 mM）
メタノール	200 ml	（20％）
10％ SDS	2 ml	（0.02％）

脱イオン水を加えて，1,000 mlとする．4℃で保存する．

ブロッティング溶液C　　　　　　　（最終濃度）

トリス	3 g	（25 mM）
ε-アミノ-n-カプロン酸	5.2 g	（40 mM）
メタノール	200 ml	（20％）
10％ SDS	2 ml	（0.02％）

脱イオン水を加えて，1,000 mlとする．4℃で保存する．

- 染色液
- 脱色液
- セミドライ型ブロッティング装置（日本エイドー，GE

ヘルスケアバイオサイエンス社など）
- 泳動用安定電源

<シークエンシング>
- 気相シークエンサー［AB Procise HT や cLT（微量タンパク質分析用），島津製作所 PPSQ］
- ガラス繊維ろ紙
- テフロンシート
- 気相シークエンサー用試薬
  R1：5％ PITC，R2：N-メチルピペリジン/メタノール/水，R3：TFA，R4：25％TFA/水，R5B：アセトニトリル，S2：酢酸エチル，S3：塩化 n-ブチル，S4：アセトニトリル/水
- HPLC 用試薬
  A3：3.5％テトラヒドロフラン，B2：12％イソプロパノール/アセトニトリル，プレミックス緩衝液
- ポリブレン
- PTH 標準アミノ酸（1 ml に 3 ml R5B を添加して混合）
- アセトニトリル
- β-ラクトグロブリン（1 pmol/μl）（テスト用タンパク質）

プロトコール

1 クロマトグラフィーなどを用いて精製されたタンパク質の分析

① クロマトグラフィーなどで 90％以上の純度に精製されたタンパク質を脱塩，濃縮する
② ガラス繊維ろ紙をシークエンサーのエドマン反応槽に設置し，これに 1 μg/μl のポリブレン溶液を 10 μl 添加し，乾燥させる
③ 反応槽をシークエンサーに設置し，マニュアルに従ってリークテストを行う
④ 反応槽に漏れがない場合，シークエンサーの Filter Precycle プログラムを作動させ，ガラス繊維ろ紙を洗浄し，過剰なポリブレンを除去する
⑤ Filter Precycle プログラム終了後，エドマン反応槽を取り出す．ポリブレンを添加したガラス繊維ろ紙に 1～10 pmol のタンパク質溶液*1 を添加し，乾燥させる

> *1 試料を溶媒に溶かして分析する場合，できる限り揮発性の溶媒に溶かす．また，アミノ基を含む溶媒，グリセロールや SDS などを多量に含む溶媒は避ける．

⑥ 反応槽をシークエンサーに設置し，リークテストを行う
⑦ 反応槽に漏れがない場合，シークエンサーの Pulsed-liquid や Gas-phase のような分析プログラムを作動させ，アミノ酸配列分析を行う

2 二次元電気泳動で分離されたタンパク質の分析

セミドライブロッティング装置を用いて，電気泳動で分離されたタンパク質をゲルから膜フィルターに転写する標準的な方法を示すと次のようになる．

① PVDF 膜，ワットマン 3 MM ろ紙をゲル（分離ゲルの部分）の大きさに切っておく
② 電気泳動後のゲルを取り出し，約 200 ml のブロッティング溶液 C に浸して，5 分間軽く振盪する
③ PVDF 膜を少量のメタノールに 5 秒間浸した後，約 100 ml のブロッティング溶液 C に浸し，5 分以上振盪する
④ ブロッティング溶液 A，B，C の各 200 ml に，ワットマン 3 MM ろ紙を 2 枚ずつ浸す
⑤ セミドライブロッティング装置に，ろ紙，ゲル，膜を，各々の間に気泡が入らないようにして重ね合わせる
⑥ 1 mA/cm^2（定電流）で 90 分間転写を行う．例えば，分離ゲルの大きさが 10×14 cm であれば，140 mA（定電流）に設定する
⑦ ブロッティング後，PVDF 膜を 200 ml の蒸留水に浸して，5 分間振盪する
⑧ クマシーブルー染色液またはポンソー S 染色液に浸して，5 分間染色する．
⑨ 脱色液に浸して，バックグラウンドの色が薄くなるまで脱色する
⑩ PVDF 膜を脱イオン水中で 5 分間すすぎ，風乾させる．すぐ分析しない場合には，ビニール袋に入れて保存する
⑪ アミノ酸配列分析したいタンパク質のバンドやスポット[*2] を切り出し，シークエンサーのエドマン反応槽に挿入し，マニュアルに従ってリークテストを行う．反応槽に漏れがない場合，シークエンサーの Pulsed-liquid PVDF のようなプログラムを作動させ，アミノ酸配列分析を行う[*3, 4]

> *2 気相シークエンサーでアミノ酸配列分析を行う前に，試料を気相シークエンサーのエドマン反応槽内で S-ピリジルエチル化を行うと，タンパク質中のシステインを S-ピリジルエチルシステインとして容易に同定することができる．
>
> *3 タンパク質の N 末端がアセチル化，ピログルタミル化などによって保護（ブロック）されている場合には，エドマン分解によって N 末端アミノ酸配列を決定することはできない．このような場合には，ブロックされたタンパク質の N 末端アミノ酸またはアミノ基を化学的に，あるいは，プロテアーゼにより除去した後，アミノ酸配列を分析する方法がある．

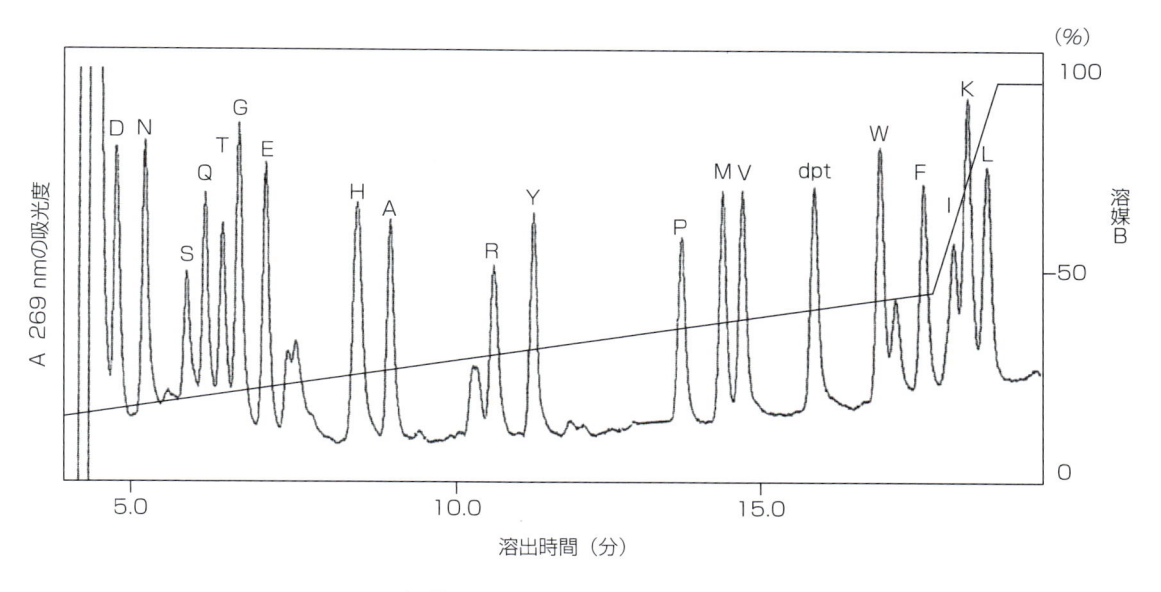

図2 標準PTHアミノ酸のHPLC溶出パターン

☞ *4 タンパク質の内部配列を知りたい場合には，クリーブランド法を用いてSDSゲル電気泳動のゲル中でタンパク質を Staphylococcus aureus V8プロテアーゼにより部分消化し，消化物をPVDF膜にブロットしてシークエンサーで分析する．また，C末端アミノ酸配列を決定したい場合は，タンパク質をプロテアーゼで消化し，消化物の中からC末端ペプチドを島津製作所のC末端ペプチド分離装置を用いて選択的に分離し，シークエンサーで分析する．

3 PTHアミノ酸のHPLCによる分析

気相シークエンサーでは，PTHアミノ酸をオンライン化されたHPLCによって分析する*5が，最初，キャリブレーションのため，自動的に標準PTHアミノ酸がHPLCで分離される（図2）．その後，N末端アミノ酸から順次分離される．

☞ *5 PTHアミノ酸がHPLCで検出できない場合，アミノ酸が翻訳後修飾を受けている可能性がある．

気相シークエンサーでは，HPLCの管理が最も手間がかかる*6．塩基性および酸性アミノ酸誘導体は溶出条件によって溶出時間が変動しやすいので注意する．PTHアミノ酸のピークが重なるようであればメーカーのマニュアルに従って溶出溶媒のイオン強度，濃度勾配などPTHアミノ酸の溶出条件を調整する必要がある．ABのProcise HTの場合には，表1のように調整する．

☞ *6 気相シークエンサーでは，HPLCのトラブルが多い．重水素ランプ，ポンプシール，逆相カラム，ガードカラムの交換は誰にでもできる．また，シークエンサー本体のコンバージョンフラスコや送液チューブの汚れの除去や交換も難しくない．しかし，その他のトラブルについてはメーカーによる修理が必要なことが多い．

また，ときどき，2 pmolのβラクトグロブリンをN末端から15残基目まで分析し，ロイシン，イソロイシン，バリンの繰り返し収率を求める．平均値が92%以上であればシークエンサーは正常に作動していると考えてよい．

実験例

■ 二次元電気泳動で分離されたシカクマメ種子タンパク質のアミノ酸配列分析[1]

シカクマメ種子10 mgから粗タンパク質を抽出し，二次元電気泳動で分離した（図3）．セミドライブロッティング装置を用いてゲルからタンパク質をPVDF膜のような膜フィルターに転写し，クマシーブルー染色して検出した．タンパク質部分を切り取り直接気相シークエンサーの反応槽に挿入してN末端アミノ酸配列を分析した．ブロッティングされた35種類のタンパク質のうち，60%のタンパク質のN末端アミノ酸配列を決定することができた．残り40%のタンパク質

表1 HPLC溶媒の濃度などの変更によるPTHアミノ酸の溶出時間の変化

変更点 （経過時間）	（溶媒Bの濃度）	大きく変化するアミノ酸など	小さな変化が見られるアミノ酸など
0分	増加	← ← DTT　D　PTU	←　　　　←　← E　DMPTU　H S R
0分	減少	→　→ DTT　D　PTU	→　→　　　→　→ S　Q　　E　DMPTU H
0.4分	増加	←　　　　←　←　← E　DMPTU　H　S　R	←　← S　Q　T
0.4分	減少	→　　　　→ E　DMPTU　H	
18分	増加	← I　K　L	
18分	減少	I　K　L	
イオン強度の増加		←　← H　R	

- DTT，ジチオスレイトール
- PTU，フェニルチオ尿素
- DMPTU，ジメチルフェニルチオ尿素

← 溶出時間が早まる
→ 溶出時間が遅くなる

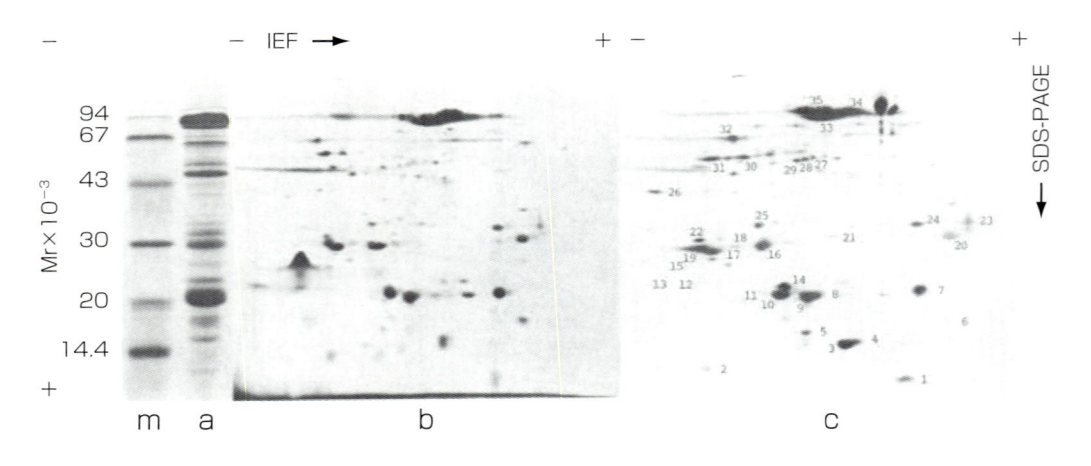

図3 ゲルからPVDF膜に転写されたシカクマメ種子タンパク質
　　m：分子量マーカータンパク質，a：SDS-PAGEパターン，b：二次元電気泳動パターン，c：PVDF膜上に転写されたタンパク質のパターン，タンパク質はクマシーブルーで染色されている

については，10サイクル以上エドマン分解を行ってもPTHアミノ酸を検出することができなかった．これらのタンパク質は，量的には分析可能な範囲にあったので，N末端が何らかの修飾を受け，保護されているものと推定された．

おわりに

最近は，質量分析装置を用いてアミノ酸配列の分析が行われることが多くなっている．アミノ酸配列データベースが存在する場合には，質量分析の方が感度，スループット共に気相シークエンサーに優る．また，N末端がアシル基やアルキル基で修飾されたタンパク

質のアミノ酸配列も気相シークエンサーでは分析できない．しかし，データベースに収録されていないタンパク質のN末端アミノ酸配列，翻訳後修飾などの解析に利用することができる分析法である．

参考文献

1) Hirano, H.: J. Proteinchem. 8:115-130, 1989

○ 堂前　直：蛋白質 核酸 酵素, 49:1534-1545, 2004
○ 平野　久：「遺伝子クローニングのためのタンパク質構造解析」, 東京化学同人, 1993
○ 平野　久：「プロテオーム解析, 理論と方法」, 東京化学同人, 2003

第8章 その他の分析機器

8. 蛍光ディファレンスゲル二次元電気泳動法
～疾患関連タンパク質の分析～

荒川憲昭，平野 久

> 複数の生体試料由来のタンパク質を異なる蛍光色素で標識し，同一ゲル上で二次元電気泳動を行うことで，一度に数千のタンパク質の発現変動が定量的かつ網羅的に解析することが可能である．

はじめに

　等電点電気泳動（isoelectric focusing：IEF）とSDS-ポリアクリルアミド電気泳動（SDS-PAGE）を直角に組み合わせた二次元電気泳動（2-DE）では，タンパク質は等電点（pI）と分子量という異なる物性に従って分離され，試料に含まれる数千種類のタンパク質のひとつひとつが，1枚のゲル上に定量可能なスポットとして呈示される．この手法によりタンパク質のマップを作成することで，病変，あるいは刺激を受けた組織や細胞中のタンパク質の増減を比較することができ，またゲノム情報からは推定できない翻訳後修飾を検出することも可能である．従来は異なる試料を個々に2-DEで分離し，クマシー染色や銀染色などを行い，複数枚のゲル間での比較を行っていた．しかし，これでは電気泳動やゲル染色の段階において個々のゲル間で僅かなズレが生じて，微妙な変化の検出は困難である．この問題を解決するために蛍光ディファレンスゲル二次元電気泳動（two-dimensional difference gel electrophoresis：2D-DIGE）法が開発された．これは，個々のタンパク質試料を異なる蛍光色素で標識した後，混合して1枚の2-DEで解析する方法である．この手法の登場により，ゲル染色の操作が不要となり，高い定量性と再現性のあるディファレンス解析を行うことが可能となった．

原　理

　タンパク質はその種類ごとに分子の荷電がゼロになるpH，すなわち等電点（pI）をもつので，pH勾配が形成されたゲル内では，pIを目指して移動し収束する．2D-DIGEの一次元目のIEFには，固定化pH勾配（immobilized pH gradient：IPG）が用いられる．これは酸性や塩基性の緩衝作用を示すpH勾配作製試薬イモビラインをゲルの支持体に共有結合させており，pH勾配がゲルに固定されている．二次元目では，ポリアクリルアミドゲルの分子ふるい効果によってタンパク質を分子量に基づいて分離する．これが2-DEの原理であり，試料中に含まれるタンパク質を千～数千種類の成分へ分離することができる．

　2D-DIGE法では，複数の試料を異なる蛍光色素で標識した後，混合して2-DEを行う（図1）．別々の試料に由来するタンパク質は同一ゲル内で分離されるので，同じタンパク質のスポットは一致した分離パターンを示すが，検出波長が異なるので，識別することができる．また複数の解析試料の他に，すべての試料

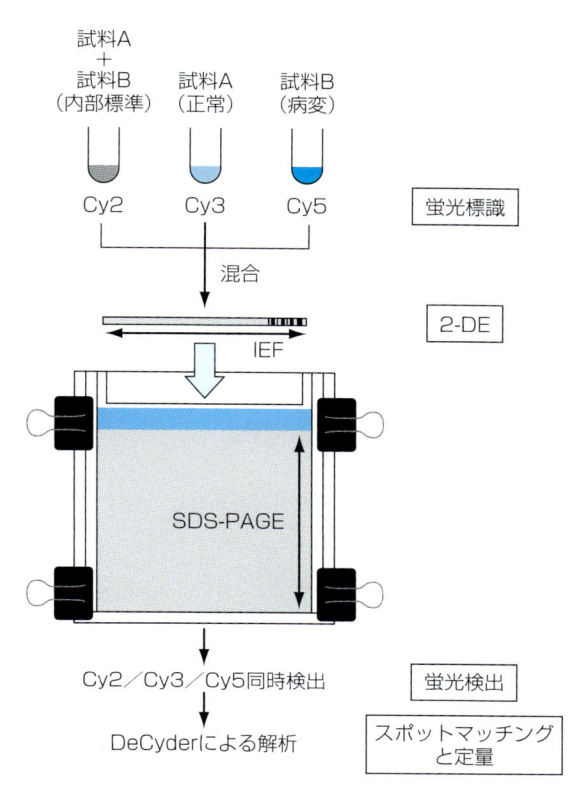

図1　2D-DIGE法の概略

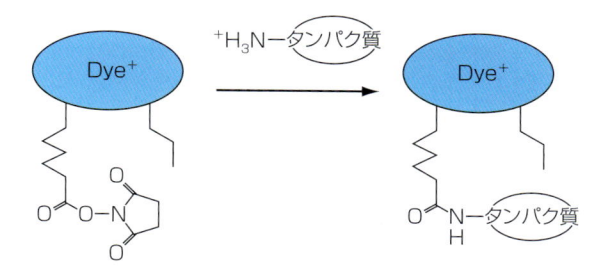

図2　タンパク質の蛍光標識

を等量ずつ混合したものを内部標準として用いる．この内部標準をすべての泳動試料に含ませることで，ゲル間の補正やスポットマッチングに利用することができる．

　標識方法にはミニマルラベル法とサチュレーションラベル法の2種類があり，どちらも異なる波長で検出できる数種類のCyDye（Cy2，Cy3，Cy5）を用いて標識し，標識後のタンパク質のpIと分子量を大きく変えないように設計されている．ミニマルラベル法にはNHS-エステル化された蛍光色素が用いられ，リシン残基のアミノ基と共有結合する（図2）．リシン残基全体の1〜2％，各タンパク質の5％以下を標識するように設計されているために，非標識の試料を用いた場合とほぼ同じ2-DEパターンが得られる．一方，サチュレーションラベル法は，マレイミド標識試薬を用いて，存在するシステイン残基をすべてラベルする．したがってミニマルラベル法と比べて感度は高くなるが，システイン残基の数に応じて分子量やpI，スポッ

ト濃度が影響を受け，非標識の場合の2-DEパターンと異なり，システイン残基を含まないタンパク質は検出できない．このようなことから，レーザーマイクロダイセクションなどから得られた極微量の試料を用いる場合を除いては，ミニマルラベル法が好まれて用いられる．

準備するもの

＜タンパク質試料の調製＞
- 試料溶解液[*1]

		（最終濃度）
尿素	4.2 g	（7 M）
チオ尿素	1.5 g	（2 M）
CHAPS	0.4 g	（4％）
DTT	0.2 g	（2％）
1M Tris-HCl（pH 8.5）	0.3 ml	（30 mM）
total	10 ml	

脱イオン水に溶かし，10 mlとする．0.5あるいは1.0 mlずつ分注し，-20℃で保存する．解凍する度に使いきる．

- 冷アセトン：-20℃で冷やしておく．

＜蛍光標識＞
- CyDye DIGE Fluors minimal dyes（GEヘルスケア）
- 2×サンプルバッファー

尿素	4.2 g	（7 M）
チオ尿素	1.5 g	（2 M）
CHAPS	0.4 g	（4％）
DTT	0.2 g	（2％）
IPGバッファー[*2]	0.2 ml	（2％）
total	10 ml	

脱イオン水に溶かし10 mlとする．分注し，-20℃で保存する．

- 10 mM リシン溶液
  18 mgのリシン塩酸塩を脱イオン水に溶かし10 mlとする．分注し，-20℃で保存する．

＜等電点電気泳動（一次元目）＞
- ゲル膨潤液[*1]　　　　　　　　　　　（最終濃度）

尿素	4.2 g	（7 M）
チオ尿素	1.5 g	（2 M）
CHAPS	0.4 g	（4％）
DTT	0.2 g	（2％）
IPGバッファー[*2]	0.1 ml	（1％）
ブロモフェノールブルー（BPB）	少量	
total	10 ml	

脱イオン水に溶かし，10 mlとする．0.5あるいは1.0 mlずつ分注し，−20℃で保存する．解凍する度に使いきる．
- IPGストリップ：イモビラインドライストリップ（GEヘルスケア）やIPGレディストリップ（日本バイオラッドラボラトリーズ）など．目的に応じたpHレンジと長さを選択する．
- ストリップホルダー：使用するIPGストリップの長さに合うものを使用する．
- 等電点電気泳動装置：Ettan IPGphor（GEヘルスケアバイオサイエンス）など
- ミネラルオイル

＜SDS-PAGE（二次元目）＞
- SDS平衡化バッファーA，B　　　　　（最終濃度）

尿素[*1]	72 g	（6 M）
グリセロール	60 ml	（30％）
SDS	4 g	（2％）
1M Tris-HCl（pH 8.8）	10 ml	（50 mM）
total	100 ml	

脱イオン水に溶かし100 mlとする．10 mlずつ分注し，−20℃で保存する．使用直前に解凍し，AにはDTT（0.2 g/10 ml，最終濃度1.0％）を，Bにはヨードアセトアミド（0.45 g/10 ml，最終濃度4.5％）を添加し溶解して使用する．
- 0.5％アガロース溶液　　　　　　　　（最終濃度）

低融点アガロース	0.25 g	（0.5％）
BPB	少量	
total	100 ml	

SDS-PAGE電極液100 mlに溶かし，電子レンジで温めて完全に溶解する．冷えると固まるが，使う度に温め直して使用する．
- SDS-PAGE電極液　　　　　　　　　　（最終濃度）

トリス	3.0 g	（0.25 M）
グリシン	14.4 g	（1.92M）
SDS	1 g	（0.1％）
total	1,000 ml	

脱イオン水に溶かして1,000 mlとする．
- アクリルアミド溶液（アクリルアミド：BIS＝30：0.8，w/w）

アクリルアミド	300 g	
ビスアクリルアミド	8 g	
total	1,000 ml	

脱イオン水に溶かして1,000 mlとし，遮光して保存する．
- 分離ゲル用緩衝液　　　　　　　　　　（最終濃度）

トリス	121.0 g	（1 M）
SDS	2.7 g	（0.27％）
total	1,000 ml	

約800 mlの脱イオン水に溶かし，塩酸によりpHを8.8に調製する．最終容量を1,000 mlとする．

- 10％過硫酸アンモニウム溶液
  1 gの過硫酸アンモニウムを10 mlの水に溶かす．冷蔵保存する．
- TEMED
  冷蔵保存する．
- 2D-DIGE用低蛍光ガラス板（210 mm×240 mm）
- 縦型電気泳動層とパワーサプライ：アトー，アドバンテック東洋，日本エイドー，アナテック，バイオラッド社などの製品

＜画像解析＞
- 共焦点型蛍光スキャナー：Typhoonシリーズ（GEヘルスケア）
- 2D-DIGE解析ソフト：DeCyder2D Software（GEヘルスケア）

> [*1] 尿素を含んだ溶液は室温でゆっくり時間をかけて溶かす．30℃以上に温めるとイソシアン酸塩のような尿素副産物が生成され，タンパク質をカルバミル化してしまう可能性がある．カルバミル化はタンパク質のpIを変化させるので，極力避けるべきである．
>
> [*2] IPGバッファーは，使用するIPGストリップのpHレンジに適合するものを選択する．

プロトコール

1 試料の調製

一例として，接着性の培養細胞からのタンパク質抽出液の調製方法を紹介する．

① φ60〜100 mmのディッシュで培養した細胞[*3]を冷PBSと共にスクレーパーで剥がし，2.0 mlチューブに回収する．回収した細胞をさらにPBSで3回洗浄した後，試料溶解液を400 μl加え，30秒間ボルテックスする．洗浄済みのディッシュ上の細胞を直接溶解させてもよい

> [*3] 細胞中にタンパク質がどの程度含まれているかによって用いる細胞数は異なるが，一般的には1×10^5程度の細胞数（φ100 mmディッシュ1枚分）があれば，タンパク質は総重量500 μg以上は得られるので，充分である．

② 12,00×g，4℃で20分遠心し，上清を回収する
③ 試料の脱塩と濃縮を行うため，アセトン沈殿を行う．試料に氷冷アセトン1.2 ml（3倍量）を加えて撹拌し，−20℃で2時間から一晩放置する
④ 5,000×g，4℃で2分間遠心し，タンパク質をペレットとして回収する．ペレットを風乾し，適当量の試料溶解液に再度溶解する
⑤ タンパク質濃度を測定し，5〜10 μg/μlの濃度になるように試料溶解液で希釈する

2 試料の蛍光標識

ここでは，ミニマムラベル法により標識する方法を紹介する．標識には蛍光試薬を用いるので，できるだけ遮光して作業を進めた方がよい．

❶ 3種類のCyDye（Cy2，Cy3，Cy5）を400 pmol/μlとなるようにジメチルホルムアミドで希釈する

❷ 各試料から総タンパク質50 μg相当量を1.5 mlチューブに入れ，希釈したCyDyeを1 μlずつ加える*4．比較する試料はCy3もしくはCy5で標識し，内部標準として各試料を等量ずつ混合したものをCy2で標識する．以下に3種類の試料A，BおよびCを用いた場合の標識例を示す

☞ *4 50 μgのタンパク質に対して400 pmolのCyDyeを反応させる．タンパク質濃度が5 μg/μlの試料ならば，試料10 μlを用いればよいことになる．

Gel No.	Cy2	Cy3	Cy5
1	内部標準	試料A（50 μg）	試料B（50 μg）
2	内部標準	試料C（50 μg）	試料A（50 μg）

❸ 反応液を混合しスピンダウンした後，遮光した氷上で30分間放置する

❹ 各反応液に10 mMリシン溶液を1 μlずつ加え，遮光した氷上で10分間放置し反応を停止する*5

☞ *5 この段階で，反応液を－80℃にて1カ月間保存することができる．

❺ 各反応液に等量の2×サンプルバッファーを加える

❻ 3種類の反応液を1本のチューブに入れ混合し，2-DEのサンプルとする

3 一次元目電気泳動（IEF）

ここでは，GEヘルスケアバイオサイエンス社の等電点電気泳動装置Ettan IPGphorを用いたプロトコールを紹介する．

i ）試料の添加

❶ 標識反応済みの試料を適量の膨潤液で希釈する．以下に希釈後の液量を示す

IPGストリップ（cm）	13	18	24
膨潤液（μl）	250	350	450

❷ ストリップホルダーの溝の中に，膨潤液で希釈した試料を入れる（図3A）

❸ IPGストリップの保護フィルムを剥がす．ゲル面が下になるようにして，ストリップを液になじませながら，気泡が入らないように置いていく（図3B）*6

☞ *6 気泡が入った場合は，保護フィルムの上からピンセットで軽くつついて抜く．

❹ ストリップ全体が覆われるようにミネラルオイルを1 ml程度添加し，ストリップホルダーのフタをする*7

☞ *7 ストリップと空気を遮断することで，二酸化炭素による酸化，水分の蒸発と尿素の析出を避けることができる．

ii）電気泳動

❶ 試料を添加したストリップホルダーをIPGphorに設置する（図3C）．IPGストリップの"＋"と記載されている方を，電極トレーの＋極側になるように置く

❷ IPGphorのフタを閉め，IPGストリップの種類に対応するプログラムで電気泳動を開始する．泳動中は暗幕をかぶせるなど，遮光しておく

IPGphorでの泳動プログラム例			
IPGストリップ		電圧（V）	時間（hr）
13 cm pH3-10 NL	膨潤		12
	泳動	500	1
		1000	1
		8000	2
18 cm pH3-10 NL	膨潤		12
	泳動	500	1
		1000	1
		8000	4
24 cm pH3-10 NL	膨潤		12
	泳動	500	1
		1000	1
		8000	8

❸ 泳動終了後*8，ストリップホルダーからIPGストリップを取り出して，蒸留水で数秒すすぎ，シリコンオイルを洗い流す．すぐに二次元目を行わない場合は，IPGストリップを－20℃で保存することが可能である

☞ *8 膨潤液に含まれるBPBが＋極側に移動しているか確認する．

4 二次元目電気泳動（SDS-PAGE）

i ）ゲルの作製（210 mm×240 mmゲル）

❶ 2D-DIGE用低蛍光ガラス板を組み立てる

❷ ゲル溶液を調製し，組み立てたガラス板に注入し，上から1.0 cmの高さまでゲル溶液を入れる

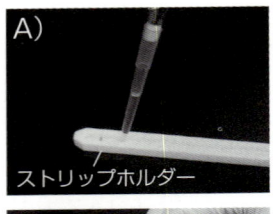

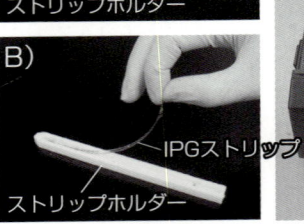

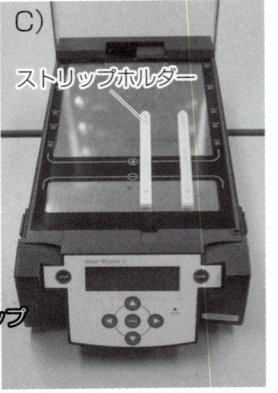

図3　IPGphorを用いた電気泳動
ストリップホルダーにサンプルを添加し（A），その上からIPGストリップを入れる（B）．最後にストリップホルダーをIPGphorへ設置する（C）

組成	10％	12.5％	15％
アクリルアミド溶液	28.0 ml	35.0 ml	42.5 ml
分離ゲル用緩衝液	31.5 ml	31.5 ml	31.5 ml
脱イオン水	24.5 ml	17.5 ml	10.0 ml
10％過硫酸アンモニウム	600 μl	600 μl	600 μl
TEMED	100 μl	100 μl	100 μl

❸ 1 mlの脱イオン水を重層し*9，室温で1時間以上放置する

＊9　ゲルと水の境界が乱れないようにする．

ⅱ）SDS平衡化と還元アルキル化

❶ 10 mlのSDS処理液が入っている容器に，IPGストリップを入れ20分間振盪する*10

＊10　凍結したゲルは，タンパク質の拡散を避けるために，解凍と平衡化を同時に行う．平行化に使用する容器に，われわれは大腸菌LBプレートなどで使用するφ100 mmのシャーレを使用しており，ゲル面が内側になるように丸めて入れる．

❷ 10 mlの還元アルキル化処理液中でさらに20分間振盪する．処理後，IPGストリップをSDS-PAGE電極液で軽く洗浄する

ⅲ）電気泳動

❶ SDS-ポリアクリルアミドゲルのウェル内を，0.5％アガロース溶液で満たし，アガロースが固まらないうちに，IPGストリップをコーム内に落とし込む*11

＊11　このとき，気泡が入らないように注意する．うまく入らなくても，アガロースが熱い間は定規などで押し込むことができる．ストリップが長い場合は，両端をはさみで切り落としてもよい．分子量マーカーを流す場合は，5ミリ幅の3Mろ紙に染み込ませ，それをIPGストリップの隣に差し込む．

❷ 作製したポリアクリルアミドゲル上の脱イオン水を除去し，ガラス板を泳動層に設置し，電極液を泳動層に満たす

❸ 30 mA定電流で，BPBの泳動前線がゲル下端に移動するまで泳動を続ける

ⅳ）画像解析

❶ 泳動終了後，ガラス板を外し，表面上の汚れや電極液を水で洗い，キムワイプで拭き取る

❷ ゲルがはさまったままのガラス板を共焦点型蛍光スキャナー（Typhoon9400など，GEヘルスケア）にセットし，蛍光標識タンパク質を検出する．以下に検出波長の設定を示す

	Cy2	Cy3	Cy5
Absorption（nm）	488	532	633
Emission（nm）	520	580	670

❸ DIGEシステム専用画像解析ソフトウェアDeCyderを用いて，画像解析を行う

memo

2-DE用試料調製のポイント
試料調製は2-DEの結果を左右する．調製方法は生物種や細胞，組織の種類によってさまざまであるが，以下の注意点を踏まえたうえで至適化する．
①目的のタンパク質を確実に溶解させる
　このとき，タンパク質の可溶化に用いる界面活性剤は，非イオン性か両性イオン性のものを使用しないといけない．
②核酸や塩などの夾雑物の濃度をできるだけ低くする
　生体からのタンパク質粗抽出液にはタンパク質以外の成分も多種類含まれている．これらの成分の中には，塩，核酸，多糖類などタンパク質の分離を妨げるものがあるので，2-DEの前にあらかじめ除去しておく．アセトンやトリクロロ酢酸による沈殿は濃縮とともに不純物が取り除かれるのでよく用いられる．

実験例

上皮性卵巣癌組織型において，特に高い薬剤耐性を示す卵巣明細胞腺癌細胞が特異的に産生するタンパク質を探索することを目的に，卵巣明細胞腺癌細胞株

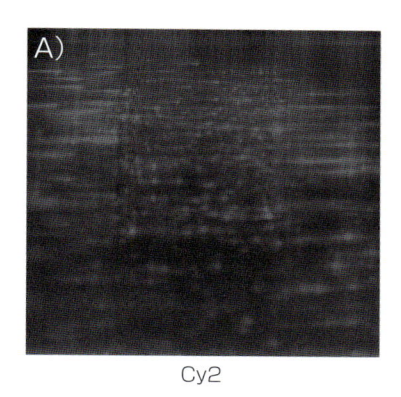

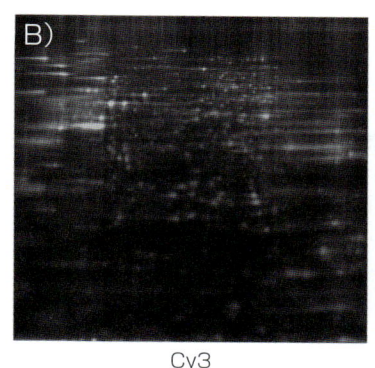

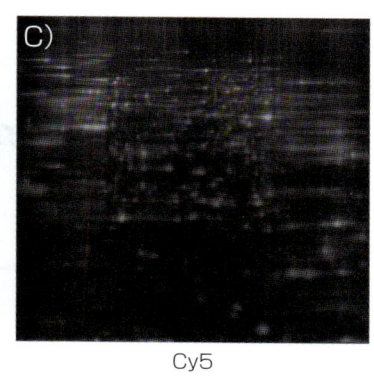

図4　2D-DIGEによる二次元電気泳動像（巻頭カラー⑩参照）

Cy2（内部標準），Cy3（MCAS），およびCy5（OVISE）で標識した細胞抽出液を同一ゲル上にて二次元展開後，Cy2は青色（A），Cy3は緑色（B），そしてCy5は赤色で表示され（C），Cy3とCy5による検出画像を重ね合わせることで，発現量に差があるタンパク質を可視化することができる（D）．MCAS細胞（Cy3）にて発現が多いタンパク質は緑色，OVISE細胞（Cy5）で多いタンパク質は赤色で示され，同程度の発現量のタンパク質は，緑色と赤色が重なり合って黄色で表示される

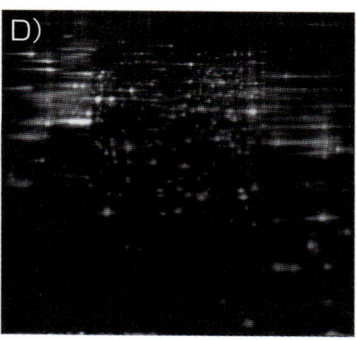

OVISEおよび比較対照として卵巣粘液性腺癌細胞株MCASからタンパク質を抽出し，それぞれCy3およびCy5にて蛍光標識した．また内部標準として各試料を等量ずつ混合したものをCy2で標識した．3種の標識産物を混合し，24 cm，pH 3-10の非直線勾配のIPGストリップ，12.5％ポリアクリルアミドゲルを用いて2-DEを行い，Typhoon 9400にてCy2，Cy3，Cy5の各泳動画像を取得した（図4A, B, C）．Cy2標識した内部標準の泳動像において検出されたスポットは2,000個以上であり，その中で2種の細胞間で発現量に差があるタンパク質のスポット数十個を検出することができた（図4D）[1]．

2D-DIGE法は2-DEの改良方法であるので，2-DEでタンパク質を十分に分離できるかどうかが第一の関門となる．したがって，2D-DIGEを行う前に，試料の2-DEにおける分離パターンを確認するのが無難である．はじめは11 cmもしくは13 cmといった短めのIPGストリップを用いて2-DEを行い，ゲル染色を行うことで全体像を掴み，試料調製や電気泳動条件の検討を行うべきである．また試料と蛍光標識の比率が低すぎると感度が落ち，高すぎると1つのタンパク質に複数の色素分子が結合してスポットが分離する．あらかじめSDS-PAGEで標識反応効率を確認することを推奨する．

おわりに

2D-DIGE法は，タンパク質発現量の変動だけでなく，アイソフォームや翻訳後修飾をスポットの位置の変化として捉えることもでき，多くの疾患研究や創薬開発で成果を上げつつある[2]．言うまでもないが，

参考文献

1) Morita, A et al. : Proteomics, 6 (21) : 5880-5890, 2006
2) 生物物理化学, 50 (3) : 150-223, 日本電気泳動学会, 2006

第8章 その他の分析機器

9. パッチクランプ法
〜イオンフローの解析〜

沼田朋大, 岡田泰伸

単一あるいは多数のイオンチャネルや多数のトランスポータを流れる電流（イオン流）の定量的リアルタイム解析が可能である．

はじめに

　パッチクランプ法は，開発以降30年程経つが，現在でもイオンチャネルやトランスポータの機能解析における強力な手法である[1]．これらの機能解析に使われている代表的な手法は，二本刺し膜電位固定法，パッチクランプ法，オートパッチクランプ法，蛍光色素による測定法があり，それぞれの方法は目的に応じて長所・短所がある．例えば，二本刺し膜電位固定法は，2本の電極を刺入するので小さい細胞にとっては，傷害になるので向かないが，ツメガエル卵母細胞などの大きい細胞にイオンチャネルを発現し，解析を行うことには向いている．単一チャネル記録は行うことができないが，時間分解能は高い．パッチクランプ法は，小さな細胞で，傷つけることなく実験が行える．実際にデータが取れるまでに多少の熟練は必要だが，高感度・高時間分解能でデータを取ることができ，細胞内外の液組成を自由にコントロールできるという大きな利点がある．また，膜電位固定法もパッチクランプ法も，（特別な装置を付けないのであれば）装置そのものやその後の費用はそれほどかからない．オートパッチクランプ法は，現在，開発途中で液組成が自由に決められないので未同定チャネルの解析などには適用できない．しかし，通常のパッチクランプ法によってすでにチャネル種が同定され，チャネル電流の性質がよくわかっているチャネルには，決められたプロトコールを用いれば適用可能である．毎度使用する消耗品のコストなどの点はあるが，簡便で効率的なので，決まった条件で使用できる薬品のスクリーニングなどに向いている．蛍光色素によるイオン濃度，膜電位測定は，時間分解能の点では，一般的に電気生理には劣るが，特殊なセットアップでは，単一チャネル記録に近い高解像度・高時間分解能でイオンの変化や場所を捉えて，イオンフローを推定することもできる[2]．

原 理

　パッチクランプ法は，細胞膜にガラス管微小ピペット（パッチピペット）をGΩ以上の高抵抗で密着させ，その先端開口部の微小領域を電気的に他の領域と隔絶した状態で電位固定し，そこに含まれるイオンチャネルを通る極微小なイオン電流を計測する方法である．パッチクランプ法にはいくつかの測定モードがあるが[1]，そのうちの代表的な4つのモードを図1に示す．それぞれ利点，欠点があるので目的に応じていずれかのモードを選択することになる．セルアタッチ（オンセル）モードは，細胞が無傷な状態のまま保たれるので，生理的な条件で単一チャネル電流や多数のチャネルの集合（マクロパッチ）電流を記録できる利点があるが，細胞内電位が不明のため実際にかかって

Tomohiro Numata, Yasunobu Okada : Department of Cell Physiology, National Institute for Physiological Sciences（自然科学研究機構生理学研究所細胞器官研究系機能協関部門）

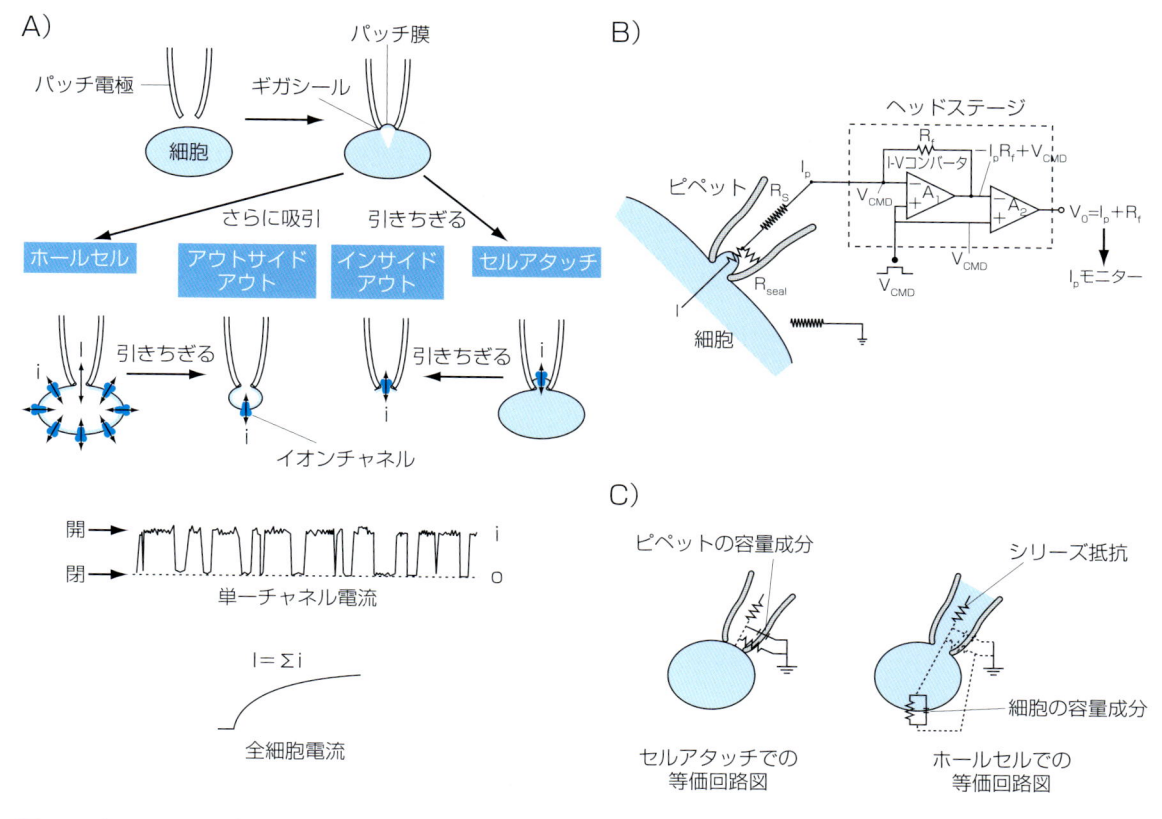

図1 パッチクランプ法のモード，原理と補正事項

A) パッチクランプ法の4モード．パッチ電極を細胞に押し当て電極内を陰圧にするとギガオーム・シールが形成される．この状態をセルアタッチモードという．この状態からさらに陰圧を電極を通じて細胞膜に負荷すると膜が破れ電極内と細胞内液が同じになり，この状態をホールセルモードという．ここで，電極を引き上げ，膜を引きちぎると膜の外側が外液に面する形でパッチ膜が形成され，これをアウトサイドアウトモードという．セルアタッチモードから電極を引き上げることで細胞膜を引きちぎると膜の内側が外液に面する形でパッチ膜が形成され，これをインサイドアウトモードという．単一チャネル記録では，イオンチャネルの開閉の様子が，一定の単一チャネル電流iの確率論的出現によって見られる．全細胞記録では，単一チャネル電流iを細胞全体におけるチャネル数だけ足し合わせた全細胞電流Iとして表現される．**B)** パッチクランプ法の原理図．OPアンプで構成されるI–Vコンバータがこの計測回路の基本である．OPアンプ（A1）の＋と－の入力端子は等電位となり＋入力端子にコマンド電位（V_{CMD}）を加えるとバーチャル・ショートによって－端子，つまりパッチ膜も同電位に固定する事ができる．R_{seal}はシール抵抗であり，よりよいギガシール膜（高抵抗）であれば，パッチ膜抵抗に直列に入るシリーズ抵抗の寄与を無視することができる［$I_p/I = R_{seal}/(R_s + R_{seal}) \approx 1$］．$I_p$からA1に向かう電流は，OPアンプの入力抵抗∞という性質から，すべてRfに流れ込み高抵抗のfeedback resister（Rf）において電流を電圧値に変える．さらにA1の出力には，V_{CMD}からの膜電位成分も加わるので，これをA2の差動アンプにて差し引き，A2の出力から最終的に電流I_pとして得ることができる．**C)** パッチクランプ法における補正事項．パッチクランプの実際は，ギガシールが形成されると，ピペット内外に形成されるコンデンサーを流れる電流が出る（後述プロトコル図3⑩参照）．この一過性の電流は，測定上無視することができなくなるため補正が必要となる．続いてホールセルを形成すると，細胞膜内外で形成されるコンデンサーを流れる電流が出るので，この補正（後述プロトコル図⑫参照）とコマンド電位を与えた際にシリーズ抵抗を通過する分の電圧降下の2種類の補正をしなければならない

いる電位が不明であるという欠点がある（細胞外を高カリウム溶液にすると細胞内電位がゼロに近づくので，この問題はある程度解消される）．ホールセルモードは，全細胞膜に発現するチャネルの電流の総和を測定するものであり，この方法では単一チャネル電流の記録はできない（少数しか発現していないきわめて大きな単一チャネルコンダクタンスをもったチャネルは例外：例えば文献[3]参照）．細胞内液がパッチ電極ピペット内液に置き換えられるので，細胞内液の灌流ができる利点があるが，細胞内因子がwashoutされるという欠点がある（穿孔パッチクランプ法を使うことである程度解消される：文献[1]参照）．アウトサイドアウ

トモードでは単一チャネル電流やマクロパッチ電流の測定ができる．このモードは，細胞内液を決めることや細胞外液の灌流ができる利点があるが，細胞内因子がwashoutされる欠点がある．インサイドアウトモードは，細胞外液を決めることができ細胞内液の灌流も可能であるという利点はあるが，細胞内因子がwashoutされるという欠点がある．

準備するもの

- パッチクランプ用アンプ〔HEKA，Molecular Devices（以前のAxon Instruments）など〕
- 倒立（正立）顕微鏡（オリンパス，ニコン，ライカなど）
- パッチ電極（Sutter Instrument，イワキガラスなど）
- ピペット作成用プラー（Sutter Instrument，成茂科学など）
- マニピュレータ（粗動，微動）（Burleigh Instrument，Sutter Instrument，成茂科学，Eppendorf，オリンパスなど）
- 電気刺激，記録用コンピュータ
- 除振台（倉敷化工，明立精機，TMC，Newportなど）
- ファラデーケージ

<実験溶液>
パッチクランプ法の重要な特色の一つは，細胞膜を挟んだ内外の液組成を自由にコントロールでき，またそれらを比較的容易に交換できることにある．基本的には，生理的な細胞内外液の組成に似たものが用いられる．しかしながら，目的に応じて，以下の点に注意していただければ，大幅に溶液組成を変えて実験ができる．

1）pH

通常，細胞内外の生理的な条件を反映してpH 7.2〜7.5くらいのものが用いられる．このpHを安定に保つために生理的な緩衝系（アミノ酸の両性イオン性質・Hb・炭酸—重炭酸など）のようにリン酸，炭酸—重炭酸，Goodバッファーなどの合成バッファー（HEPES，PIPES，MES，Trisなど）が多く用いられる．注意すべき点は，合成バッファーの場合，pHの緩衝帯によって種々の化合物を使い分けること，リン酸，Trisなどを用いる場合，Ca^{2+}，La^{3+}，Gd^{3+}など多価カチオンをトラップするので，適宜バッファーを使い分けることである．基本的にはバッファーは，チャネルに影響を与えないとされているが，Tris，HEPESなどで抑制されるチャネルの報告があるのでバッファーの種や濃度を変える場合に注意を要する．

2）イオン強度

イオン強度は，イオンの活量に影響を与え，化学反応のパラメータに影響を与える．イオンチャネルにも影響を与えることがあるので，一価カチオンを多価カチオンに置き換えると大きくイオン強度が変わるので注意が必要である．イオン強度（I_f）は，次式で定義される．

$I_f = 1/2 \Sigma \{(濃度) \times (価数)^2 + (濃度) \times (価数)^2 + \cdots\}$

例えば，10 mMの$CaCl_2$溶液の場合，

$(10 \times 2^2 + 20 \times 1^2)/2 = 30$（mM）となる．

3）二価イオン・多価イオン

Ca^{2+}，Mg^{2+}といった二価カチオンは，細胞の機能の維持・調節に非常に重要な役割を果たしている．パッチクランプにおいても重要で，これらの二価カチオンを含まない溶液中で実験を行うとギガシール形成が困難なことがある．逆に多量に二価や多価のカチオンを用いる際には，表面電位の変化に注意が必要である．実際に適切な遊離二価カチオン濃度で実験を行いたい場合は，通常，EGTAやEDTAといったキレート剤を共用することによって適切な遊離イオン濃度を得る．この遊離イオン濃度の計算は，現在では，Stanford大学のwebサイトで簡単に算出できるソフト（http://www.stanford.edu/~cpatton/winmaxc2.html）を得ることができる．キレート剤のみならず遊離二価カチオンと結合する可能性のあるATPは，遊離二価カチオン濃度を減少させると同時に遊離ATPの濃度も減少させてしまうので特に注意を払う必要がある．Gd^{3+}やLa^{3+}などの多価カチオンは，重炭酸イオンやリン酸イオンと結合して沈殿するので，それらの使用時にはHEPESなどの他のバッファーを用いる必要がある．

4）浸透圧

生理的な状態では，ほとんどの細胞は通常280〜330 mOsm/kg-H_2O（オスモル）程の浸透圧下で生命活動を行っている．通常，細胞内外の浸透圧は同じであれば問題ないが，実際にホールセルモードにした後には，ピペット液へと拡散できない生体内巨大分子（タンパク質，核酸など）の影響で細胞内が少し高浸透圧になり，細胞が膨張する傾向にある．このため，細胞容積に感度を示す現象の観察を行う場合には，ピペット内液を少し低浸透圧にして細胞膨張を防ぐ必要がある．浸透圧調節は，マンニトールやスクロースでよく行われている．これらの物質は，1分子が1粒子，つまり，1 mMを加えれば，1ミリオスモル増加することになる．

5）その他

チャネルやトランスポータは，Ca^{2+}（1 μM以下）のように細胞内においてきわめて低い濃度しか存在しない物質に感受性を示すことが多い．そこで，パッチクランプで用いる蒸留水は，なるべく純粋なものを用いる（しかし，二回蒸留水であっても数μMのCa^{2+}が含まれているので注意を要する）．

記録中にチャネルによっては活性がなくなる（ランダウン）ことがある．このことを防ぐために細胞外にグルコースを，細胞内にMgATPを加えて細胞代謝を維持させるなどの工夫をするとうまくいくこともある．

プロトコル

1 セットアップ（図2）

パッチクランプ法は，いろいろな機器を必要とし，実験目的や好みによって配置や機器が異なるが基本的なものを紹介する．

①パッチクランプ・アンプ

電圧・電流固定が行える．パッチクランプ法では，最も大事な機械といえる．図2中ではAxonのセットアップでA/D変換装置（①'）が描かれているが，HEKAのセットアップでは①と①'は一体になっている．

②光学系機器

顕微鏡．基本的には，ワーキングスペースの広い倒立顕微鏡を用いるが，スライスパッチなど倒立観察が行えない場合には正立顕微鏡を用いる．また，GFPなど蛍光タンパク標識した細胞を測定する際には，蛍光装置を付加する．

③マイクロマニピュレータ

パッチクランプ法では，顕微鏡下で微小なパッチ電極を操作する必要があるので，精度のよいドリフトの少ないマニピュレータ（ピエゾ式，水圧式，メカ式，ステップモータ式などがある）が必要である．

④灌流装置

細胞を撒くチェンバーにバス液を灌流する装置．基本的には，室温で重力落下による灌流で充分だが，バス液を実験中に持続的に灌流する場合や，流速，温度をコントロールする場合は，さらに装置が必要となる．チェンバーについては，大きすぎると灌流に多量の溶液が必要となるし，溶液の交換にも時間がかかる．小さすぎると電極の操作性が悪くなるので工夫が必要である．底面のガラスは，元気な細胞を用いれば撒いて5分ほど待てば付着することが多いが，接着性の悪い場合には，事前にポリ-L-リジンやセルタックなどで表面処理したガラス小片に一度，細胞を付着させてから，このガラスをチェンバーに移し，実験を行う．

⑤信号発生・記録装置

細胞にコンピュータ上で作成した種々の電気刺激を与える．記録は，コンピュータの性能が以前より格段に向上しているため（以前は，ビデオやDATなどの記録媒体を必要としていたが），コンピュータ上で直接記録も行う．

⑥除振台

周囲の振動を除去するためのテーブル．きちんと

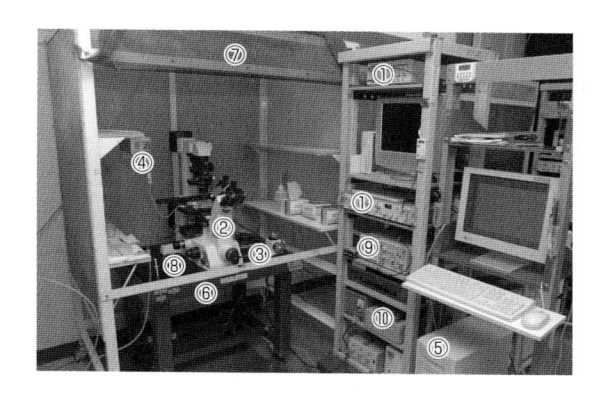

図2 パッチクランプの装置図
①パッチクランプ・アンプ，②顕微鏡，③マイクロマニピュレータ，④灌流装置，⑤信号発生・記録装置，⑥除振台，⑦ケージ，⑧CCDカメラ，⑨オシロスコープ，⑩チャートレコーダ

除振効果があるか日ごろからチェックする必要がある．

⑦ケージ

記録装置を周囲の電気的ノイズから遮るための囲い．

上記の機器で基本的には充分だが，さらに顕微鏡にCCDカメラを付け，記録中の様子の観察（⑧），実際の電流をオシロスコープで観察（⑨），チャートレコーダによる記録（⑩）を行いたい場合は，これらのための装置を付加する．

電気生理実験の開始前に最も必要な仕事は"ノイズ落とし"である．周囲に交流電気機器がないことや，電源，配線，蛍光灯，アースや灌流液や吸引液ラインなど周囲の環境に配慮する必要がある．

2 ギガシールの形成（図3）

ここでは，Axonのアンプを用いたものを用いて書かれているが基本動作は，HEKAのアンプを用いたものでも同じなので，順を追って見ていきたい（カッコ【】内は，HEKAのアンプを用いた場合）．

❶ピペット作製…まず，溶液などの準備ができたらパッチ電極の作製を行う．パッチ電極は，ガラス管キャピラリーをプラーで引いて作る．電極は，精度によって軟質ソーダガラス，borosilicate製ガラスを使用する（後者の方が高価であるが誘電率が低いためにノイズが少ない）．パッチ電極は，細胞を傷つけずに正確な記録を行うためになるべく先端近くまで太いものがよい．そのため，二段（または多段）引きによる電極用ピペットの作製がよ

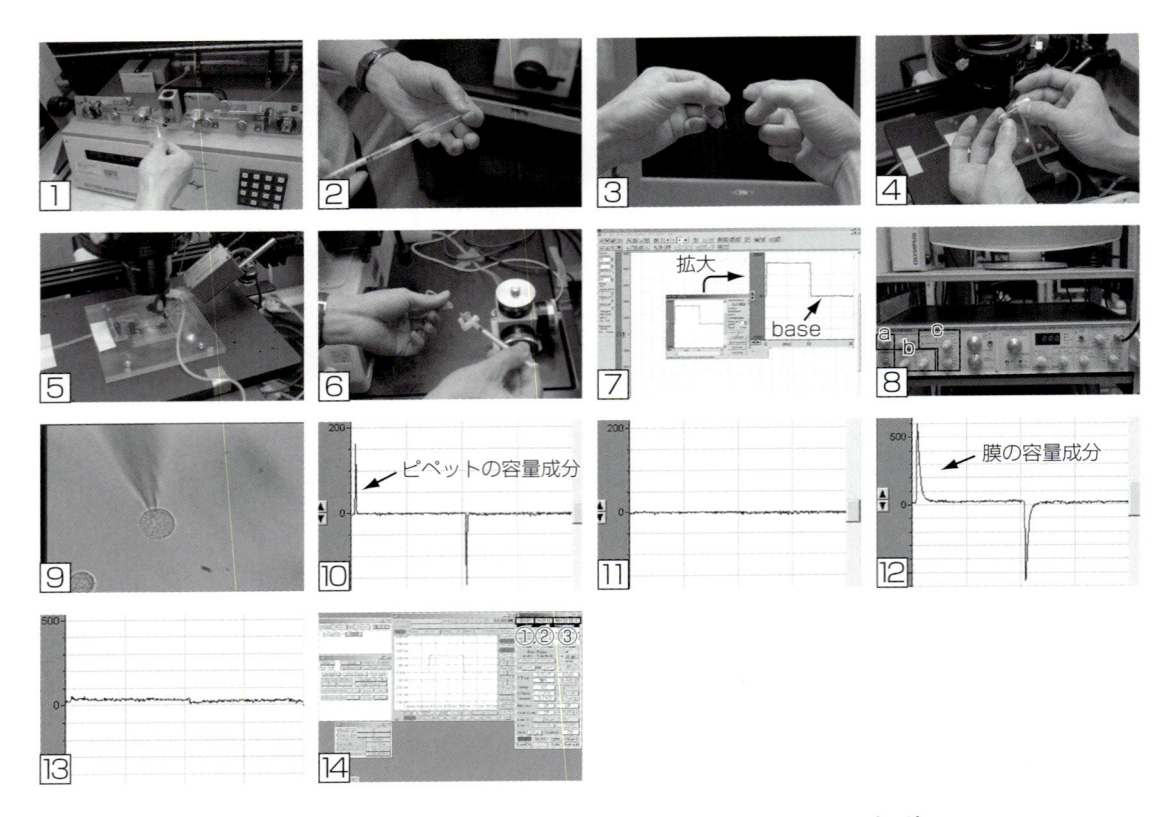

図3 ギガシール形成までの一連の動作（プロトコール2参照）

い．通常は，先端直径が1〜5μmで溶液充填時に1〜10MΩの電極を使用する．単一チャネル記録の場合は，シール抵抗が得やすい高抵抗の電極を，ホールセル電流記録の場合は低抵抗のものを用いる（図3①）*1

*1 パッチ電極は，埃やゴミを嫌うので清潔に扱い，直前に作製して当日中に使うのが望ましい．

❷バス液を綺麗に流し，測定に好ましい細胞を見つける

❸作製したピペットにフィルター（0.2μm）を通したピペット液を充填する（図3②）

❹ピペット内に気泡が残っていると記録が行えないので，図のように溶液の充填後，指で電極を弾いて電極内の空気を取り除く（図3③）*2

*2 細いピペットを用いる場合には，先端を用いる液をチューブに貯めた物の中に数秒ほど浸し毛管現象によって先端に液を充填し，その後，カテラン注射針やポリエチレン細管を用い，電極上部末端から液を充填する．太いピペットを用いる場合には，電極上部末端から液を充填するだけでも充分である．溶液は，入れすぎると電極上部末端から溢れてホルダー内部を濡らしトラブルの原因となるので注意が必要である．

❺電極ホルダーにピペットを装着する（図3④）
❻ホルダーをヘッドステージに取り付ける（図3⑤）
❼ピペット内に陽圧を加え，粗動マニピュレータを用い，バス液にピペットの先端を漬ける（図3⑥）*3

*3 シリンジの場合は，取り付けるだけでも少し陽圧がかかる．

❽ピペット内液とバス液間の液間電位のbaseを0に（オフセット）するために図3⑧中アンプのaを使い，ピペットの先端の抵抗を知るためにコンピュータ上で作った1〜10mV，10〜50msの矩形波パルスを与える（図3⑦）*4

*4 図中では，5mVのパルスを与え1.5nAの電流を得ているためオームの法則（V=IR）より算出すると約3MΩのピペット抵抗を得ていることになる．また，ピペット内液—バス液間の電圧が不安定な場合は，参照電極内のAg-AgClメッキをやり直す．

【図3⑭：SET-UP（①）を押すとアンプのゲイン設定とTest Pulseの大きさが初期化され，液間電位のオフセットがなされる】

❾ 細胞に電極を近づける（図3 ⑨）*5

*5 最初に低倍率でピペット先端を見つけ大きく動かし, 近づくにつれ, 高倍率にして少しずつ動かすとよい.

❿ 細胞に触れ, ピペット内圧を解放もしくは, 少しの陰圧をかける*6

*6 細胞の種類, 状態によって, 細胞にピペットを押し付ける, または, 触れる瞬間に陰圧をかけるなど, タイミングも陰圧をかける強さも異なるので, しばらくは, 自分が行う細胞で諦めずにコツをつかんでほしい.

⓫ 膜抵抗がGΩ以上になり"ギガシール"が形成される（図3 ⑩）

⓬ ピペットの容量成分を図3 ⑧中のbを用いて補正する（図3 ⑪）
【図3 ⑭：ON-CELL（②）を押すとピペット容量成分が補正される】

⓭ さらに適当な陰圧をかけるとホールセルモードになり, 膜の容量成分が現れる（図3 ⑫）

⓮ 膜の容量成分とシリーズ抵抗を図3 ⑧中のCを用い補正する（図3 ⑬）
【図3 ⑭：WHOLE-CELL（③）を押すと膜の容量成分が補正される】

3 電圧, 薬, 温度, 機械などの刺激

一度, パッチクランプができるようになれば, これを基本として, 種々の薬の効果を調べたり, チェンバーや灌流装置を温度管理できるような装置を付けイオンチャネルへの温度効果を調べたり, ピペット内の空気圧をマノメータでコントロールして細胞膜への機械刺激効果を調べるなど, 種々の実験が可能である.
自分の目的とする反応や電流の性質（イオンチャネルの性質, 例えば, 電位依存性や不活性化など）によって, それぞれのイオンチャネルの性質に合った電位プロトコールがある. 一概にこの電位パルスを使えばすべてに適用可能なプロトコールというものは存在しないので, 自分の目的とするような記録のできている論文のプロトコールなどを参考にしていただきたい.

実験例

実際に本法のホールセルモード, セルアタッチモード, インサイドアウトモードによって得られた結果を図4に示す. 実際に用いた方法, 細胞, 溶液組成は, 表1に載せた.

Cl^-チャネルの記録には, 細胞内外にCl^-溶液を用い, Cl^-電流に対する逆転電位が0 mVとなるように溶液を調整してある. ここでは, 細胞容積増大により活性化するCl^-チャネルを記録するためにバス液を等浸透圧溶液からマンニトールを除くことで低浸透圧溶液を作っている. ホールセルモードを形成した後, 図4C-aに見られるような±40 mVステップパルスを15秒おきに与え, 継時的な電流変化を記録している. 図4Aでみられるように低浸透圧溶液にバス液を交換すると細胞容積が増大し容積感受性Cl^-チャネルが活性化している. それぞれa, b, c点では, 図4C-bに見られるようなステップパルスを与え, 電流の性質を見ている. 大きな脱分極で特徴的なチャネルの不活性化が見られる. また, この不活性化を解除するために-100 mVから+100 mVのテストパルスを与える前に必ず過分極性のプレパルスを与えている. 図4C-cは, 電流電圧関係を示している. 縦軸は, 細胞の大きさによって発現しているチャネルの数が大きく異なるので, このばらつきを防ぐために細胞膜容量（pFで示す）で電流を割ることによって, 電流密度として表している.

ギガシールを形成した後, そのまま単一チャネル電流を記録している. セルアタッチモードでは, 実際に膜にかかる電圧は, V_m（実際に膜電位固定している際の電圧）= Rp（静止電位）- V_{pip}（機械から与えている保持電位）で表される. 通常, 実際の細胞の静止電位は, 正確にはわかり得ない. そこで, 細胞の静止電位は, 主に細胞内外のK^+濃度差によって形成されることが知られているために, 細胞外に高濃度K^+を用いて細胞内外のK^+の濃度差を0とすれば（一般的に細胞内のK^+の濃度は高い）細胞の静止電位は, ほぼ0とできる. よって, $V_m = -V_{pip}$とできる. 図4Dは, それぞれの電位に膜電位固定した際に得られたBKチャネル電流である. この単一チャネル電流と膜電位の関係を書いたものが図4Eに表されている. 単一チャネルコンダクタンスは, 約200 pSを示している. さらに, このチャネルの性質として, 細胞内のCa^{2+}によって活性化するので, 図4Fではインサイドアウトモードで細胞内からさまざまな濃度のCa^{2+}を与え, チャネルの活性を見た. 図4Gでは, ピペット内に陰圧をかけパッチ膜に機械的な刺激, すなわち膜

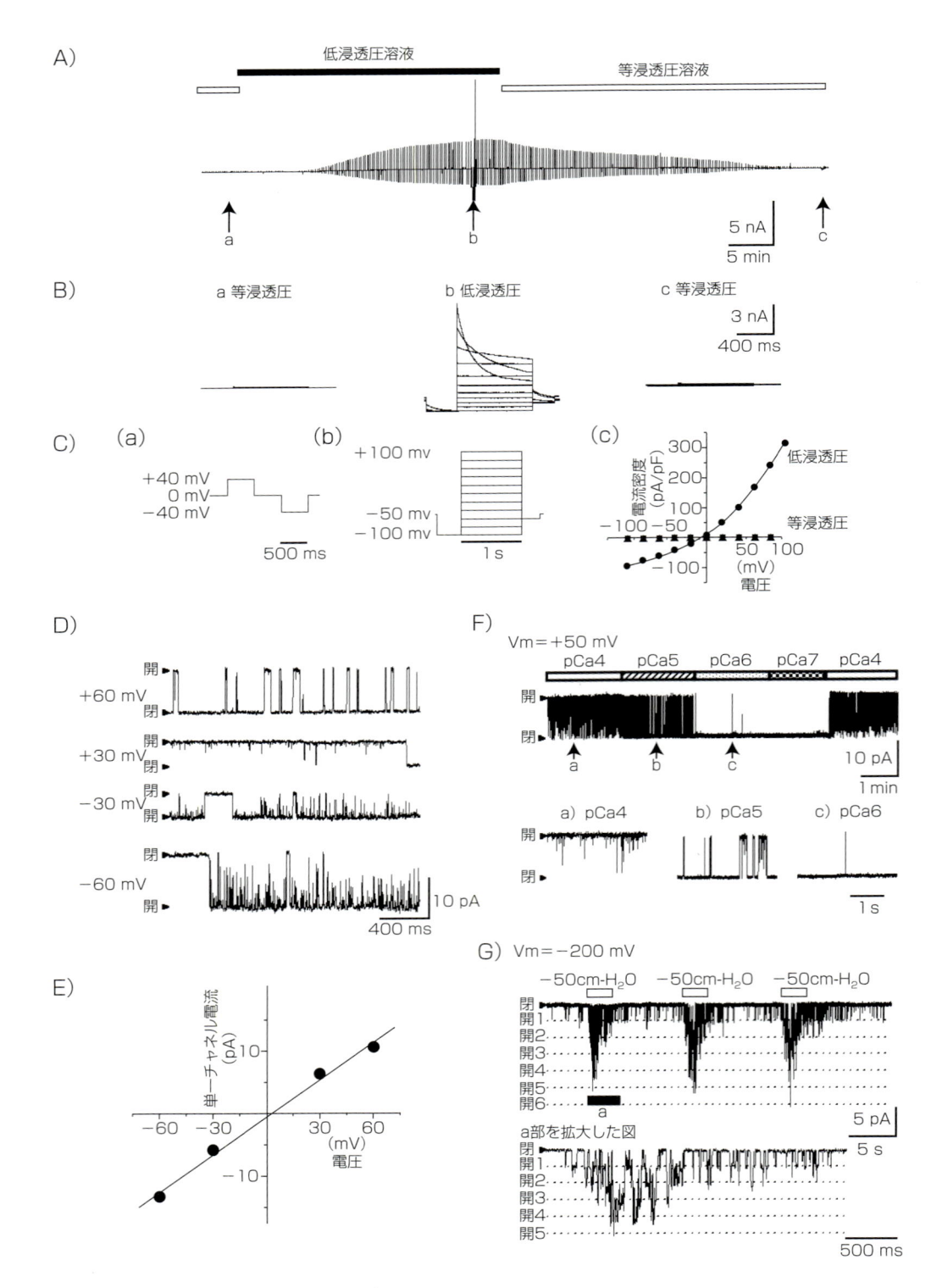

図4 パッチクランプ法を用いて得られた結果
A) 細胞容積増大で活性化された容積感受性外向き整流性（VSOR）Cl⁻チャネルのホールセル電流．B) それぞれ等浸透圧溶液（a, c），低浸透圧溶液（b）下でステップパルスを与え，記録された電流．C) 電流刺激プロトコールと電流─電圧関係．D) セルアタッチモードでそれぞれの電位における単一BKチャネル記録．E) Dで得られた電流の電流電圧関係．F) インサイドアウトモードでBKチャネルの活性に対する細胞内Ca^{2+}濃度依存性．G) セルアタッチモードで内在的に発現する伸展活性化チャネルのマクロ記録

表1　図4の実験で用いた細胞と測定条件

図	細胞	記録しているチャネル	溶液組成（単位：mM）	モード
A, B, C	ヒト上皮, HeLa細胞	容積感受性Cl[−]チャネル	バス液：（等浸透圧の場合）110 CsCl, 5 MgSO$_4$, 12 HEPES, 7 Tris, 100 マンニトール（pH 7.5, 330 ミリオスモル）．（低浸透圧の場合）等浸透圧溶液からマンニトール濃度を半減している（pH 7.5, 280 ミリオスモル）．ピペット液：110 CsCl, 2 MgSO$_4$, 0.4 CaSO$_4$, 1 Na$_2$-ATP, 15 Na-HEPES, 10 HEPES, 1 EGTA, 50 マンニトール（pH 7.3, 300 ミリオスモル：pCa 7）．	ホールセル
D, E	ラット大腸, 平滑筋細胞	Ca^{2+}活性化K$^+$チャネル（BKチャネル）	バス液：135 KCl, 5 NaCl, 1.2 MgCl$_2$, 2 CaCl$_2$, 10 ブドウ糖, 10 HEPES（pH 7.4）．ピペット液：135 KCl, 10 HEPES, 1 EGTA（pH 7.4）．	セルアタッチ
F			バス液：135 KCl, 2 EGTA, 10 HEPES, pCa 4〜7となるようにCaCl$_2$を加えた．ピペット液：セルアタッチと同様	インサイドアウト
G	コオロギ側輸卵管細胞	膜伸展活性化非選択的カチオンチャネル	バス液：140 KCl, 10 NaCl, 44 ブドウ糖, 5 EGTA, 2 HEPES（pH 7.4）．ピペット液：100 BaCl$_2$, 5 HEPES（pH 7.4）．	セルアタッチ

伸展を与え，これによって活性化するイオンチャネル（膜伸展活性化型チャネル）を示した．

おわりに

パッチクランプ法は，1976年にNeherとSakmannによって開発されて，現在に至っても1つのタンパク質の動きをリアルタイムに定量的計測できる最も優れた手法として健在である．近年，パッチクランプ法とさまざまな刺激や他の手法，つまり分子生物学的手法，カルシウムイメージング，機械的刺激，温度刺激などを組み合わせることや，既知の性質のチャネルをバイオセンサーとして用いた新たな方法が開発されてきている[4]．また，T管などの非常に局所的な画像を取り，この画像をもとに目的の微小部分にパッチクランプをするscanning patch-clamp[5]や，パッチ電極の中にさらに電極を入れて，ホールセルを形成した後に内部のピペットを細胞内に進入させ細胞内器官から記録を行う[6]などのこともできるようになってきている．

市販品を用いることでパッチクランプ法が大きく普及したが，依然としてデータ取得やその解析法を理解するには，時間がかかる．パッチクランプ機器のセットアップからデータの取得までにさまざまな原因によりうまくいかないことがあると思うが，解決法としては，実際に動いているパッチクランプのセットを見て触ってみることである．あまり触れる機会がない場合は，毎年，生理学研究所にてトレーニングコースを開催（http://www.nips.ac.jp/）しているのでご参考いただきたい．

参考文献

1) 「新パッチクランプ実験技術法」（岡田泰伸／編），吉岡書店，2001
2) Demuro, A. & Parker, I. : Cell Calcium, 40 : 413-422, 2006
3) Kajita, H. et al. : J. Physiol., 488 : 65-75, 1995
4) Hayashi, S. et al. : Sci STKE., 258 : pl14, 2004
5) Gu, Y. et al. : FASEB J., 16 : 748-750, 2002
6) Jonas, E. A. et al. : Neuron, 19 : 7-13, 1997

索引

数字

1蛍光分子追跡法	92
1分子	92
1分子イメージング	237
1分子観察	111, 113
1分子像	109
1粒子追跡法	92, 95
2光子励起	230
2D-DIGE	286
90°パルス	152

和文

あ

アーティファクト	115
アウトサイドアウトモード	293
アクアポリン	126
アクリジンオレンジ	107
アセチルコリン受容体	126
アセトン沈殿	288
アデニン	24
アフィニティークロマトグラフィー	267
アミドⅠ	78
アミドⅠバンド	54
アミドⅢ	78
アミド基	53, 69
アミド結合	67
アミノ酸の誘導体化	277
アミノ酸変異体	72
アミンカップリング	245
アラインメント	66
アルゴンプラズマ	48
アンカード膜タンパク質ピケットモデル	97
安定同位体標識	158
イオン強度	294
イオンクロマトグラフィー	273
イオン交換クロマトグラフィー	261
イオンスパッタリング法	142
イオンチャネル	292
イオントラップ型の質量分析計	182
イオンモビリティ質量分析装置	193
位相計算	200
位相コントラスト	133
位相差観察	89
位相差顕微鏡	82
一軸配向	157
一過性発現	88
移動境界面	254
イミダゾールブリッジ	72
イミドⅡ振動	71
イメージインテンシファイア	239
イメージング	111
陰イオン交換クロマトグラフィー	267
インサイドアウトモード	294
ウェイブナンバー	77
ウラシル	24
雲母	113
液体エタン	123
エコー	171, 176
エッジフィルター	76
エドマン分解	280
エネルギーフィルター	134, 135
エバネッセント（エバネセント）	92, 239
エバネッセント光	105
エマルジョンオイル	83
エレクトロスプレーイオン化法	182, 189
エレクトロブロッティング	280
エンタルピー変化量	249, 253
エントロピー変化量	249, 253
円二色性	41
オーダーパラメータ	156, 169, 175
オートパッチクランプ法	292
オーバーハウザー効果MRI	181
オスミウムプラズマコーティング	142

か

カーボン膜	124
開口数	81, 95, 100, 106, 129
開口放出	110
回折X線	198
回折実験	199
解像力	81
回転エコー二重共鳴	160
回転共鳴	160
回転相関時間	156, 169, 175
界面	105
界面活性剤	264
解離速度定数	243
解離定数	249
化学結合型充填剤	262
化学交換	149
化学固定	141
化学シフト	147
核オーバーハウザー効果	147
拡散係数	254
核酸合成技術	50
核磁化分布	163
核磁気共鳴法	145, 152
核スピン	163
角度解析	168
可視領域における分光分析	18
加水分解	275
画像コントラスト	164
カチオン-π相互作用	72
ガラス繊維ろ紙	280
カラム	267
カラムクロマトグラフィー	267
カルシウム	230
カルシウムイメージング	234
カルシウム指示薬	231
カルバミン酸6-アミノキノリン-N-ヒドロキシスクシンイミド	275
カルボキシルメチル基	243
還元型ミオグロビン	20
還元気化法	49
干渉縞	109
カンチレバー	116
カンチレバー修飾	118
緩和	147
ギガシール	294, 295
希釈熱	252, 253
気相プロテインシークエンサー	280
基底状態	86
ギニエプロット	205
キネシン	241

機能構造解析	111	蛍光ラベル化試薬	29	**さ**	
逆相カラム	261	ケイジドグルタミン酸	234		
逆相クロマトグラフィー	262	血液	60	サーフェイスレンダリング法	165
吸光度	24, 42	血液成分	60	再現性	45
吸収スペクトル測定	221	血球計算板	81	最小培地	213
吸収補正	227	結合速度定数	243	サイズ排除クロマトグラフィー	261
吸着クロマトグラフィー	261	結合定数	259	再生溶液	245
共焦点ラマン顕微鏡	75	結合熱	253	最大値投影法	165
強度コントラスト	133	血算板	81	細胞膜骨格フェンスモデル	97
共鳴ラマン散乱	18, 69	結晶化	199	酸化型ミオグロビン	20
共鳴ラマン法	67	結晶化相図	212	酸化還元状態	221
共有結合性のラベル化法	28	血清アルブミン	60	三次元構造解析	140
局所構造	216	ゲルろ過クロマトグラフィー	267	サンプル基板	113
局所構造解析	217	限外ろ過	191	残余双極子カップリング	148
極低温電子顕微鏡	122	研究用原子炉	214	シーケンシャル型分光器	46
距離分布関数	205, 207	原子核密度分布図	214	紫外吸収	24
金アマルガム法	49	原子間力顕微鏡	111, 116, 209	磁化移動	160
金コロイドプローブ	95	原子吸光分析法	46	自家蛍光	77, 90
金コロイド粒子	95	原子散乱長	210, 214	磁化率	18
近赤外域	57	元素マッピング	134	時間分解能	94, 97
近赤外スペクトル	58	懸濁試料	59	磁気双極子モーメント	145
近赤外分光光度計	59	顕微分光	221	時空間分解	78
近赤外分光法	57	顕微分光スペクトル	224	脂質	58
近赤外レーザー	100	コアロス電子	134	脂質膜	160
近接場光	105	光学活性	41	脂質膜結合構造	161
金属コーティング	142	光学顕微鏡	80, 140, 237	四重極型	182
金属タンパク質	216	光学切断像	105	質量分析	182, 189
金属配位	69	光学的切片	132	質量分析装置用銀染色キット	183
グアニン	24	高スピン型	21	シトクロムP450	21
空間分解能	97	構造解析	155	シトシン	24
クエンチ	150	構造計算	160	シムの調整	151
クマシーブルー	183	構造決定	161	重回帰分析	58
グルコース	62	高速液体クロマトグラフィー	261	収差	131
グローバルフィッティング	247	酵素消化	264	重水素化	211, 213
クロマトグラフィー	282	光電子倍増管	19	重水素化珪藻培地	213
蛍光1分子イメージング	103	勾配磁場	178	重水素化培地	211
蛍光共鳴エネルギー移動法	35, 238	光路長	42	自由誘導減衰シグナル	147
蛍光顕微鏡	86	固体NMR	157	主成分回帰分析	58
蛍光色素	238	固体NMR測定装置	158	出芽酵母生細胞	77
蛍光寿命	86	固定	141	順相クロマトグラフィー	262
蛍光スペクトル	38	固定染色	88	消滅放射線	225
蛍光染色剤	183	ゴニオメータ	174, 222	蒸気拡散法	212
蛍光相関分光法	93	コヒーレント・アンチストークス・ラマン散乱	79	常磁性共鳴吸収法	18
蛍光ディファレンスゲル二次元電気泳動法	286	互変異性	72	焦点深度	132
蛍光バイオイメージング	31	コンデンサ位相リング	82	ショットガン分析	183, 184, 188
蛍光標識	27, 86, 289	コントラスト	133	試料調製	158
蛍光プローブ	30, 95	コントラスト変調法	207	真空蒸着法	142
蛍光分子	27	コンフォメーション	69	信号/雑音比	94
				親水環境	72

INDEX

水銀ランプ	47, 90	第1選択波長	48	滴定曲線	252
水素結合	57, 69, 71, 72	ダイクロイックミラー	100	デコンボリューション	179
水和	57	褪色	96, 108	電子顕微鏡	122, 128, 140, 209
酢酸ウラン	122	ダイナミン分子	109	電子顕微鏡像	125
スタッキング	25	対物マイクロメーター	101	電子銃	131
ストークス線	65	対物レンズ	80, 101	電子状態	220
ストイキオメトリー	189, 249	対物レンズ位相板リング	82	電子スピン共鳴	168, 177
ストレプトアビジン	243	対物レンズ型全反射顕微鏡	92	電子スピン共鳴法	18
スパイン	230	対物レンズの単独倍率	81	電子線回折像	125
スピン-スピン結合定数	147	多次元（二次元）LC	185	電子線結晶学	124
スピン平衡	23	多次元NMR	153	電子線損傷	122
スピンラベル	168	縦緩和時間	147	電子線トモグラフィー	126
スムージング	44	多変量解析	58, 61	電子分光結像	133
生細胞	74	淡色効果	25	電子レンズ	130
生体水素水和水データベース	214	弾性散乱	132	デンプン	58
生体分子	111	担体	267	トーチ	47, 49
生体レドックス反応	177	タンパク質	52, 53, 58, 111	等温曲線	252
静電相互作用	191	タンパク質大量発現	50	等温滴定型カロリメトリー	249
生命のラマン分光指標	78	タンパク質の二次構造	41, 71	透過電子顕微鏡	128, 140
正立型蛍光顕微鏡	89	単粒子解析法	123	動径構造関数	219
正立（型）顕微鏡	80, 96	力計測	99	凍結切片法	136
赤外スペクトル	52	チタン・サファイアレーザー	75	凍結置換法	136
赤外分光	52	チミン	24	凍結保護剤	159
積算	43	チャネル分子	109	同時係数	225
接眼レンズ	80	チューブ状結晶	126	同時測定型分光器	46
接眼レンズの単独倍率	81	中性子解析	210	透析	191
絶対温度	122	中性子回折計	214	導電染色	141
セミドライブロッティング装置	282	中性子回折法	210	等電点	286
セルアタッチ（オンセル）モード	292	超遠心分析	254	等電点電気泳動	286
		超音波処理	270	投与量	226
ゼロフィリング	152	超高開口数	107	倒立型蛍光顕微鏡	89
ゼロロス電子	134	超薄切片法	135	倒立型光学顕微鏡	100
線形予測法	152	超微細結合定数	168	倒立顕微鏡	75, 80
穿孔パッチクランプ法	293	超微操作	99	トリパンブルー溶液	81, 84
センサーグラム	243	チロシン	24, 71	トリプシン-EDTA溶液	81
全反射	92, 105	沈降係数	254	トリプトファン	24, 72
双極子相互作用	158, 169	沈降速度法	254	トレハロース溶液	124
相互作用	259	沈降平衡法	254		
相互作用測定	99	低温スペクトル法	19	**な**	
走査電子顕微鏡	140	低角度回転蒸着法	137	ナノフローESI	189
走査プローブ顕微鏡	111	低スピン型	21	二官能基性スピンラベル	175
速度論解析	243	ティッシュセル	174	二次元結晶	126
疎水環境	72	ディファレンシャルディスプレイ分析	188	二次元電気泳動	282, 286
疎水性相互作用	69, 72, 191, 267	ディファレンス解析	286	二次構造	55, 69
損傷	122	定量	251	ニトロキシド	168
		定量的ディファレンシャルディスプレイ分析法	185	ニトロキシルラジカル	179
た				二本刺し膜電位固定法	292
ターレット式コンデンサ	82	定量分析	60	二面角	160

尿	60
二量体	44
ニンヒドリン	274
ネイティブ	189
熱容量変化	249, 253
熱容量変化量	252
ネビュライザー	49
濃色効果	25
ノッチフィルター	76
ノマルスキー式微分干渉顕微鏡	84

は

配位環境	220
配位数	220
配向試料	158
配列帰属	159
バクテリオロドプシン	72
波数	77
波数校正	71
パッチクランプ法	292
ハマチャー法	226
パルスESR	171
バンドパスフィルター	76
ビーム位置制御機構	101
ビームエキスパンダー	75, 101
ビームスプリッター	76
ピエゾステージ	75, 76, 101
ピエゾ素子	101
ビオチン化	243
光ピンセット	99, 238
非共有結合	189
非共有結合性のラベル化法	29
飛行時間型	189
飛行時間型質量分析計	182
微小変位計測	99
ヒスチジニウム	72
ヒスチジン	72
非弾性散乱	133
ビデオエンハンス顕微鏡	95
非特異的吸着	247
ヒト標準血清	62
微分干渉顕微鏡	84
微分スペクトル解析	54
標識	27
標準溶液	49
表面プラズモン共鳴法	243
微量元素フリーミリQ水	48
フーリエ・セルフ・デコンボリューション	55
フーリエ変換	204
フーリエ変換質量分析計	182
フィルタ逆投影法	179
フェニルアラニン	71
フェニルチオヒダントインアミノ酸	280, 283
不規則構造	41, 71
負染色法	138
部分容積効果	227
フリーズエッチング	136
フリーズフラクチャー	136
フリーズレプリカ法	136
ブリンキング	94
プレカラム法	274
プローブのチューニングとマッチング	152
プロテインデータバンク	218
プロトヘムIX	21
プロトン化・脱プロトン化状態	221
プロトン供与体	71
プロトン受容体	71
分解能	67, 81, 106, 128, 129, 200
分極率	65
分光干渉	48
分光器	75
分光光度計	18, 24
分子運動	156
分子認識イメージング	116
分子の指紋	74
分子量	254
分配クロマトグラフィー	261
粉末試料	157
平均残基モル楕円率	42
ペプチドマスフィンガープリンティング	182, 183
ペプチドマッピング	266
ペプチドマップ	266
ヘムタンパク質	18, 218
ペリスタポンプ	48
ペルオキシダーゼ	21
ペルチェ式温度可変装置	42
ベルトランレンズ	108
偏光	41
ホールセルパッチクランプ法	231
ホールセルモード	293
芳香族アミノ酸	68, 69
放射圧	99
放射線損傷	221
放射線被ばく	228
補欠分子	221
ポストカラム法	274
ポリエチレンイミン沈殿	270
ポリビニリデンジフルオリド膜	280, 282
ボリュームレンダリング法	165
ポルフィリン核	21
ホログラフィー	103
翻訳後修飾	183, 187, 188, 286

ま

マイカ	113
マイクロビーズ	237
マイクロマニピュレーション	101
膜タンパク質	158
マクロシーディング法	212
摩擦係数	254
摩擦比	259
マジック角試料回転	157
マストパランX	159
マストランスポート・リミット	245
マトリクス支援レーザー脱離イオン化法	182
ミオグロビン	19
ミオシン分子	114
水	58
水チャネル	126
ミニマルラベル法	287
ミルク	60
無侵襲分析	57
明視野顕微鏡	81
免疫染色	136
モータータンパク質	241
モデル構築	201
モノクロ分光器	18
モル吸光係数	25
モル楕円率	42

や

誘電体共振器	172
油浸レンズ	83
陽イオン交換クロマトグラフィー	267
陽電子放出核種	225
横緩和時間	147

INDEX

ら

ラインスキャン	234
落射型顕微鏡	86
ラマチャンドランプロット	156
ラマンイメージング	78
ラマン顕微分光法	74
ラマン効果	65
ラマン散乱	69, 74
ラマン散乱光	65
ラマンシフト	65, 77
ラマンスペクトル	69
ラマン分光	65, 69
ランベルト・ベールの法則	19, 25
リアルタイムイメージング	33
リガンド	243
力学測定	116
リゾチーム	53, 54
リプレッサータンパク質	44
リボソーム	206
リボタンパク質	206
リポフォリン	206, 208
硫安沈殿	270
量子ドット	238
臨界角	108
臨界点乾燥	142
リン酸化	188
ループギャップ共振器	172
レーザー	66
レーザーラマン分光	65
励起状態	86
冷却CCD	240
レイリー散乱	65
レシオメトリー	231
レジン	267
ローカルフィッティング	247
ロックシステム	151

欧文

A〜C

AFM	111
AKTAprime	267
Alexa Fluor	28
AQC	275
ATR法	54
α ヘリックス	41, 67, 71
Beckman Coulter	255
bioXAS	216
β 構造	41
β シート	67, 71
CARS	79
CBB染色	272
CBCA (CO) NH	154
CCDカメラ	75, 101
CCD検出器	67, 71
CDスペクトル	41
Chelex 100	49
coincidence	225
CP/MAS-NMR	161
CSMWPLS	61
CyDye	287
cysless	171
cyslite変異体	171

D〜E

DAM	203, 204, 205, 206, 207, 208
DARR	159
DEER	171
DNA	241
DNA結合ドメイン	44
double (multi) quantum coherence ESR	171
Dummy Atom Model	203, 208
ΔC_p	249, 252, 253
ΔH	249, 253
ΔS	249, 253
EB-CCD	239
ECFP	35
EGFP	108
Electron transfer dissociation	188
EM-CCD	240
ESI	182, 189
ESR	168
ETD	188
EXAFS	216
EXAFS関数 χ (k)	219
EYFP	35

F〜G

FBP法	227
^{18}FDG-PET	225
FEFF	218
FID	147
filtered back projection	227
FlAsh	30
FRET	35
FT-IR	52
FT-NMR	147
gauche	78
GFP	107, 238
Goal Function	205, 207, 208
GPS Explorer	186
γ-グロブリン	60

H〜K

Halo-tag^{TM}	30
HNCA	154
HNCACB	154
HN (CO) CA	154
^{1}H-^{15}N HSQC	152
HPLC	261, 277
ICP発光分析法	46
IEF	286
IMAC	188
immobilized pH gradient	286
inductively coupled plasma	46
IPG	286
IPGphor	289
IPGストリップ	288
isoelectric focusing	286
isothermal titration calorimetry	249
ITC	249
IT MS	182
iTRAQ試薬	183, 185
J-PARC	210
K_d	249
Koëhler法	82
Kubelka-Munkの式	58

M〜N

MAD	200
MALDI法	182
MALDI-TOF MS	184
MALDI TOF/TOF	187
MASCOT	184
MIP法	165
MIR	200
MPR法	165
MR	200
MRI	163

MRM法	188
Multiple reaction monitoring	188
MWPLSR法	61
nanoESI	189
NMR	145, 152
NMRイメージング	163
NOE	147

O〜Q

OMRI	181
ordered subset expectation maximum	227
OSEM法	227
Pake関数	169, 175
PC12細胞	109
PCNA	272
PDB	218
PEI沈殿	270
PELDOR	171
Penalty function	205
PET4核種	228
PET	225
Photon Factory	217
pI	286
Pico・Tagワークステーション	275
pK_a	72
PLS法	61
positron emission tomography	225
Protein iTRAQ	187
Protein Pilot	186
PTHアミノ酸	280, 283
PVDF膜	280, 282
Q MS	182
Qドット	108

R〜S

RFDR	159
RNAポリメラーゼ分子	241
Saccharomyces cerevisiae	77
SCMWPLS	61
SDS-PAGE	272
SEDFIT	256, 257, 259
SEDNTERP	256
SEM	140
SFMT	92, 96
Simulated Annealing法	204, 205, 207, 208

single fluorescent-molecule tracking	92
single-particle tracking	92
SITカメラ	239
S/N比	43, 94, 145
SPM	111
SPring-8	217
SPT	92, 95, 96
SR法	165
standardized uptake value	227
SUV	227
Svedberg	258

T〜Z

t-ブタノール凍結乾燥	142
TAF N-terminal domain	35
TAFs	35
TALOS	160
TAND	35
TATA結合タンパク質	35
TBP	35
TBP随伴タンパク質	35
TEM	140
TFⅡD	35
TIRF顕微鏡	93
TOF	182, 189
trans	78
transmission scan	227
TROSY	149
two-dimensional difference gel electrophoresis	286
Typhoon	290
uptake time	227
VR法	165
X線結晶構造解析	198
XANES	216
XL-A	255
XL-I	255
X-ray absorption spectrum	216
Zeeman相互作用	168

実験医学別冊

生命科学のための機器分析実験ハンドブック

分光分析，顕微解析，磁気共鳴分析，質量分析，イメージング解析などのあらゆる分析機器のプロトコールを完全網羅

2007年8月1日　第1刷発行

編集　西村善文

発行人　一戸裕子

発行所　株式会社　羊　土　社
　　　　〒101-0052
　　　　東京都千代田区神田小川町2-5-1
　　　　TEL　03(5282)1211
　　　　FAX　03(5282)1212
　　　　E-mail　eigyo@yodosha.co.jp
　　　　URL　http://www.yodosha.co.jp/

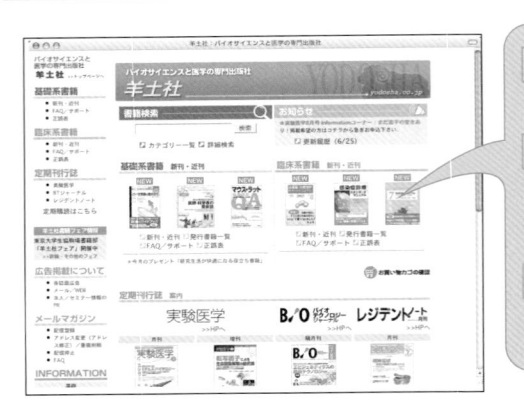

印刷所　広研印刷株式会社

ISBN978-4-7581-0169-1

本書の複写権・複製権・転載権・翻訳権・データベースへの取り込みおよび送信（送信可能化権を含む）・上映権・譲渡権は，（株）羊土社が保有します．

JCLS　<（株）日本著作出版管理システム委託出版物>　本書の無断複写は著作権法上での例外を除き禁じられています．複写される場合は，そのつど事前に（株）日本著作出版管理システム（TEL 03-3817-5670, FAX 03-3815-8199）の許諾を得てください．

コンピュータを最大限に活用して研究をしよう！

改訂第2版 PowerPointの やさしい使い方から学会発表まで

アニメーションや動画も活かした効果的なプレゼンのコツ

谷口武利／編

医学・ライフサイエンスのプレゼンに必携の書が待望の大改訂！アニメーションや動画の活用方法が充実，データの準備や発表の際のテクニックなども満載で，学会発表や講義にオススメの一冊！

- 定価（本体4,500円＋税）　■ B5判
- 277頁　■ ISBN978-4-7581-0810-2

無敵のバイオテクニカルシリーズ 特別編
バイオ研究がぐんぐん進む コンピュータ活用ガイド

データ解析から，文献管理，研究発表までの基本ツールを完全マスター

門川俊明／企画編集
美宅成樹／編集協力

「まず何から始めればいいのかな？」「この作業，コンピュータが自動でしてくれればなぁ」などの悩みを解決！便利なソフト＆データベース満載でバイオ研究を徹底サポートします！

- 定価（本体3,200円＋税）　■ A4判
- 157頁　■ ISBN978-4-89706-922-7

画像解析テキスト 改訂第3版

NIH Image, Scion Image, ImageJ実践講座

小島清嗣, 岡本洋一／編

画像を扱うすべての研究者にオススメ！待望の改訂版は，新たに「ImageJ」の解説を追加し，最新の環境に対応！．画像解析の実践テクニックが満載で，すぐに研究に活用できる充実の1冊！

- 定価（本体5,500円＋税）　■ B5判
- 270頁　■ ISBN978-4-7581-0800-3

Photoshopの 画像処理マニュアル

きれいな画像の入力から解析，論文・学会用データ作成のコツ

小島清嗣, 岡本洋一／編

医学・ライフサイエンス研究に必要なPhotoshopの機能を厳選して解説！身近な画像を実例としたわかりやすい解説で，画像処理を基本からマスターできます．

- 定価（本体4,600円＋税）　■ B5判
- 222頁　■ ISBN978-4-89706-490-1

発行　羊土社

〒101-0052 東京都千代田区神田小川町2-5-1
TEL 03(5282)1211
E-mail：eigyo@yodosha.co.jp

ご注文は最寄りの書店，または小社営業部まで

FAX 03(5282)1212　　郵便振替00130-3-38674
URL：http://www.yodosha.co.jp/

全自動タンパク質結晶化観察システム
ファインクリスタル TERA II

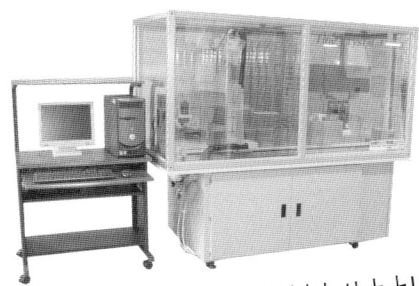

・最少量0.3 μLのタンパク質溶液で結晶化します
（96ウェル結晶化プレート1ウェル当たり）
精製されたタンパク質溶液と結晶化試薬を安定して分注できます。

・全自動結晶化・高速画像観察
結晶化条件を入力して、全自動で結晶化の仕込み作業と結晶化の観察を行います。

装置構成
観察装置、分注装置、バーコードリーダー、作業スケジュール制御用PC、プレートストッカー（96穴結晶化プレート最大180枚装填、96穴結晶化試薬プレート最大45枚装填）

TERAの導入で結晶化の世界が変わります!!

X線結晶構造解析のための「タンパク質の結晶化作業」及び「結晶観察作業」を全自動で行う装置です。多数のタンパク質試料を扱う構造ゲノミクス／構造プロテオミクス研究に対応しています。

総販売元
科学への奉仕で社会に貢献 TAKEDA 竹田理化工業株式会社
〒150-0021 東京都渋谷区恵比寿西2-16-8
http://www.takeda-rika.co.jp/
TEL:03-5489-8531　FAX:03-5489-8503
E-mail:info@takeda-rik.co.jp

製造元
STC エステック株式会社
〒699-0101 島根県八束郡東出雲町揖屋2797
http://www.stc-jp.co.jp/
TEL:0852-52-6100　FAX:0852-52-6160

論文執筆に役立つ英語辞典

ライフサイエンス英語 類語 使い分け辞典

編集／河本 健
監修／ライフサイエンス辞書プロジェクト

日本人が迷う類語の使い分けをおよそ15万件の論文データ※に基づき分析！
※米／英国から主要学術誌に発表された論文抄録

使える"生"の例文も満載!

■ 定価（本体4,800円＋税）　■ B6判
■ 510頁　■ ISBN978-4-7581-0801-0

ライフサイエンス 必須英和辞典

編著／ライフサイエンス辞書プロジェクト

生命科学の論文を読むならこの一冊でOK！
すべての単語は和文索引からも引けて和英辞書としても使えます！　手のひらサイズで持ち運びにも便利！

■ 定価（本体3,800円＋税）　■ B6変型判
■ 413頁　■ ISBN978-4-89706-484-0

発行 羊土社
〒101-0052 東京都千代田区神田小川町2-5-1
TEL 03(5282)1211
E-mail: eigyo@yodosha.co.jp

ご注文は最寄りの書店、または小社営業部まで
FAX 03(5282)1212　郵便振替00130-3-38674
URL:http://www.yodosha.co.jp/

Bruker Daltonics プロテオミクス・イメージングMS・細菌同定システム
MALDI-TOF/TOF-MS
ultraflex III, autoflex III, ベンチトップ型 microflex

flexシリーズにautoflexIII、ultraflexIIIが新登場。ラインナップが、autoflex III TOF, autoflex III TOF/TOF, ultraflex III TOF, ultraflex III TOF/TOF, microflex TOFになりました。
特許LIFT技術により、極微量サンプルから超高速・超高感度で卓越したMS/MSデータを得ることが可能です。
また、バイオマーカー探索用ソフトウェア ClinProTools、Imaging MS用ソフトウェアflexImaging、細菌同定用ソフトウェア BioTyperもリリースされ、研究に合ったシステムをご選択いただけます。

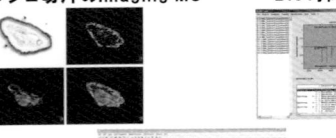

- ultraflex III TOF/TOF 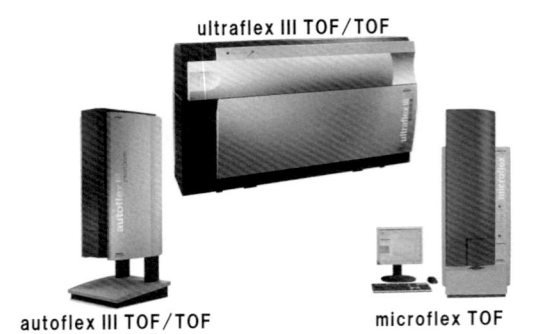
- autoflex III TOF/TOF
- microflex TOF
- flexImaging 1.0によるゼブラフィッシュ切片のImaging MS
- 細菌同定用ソフトウェア BioTyper 1.0 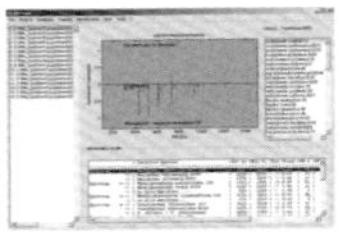 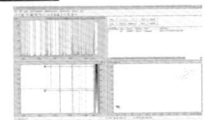
- バイオマーカー探索用ソフトウェア ClinProTools 2.0

HCT ultra
PTM Discovery System
LC-IonTrap/MS^n

他を圧倒する究極の感度、速度、そして精度

電子転移解離ETD搭載システム

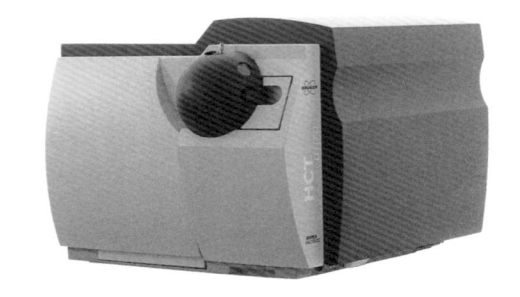

ブルカー・ダルトニクス株式会社

■ 営業本部・テクニカルサポートセンター
〒221-0022
横浜市神奈川区守屋町3-9
A棟6F
TEL：045-440-0471
FAX：045-440-0472

■ 大阪営業所
〒532-0004
大阪市淀川区西宮原1-8-29
テラサキ第2ビル2F
TEL：06-6369-8211
FAX：06-6369-1118

■ 本社
〒305-0051
茨城県つくば市二の宮3-21-5
TEL：029-852-3510
FAX：029-852-6729

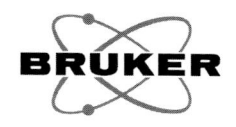

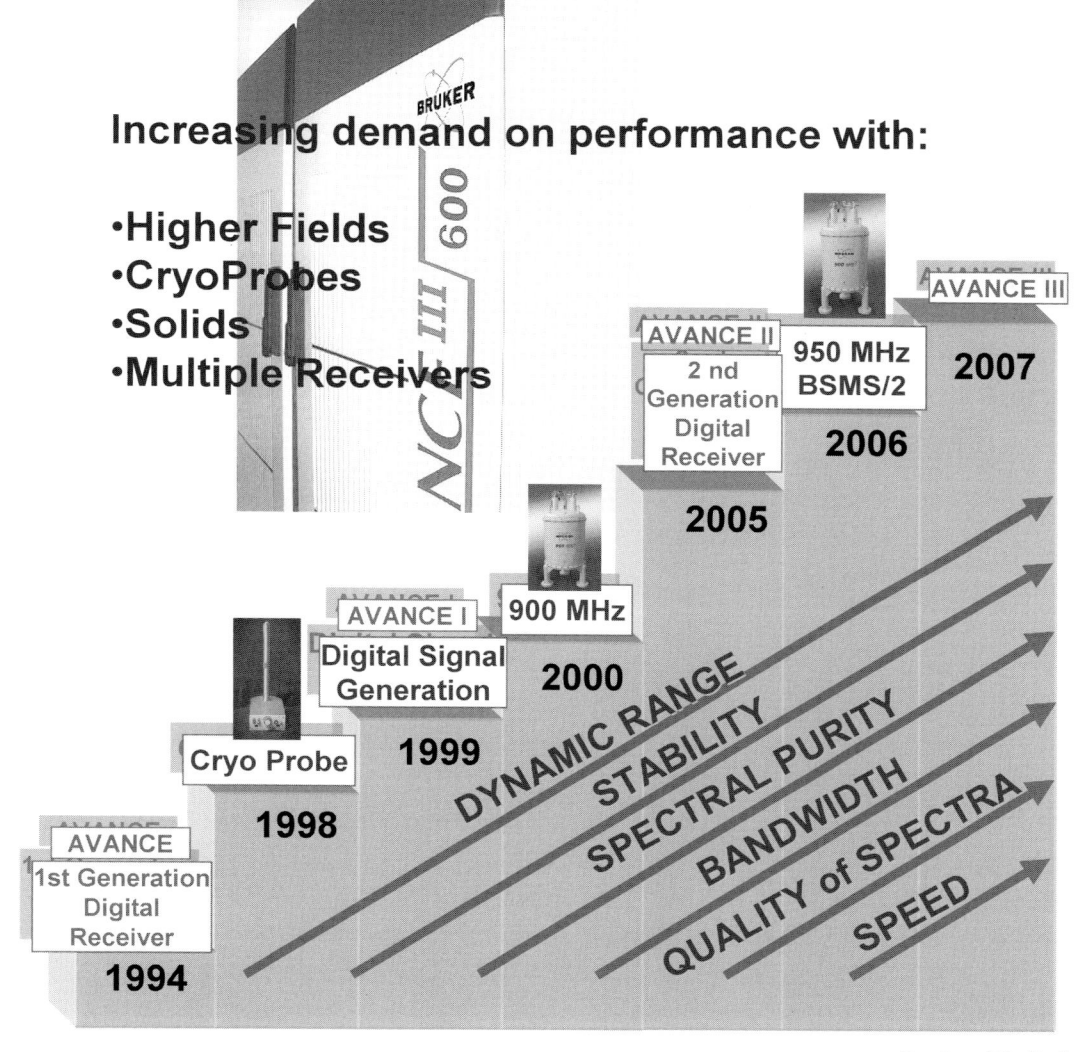

Stable Isotope for Structural Biology
安定同位元素

大陽日酸は多次元NMRでの構造解析に必須な安定同位元素を
高い品質・お求め易い価格で販売しております。

1 無細胞蛋白質合成研究用標識アミノ酸

- L-Amino Acids-UL-(^{15}N), (^{13}C, ^{15}N), (^{15}N, d)
  Ala, Arg, Asn, Asp, Cys, Glu, Gln, Gly, His, Ile,
  Leu, Lys, Met, Phe, Pro, Ser, Thr, Trp, Tyr, Val
- Algal Amino Acids Mixture-UL-(^{15}N), (^{13}C, ^{15}N), (^{15}N, d), (^{13}C, ^{15}N, d)

2 その他標識試薬

- D-Glucose-(UL-^{13}C$_6$), (C-d$_7$), (UL-^{13}C$_6$, d$_7$)
- Ammonium-^{15}N Chloride, Ammonium-^{15}N$_2$ Sulfate
- dNTPs-UL-^{13}C, ^{15}N, rNTPs-UL-^{13}C, ^{15}N

3 安定同位体標識DNA/RNAオリゴマーの受託合成サービス

オリゴマー受託合成サービスの特徴

高純度精製	20%変性PAGE・HPLC
大量調整	200DU〜（100ODU以上も合成可能）
標識パターン	^{13}C, ^{15}N, D（＞98atom%）安定同位体標識　全標識、特定部位標識等
NMRスペクトル	^{13}C, ^{15}N標識DNAオリゴマーHSQCスペクトル（18塩基対）

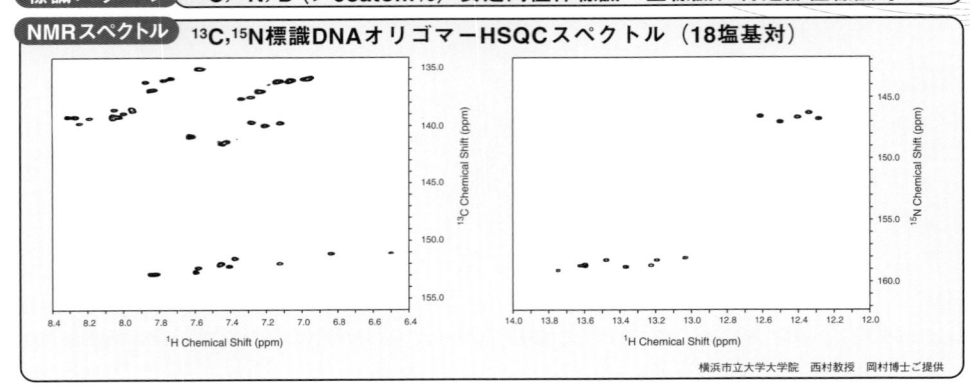

横浜市立大学大学院　西村教授　岡村博士ご提供

製造元　アイソテック（米国）
総販売元　大陽日酸株式会社
　　　　　メディカル事業本部 SI事業部

〒142-8558　東京都品川区小山1-3-26 東洋Bldg.
Tel.03-5788-8550（代表）　Fax.03-5788-8710

●資料のご請求は、大陽日酸までお気軽にご用命下さい。
メールアドレス　isotope@ml.sanso.co.jp
ホームページアドレス　http://stableisotope.tn-sanso.co.jp